中 国 国 家 标 准 汇 编

2006 年修订-21

中国标准出版社　编

中 国 标 准 出 版 社

北　京

图书在版编目（CIP）数据

中国国家标准汇编：2006年修订．21/中国标准出版社编．—北京：中国标准出版社，2007

ISBN 978-7-5066-4586-7

Ⅰ．中…　Ⅱ．中…　Ⅲ．国家标准-汇编-中国-2006　Ⅳ．T-652.1

中国版本图书馆CIP数据核字（2007）第103434号

中国标准出版社出版发行
北京复兴门外三里河北街16号
邮政编码：100045
网址 www.spc.net.cn
电话：68523946　68517548
中国标准出版社秦皇岛印刷厂印刷
各地新华书店经销
*
开本 880×1230 1/16　印张 38.5　字数 1 171 千字
2007年8月第一版　2007年8月第一次印刷
*
定价 180.00 元

ISBN 978-7-5066-4586-7

出 版 说 明

1.《中国国家标准汇编》是一部大型综合性国家标准全集，自1983年起，按国家标准顺序号以精装本、平装本两种装帧形式陆续分册汇编出版。《汇编》在一定程度上反映了我国建国以来标准化事业发展的基本情况和主要成就，是各级标准化管理机构，工矿企事业单位，农林牧副渔系统，科研、设计、教学等部门必不可少的工具书。

2. 由于标准的动态性，每年有相当数量的国家标准被修订，这些国家标准的修订信息无法在已出版的《汇编》中得到反映。为此，自1995年起，新增出版在上一年度被修订的国家标准的汇编本。

3. 修订的国家标准汇编本的正书名、版本形式、装帧形式与《中国国家标准汇编》相同，视篇幅分设若干册，但不占总的分册号，仅在封面和书脊上注明“2006年修订-1，-2，-3……”等字样，作为对《中国国家标准汇编》的补充。读者配套购买则可收齐前一年新制定和修订的全部国家标准。

4. 修订的国家标准汇编本的各分册中的标准，仍按顺序号由小到大排列(不连续)；如有遗漏的，均在当年最后一分册中补齐。

5. 2006年度发布的修订国家标准分27册出版。本分册为“2006年修订-21”，收入新修订的国家标准19项。

中国标准出版社

2007年6月

目　　录

ICS 35.100.60
L 79

中华人民共和国国家标准

GB/T 16262.1—2006/ISO/IEC 8824-1:2002
代替 GB/T 16262—1996

信息技术　抽象语法记法一(ASN.1)
第1部分:基本记法规范

Information technology—Abstract Syntax Notation One (ASN.1)—Part 1:Specification of basic notation

(ISO/IEC 8824-1:2002,IDT)

2006-03-14 发布　　　　2006-07-01 实施

中华人民共和国国家质量监督检验检疫总局
中国国家标准化管理委员会　发布

前言

GB/T 16262在《信息技术 抽象语法记法一(ASN.1)》总标题下，目前包括以下4个部分：

第1部分(即GB/T 16262.1)：基本记法规范；

第2部分(即GB/T 16262.2)：信息客体规范；

第3部分(即GB/T 16262.3)：约束规范；

第4部分(即GB/T 16262.4)：ASN.1规范的参数化。

本部分为GB/T 16262的第1部分，等同采用国际标准ISO/IEC 8824-1:2002《信息技术 抽象语法记法一(ASN.1)：基本记法规范》(英文版)。与该项国际标准的等同文本是ITU-T建议X.680。

按照GB/T 1.1—2000的规定，本部分对ISO/IEC 8824-1:2002作了下列编辑性修改：

——“本标准”一词改为“本部分”；

——在引用的标准中，凡已转化成我国标准的各项标准，均用我国的相应标准编号代替。对“规范性引用文件”一章中的标准，按GB/T 1.1的规定重新进行了排序。

本部分代替GB/T 16262—1996《信息处理系统 开放系统互连 抽象语法记法一(ASN.1)规范》。与GB/T 16262—1996相比，本次修订在内容上作了如下变化：

——将“0 引言”变为独立的“引言”；

——在“规范性引用文件”一章中增加了所涉及到的有关标准；

——在“术语和定义”一章中增加了所涉及到的有关术语及其定义，并对个别术语进行了修改；

——第5章“本标准中使用的记法”改为第5章“记法”和第8章“标记”，并对叙述内容作了适当修改；

——增加了“类型扩展的ASN.1模块”和“编码规则的可扩展性要求”两章；

——增加了“支持引用ASN.1成分的记法”、“相对客体标识符的记法“、“嵌入式pdv类型的记法”、“字符串类型”、“字符的正则顺序”、“无限制字符串类型的定义”、“受约束类型”、“元素集类型”、“扩展标志”和“例外标识符”的记法规范，删除了“任意类型的记法”；

——在GB/T 16262—1996中，将各种记法都译成了中文，在本修订版中，将记法按原文列出；

——增加了“ASN.1常规表达式”、“类型和值兼容的规则”、“ASN.1字符串的辅助附录”和“类型扩展ASN.1的辅助附录”；

——对部分条款的叙述作了适当修改。

本部分的附录A、附录B和附录C是规范性附录，附录D、附录E、附录F、附录G和附录H是资料性附录。

本部分由中华人民共和国信息产业部提出。

本部分由中国电子技术标准化研究所归口。

本部分起草单位：中国电子技术标准化研究所。

本部分主要起草人：郑洪仁、徐云驰、安金海。

引　言

GB/T 16262 的本部分为定义数据类型和值提出标准记法。*数据类型*（简称*类型*）是信息范畴（例如，数字、文本、静止图像或视频信息）。*数据值*（简称*值*）是这种类型的实例。本部分定义一些基本类型和它们对应的值，以及将它们组合成更复杂的类型和值的规则。

在某些协议结构中，每条消息规定为八位位组序列的二进制值。然而，标准的制定者需要定义十分复杂的数据类型来携带它们的消息，而不考虑它们的二进制表示法。为了规定这些数据类型，它们需要一个不必确定每个值表示法的记法。ASN.1 就是这样一种记法。该记法由一个或多个确定携带应用语义（称为*传送语法*）的八位位组值、称为*编码规则*的运算法则规范来补充。ISO/IEC 8825-1、ISO/IEC 8825-2 和 ISO/IEC 8825-4 规定标准化编码规则的三个族，它们分别称为基本编码规则（BER）、紧缩编码规则（PER）、XML 编码规则（XER）。

某些用户希望用 ASN.1 重新定义它们的遗留协议，但是由于他们需要保留它们已有的二进制表示法而不能使用标准化编码规则。其他用户希望更完整地控制线上各位的精确布局（传送语法）。为 ASN.1 规定编码控制记法（ECN）的 ISO/IEC 8825-3 可以解决这些要求。ECN 使设计者能用 ASN.1 形式上规定协议的抽象语法，但是，（如果他们也希望的话）通过写出补充 ENC 规范（可能引用编码某些部分的标准化编码规则）完全或部分控制线上的位。

在抽象层定义复杂类型的非常普遍的技术是通过定义简单类型的所有可能值定义少量的*简单类型*，然后以多种方式组合这些简单类型。定义新类型的一些方式如下：

a) 给出已有类型的（有序）列表，作为取自每个已有类型的值的（有序）序列能形成一个值；按本方式获得的所有可能值的集合是一个新类型（如果列表中的已有类型都不同，这一机制能扩展到允许省略取自列表中的某些值）；

b) 给出（不同）已有类型的无序集，作为取自每个已有类型的值的（无序）序列能形成一个值；按本方式获得的值的所有可能无序集的集合是一个新类型（机制能再扩展到允许省略某些值）；

c) 给出单个已有类型，作为取自每个已有类型的（有序）列表或零个、一个或多个值的（无序）集能形成一个值；按本方式获得的值的所有可能列表或集的集合是一个新类型；

d) 给出（不同）类型的列表，能从它们中的任一个选择一个值；按本方式获得的所有可能值的集是一个新类型；

e) 给出类型，作为它的子集，通过采用某些结构或值之间的顺序关系能形成一个新类型。

以这种方式组合类型的重要方面是编码规则应该认可组合结构，提供基本类型值集合的无歧义编码。因此，用本部分中规定的记法定义的每个基本类型在值的无歧义编码中被赋予一个作为帮助的标记。

标记主要为了给机器使用，而对本部分中定义的人记法并不必需。然而，必须要求某些类型不同时，就通过要求它们有不同的标记来表达。因此，分配标记是使用本记法的重要部分，但是，（自 1994 年以来）可以规定自动分配标记。

注：在本部分内，指派了标记值给所有的简单类型和构造机制。对使用记法的约束保证标记能用于传送中值的无歧义标识。

ASN.1 规范最初用完全定义的 ASN.1 类型的集产生。然而，在随后的阶段里，可能必须改变这些类型（通常通过在序列或集类型中附加额外成分）。如果下面的方式有可能：采用旧类型定义的实现能以定义的方式与采用新类型定义的实现互工作，那么，编码规则需要提供合适的支持。ASN.1 记法支持包括类型数上的*扩展标志*。这给编码规则发出设计者意图的信号：这个类型是称为扩展系列的系列相关类型(也就是,相同初始类型的版本)之一,及要求编码规则能使信息在使用因是相同扩展系列一部分而相关的不同类型的实现之间传送。

第 10 至 31 章(含)定义 ASN.1 支持的简单类型,并规定用于引用简单类型和用它们定义新类型的记法。第 10 至 31 章也规定用于规定用 ASN.1 定义的类型值的记法。提供了两个值记法,第一个称为基本 ASN.1 值记法,并且自它引进以来就一直是 ASN.1 记法的一部分。第二个称为 XML ASN.1 值记法,并提供使用可扩展置标语言(XML)的值记法。

注:XML 值记法提供使用 XML 表示 ASN.1 值的方法。因此,ASN.1 类型定义也规定 XML 元素的结构和内容。这使 ASN.1 成为 XML 的简单模式语言。

第 33 至 34 章(含)定义 ASN.1 支持的类型以便在其内携带 ASN.1 类型的完整编码。

第 35 至 40 章(含)定义字符串类型。

第 41 值 44 章(含)定义认为是通用的、但没有要求附加编码规则的某些类型。

第 45 至 47 章(含)定义子类型能从双亲类型值定义的记法。

第 48 章定义允许"版本 1"规范中规定的 ASN.1 类型标识为可能在"版本 2"中扩展,而且对于后续版本中带来的附加分别列出并用它们的版本号标识的记法。

第 49 章定义允许 ASN.1 类型定义包含如果收到位于当前标准化定义中规定的值之外值的编码时预计错误处理的指示的记法。

附录 A 构成本部分的完整部分,并规定 ASN.1 的正常表达式。

附录 B 构成本部分的完整部分,并规定类型和值兼容性的规则。

附录 C 构成本部分的完整部分,并记录 ASN.1 系列标准中指派的客体标识符和客体描述符值。

附录 D 不构成本部分的完整部分,它描述客体标识符注册树的顶级弧。

附录 E 不构成本部分的完整部分,它提供使用 ASN.1 记法的示例和提示。

附录 F 不构成本部分的完整部分,它提供 ASN.1 字符串的辅导。

附录 G 不构成本部分的完整部分,它提供类型扩展 ASN.1 模块的辅导。

附录 H 不构成本部分的完整部分,它提供使用第 5 章记法的 ASN.1 汇总。

信息技术　抽象语法记法一(ASN.1)
第1部分:基本记法规范

1　范围

GB/T 16262 的本部分提供一个称为抽象语法记法一(ASN.1)的标准记法,该记法用来定义数据类型、值及数据类型的约束。

本部分

——定义了一些简单的类型及其标记,也规定了引用这些类型和规定这些类型值的记法;

——定义了从多个基本类型构造新类型的机制,也规定了定义这些类型及为他们指派标记和规定这些类型值的记法;

——定义了 ASN.1 内使用的字符集(通过引用其他标准);

无论何时需要定义信息的抽象语法,都可应用 ASN.1 记法。

ASN.1 记法供其他定义 ASN.1 类型编码规则的标准引用。

2　规范性引用文件

下列文件中的条款通过 GB/T 16262 的本部分的引用而成为本部分的条款。凡是注日期的引用文件,其随后所有的修改单(不包括勘误的内容)或修订版均不适用于本部分,然而,鼓励根据本部分达成协议的各方研究是否可使用这些文件的最新版本。凡是不注日期的引用文件,其最新版本适用于本部分。

GB/T 1988—1988　信息技术　信息交换用七位编码字符集(eqv ISO/IEC 646:1991)

GB/T 2311—2000　信息技术　字符代码结构与扩充技术(idt ISO/IEC 2022:1994)

GB/T 2659—2000　世界各国和地区名称代码(eqv ISO 3116-1:1997)

GB/T 7408—1994　数据元和交换格式　信息交换　日期和时间表示法(eqv ISO 8601:1988)

GB/T 13000.1—1993　信息技术　通用多八位编码字符集(UCS)　第一部分:体系结构与基本多文种平面(idt ISO/IEC 10646-1:1993)

GB/T 16262.2—2006　信息技术　抽象语法记法一(ASN.1)　第2部分:信息客体规范(ISO/IEC 8824-2:2002,IDT)

GB/T 16262.3—2006　信息技术　抽象语法记法一(ASN.1)　第3部分:约束规范(ISO/IEC 8824-3:2002,IDT)

GB/T 16262.4—2006　信息技术　抽象语法记法一(ASN.1)　第4部分:ASN.1 规范的参数化(ISO/IEC 8824-4:2002,IDT)

GB/T 16263.1—2006　信息技术　ASN.1 编码规则　第1部分:基本编码规则(BER)、正则编码规则(CER)和非典型编码规则(DER)规范(ISO/IEC 8825-1:2002,IDT)

GB/T 16263.2—2006　信息技术　ASN.1 编码规则　第2部分:紧缩编码规则(PER)规范(ISO/IEC 8825-2:2002,IDT)

GB/T 17969.1—2000　信息技术　开放系统互连　OSI 登记机构的操作规程　第1部分:一般规程序(eqv ISO/IEC 9834-1:1993)

GB/T 18793—2002　信息技术　可扩展置标语言(XML)1.0

SJ/Z 9090—1987　数据互换　组织标识用的结构(idt ISO 6523:1984)

ISO/IEC 8825-3:2002　信息技术　ASN.1 编码规则:ASN.1 的编码控制记法(ECN)

ISO/IEC 8825-4:2002　信息技术　ASN.1 编码规则:XML 编码规则规范(XER)

ISO/IEC 7350:1991　信息技术　ISO 10367 图形字符集的登记

ISO 与转义序列使用的编码字符集国际注册

ITU-T Rec. TF. 460-5:1997　标准频率和时间信号发射

ITU-T 建议 T.101:1994　可视文本服务的国际互工作

CCITT 建议 T.100:1988　交互式可视文本的国际信息交换

Unicode 标准,版本 3.2.0:2002,Unicode 联盟(读物,MA,Addison-Wesley)

注:因为上面的参考文件提供控制字符的名称,因此包括这项文件。

3　术语和定义

下列术语和定义适用于 GB/T 16262 的本部分。

3.1　信息客体规范

本部分使用 GB/T 16262.2—2006 中定义的下列术语:

a)　信息客体　information object;

b)　信息客体类别　information object class;

c)　信息客体集　information object set;

d)　单一实例类型　instance-of type;

e)　客体类别字段类型　object class field type。

3.2　约束规范

本部分使用 GB/T 16262.3—2006 中定义的下列术语:

a)　成分关系约束　component relation constraint;

b)　表约束　table constraint。

3.3　ASN.1 规范的参数化

本部分使用 GB/T 16262.4—2006 中定义的下列术语:

c)　参数化类型　parameterized type;

d)　参数化值　parameterized value。

3.4　组织标识的结构

本部分使用 SJ/Z 9090—1987 中定义的下列术语:

a)　发布组织　issuing organization;

b)　组织代码　organization code;

c)　国际代码指定者　International Code Designator。

3.5　通用多八位编码字符集(UCS)

本部分使用 GB/T 13000.1—1993 中定义的下列术语:

a)　基本多文种平面(BMP)　Basic Multilingual Plane(BMP);

b)　字符元　cell;

c)　组合用字符　combining character;

d)　图形符号　graphic symbol;

e)　组　group;

f)　有限子集　limited subset;

g)　平面　plane;

h)　行　row;

i)　选择子集　selected subset。

3.6 附加定义

3.6.1

抽象字符　abstract character

用于组织、控制和表示文本数据的抽象值。

注：附录 F 提供术语抽象字符更完整的描述。

3.6.2

抽象值　abstract value

其定义仅基于用来携带某些语义的类型，而与其在任何编码中的表达方式无关的值。

注：抽象值的示例是整数类型、布尔类型、字符串类型或者整数和布尔的序列（或选择）类型等的值。

3.6.3

ASN.1 字符集　ASN.1 character set

第 10 章中规定的用于 ASN.1 记法的字符集。

3.6.4

ASN.1 规范　ASN.1 specification

一个或多个 ASN.1 模块的集合。

3.6.5

关联类型　associated type

仅用于定义类型的值及子类型记法的类型。

注：当必须清楚 ASN.1 中怎样定义类型与它怎样编码之间可能有重大差别时，在本部分中定义了关联类型。用户规范中不出现关联类型。

3.6.6

位串类型　bitstring type

其非典型值是零个、一个或多个二进制位的有序序列的简单类型。

注：当需要携带抽象值的嵌入编码时，不赞成使用没有内容约束（见 GB/T 16262.3—2006 的第 11 章）的位串（或八位位组串）类型。而使用嵌入 pdv 类型（见第 33 章）提供更灵活的机制，允许声明抽象语法及嵌入的抽象值的编码。

3.6.7

布尔类型　boolean type

具有两个非典型值的简单类型。

3.6.8

字符性质　character property

与定义字符汇的表中的字符元相关的信息集。

注：信息通常将包含部分或全部下面的项：

a) 图形符号；

b) 字符名称；

c) 在特定环境下使用时，与字符相关的功能的定义；

d) 它是否表示数字；

e) 只有在（大/小）写中不同的关联字符。

3.6.9

字符抽象语法　character abstract syntax

其值规定为零个、一个或多个字符的字符串集的任何抽象语法，这些字符取自字符的某些已规定的集合。

3.6.10

字符汇　character repertoire

对字符怎样编码没有任何隐含说明的字符集中的那些字符。

3.6.11

字符串类型　character string types

其值取自某些已定义字符集的字符串的简单类型。

3.6.12

字符传送语法　character transfer syntax

字符抽象语法的任何传送语法。

注：ASN.1不支持未将所有字符串编码成8位整数倍的字符传送语法。

3.6.13

选择类型　choice types

通过引用不同类型列表来定义的类型；选择类型的每个值从其中一个成分类型的值衍生而来。

3.6.14

成分类型　component type

定义CHOICE、SET、SEQUENCE、SET OF或SEQUENCE OF时引用的某种类型。

3.6.15

约束　constraint

可与类型一起使用来定义该类型的子类型的记法。

3.6.16

内容约束　contents constraint

规定内容为规定的ASN.1类型的编码、或规定的程序用来产生和处理内容的位串或八位位组串类型的约束。

3.6.17

控制字符　control character

出现在某些给出名称(和也许是有关某些环境的已定义功能)，但没有分配图形符号，也不是间隔字符的字符汇中的字符。

注：HORIZONTAL TABULATION(9)和LINE FEED(10)是打印环境里指派了格式化功能的控制字符示例。DATA LINK ESCAPE(16)是通信环境中指派了功能的控制字符示例。

3.6.18

国际协调时　Coordinated Universal Time(UTC)

国际时间局所保持的时标，构成标准频率和时间信号协调传播的基础。

注1：此定义的来源是ITU-R Rec. TF.460-5。ITU-R也用UTC作为国际协调时的缩写。

注2：UTC和格林尼治标准时间(GMT)是两个可替换的，在大部分实用情况下确定同一时间的时间标准。

3.6.19

元素　element

支配类型的值或支配信息客体类别的信息客体，能分别从相同类型或相同类别信息客体的所有其他值中区别开来。

3.6.20

元素集　element set

所有支配类型的值或支配类别的信息客体的元素集合。

注：GB/T 16262.2的3.4.7中定义了支配类别。

3.6.21

嵌入pdv类型　embedded-pdv type

其值集是所有可能的抽象语法中值集形式上合并的类型。这一类型可用于希望其协议中携带其类型可能在那个ASN.1规范外部定义的抽象值的ASN.1规范中。它也携带被携带抽象值的抽象语法

(类型)的标识以及用来编码那个抽象值的编码规则的标识。

3.6.22

编码　encoding

编码规则集应用于抽象值上产生的位图。

3.6.23

(ASN.1)编码规则　(ASN.1) encoding rules

在传送 ASN.1 类型值期间规定其表示的规则。编码规则也能使值从给出类型知识的表示法中恢复。

注:为了规定编码规则,能为固有类型(和值)提供替换记法的各种被引用类型(和值)记法没有关系。

3.6.24

枚举类型　enumerated types

一个简单类型,其值是类型记法一部分的给定不同标识符。

3.6.25

扩展附加　extension addition

扩展序列中增加的记法之一。对于集合、序列和选择类型,每个扩展附加是单个扩展附加组或单个成分类型的附加。对于枚举类型,它是单个进一步枚举的附加。对于约束,它是(只有)一个子类型元素的附加。

注:扩展附加既按文本排列(紧接扩展标志),也按逻辑排列(有递增枚举值和在 CHOICE 替换时递增标记)。

3.6.26

扩展附加组　extension addition group

在版本括号内分组的集合、序列或选择类型的一或多个成分。扩展附加组用来清楚地标识加在 ASN.1 模块特定版本中集合、序列或选择类型的成分,也能用简单整数标识那个版本。

3.6.27

扩展附加类型　extension addition type

包含于扩展附加组中的类型或本身是扩展附加(这时它不包含在扩展附加组中)的单个成分类型。

3.6.28

可扩展约束　extensible constraint

在较外层带扩展标志,或使用带值的可扩展集的集算法中可扩展的子类型约束。

3.6.29

扩展插入点(或插入点)　entension insertion point (or insertion point)

类型定义中插入扩展附加的位置。如果类型定义中有单个省略号,该位置在扩展序列中紧贴前面类型的类型记法末尾,或者如果类型定义中有扩展标志对,该位置紧贴在第二个省略号之前。

注:在任何选择、序列或集合类型成分内最多能有一个插入点。

3.6.30

扩展标志　extension marker

包含在形成扩展序列部分的所有类型中的语法标志(省略号)。

3.6.31

扩展标志对　extension marker pair

插入扩展附加之间的一对扩展标志。

3.6.32

相关扩展　extension-related

有相同扩展根,通过在一个上加零个或更多个扩展附加而产生另一个的两个类型。

3.6.33

扩展根　extension root

扩展序列中是第一个类型的可扩展类型。它携带不含附加记法、只有注解和扩展标志与相配的"}"

或“)”之间空白的扩展标志;或者不含附加记法,只有单个逗号、注解和扩展标志之间空白的扩展标志对。

注:只有扩展根能是扩展序列中的第一个类型。

3.6.34

扩展序列 extension series

能按通过在扩展插入点附加文本形成序列中每个连续类型的方式排列的 ASN.1 类型序列。

3.6.35

可扩展类型 extensible type

有扩展标志或者应用了扩展约束的类型。

3.6.36

外部引用 external reference

类型引用、值引用、信息客体类别引用、信息客体引用或(可能参数化的)信息客体集引用,他们在某些其他而不是正在被它引用的模块中定义,并且通过在被引用项上加模块名作为前缀来引用。

例如:ModuleName. TypeReference

3.6.37

外部类型 external type

携带对该 ASN.1 规范而言其类型可能是外部定义值的 ASN.1 规范一部分的类型。他也携带被携带值的类型标识。

3.6.38

假 false

布尔类型中的非典型值的一个(也见“真”)。

3.6.39

支配(类型);支配者 governing (type);governor

影响部分 ASN.1 语法解释、要求那部分 ASN.1 语法引用支配类型中的值的类型定义或引用。

3.6.40

等同类型定义 identical type definition

完成附录 B 中规定的转换后,如果 ASN.1“Type”产生式中的两个实例(见第 16 章)是相同词项的相同顺序列表(见第 11 章),则它们定义为相同类型定义。

3.6.41

整数类型 integer type

具有非典型值的简单类型,值是正整数或负整数,包括零(作为单一值)。

注:当特定的编码规则限制整数的范围时,选择这种限制不至影响 ASN.1 任何用户。

3.6.42

词项 lexical item

取自 ASN.1 字符集(在第 11 章中规定),用来形成 ASN.1 记法的字符的已命名序列。

3.6.43

模块 module

类型、值、值集、信息客体类别、信息客体和信息客体集(以及它们的参数化变体)采用 ASN.1 记法的一个或多个实例,用 ASN.1 模块记法来定界(见第 12 章)。

注:术语信息客体类别(等)在 GB/T 16262.2—2006 中规定,而参数化在 GB/T 16262.4—2006 中规定。

3.6.44

空类型 null type

由单一值组成的简单类型,也称为空。

3.6.45

客体 object

精确定义的一段信息、定义或规范，它要有名称以便标识其在通信实例中的用途。

注：这种客体可能像 GB/T 16262.2—2006 中定义的信息客体。

3.6.46

客体描述符类型 object descriptor type

其非典型值是提供对信息客体简要描述的人可读的文本的类型。

注：客体描述符值常常与单个客体相关，只有客体标识符值无歧义地标识一个客体。

3.6.47

客体标识符 object identifier

与无歧义地标识它的客体相关的全局唯一值。

3.6.48

客体标识符类型 object identifier type

其值是按标准 GB/T 17969 系列的规则分配的所有客体标识符的集合的简单类型。

注：GB/T 17969.1 的规则允许各种机构独立地将客体标识符与信息客体相联系。

3.6.49

八位位组串类型 octetstring type

其非典型值是零个、一个或多个八位位组的有序序列的简单类型。每个八位位组是八个二进制位的有序序列。

3.6.50

开放系统互连 open systems interconnection

提供许多以缩写“OSI”开始、用于本部分的术语的计算机通信结构。

注：如果需要，这些术语的意义能从 ITU-T Rec. X.200 系列和相当的 ISO/IEC 标准中获得。如果 ASN.1 用于 OSI 环境，这些术语是唯一适用的。

3.6.51

开放类型记法 open type notation

用来表示取自不只一个 ASN.1 类型的值的集合的 ASN.1 记法。

注 1：在本部分的正文中，术语“开放类型”和“开放类型记法”同义使用。

注 2：所有 ASN.1 编码规则为单个 ASN.1 类型值提供无歧义编码，他们不必为“开放类型记法”提供无歧义的编码，因为“开放类型记法”携带取自在规范时刻通常没有确定的 ASN.1 类型的值。能无歧义确定那一字段的抽象值前需要“开放类型记法”中被编码值的类型的知识。

注 3：本部分中是“开放类型记法”的唯一记法是 GB/T 16262.2—2006 第 14 章中规定的“ObjectClassFieldType”。这里的“FieldName”指明类型字段或者可变类型值字段。

3.6.52

(子类型的)双亲类型 parent type (of a subtype)

定义子类型时受约束的、并支配子类型记法的类型。

注：双亲类型本身可能是某些其他类型的子类型。

3.6.53

产生式 production

用于规定 ASN.1 的形式记法的一部分(也叫做语法规则或 Backus-Naur Form，BNF)。

3.6.54

实数类型 real type

一个简单类型，其非典型值(第 20 章中规定)是实数集合的一个成员。

3.6.55

(类型的)递归定义　recursive definition (of a type)

ASN.1 的定义的一个集合,不能对这些定义重新排序,因此,结构中使用的所有类型在定义构造之前定义。

注:ASN.1 中允许递归定义:记法的用户有责任保证所用(产生类型的)这些值有限定的表示法并且与类型相关的值集至少包含一个值。

3.6.56

相对客体标识符　relative object identifier

通过其相对某些已知客体标识符(见 3.6.47)的位置标识客体的值。

3.6.57

相对客体标识符类型　relative object identifier type

其值是所有可能相对客体标识符集的简单类型。

3.6.58

受限制字符串类型　restricted character string type

其字符取自类型规范中标识的固定字符汇的字符串类型。

3.6.59

精选类型　selection types

通过引用选择类型的成分类型定义的类型,而且其值精确地为那个成分类型的值。

3.6.60

序列类型　sequence types

通过引用固定的、有序的类型列表(有些可能声明是可选的)定义的类型;序列类型的每个值是取自每个成分类型的值的有序列表。

注:当一个成分类型声明为可选时,序列类型的值不必包含那个成分类型的值。

3.6.61

单一序列类型　sequence-of types

通过引用单个成分类型定义的类型;单一序列类型中的每个值是成分类型的零个、一个或多个值的有序列表。

3.6.62

(约束的)连续应用　serial application (of constraints)

约束应用在已经受约束的双亲类型。

3.6.63

集合运算　set arithmetic

使用如 46.2 中规定的并集、交集和差集(使用 EXCEPT)等运算的值或信息客体的新集的形式。

注:术语“值算法”没有覆盖约束连续应用的结果。

3.6.64

集合类型　set types

通过引用固定的、无序的、类型(有些声明是可选的)列表定义的类型。集合类型中的每个值是一个无序的值列表,列表中的各个值取自相应的成分类型。

注:当成分类型声明为可选时,集合类型的值不必包含那个成分类型的值。

3.6.65

单一集合类型　set-of types

通过引用单个成分类型定义的类型,单一集合类型中的每个值是成分类型的零个、一个或多个值的无序列表。

3.6.66

简单类型　simple types

通过直接规定其值集来定义的类型。

3.6.67

间隔字符　spacing character

字符汇中的字符，它用来包括字符串打印中的图形字符，但用空间隔在物理解释中表示。通常，不认为它是控制字符(见3.6.17)。

注：字符汇中可能有单个间隔字符，或宽度可变的多个间隔字符。

3.6.68

(双亲类型的)子类型　subtype (of a parent type)

其值是某些其他类型(双亲类型)值的子集(或完整集)的类型。

3.6.69

标记　tag

与每个ASN.1类型相关的类型记号。

3.6.70

已标记类型　tagged type

通过引用单个现存类型和标记来定义的类型，新类型与该现存类型同构，但与它不等同。

3.6.71

置标记　tagging

用规定的标记替换某个类型现有(可能是默认)的标记。

3.6.72

传送语法　transfer syntax

用来交换抽象语法中抽象值的位串的集合，通常是将编码规则应用在抽象语法上获得。

注：术语"传送语法"与"编码"同义。

3.6.73

真　true

布尔类型中的非典型值的一个(也见"假")。

3.6.74

类型　type

已命名的值集合。

3.6.75

类型引用名　type reference name

在某些上下文中唯一与类型相联系的名称。

注：指派引用名给本部分中定义的类型，在ASN.1中是普遍存在的。其他引用名在其他标准中定义，并只适用于那个标准的上下文中。

3.6.76

未限制字符串类型　unrestricted character string type

其抽象值取自字符抽象语法、并且带字符抽象语法及用于其编码的字符传送语法的标识的值的类型。

3.6.77

(ASN.1)用户　user (of ASN.1)

用ASN.1定义一段特定信息的抽象语法的个人或组织。

3.6.78

值映射　value mapping

能使引用那些值的一个用来引用其他值的两个类型中的值之间的1-1对应关系。例如，这能用在规定子类型和默认值中(见附录 B)。

3.6.79

值引用名　value reference name

在某些上下文中唯一与值相联系的名称。

3.6.80

值集(合)　value set

类型的值的集合,语义上相当于子类型。

3.6.81

版本括号　version brackets

一对用来描画扩展附加组开始和结束的相邻左括号和右括号([[或]])。紧接在左括号对后面可以有选择地给出扩展附加组版本号的数字。

3.6.82

版本号　version number

能与版本括号相联系的数字(见 G.1.8)。

注:版本号不能加在不是扩展附加组一部分的扩展附加上,也不能加在非选择、序列或集合的任意类型的扩展附加上。

3.6.83

空白　white-space

任何在打印页上产生间隔的格式化动作,例如:空格或制表。

4　缩略语

本部分采用下列缩略语:

ASN.1	抽象语法记法一
BER	ASN.1 基本编码规则
BMP	基本多文种平面
DCC	数据国家代码
DNIC	数据网络标识代码
ECN	ASN.1 编码控制记法
ICD	国际代码指定者
IEC	国际电工委员会
ISO	国际标准化组织
ITU-T	国际电信联盟—电信标准化部
OID	客体标识符
OSI	开放系统互连
PER	ASN.1 的紧缩编码规则
ROA	公认的运营机构
UCS	通用多八位编码字符集
UTC	国际协调时
XML	可扩展置标语言

5　记法

5.1　概述

5.1.1　ASN.1 记法由取自第 10 章规定的 ASN.1 字符集的字符序列组成。

5.1.2 每次使用 ASN.1 记法包括从 ASN.1 字符集中抽取字符并组合为词项。第 11 章规定了组成词项的字符的所有序列，并命名了每个项。

5.1.3 在第 12 章（以及以下几章中），ASN.1 记法的规定是通过对组成 ASN.1 记法有效实例的词项的那些序列的规定和命名，及对每个序列的 ASN.1 语义的规定来实现的。

5.1.4 为了规定词项的允许序列，本部分使用下面各条中定义的形式记法。

5.2 产生式

5.2.1 所有的词项都已命名（见第 11 章），并且词项的允许序列也都已命名。

5.2.2 一个新的（更复杂的）词项的允许序列是通过产生式是来定义的。它使用词项的名称和词项的允许序列，并形成词项的新已命名允许序列。

5.2.3 每个产生式由下面几个部分组成，占一行或几行，次序是：

a) 词项新允许序列的名字；

b) 字符

::=

c) 一个或多个 5.3 中所定义的词项的替换序列，使用下面字符分隔

|

5.2.4 一个词项序列若在一个或多个替换项中出现，则它在词项的新允许序列中出现。在本部分中，词项的新允许序列用上面 5.2.3a）中的名字引用。

注：若词项同一序列出现在多个替换项中，产生的记法中任何语义上的歧义性由相关文本解决。

5.3 替换项集

5.3.1 产生式（见 5.2.3c）中的每个替换项由名称列表来规定。每一个名称或者是一个词项名，或者是一个由某些其他产生式定义和命名的词项的允许序列的名称。

5.3.2 每个替换项定义的词项允许序列由所有这样获得的序列组成，取任何一个与第一个名称相关的序列（或词项），（然后）和任何一个与第二个名称相关的序列（或词项）组合，（然后）和任何一个与第三个名称相关的序列（或词项）组合，等等，直到包括替换项中最后的一个名称（或词项）。

5.4 非间隔指示符

如果产生式序列的这些项之间插入非间隔指示符“&”（AMPERSAND），那么它前面的词项和它后面的词项不应该用空白隔开。

注：这个指示符仅用于描述 XML 值记法的产生式中。例如，它用来规定词项“<”是紧接 XML 标记名的。

5.5 产生式的示例

5.5.1 产生式：

```
ExampleProduction ::=
        bstring            |
        hstring            |
        " {"IdentifierList " }"
```

使名称“ExampleProduction”与词项的下列序列相关：

a) 任何“bstring”（词项）；或

b) 任何“hstring”（词项）；或

c) 任何与“IdentifierList”相关的词项序列，用" {" 开始，用" }" 结束。

注：" {" 和" }" 是含有单个字符{和}的词项名称（见 11.26）。

5.5.2 本例中，“IdentifierList”由进一步的产生式定义，可以在定义“ExampleProduction”的产生式之前或之后。

5.6 样式

本部分中使用的每个产生式前面或后面都有一个空行。产生式中没有空行。产生式可以在一行上

或者分布在几行上。样式并不重要。

5.7 递归

本部分中的产生式通常是递归的。在这种情况下，只要有新的序列产生，产生式就要继续重复。

注：在很多情况下，这种反复应用导致词项的允许序列的无穷集，集合中的某些或者所有序列本身可能包含的词项数目不限定，这没有错。

5.8 词项允许序列的引用

本部分通过引用产生式中出现在 ::= 之前的名称来引用词项的允许序列（ASN.1 记法的一部分）；除非它就作为产生式的一部分出现，否则，这个名称用 QUOTATION MARK(34)字符(")括起来，以便把它和自然语言文本区分开来。

5.9 词项的引用

本部分通过使用词项的名称来引用词项，当名称在自然语言文本中出现，并且可能与该文本混淆时，那么，把它用 QUOTATION MARK (34)字符(")括起来。

5.10 缩写记法

为了使产生式更加准确和更可读，下面的缩写记法用于本部分的词项的允许序列定义中，且也用在 GB/T 16262.2，GB/T 16262.3，GB/T 16262.4 中。

a) "A"和"B"两个名称之后的星号(*)表示"empty"词项(见 11.7)，或与"A"相关的词项的允许序列之一，或与"A"相关的词项序列之一和与"B"相关的词项序列之一的替换序列，两者都以与"A"相关一个开始和结束。因此：

   C::=AB*

   相当于：

   C::=D|empty
   D::=A|ABD

   "D"是不会在产生式中其他地方出现的辅助名。

   例如："C::=AB*"是 C 的下列替换项的缩写记法：

   empty
   A
   ABA
   ABABA
   ABABABA
   ...

b) 加号(+)与 a)中的星号类似，只是不包括"empty"词项。因此：

   E::=AB+

   相当于：

   E::=A|ABE

   例如："E::=AB+"是 E 的下列替换项的缩写记法：

   A
   ABA
   ABABA
   ABABABA
   ...

c) 名称后的问号(?)表示"empty"词项(见 11.7)或与"A"相关的词项的允许序列，因此：

   F::=A?

   相当于：

F::=empty|A

注：这些缩写记法优先于产生式序列中的词项并置(见5.2.2)。

5.11 值引用和值的类型

5.11.1 ASN.1值赋值记法能把名称给与规定类型的值。只要需要引用那个值时就能采用这个名称。附录B描述和规定了允许用一个类型值的值引用名称来标识第二个(相似)类型的值的值映射机制。因此，只要要求引用第二个类型中的值就能使用引用第一个值。

5.11.2 在ASN.1标准正文中，用正常的英语文本来规定包含不止一个类型构造的合法性(或其他)。这些合法性规范通常要求两个或更多个类型"兼容"。例如，使用值引用时，要求用于定义值引用的类型与支配类型"兼容"。附录B采用值映射概念来为任意给出的ASN.1构造是否合法给出精确的描述。

6 类型扩展的ASN.1模块

当解码可扩展类型时，解码器可检测：

a) 序列或集合类型中缺少希望的扩展附加；或

b) 序列或集合类型(若有)中定义的那些扩展附加之上出现任意不希望的扩展附加，或者选择类型中出现未知的替换项，或者枚举类型中出现未知的枚举，或可扩展其约束的类型出现不希望长度或值。

在形式术语中，可扩展类型"X"定义的抽象语法包含的不仅是类型"X"的值，而且有与"X"扩展有关的所有类型的值。因此，无论发现上面a)或b)的哪种情形，解码过程从不会发出错误的信号。每种情形中采取的动作由ASN.1规定者确定。

注：通常，动作将忽略出现不希望的扩展附加，而且会为缺少的、希望扩展附加使用默认值或"丢失"指示器。

可扩展类型中解码器检测到的不希望扩展附加，后来能包含在那一类型的随后编码中(以转发回发送者，或某些第三方)，只要在随后的转发中使用相同的传送语法。

7 编码规则的可扩展性要求

注：这些要求适用于标准化的编码规则。它们不适用于用ECN定义的编码规则(见ISO/IEC 8825-3)。

7.1 所有ASN.1编码规则应允许可扩展类型"X"的值以它们能用与"X"扩展有关的可扩展类型"Y"解码的方式编码。而且，编码规则应允许用"Y"解码的值(用"Y")重新编码和用与"Y"(而且由此也有"X")扩展有关的第三个可扩展类型"Z"解码。

注：类型"X"、"Y"、"Z"可能在扩展序列中以任何顺序出现。

如果可扩展类型"X"的值被编码，并且随后被传递(直接或通过用扩展有关的类型"Z"的传递应用)到另一个用与"X"扩展有关的可扩展类型"Y"解码的应用，然后使用类型"Y"的解码器获得由如下构成的抽象值：

a) 扩展根类型的抽象值；

b) 在"X"和"Y"中都出现的每个扩展附加的抽象值；

c) 只有"X"中有而"Y"中没有的每个扩展附加(如果有的话)的无限制编码。

如果应用层也这样要求，c)中的编码应该能包含在"Y"值后面的编码中。那个编码应该是"X"值的有效编码。

指导示例：如果系统A使用带是可选整数类型扩展附加的序列类型或集合类型的可扩展根类型(类型"X")，而系统B使用有每个是可选整数类型的两个扩展附加的、与扩展有关的类型(类型"Y")，那么，用B传输忽略第一个扩展附加的整数值而包括第二个的"Y"值决不能用出现它了解的X的第一个(只有)扩展附加与A混淆。而且，如果应用协议也这样要求的话，A必须能重新编码带有作为第一个整数类型出现的值、随后跟有从B收到的第二个整数值的"X"值。

7.2 所有的ASN.1编码规则应该规定以如下方式编码和解码枚举类型和选择类型的值：如果转送的

值是在由编码器和解码器共同保持的扩展附加集中,那么,它被成功地解码,否则,解码器将可能限定它的编码并把它标识为(未知)扩展附加值。

7.3 所有的 ASN.1 编码规则应该规定以如下方式编码和解码有可扩展约束的类型:如果转送的值是在由编码器和解码器共同保持的扩展附加集中,那么,它被成功地解码,否则,解码器将可能限定它的编码并把它标识为(未知)扩展附加值。

在所有的情况下,出现扩展附加不应该影响当带扩展标志的类型套入某些其他类型内时认识后面材料的能力。

注 1: ASN.1 基本编码规则的所有变量和 ASN.1 的紧缩编码规则满足所有这些要求。用 ECN 定义的编码规则不必满足所有这些要求,但是也可能满足。

注 2: PER 和 BER 不标识扩展附加编码中的版本号。用 ECN 规定的编码可能提供也可能没提供这样的标识。

8 标记

8.1 标记是通过给出它的类别和类别中的号码来说明的,类别是下列之一:

通用

应用

专用

上下文规定

8.2 号码是一个非负整数,用十进制记法规定。

8.3 第 30 章中规定了 ASN.1 用户指派的标记的限制。

注:第 30 章中包括不允许本记法的用户显式地规定他们的 ASN.1 规范中通用类别标记的限制。标记的用法之间与另外三个类别没有形式上的差别。当采用应用类别标记时,通常可以应用专用或上下文规定类别标记替代,作为用户选择和风格。出现三个类别主要是出于历史原因,但是 E.2.12 中以通常采用类别的方式给出了指南。

8.4 表 1 总结了在本部分中规定的通用类别里标记的分配。

表 1 通用类别标记分配

通用类别 0	保留为编码规则使用
通用类别 1	布尔类型
通用类别 2	整数类型
通用类别 3	位串类型
通用类别 4	八位位组串类型
通用类别 5	空类型
通用类别 6	客体标识符类型
通用类别 7	客体描述符类型
通用类别 8	外部类型和单一实例类型
通用类别 9	实数类型
通用类别 10	枚举类型
通用类别 11	嵌入 pdv 类型
通用类别 12	UTF8 串类型
通用类别 13	相对客体标识符类型
通用类别 14-15	为本部分的将来版本保留
通用类别 16	序列和单一序列类型
通用类别 17	集合和单一集合类型
通用类别 18-22,25-30	字符串类型
通用类别 23-24	时间类型
通用类别 31-...	为本部分的附录保留

8.5 有些编码规则要求标记有正则顺序。为了一致，8.6 中定义了标记的正则顺序。

8.6 标记的正则顺序以每个类型的最外层标记为基础并定义如下：

a) 那些带通用类别标记的元素或替换项应首先出现，接着是那些带应用类别标记的，再是那些带上下文规定标记的，然后是那些带专用类别标记的。

b) 在标记的每个类别内，元素或替换项应以其标记数字的递增顺序出现。

9 ASN.1 记法的使用

9.1 类型定义的 ASN.1 记法为"Type"(见 16.1)。

9.2 类型的值的 ASN.1 记法为"Value"(见 16.7)。

注：在不知道类型的有关知识时，通常不能解释值的记法。

9.3 将类型指派给类型引用名的 ASN.1 记法应为"TypeAssignment"(见 15.1)、"ValueSetTypeAssignment"(见 15.6)、"ParameterizedTypeAssignment"(见 GB/T 16262.4，8.2)，或者"ParameterizedValueSetTypeAssignment"(见 GB/T 16262.4—2006 的 8.2)。

9.4 将值指派给值引用名的 ASN.1 记法应为"ValueAssignment"(见 15.2)或者"ParameterizedValueAssignment"(见 GB/T 16262.4—2006 的 8.2)。

9.5 记法"Assignment"的产生式替换项应只用在记法"ModuleDefinition"(12.1 注 2 中规定的除外)内。

10 ASN.1 字符集

10.1 除 10.2 和 10.3 的规定外，词项应由表 2 中列出的字符的序列组成。在表 2 中，字符由 GB/T 13000.1—1993 给出的名称标识。

表 2 ASN.1 字符

A 至 Z	拉丁大写字母 A 至拉丁大写字母 Z (LATIN CAPITAL LETTER A 到 LATIN CAPITAL LETTER Z)
a 至 z	拉丁小写字母 A 至拉丁小大写字母 Z (LATIN SMALL LETTER A 到 LATIN SMALL LETTER Z)
0 至 9	数字 0 至数字 9 (DIGIT ZERO 至 DIGIT 9)
!	感叹号 (EXCLAMATION MARK)
"	双引号 (QUOTATION MARK)
&	和 (AMPERSAND)
'	撇号 (APOSTROPHE)
(	左圆括号 (LEFT PARENTHESE)
)	右圆括号 (RIGHT PARENTHESE)
*	星号 (ASTERISK)
,	逗号 (COMMA)
-	负号 (HYPHEN-MINUS)
.	句号 (FULL STOP)
/	斜线 (SOLIDUS)
:	冒号 (COLON)
;	分号 (SEMICOLON)
<	小于符号 (LESS-THAN SIGN)
=	等于符号 (EQUALS SIGN)
>	大于符号 (GREATER-THAN SIGN)
@	商用 AT 符号 (COMMERCIAL AT)

表 2(续)

[	左方括号 (LEFT SQUARE BRACKET)
]	右方括号 (RIGHT SQUARE BRACKET)
^	向上箭号 (CIRCUMFLEX BRACKET)
_	下横线 (LOW LINE)
{	左花括号 (LEFT CURLY BRACKET)
|	竖线 (VERTICAL LINE)
}	右花括号 (RIGHT CURLY BRACKET)

注：等价的有关标准由我国标准化组织给出，附加字符可能在下面的词项中出现：

—typerreference(见 11.2)；

—identifier(见 11.3)；

—valuereference(见 11.4)；

—modulereference(见 11.5)；

当附加字符用在一种大小写无区别的文种时，由以上某些词项的第一个字符的不同情况导致的语义区别将用别的办法来处理。这就允许有效的 ASN.1 规范以各种文种书写。

10.2 当用该记法来规定字符串类型的值时，在 ASN.1 记法中可以出现已定义字符集中的所有字符，括以双引号 QUOTATION MARK(34) 字符(")(见 11.14)。

10.3 附加(任意)的图形符号可出现在"comment"词项中(见 11.6)。

10.4 印刷的字体、大小、色彩、亮度或其他显示特性无关紧要。

10.5 大写字母和小写字母应该视为不同。

10.6 ASN.1 定义在词项之间也可包含空白字符(见 11.1.6)。

11 ASN.1 词项

11.1 一般原则

11.1.1 下列各条规定词项中的字符。在每种情况下，都给出词项的名称，以及形成词项的字符序列的定义。

11.1.2 本第 11 章的各条中规定的每个词项(除多行"comment"、"bstring"、"hstring"和"cstring"外)不应包含空白(见 11.6、11.10、11.12 和 11.14)。

11.1.3 行的长度不受限制。

11.1.4 当使用非间隔指示符"&"(见 5.4)时，词项可以用一或多次空白(见 11.1.6)或注解(11.6)事件隔开。在"XMLTypeValue"产生式(见 15.2)中，词项之间可出现空白，但不应该出现"comment"词项。

注：这将避免"xmlcstring"词项内出现相邻连字符或星号和斜线产生的歧义。当"XMLTypeValue" 产生式内出现这样的字符时，它们从不指明"comment"词项的开始点。

11.1.5 若后续词项的起始字符(或多个字符)是前项词项中字符末尾包括的容许字符(或多个字符)时，词项与后续词项间要用一个或多个空白或注解实例隔开。

11.1.6 本部分使用术语"新行"和"空白"。在机器可读的规范中的表示(行尾)空白和新行中，任意一个或多个下面的字符可用在任意组合中(对每个字符，给出 Unicode 编码标准规定的字符名称和字符代码)：

对于空白：

HORIZONTAL TABULATION (9)

LINE FEED (10)

VERTICAL TABULATION (11)

FORM FEED (12)

CARRIAGE RETURN (13)

SPACE (32)

对于新行：

LINE FEED (10)

VERTICAL TABULATION (11)

FORM FEED (12)

CARRIAGE RETURN (13)

注：任何是有效新行的字符或字符序列也是有效的空白。

11.2 类型引用

词项名——typereference

11.2.1 “typereference”应由任意个(一个或多个)字母、数字和连字符组成。以大写字母开头。不能用连字符结尾。一个连字符不能紧接另一个连字符。

注：有关连字符的规则是为了避免与(可能后随的)注解歧义。

11.2.2 “typereference”不应是 11.27 中列出的保留字符序列之一。

11.3 标识符

词项名——identifier

“identifier”应由任意个(一个或多个)字母、数字和连字符组成。以小写字母开头。不能用连字符结尾。一个连字符不能紧接另一个连字符。

注：有关连字符的规则是为了避免与(可能后随的)注解歧义。

11.4 值引用

词项名——valuereference

“valuereference”应由 11.3 中为“identifier”规定的字符序列组成。分析使用这一记法的实例时，“valuereference”由其出现的上下文来与“identifier”区别。

11.5 模块引用

词项名——modulereference

“modulereference”应由 11.2 中规定为“typereference”的字符序列组成。分析使用这一记法的实例时，“modulereference”由其出现的上下文来与“typereference”区别。

11.6 注解

词项名——comment

11.6.1 在 ASN.1 记法的定义中不引用“comment”。但它可以在任意时候出现在别的词项之间，而且没有语法意义。

注：虽然如此，在使用 ASN.1 的本部分上下文中，ASN.1 注解可含有与应用语义有关的标准文本或对语法的约束。

11.6.2 词项“comment”能有两种形式：

a) 如 11.6.3 定义的以“--”开始的一行注解；

b) 如 11.6.4 定义的以“/＊”开始的多行注解。

11.6.3 只要“comment”以一对相连的连字符开始，它就应该以下一对相连的连字符或行尾为结束，无论哪一个在前面。注解除了开始的一对连字符及结尾的一对连字符(若有的话)外，不能有一对相连的连字符。如果以“--”开始的注解包括相连的字符“/＊”或“＊/”，那么它们没有特别的意义并且认为是注解的一部分。注解可以包括没有在 10.1 中规定的字符集中的图形符号(见 10.3)。

11.6.4 只要“comment”以“/＊”开始，它就应该以对应的“＊/”结束，不管这个“＊/”是否在同一行。如果在“＊/”之前发现另一个“/＊”，那么当为每个“/＊”发现配对的“＊/”时注解应终止。如果以“/＊”开始的注解包含两个相连的连字符“--”，这些连字符没有特别的意义并且认为是注解的一部分。注解可以包括在 10.1 中规定的字符集中没有的图形符号(见 10.3)。

注：这就允许用户注解已经含有注解的 ASN.1 模块部分。(不管它们是以"--"或"/ *"开始)，只要被注解出的部分内没有含有"/ *"或"* /"的字符串值，通过简单地在被注解的部分开头插入"/ *"和其结尾插入"* /"。

11.7 空词项

词项名——empty

"empty"项不包括字符，当规定了产生式序列的替换项集时，它用于第5章的记法中以指明可能所有替换项缺失。

11.8 数

词项名——number

"number"应由一个或多个数字组成。除非"number"是单个数字，否则第一位数字不应该是0。

注：通过将它解释成十进制记法，"number"词项总是映射成整数值。

11.9 实数

词项名——realnumber

"realnumber"应该由是一串一位或多位数字、而且可以选择十进制小数点(.)的整数部分组成。十进制小数点可以选择地后接一位或多位数字的分数部分。整数部分、十进制小数点或分数部分(不管哪个先出现)可以有选择地后接 e 或 E 和是一位或多位数字的选择签名指数。除非指数是单个数字，否则，它的起始数字不应该是零。

11.10 二进制数串

词项名——bstring

"bstring"应由任意个(可能0个)字符0、1组成，可能混杂着空白、前置 APOSTROPHE(39)字符(')，后随一对字符 'B。

例如：'011011100'B

二进制数串词项中的空白事件没有意义。

11.11 XML 二进制数串项

项名——xmlbstring

"xmlbstring"应该由任意个(可能零个)0、1或者空白组成。二进制数串项中出现的任何空白字符没有意义。

例如：01101100

这一字符序列也是有效的"xmlhstring"和"xmlcstring"实例。分析使用这一记法的实例时，"xmlbstring"由其出现的上下文来与"xmlhstring"或"xmlcstring"区别。

11.12 十六进制数串

词项名——hstring

11.12.1 "hstring"应由任意个(可能0个)字符：A B C D E F 0 1 2 3 4 5 6 7 8 9 组成，可能混杂着空白，前置 APOSTROPHE(39)字符"'"，后随一对字符 'H。

例如：'AB0196'H 。

十六进制数串词项中的空白事件没有意义。

11.12.2 每个字符用十六进制表示法来表示4位的值。

11.13 XML 十六进制数串项

项名——xmlhstring

11.13.1 "xmlhstring"应该由任意个(可能零个)0 1 2 3 4 5 6 7 8 9 A B C D E F a b c d e f 或者空白组成。十六进制数串项中出现的任何空白字符没有意义。

例如：Ab0196

11.13.2 用十六进制表示的每个字符来表示4位的值。

11.13.3 某些"xmlhstring"实例也是有效的"xmlbstring"和"xmlcstring"实例。分析使用这一记法的

实例时，“xmlhstring”由其出现的上下文来与“xmlbstring”或“xmlcstring”区别。

11.14 字符串

词项名——cstring

11.14.1 “cstring”应由任意个(可能0个)图形符号和来自字符串类型引用的字符集中的间隔字符组成，前、后置QUOTATION MARK(34)字符(")。如果字符集中含有QUOTATION MARK(34)字符，这一字符(如果出现在用“cstring”表示的字符串中)应用在不插入间隔字符的同一行中的一对QUOTATION MARK(34)字符在“cstring”中表示。“cstring”可能跨过几行文字，在这种情况下，描述的字符串不应在“cstring”中行尾的前或后位置上包含有间隔字符。紧接“cstring”中行尾的前或后出现的空白没有意义。

注1：“cstring”只能用来无歧义地(在打印页上)表示字符串，该被描述的字符串中的每个字符要么指派一个图形符号，要么是一个间隔字符。当要在打印表示中指明包含控制字符的字符串时，可用替换项ASN.1语法(见第35章)。

注2：“cstring”表示的字符串应由与图形符号相关的字符和间隔字符组成。紧接“cstring”中任意行尾前或后的间隔字符不是所表示的字符串的一部分(它们被忽略掉)，当“cstring”中含有间隔字符串时，或字符汇中的图形符号在打印表示中不是无歧义时，“cstring”指示的字符串可能在那个打印表示中有歧义。

例1：“屎 屄 市 弑”

例2：“cstring”

"ABCDE FGH

IJK " " XYZ "

可用来表示类型IA5String的字符串值。所表示的值由下列字符组成：

ABCDE FGHIJK"XYZ

如果打印规范中使用成比例的间隔字体(如上所用的)，或者如果字符汇包含多个不同宽度的间隔字符，则E和F之间预计空间的准确数在打印表示中可能有歧义。

11.14.2 当字符是组合字符时，它应在“cstring”的打印表示中指明为一个单独的字符。它不应该用组成它的字符套印。(这样保证了打印版本中无歧义地定义了串中组成字符的顺序。)

例如：小写的“e”和重音组成字符在GB/T 13000.1中是两个字符，因此，在对应的“cstring”中打印为两个字符而不是单个字符 é 。

11.15 XML字符串项

项名——xmlcstring

11.15.1 “xmlcstring”应该由任意个(可能0个)下面的GB/T 13000.1字符组成：

a) HORIZONTAL TABULATION (9)；

b) LINE FEED (10)；

c) CARRIAGE RETURN (13)；

d) 其GB/T 13000.1字符代码在32(十六进制20)至55295(十六进制D7FF)(含)范围内的任意字符；

e) 其GB/T 13000.1字符代码在57344(十六进制E000)至65533(十六进制FFFD)(含)范围内的任意字符；

f) 其GB/T 13000.1字符代码在65536(十六进制10000)至1114111(十六进制10FFFF)(含)范围内的任意字符；

注：要求强加的附加限制是采用的实例中“xmlcstring”应该只包含支配字符串类型允许的字符。

11.15.2 字符“&”(AMPERSAND)、“＜”(LESS-THAN SIGN)或“＞”(GREATER-THAN SIGN)应该只作为11.15.4或11.15.5规定的字符序列之一的一部分出现。

11.15.3 “xmlcstring”用来表示受限制字符串(见37.9)的值，并且能用来直接或通过用下面规定的转义序列表示 GB/T 13000.1 字符的所有组合。

注 1:“xmlcstring”不能用来表示不在 GB/T 13000.1 中出现的字符,例如,能在 GeneralString 中出现的某些控制字符,也不能表示用代码超过 10FFFF 十六进制的 GB/T 13000.1 字符定义的字符。

注 2:当用符合 XML 处理器处理时,不能区分字符 LINE FEED (10)和 CARRIAGE RETURN(13)及一对 CARRIAGE RETURN+ LINE FEED。

11.15.4 如果字符“&”(AMPERSAND)、“＜”(LESS-THAN SIGN)或“＞”(GREATER-THAN SIGN)在用“xmlcstring”(见 37.9)表示的抽象字符串值中出现,在“xmlcstring”中他们应该以下列方式之一表示:

a) 11.15.8 中规定的转义序列;或

b) 各自的转义序列“&”、“<”、“>”。这些转义序列不应该包含空白(见 11.1.6)。

11.15.5 如果带表 3 中第一列的 GB/T 13000.1 的字符在用“xmlcstring”(见 37.9)表示的抽象字符串值中出现,它应该用表 3 中第二列的字符序列表示。这些字符序列不应该包含空白(见 11.1.6)。

注:这里不包括带十进制字符代码 9、10 和 13 及这些字符序列中所有小写的字母。

表 3 xmlcstring 中控制字符的转义序列

GB/T 13000.1 字符编码	xmlcstring 表示法
0(十六进制 0)	<nul/>
1(十六进制 1)	<soh/>
2(十六进制 2)	<stx/>
3(十六进制 3)	<etx/>
4(十六进制 4)	<eot/>
5(十六进制 5)	<enq/>
6(十六进制 6)	<ack/>
7(十六进制 7)	<bel/>
8(十六进制 8)	<bs/>
11(十六进制 B)	<vt/>
12(十六进制 C)	<ff/>
14(十六进制 E)	<so/>
15(十六进制 F)	<si/>
16(十六进制 10)	<dle/>
17(十六进制 11)	<dcl/>
18(十六进制 12)	<dc2/>
19(十六进制 13)	<dc3/>
20(十六进制 14)	<dc4/>
21(十六进制 15)	<nak/>
22(十六进制 16)	<syn/>
23(十六进制 17)	<etb/>
24(十六进制 18)	<can/>
25(十六进制 19)	<em/>
26(十六进制 1A)	<sub/>

表 3(续)

GB/T 13000.1 字符编码	xmlcstring 表示法
27(十六进制 1B)	<esc/>
28(十六进制 1C)	<is4/>
29(十六进制 1D)	<is3/>
30(十六进制 1E)	<is2/>
31(十六进制 1F)	<is1/>

11.15.6　当"xmlcstring"用在形成部分 XER 编码(见 ISO/IEC 8825-4)的"XMLTypedValue"中(见 15.2)时,它可能包含相连的 HYPHEN-MINUS(45)字符。当用在 ASN.1 模块中的 XML 值记法实例内时,它不应该包含两个相连的 HYPHEN-MINUS(45)字符。如果这一字符序列在用 ASN.1 模块中的"xmlcstring"表示的抽象字符串值中出现,那么,11.15.8 中规定的转义序列应该表示至少一个相连的 HYPHEN-MINUS(45)字符。

11.15.7　当"xmlcstring"用在形成部分 XER 编码(见 ISO/IEC 8825-4)的"XMLTypedValue"中时,它可能包含以任意顺序相连的 ASTERISK(42)和 SOLIDUS(47)字符。当用在 ASN.1 模式中的 XML 值记法实例内时,它不应该包含(以任意顺序)相连的 ASTERISK(42)和 SOLIDUS(47)字符。如果这一字符序列在用"xmlcstring"(见 37.9)表示的抽象字符串值中出现,那么,11.15.8 中规定的转义序列应该表示至少一个相连的 ASTERISK(42)和 SOLIDUS(47)字符。

11.15.8　能直接在"xmlcstring"中出现的任何字符也能在"xmlcstring"中用形式"&＃n;"(其中 n 是十进制记法中的 GB/T 13000.1 字符代码)或形式"&＃xn;"(其中 n 是十六进制记法中的 GB/T 13000.1 字符代码)的转义序列表示。这些转义序列不应该包含空白(见 11.1.6)。

注 1:在"n"的十进制和十六进制值中允许以 0 开始,而且"A"～"F"的大小写都能用在十六进制值中。

注 2:如果转义序列"&＃n"和"&＃xn"用于不在基本多文种平面(BMP)中的 GB/T 13000.1 字符,"n"值将比 65535(十六进制 FFFF)大。

示例——"xmlcstring":

ABCD&＃233;FGH&＃xEE;JK&XYZ

能用来表示类型 UTF8String 的字符串值。表示的值由下面字符组成:

ABCDe　FGHiJK&XYZ

如果在规范中采用成比例的间隔字体(例如上面),其中 é 和 F 之间的精确间隔字符在印刷媒介上可能有歧义。

11.16　赋值词项

词项名——"::="

该词项应由字符序列 ::= 组成。

注:该序列不包含任何空白字符(见 11.1.2)。

11.17　范围分隔符

词项名——".."

该词项应由字符序列 .. 组成。

注:该序列不包含任何空白字符(见 11.1.2)。

11.18　省略号

词项名——"..."

该词项应由字符序列 ... 组成。

注:该序列不包含任何空白字符(见 11.1.2)。

11.19　左版本括号

词项名——"[["

该词项应由字符序列 [[组成。

注：该序列不包含任何空白字符(见 11.1.2)。

11.20 右版本括号

词项名——"]]"

该词项应由字符序列]] 组成。

注：该序列不包含任何空白字符(见 11.1.2)。

11.21 XML 结尾标记开始项

项名——"</"

该项应由字符序列 </ 组成。

注：该序列不包含任何空白字符(见 11.1.2)。

11.22 XML 单个标记结尾项

项名——"/>"

该项应由字符序列 /> 组成。

注：该序列不包含任何空白字符(见 11.1.2)。

11.23 XML 布尔真项

项名——"true"

11.23.1 该项应由字符序列 true 组成。

11.23.2 分析使用这一记法的实例时，"true"由其出现的上下文来与"valuereference"或"identifier"区别。

注：该序列不包含任何空白字符(见 11.1.2)。

11.24 XML 布尔假项

项名——"false"

11.24.1 该项应由字符序列 false 组成。

11.24.2 分析使用这一记法的实例时，"false"由其出现的上下文来与"valuereference"或"identifier"区别。

注：该序列不包含任何空白字符(见 11.1.2)。

11.25 ASN.1 类型的 XML 标记名称

项名——xmlasn1typename

11.25.1 当 ASN.1 固有类型将用作 XML 标记名称时，本部分采用项"xmlasn1typename"。

11.25.2 表 4 为 16.2 中列出的每个 ASN.1 固有类型列出形成"xmlasn1typename"的字符序列。ASN.1 固有类型通过它的产生式名称在表 4 的第一列中标识。应该用于"xmlasn1typename"的字符序列在表 4 的第二列中标识，这些字符序列的前或后没有空白。

11.25.3 "UsefulType"的"xmlasn1typename"应该是用于它们定义的"typereference"。

11.25.4 "ObjectClassFieldType"和"InstanceOfType"的"xmlasn1typename"项中的字符序列在 GB/T 16262.2的 14.1 和附录 C 中规定。

11.25.5 如果 ASN.1 固有类型是"TaggedType"，那么，确定"xmlasn1typename"的类型应该是"TaggedType"中的"Type"(见 30.1)。如果这本身是"TaggedType"，那么，应该递归地用本条。

表 4 xmlasn1typename 的字符

ASN.1 类型产生式名称	xmlasn1typename 中的字符
BitStringType	BIT_STRING
BooleanType	BOOLEAN
ChoiceType	CHOICE

表 4(续)

ASN.1类型产生式名称	xmlasn1typename 中的字符
EmbeddedPDVType	SEQUENCE
EnumeratedType	ENUMERATED
ExternalType	SEQUENCE
InstanceOfType	SEQUENCE
IntegerType	INTEGER
NullType	NULL
ObjectClassFieldType	见 GB/T 16262.2 的 14.10 和 14.11
ObjectIdentifierType	OBJECT_IDENTIFIER
OctetStringType	OCTET_STRING
RealType	REAL
RelativeOIDType	RELATIVE_STRING
RestrictedCharacterStringType	类型名称(如:IA5Sting)
SequenceType	SEQUENCE
SequenceOfType	SEQUENCE_OF
SetType	SET
SetOfType	SET_OF
TaggedType	见 11.25.5
UnrestrictedCharacterStringType	SEQUENCE

11.26 单个字符词项

词项名——

“{”“}”“<”“>”“,”“.”“(”“)”“[”“]”“-”(HYHEN-MINUS)“:”“=”“"”(QUOTATION MARK)“'”(APOSTROPHE)“ ”(SPACE)“;”“@”“|”“!”“^”

带任意上面所列名称的词项应由无引号的单个字符组成。

11.27 保留字

保留字名——

ABSENT	ENCODED	INTEGER	RELATIVE-OID
ABSTRACT-SYNTAX	END	INTERSECTION	SEQUENCE
ALL	ENUMERATED	ISO646String	SET
APPLICATION	EXCEPT	MAX	SIZE
AUTOMATIC	EXPLICIT	MIN	STRING
BEGIN	EXPORTS	MINUS-INFINITY	SYNTAX
BIT	EXTENSIBILITY	NULL	T61String
BMPString	EXTERNAL	NumericString	TAGS
BOOLEAN	FALSE	OBJECT	TeletexString
BY	FROM	ObjectDescriptor	TRUE
CHARACTER	GeneralizedTime	OCTET	TYPE-IDENTIFIER

CHOICE	GeneralString	OF	UNION
CLASS	GraphicString	OPTIONAL	UNIQUE
COMPONENT	IA5String	PATTERN	UNIVERSAL
COMPONENTS	IDENTIFIER	PDV	UniversalString
CONSTRAINED	IMPLICIT	PLUS-INFINITY	UTCTime
CONTAINING	IMPLIED	PRESENT	UTF8String
DEFAULT	IMPORTS	PrintableString	VideotexString
DEFINITIONS	INCLUDES	PRIVATE	VisibleString
EMBEDDED	INSTANCE	REAL	WITH

带上面名称的词项应由名称中的字符序列组成，且是保留的字符序列。

注1：这些序列中没有空白。

注2：本部分中不用关键字：CLASS、CONSTRAINED、CONTAINING、ENCODED、INSTANCE、SYNTAX 和 UNIQUE，它们在 GB/T 16262.2、GB/T 16262.3、GB/T 16262.4 中使用。

12 模块定义

12.1 "ModuleDefinition"由下面的产生式规定：

```
ModuleDefinition ::=
        ModuleIdentifier
        DEFINITIONS
        TagDefault
        ExtensionDefault
        " ::= "
        BEGIN
        ModuleBody
        END
ModuleIdentifier ::=
        modulereference
        DefinitiveIdentifier
DefinitiveIdentifier ::=
        "{" DefinitiveObjIdComponentList "}"  |
        empty
DefinitiveObjIdComponentList ::=
        DefinitiveObjIdComponent  |
        DefinitiveObjIdComponent DefinitiveObjIdComponentList
DefinitiveObjIdComponent ::=
        NameForm  |
        DefinitiveNumberForm  |
        DefinitiveNameAndNumberForm
DefinitiveNumberForm ::= number
DefinitiveNameAndNumberForm ::= identifier "(" DefinitiveNumberForm ")"
TagDefault ::=
        EXPLICIT TAGS  |
        IMPLICIT TAGS  |
```

```
            AUTOMATIC TAGS                              |
            empty
ExtensionDefault ::=
            EXTENSIBILITY IMPLIED                       |
            empty
ModuleBody ::=
            Exports Imports AssignmentList              |
            empty
Exports ::=
            EXPORTS SymbolsExported ";"                 |
            EXPORTS ALL ";"                             |
            empty
SymbolsExported ::=
            SymbolList                                  |
            empty
Imports ::=
            IMPORTS SymbolsImported ";"                 |
            empty
SymbolsImported ::=
            SymbolsFromModuleList                       |
            empty
SymbolsFromModuleList ::=
            SymbolsFromModule                           |
            SymbolsFromModuleList SymbolsFromModule
SymbolsFromModule ::=
            SymbolList FROM GlobalModuleReference
GlobalModuleReference ::=
            modulereference AssignedIdentifier
AssignedIdentifier ::=
            ObjectIdentifierValue                       |
            DefinedValue                                |
            empty
SymbolList ::=
            Symbol                                      |
            SymbolList "," Symbol
Symbol ::=
            Reference                                   |
            ParameterizedReference
Reference ::=
            typereference                               |
            valuereference                              |
            objectclassreference                        |
            objectreference                             |
```

```
        objectsetreference
AssignmentList::=
        Assignment                                    |
        AssignmentList Assignment
Assignment::=
        TypeAssignment                                |
        ValueAssignment                               |
        XMLValueAssignment                            |
        ValueSetTypeAssignment                        |
        ObjectClassAssignment                         |
        ObjectAssignment                              |
        ObjectSetAssignment                           |
        ParameterizedAssignment
```

注1：在GB/T 16262.4中规定了“Exports”和“Imports”列表里的“ParameterizedReference”的用法；

注2：例如(及对于带通用类别标记类型的本部分中的定义)，“ModuleBody”可用在“ModuleDefinition”的外部。

注3：第15章中规定了“TypeAssignment”、“ValueAssignment”、“XMLValueAssignment”和“ValueSetTypeAssignment”产生式。

注4：为模块定义的“TagDefault”值只影响那些在模块中显式已定义类型，它不影响引入类型的解释。

注5：字符分号不在赋值列表规范或它的任何下一级产生式中出现，并保留为ASN.1工具开发者使用。

12.2 如果“TagDefault”是“empty”，它取“EXPLICIT TAGS”。

注：第30章给出了EXPLICIT TAGS、IMPLICIT TAGS和AUTOMATIC TAGS的意义。

12.3 当选择“TagDefault”的替换项AUTOMATIC TAGS时，就是说选择了为模块自动加标记，否则就说没有选择。自动加标记是(带附加条件)应用于模块定义内的“ComponentTypeLists”和“AlternativeTypeLists”产生式上的语法转换。24.7至24.9、26.3和28.2至28.5形式上分别规定了有关序列类型、集合类型和选择类型记法的这一转换。

12.4 EXTENSIBILITY IMPLIED选项相当于允许的模块中每个类型定义中文本插入扩展标志(“...”)。隐式扩展标志的位置是允许有显式规定扩展标志的类型中的最后位置。无EXTENSIBILITY IMPLIED意味着只为扩展标志显式存在的模块内的那些类型提供可扩展性。

注：EXTENSIBILITY IMPLIED只影响类型。它不影响客体集和子类型约束。

12.5 在“ModuleIdentifier”产生式中出现的“modulereference”称为模块名称。

注：用赋予相同“modulereference”的“ModuleBody”的几个事件定义单个ASN.1模块的可能性在早期的规范中是(可论证)允许的。本部分中不允许这样。

12.6 模块名在模块定义的应用范围内应只能使用一次(12.9规定的除外)。

12.7 如果“DefinitiveIdentifier”不是空的，指示客体标识符值无歧义和唯一地标识所定义的模块。未定义值可用于定义客体标识符值。

注：本部分不阐述模块变化需要新“DefinitiveIdentifier”的问题。

12.8 如果“AssignedIdentifier”不是空，则“ObjectIdentifierValue”和“DefinedValue”替换项无歧义和唯一地标识引入引用名的模块。当使用“AssignedIdentifier”的“DefinedValue”替换项时，它应是类型客体标识符值。“AssignedIdentifier”内文本出现的每个“valuereference”应满足下列规则之一：

a) 它在所定义模块的“AssignmentList”中定义，且所有在赋值描述右边文本出现的“valuereference”也满足本规则(“a”规则)或下一个规则(“b”规则)。

b) 在“AssignmentIdentifier”不能文本包含任何“valuereference”的“SymbolsFromModule”中，它表现为“Symbol”。

注：建议赋予一个客体标识符以便其他地方能无歧义地引用模块。

12.9 “SymbolsFromModule”中的“GlobalModuleReference”应在另一个模块的“ModuleDefinition”中出现，如果它包含非空的“DefinitiveIdentifier”，“modulereference”可能在两种情况下有所不同例外。

注：当符号是从两个名字相同（不考虑 12.6 已命名模块）的模块中引入时，应只能用不同于用于其他模块中的“modulereference”。采用替换项的不同名字使这些名字可用于模块体中（见 12.15）。

12.10 当“modulereference”和非空“AssignedIdentifier”都用来引用一个模块时，后者应该认为是确定性的。

12.11 当引用的模块有非空的“DefinitiveIdentifier”时，引用那个模块的“GlobalModuleReference”不应有空的“AssignedIdentifier”。

12.12 当选择“SymbolsExported”替换“Exports”时：

a) “SymbolsExported”中的每个“Symbol”应满足一个且只能是一个下面的条件：

i) 只在所构建的模块中定义；或

ii) 在“Imports”的“SymbolsImported”替换项中，只准确地出现一次；

b) 每个适合从模块外面引用的“Symbol”应包含在“SymbolsExported”中且只有这些“Symbol”能从模块外部引用（根据 12.13 的规定放宽限制）；和

c) 如果没有这类“Symbol”，那么应选择空替换“SymbolsExported”（不是替换“Exports”）。

12.13 当选择“empty”或者 EXPORTS ALL 替换“Exports”时，模块中定义或模块引入的每个“Symbol”可从其他受到 12.12 a）中规定限制的模块中引用。

注：包含“empty”替换“Exports”是为了向后兼容。

12.14 如果定义它们的 typereference 是输出的或作为输出类型内的成分（或子成分）出现，则“NamedNumberList”、“Enumeration”或“NamedBitList”中出现的标识符是隐式输出。

12.15 当选择“SymbolsImported”替换“Imports”时：

a) 在“SymbolsFromModue”中的每个“Symbol”应在“SymbolsFromModue”中的“GlobalModuleReference”指明模块的模块体中定义，或者在“Imports”章出现。如果在那一章中只有一次“Symbol”事件，则只允许引入被引用模块的“Imports”章中出现的“Symbol”，而且“Symbol”不能在被引用模块中定义。

注 1：不禁止在两个来自被引入到另一个模块的不同模块中定义相同的符号名。然而，如果相同的“Symbol”名字在模块 A 的“Imports”章中出现不止一次，那个“Symbol”名就不能从 A 输出以引入到另一个模块 B。

b) 如果在“SymbolsFromModule”中的“GlobalModuleReference”指明的模块的定义中选择了“SymbolsExported”替换“Exports”，则“Symbol”应出现在其“SymbolsExported”中。

c) 只有那些出现在“SymbolsFromModue”的“SymbolList”之中的“Symbol”可在任何有由那个“SymbolsFromModue”的“GlobalModuleReference”指明的“modulereference”的“External＜X＞Reference”（这里＜X＞是“Value”、“Type”、“Object”、“Objectclass”或“Objectset”）中作为符号出现。

d) 如果没有这样的“Symbol”，那么应选择“empty”替换“SymbolsImported”。

注 2：c）和 d）的作用是语句 IMPORTS；意味着模块不能包含“External＜X＞Reference”。

e) 在“SymbolsFromModueList”中的所有“SymbolsFromModue”应包含“GlobalModuleReference”出现，因此：

i) 其中的“modulereference”彼此完全不同，而且不同于与引用模块相关的“modulereference”；和

ii) 非空时，“AssignedIdentifier”指明彼此完全不同的客体标识符值，而且不同于（若有的话）与引用模块相关的客体标识符值。

12.16 当选择“empty”替换“Imports”时，模块仍可通过“External＜X＞Reference”的方法引用其他模块中定义的“Symbol”。

注：含有“empty”替换“Imports”是为了向后兼容。

12.17 如果定义它们的 typereference 是引入的或作为引入类型的成分（或子成分）出现的，则在“NamedNumberList”、“Enumeration”或“NamedBitList”中出现的标识符是隐式引入。

12.18 “SymbolsFromModule”中的“Symbol”可以在“ModuleBody”中作为“Reference”出现，与“Symbol”相关的意义是它在对应的“GlobalModuleReference”指明的模块中出现。

12.19 当“Symbol”也出现在“AssignmentList”（不赞成），或者在“SymbolsFromModule”的一个或多个其他实例中出现时，它应仅用在“External<X>Reference”中。它没有这样出现时，应直接用作“Reference”。

12.20 本部分中随后的几章里定义了“Assignment”的各种替代式，另外标注的除外：

赋值替代式	定义章节
“TypeAssignment”	15.1
“ValueAssignment”	15.2
“XMLValueAssignment”	15.2
“ValueSetTypeAssignment”	15.6
“ObjectClassAssignment”	GB/T 16262.2 的 9.1
“ObjectAssignment”	GB/T 16262.2 的 11.1
“ObjectSetAssignment”	GB/T 16262.2 的 12.1
“ParameterizedAssignment”	GB/T 16262.4 的 8.1

每个“Assignment”的第一个符号是“Reference”的替换项之一，指明被定义的引用名。“AssignmentList”内的两个赋值中不应有相同的引用名。

13 引用类型和值定义

13.1 被定义类型和值产生式

```
DefinedType::=
        ExternalTypeReference       |
        Typereference               |
        ParameterizedType           |
        ParameterizedValueSetType
DefinedValue::=
        ExternalValueReference      |
        Valuereference              |
        ParameterizedValue
```

规定应用于引用类型和值定义的序列。GB/T 16262.4 中规定了“ParameterizedType”和“ParameterizedValueSetType”标识的类型和“ParameterizedValue”标识的值。

13.2 当需要 XML 标记名表示 ASN.1 类型时，采用“NonParameterizedTypeName”产生式：

```
NonParameterizedTypeName::=
        ExternalTypeReference       |
        typereference               |
        xmlasn1typename
```

13.3 如果“xmlasn1typename”是“CHOICE”、“ENUMERATED”、“SEQUENCE”、“SEQUENCE_OF”、“SET”或“SET_OF”，当 XML 值记法用于 ASN.1 模块中时，第三个替换项不应该用作“XMLValueAssignment”（见 15.2）或“XMLOpenTypeFeildVal”（见 GB/T 16262.2 的 14.6）的“XMLTypeValue”中的“NonParameterizedTypeName”。

注：因为“xmlasn1typename”不定义 ASN.1 类型，因此，在用于 ASN.1 模块中的 XML 值记法中这一限制是强制的。因为不用从“xmlasn1typename”形成的 XML 标记来确定所编码的类型，因此，对于编码规则(例如 XER，见 ISO/IEC 8825-4)中使用这一记法不出现该限制。

13.4 除 12.18 规定的外，除非引用是在类型或值指派给(见 15.1 和 15.2)“typereference”或“valuereference”的“ModuleBody”内，否则不应使用“typereference”、“valuereference”、“ParameterizedType”、“ParameterizedValueSetType”或“ParameterizedValue”替代式。

13.5 除非对应的“typereference”或“valuereference”在用于定义对应的“modulereference”的“ModuleBody”内

a) 分别被赋予类型或值(见 15.1 和 15.2)；或

b) 出现在“Imports”章中，

否则不应使用“ExternalTypeReference”和“ExternalValueReference”。如果在那一章中，“Symbol”事件不超过一次，则仅允许引用另一个模块的“Imports”章中的名称。

注：这不禁止在两个来自被引入到另一模块的不同模块中定义的相同“Symbol”，然而，如果相同的“Symbol”在模块 A 的 IMPORTS 章中出现不止一次，那么不能在外部引用中用模块 A 引用那个“Symbol”。

13.6 在只引用在不同模块中定义的模块名的模块中应采用外部引用，而且用下面的产生式规定：

```
ExternalTypeReference ::=
        modulereference
        "."
        typereference
ExternalValueReference ::=
        modulereference
        "."
        valuereference
```

注：GB/T 16262.2 中规定了附加外部引用产生式(“ExternalClassReference”、“ExternalObjectReference”和“ExternalObjectSetReference”)。

13.7 当用“Imports”的“SymbolsImported”替换项定义引用模块时，“SymbolsImported”里只有一个“SymbolsFromModule”的“GlobalModuleReference”中应出现外部引用中的“modulereference”。当用“Imports”的“empty”替换项定义引用模块时，定义“Reference”的模块(不同于引用模块)的“ModuleDefinition”中应出现外部引用的“modulereference”。

13.8 在“DefinedType”用作“Type”支配的部分记法时(例如，在“SubtypeConstraint”中)，那么，“DefinedType”应该与附录 B.6.2 中规定的支配“Type”相兼容。

13.9 “DefinedValue”的 ASN.1 规范内的每次出现由“Type”支配，而且“DefinedValue”应该引用与附录 B.6.2 中规定的支配“Type”相兼容的类型的值。

14 支持引用 ASN.1 成分的记法

14.1 在很多情况下，需要形式引用 ASN.1 类型、值等的成分。一个这样的实例是要写出文本来标识某些 A SN.1 模块内的规定类型。本章定义能用来提供这些引用的记法。

14.2 记法使集或序列类型(强制或可选地出现在类型中)的任何成分能被标识。

14.3 通过使用“AbsoluteReference”语法结构：

```
AbsoluteReference ::= "@" ModuleIdentifier
        "."
        ItemSpec
ItemSpec ::=
```

```
        typereference                       |
        ItemId "." ComponentId
ItemId ::= ItemSpec
ComponentId ::=
        Identifier                          |
        Number                              |
        "*"
```

能引用任何 ASN.1 类型定义的任何部分。

注：AbsoluteReference 产生式不可用在本部分的其他地方。提供它是为 14.1 的陈述。

14.4 “ModuleIdentifier”标识 ASN.1 模块(见 12.1)。

14.5 当“DefinitiveIdentifier”的第一个替换项用作部分“ModuleIdentifier”时，“DefinitiveIdentifier”无歧义和唯一地标识名称被引用的模块。

14.6 “typereference”引用由“ModuleIdentifier”标识的模块中定义的任何 ASN.1 类型。

14.7 每个“ItemSpec”中的“ComponentId”标识由“ItemId”标识的类型的成分。如果它标识的成分不是集、序列、单一集合、单一序列或选择类型，它应该是最后的“ComponentId”。

14.8 如果双亲“ItemId”是集或序列类型，并且要求是该集或序列“ComponentTypeLists”中“NamedType”的“identifier”之一，可以使用“ComponentId”的“identifier”形式。如果“ItemId”标识选择类型，且然后要求是那个选择类型“AlternativeTypeLists”中“NamedType”的“identifier”之一，也可使用“ComponentId”的“identifier”形式。它不能在任何其他情况下使用。

14.9 只有“ItemId”是单一序列或单一集合类型的条件下能使用“ComponentId”的数字形式。数字值标识单一序列或单一集合中的类型实例，用值“1”标识类型的第一个实例。值零标识概念整数类型成分(不在传送中显式出现)，该成分包含封闭类型的值中出现的单一序列或单一集合中的类型实例数字的计数。

14.10 只有“ItemId”是单一序列或单一集合时可以使用“ComponentId”的“*”形式。任何与使用“ComponentId”的“*”形式相关的语义适用于单一序列和单一集合的所有成分。

注：下面的示例中：

```
M DEFINITIONS ::= BEGIN
  T ::= SEQUENCE {
        a     BOOLEAN
        b     SET OF INTEGER
  }
END
```

成分“T”能通过 ASN.1 模块外(或注解中)的文本引用，如：

```
-- if (@M.T.b.0 is odd) then:
--        (@M.T.b.* shall be an odd integer)
```

用来陈述如果“b”里的成分数字是奇数，“b”的所有成分必须是奇数。

15 类型和值的赋值

15.1 通过“TypeAssignment”产生式规定的记法将“typereference”赋予类型：

```
TypeAssignment ::=
        typereference
        "::="
        Type
```

“typereference”不应该是 ASN.1 的保留字(见 11.27)。

15.2 通过“ValueAssignment”或“XML ValueAssignment”产生式规定的记法将“valuereference”赋予值：

```
ValueAssignment ::=
        valuereference
        Type
        " ::= "
        Value
XML ValueAssignment ::=
        valuereference
        " ::= "
        XMLTypedValue
XMLTypedValue ::=
        "<"& NonParameterizedTypeName ">"
        XMLValue
        "</"& NonParameterizedTypeName ">"      |
        " <"& NonParameterizedTypeName " />"
```

赋给“ValueAssignment”中“valuereference”的值应该是“Value”，并且由“Type”支配和应该是由“Type”定义的类型的值的记法（如 15.3 中规定的）。赋给“XMLValueAssignment”中“valuereference”的值应该是“XMLValue”（见 16.7），并且应该是“NonParameterizedTypeName”定义的类型的值的记法（如 15.4 中规定的）。如果这是“xmlasn1typename”项，那么它标识表 4 中对应行的 ASN.1 固有类型（也见 13.3）。

15.3 “Value”是 16.7 中规定类型的值的记法。

15.4 如果“XMLValue”是类型的“XMLBuiltinValue”记法（见 16.10），则“XMLValue”是类型的值的记法。

15.5 只有“XMLValue”产生式实例为空时，可以使用“XMLTypedValue”的第二个替换项（采用 XML 空元素标记）。

注：如果“XMLValue”产生式是只包含空白的“xmlcstring”，这将不能为空，而且，不能使用第二个替换项。

15.6 通过“ValueSetTypeAssignment”产生式规定的记法可将“typereference”赋给值集：

```
ValueSetTypeAssignment ::=
        typereference
        Type
        " ::= "
        ValueSet
```

这一记法将“typereference”赋给定义为“Type”指示的类型的子类型，并且确定包含“ValueSet”中规定或允许的值的类型。“typereference”不应该是 ASN.1 的保留字（见 11.27），且可引用作为类型。在 15.7 中定义了“ValueSet”。

15.7 某些类型支配的值集应由记法“ValueSet”规定：

```
ValueSet ::= "{" ElementSetSpecs "}"
```

值集包含“ElementSetSpecs”规定的所有值（见第 46 章），至少应该包含有一个。

15.8 “ValueSetTypeAssignment”产生式扩大成：

```
typereference
        Type
        " ::= "
```

"(" ElementSetSpecs")"

为了所有目的,包括应用编码规则,定义它是准确地相当于使用具有相同的"Type"和"ElementSetSpecs"规范的产生式:

```
typereference
        " ::= "
        Type
        " (" ElementSetSpecs " )"
```

16 类型和值的定义

16.1 类型由下列记法"Type"规定:

```
Type ::= BuiltinType | ReferencedType | ConstrainedType
```

16.2 记法"BuiltinType"规定 ASN.1 的固有类型,定义如下:

```
BuiltinType ::=
        BitStringType           |
        BooleanType             |
        CharacterStringType     |
        ChoiceType              |
        EmbeddedPDVType         |
        EnumeratedType          |
        ExternalType            |
        InstanceOfType          |
        IntegerType             |
        NullType                |
        ObjectClassFieldType    |
        ObjectIdentifierType    |
        OctetStringType         |
        RealType                |
        RelativeOIDType         |
        SequenceType            |
        SequenceOfType          |
        SetType                 |
        SetOfType               |
        TaggedType
```

以下几章(除非另有说明,否则是指本部分中的)定义各种"固有类型"记法:

BitStringType	21
BooleanType	17
CharacterStringType	36
ChoiceType	28
EmbeddedPDVType	33
EnumeratedType	19
ExternalType	34
InstanceOfType	GB/T 16262.2—2006 的附录 C
IntegerType	18

```
NullType                23
ObjectClassFieldType    GB/T 16262.2—2006 的 14.1
ObjectIdentifierType    31
OctetStringType         22
RealType                20
RelativeOIDType         32
SequenceType            24
SequenceOfType          25
SetType                 26
SetOfType               27
TaggedType              30
```

16.3 记法“ReferencedType”规定 ASN.1 引用的类型：

```
ReferencedType ::=
        DefinedType          |
        UsefulType           |
        SelectionType        |
        TypeFromObject       |
        ValueSetFromObject
```

“ReferencedType”记法提供了引用某些其他类型(最终到固有类型)的替换方法。各种“ReferencedType”记法以及确定它们引用的类型的方法在下列位置规定(除非另有说明，否则在本部分中)：

```
DefinedType            13.1
UsefulType             41.1
SelectionType          29
TypeFromObject         GB/T 16262.2—2006 的第 15 章
ValueSetFromObject     GB/T 16262.2—2006 的第 15 章
```

16.4 “ConstrainedType”在第 45 章中定义。

16.5 本部分要求在规定集类型、序列类型和选择类型的成分时采用记法“NamedType”。“NamedType”的记法是：

```
NamedType ::= identifier Type
```

16.6 “identifier”用来无歧义地引用值记法、内部子类型约束及成分关系约束中的集类型、序列类型或选择类型的成分(见 GB/T 16262.3)。它不是类型的一部分，因此，不影响类型。

16.7 有些类型的值应该由下列记法“Value”或记法“XMLValue”来规定：

```
Value ::=
        BuiltinValue            |
        ReferencedValue         |
        ObjectClassFieldValue

XMLValue ::=
        XMLBuiltinValue         |
        XMLObjectClassFieldValue
```

注 1：“ObjectClassFieldValue”和“XML ObjectClassFieldValue”在 GB/T 16262.2—2006 的 14.6 中定义。

注 2：“XMLValue”只用于“XMLTypedValue”中。

16.8 如果“XMLValue”产生式的任意部分导致 XML 开始标记后紧接着 XML 结束标记，可能由以 11.1.4 允许插入的空白隔开(例如，＜字段 1＞＜/字段 1＞)，这两个 XML 标记以及任意插入的空白能用单个 XML 空-元素标记(＜字段 1/＞)代替。

注：如果任意空白字符，11.1.4 允许插入的空白除外，出现在开始标记的最后“＞”字符和结束标记的初始“＜”字符之间，就不满足上面的条件。

16.9　ASN.1 的固有类型值能用记法“XMLBuiltinValue”(见 16.10)或“BuiltinValue”规定，定义如下：

```
BuiltinValue ::=
        BitStringValue            |
        BooleanValue              |
        CharacterStringValue      |
        ChoiceValue               |
        EmbeddedPDVValue          |
        EnumeratedValue           |
        ExternalValue             |
        InstanceOfValue           |
        IntegerValue              |
        NullValue                 |
        ObjectIdentifierValue     |
        OctetStringValue          |
        RealValue                 |
        RelativeOIDValue          |
        SequenceValue             |
        SequenceOfValue           |
        SetValue                  |
        SetOfValue                |
        TaggedValue
```

各种“BuiltinValue”记法的每一个在上面 16.2 中列出的，对应的“BuiltinType”记法的同一条中定义。

16.10　“XML BuiltinValue”定义如下：

```
XMLBuiltinValue ::=
        XMLBitStringValue         |
        XMLBooleanValue           |
        XMLCharacterStringValue   |
        XMLChoiceValue            |
        XMLEmbeddedPDVValue       |
        XMLEnumeratedValue        |
        XMLExternalValue          |
        XMLInstanceOfValue        |
        XMLIntegerValue           |
        XMLNullValue              |
        XMLObjectIdentifierValue  |
        XMLOctetStringValue       |
        XMLRealValue              |
        XMLRelativeOIDValue       |
```

XMLSequenceValue |
XMLSequenceOfValue |
XMLSetValue |
XMLSetOfValue |
XMLTaggedValue

各种“XMLBuiltinValue”记法的每一个在上面16.2中列出的，对应的“BuiltinType”记法的同一章中定义。

16.11 用记法“ReferencedValue”规定ASN.1引用的值：

ReferencedValue ::=
DefinedValue |
ValueFromObject

“ReferencedValue”记法提供了引用某些其他值（最终到固有值）的替换方法。各种“ReferencedValue”记法以及确定它们引用的值的方法在下列位置规定（除非另有说明，否则在本部分中）：

DefinedValue 13.1
ValueFromObject GB/T 16262.2—2006的第15章

16.12 不管类型是“BuiltinType”、“ReferencedType”或“ConstrainedType”，其值能够用那个类型的“BuiltinValue”或“ReferencedValue”规定。

16.13 用记法“NamedType”引用的类型的值应该用记法“NamedValue”定义，或者当用作部分“XMLValue”时，用记法“XMLNamedValue”。这些产生式是：

NamedValue ::= identifier Value
XMLNamedValue ::= "<"& identifier ">"XMLValue "</"& identifier ">"

这里，“identifier”与“NamedType”记法中使用的一样。

注：“identifier”是记法的一部分，它不形成值本身的部分。它用来无歧义地引用集类型、序列类型或选择类型的成分。

16.14 类型定义中隐式（见12.4）或显式出现的扩展标志（见第6章）不影响值记法。也就是，有扩展标志的类型的值记法准确地和好像缺少扩展标志一样。

注：46.8条禁止用于取自引用不在双亲类型扩展根中的值的子类型约束的值记法。

17 布尔类型记法

17.1 应该通过记法“BooleanType”引用布尔类型（见3.6.7）：

BooleanType ::= BOOLEAN

17.2 用本记法定义类型的标记是通用类别，编号为1。

17.3 布尔类型（见3.6.73和3.6.38）的值应该由记法“BooleanValue”定义，或者当用作“XMLValue”时，用记法“XMLBooleanValue”。这些产生式是：

BooleanValue ::= TRUE | FALSE
XMLBooleanValue ::=
"<"& "true" "/>" |
"<"& "false" "/>"

18 整数类型的记法

18.1 整数类型应该由记法“IntegerType”来引用（见3.6.41）：

IntegerType ::=
INTEGER |

INTEGER"{" NamedNumberList" }"

NamedNumberList ::=

NamedNumber |

NamedNumberList "," NamedNumber

NamedNumber ::=

identifier "("SignedNumber")" |

identifier "("DefinedValue")"

SignedNumber ::=

number |

"-" number

18.2 如果“number”是零，则不应该使用“SignedNumber”的第二个替换项。

18.3 “NamedNumberList”在类型定义中没有意义，它仅用于 18.9 中规定的值记法。

18.4 “DefinedValue”中的“valuereference”应该是类型整数的。

注：由于“identifier”不能用来规定与“NamedNumber”相关的值，“DefinedValue”永远不会被错认为是“IntegerValue”。在下面的情况下：

a INTEGER ::= 1

T1 ::= INTEGER{a(2)}

T2 ::= INTEGER{a(3),b(a)}

c T2 ::= b

d T2 ::= a

其中，c 指示值 1，由于它既不能引用 a 的第二、也不能第三个出现，而 d 指示值 3。

18.5 “NamedNumberList”中出现的每个“SignedNumber”或“DefinedValue”的值应该不同，而且代表整数类型的不同值。

18.6 在“NamedNumberList”中出现的每个“identifier”应该不同。

18.7 在“NamedNumberList”中的“NamedNumber”的顺序无关紧要。

18.8 由本记法定义的类型标记是通用类别，编号为 2。

18.9 整数类型的值应该由记法“IntegerValue”来定义，或者当用作“XMLValue”时，则用记法“XMLIntegerValue”。这些产生式是：

IntegerValue ::=

SignedNumber |

identifier

XMLIntegerValue ::=

SignedNumber |

"＜"& identifier "/＞"

18.10 在“IntegerValue”及“XMLIntegerValue”中的“identifier”应是与值相关，且应表示对应的数字的“IntegerType”中的“identifier”之一。

注：当引用已定义“identifier”的整数值时，用“IntegerValue”和“XMLIntegerValue”的“identifier”形式更好。

18.11 有“NamedNumberList”的整数类型的值记法实例内，取自“NamedNumberList”的“identifier”和引用名都是名称的任何事件应该解释为“identifier”。

19 枚举类型的记法

19.1 枚举类型(见 3.6.24)应该用记法“EnumeratedType”来引用：

EnumeratedType ::=

ENUMERATED "{"Enumerations"}"

Enumerations ::=

  RootEnumeration |

  RootEnumeration "," "..." ExceptionSpec |

  RootEnumeration "," "..." ExceptionSpec "," AdditionalEnumeration

RootEnumeration ::= Enumeration

AdditionalEnumeration ::= Enumeration

Enumeration ::=

  EnumerationItem | EnumerationItem "," Enumeration

EnumerationItem ::= identifier | NamedNumber

注 1："EnumeratedType"的每个值有一个与不同整数相关的标识符。然而，不希望值本身有任何整数语义。规定"EnumerationItem"的"NamedNumber"替换项提供控制值的表达式以便有利于可兼容的扩展。

注 2：在"RootEnumeration"中的"NamedNumber"内的数值不必有序或者相邻，而"AdditionalEnumeration"中的"NamedNumber"内的数值是有序的但不必相邻。

19.2 对于每个"NamedNumber"，"identifier"和"SignedNumber"应与"Enumeration"中的所有其他"identifier"和"SignedNumber"不同。18.2 和 18.3 条也适用于每个"NamedNumber"。

19.3 （在"EnumeratedType"中）每个是"identifier"的"EnumerationItem"连续地被赋给不同的非负整数。对于"RootEnumeration"，赋值从零开始、但不包括任何是"NamedNumber"的"EnumerationItem"中采用的任何整数的连续整数。

注：整数值与"EnumerationItem"相关，以帮助定义编码规则。否则，它没有在 ASN.1 规则中采用。

19.4 每个新"EnumerationItem"的值应该比类型中所有以前定义的"AdditionalEnumeration"要大。

19.5 当"NamedNumber"用于定义"AdditionalEnumeration"中的"EnumerationItem"时，与之相关的值应该与（本类型中）所有前面定义"EnumerationItem"的值不同，无论前面定义的"EnumerationItem"在枚举根中存在与否。例如：

  A ::=ENUMERATED {a, b, ... , c(0)} -- 无效，因为 a 和 c 都为 0

  B ::=ENUMERATED {a, b, ... , c, d(2)} -- 无效，因为 c 和 d 都为 2

  C ::=ENUMERATED {a, b(3), ... , c(1)} -- 有效，因为 c=1

  D ::=ENUMERATED {a, b, ... , c(2)} -- 有效，因为 c=2

19.6 对于"EnumerationItem"不是在"RootEnumeration"中定义时，与作为"identifier"（而不是"NamedNumber"）的"AdditionalEnumeration"替换项中的第一个"EnumerationItem"相关的值应该是最小值，而且"AdditionalEnumeration"（若有的话）中所有前面的"EnumerationItem"较小。例如，下面都是有效的：

  A ::=ENUMERATED {a, b, ... , c} -- c=2

  B ::=ENUMERATED {a, b, c(0), ... , d} -- d=3

  C ::=ENUMERATED {a, b, ... , c(3), d} -- d=4

  D ::=ENUMERATED {a, z(25), ... , d} -- d=1

19.7 枚举类型的标记是通用类别，编号为 10。

19.8 枚举类型的值应该由记法"EnumeratedValue"定义，或者当用作"XMLValue"时，用记法"XMLEnumeratedValue"。这些产生式是：

  EnumeratedValue ::= identifier

  XMLEnumeratedValue ::= "<"& identifier "/>"

19.9 在"EnumeratedValue"和"XMLEnumeratedValue"中的"identifier"应该等于与值相关"EnumeratedType"序列中的"identifier"。

19.10 枚举类型值记法的实例内，取自"Enumeration"的"identifier"和引用名都是名字的任何事件应该解释为“identifier”。

20 实数类型的记法

20.1 实数类型(见 3.6.54)应该用记法“RealType”来引用:

RealType ::= REAL

20.2 实数类型的标记是通用类别,编号为 9。

20.3 实数类型的值是值 PLUS-INFINITY and MINUS-INFINITY 及能用包含三个整数 M、B 和 E 的下列公式规定的实数:

$$M \times B^E$$

这里,M 称作尾数,B 称作底数,E 称作指数。

20.4 实数类型有一个相关的类型,该类型用来精确定义实数类型的抽象值,并也用来支持实数类型的值和子类型记法。

注:编码规则可定义不同的、用来规定编码的类型,或者不引用相关类型可规定编码。特别是,如果“base”是 10,PER 和 BER 中的编码提供一个二进制代码的十进制(BCD)编码,和如果“base”是 2,提供允许来自于硬件浮点表达式的有效转换的编码。

20.5 值定义和分成子类型的相关类型是(有标准注解):

```
SEQUENCE{
        mantissa INTEGER,
        mantissa INTEGER(2|10),
        exponent INTEGER
        -- 相关的数学实数是“mantissa”乘以“base”为底的“exponent”次幂
}
```

注 1:尽管“base”2 和“base”10 表示的非零值确定同样的实数值,它们还是被认为是不同的抽象值,而且可携带不同的应用层语义。

注 2:记法“REAL(WITH COMPONENT{..., base (10)})”能用来限制值集为底数是 10 的抽象值(对底数是 2 的抽象值也类似)。

注 3:本类型能携带一个能以典型浮点硬件储存的任何数字的准确有限表达式及任何有限的十进制字符表达式数字。

20.6 实数类型的值应该用记法“RealValue”来定义,或者用于“XMLValue”时,用记法“XML RealValue”定义:

```
RealValue ::=
        NumericRealValue        |
        SpecialRealValue
NumericRealValue ::=
        realnumber              |
        " - "realnumber         |
        SequenceValue -- 相关序列类型的值
SpecialRealValue ::=
        PLUS-INFINITY           |
        MINUS-INFINITY
```

“NumericRealValue”的第二和第三个替换项不应用于零值。

```
XMLRealValue ::=
        XMLNumericRealValue |XMLSpecialRealValue
XMLNumericRealValue ::=
```

realnumber |
" - "realnumber

"XMLNumericRealValue"的第二个替换项不应该用作零值：

XMLSpecialRealValue ::=
"<" &PLUS-INFINITY "/>" | "<" MINUS-INFINITY "/>"

20.7 当使用"realnumber"记法时，它标识出对应以10为"base"的抽象值。如果"RealType"被约束为以2为"base"，"realnumber"以2为"base"的抽象值标识对应"realnumber"规定的十进制值，或如果不能准确表示时对应本机系统定义的精确度。

21 位串类型的记法

21.1 位串类型（见3.6.6）应该用记法"BitStringType"来引用：

```
BitStringType ::=
        BIT STRING
        BIT STRING "{" "NamedBitList" "}"
NamedBitList ::=
        NamedBit |
        NamedBitList "," NamedBit
NamedBit ::=
        identifier "(" "number" ")" |
        identifier "(" "DefinedValue" ")" |
```

21.2 位串中的第一位叫做起始位，位串中的最后一位叫做结尾位。

注：这一术语用于规定值记法及定义编码规则。

21.3 "DefinedValue"应该引用类型整数的非负值。

21.4 出现在"NamedBitList"中的每个"number"或"DefinedValue"的值应该不同，而且是位串值中的不同位的数字。位串的起始位用"number"零标识，连续的位上有连续的值。

21.5 出现在"NamedBitList"中的每个"identifier"应该不同。

注1：在"NamedBitList"中的"NamedBit"产生式序列的顺序没有意义。

注2：由于出现在"NamedBitList"内的"identifier"不能用来规定与"NamedBit"相关的值，"DefinedValue"从不可能被误以为是"IntegerValue"。因此在下列情况下：

```
a INTEGER ::= 1
T1 ::= INTEGER {a(2)}
T2 ::= BIT STRING {a(3),b(a)}
```

其中a的最后事件指明值1，因为它既不能引用a的第二个也不能引用第三个事件。

21.6 "NamedBitList"的出现不会影响本类型的抽象值的集。允许是包含1位而非已命名位的值。

21.7 当"NamedBitList"用来定义位串类型时，ASN.1编码规则随意地在被编码或解码的值上加上（或移去）任意多个结尾0位。因此，应用设计者应保证不同的语义与这些仅在结尾0位不同的值不相关。

21.8 该类型的标记是通用类别，编号为3。

21.9 位串类型的值应该用记法"BitStringValue"来定义，或者当用作"XMLValue"时，用记法"XMLBitStringValue"。这些产生式是：

```
BitStringValue ::=
        bstring                    |
        hstring                    |
        "{" "IdentifierList" "}"   |
```

```
        "{" "}"                                          |
        CONTAINING Value
IdentifierList ::=
        identifier                                       |
        IdentifierList "," identifier
XMLBitStringValue ::=
        XMLTypedValue                                    |
        Xmlbstring                                       |
        XMLIdentifierList                                |
        empty
XMLIdentifierList::=
        "<" &identifier "/>"                             |
        XMLIdentifierList "<" &identifier "/>"
```

21.10 除非位串有包含 ASN.1 类型但不包括 ENCODED BY 的内容约束，否则，不应该使用“XMLTypedValue”替换项。如果使用这一替换项，则“XMLTypedValue”应该是内容约束中的 ASN.1 类型的值。

21.11 除非位串有“NamedBitList”，否则不应使用“XMLIdentifierList”替换项。

21.12 在“BitStringValue”或“XMLBitStringValue”中的每个“identifier”应该和与该值相关的“BitStringType”产生式序列中的“identifier”相同。

21.13 “empty”替换项指明带空位的位串。

21.14 如果位串有已命名位，则“BitStringValue”或“XMLBitStringValue”记法用对应“identifier”的数字规定的位的位置中的值指明位串值，而且，所有其他位是零。

注：对有“NamedBitList”的“BitStringType”，“BitStringValue”中的“{" "}”产生式序列和“XMLBitStringValue”中的“empty”用来指明没有包含任何位的位串。

21.15 当使用“bstring”或“xmlbstring”记法时，位串值的起始位在左边，而位串值的结束位在右边。

21.16 当使用“hstring”记法时，每个十六进制数字的最高有效位对应位串中最左边的位。

注：这一记法在任何情况下都不约束解码规则将位串置成用来传送 8 位位组的方式。

21.17 除非位串值由 4 位的倍数组成，否则不应该使用“hstring”记法。

例如：

'A98A'H

和

'1010100110001010'B

是同一位串值的替换记法。如果用“NamedBitList”定义类型，则(单个)结尾零不能形成长度是 15 位的值的一部分。如果没有用“NamedBitList”定义类型，则结尾零形成长度是 16 位的值的一部分。

21.18 如果具有包括 CONTAINING 的位串类型内容约束，则只能使用 CONTAINING 替换项。然后，“Value”应该是“ContentsConstraint”中“Type”的值的值记法(GB/T 16262.3—2006 第 11 章)。

注：由于 GB/T 16262.3—2006 的 11.3 条禁止“ContentsConstraint”之后的进一步约束，因此，该值记法从不可能在子类型约束中出现，而且，除非支配者有“ContentsConstraint”，否则，上面的文本禁止其使用。

21.19 如果有不包含 ENCODED BY 的位串类型的内容约束，应该使用 CONTAINING 替换项。

22 八位位组串类型的记法

22.1 八位位组串类型(见 3.6.49)应由记法“八位位组串类型”引用：

OctetStringType ::= OCTET STRING

22.2 该类型的标记是通用类别，编号为 4。

22.3 八位位组串类型的值应该用记法“OctetStringValue”定义，或者当用作“XMLValue”时，用记法“XML OctetStringValue”，这些产生式是：

```
OctetStringValue ::=
        bstring              |
        hstring              |
        CONTAINING Value
XMLOctetStringValue ::=
        XMLTypedValue        |
        xmlhstring
```

22.4 除非八位位组串有包含 ASN.1 类型但不包括 ENCODED BY 的内容约束，否则，不应该使用“XMLTypedValue”替换项。如果使用这一替换项，则“XMLTypedValue”应该是内容约束中的 ASN.1 类型的值。

22.5 在规定八位位组串的编码规则时，用术语首位八位位组和结尾位八位位组引用八位位组，而对八位位组中的位用术语最高有效位和最低有效位引用。

22.6 当使用“bstring”记法时，“bstring”记法最左位应该是八位位组串值的首位八位位组的最高有效位。若“bstring”不是八位的整数倍时，应理解为好像它含有附加零结束位，以形成下一个八的整数倍。

22.7 当使用“hstring”或“xmlhstring”记法时，最左的十六进制数字应该是第一个八位位组的最高有效半八位位组。

22.8 如果“hstring”是十六进制数字奇数，应理解为好像它含有单个附加结束位零十六进制数字。“xmlhstring”不应该是十六进制数字奇数。

22.9 如果有包括 CONTAINING 的八位位组串类型内容约束，就只能使用 CONTAINING 替换项。然后，“Value”应该是“ContentsConstraint”中“Type”的值的值记法(见 GB/T 16262.3—2006 第 11 章)。

注：由于 GB/T 16262.3—2006 的 11.3 条禁止“ContentsConstraint”之后的进一步约束，因此，这一值记法从不可能在子类型约束中出现，而且，除非支配者有“ContentsConstraint”，否则，上面的文本禁止其使用。

22.10 如果有不包含 ENCODED BY 的八位位组串类型的内容约束，应该使用 CONTAINING 替换项。

23 空类型记法

23.1 空类型(见 3.6.44)应该用记法“NullType”来引用：

```
NullType ::=    NULL
```

23.2 该类型的标记是通用类别，编号为 5。

23.3 空类型的值由记法“NullValue”引用，或者当用作“XMLValue”时，用记法“XMLNullValue”。这些产生式是：

```
NullValue ::= NULL
XMLNullValue ::= empty
```

24 序列类型的记法

24.1 定义序列类型(见 3.6.60)的记法应该是“SequenceType”：

```
SequenceType ::=
        SEQUENCE   "{" "}"    |
        SEQUENCE "{" ExtensionAndException OptionalExtensionMarker "}" |
        SEQUENCE "{" ComponentTypeLists "}"
```

```
ExtensionAndException ::=  "..." | "..." ExceptionSpec
OptionalExtensionMarker ::= ","  "..." | empty
ComponentTypeLists::=
        RootComponentTypeList                    |
        RootComponentTypeList "," ExtensionAndException ExtensionAdditions
            OptionalExtensionMarker              |
        RootComponentTypeList "," ExtensionAndException ExtensionAdditions
            ExtensionEndMarker "," RootComponentTypeList  |
        ExtensionAndException ExtensionAdditions ExtensionEndMarker ","
            RootComponentTypeList                |
        ExtensionAndException ExtensionAdditions OptionalExtensionMarker
RootComponentTypeList::= ComponentTypeList
ExtensionEndMarker ::= ","  "..."
ExtensionAdditions ::=
        "," ExtensionAdditionList                |
        empty
ExtensionAdditionList ::=
        ExtensionAddition                        |
        ExtensionAdditionList "," ExtensionAddition
ExtensionAddition ::=
        ComponentType                            |
        ExtensionAdditionGroup
ExtensionAdditionGroup::= "[[" VersionNumber ComponentTypeList "]]"
VersionNumber::= empty|number ":"
ComponentTypeList::=
        ComponentType                            |
        ComponentTypeList "," ComponentType
ComponentType::=
        NamedType                                |
        NamedType OPTIONAL                       |
        NamedType DEFAULT Value                  |
        COMPONENTS OF Type
```

24.2 当选择自动加标记的模块的定义内存在“ComponentTypeList”产生式(见 12.3),而且,“ComponentType”的前三个替换项中的任何一个的“NamedType”事件不包含“TaggedType”,那么为整个“ComponentTypeList”选择自动标记转换,否则不能这样。

注 1:为序列类型采用成分列表定义内的“TaggedType”记法把标记控制交给了规定者,正好与通过自动标记机制的自动赋值相反。因此,在下面的情况下:

T ::= SEQUENCE {a INTERGER, b [1] BOOLEAN, c OCTET STRING}

即使选择了自动标记的模块内有序列类型 T 的定义,自动标记也不适用于成分 a、b、c 列表。

注 2:只有那些选择了自动标记的模块内出现的“ComponentTypeList”产生式事件是通过自动标记转换的候选者。

24.3 单独对每个“ComponentTypeLists”事件采用自动标记转换并且是在 24.4 规定的 COMPONENTS OF 转换之前。然而,正如 24.7 至 24.9 的规定,自动标记转换(如果适用的话)应用于 COMPONENTS OF 转换之后。

注：它的作用是通过显式出现在“ComponentTypeList”中的标记抑制自动标记的应用，但是不能通过“COMPONENTS OF”之后“Type”中出现的标记来抑制。

24.4 在“COMPONENT OF Type”记法中的“Type”应该是序列类型。“COMPONENT OF Type”记法应该用来定义(在成分列表的这点上)引用类型的所有成分类型的内容，可在“Type”中出现的任何扩展标记和扩展附加除外。(只包含“COMPONENT OF Type”中“Type”的“RootComponentTypeList”；“COMPONENT OF Type”记法忽略了扩展标志和扩展附加(如果有的话))。该转换忽略了作用于被引用类型的任何子类型约束。

注：这一转换逻辑上在满足下面各条的要求之前完成。

24.5 下面各条每个都标识根或扩展附加或两者中的“ComponentType”序列事件。24.5.1 的规则应该适于所有这些序列。

24.5.1 当有一个或多个都标有 OPTIONAL 或 DEFAULT 的连续的“ComponentType”事件时，这些“ComponentType”的标记及系列中任何紧接的成分类型的标记应该不同(见第 30 章)。如果选择自动标记，标记不同的要求仅适用于自动标记完成之后，而且，将总能满足。

24.5.2 第 24.5.1 条应该适用于根中的“ComponentType”序列。

24.5.3 第 24.5.1 条以类型定义中它们事件的文本顺序(忽略所有的版本括号和省略记法)，应该适用于根或扩展附加中“ComponentType”的整个序列。(也见 48.7)

24.6 当使用“ComponentTypeLists”的第三个或第四个替换项时，扩展附加中的所有“ComponentType”应该有标记，该标记与文本上紧接“ComponentType”的标记直到并包括结尾“RootComponentTypeList”中没有标志 OPTIONAL 或 DEFAULT(如果有的话)的第一个这种“ComponentType”不同。(也见 48.7)

24.7 “ComponentTypeLists”的自动置标记转换逻辑上在 24.4 规定的转换之后完成，但是只有 24.2 确定它应该适用于哪个“ComponentTypeLists”事件。自动标记转换通过用 24.9 中规定的替代项“TaggedType”事件代替“NamedType”产生式中原有的“Type”来影响“ComponentTypeLists”的每个“ComponentType”。

24.8 如果自动置标记有效而且扩展根中的“ComponentType”没有标记，那么，“ExtensionAdditionList”内的“ComponentType”不应该是“TaggedType”。

24.9 如果自动置标记有效，“TaggedType”的替代项规定如下：

a) 替代“TaggedType”记法使用“Tag Type”替换项；
b) 替代“TaggedType”的“Class”是空(即：置标记是上下文规定)；
c) 替代“TaggedType”中的“ClassNumber”对于“RootComponentTypeList”中的第一个“ComponentType”是标记值零，第二个为 1，以此类推，按递增标记数字继续下去；
d) 如果“RootComponentTypeList”丢失，“ExtensionAdditionList”中的第一个“ComponentType”的替代“TaggedType”中的“ClassNumber”是零，否则，就是比“RootComponentTypeList”中的最大“ClassNumber”大 1，而“ExtensionAdditionList”中的下一个“ComponentType”的“ClassNumber”比第一个大 1，以此类推，按递增标记数字继续进行。
e) 替代“TaggedType”中的“Type”是被替代的原有“Type”。

注 1：由 30.6 提供了支配替代“TaggedType”的隐式置标记或显式式置标记的规范的规则。自动置标记总是隐式置标记，除非“Type”是选择类型或者开放类型记法或者是“DummyReference”(见 GB/T 16262.4 的 8.3)，这时，它是显式置标记。

注 2：一旦 24.7 满足，成分的标记就完全确定了，而且不能修改。即使序列类型在应用自动置标记转换的另一个“ComponentTypeList”内成分的定义中被引用。因此，在下面的情况下：

```
T ::= SEQUENCE { a  Ta,  b  Tb,  c  Tc }
E ::= SEQUENCE { f1  E1,  f2  T,  f3  E3 }
```

作用于 E 的成分的自动置标记决不会影响附加在 T 的成分 a、b 和 c 上的标记，而不管 T 的置标记环境如何。如果 T 是自动置标记环境中定义的，而 E 不是在自动置标记环境中，则自动置标记仍然适用于 T 的成分 a、b 和 c。

注 3：当序列类型作为“Type”出现在“COMPONENT OF Type”中时，其中的每个“ComponentType”事件由采用 24.4 在可能将自动置标记应用于引用序列类型之前复制。因此，在下面的情况下：

T ::= SEQUENCE { a Ta, b SEQUENCE { b1 T1, b2 T2, b3 T3 }, c Tc }

W ::= SEQUENCE { x Wx, COMPONENTS OF T, y Wy }

如果 W 是在自动置标记的环境中定义的，T 中的 a、b 和 c 的标记不必与 W 中的 a、b 和 c 的标记相同，但是 b1、b2 和 b3 的标记在 T 和 W 中都一样。换句话说，自动置标记转换只能在给出的“ComponentTypeLists”上应用一次。

注 4：分成子类型不影响自动置标记。

注 5：当自动置标记在某一位置时，在扩展插入点（见 3.6.29）以外的任意位置插入新成分，由于改变标记的副作用而引起与规范旧版本互工作的问题，可能导致其他成分变化。

24.10 如果出现“OPTIONAL”或者“DEFAULT”，对应的值可以从新类型的值中忽略。

24.11 如果“DEFAULT”存在，省略那个类型的值准确地相当于插入由“Value”定义的值，该“Value”应该是“NamedType”产生式序列中的由“Type”定义的类型值的值记法。

24.12 对应于“ExtensionAdditionGroup”（全部成分一起）的值是可选的。然而，如果出现这样的值，那么，应该出现对应于“ComponentTypeList”内没有标有 OPTIONAL 或 DEFAULT 的成分的值。

24.13 在“ComponentTypeList”（与那些通过 COMPONENT OF 扩展获得的一起）的所有“NamedType”产生式序列中的“identifier”应该都是不同的。

24.14 除非具有为逻辑上位于扩展附加类型与扩展根之间的没有标志的 OPTIONAL 或 DEFAULT 的所有扩展附加类型所规定的值，否则，不应规定给定扩展附加类型的值。

注 1：当类型通过附加扩展附加从扩展根（第一版）经第二版发展到第三版时，第三版任何附加的编码中的出现要求没有标志 OPTIONAL 或 DEFAULT 的第二版中所有附加的编码的出现。

注 2：如果没有标志 OPTIONAL 或 DEFAULT，本身是扩展类型但不包含在“ExtensionAdditionGroup”内的“ComponentType”应该总是要被编码，抽象值正从用没有定义“ComponentType”的抽象语法早期版本的发送者转送除外。

注 3：由于下面的原因，推荐使用“ExtensionAdditionGroup”产生式：

a) 它能根据编码规则产生更简洁的编码（如，PER）。

b) 语法更精确，因为它清楚地指明如果本身被定义的扩展附加组被编码（和注 1 比较），“ExtensionAdditionGroup”中定义的和没有标志 OPTIONAL 或 DEFAULT 的类型的值总出现在编码中。

c) 语法使“ExtensionAdditionGroup”中哪个类型必须作为组被应用层支持更清楚。

24.15 只有模块内的所有“ExtensionAddition”和“ExtensionAdditionAlternatives”是带“VersionNumber”的“ExtensionAdditionGroup”或“ExtensionAdditionAlternativesGroup”，才应该使用“VersionNumber”。在“ExtensionAdditionGroup”的每个“VersionNumber”中的“number”应该大于或等于 2，而且应该比插入点内任何前面的“ExtensionAdditionGroup”中的“number”大。

注 1：这里使用的惯例是没有扩展附加组的规范是版本 1，因此，第一个附加的扩展附加组将有大于或等于 2 的数字。为“ExtensionAdditions”需要单个“ExtensionAddition”时，“ExtensionAdditionGroup”可以和“ExtensionAddition”一起使用。

注 2：使用“VersionNumber”的约束仅适用于单个模块内而且不强加约束给引入的类型。

24.16 所有序列类型的标记都是通用类，编号为 16。

注：单一序列类型有和序列类型（见 25.2）一样的标记。

24.17 定义一个序列类型的值的记法应该是“SequenceValue”，或者当用作“XMLValue”时是“XMLSequenceValue”。这些产生式是：

```
SequenceValue ::=
        "{" ComponentValueList"}"    |
        "{" "}"
```

ComponentValueList ::=
NamedValue|
ComponentValueList "," NamedValue

XMLSequenceValue ::=
XMLComponentValueList |
empty

XMLComponentValueList ::=
XMLNamedValue|
XMLComponentValueList XMLNamedValue

24.18 "{" "}"或"empty"记法只用于下列条件下：

a) 在"SequenceType"中的所有"ComponentType"序列被标记为 DEFAULT 或 OPTIONAL，而且忽略所有的值；或者

b) 类型记法是 SEQUENCE{}。

24.19 没有标志为 OPTIONAL 或 DEFAULT 的"SequenceType"中的每个"NamedType"应该有一个"NamedValue"或"XML NamedValue"，而且，值应该与对应"NamedType"序列的顺序一样。

25 单一序列类型的记法

25.1 由其他类型定义单一序列类型（见 3.6.61）的记法应该是"SequenceOfType"。

SequenceOfType ::= SEQUENCE OF Type | SEQUENCE OF NamedType

注：如果用于"SequenceOfType"XML 值记法的 XML 标记名称需要大写的起始字母，那么应该采用第一个替换项。（然后，XML 标记名称从"Type"的名称形成。）

25.2 所有单一序列类型的标记都是通用类别，编号为 16。

注：序列类型有与单一序列类型（见 24.15）一样的标记。

25.3 用于定义单一序列类型值的记法是"SequenceOfValue"，或者当用作"XMLValue"时，是"XML SequenceOfValue"。这些产生式是：

SequenceOfValue ::=
"{" ValueList "}" |
"{" NamedValueList "}" |
"{" "}"

ValueList ::=
Value |
ValueList "," Value

NamedValueList::=
NamedValue |
NamedValueList "," NamedValue

XMLSequenceOfValue::=
XMLValueList |
XMLDelimitedItemList |
XMLSpaceSeparatedList |
empty

XMLValueList::=
XMLValueOrEmpty |
XMLValueOrEmpty XMLValueList

```
XMLValueOrEmpty::=
        XMLValue                                    |
        "<"& NonParameterizedTypeName "/>"
XMLSpaceSeparatedList::=
        XMLValueOrEmpty                             |
        XMLValueOrEmpty " " XMLSpaceSeparatedList
XMLDelimitedItemList::=
        XMLDelimitedItem                            |
        XMLDelimitedItem XMLDelimitedItemList
XMLDelimitedItem::=
        "<"& NonParameterizedTypeName ">"XMLValue
            "</" & NonParameterizedTypeName ">"     |
        "<" & identifier">"XMLValue "</" & identifier ">"
```

"{" "}"或"Empty"记法用于"SequenceOfValu"或"XMLSequenceOfValu"是空列表时。

注 1：语法意义可能按这些值的顺序放置。

注 2："XMLSpaceSeparatedList"产生式不用于本部分，而且不用于 XML 值记法。提供它是为了允许"IntegerType"、"RealType"、"ObjectIdentifierType"、"RelativeOIDType"和 GeneralizedTime 及 UTCTime 有用类型的编码中采用"XMLSpaceSeparatedList"的规范。也可能为某些 SEQUENCE OF SEQUENCE 和 SEQUENCE OF SET 实例规定使用"XMLValueList"代替"XMLDelimitedItemList"。

25.4 如果成分的"XMLValue"是"empty"，那么，应该选择"XMLValueOrEmpty"的第二个替换项代表成分的那个值。

25.5 应该按照表 5 的第 2 列使用"XMLValueList"或"XMLDelimitedItemList"产生式，其中，成分的"Type"在第 1 列中列出。

表 5 ASN.1 类型的"XMLSequenceOfValue"和"XMLSetOfValue"记法

ASN.1 类型	XML 值记法
BitStringType	XMLDelimitedItemList
BooleanType	XMLValueList
CharaterStringType	XMLDelimitedItemList
ChoiceType	XMLValueList
ConstrainedType	见 25.7
DefinedType	见 25.9
EmbeddedPDVType	XMLDelimitedItemList
EnumeratedType	XMLValueList
ExternalType	XMLDelimitedItemList
InstanceOfType	见 GB/T 16262.2 的 C.9
IntegerType	XMLDelimitedItemList
NullType	XMLValueList
ObjectClassFieldType	见 GB/T 16262.2 的 14.10 和 14.11
ObjectIdentifierType	XMLDelimitedItemList
OctetStringType	XMLDelimitedItemList

表 5(续)

ASN.1 类型	XML 值记法
RealType	XMLDelimitedItemList
RelativeOIDType	XMLDelimitedItemList
SelectionType	见 25.8
SequenceType	XMLDelimitedItemList
SequenceOfType	XMLDelimitedItemList
SetType	XMLDelimitedItemList
SetOfType	XMLDelimitedItemList
TaggedType	见 25.6
UsefulType(GeneralizedTime)	XMLDelimitedItemList
UsefulType(UTCTime)	XMLDelimitedItemList
UsefuType(ObjectDescriptor)	XMLDelimitedItemList
TypeFromObject	见 GB/T 16262.2 的 15.6
ValueSetFromObjects	见 GB/T 16262.2 的 15.6

25.6 如果成分的“Type”是“TaggedType”，那么确定“XMLSequenceOfValue”记法的类型应该是“TaggedType”中的“Type”(见 30.1)。如果它本身是一个“TaggedType”，那么本条应该递归地应用。

25.7 如果成分的“Type”是“ConstrainedType”，那么确定“XMLSequenceOfValue”记法的类型应该是“ConstrainedType”中的“Type”(见 45.1)。如果它本身是一个“ConstrainedType”，那么本条应该递归地应用。

25.8 如果成分的“Type”是“SelectionType”，那么确定“XMLSequenceOfValue”记法的类型应该是“SelectionType”引用的“Type”(见第 29 章)。

25.9 如果成分的“Type”是“DefinedType”，那么确定“XMLSequenceOfValue”记法的类型应该是“DefinedType”引用的“Type”(见 13.1)。

25.10 如果且只有“SequenceOfType”包含“identifier”，应该使用“XMLDelimitedItem”的第二个替换项，而且，“XMLDelimitedItem”中的“identifier”应该是那个“identifier”。

25.11 如果使用“XMLDelimitedItem”的第一个替换项，那么，如果单一序列类型的成分(忽略任何标记之后)是“typereference”或“ExternalTypeReference”，那么，“NonParameterizedTypeName”应该是那个“typereference”或“ExternalTypeReference”，否则，它应该是对应成分固有类型的表 4 中规定的“xmlasn1typename”。

25.12 如果使用“SequenceOfType”的第一个替换项，那么，应该使用“SequenceOfValue”的第一个替换项。“SequenceOfValue”的“ValueList”中的每个“Value”，以及“XMLSequenceOfValue”替换项中的每个“XMLValue”应该是“SequenceOfType”中规定的类型的。

26.13 如果使用“SequenceOfType”的第二个替换项，那么，应该使用“SequenceOfValue”的第二个替换项，而且“NamedValueList”中的每个“NamedValue”应该包含“SequenceOfType”的“NamedType”规定的类型“Value”。“NamedValue”中的“identifier”应该是“SequenceOfType”的“NamedType”中的“identifier”。

26 集合类型的记法

26.1 由其他类型定义集合类型(见 3.6.64)的记法应该是“SetType”。

SetType ::=

SET "{" "}" |

SET "{"ExtensionAndException OptioanalExtensionMarker "}" |

SET "{"ComponentTypeLists "}"

"ComponentTypeLists"、"ExtensionAndException"及"OptioanalExtensionMarke"在 24.1 中规定。

26.2 在"COMPONENT OF Type"记法中的"Type"应该是集合类型。"COMPONENTS OF Type"记法应该用来定义成分列表的这一点上引用类型的所有成分类型的内容，可能出现在"Type"中的任何扩展标志和扩展附加除外。(只包含"COMPONENTS OF Type"中"Type"的"RootComponentTypeList"，"COMPONENTS OF Type"记法忽略了扩展标志和扩展附加(如果有的话))，该转换忽略了应用于引用类型的任何子类型约束。

注：该转换逻辑上在满足下面各条的要求之前完成。

26.3 在集合类型中"ComponentType"类型应该都有不同的标记(见第 30 章)。加在"ExtensionAdditions"的每个新"ComponentType"的标记应该正则地比"ExtensionAdditions"中的其他成分的要大(见 8.6)。

注：出现该记法的模块中的"TagDefault"是 AUTOMATIC TAGS 时，不管实际"ComponentType"怎样，作为应用 24.7 的结果，实现了这一要求。(也见 48.7.)

26.4 第 24.2 和 24.7 至 24.13 条也适用于集合类型。

26.5 所有集合类型的标记都是通用类别，编号为 17。

注：单一集合类型有和集合类型(见 27.2)一样的标记。

26.6 语义与集合类型中值的顺序无关。

26.7 定义集合类型值的记法应该是"SetValue"，或者当用作"XMLValue"时是"XML SetValue"。这些产生式是：

SetValue ::= "{" ComponentValueList "}" |
"{" "}"

XMLSetValue ::=
XMLComponentValueList |
empty

在 24.17 中规定了"ComponentValueList"和"XMLComponentValueList"。

26.8 "SetValue"和"XMLSetValue"只应该分别是"{""}"和"empty"，如果：

a) 在"SetType"中的所有"ComponentType"序列标为"DEFAULT"或"OPTIONAL"，且所有的值都被省略；或者
b) 类型记法是 SET {}。

26.9 形码未标有 DEFAULT 或 OPTIONAL 的"SetType"中的每个"NamedType"应该有一个"NamedValue"或"XMLNamedValue"。

注：这些"NamedValue"或"XMLNamedValue"可以任意顺序出现。

27 单一集合类型的记法

27.1 由其他类型定义单一集合类型(见 3.6.65)的记法应该是"SetOfType"。

SetOfType ::=
SET OF Type |
SET OF NamedType

注：如果用于"SetOfType"的 XML 值记法的 XML 标记名称需要大写的起始字母，那么应该采用第一个替换项。(然后，XML 标记名称从"Type"的名称形成。)

27.2 所有单一集合类型的标记都是通用类别，编号为 17。

注：集合类型有与单一集合类型(见 26.5)一样的标记。

27.3 用于定义单一集合类型值的记法应该是"SetOfValue",或者用作"XMLValue"时是"XML SetOfValue"。这些产生式是:

SetOfValue ::=
"{"ValueList "}"|
"{" NamedValueList "}"|
"{" "}"

XMLSetOfValue ::=
XMLValueList|
XMLDelimitedItemList|
XMLSpaceSeparatedList|
empty

在 25.3 中规定了"ValueList"、"NamedValueList"和"XMLSetOfValue"的替换项。"{" "}"或"empty"记法用在"SetOfValue"或"XMLSetOfValue"是空列表时。

注 1: 语义重要性不应该按照这些值的次序给出。

注 2: 不要求编码规则来保持这些值的顺序。

注 3: 单一集合类型不是值的数学集合,因此,作为示例,对于 SET OF INTEGER,值{1}和{1 1}是不同的。

27.4 如果使用"SetOfType"的第一个替换项,那么,应该使用"SetOfValue"的第一个替换项。"SetOfValue"的"ValueList"中的每个"Value",以及"XMLSetOfValue"替换项中的每个"XMLValue"应该是"SetOfType"中规定的类型的。

27.5 如果使用"SetOfType"的第二个替换项,那么,应该使用"SetOfValue"的第二个替换项,而且,"NamedValueList"中的每个"NamedValue"序列应该包含"SetOfType"的"NamedType"中规定的类型"Value"。"NamedValue"中的"identifier"应该是"SetOfType"的"NamedType"中的"identifier"。

28 选择类型的记法

28.1 由其他类型定义选择类型(见 3.6.13)的记法应该是"ChoiceType"。

ChoiceType ::= CHOICE"{"AlternativeTypeList " }"
AlternativeTypeList ::=
RootAlternativeTypeList |
RootAlternativeTypeList ","
ExtensionAndException ExtensionAdditionAlternatives
OptionalExtensionMarker
RootAlternativeTypeList ::= AlternativeTypeList
ExtensionAdditionAlternatives ::=
"," ExtensionAdditionAlternativeList |
empty
ExtensionAdditionAlternativesList ::=
ExtensionAdditionAlternative|
ExtensionAdditionAlternativesList "," ExtensionAdditionAlternative
ExtensionAdditionAlternative ::=
ExtensionAdditionAlternativesGroup |
NamedType
ExtensionAdditionAlternativeGroup ::= "[[" VersionNumber AlternativeTypeList "]]"
AlternativeTypeList ::=

NamedType |

AlternativeTypeList " , " NamedType

注："T::= CHOICE{a A}"，但 A 不是同一个类型，而且根据编码规则可能被不同地编码。

28.2 当选择自动置标记的模块的定义内存在"AlternativeTypeList"产生式时(见 12.3)，且任何"AlternativeTypeList"中的"NamedType"都不包含"TaggedType"，则为整个"AlternativeTypeLists"选择自动置标记转换，否则不能这样。

28.3 在"AlternativeTypeLists"内"AlternativeTypeList"产生式中定义的类型应该有不同的标记(见第 30 章和 48.7)。如果选择自动置标记，标记不同的要求仅适用于自动置标记完成之后，而且应总是满足的。

28.4 如果自动置标记有效而且在扩展根中的"NamedType"没有标记，那么，"ExtensionAdditionAlternativesList"内的"NamedType"都不应该是有已标记类型。

28.5 自动置标记转换用替代"TaggedType"代替"NamedType"产生式中的原有"Type"影响"AlternativeTypeLists"的每个"NamedType"。替代"TaggedType"规定如下：

a) 替代"TaggedType"记法使用"Tag Type"替换项；
b) 替代"TaggedType"的"Class"是空(如置标记是上下文规定的)；
c) 替代"TaggedType"中的"ClassNumber"对"RootAlternativeTypeList"中的第一个"NamedType"是标记值零，第二个是 1，以此类推，以递增标记数字继续；
d) 在"ExtensionAdditionAlternativesList"中的第一个"NamedType"的替代"TaggedType"中的"ClassNumber"比"RootAlternativeTypeList"中最大的"ClassNumber"大 1，"ExtensionAdditionAlternativesList"中的下一个"NamedType"的"ClassNumber"比第一个大 1，以此类推，以递增标记数字继续；
e) 替代"TaggedType"中的"Type"是被代替的原有"Type"。

注 1：由 30.6 提供了支配为替代"TaggedType"的隐式置标记或显式置标记规范的规则。自动置标记总是隐式置标记，除非"Type"是无标记的值择类型或无标记的开放类型记法，或无标记的"DummyReference"(见 GB/T 16262.4—2006 的 8.3)，这种情况下它是显式置标记。

注 2：一旦采用自动置标记，成分的标记完全确定了，而且即使在使用自动置标记转换的另一个"AlternativeTypeLists"内的替换项的定义中引用选择类型时也不能修改。因此，在下面的情况下：

T::=CHOICE { a Ta, b Tb, c Tc}

E::=CHOICE {f1 E1, f2 T, f3 E3}

应用于 E 成分的自动置标记决不会影响附加在 T 的成分 a、b 和 c 的标记，不管 T 的置标记环境如何。如果 T 在自动置标记环境中定义，而 E 不是在自动置标记环境中，自动置标记仍然适用于 T 的成分 a、b 和 c。

注 3：分成子类型不影响自动置标记。

注 4：当自动动置标记在某一位置时，在非扩展插入点(见 3.6.29)的任意位置插入新替换项，由于改变标记的副作用而引起与规范旧版本互工作的问题可能导致其他替换项变化。

28.6 在 24.1 中定义了"VersionNumber"，而且，在 24.15 中规定的整个模块中限制一致使用"VersionNumber"应该应用于本产生式中的"number"。

28.7 加在"ExtensionAdditionAlternativesList"上的每个新"NamedType"的标记应该正则地比"ExtensionAdditionAlternativesList"中其他替换项的那些大(见 8.6)，而且，应该是"ExtensionAdditionAlternativesList"中的最后一个"NamedType"。

28.8 选择类型包含标记不都相同的值。(标记依赖于将值贡献给了选择类型的替换项。)

28.9 当这一类型没有扩展标志且用在本部分要求使用带不同标记的类型的地方时(见 28.3)，选择类型的值的所有可能标记应该认为在这个要求内。假设"TagDefault"不是 AUTOMATIC TAGS 的下面示例说明了这一要求。

示例：

```
1  A ::= CHOICE{
           b            B,
           c            NULL}
   B ::= CHOICE{
           d            [0]NULL,
           e            [1]NULL}
2  A ::=CHOICE{
           b            B,
           c            C}
   B ::=CHOICE{
           d            [0]NULL,
           e            [1]NULL}
   C ::=CHOICE{
           f            [2]NULL,
           g            [3]NULL}
3 (INCORRECT)
   A ::=CHOICE{
           b            B,
           c            C}
   B ::=CHOICE{
           d            [0]NULL,
           e            [1]NULL}
   C ::=CHOICE{
           f            [0]NULL,
           g            [1]NULL}
```

例 1 和例 2 是记法的正确用法。例 3 没有用自动置标记是不正确的，其中类型 d 和 f 的标记是相同的，同时类型 e 和 g 的标记也是相同的。

28.10 在“AlternativeTypeLists”中所有“NamedType”的“identifier”应该与那个表中其他“NamedType”的不同。

28.11 定义选择类型值的记法应该是“ChoiceValue”，或者当用作“XMLValue”时是“XMLChoiceValue”。这些产生式是：

```
ChoiceValue ::= identifier ":" Value
XMLChoiceValue::= "<"& identifier ">"XMLValue "</"& identifier">"
```

28.12 “Value”或“XMLValue”应该是由“identifier”命名的“AlternativeTypeLists”中类型的值的记法。

29 精选类型的记法

29.1 定义精选类型(见 3.6.59)的记法应该是“SelectionType”。

```
SelectionType ::= identifier "<" Type
```

这里，“Type”指明选择类型，而“identifier”是出现在那个选择类型定义的“AlternativeTypeLists”中的某些“NamedType”的。

29.2 当“Type”指明受约束类型时，精选在双亲类型上完成，忽略双亲类型上的任何子类型约束。

29.3 在“SelectionType”用作“NamedType”时，出现“NamedType”的“identifier”，以及“SelectionType”的“identifier”。

29.4 在“SelectionType”用作“Type”时，保留“identifier”，而且指明的类型是被选择替换项的类型。

29.5 精选类型的值的记法应该是“SelectionType”引用的类型的值的记法。

30 已标记类型的记法

已标记类型(见 3.6.70)是和旧类型同形的新类型，但是具有不同的标记。已标记类型主要用在本部分要求使用有不同标记的类型(见 24.5 至 24.6、26.3 和 28.2)之处。使用模块中 AUTOMATIC TAGS 的“TagDefault”允许这一切不用那个模块中已标记类型记法的显式出现完成。

注：协议确定取自几个数据类型的值可随时及时传播时，可能需要不同的标记使接收者能正确地对这些值解码。

30.1 已标记类型的记法应该是“NamedType”：

```
NamedType ::=
        Tag Type                |
        Tag IMPLICIT Type       |
        Tag EXPLICIT Type
Tag ::= "[" Class ClassNumber "]"
ClassNumber::=
        Number                  |
        DefiniedValue
Class::=
        UNIVERSAL               |
        APPLICATION             |
        PRIVATE                 |
        empty
```

30.2 在“DefiniedValue”中的“valuereference”应该是类型整数的，并且指派了非负值。

30.3 新类型与旧类型同形，但是带有以“Class”为类别和以“ClassNumber”为序号的标记，除非“Class”是“empty”，这时，标记是上下文规定的类别，而序号是“ClassNumber”。

30.4 除本部分定义的类型外，“Class”不应该是“UNIVERSAL”。

注1：对通用类别标记的使用，ITU-T 和 ISO 会经常协商。

注2：E.2.22 条包含有关使用标记类别格式的指导和提示。

30.5 标记的所有应用是隐式置标记或显式置标记。对于那些提供选择的编码规则，隐式置标记指明：在传送期间不需要显式标识“TaggedType”中的“Type”的原始标记。

注：当是通用类别时，保留旧标记可能有用，因此，不用新类型的 ASN.1 定义的知识无歧义地标识旧类型。然而，通常用 IMPLICIT 实现最小传送八位位组。在 GB/T 16263.1 中给出了用 IMPLICIT 编码的示例。

30.6 如果下述任何一项成立，置标记构造规定显式置标记：

a) 使用“Tag EXPLICIT Type”替换项；

b) 使用“Tag Type”替换项，而且模块的“TagDefault”值是 EXPLICIT TAGS 或者是空；

c) 使用“Tag Type”替换项，而且模块的“TagDefault”值是 IMPLICIT TAGS 或者 AUTOMATIC TAGS，但是，“Type”定义的类型是无已标记的选择类型、无已标记的开放类型或者无已标记的“DummyReference”(见 GB/T 16262.4—2006 的 8.3)。

否则，置标记构造规定隐式置标记。

30.7 如果“Class”是“empty”，使用“Tag”没有限制，而不是 24.5 至 24.6、26.3 和 28.2 中不同标记要求暗示的。

30.8 如果“Type”定义的类型是无标记选择类型或无标记开放类型或无标记“DummyReference”(见

GB/T 16262.4—2006 的 8.3)，则不应该使用 IMPLICIT 替换项。

30.9 “TaggedType”的值的记法应该是“TaggedValue”，或者当用作“XMLValue”时是“XMLTaggedValue”。这些产生式是：

```
TaggedValue ::= Value
XMLTaggedValue ::= XMLValue
```

这里“Value”或“XMLValue”是“TaggedValue”中“Type”的值的记法。

注：“Tag”在这个记法中不出现。

31 客体标识符类型的记法

31.1 客体标识符类型(见 3.6.48)应该用记法“ObjectIdentifierType”引用：

```
ObjectIdentifierType ::=
        OBJECT IDENTIFIER
```

31.2 该类型的标记是通用类别，编号是 6。

31.3 客体标识符的值记法应该是“ObjectIdentifierValue”，或者当用作“XMLValue”时是“XMLObjectIdentifierValue”。这些产生式是：

```
ObjectIdentifierValue ::=
        "{" ObjIdComponentsList "}"                    |
        "{" DefinedValue ObjIdComponentsList "}"
ObjIdComponentsList ::=
        ObjIdComponents                                |
        ObjIdComponents ObjIdComponentsList
ObjIdComponents ::=
        NameForm                                       |
        NumberForm                                     |
        NameAndNumberForm                              |
        DefinedValue
NameForm ::= identifier
NumberForm ::= number | DefinedValue
NameAndNumberForm ::=
        identifier "(" NumberForm ")"
XMLObjectIdentifierValue ::=
        XMLObjIdComponentList
XMLObjIdComponentList ::=
        XMLObjIdComponent                              |
        XMLObjIdComponent & "." & XMLObjIdComponentList
XMLObjIdComponent ::=
        NameForm                                       |
        XML NumberForm                                 |
        XML NameAnd NumberForm
XML NumberForm ::= number
XML NameAnd NumberForm ::=
        identifier & "(" & XML NumberForm & ")"
```

31.4 在“NumberForm”的“DefinedValue”中的“valuereference”应该是类型整数的，并且指派非负值。

31.5 在“ObjectIdentifierValue”的“DefinedValue”中的“valuereference”应该是类型客体标识符的。

31.6 “ObjIdComponents”的“DefinedValue”应该是类型相对客体标识符的，而且应该标识从客体标识符树中的某些开始节点到客体标识符树中的某些后来节点的弧的有序集合。开始节点用较早的“ObjIdComponents”标识，而后面的“ObjIdComponents”（如果有的话）标识取自后面节点的弧。要求开始节点既不能是根、也不能是紧接根下面的节点。

注：相对客体标识符值应该与规定的客体标识符值相关以便无歧义地标识客体。要求客体标识符值（见 31.10）至少有两个成分。这就是为什么要限制开始节点。

31.7 “NameForm”应该仅用于那些数字值和标识符在 GB/T 17969.1 的附录 A 至附录 C（也见本部分的附录 D）规定的那些客体标识符成分，而且应该是 GB/T 17969.1 的附录 A 至附录 C 规定的标识符之一。当 GB/T 17969.1 规定同义标识符时，任何同义字可以以相同的语义使用。当 GB/T 17969.1 中规定的标识符和包含“NameForm”的模块内的 ASN.1 值引用都是相同的名字时，客体标识符值内的名字应该视为 GB/T 17969.1 标识符。

31.8 在“NumberForm”和“XML NumberForm”中的“number”是指派给客体标识符成分的数值。

31.9 当数值赋给客体标识符成分时，应该规定“NameAndNumberForm”和“XMLNameAndNumberForm”中的“identifier”。

注：将数值分配给客体标识符成分的管理机构在 GB/T 17969.1 中标识。

31.10 GB/T 17969.1 中规定了与客体标识符值相关的语义。

注：GB/T 17969.1 要求客体标识符值应包含至少两条弧。

31.11 客体标识符成分的重要部分是简化为“NameForm”或“NumberForm”或者“XMLNumberForm”，并为客体标识符成分提供数值。除了 GB/T 17969.1 的附录 A 至附录 C 中（也见本部分的附录 D）规定的弧之外，客体标识符成分的数值总是出现在客体标识符值记法实例中。

31.12 在“ObjectIdentifierValue”包含客体标识符值的“DefinedValue”时，它引用的客体标识符成分列表作为前缀加在值中显式出现的成分上。

注：GB/T 17969.1 建议只要指派客体标识符值来标识客体，也指派了客体描述符值。

例如，

按 GB/T 17969.1 规定赋值的标识符，值：

    {iso standard 8571 pci(1)}

和

    {1 0 8571 1}

将各标识一个客体，ISO 8571 中定义的“pci”。正如“XML ObjectIdentifierValue”中的

iso.standard.8571.pci(1)

和

    1.0.8571.1

一样。

随着下面的附加定义：

    ftam OBJECT IDENTIFIER ::= {iso standard 8571}

下面的值相当于上面的那些值：

    {ftam pci(1)}

32 相对客体标识符类型记法

32.1 相对客体标识符类型（见 3.6.57）应该用记法“RelativeOIDType”来引用：

```
RelativeOIDType ::=
            RELATIVE-OID
```

32.2 该类型的标记是通用类别，编号为13。

32.3 相对客体标识符的值记法应该是“RelativeOIDValue”，或者当用作“XMLValue”时是“XMLRelativeOIDValue”。这些产生式是：

RelativeOIDValue ::=
　　"{"RelativeOIDComponentsList "}"

RelativeOIDComponentsList ::=
　　RelativeOIDComponents |
　　RelativeOIDComponents RelativeOIDComponentsList

RelativeOIDComponents ::=
　　NumberForm |
　　NameAndNumberForm |
　　DefinedValue

XMLRelativeOIDValue ::=
　　XMLRelativeOIDComponentList

XMLRelativeOIDComponentList ::=
　　XMLRelativeOIDComponent |
　　XMLRelativeOIDComponent & "." & XMLRelativeOIDComponentList

XMLRelativeOIDComponent ::=
　　XMLNumberForm |
　　XMLNameAndNumberForm

32.4 产生式“NumberForm”、“NameAndNumberForm”、“XMLNumberForm”、“XMLNameAndNumberForm”及它们的语义在31.3至31.11条中定义。

32.5 “RelativeOIDComponents”的“DefinedValue”应该是类型相对客体标识符的，而且应该标识从客体标识符树中的某些开始节点到客体标识符树中的某些后来节点的弧的有序集合。开始节点用较早的“RelativeOIDComponents”(如果有的话)标识，而后面的“RelativeOIDComponents”(如果有的话)标识取自后面节点的弧。

32.6 第一个“RelativeOIDComponents”或者“XMLRelativeOIDComponent”标识从客体标识符树中的某些开始节点到客体标识符树中的某些后来节点的一个或多条弧。开始节点能用与类型定义相关的注解定义。如果与类型定义相关的注解内没有开始节点的定义，那么它需要作为通信实例中的客体标识符值传送(见E.2.19)。要求开始节点既不能是根、也不能是紧接根下面的节点。

注：相对客体标识符值应该与特定的客体标识符值相关以便无歧义地标识客体。要求客体标识符值(见31.10)至少有两个成分。这就是为什么要限制开始节点。

示例

用下面的定义：

thisUniversity　OBJECT IDENTIFIER ::=
　　{iso member-body country (29) universities (56) thisuni (32)}

firstgroup　RELATIVE-OID ::= {science-fac (4) maths-dept (3)}

或在XML值记法中：

thisUniversity ::= ＜OBJECT_IDENTIFIER＞1.2.29.56.32＜/ OBJECT_IDENTIFIER ＞

firstgroup ::= ＜RELATIVE_OID＞4.3＜/RELATIVE_OID＞

相对客体标识符：

relOID　RELATIVE-OID ::= { firstgroup room (4) socket (6)}

或在XML值记法中：

relOID ::= <RELATIVE_OID>4.3.4.6</RELATIVE_OID>

可用来替代 OBJECT IDENTIFIER 值{1 2 29 56 32 4 3 4 6},只要当前根是 thisUniversity(通过应用知道或应用传送)。

33 嵌入式 pdv 类型的记法

33.1 嵌入式 pdv 类型(见 3.8.21)应该用记法“EmbeddedPDVType”来引用。

EmbeddedPDVType ::= EMBEDDED PDV

注:术语“Embedded PDV”是指取自嵌入到报文中的可能不同抽象语法(实质上,在隔开-和标识-协议中定义的报文编码和值)的抽象值。以前,它是指取自其在 OSI 表示层使用的“嵌入式表示层数据值(Embedded Presentation Data Value)”,不过,现在已不再使用这个展开式,而且,它应该理解为“嵌入式值(embedded value)”。

33.2 该类型的标记是通用类别,编号为 11。

33.3 类型由表示下面的值组成:

a) 可能,但不是必须,是 ASN.1 类型的值的单个数据值编码;和

b) 以下的标识(单独或一起):

1) 抽象语法;和

2) 传送语法。

注1:数据值可能是 ASN.1 类型的值,或者,例如:可能是静止图像或移动图片的编码。标识由一个或两个客体标识符组成,或者(在 OSI 环境中)引用规定抽象和传送语法的 OSI 表示上下文标识符。

注2:标识抽象语法和/或编码也可能由应用层设计者确定为一个固定值,这时,它在通信实例中没有被编码。

33.4 嵌入式 pdv 类型有一个相关类型,该相关类型用来支持嵌入式 pdv 类型的值和子类型记法。

33.5 值定义和分成子类型的相关类型(假设是自动标记环境)是(有标准注解):

```
SEQUENCE {
    identification              CHOICE{
      syntaxes                  SEQUENCE {
        abstract                OBJECT IDENTIFIER,
        transfer                OBJECT IDENTIFIER}
      --抽象和传送语法客体标识符--,
      syntax                    OBJECT IDENTIFIER
      --标识抽象和传送语法的单个客体标识符--,
      presentation-context-id   INTEGER
      --(仅适用于 OSI 环境)会话的
      --OSI 表示上下文标识抽象和传送语法--
      context-negotiation       SEQUENCE{
        presentation-context-id INTEGER,
        transfer-syntax         OBJECT IDENTIFIER}
      --(仅适用于 OSI 环境)进程中的上下文协商、
      --表示层上下文标识符只标识抽象语法,
      -- 因此,应该规定传送语法 --
      transfer-syntax           OBJECT IDENTIFIER
      --值的类型(例如,是 ASN.1 类型的值的规范)由应用
      --设计者固定(因此,发送者和接受者都了解),提供这一情况
      --主要是支持 ASN.1 类型的选择-范围-加密(或其他编码转换)--
      fixed                     NULL
```

```
        -- 数据值是固定 ASN.1 类型的值(因此,发送者和接受者都了解)--}
    data-value-descriptor          ObjectDescriptor OPTIONAL
        --这样提供值的类别的人可读标识--
    data-value                     OCTET STRING}
(WITH COMPONENTS{
        ...,
        data-value-descriptor   ABSENT } )
```

注:嵌入式 pdv 类型不允许包含 data-value-descriptor 值。然而,这里提供的相关类型的定义强调存在于嵌入式 pdv 类型、外部类型与未限制的字符串类型之间的共性。

33.6 当整数值应该是 OSI 定义的上下文集中的 OSI 表示上下文标识符时,则 presentation-context-id 替换项只适用于 OSI 环境。这一替换项不能用于 OSI 上下文协商期间。

33.7 context -negotiation 替换项应该仅用于 OSI 环境,而且,仅用于 OSI 上下文协商期间。整数值应该是提议附加在 OSI 定义的上下文集上的 OSI 表示上下文标识符。客体标识符 transfer-syntax 应标识为那个用来对值编码的 OSI 表示上下文提议的传送语法。

33.8 嵌入式 pdv 类型值的记法应该是 33.5 中定义的相关类型的值记法,其中,类型 OCTET STRING 的 data-value 成分的值表示采用 identification 中规定的传送语法的编码。

```
EmbeddedPdvValue ::= SequenceValue           -- 在 33.5 中定义的相关类型的值
XML EmbeddedPDVValue ::= XMLSequenceValue  -- 在 33.5 中定义的相关类型的值
```

例如,如果强加了单个选项,像使用语法,那么可通过书写下面的内容完成:

```
EMBEDDED PDV (WITH COMPONENT {
        ...,
        identification (WITH COMPONENT {
            syntaxes    PRESENT}))})
```

34 外部类型的记法

34.1 外部类型(见 3.6.37)应该用记法“ExternalType”来引用:

```
ExternalType ::= EXTERNAL
```

34.2 该类型的标记是通用类别,编号为 8。

34.3 类型由表示下列内容的值组成:

a) 可能,但不是必须,是 ASN.1 类型值的单个数据值编码;和

b) 下面的标识(单独或一起):

  1) 抽象语法;和

  2) 传送输语法;和

c) (可选择)提供数据值范畴的人们可读描述的客体描述符。除非与使用“ExternalType”记法相关的注解明显地允许,否则不应该出现可选择的客体描述符。

注:33.3 的注 1 也适用于外部类型。

34.4 外部类型有相关类型,这个类型用来精确定义外部类型抽象值,也用来支持外部类型的值和子类型记法。

注:编码规则可定义用来衍生编码的不同类型,或不引用任何相关类型可规定编码。例如,由于历史的原因 BER 编码采用不同的序列类型。

34.5 值定义和分成子类型的相关类型(假设是自动标记环境)是(有标准注解):

```
SEQUENCE {
    identification                 CHOICE{
```

```
        syntaxes                        SEQUENCE {
            abstract                        OBJECT IDENTIFIER,
            transfer                        OBJECT IDENTIFIER}
        --抽象和传送语法客体标识符--,
        syntax                          OBJECT IDENTIFIER
        --标识抽象和传送语法的单个客体标识符--,
        presentation-context-id         INTEGER
        -(仅适用于 OSI 环境)会话的
        -- OSI 表示上下文标识抽象和传送语法 -
        context -negotiation            SEQUENCE{
            presentation-context-id         INTEGER,
            transfer-syntax                 OBJECT IDENTIFIER}
        --(仅适用于 OSI 环境)进程中的上下文会话、
        --表示上下文标识符只标识抽象语法,
        -- 因此,应该规定传送语法 --
        transfer-syntax                 OBJECT IDENTIFIER
        --值的类型(例如,是 ASN.1 类型的值的规范)由应用
        --设计者固定(因此,发送者和接受者都了解),提供这一情况
        --主要是支持 ASN.1 类型的选择-范围-加密(或其他编码转换)--
        fixed                           NULL
        -- 数据值是固定 ASN.1 类型的值(因此,发送者和接受者都了解)--}
    data-value-descriptor               ObjectDescriptor OPTIONAL
        --这样提供值的类别的人可读标识--
    data-value                          OCTET STRING}
        (WITH COMPONENTS{
          ...,
          identification (WITH COMPONENT {
              ...,
              syntaxes                  ABSENT,
              transfer-syntax           ABSENT,
              fixed                     ABSENT })})
```

注:由于历史原因,外部类型不允许有 identification 的替换项 syntaxes、transfer-syntax 或 fixed。要求这些选项的应用设计者应该使用嵌入式 pdv 类型。这里提供的相关类型的定义强调存在于外部类型、未限制的字符串类型与嵌入式 pdv 类型之间的共性。

34.6 33.6 和 33.7 的内容也适用于外部类型。

34.7 外部类型值的记法应该是 34.5 中定义的相关类型的值记法,其中,类型 OCTET STRING 的 data-value 成分的值表示使用 identification 中定义的传送语法的编码。

```
    ExternalValue ::= SequenceValue             -- 在 34.5 中定义的相关类型的值
    XMLExternalValue ::= XMLSequenceValue       -- 在 34.5 中定义的相关类型的值
```

注:由于历史的原因,编码规则能传输编码不是八位精确倍数的 EXTERNAL 中的嵌入式值。这样的值不能在用上面相关类型的值记法中表示。

35 字符串类型

这些类型由取自某些规定的字符汇中的字符串组成。通常用一个或多个表中的字符元来定义一个

字符汇及其编码,每个字符元对应于字汇中的一个字符。通常也给每个字符元赋予图形符号和字符名称,虽然在有些字汇中,字符元为空或者有名称但没有字型(有名称但没有形状的字符元的示例包括如GB/T 1988 中 EOF 的控制字符和如 GB/T 13000.1 中 THIN-SPACE 和 EN-SPACE 的空格字符)。

总之,与字符元相关的信息指明字汇中不同的抽象字符,即使信息是空的(那个字符元没有被赋予图形符号或名称)。

字符串类型的 ASN.1 基本值记法有三个变量(能组合而成),形式规定如下:

a) 串中采用赋值图形符号(可能包含空格字符)的字符表达式;这是"cstring"记法;

注 1:当字汇中不只一个字符使用相同的图形符号时,这样的表达式在打印的表达式中可能有歧义。

注 2:当字汇中出现不同宽度的空格字符或规范用按比例-空格字体打印时,这样的表达式在打印的表达式中可能有歧义。

b) 通过给出已赋予字符的系列 ASN.1 值引用的字符串值中的字符列表;第 38 章中的模块 ASN1-CHARACTER-MODULE 中为 GB/T 13000.1 字符汇和 IA5String 字符汇定义了这类值引用的集合。除非用户使用上述 a)或下述 c)中描述的值记法指派这类值引用,否则,这一形式不会在其他字符汇中出现;

c) 通过用其字符元在字符汇表中的位置标识每个抽象字符的字符串值中的字符列表。这一形式只在 IA5String、UniversalString、UTF8String 和 BMPString 中出现。

字符串类型的 ASN.1 XML 值记法使用"xmlcstring"记法,它包括对某些特殊字符、和对采用十进制或十六进制(见 11.15)的字符的规范使用转义序列的能力。

36 字符串类型的记法

36.1 引用字符串类型(见 3.6.11)的记法应该是:

```
CharacterStringType ::=
        RestrictedCharacterStringType |
        UnrestrictedCharacterStringType
```

"RestrictedCharacterStringType"是受限制的字符串类型的记法并且在第 37 章中定义。

"UnrestrictedCharacterStringType"是无限制的字符串类型的记法并且在 40.1 中定义。

36.2 每个受限制的字符串类型的标记在 37.1 中规定。无限制的字符串类型的标记在 40.2 中规定。

36.3 字符串值的记法应该是:

```
CharacterStringValue ::=
        RestrictedCharacterStringVlaue |
        UnrestrictedCharacterStringValue
XMLCharacterStringValue ::=
        XMLRestrictedCharacterStringValue |
        XMLUnrestrictedCharacterStringValue
```

"RestrictedCharacterStringValue"和"XMLRestrictedCharacterStringValue"分别在 37.8 和 37.9 中定义。"UnrestrictedCharacterStringValue"和"XMLUnrestrictedCharacterStringValue"是无限制的字符串值的记法并且在 40.7 中定义。

37 受限制字符串类型的定义

本章定义其值被限制为取自字符的某些规定集的零个、一个或多个字符的序列。引用受限制字符串类型的记法应该是"RestrictedCharacterStringType":

```
RestrictedCharacterStringType ::=
        BMPString        |
```

GeneralString |
GraphicString |
IA5String |
ISO646String |
NumericString |
PrintableString |
TeletexString |
T61String |
UniversalString |
UTF8String |
VideotexString |
VisibleString

每个“RestrictedCharacterStringType”替换项通过规定下面的内容定义：

a) 赋给类型的标记；和

b) 所被类型引用的名称(例如，数字串)；和

c) 通过引用列出图形符号的表或引用编码字符集 ISO 国际登记(见所使用的具有转义序列的编码字符集的 ISO 国际登记)中的登记号或引用 GB/T 13000.1，用于定义类型的字符集中的字符。

37.1 表 6 列出了所引用的每个受限制字符串类型的名称，赋给类型的通用类别标记的序号，定义登记号或表，或者定义文本章号，以及在必要时，标识与表中登录有关的注解。记法中定义了同义名称时，要用圆括号列出。

37.2 表 7 列出会在数字串类型和数字串字符抽象语法中出现的字符。

表 6 受限制字符串列表

引用类型的名称	通用类别号	定义登记号[a]、表号、或 GB/T 16262.1 章	注
TF8String	12	37.16 条	
NumericString	18	表 7	注 1
PrintableString	19	表 8	注 1
TeletexString(T61String)	20	6、87、102、103、106、107、126、144、150、153、156、164、165、168＋SPACE＋DELETE	注 2
VideotexString	21	1、13、72、73、87、89、102、108、126、128、129、144、150、153、164、165、168＋ SPACE＋DELETE	注 3
IA5String	22	1、6＋ SPACE＋DELETE	
GraphicString	25	所有 G 集合＋SPACE	
VisibleString(ISO646String)	26	6＋SPACE	
GeneralString	27	所有 G 和所有集合＋SPACE＋DELETE	
UniversalString	28	见 37.6	
BMPString	30	见 37.15	

注 1：类型风格、大小、颜色、强度或者其他显示特性没有意义。

注 2：登记号 6 和 156 能代替 102 和 103 使用。

注 3：对应这些登记号的登录提供 CCITT Rec. T.100 和 ITU-T Rec. T.101 的功能。

a) 所使用的具有转义序列的编码字符集的 ISO 国际登记中列出了定义登记号。

表 7 Numer icString

名称	图形
Digitals	0、1、...9
Space	(space)

37.3 赋予下面的客体标识符和客体描述符值来标识和描述数字串字符抽象语法：

{joint-iso-itu-t asn1(1) specification(0) characterStrings(1) numericString(0)}

和

" NumericString character abstract syntax "

注 1：这个客体标识符值能用于 CHARACTER STRING 值和其他需要携带与这些值分开的字符串类型的标识的情况中。

注 2：NumericString 字符抽象语法的值可用下面来编码：

a) GB/T 13000.1 给出的编码抽象字符的规则之一。这时，用与 GB/T 13000.1 附录 N 中的那些规则相关的客体标识符来标识字符传送语法。

b) 固有类型 NumericString 的 ASN.1 编码规则。这时，字符传送语法由客体标识符值{joint-iso-itu-t asn1(1) basic-encoding(1)}标识。

37.4 表 8 列出会在 PrintableString 类型和 PrintableString 字符抽象语法中出现的字符。

表 8 PrintableString

名字		图形
拉丁大写字母	Latin capital letters	A、B、...Z
拉丁小写字母	Latin small letters	a、b、...z
数字	Digits	0、1、...9
间隔	SPACE	(空)
撇号	APOSTROPHE	'
左圆括号	LEFT PARENTHESIS	(
右圆括号	RIGHT PARENTHESIS	)
正号	PLUS SIGN	+
逗号	COMMA	,
负号	HYPHEN-MINUS	-
句号	FULL STOP	.
斜线	SOLIDUS	/
冒号	COLON	:
等于记号	EQUALS SIGN	=
问号	QUESTION MARK	?

37.5 赋予下面的客体标识符和客体描述符值来标识和描述 PrintableString 串字符抽象语法：

{joint-iso-itu-t asn1(1) specification (0) CharacterStrings(1) printableString(1)}

和

" PrintableString character abstract syntax "

注 1：这个客体标识符值能用于 CHARACTER STRING 值和需要携带与这些值分开的字符串类型的标识的其他情况中。

注 2：PrintableString 字符抽象语法的值可用下面方法编码：

a) 在 GB/T 13000.1 中给出的编码抽象字符的规则之一。这时，用与 GB/T 13000.1 附录 N 中的那些规则相关的客体标识符来标识字符传送语法。

b) 固有类型 PrintableString 的 ASN.1 编码规则。这时，字符传送语法由客体标识符{joint-iso-itu-t asn1(1) basic-encoding(1)}标识。

37.6 会在 UniversalString 类型中出现的字符是 GB/T 13000.1 允许的任何字符。

37.7 使用这种类型要用到 GB/T 13000.1 规定的一致性要求。

注：第 38 章为 GB/T 13000.1 附录 A 中定义的"子集图形字符集"定义了包含这种类型许多子类型的 ASN.1 模块。

37.8 受限制字符串类型的"RestrictedCharacterStringValue"记法应该是"cstring"(见 11.14)，"CharacterStringList"、"Quadruple"或"Tuple"。"Quadruple"仅能定义长度为 1 的字符串，而且仅用在 UniversalString、UTF8String 或 BMPString 类型的值记法中。"Tuple"仅能定义长度为 1 的字符串，且仅用在 IA5String 类型的值记法中。

```
RestrictedCharacterStringValue ::=
        cstring                  |
        CharacterStringList      |
        Quadruple                |
        Tuple
CharacterStringList ::=  "{"  CharSyms  "}"
CharSyms ::=
        CharsDefn                |
        CharSyms  ","  CharsDefn
CharsDefn ::=
        cstring                  |
        Quadruple                |
        Tuple                    |
        DefinedValue
Quadruple ::= "{" Group "," Plane "," Row "," Cell "}"
Group  ::= number
Plane  ::= number
Row    ::= number
Cell   ::= number
Tuple  ::= "{" TableColumn "," TableRow "}"
TableColumn ::= number
TableRow ::= number
```

注 1："cstring"记法仅可无歧义地用在能显示值中出现的字符的图形符号的媒体上。相反，如果媒介没有这种能力，无歧义地规定采用这种图形符号的字符串值的唯一手段是用"CharacterStringList"记法的方法，而且，只有类型是 UniversalString、UTF8String、BMPString 或 IA5String 和使用"CharsDefn"的"DefinedValue"替换项(见 7.1.2)。

注 2：第 38 章定义了指明类型 BMPString(和 UniveralString 及 UTF8String)和 IA5String 的单个字符(大小为 1 的串)的许多"valuereference"。

例如，假设当字符"Σ"不能在现有媒体中表示时，我们希望为 UniversalString 规定"abcΣdef"的值，该值也能表示如下：

```
IMPORTS BasicLatin, greekCapitalLetterSigma FROM ASN1-CHARACTER-MODULE
        {joint-iso-itu-t asn1(1)  specification(0)  modules(0) iso10646(0) };
MyAlphabet::= UniversalString (FROM (BasicLatin | greekCapitalLetterSigma))
mystring MyAlphabet::= {" abc", greekCapitalLetterSigma, " def"}
```

注 3：当规定 UniversalString、UTF8String 或 BMPString 类型的值时，除非能解决有类似形状的不同图形字符出现的歧义性，否则不应采用"cstring"记法。

例如：不应使用下面的"cstring"记法，因为在 BASIC LATIN、CYRILLIC 和 BASIC GREEK 字母表中出现图

形符号 'H'、'O'、'P'和'E'并且是有歧义的。

IMPORTS BasicLatin, Cyrillic, BasicGreek FROM ASN1-CHARACTER-MODULE
{joint-iso-itu-t asn1(1) specification(0) modules(0) iso10646(0)};
MyAlphabet::= UniversalString (FROM (BasicLatin | Cyrillic | BasicGreek))
mystring MyAlphabet::= "HOPE"

无歧义定义 mystring 的替换项将是:

mystring MyAlphabet (BasicLatin)::= " HOPE"

形式上,mystring 是 MyAlphabet 的子集的值的值引用,但是,它能通过附录 B 的值映射规则用于 MyAlphabet 内这个值需要值引用的任何地方。

37.9 "XMLRestrictedCharacterStringValue"记法是:

XMLRestrictedCharacterStringValue::=xmlcstring

37.10 有些字符不能直接用"xmlcstring"表示。他们应该采用 11.15 中规定的转义序列表示。

注:如果受限制字符串值包含 11.15.1 中规定的非 GB/T 13000.1 字符的字符,他们不能用"xmlcstring"表示,而且这些值不能用 XML 编码规则传送(见 ISO/IEC 8825-4)。

37.11 在"CharsDefn"中的"DefinedValue"应该是引用那个类型的值。

37.12 在"Plane"、"Row"、"Cell"产生式中的"number"应该小于 256,而在"Group"产生式中,它应该小于 128。

37.13 "Group"规定 UCS 编码范围中的一个组,"Plane"规定组内的平面,"Row"规定平面内的行,"Cell"规定行内的字符元。这个记法标识的抽象字符是"Group"、"Plane"、"Row"和"Cell"值规定的字符元的抽象字符。在所有情形中,允许的字符集可用分成子类型限制。

注:当使用像 GeneralString、GraphicString 和 UniversalString 等没有应用约束的开放-结尾字符串类型时,应用设计者应该仔细考虑一致性暗示。像 TeletexString 等有界但大的字符串类型,也需要有关一致性的详细文本。

37.14 在"TableColumn"产生式中的"number"应该是 0 到 7 的范围,而"TableRow"产生式中的"number"应该是 0 到 15 的范围。"TableColumn"规定符合 GB/T 2311 图 1 的字符代码表的列,"TableRow"规定其中的行。当代码表包含第 0 列和第 1 列中的登记登录 1,以及第 2 列至第 7 列中的登记登录 6 时,这一记法仅用于 IA5String(见与转义序列使用的编码字符集的 ISO 国际登记)。

37.15 BMPString 是有自身唯一标记和只包含 GB/T 13000.1 的基本多文种平面(那些对应最先 64K-2 字符元的,其编码用来表示基本多文种平面之外的字符的少量字符元)中的字符的 UniversalString 的子类型。它有如下定义的相关类型:

UniversalString(Bmp)

其中 Bmp 在 ASN.1 模块 ASN1-CHARACTER-MODULE(见第 38 章)中定义为对应 GB/T 13000.1 附录 A 中定义的"BMP"集名称的 UniversalString 的子类型。

注 1:由于 BMPString 是固有类型,它没有在 ASN1-CHARACTER-MODULE 中定义。

注 2:定义 BMPString 为固有类型是为了使没有约束的编码规则(如 BER)能用 16 位而不是 32 位编码。

注 3:在值记法中,所有的 BMPString 值是有效的 UniversalString 和 UTF8String 值。

37.16 UTF8String 在抽象层是和 UniversalString 同义的,而且能用于使用 UniversalString 的地方(符合要求不同标记的规则),但是它有不同的标记,并且是不同的类型。

注:BER 和 PER 使用的 UTF8String 的编码与 UniversalString 的不同,而且,对于大部分文本将少有多余的词。

38 GB/T 13000.1 中定义的命名字符和集

本章规定包含取自 GB/T 13000.1 的每个字符的值引用名定义的 ASN.1 固有模块,其中,每个名称引用编号为 1 的 UniversalString 值。这个模块也包含为取自 GB/T 13000.1 的每个字符集的类型引用名称的定义,其中每个名称引用 UniversalString 类型的子集。

注:这些值可用于 UniversalString 类型及其衍生的类型的值记法。在 38.1 规定的模块中已定义的所有值和类型引用都输出,而且必须通过采用他们的任意模块引入。

38.1 ASN.1 模块“ASN1-CHARACTER-MODULE”的规范

该模块没有在这里全部打印，而是规定定义它的方法。

38.1.1 模块以下列为开始：

```
ASN1-CHARACTER-MODULE {joint-iso-itu-t asn1(1) specification(0) modules(0)
    iso10646(0)}
    DEFINITIONS ::=BEGIN
    -- 本模块内定义的所有值引用和类型引用隐式输出，
    -- 而且用任何模块引入。
    -- GB/T 1988 控制字符：
    nul  IA5String ::= {0, 0}
    soh  IA5String ::= {0, 1}
    stx  IA5String ::= {0, 2}
    etx  IA5String ::= {0, 3}
    eot  IA5String ::= {0, 4}
    enq  IA5String ::= {0, 5}
    ack  IA5String ::= {0, 6}
    bel  IA5String ::= {0, 7}
    bs   IA5String ::= {0, 8}
    ht   IA5String ::= {0, 9}
    lf   IA5String ::= {0, 10}
    vt   IA5String ::= {0, 11}
    ff   IA5String ::= {0, 12}
    cr   IA5String ::= {0, 13}
    so   IA5String ::= {0, 14}
    si   IA5String ::= {0, 15}
    dle  IA5String ::= {1, 0}
    dc1  IA5String ::= {1, 1}
    dc2  IA5String ::= {1, 2}
    dc3  IA5String ::= {1, 3}
    dc4  IA5String ::= {1, 4}
    nak  IA5String ::= {1, 5}
    syn  IA5String ::= {1, 6}
    etb  IA5String ::= {1, 7}
    can  IA5String ::= {1, 8}
    em   IA5String ::= {1, 9}
    sub  IA5String ::= {1, 10}
    esc  IA5String ::= {1, 11}
    is4  IA5String ::= {1, 12}
    is3  IA5String ::= {1, 13}
    is2  IA5String ::= {1, 14}
    is1  IA5String ::= {1, 15}
    del  IA5String ::= {7, 15}
```

38.1.2 对于 GB/T 13000.1 中第 24 章和第 25 章中给出的图形字符(glyphs)的字符名称的每个列表

中的每个登录，模块包含形式陈述：

＜namedcharacter＞BMPString ::= ＜tablecell＞

-- 表示字符＜iso10646name＞，见 GB/T 13000.1

其中：

a) ＜iso10646name＞是从 GB/T 13000.1 中列出的一个表衍生出来的字符名称；

b) ＜ namedcharacter ＞通过应用 38.2 中规定的程序到＜iso10646 name ＞获得的串；

c) ＜ tablecell ＞是对应列表登录的 GB/T 13000.1 中表字符元中的图形字符。

例如：

latinCapitalLetterA BMPString ::= {0, 0, 0, 65}

-- 表示字符 LATIN CAPITAL LETTER A，见 GB/T 13000.1

greekCapitalLetterSigma BMPString ::= {0, 0, 3, 163}

-- 表示字符 GREEK CAPITAL LETTER SIGMA，见 GB/T 13000.1

38.1.3 对 GB/T 13000.1 附录 A 中规定的图形字符的集的每个名称，形式模块中包含陈述：

```
<namedcollectionstring> ::= BMPString
            (FROM(<alternativelist>))
    -- 表示字符集<collectionstring>,
    -- 见 GB/T 13000.1。
```

其中

a) ＜collectionstring＞是在 GB/T 13000.1 中指派的字符集的名称；

b) ＜ namedcollectionstring ＞通过应用 38.3 的程序到＜ collectionstring ＞形成的；

c) ＜ alternativelist ＞是像为 GB/T 13000.1 规定的每个字符在 38.2 中产生的一样，通过使用＜ namedcharacter ＞形成的。

产生的类型引用，＜ namedcollectionstring ＞，形成了有限的子集。（见附录 F 中的指南）

注：有限子集是规定子集中的字符表。它与选择的子集相反，是 GB/T 13000.1 附录 A 中列出的字符集加 BASIC LATIN 集。

例如(部分)：

```
    space BMPString                ::= {0, 0, 0,3 2}
    exclamationMark BMPString      ::= {0, 0, 0,3 3}
    quotationMark BMPString        ::= {0, 0, 0, 34}
    ...                                  -- 等等
    tilde BMPString                ::= {0, 0, 0, 126}
    BasicLatin::= BMPString
        (FROM (space
        | exclamationMark
        | quotationMark
        |...        -- 等等
        | tilde )
        )
-- 表示字符 BASIC LATIN 集，见 GB/T 13000.1。
-- 本示例中的圆括号用来简化并且是“等等”的意思；
-- 不能在实际的 ASN.1 模块中这样使用。
```

38.1.4 GB/T 13000.1 定义实现的三个级。默认情况下，由于这些类型没有对使用组合字符的限制，故在 ASN1-CHARACTER-MODULE 中定义的所有类型，除“Level1”和“Level 2”外，都符合 3 级实现。“Level 1”指明要求1级实现，“Level 2”指明2级实现，而“Level 3”指明3级实现。因此，ASN1-CHARACTER-MODULE 中定义了下列内容：

Level1 ::= BMPString (FROM (ALL EXCEPT CombiningCharacters))

Level2 ::= BMPString (FROM (ALL EXCEPT CombiningCharactersType-2))

Level3 ::= BMPString

注1：“CombiningCharacters”和“CombiningCharactersType -2”是分别对应于 GB/T 13000.1 附录 A 中定义的“COMBINING CHARACTERS”和“COMBINING CHARACTERS B-2”的< namedcollectionstring >。

注2：“Level1”和“Level2”将用于“IntersectionMark”(见第46章)之后或作为“ConstraintSpec”中唯一的约束。(示例见附录 E.2.7.1。)

注3：有关本内容的更多信息见附录 F.2.5。

38.1.5 模块以下面的语句结束：

END

38.1.6 用户定义的，和38.1.3中的示例相当的是：

BasicLatin ::= BMPString (FROM (space..tidle))

-- 表示字符 BASIC LATIN 集，见 GB/T 13000.1。

38.2 <namedcharacter>是采用<iso10646name>(见38.1.2)和应用下列算法获得的串：

a) <iso10646name>的每个大写字母转换成对应的小写字母，除非大写字母是以 SPACE 开头，此时，大写字母保持不变；

b) 每个数字和每个 HYPHEN-MINUS 保持不变；

c) 删除每个 SPACE。

注：上面的算法，和 GB/T 13000.1 附录 K 中的字符命名指南一起将总是为 GB/T 13000.1 中列出的各个字符名产生无歧义的值记法。

例如：取自 GB/T 13000.1 的0行60字符元，被命名为“LESS-THAN SIGN”并且有图形表达式“<”的字符能用 less-thanSign 的“DefinedValue”引用。

38.3 < namedcollectionstring >是采用< collectionstring >和应用下列算法获得的串：

a) GB/T 13000.1 集名的每个大写字母转换成对应的小写字母，除非大写字母是以 SPACE 开头或它是名字的第一个字母，此时，大写字母保持不变；

b) 每个数字和每个 HYPHEN-MINUS 保持不变；

c) 删除每个 SPACE。

例如：

1 在 GB/T 13000.1 附录 A 中定义为 BASIC LATIN 的集有 ASN.1 类型引用

BasicLatin

2 由 BASIC LATIN 集中的字符以及 BASIC ARABIC 集构成的字符串类型能被定义为：

my-Character-String::=BMPString (FROM (BasicLatin | BasicArabic))

注：上面的结构是必需的，因为明显的更简单结构

my-Character-String::=BMPString (FROM (BasicLatin | BasicArabic))

将只允许是整个 BASIC LATIN 或 BASIC ARABIC，而不是二者混合的串。

39 字符的正则顺序

39.1 为了“ValueRange”分成子类型并为编码规则可使用，为 UniversalString、UTF8String、BMPString、NumericString、PrintableString、VisibleString 和 IA5String 规定了字符的正则顺序。

39.2 仅仅因为本章，字符和代码表中的字符元一一对应，不管那个字符元被赋予字符名称或者形状，也不管它是控制字符还是印刷字符、组合还是非组合字符。

39.3 抽象字符的正则顺序由 GB/T 13000.1 的32位表达式中其值的正则顺序定义，正则顺序中小数

字首先出现和大数字最后出现。

39.4 在"PermittedAlphabet"记法(或个别字符)内"ValueRanges"的结束点能用模块 ASN1-CHARACTER-MODULE 中定义的 ASN.1 值引用或(这时,图形符号在规范上下文和用来表示他的媒体中是无歧义的)通过给出"cstring"中的图形符号(38.1 中定义了 ASN1-CHARACTER-MODULE),或通过采用 37.8 的"Quadruple"或"Tuple"记法规定。

39.5 对于 BMPString,字符元的正则顺序定义(见 GB/T 13000.1)为:

256 * (行号)+(字符元号)

整个字符集准确地包含 256 * 256 个字符。在"PermittedAlphabet"记法内(或单个字符)的"ValueRange"结束点能用模块 ASN1-CHARACTER-MODULE 中定义的 ASN.1 值引用或(规范的上下文中图形符号明确时)在"cstring"中给出图形符号来规定。不能将一个字符元规定为范围的结束点或者没有名字或图形符号赋给那个字符元时标识单个字符。

39.6 对 NumericString,从左到右逐步增加的正则顺序定义(见 37.2 的表 7)为:

(间隔) 0 1 2 3 4 5 6 7 8 9

整个字符集精确地包含 11 个字符。"ValueRange"(或单个字符)的结束点能用"cstring"中的图形符号规定。

注:这个顺序与 GB/T 13000.1 中 BASIC LATIN 集中对应字符的顺序一致。

39.7 对于 PrintableString,从左到右和从顶到底逐步增加的正则顺序定义(见 37.4 的表 8)为:

(SPACE) (APOSTROPHE) (LEFT PARENTHESIS) (RIGHT PARENTHESIS) (PLUS SIGN) (COMMA) (HYPHEN-MINUS) (FULL STOP) (SOLIDUS) 0123456789 (COLON) (EQUAL SIGN) (QUESTION MARK) ABCDEFGHIJKLMNOPQRSTUVWXYZ-abcdefghijklmnopqrstuvwxyz

整个字符集精确地包含 74 个字符。"ValueRange"(或单个字符)的结束点能用"cstring"中的图形符号规定。

注:这个顺序与 GB/T 13000.1 中 BASIC LATIN 集中对应字符的顺序一致。

39.8 对于 VisibleString,字符元的正则顺序根据 GB/T 1988 编码(称为 GB/T 1988 ENCODING)定义为:

(GB/T 1988 ENCODING)- 32

注:即,正则顺序与 GB/T 1988 代码表的字符元 2/0 至 7/14 中的字符一样。

整个字符集精确地包含 95 个字符。"ValueRange"(或单个字符)的结束点能用"cstring"中的图形符号规定。

39.9 对于 IA5String,字符元的正则顺序根据 GB/T 1988 编码定义为:

(GB/T 1988 ENCODING)

整个字符集精确地包含 128 个字符。"ValueRange"(或单个字符)的结束点能用"cstring"中的图形符号或 38.1.1 中定义的 GB/T 1988 控制字符值引用规定。

40 无限制字符串类型的定义

本章定义类型值是任何字符抽象语法值的类型。在 OSI 环境中,该抽象语法可能是 OSI 定义的上下文集的一部分。否则,可为使用无限制字符串类型的每个实例直接引用。

注 1:抽象字符语法(及一个或多个对应的字符传送语法)可由能分配 ASN.1 OBJECT IDENTIFIERS 的任何组织定义。

注 2:利益相同产生的外形通常将确定对 CHARACTER STRING 规定实例或实例组所支持的字符抽象语法和字符传送语法。在 OSI 应用中,它通常应包括 OSI 协议实现一致性声明(PICS)中引用所支持的语法。

40.1 无限制的字符串类型(见 3.6.76)应该用记法"UnrestrictedCharacterStringType"引用:

```
UnrestrictedCharacterStringType ::= CHARACTER STRING
```

40.2 该类型的标记是通用类别,编号为 29。

40.3 类型由表示下列内容的值组成:

a) 可能但不必是 ASN.1 字符串类型的值的字符串值;和

b) 以下的标识(单独或一起):

1) 字符抽象语法;和

2) 字符传送语法。

40.4 无限制字符串类型有相关类型。用该相关类型来支持其值和子类型记法。

40.5 为值定义和分成子类型的相关类型(假设是自动标记环境)是(有标准注解):

```
SEQUENCE {
        identification                    CHOICE{
            syntaxes                          SEQUENCE {
                abstract                          OBJECT IDENTIFIER,
                transfer                          OBJECT IDENTIFIER}
                --抽象和传送语法客体标识符--,
            syntax                            OBJECT IDENTIFIER
                --标识抽象和传送语法的单个客体标识符--,
            presentation-context-id           INTEGER
            -(仅适用于 OSI 环境)
            -- 协商的 OSI 表示上下文标识抽象和传送语法 --
            context -negotiation              SEQUENCE{
                presentation-context-id           INTEGER,
                transfer-syntax                   OBJECT IDENTIFIER}
            --(仅适用于 OSI 环境)
            -- 进程中的上下文协商、表示上下文标识符只标识抽象语法,
            -- 因此,应该规定传送语法 --
            transfer-syntax                   OBJECT IDENTIFIER
            --值的类型(例如,是 ASN.1 类型的值的规范)由应用
            --设计者固定(因此,发送者和接受者都了解),--
            -- 提供这一情况主要是支持 ASN.1 类型的选择-范围-加密(或其他编码转换)--
            fixed                             NULL
            -- 数据值是固定 ASN.1 类型的值(因此,发送者和接受者都了解)--}
        data-value-descriptor             ObjectDescriptor OPTIONAL
            --这样提供值的类别的人可读标识 --
        string-value                      OCTET STRING }
        ( WITH COMPONENTS {
            ...,
            data-value-descriptor   ABSENT } )
```

注:无限制字符串类型不允许包含与“identification”一起的“data-value-descriptor”值。然而,这里提供的相关类型的定义强调嵌入式 pdv 类型、外部类型与无限制字符串类型之间存在的共性。

40.6 正文的 33.6 和 33.7 也适用于无限制字符串类型。

40.7 值记法应该是相关类型的值记法,其中类型 OCTET STRING 的 string-value 成分的值表示使用“identification”中规定的传送语法的编码。

UnrestrictedCharacterStringValue ::= SequenceValue -- 在 40.5 中定义的相关类型的值
XMLUnrestrictedCharacterStringValue ::=
XMLSequenceValue -- 在 40.5 中定义的相关类型的值

40.8 在附录 E.2.8 中给出了无限制字符串类型的示例。

41 第 42 至 44 章中定义的类型的记法

41.1 引用 42 至 44 章中定义的类型的记法应该是：

UsefulType ::= typereference

其中，"typereference"是 42 至 44 章中用 ASN.1 记法定义的之一。

41.2 每个"UsefulType"的标记在 42 至 44 章中规定。

42 通用时间

42.1 这一类型应该用下面名称引用：

GeneralizedTime

42.2 该类型由表示下列内容的值组成：

a) 如 GB/T 7408 定义的日历日期；和

b) 一天的时间，除值 24 不能用于小时外，精确到 GB/T 7408 中定义的任何程度；和

c) 如 GB/T 7408 中定义的当地时差因素。

42.3 该类型可用 ASN.1 定义如下：

GeneralizedTime ::= [UNIVERSAL 24] IMPLICIT VisibleString

带有"VisibleString"的值限制在下面字符串之一：

a) 如 GB/T 7408 规定的、表示日历日期的串，用四位数字表示年，二位数字表示月和二位数字表示日，不使用分隔号，后随 GB/T 7408 中规定的表示一天时间的串，没有分隔号，而有十进制逗号或日期(如 GB/T 7408 中提供的)，也没有终止符 Z(如 GB/T 7408 中提供的)；或

b) 上面 a)中的字符后面紧接大写字母 Z；或

c) 上面 a)中的字符后面紧接表示当地时间差的字符串，如 GB/T 7408 中规定的，没有分隔符。

在 a)的情况下，时间应表示当地时间。在 b)的情况下，时间应表示国际协调时。在 c)的情况下，如 a)情况形成的串部分表示当地时间(t_1)，而时差(t_2)能按下列方法确定国际协调时：

国际协调时是 t_1-t_2

例如：

情况 a)：

"19851106210627.3" 表示当地时间 1985 年 11 月 6 日下午 9 时 6 分 27.3 秒。

情况 b)：

"19851106210627.3Z" 是上述的国际协调时。

情况 c)：

"19851106210627.3-0500" 表示例 a)中的当地时间，当地时间比国际协调时晚 5 个 h。

42.4 标记应该如 41.3 中定义。

42.5 值记法应该是 42.3 中定义的"VisibleString"的值记法。

43 世界时间

43.1 该类型应该用下列名称引用：

UTCTime

43.2 该类型由表示下列内容的值组成：

a) 日历日期;和

b) 精确到一分或一秒的时间;和

c) (可选择)与国际协调时不同的当地时间。

43.3 该类型用 ASN.1 定义如下:

UTCTime ::= [UNIVERSAL 23] IMPLICIT VisibleString

带有“VisibleString”的值限制为下面平行放置的字符串:

a) 六位数字 YYMMDD,其中,YY 是公元年号的后两位数,MM 是月份(一月记为 01),DD 是月中的日(01 至 31);和

b) 下面二者之一:

1) 四位数字 hhmm,其中 hh 是小时(00 至 23),mm 是分(00 至 59);或

2) 六位数字 hhmmss,其中,hh 和 mm 如上面 1)中的时间,ss 是秒(00 至 59);和

c) 下面二者之一:

1) 字符 Z;或

2) 字符+或-之一,后随 hhmm,其中 hh 是小时,mm 是分。

上面 b)中的替换项允许改变时间规范内的精确度。

在替换项 c)1)中,时间是国际协调时。在替换项 c)2)中,上面 a)和 b)规定的时间(t_1)是当地时间;上面 c)2)规定的时差(t_2)能使国际协调时按下列来确定:

等同的世界时间是 t_1-t_2

例 1:如果当地时间是 1982 年 1 月 2 日上午 7 时,而国际协调时是 1982 年 1 月 2 日中午 12 时,UTCTime 值是二者之一:

——"8201021200Z";或

——"8201020700-0500"。

例 2:如果当地时间是 2001 年 1 月 2 日上午 7 时,而国际协调时是 2001 年 1 月 2 日中午 12 时,UTCTime 值是二者之一:

——"0101021200Z";或

——"0101020700-0500"。

43.4 标记应该如 43.3 中定义。

43.5 值记法应该是 43.3 中定义的“VisibleString”的值记法。

44 客体描述符类型

44.1 该类型应该用下列名称引用:

ObjectDescriptor

44.2 该类型由用来描述一个客体的人们可读的文本组成。文本不是客体的无歧义标识,但是不同客体的相同文本并不常见。

注:建议将类型 OBJECT INDENTIFIER 值赋给客体的权威机构也应该将类型 ObjectDescriptor 的值赋给那个客体。

44.3 该类型用 ASN.1 定义如下:

ObjectDescriptor ::= [UNIVERSAL 7] IMPLICIT GraphicString

“GraphicString”含有描述客体的文本。

44.4 标记应该如 44.3 中定义。

44.5 值记法应该是 44.3 中定义的“GraphicString”的值记法。

45 受约束类型

45.1 “ConstrainedType”记法允许对(双亲)类型加以约束,约束其值集为双亲的某些子类型或(在集

合或序列类型内)规定成分关系适用于双亲类型的值,以及同一集合或序列值中某些其他成分的值。它也允许有与约束有关的例外标识符。

```
ConstrainedType ::=
        Type Constraint        |
        TypeWithConstraint
```

在第一个替换项中,双亲类型是“Type”,而且该约束由 45.6 中定义的“Constraint”规定。第二个替换项在 45.5 中定义。

45.2 当“Constraint”记法紧接单一集合或单一序列类型记法之后时,它适用于(最里面的)单一集合或单一序列记法中的“Type”,而不适合单一集合或单一序列类型。

注:例如,下面的约束“(SIZE(1..64))”适用于 VisibleString,但不适用于 SEQUENCE OF:

```
NamesOfMemberNations ::= SEQUECNCE OF VisibleString (SIZE (1..64))
```

45.3 当“Constraint”记法紧接精选类型记法之后时,它也适用于选择类型,但不适用于所选替换项的类型。忽略这样的约束(见 29.2)。

注:在下面的示例中,约束(WITH COMPONENTS {..., a ABSENT})适用于 CHOICE 类型 T,但不适用于所选的 SEQUENCE 类型,而且不影响 V 的值。

```
T::=CHOICE{
    a  SEQUENCE {
           a  INTEGER OPTIONAL,
           b  BOOLEAN
    },
    b  NULL
}
V::= a < T (WITH COMPONENTS { ..., a  ABSENT})
```

45.4 当“Constraint”记法紧接“TaggedType”记法之后时,全部记法的解释一样,无论“TaggedType”或“Type”是否认为是双亲类型。

45.5 作为 45.2 中规定的解释的结果,提供特定的记法来允许约束适用于单一集合或单一序列类型。这就是“TypeWithConstraint”:

```
TypeWithConstraint ::=
        SET Constraint OF Type                      |
        SET SizeConstraint OF Type                  |
        SEQUENCE Constraint OF Type                 |
        SEQUENCE SizeConstraint OF Type             |
        SET Constraint OF NamedType                 |
        SET SizeConstraint OF NamedType             |
        SEQUENCE Constraint OF NamedType            |
        SEQUENCE SizeConstraint OF NamedType
```

在第一和第二个替换项中,双亲类型是“SET OF Type”,而在第三个和第四个中,它是“SEQUENCE OF Type”。在第五和第六个替换项中,双亲类型是“SET OF NamedType”,而在第七个和第八个中,它是“SEQUENCE OF NamedType”。在第一、第三、第五和七个替换项中,约束是“Constraint”(见 45.6),而在第二、第四、第六和第八个中,它是“SizeConstraint”(见 47.5)。

注:尽管“Constraint”替换项包括了对应的“SizeConstraint”替换项,由于历史的原因提供了“SizeConstraint”替换项。

45.6 由记法“Constraint”规定的约束:

```
Constraint ::= "(" ConstraintSpec ExceptionalSpec ")"
ConstraintSpec ::=
```

SubtypeConstraint |
GeneralConstraint

“ExceptionalSpec”在 49 中定义。除非与“extension marker”(见第 48 章)一起使用,否则,它仅表示“ConstraintSpec”是否包括“DummyReference”(见 GB/T 16262.4 的 8.3)或者是“UserDefinedConstraint”(见 GB/T 16262.3 的第 9 章)的事件。在 GB/T 16262.3 的 8.1 中定义了“GeneralConstraint”。

45.7 记法“SubtypeConstraint”是通用“ElementSetSpecs”记法(见第 46 章):

SubtypeConstraint ::= ElementSetSpecs

在这里的上下文中,元素是双亲类型的值(元素集的支配者是双亲类型)。在集中至少应该有一个元素。

46 元素集规范

46.1 在某些记法中,可以规定某些标识类型或信息客体类别(支配者)的元素集。这时,使用记法“ElementSetSpec”:

```
ElementSetSpecs::=
        RootElementSetSpec                          |
        RootElementSetSpec "," "..."                |
        RootElementSetSpec "," "..." "," AdditonalElementSetSpec
RootElementSetSpec::= ElementSetSpec
AdditonalElementSetSpec::= ElementSetSpec
ElementSetSpec::=Unions  |
        ALL Exclusions
Unions::=Intersections  |
        UElems UnionMark Intersections
UElems::= Unions
Intersections::= IntersectionElement   |
        IElems IntersectionMark IntersectionElements
IElems::= Intersections
IntersectionElements::=Elements | Elems Exclusions
Elems::=Elements
Exclusions::=EXCEPT Elements
UnionMark::= "|"  |  UNION
IntersectionMark::= "^" | INTERSECTION
```

注 1:脱字字符 "^" 和单词 INTERSECTION 同义。字符 "|" 和单词 UNION 同义。建议,作为格式问题,字符或单词能用于整个用户规范。EXCEPT 能以任一种形式使用。

注 2:从最高到最低的优先顺序是:EXCEPT、"^"、"|"。注意,规定了“ALL EXCEPT”以便它不能用没有把“ALL EXCEPT xxx”圆括号括起来的其他约束打断。

注 3:任何有“Elements”的地方,会出现没有圆括号的约束[例如:INTEGER (1..4)]或圆括号括起来的子类型约束[例如:INTEGER((1..4 | 9))]。

注 4:注意,两个“EXCEPT”运算符必须用 "|"、"^"、"(" 或 ")"分开,因此,(A EXCEPT B EXCEPT C)是不允许的。它必须改成((A EXCEPT B) EXCEPT C)或(A EXCEPT (B EXCEPT C))。

注 5:注意,((A EXCEPT B) EXCEPT C) 与 (A EXCEPT (B | C)) 是相同的。

注 6:“ElementSetSpecs”引用的元素是“RootElementSetSpec”和“AdditonalElementSetSpec”(出现时)引用的元素的联合。

注7：当元素是信息客体时（即，支配者是信息客体类别），使用如 GB/T 16262.2 的 12.3 中定义的记法“ObjectSetElements”。

46.2 形成集的元素是：

a) 如果选择“ElementSetSpecs”的第一个替换项，“Unions”中规定的那些内容[见 b)]，除了“Exclusions”的“Elements”记法中规定的那些内容外，支配者的所有其他元素；

b) 如果选择“Unions”的第一个替代项，那么是“Intersections”[见 c)]中规定的那些内容，在“UElems”或“Intersections”中至少规定一次；

c) 如果选择“Intersections”的第一个替代项，那么是“IntersectionElements”[见 d)]中规定的那些内容，否则是也由“IntersectionElements”规定的“IElems”规定的那些内容；

d) 如果选择“IntersectionElements”的第一个替代项，则为“Elements”中规定的那些内容，除了在“Exclusions”中规定外，应在“Elems”中规定。

46.3 如果下面的条件有效，定义值集为可扩展的：

a) 对于“Elements”：在较外面的层有扩展标志；

注：即使双亲的所有值包含在新受限类型的根中这也适用。

b) 对于“Unions”：至少一个“UElems”是可扩展的；

c) 对于“Intersections”：至少一个“IElems”是可扩展的；

d) 对于“Exclusions”：EXCEPT 之前的元素集是可扩展的。

否则，值的集不是可扩展的(也见 G.4)。

46.4 如果值的集是可扩展的，如 46.2 中规定的，通过只用集算法中包含的值集的根值形成集算法能够确定根值。通过采用由扩展附加增加的根值形成值集能够确定扩展附加，对集算法中包含的每个值集，随后排除确定为根值的值。

46.5 “Elements”记法定义为：

```
Elements ::=
        SubtypeElements     |
        ObjectSetElements   |
        " ("ElementSetSpec")"
```

本记法规定的元素是：

a) 如果使用“SubtypeElements”替换项，则在下面第 47 章描述。该记法应仅用于支配者是类型，而且包括的实际类型应进一步约束记法的可能性时。在这一上下文中，支配者称为双亲类型；

b) 如果采用“ObjectSetElements”记法，则在 GB/T 16262.2 的 12.10 中描述。该记法仅用于当支配者是信息客体类别时；

c) 如果采用第三种替换项，是“ElementSetSpec”规定的那些内容。

46.6 当支配类型是可扩展的，形成子类型约束或值集内的集算法时，集算法中只采用支配类型的扩展根中的抽象值。这时，集算法中所用的所有值记法(包括值引用)实例要求引用支配类型的扩展根的抽象值。要求范围约束的结束点引用在支配类型的扩展根中出现的值，而整个范围规范引用全部(且只有)是支配类型扩展根内范围中的那些值。

46.7 当形成含有信息客体集的集算法时，所有信息客体都用于集算法中。如果贡献给集算法的任何信息客体集是可扩展的，或如果在“ElementSetSpec”最外层有扩展标志，则集算法的结果是可扩展的。

46.8 如果子类型约束通过可扩展约束的应用连续地应用到可扩展的双亲类型上，其中用的值记法不应引用不在双亲类型的扩展根中的值。只要约束应用于没有扩展标志和可能扩展附加的双亲类型，第二个(连续应用的)约束的结果定义为是一样的。

例如：

```
Foo ::= INTEGER (1..6,...,73,..80)
```

Bar::= Foo (73) -- 非法的

foo Foo ::= 73 -- 合法,因为它是 Foo 的值记法,不是约束的一部分。

由于 73 不在 Foo 的扩展根中,Bar 是非法的。如果 73 已经在 Foo 的扩展根中,示例将是合法的,而且 Bar 将约束 73 的单个值。

47 子类型元素

47.1 概述

对"SubtypeElements"提供了许多不同形式的记法。他们标识如下,而且将他们的语法和语义在下面各条中定义。表 9 概括了哪种记法适用于哪种双亲类型。

```
SubtypeElements::=
        SingleValue              |
        ContainedSubtype         |
        ValueRange               |
        PermittedAlphabet        |
        SizeConstraint           |
        TypeConstraint           |
        InnerTypeConstraint      |
        PatternConstraint
```

表 9 子类型值集的适用性

类型(或通过置标记或分成子类型从该类型派生的)	Single Value	Contained Subtype	Value Range	Size Constraint	Permitted Alphabet	Type Constraint	InnerType Constraint	Pattern Constraint
Bit String	是	是	否	是	否	否	否	否
Boolean	是	是	否	否	否	否	否	否
Choice	是	是	否	否	否	否	是	否
Embedded-pdv	是	否	否	否	否	否	是	否
Enumerated	是	是	否	否	否	否	否	否
External	是	否	否	否	否	否	是	否
Instance-of	是	是	否	否	否	否	是	否
Integer	是	是	是	否	否	否	否	否
Null	是	是	否	否	否	否	否	否
Object class field type	是	是	否	否	否	否	否	否
Object Descriptor	是	是	否	是	是	否	否	否
Object Identifier	是	是	否	否	否	否	否	否
Octet String	是	是	否	是	否	否	否	否
Open type	否	否	否	否	否	是	否	否
Real	是	是	是	否	否	否	是	否
Relative Object Identifier	是[b]	是[b]	否	否	否	否	否	否

表 9(续)

类型(或通过置标记或分成子类型从该类型派生的)	Single Value	Contained Subtype	Value Range	Size Constraint	Permitted Alphabet	Type Constraint	InnerType Constraint	Pattern Constraint
Restricted Character String Type	是	是	是[a]	是	是	否	否	是
Sequence	是	是	否	否	否	否	是	否
Sequence-of	是	是	否	是	否	否	是	否
Set	是	是	否	否	否	否	是	否
Set-of	是	是	否	是	否	否	是	否
Time Types	是	是	否	否	否	否	否	否
Unrestricted Character StringType	是	否	否	是	否	否	是	否

a 只允许在 BMPString、IA5String、NumericString、PrintableString、VisibleString、UTF8String 和 UniversalString 的"PermittedAlphabet"内。

b 约束或值集中所有相对客体标识符类型或值的开始节点应该与支配者的开始节点相同。

47.2 单值

47.2.1 "SingleValue"记法应该是:

SingleValue::=Value

其中,"Value"是双亲类型的值记法。

47.2.2 "SingleValue"规定由"Value"规定的双亲类型的单值。

47.3 包含子类型

47.3.1 "ContainedSubtype"记法应该是:

ContainedSubtype ::= Includes Type

Includes ::= INCLUDES | empty

当"ContainedSubtype"中的"Type"是空类型的记法时,不应该使用"Includes"产生式的"empty"替换项。

47.3.2 "ContainedSubtype"规定也在"Type"根中的双亲类型的根中的所有值。要求"Type"从作为双亲类型的相同固有类型派生而来。

47.3.3 包含的子类型约束中使用的可扩展"Type"引用的值集不从"Type"中继承扩展标志。忽略不在那一类型扩展根中的"Type"中的任何值,而且,不贡献给受约束类型的值。

注:使用可扩展"Type"本身不会使受约束类型扩展。

47.4 值范围

47.4.1 "ValueRange"记法应该是

ValueRange::=LowerEndpoint ".." UpperEndpoint

47.4.2 "ValueRange"规定通过规定范围结束点的值指定的值范围内的值。这一记法仅适用于整数类型、某些受限制字符串类型(只有 IA5String、NumericString、PrintableString、VisibleString、BMPString、UniversalString 和 UTF8String)的"PermittedAlphabet"和实数类型。要求"ValueRange"中规定的所有值是在双亲类型根中。

注:为了分成子类型,PLUS-INFINITY 超过所有的实值和 MINUS-INFINITY 小于所有的实值。

47.4.3 范围的每个结束点是封闭(这时规定了那个结束点)或者是开放(这时没有规定结束点)的。在开放时,结束点规范包含一个小于符号("<"):

LowerEndpoint ::= LowerEndValue | LowerEndValue "<"

UpperEndpoint ::= UpperEndValue | "<" UpperEndValue

47.4.4 也可以不规定结束点，这时在那个方向延伸到双亲类型允许的范围：

LowerEndValue ::= Value | MIN

UpperEndValue ::= Value | MAX

注：当 ValueRange 用作"PermittedAlphabet"时，"LowerEndpoint"和"UpperEndpoint"的大小应为 1。

47.5 大小约束

47.5.1 "SizeConstraint"的记法应该是：

SizeConstraint ::= SIZE Constraint

47.5.2 "SizeConstraint"只适用于位串类型、八位位组串类型、字符串类型、单一集合类型或单一序列类型。

47.5.3 "Constraint"为被规定值的长度规定允许的整数值，并采用适用于下列双亲类型的任何约束形式：

INTEGER (0..MAX)

"Constraint"应该用"SubtypeConstraint"替代"ConstraintSpec"。

47.5.4 测量单位依赖于双亲类型，如下：

类型	**测量单位**
位串	位
八位位组串	八位位组
字符串	字符
单一集合	成分值
单一序列	成分值

注：本条中为确定字符串值大小规定的字符数计数应该清楚地与八位位组计数区别开来。字符计数应该根据用于类型的，特别是与引用标准、表或能在这种定义中出现的登记中的登记数有关系的字符集的定义来解释。

47.6 类型约束

47.6.1 "TypeConstraint"记法应该是：

TypeConstraint ::= Type

47.6.2 这一记法仅适用于开放类型记法，而且约束开放类型为"Type"的值。

47.7 允许字母表

47.7.1 "PermittedAlphabet"记法应该是：

PermittedAlphabet ::= FROM Constraint

47.7.2 "PermittedAlphabet"规定能用双亲串的子字母表构成的全部值。这一记法仅能用于受限制字符串类型。

47.7.3 除了那些应该用"SubtypeConstraint"替代"ConstraintSpec"外，"Constraint"是所有能适用于双亲类型(见表 9)的约束。子字母表精确地包括那些出现在"Constraint"允许的双亲串类型的一个或多个值中的字符。

47.7.4 如果"Constraint"是可扩展的，那么允许字母表约束选择的值集是可扩展的。根中的值集是"Constraint"的根允许的那些，而且扩展附加是根与"Constraint"扩展附加一起允许的那些，但不包括已经在根中的那些值。

47.8 内部子类型

47.8.1 "InnerTypeConstraint"记法应该是：

InnerTypeConstraint ::=

WITH COMPONENT SingleTypeConstraint |

WITH COMPONENTS MultiTypeConstraints

47.8.2 “InnerTypeConstraint”只规定那些满足约束出现的集合的值和/或双亲类型成分的值。除非满足明显或隐含的所有约束(见 47.8.6),否则,不规定双亲类型的值。这一记法可适用于单一集合、单一序列、集合、序列和选择类型。

注：通过 COMPONENT OF 转换来忽略适用于集合或序列类型的“InnerTypeConstraint”(见 24.4 和 26.2)。

47.8.3 对于按照单个其他(内部)类型(单一集合和单一序列)定义的类型,提供了采用子类型值规范形式的约束。它的记法是“SingleTypeConstraint”:

SingleTypeConstraint ::= Constraint

“Constraint”定义单个其他(内部)类型的子类型。如果且只有每个内部值属于将“Constraint”用于内部类型获得的子类型,才规定双亲类型的值。

47.8.4 对于按照多个其他(内部)类型(选择、集和序列)定义的类型,提供了这些内部类型的许多约束。它的记法是“MultipleTypeConstraints”:

```
MultipleTypeConstraints ::=
        FullSpecification |
        PartialSpecification
FullSpecification ::= "{" TypeConstraints "}"
PartialSpecification ::= "{" "..." "," TypeConstraints "}"
TypeConstraints ::=
        NamedConstraint |
        NamedConstraint "," TypeConstraints
NamedConstraint ::=
        Identifier ComponentConstraint
```

47.8.5 “TypeConstraints”包含对双亲类型的成分类型的约束列表。对于序列类型,约束必须按顺序出现。约束作用的内部类型用其标识符标识。对于给出的成分,最多应该有一个“NamedConstraint”。

47.8.6 “MultipleTypeConstraints”由“FullSpecification”或者“PartialSpecification”组成。当使用“FullSpecification”时,应该在能约束为缺失(见 47.8.9)且没有明显列出的所有内部类型中有“ABSENCE”的隐式出现约束。采用“PartialSpecification”时,没有隐式约束且能从列表中忽略任何内部类型。

47.8.7 特定的内部类型可以按照它的出现(在双亲类型的值中)、它的值或两者约束。记法是“ComponentConstraint”:

ComponentConstraint ::= ValueConstraint PresenceConstraint

47.8.8 内部类型值的约束用记法“ValueConstraint”表示:

ValueConstraint ::= Constraint | empty

如果且只有内部值属于作用于内部类型的“Constraint”规定的子类型时,双亲类型的值满足这一约束。

47.8.9 内部类型出现的约束应该用记法“PresenceConstraint”表示:

PresenceConstraint::=PRESENT | ABSENT | OPTIONAL | empty

这些候选项的意义以及允许他们的情形在 47.8.9.1 至 47.8.9.3 中定义。

47.8.9.1 如果双亲类型是序列或集合,标记为 OPTIONAL 的成分类型可约束为 PRESENT(这时,如果也只有对应的成分值出现才满足约束)或者为 ABSENT(这时,如果也只有对应的成分值缺失才满足约束)或者为“OPTIONAL”(这时,对应的成分值出现上没有加以约束)。

47.8.9.2 如果双亲类型是选择,成份类型可约束为 ABSENT(此时,如果也只有对应的成分类型没有用在值中才满足约束),或 PRESENT(此时,如果也只有对应的成分类型用在值中才满足约束);在

“MultiTypeConstraints”中最多应该有一个 PRESENT 关键字。

注：解释示例见附录 E 的 E.4.6。

47.8.9.3 空“PresenceConstraint”的意义依赖于是采用“FullSpecification”还是“PartialSpecification”：

a) 在“FullSpecification”中，它相当于对标记 OPTIONAL 的集合或序列成分的 PRESENT 约束，且不强加进一步的约束；

b) 在“PartialSpecification”中，不强加约束。

47.9 模式约束

47.9.1 “PatternConstraint”记法应该是：

PatternConstraint::=PATTERN Value

47.9.2 “Value”应该是包含附录 A 中定义的 ASN.1 常规表达式的类型 UniversalString(或引用这种字符串)的“cstring”。“PatternConstraint”选择满足 ASN.1 常规表达式的双亲类型的那些值。整个值应该满足整个 ASN.1 常规表达式，即，“PatternConstraint”不选择其开头字符与(整个)ASN.1 常规表达式相配但包括进一步结尾字符的值。

注：“Value”形式上定义为类型 UniversalString 的值，但是类型 UniversalString 和 UTF8String 的值集是相同的(见 37.16)。因此，全部相当的定义可能已经说明“Value”是类型 UTF8String 的值。

48 扩展标志

注：像一般的约束记法一样，扩展标志不影响 ASN.1 的某些编码规则，例如，基本编码规则，但是对某些有影响，例如，紧缩编码规则。它对用 ECN 定义的编码的影响由 ECN 规范确定。

48.1 扩展标志，省略号，是希望扩展附加的指示。它不说明怎样处理这种附加而是它们在解码期间不应该当错误处理。

48.2 扩展标志和例外标识符一起使用(见第 49 章)是希望的扩展附加的指示并且如果约束违规时提供标识由应用采取的行动的方法。建议该记法用在那些使用储存和向前或者任何其他中继形式的情形，以指明(例如)任何未识别的扩展附加回到可重新编码和中继的应用。

48.3 包括可扩展子类型约束、值集或信息客体集的集算法的结果在第 46 章中规定。

48.4 如果用可扩展约束定义的类型在“ContainedSubtype”中引用，则新定义的类型不继承扩展标志或任何他的扩展附加(见 47.3.3)。可通过在其“ElementsSetSpecs”的最外层包含扩展标志使新定义的类型可扩展(也见 46.3)。例如：

```
A ::= INTEGER (0..10,...,12)  -- A 是可扩展的。
B ::= INTEGER (A)             -- B 是不可扩展的且约束为 0-10。
C ::= INTEGER (A,...)         -- C 是可扩展的且约束为 0-10。
```

48.5 如果用“ElementsSetSpecs”进一步约束以可扩展约束来定义类型，则产生的类型既不继承扩展标志也不继承可能在前面的约束中出现的任何扩展附加(见 46.8)。例如：

```
A ::=INTEGER(0..10,...)    --A 是可扩展的。
B ::=A  (2..5)             --B 是不可扩展的。
C ::= A                    --C 是可扩展的。
```

48.6 不应该出现约束为缺失的集、序列或选择类型的成分，无论集、序列或选择类型是否是可扩展类型。

注：内部类型约束不影响可扩展性。

例如：

```
A::=SEQUENCE{
        a  INTEGER
        b  BOOLEAN OPTIONAL,
        ...
```

}

B::=A (WITH COMPONENTS {b ABSENT}) --B是可扩展的,但是b不应该以它的任何值出现。

48.7 当本部分要求不同标记(见24.5至24.6、26.3和28.3)时,进行标记唯一性检查前应概念性应用下面的转换:

48.7.1 下列情况下,在扩展插入点概念性增加新元素或替换项(称作概念增加元素,见48.7.2):

a) 没有扩展标志但在模块开头隐含可扩展性,然后,增加扩展标志而且在扩展标志之后增加新元素作为第一个附加;或者

b) 在CHOICE或SEQUENCE或SET中有单个扩展标志,然后,在紧贴结束括号之前的CHOICE或SEQUENCE或SET后面增加新元素;或者

c) 在CHOICE或SEQUENCE或SET中有两个扩展标志,那么,新元素加在紧贴第二个扩展标志之前。

48.7.2 这一概念增加元素只是通过规则的应用来检查要求不同标记(见24.5至24.6、26.3和28.3)的合法性。它是在应用自动标记(如果适用的话)和COMPONENTS OF扩大之后概念增加的。

48.7.3 这一概念增加元素定义具有与所有正常ASN.1类型的标记不同的标记,但是,与所有这样的概念增加元素的标记匹配而且如GB/T 16262.2的14.2注2中规定的,与开放类型的不确定标记匹配。

注:必须有与概念增加元素和开放类型相关的标记唯一性规则以及要求不同标记的规则(见24.5至24.6、26.3和28.3)并足以保证:

a) 当BER编码被解码时,任何未知的扩展附加能无歧义地归因于单个插入点;和

b) 未知的扩展附加绝不可能与OPTIONAL元素混淆。

在PER中,上面的规则足以保证这些特性,但不是必需的。尽管如此,他们仍然用作ASN.1的规则以保证记法与编码规则独立。

48.7.4 如果要求不同类型的规则由于这些概念增加元素而违规,那么规范非法使用了可扩展性记法。

注:上面规则的目的是精确约束使用插入点(特别是不在各个SEQUENCE或SET或CHOICE尾部的那些)。设计这些约束来保证在BER、DER和CER中版本1系统收到的未知元素可能无歧义地归因于规定的插入点。如果例外处理这种附加元素对不同插入点是不同的,这样做将很重要。

48.8 示例

48.8.1 例1

```
A ::= SET{
          a   A,
          b   CHOICE{
                c   C,
                d   D,
                ...,
          }
}
```

是合法的,因为,像任何附加的材料必须是"b"的部分一样无歧义。

48.8.2 例2

```
A ::= SET{
          a   A,
          b   CHOICE{
                c   C,
                d   D,
                ...,
          },
```

```
        ...,
        d   D
}
```

是非法的，因为，附加的材料可能是“b”的部分，或可能在“A”的较外面层，而版本 1 系统不能告诉是哪一个。

48.8.3 例 3

```
A ::= SET{
    a   A,
    b   CHOICE{
            c   C,
            ...
    },
    d   CHOICE{
            e   E,
            ...
    }
}
```

也是非法的，因为附加的材料可能是 b 或 d 的部分。

48.8.4 用可扩展选择内的可扩展选择或标志为 OPTIONAL 或 DEFAULT 的序列元素内的可扩展选择能够构成更复杂的示例，但是上面的规则是必需的而且足以保证版本 1 中不出现的元素能由版本 1 系统无歧义地归因于精确的一个插入点。

49 例外标识符

49.1 在复杂的 ASN.1 规范中，在许多地方需要特别指出解码器应处理其中没有完全规定的材料。这些情况特别出现在使用用抽象语法参数定义的约束中(见 GB/T 16262.4—2006 第 10 章)。

49.2 在这些情况下，应用设计者需要标识干扰某些依赖实现约束时采取的行动。提供例外的标识符作为引用 ASN.1 规范部分的无歧义手段以便指出采取的行动。标识符由“!”字符构成，紧接着是可选的 ASN.1 类型和那个类型的值。在没有类型时，则假设 INTEGER 是值的类型。

49.3 如果出现“ExceptionSpec”，它指明标准正文的文本中有说明怎样处理与“!”字符有关的约束干扰。如果没有，那么，实现者要么需要标识描述他们采取的行动的文本，要么当出现约束干扰时，将采取依赖实现的行动。

49.4 “ExceptionSpec”的记法定义如下：

```
ExceptionSpec ::= "!" ExceptionIdentification | empty
ExceptionIdentification ::=
        SignedNumber        |
        DefinedValue        |
        Type " : " Value
```

最初两个替换项指明类型整数的例外标识符。第三个替换项指明任意类型(“Type”)的例外标识符(“Value”)。

49.5 用多重约束来约束类型时，不止一个有例外标识符，在最外约束中的例外标识符应该认为是那个类型的例外标识符。

49.6 当用于集合算法的类型里出现例外标志时，应该忽略例外标识符而且不应该由被约束的类型作为集合算法的结果继承。

附 录 A
（规范性附录）
ASN.1 常规表达式

A.1 定义

A.1.1 ASN.1 常规表达式是描述其格式符合模式本身的串集的模式。常规表达式本身是串；它与算法表达式类似，通过使用各种运算符将较小的表达式组合。最小的表达式（通常）由一个或两个字符组成，是表示字符集的占位符。

这里出现的常规表达式与像 Perl 等脚本语言的那些表达式和 XML 模式的那些表达式非常相似，那里可以找到用法的某些其他示例。

A.1.2 大部分字符，包括全部字母和数字，是与它们本身匹配的常规表达式。

例如：

常规表达式“fred”只与串“fred”相匹配。

A.1.3 可以拼接两个常规表达式；产生的常规表达式与通过拼接两个分别与子表达式相匹配的子串形成的任意串相匹配。

A.2 元字符

A.2.1 元字符序列（或元字符）是一个或多个在常规表达式上下文中有特定意义的相邻字符的集合。下面的列表包含所有的元字符序列。它们的意义在下面各条中解释。

[ ]　　与用“-”指明范围的集合中的任意字符匹配。
　　开括号之后的“^”补充紧跟其后的集合。
{g,p,r,c}　　标识 GB/T 13000.1 字符的四元组（见 37.8）
\N{名称}　　如 38.1 中定义，与已命名字符（或已命名字符集的任意字符）匹配
.　　与任意字符匹配（除非它是 11.1.6 中定义的换行字符之一）
\d　　与任何数字匹配（相当于“[0～9]”）
\w　　与任何字母数字字符匹配（相当于“[a～zA～Z0～9]”）
\t　　与 HORIZONTAL TABULATION(9)字符匹配（见 11.1.6）
\n　　与 11.1.6 中定义的任意一个换行字符匹配
\r　　与 CARRIAGE RETURN(13)字符匹配（见 11.1.6）
\s　　与任意一个空白字符匹配（见 11.1.6）
\b　　与单词边界匹配
\　（前缀）　引用文本元字符并使它从字面上解释
\\　　与 REVERSE SOLIDUS(92)字符“\”匹配
" "　　与 QUOTATION MARK(34)字符(")匹配
|　（中缀）　两个表达式之间的替换项
()　　封闭表达式的分组
*　（后缀）　与前面表达式匹配 0、1 或几次
+　（后缀）　与前面表达式匹配 1 或几次
?　（后缀）　与前面表达式匹配 1 或一次也没有
#n　（后缀）　与前面表达式准确地匹配 n 次（n 是单个数字）
#(n)　（后缀）　与前面表达式准确地匹配 n 次

#(n,)	(后缀)	与前面表达式匹配至少 n 次
#(n,m)	(后缀)	与前面表达式匹配至少 n 次但不超过 m 次
#(,m)	(后缀)	与前面表达式匹配不超过 m 次

注 1：字符 CIRCUMFLEX ACCENT(94)“^”和 HYPHEN-MINUS(45)“-”是 A.2.2 中定义的串中某些位置上的附加元字符。

注 2：本附录中字符名称后的圆括号内的值是 GB/T 13000.1 中字符的十进制值。

注 3：该记法不提供元字符“^”和“$”来分别与串的开始和结尾匹配。因此，串应该整体上与常规表达式相匹配，除如果后者在它的开头、结尾或者两端包括“.*”之外。

注 4：除非空白出现在紧接换行之前或之后，否则，下面元字符序列不能包含空白(见 11.1.6)：

{g,p,r,c}

\N{名称}

#n

#(n)

#(n,)

#(n,m)

#(,m)

如果常规表达式包含换行、紧接换行之前或之后出现的任何间隔字符没有意义且与什么也不匹配(见 11.14.1)。

A.2.2 用“[”和“]”封闭的字符列表与该列表中的任意单个字符相匹配。如果列表中的第一个字符是脱字符号“^”，那么它与不在列表中的任意字符匹配。通过给出第一个和最后一字符、用连字符隔开(根据 39.3 中定义的顺序关系)可以规定字符的范围。除“]”和“\”外，所有元字符序列失去它们在列表内的特殊意义。为了包括文字 CIRCUMFLEX ACCENT(94)“^”，将它放在除第一个位置外的任何位置或在它前放置反斜线。为了包括文字 HYPHEN-MINUS(45)“-”，将它放在列表的最前或最后，或在它前放置反斜杠。为了包括文字 CLOSING SQUARE BRACKET(93)“]”，将它放在最前面。如果列表中的第一个字符是脱字符号“^”，那么当它们紧接在那个脱字符号之后时，字符“-”和“]”也与它们自身相匹配。A.2.3、A.2.4、A.2.6 和 A.2.7 中定义的元字符序列能用于它们保持其意义的方括号之间。

例如：

常规表达式“[0123456789]”，或相当的“[0～9]”与任何单个数字相匹配。

常规表达式“[^0]”与除 0 之外的任何单个字符相匹配。

常规表达式“[\ d ^ . -]”与任何单个数字、脱字符号、连字符或句号相匹配。

A.2.3 为了避免有相同图形字符的两个 GB/T 13000.1 字符之间的任何歧义，提供了两个记法。形式“{组、面、行、字符元}”的记法引用按照 37.8 中定义的“四元组”产生式的(单个)字符。

A.2.4 如果“valuereference”是引用当前模块中定义或引入的大小为 1(见第 37 章)的受限制字符串值，则形式“\N{ valuereference }”的记法与引用的字符相匹配。如果“typereference”是引用当前模块中定义的“RestrictedCharaterStringType”的子类型或第 37 章中定义的“RestrictedCharaterStringType”之一，则形式“\N{ typereference }”的记法与引用的字符集的任何字符相匹配。

注：在特定情况下，“valuereference”或“typereference”可能是模块 ASN1-CHARACTER-MODULE(见 38.1)中定义和引入到当前模块(见 37.8)的引用之一。

例如：

常规表达式“\N{greekCapitalLetterSigma}”与 GREEK CAPITAL LETTER SIGMA 相匹配。

常规表达式“\N{BasicLatin}”与 BASIC LATIN 字符集的任意(单个)字符相匹配。

“[\N{BasicLatin}\N{Cyrillic}\N{BasicGreek}]+”，或相当的“(\N{BasicLatin} | \N{Cyrillic} | \N{BasicGreek})+”是与任何取自规定的三个字符集字符的(非空)数字构成的串相匹配的常规表达式。

A.2.5 句号“.”除非是 11.1.6 中定义的换行字符之一，否则，它与任意单个字符相匹配。

A.2.6 符号“\d”与“[0-9]”同义，即：它与任意单个数字相匹配。符号“\t”与字符 HORIZONTAL

TABULATION(9)相匹配。符号"\w" 与"[a～zA～Z0～9]"同义,即:它与任意单个(大写或小写)字符或任意单个数字相匹配。

例如:

常规表达式"\w+(\s\w+) * \."与至少一个(字母数字)词相匹配。该词用 11.1.6 中定义的一个空白字符分隔。结束句号前没有空白字符。

A.2.7 符号"\r"与 CARRIAGE RETURN(13)相匹配。符号"\n"与 11.1.6 中定义的任意一个换行字符相匹配。符号"\s"与 11.1.6 中定义的任意一个空白字符相匹配。符号"\b"与词开始或结束的空串相匹配。

例如:

常规表达式". * \bfred\b. * "与包含词"fred"(该词不仅仅是一串四个字符;它是划界了的)的任意串相匹配。因此,它与"fred"或"I am fred the first"等类似的串相匹配,但不与"My name is freddy"或"I am afred I don′t know how to spell ′afraid′!"等类似的串相匹配。

A.2.8 通常用作元字符的字符能通过用"\"作其前缀来字面说明。如果常规表达式包含 QUOTATION MARK(34),该字符应该用一对 QUOTATION MARK 字符表示。

例如:

常规表达式"\."与(单个)串"."相匹配,但不与任何单个字符的任何串相匹配。

常规表达式"" ""与包含单个 QUOTATION MARK 的串相匹配。

常规表达式"\)"与串")"相匹配。

常规表达式"\a"与字符"a"相匹配。

注:第四个示例表明,允许反斜线在非元字符的字符前,但是不赞成这种用法(因为在本部分将来的版本中会允许其他元字符)。

A.2.9 通过中缀操作符"|"可以合并两个或多个常规表达式。产生的常规表达式与每个子表达式相匹配的任意串相匹配。

A.2.10 常规表达式可后接重复操作符。如果操作符是"?",则前面的项是可选的而且最多匹配一次。如果操作符是"*",则前面的项将匹配零或多次。如果操作符是"+",则前面的项将匹配一次或多次。如果操作符是"#(n)"的形式,则前面的项准确地匹配 n 次;在这一特定情况下,如果 n 由一位数字组成,则可以省略圆括号。如果它是"#(n,)"的形式,则项匹配 n 或更多次。如果它是"#(,m)"的形式,则项是可选的而且匹配最多 m 次。如果它是"#(n,m)"的形式,则项匹配至少 n 次,但不超过 m 次

注:将元字符"*"、"+"、"?"或"#"用作常规表达式的第一个字符是非法的。将元字符"#"或"|"用作常规表达式的最后一个字符也是非法的。

例如:,

"555-1212"这样的电话号码是通过常规表达式"\d#3-\d#4"来相匹配的,或者相当于"\d#(3)-\d#(4)"。

"$12345.90"这样的美元价格是通过常规表达式"$\d#(1,)(\.\d#(1,2))?"来相匹配的。注意,当"#"符号后接范围时要求有圆括号。

"123-45-5678"这样的社会保险号码是通过常规表达式"\d#3-? \d#2-? \d#4"来相匹配的。

A.2.11 重复(见 A.2.10)优先于拼接(见 A.1.3),而按顺序优先于交替(见 A.2.9)。全部子表达式可包围在圆括号中以打破这些优先规则。

A.2.12 当常规表达式包含圆括号中的子表达式时,每个(非引用的)开圆括号从常规表达式的左边到右边连续地赋予不同的(严格地讲正)整数。然后每个子表达式能够被引用到有像使用相关整数的"\1"、"\2"等记法的注解中去。不允许空的子表达式"()"。

例如:

" ((\d#2)(\d #2)(\d#4))" --\1 是日期而\2 是月、\3 是星期几和\4 是年。

注:对形式引用常规表达式的子表达式在许多情况下有要求。一个这样的实例是需要写出文本将 ASN.1 模块中的常规表达式归档。这是能用来提供这种引用的记法。该记法不在本部分中的其他地方使用。

附 录 B
（规范性附录）
类型和值兼容的规则

本附录希望主要为工具建造者使用以保证他们能相同地解释语言。本附录的目的是为了清楚地规定什么是合法的 ASN.1 和什么是不合法的 ASN.1，而且能够规定任意值引用名标识符的精确值，以及任意类型或值集引用名标识符的精确值集。不准备用它来提供任何上面描述以外目的的 ASN.1 记法的有效转换的定义。

B.1 需要值映射概念(辅导介绍)

B.1.1 考虑下面 ASN.1 定义：

```
A ::= INTEGER
B := [1] INTEGER
C := [2] INTEGER (0..6,...)
D := [2] INTEGER (0..6,...,7)
E := INTEGER (7..20)
F ::= INTEGER {red(0), white (1), blue(2), green(3), purple(4)}
a A ::= 3
b B ::= 4
c C ::= 5
d D ::= 6
e E ::= 7
f F ::= green
```

B.1.2 很清楚，值引用 a、b、c、d、e 和 f 能用在分别由 A、B、C、D、E 和 F 支配的值记法中。例如，

```
W ::= SEQUENCE { w1  A  DEFAULT a}
```

和

```
x A :: =a
```

和

```
Y :: = A(1..a)
```

都是 B.1.1 中给出定义的有效值。然而，如果上面的 A 用 B、或 C、或 D、或 E、或 F 替代，产生的语句将合法吗？同样，如果上面的值引用 a 在每一个这种情况下用 b、或 c、或 d、或 e、或 f 替代，产生的语句合法吗？

B.1.3 更复杂的问题将考虑在每种情况下用赋值右边的显式文本来代替类型引用。考虑下边的示例：

```
f INTEGER {red(0), white (1), blue(2), green(3), purple(4)} ::= green
W ::= SEQUENCE {
    w1 INTGER {red(0), white (1), blue(2), green(3), purple(4)} DEFAULT f}
x INTEGER {red(0), white (1), blue(2), green(3), purple(4)} ::= f
Y ::= INTEGER {red(0), white (1), blue(2), green(3), purple(4)} (1..f)
```

上面的是合法的 ASN.1 吗？

B.1.4 某些上面的示例即使是合法(大部分是——见后面的文本)的情况，将奉劝用户不要书写类似的文本，因为它们至少有些模糊和最容易混淆。然而，经常会把某些类型值(不必正好是 INTEGER 类

型)的值引用用作为带有应用于支配者中的置标记或分成子类型的那个类型的默认值。引入*值映射*概念是为了提供确定上面哪种构造是合法的清楚和精确手段。

B.1.5 再考虑：

C ::= [2] INTEGER (0..6,...)

E ::= INTEGER (7..20)

F ::= INTEGER {red(0), white (1), blue(2), green(3), purple(4)}

在每种情况下产生新的类型。对于F,我们能在它的值与通用类型INTEGER的值之间清楚地1-1对应标识。在C和E的情况下,我们能在它们的值与通用类型INTEGER的值的子集之间清楚地1-1对应标识。我们把这种关系称作两个类型中的值之间的*值映射*。而且,因为F、C和E中的值都与INTEGER值的(1-1)映射,我们能用这些映射提供F、C和E它们本身值之间的映射。对F和C,在图B.1中示出。

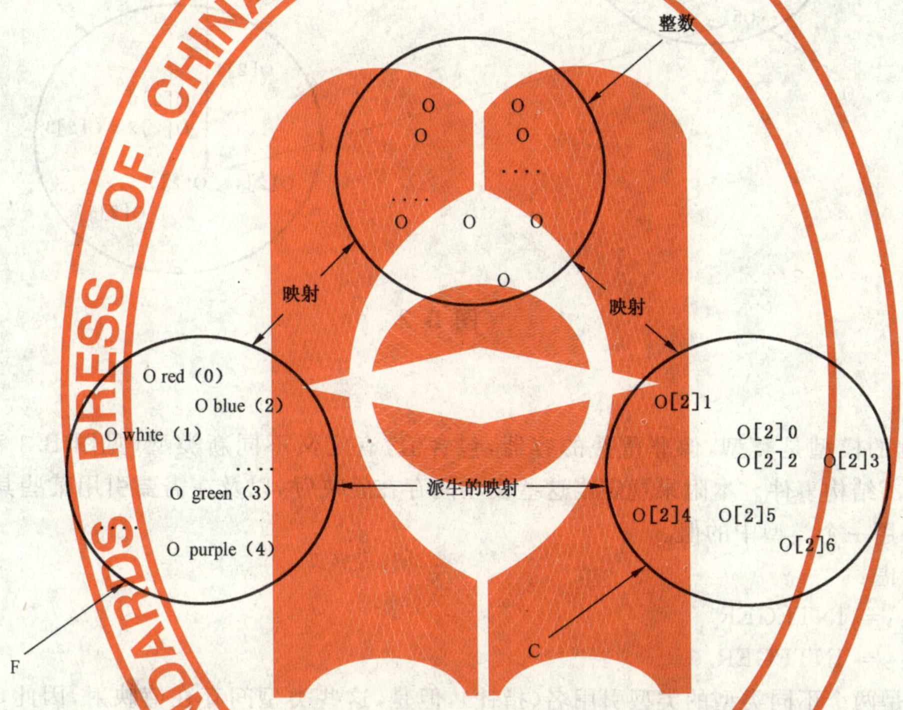

图 B.1

B.1.6 现在当我们有下列值引用：

cC ::= 5

对于在某些上下文中要求用C中的值来标识F中值,那么,只要C中的那个值和F中的(单个)值存在值映射,我们能(且确实)定义c是F中值的合法引用。这在图B.2中示出,其中值引用c用来标识F中的值,而且能用在我们应该另外必须定义下列直接引用f1的地方：

f1 F ::= 5

B.1.7 应该注意,在某些情况下,在一个类型中应有值(例如,B.1.1的A中的7至20)与另一个类型中的值(例如,B.1.1的E中的7至20)有值映射,但是其他值(A的21以上)没有这种映射。A中这类值的引用不会提供E中值的有效引用。(在本例中,整个E与A的子集有值映射。在一般情况下,在有值映射的两种类型中可能都有值的子集,其他值在没有映射的两种类型中。)

B.1.8 在ASN.1中标注,用正常的英语文本来规定上面和类似情况中的合法性。B.6章给出合法性的精确要求并且应该在对复杂结构有疑虑时引用。

注："Type"结构的两个事件之间定义存在值映射的事实允许采用(使用一个"Type"结构建立的)值引用来标识另一

个充分相似的"Type"结构中的值。它允许用两个文本隔开、没有与虚拟和实际参数兼容性规则相冲突的"Type"结构来将虚拟和实际参数归类。也允许用一个"Type"结构来规定信息客体类别的范围和用充分相似的、不同"Type"结构规定信息客体中的对应值。(这些示例不是无遗漏的。)然而,建议利用这一自由的优点只是为了简单的情形,如,SEQUENCE OF INTEGER,或 CHOICE{int INTEGER, id OBJECT IDENTIFER},而不能用于更复杂的"Type"结构。

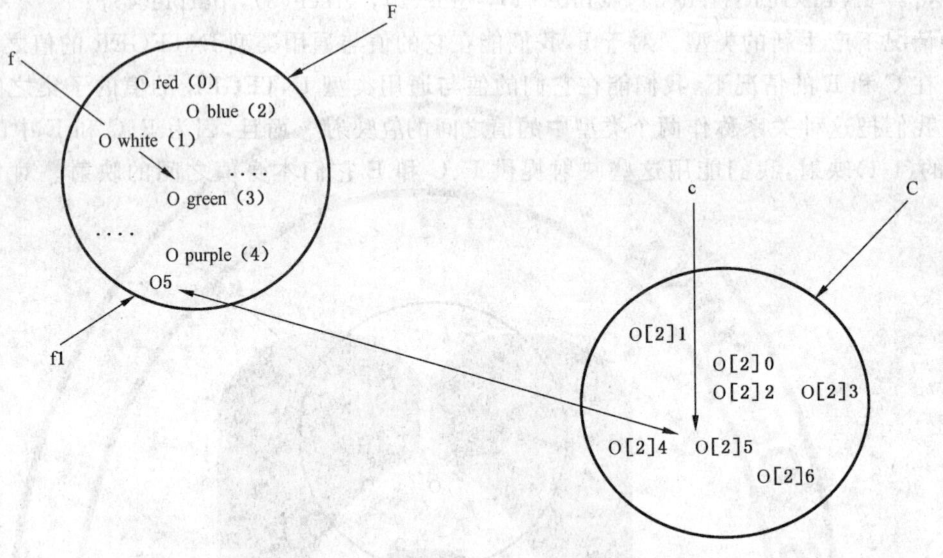

图 B.2

B.2 值映射

B.2.1 基础的模型是类型,像非重叠的容器,包含值,有定义不同新类型(见图 B.1 和 B.2)的每个 ASN.1"Type"结构事件。本附录规定当这些类型间存在*值映射*,以及在需要引用某些其他类型中的值时,可使用引用一个类型中的值。

例如:考虑:

X ::= INTEGER

Y ::= INTEGER

X 和 Y 是两个不同类型的类型引用名(指针),但是,这些类型间存在值映射,因此,当由 Y 支配时(例如,紧跟 DEFAULT 后面),可采用 X 值的任意值引用。

B.2.2 在所有可能的 ASN.1 值集中,值映射把一对值关联起来。值映射的整个集合是数学关系。这个关系具有下面的特性:它是反身的(每个 ASN.1 值与本身有关),对称的(如果从值 x1 到值 x2 定义存在值映射,那么从 x2 到 x1 自动存在值映射),而且,它是可传递的(如果从值 x1 到值 x2 有值映射,而且从值 x2 到值 x3 有值映射,那么,从 x1 到 x3 自动存在值映射)。

B.2.3 另外,给出任意两个类型 X1 和 X2,视为值集,从 X1 中的值到 X2 中的值的值映射集是一一对应关系,即,对于 X1 中所有的值 x1、X2 中的 x2,如果从 x1 到 x2 有值映射,那么:

a) 从 x1 到 X2 中另一个不同于 x2 的值没有值映射;和

b) 从 X1 中的任意值(非 x1)到 x2 没有值映射。

B.2.4 在值 x1 和值 x2 之间存在值映射时,如果某些支配类型这样要求的话,能自动地采用任一个的值引用。

注:某些"Type"结构中的两个值之间定义了存在值映射的事实仅仅为了提供使用 ASN.1 记法的灵活性。这些映射的存在不携带暗示两种类型携带相同的应用语义,但是,建议只有对应的类型确实携带相同的应用语义,才使用无值映射就是非法的 ASN.1 结构。注意,值映射将经常存在于同一 ASN.1 结构中的两个类型之间任意

的大规范中，但是，携带完全不同应用语义，而且这些值映射的存在从不用于确定整个规范的合法性。

B.3 相同类型定义

B.3.1 用相同类型定义的概念来使值映射能在相同或足够相似到将正常希望它们的使用可交换的“Type”的两个实例间定义。为了给出“足够相似”的精确意义，本条规定一系列应用于每个“Type”实例的转换为那些“Type”实例产生*正常形式*。如果(且只有)两个“Type”实例，当它们的正常形式是相同词项的相同有序列表时，则定义两个“Type”实例是相同类型定义(见第11章)。

B.3.2 在ASN.1规范中的每个“Type”事件是第11章中定义的词项的有序列表。通过以那样的顺序应用B.3.2.1至B.3.2.6中定义的转换可获得正常形式。

B.3.2.1 删去所有的注解(见11.6)。

B.3.2.2 下面的转换不递归，因此，只需要以任意顺序应用一次：

a) 对于由“ValueSetTypeAssignment”定义的类型，其定义由“TypeAssignment”用如15.6中规定的“ValueSet”内容的、相同的“Type”和子类型约束代替；

b) 对于每个整数类型：“NamedNumberList”(见18.1)，如果有的话，重新排序以便“identifier”按字母表顺序排列(“a”开头，“z”最后)；

c) 对于每个枚举类型：如19.3中的规定，数字增加到是“identifier”(没有数字)的任意“EnumerationItem”(见19.1)；然后，“RootEnumeration”重新排序以便“identifier”按字母表顺序排列(“a”开头，“z”最后)；

d) 对于每个bitstring类型：“NamedBitList”(见21.1)，如果有的话，重新排序以便“identifier”按字母表顺序排列(“a”开头，“z”最后)；

e) 对于每个客体标识符值：每个“ObjIdComponent”转换成它对应的、符合第31章语义的“NumberForm”(见31.12中的示例)；

f) 对于每个相对客体标识符值(见32.3)：每个“RelativeOIDComponent”转换成它对应的、符合第32章语义的“NumberForm”；

g) 对于序列类型(见第24章)和集合类型(见第26章)：形式“ExtensionAndException”、“ExtensionAdditions”的任何扩展被切割并粘贴到“ComponentTypeLists”的尾部；删去“OptionalExtensionMarker”，如果出现的话。

   如果“TagDefault”是IMPLICIT TAGS，关键字IMPLICIT被加到“Tag”的所有实例上(见第30章)，除非有下面情况之一：

   - 它已经出现；或
   - 出现保留字EXPLICIT；或
   - 被标记的类型是CHOICE类型；或
   - 它是开放类型。

   如果“TagDefault”是AUTOMATIC TAGS，根据24.2来决定是否应用自动标记(自动加标记将在后面进行)。

   注：在24.3和26.2中规定，作为替换“Component of Type”的结果插入的“ComponentType”中出现的“Tag”本身不阻止自动加标记转换。

   如果“ExtensionDefault”是EXTENSIBILITY IMPLIED，若没有出现省略号(“...”)的话，则在“ComponentTypeLists”后加上；

h) 对于选择类型(见第28章)：“RootAlternativeTypeList”重新排序以便“NameType”的标识符按字母表顺序排列(“a”开头，“z”最后)。“OptionalExtensionMarker”，如果出现的话，被删去。如果“TagDefault”是IMPLICIT TAGS，关键字IMPLICIT被加到“Tags”的所有实例上(见第30章)，除非有下面情况之一：

- 它已经出现;或
- 出现保留字 EXPLICIT;或
- 被标记的类型是 CHOICE 类型;或
- 它是开放类型。

如果"TagDefault"是 AUTOMATIC TAGS,根据 28.5 来决定是否应用自动标记(自动加标记将在后面进行)。如果"ExtensionDefault"是 EXTENSIBILITY IMPLIED,若没有出现省略号("...")的话,则在"ComponentTypeLists"后加上。

B.3.2.3 以规定的顺序递归地应用下面的转换直至达到固定点:

a) 对每个客体标识符值(见 31.3):如果值定义以"DefinedValue"开头,则"DefinedValue"用它的定义代替;

b) 对每个相对客体标识符值(见 32.3):如果值定义包含"DefinedValue",则"DefinedValue"用它们的定义代替;

c) 对于序列类型和集合类型:按照第 24 章和 26 章转换所有的"COMPONENT OF Type"实例(见第 24 章);

d) 对于序列、集合和选择类型:如果它较早就决定自动加标记(见 B.3.2.2 g)和 h)),根据第 24 章、26 章和 28 章应用自动加标记;

e) 对于精选类型:结构按照第 29 章用选择的替换项代替;

f) 按照下面的规则,所有类型引用由它们的定义代替:

- 如果代替的类型是引用正被转换的类型,类型引用用只与除某项本身外无其他项相匹配的特定项代替;
- 如果代替的类型是单一序列类型或单一集合类型,约束紧接在被替代类型的后面,如果有的话,移到关键字 OF 的前面;
- 如果被代替的类型是参数化类型或参数化值集合(见 GB/T 16262.4 的 8.2),则每个"DummyReference"用对应的"ActualParameter"替代。

g) 所有的值引用由它们的定义替代;如果被替代的值是参数化值(GB/T 16262.4 的 8.2),则每个"DummyReference"用对应的"ActualParameter"替代。

注:替代任意值引用之前,应该应用本附录的规程以保证值引用通过值映射或直接地标识其支配类型中的值。

B.3.2.4 对于集合类型:"RootComponentTypeList"重新排序以便"ComponentType" 按字母表顺序排列("a"开头,"z"最后)。

B.3.2.5 应该将下面的转换应用到值定义上:

a) 如果用标识符定义整数值,则用相关的数字替代那个标识符;

b) 如果用标识符定义位串值,则用删去所有结尾 0 位的对应"bstring"替代;

c) 删去"cstring"中每个紧连换行(包括换行)前后的所有空白;

d) 删去"bstring"和"hstring"中的所有空白;

e) 规格化用底数 2 定义的每个实数值以使尾数是奇数,规格化用底数 10 定义的每个实数值以使尾数最后的数字不是 0;

f) 每个 GeneralizedTime 和 UTCTime 值用符合 DER 和 CER 中编码时采用的规则串替代(见 GB/T 16263.1 的 11.7 和 11.8);

g) 应用 c)之后,每个 UTF8String、NumericString、PrintableString、IA5String、VisibleString (GB/T 1988String)、BMPString 和 UniveraslString 值用以"四元组"记法书写的 UniversalString 类型的相当值替代(见 37.8)。

B.3.2.6 任何"realnumber"事件应转换成以 10 为"base"的相关"SequenceValue"。任何与"SequenceValue"相关的"RealValue"事件应转换成相同"base"的相关"SequenceValue",以使尾数的最后数字不是0。

B.3.3 如果两个"Type"实例,当转换成它们的正常形式时,是词项的相同列表(见第11章),那么,定义两个"Type"实例为相同类型定义,但下列除外:如果"objectclassreference"(见GB/T 16262.2的7.1),"objectreference"(见GB/T 16262.2的7.2)或"objectsetreference"(见GB/T 16262.2的7.3)出现在"Type"的规格化形式内,那么,这两个类型没有定义为相同类型定义,而且它们之间将不存在值映射(见B.4)。

注:插入该例外是避免需要为关于信息客体类别、信息客体和信息客体集记法的语法元素提供正常形式的转换规则。类似地,这时还不包括规格化所有值记法和集算法记法的规范。如果要证明是该规范的需求,可在本部分的将来版本中提供。引入相同类型定义和值映射的概念以保证可以通过采用引用名或通过复制文本来使用简单的ASN.1结构。不必为更复杂的包括信息客体类别等的"Type"实例提供这一功能。

B.4 值映射规范

B.4.1 如果"Type"的两个事件是B.3规则下的相同类型定义,那么,一个类型的每个值与另一个类型对应值之间存在值映射。

B.4.2 对于通过加标记(见第30章),从任意类型X2产生的类型X1,X1的所有成员与X2的对应成员之间定义为存在值映射。

注:当上面B.4.2中X1与X2的值之间,以及B.4.3中X3与X4的值之间定义存在值映射时,如果这种类型嵌入到其他方面相同但不同类型定义(如,SEQUENCE或CHOICE类型定义)中,产生的类型定义(SEQUENCE或CHOICE类型)将不是相同类型定义,而且它们之间没有值映射。

B.4.3 对于通过元素集结构或通过分成子类型、并通过从任意支配类型X4选择值产生的类型X3,新类型成员和由元素集或分成子类型结构选择的支配类型的那些成员之间被定义为存在值映射。有无扩展标志出现不影响这一规则。

B.4.4 在B.5中规定了某些字符串类型之间的附加值映射。

B.4.5 定义为已命名值的整数类型的任意类型的所有值与定义为无已命名值、或有不同已命名值、或已命名值不同名称、或两者都有的任意整数类型之间被定义为存在值映射。

注:值映射的存在不影响使用已命名值名称的任何范围规则要求。它们只能用于由在其中定义了它们的类型、那个类型的类型引用名支配的范围中。

B.4.6 定义为已命名位的位串类型的任意类型的所有值与定义无已命名位、或有不同已命名位、或已命名位不同名称、或两者都有的任意位串类型之间被定义为存在值映射。

注:值映射的存在不影响使用已命名位名称的任何范围规则要求。它只能用于由在其中定义了它们的类型、或那个类型的类型引用名支配的范围中。

B.5 为字符串类型定义的附加值映射

B.5.1 有两组受约束的字符串类型,A组(见B.5.2)和B组(见B.5.3)。A组中所有类型之间被定义为存在值映射,而且当由其他类型之一支配时,可以使用这些类型值的值引用。对于B组中的类型,这些不同类型之间从不会存在值映射,A组中的任意类型和B组中的任意类型之间也不会存在值映射。

B.5.2 A组组成成分:

UTF8String

NumericString

PrintableString

IA5String

VisibleString(GB/T 1988String)

UniversalString

BMPString

B.5.3 B组组成成分：

TeletexString(T61String)

VideotexString

GraphicString

GeneralString

B.5.4 将每种类型的字符串值与 UniversalString 映射来规定 A 组中的值映射，然后采用值映射的传递性特性。为了将来自 A 组类型之一的值映射到 UniversalString，串用相同长度、每个字符按如下规定映射的 UniversalString 替代。

B.5.5 形式上，UTF8String 中的抽象值集是存在于 UniversalString 中但带不同标记的抽象值的相同集(见 37.16)，而且 UTF8String 中的每个抽象值被定义为与 UniversalString 中对应的抽象值映射。

B.5.6 用于形成类型 NumericString 和 PrintableString 的字符的图形字符(打印的字符形状)与分配给 GB/T 13000.1 的最初 128 个字符的图形字符的子集有可识别和无歧义的映射。使用图形字符的这种映射来定义这些类型的映射。

B.5.7 通过将每个字符映射成具有如 IA5String 和 VisibleString 的 BER 编码值(8 位)的 UniversalString 的 BER 编码中的相同(32 位)值的 UniversalString 字符来把 IA5String 和 VisibleString 映射成 UniversalString。

B.5.8 BMPString 形式上是 UniversalString 的子集，而且对应的抽象值有值映射。

B.6 特定类型和值兼容性要求

本章使用值映射概念来为某些 ASN.1 结构的合法性提供精确的文本。

B.6.1 具有支配类型 Y 的任何"Value"事件 x-记法，标识在支配类型 Y 中的值 y-val，该类型有一个到由 x-记法规定的值 x-val 的值映射。要求有这样的值存在。

例如，考虑下面最后一行中的 x 事件：

```
X ::=[0] INTEGER (0..30)
x X::=29
Y::=[1] INTEGER (25..35)
Z1::=Y(x | 30)
```

这些 ASN.1 结构是合法的，在最后的赋值中 x-记法 x 引用 X 中的 x-val 29，并且通过值映射标识 Y 中的 y-val 29。x-记法 30 引用 Y 中的 y-val 30，同时 Z1 是值 29 和 30 的集合。另一方面，赋值：

```
Z2 ::= Y (x | 20)
```

是非法的，因为没有 x-记法 20 能引用的 y-val。

B.6.2 任何"Type"事件，具有支配类型 V 的 t-记法，标识与"Type"类型 t-记法根中任意值有值映射的支配类型 V 根中值的完整集合。要求该集合至少含有一个值。

例如，考虑下面最后一行中的 W 事件：

```
V::=[0]INTEGER (0..30)
W::=[1]INTEGER (25..35)
Y::=[2]INTEGER (31..35)
Z1::=V (W | 24)
```

W 贡献值 25-30 给集算法导致 Z1 具有值 24-30。另一方面，赋值：

```
Z2::=V (Y | 24)
```

是非法的，因为 Y 中没有与 V 中值映射的值。

B.6.3 作为实际参数提供的任何值的类型要求从那个值到支配虚拟参数的类型中的值之一有值映

射,而且,它是那个被标识的支配类型的值。

B.6.4 如果“Type”作为是值集虚拟参数的虚拟参数的实际参数提供,那么那个“Type”的所有值要求与值集虚拟参数的支配者中的值具有值映射。实际参数选择与“Type”有映射的支配者中值的全部集。

B.6.5 在规定是值或值集参数的虚拟参数的类型 A 中,除非对 A 的所有值及对赋值右边使用 A 的每个实例,A 的那个值能合法地应用于虚拟参数的地方,否则,它是非法的规范。

B.7 示例

B.7.1 本章提供说明 B.3 和 B.4 的示例。

B.7.2 示例 1

```
X::= SEQUENCE             X1::=SEQUENCE
    {name VisibleString,      { name VisibleString,
    age INTEGER               -- 注解 -
                              age INTEGER
X2::= [8] SEQUENCE        X3::=SEQUENCE
    { name VisibleString,     { name VisibleString,
    age INTEGER               age AgeType}
                          AgeType::= INTEGER
```

X、X1、X2 和 X3 都是相同类型定义。不能看到空白和注解的差别,X3 中使用 AgeType 类型引用也不影响类型定义。然而,注意,如果序列元素的任何标识符改变,则类型将不再是相同定义,而且它们之间将没有值映射。

B.7.3 示例 2

```
B::=SET                   B1::=SET
   { name VisibleString,     {age INTEGER,
   age INTEGER}              name VisibleString }
```

它们是相同类型定义并且限定于不是在模块头中有 AUTOMATIC TAGS 的模块中提供,否则它们不是相同类型定义,而且它们之间将没有值映射。能用 CHOICE 和 ENUMERATED 写出类似的示例(用“EnumerationItem”的“identifier”形式)。

B.7.4 示例 3

```
C::=SET                   C1::=SET
   { name [0] VisibleString,  { name VisibleString,
   age INTEGER}               age INTEGER (1..64)}
```

它们不是相同类型定义,它们中的任一个与 B 或 B1 中的任一个也不是相同类型定义,而且 C 和 C1 的任何值之间没有值映射,它们中的任一个和 B 或 B1 中的任一个之间也没有值映射。

B.7.5 示例 4

```
x  INTEGER { y (2)} ::= 3
z  INTEGER ::= x
```

是合法的,并且通过 B.4.5 中定义的值映射把值 3 赋给 z 。

B.7.6 示例 5

```
b1 BIT STRING ::= '101' B
b2 BIT STRING ::={version 1(0),version 2(1),version 3(2)}::=b1
```

它们是合法的,并且把值{ version 1,version 3}赋给 b2。

B.7.7 示例 6

根据 B.1.1 的定义,形式:

X DEFAULT y

的 SEQUENCE 元素是合法的，其中 X 是 A、B、C、D、E 或 F 中的任一个，或者是这些名称类型赋值右边的任意文本，而 y 是 a、b、c、d、e 或 f 中的任一个，下面例外：E　DEFAULT y 对于所有的 a、b、c、d、f 是非法的，而且，C　DEFAULT e 是非法的，因为在这些情况下，默认值引用到被默认的类型没有出现值映射。

附 录 C
（规范性附录）
指派的客体标识符值

本附录记录 ASN.1 系列标准中所赋的客体标识符和客体描述符值，并提供 ASN.1 模块以便在引用这些客体标识符值时使用。

C.1 本部分中指派的客体标识符

本部分中赋予下面的值：

37.3 条：

Object Identifer Value：

{joint-iso-itu-t asn1(1) specification(0) characterStrings(1) numericString(0)}

Object Descriptor Value： " NumericString ASN.1Type"

37.5 条：

Object Identifer Value：

{joint-iso-itu-t asn1(1) specification (0) characterStrings (1) printableString(1)}

Object Descriptor Value： " PrintableString ASN.1Type"

38.1 条：

Object Identifer Value：

{joint-iso-itu-t asn1(1) specification(0) modules(0) iso10646(0)}

Object Descriptor Value：" ASN.1 Character Module"

第 C.2 章：

Object Identifer Value：

{joint-iso-itu-t asn1(1) specification(0) modules(0) object-identifier(1)}

Object Descriptor Value： " ASN.1 Object Identifer Module"

C.2 ASN.1 中的客体标识符及其编码规则标准

本章规定对 ASN.1 标准(GB/T 16262.1 至 GB/T 16262.4、GB/T 16263.1 至 GB/T 16263.2，以及 ISO/IEC 8825-3 至 ISO/IEC 8825-4)中定义的每个客体标识符值包含的值引用名定义的 ASN.1 模块。

注：这些值可用于 OBJECT IDENTIFIER 类型和其衍生的类型的值记法中。本章规定的模块中定义的全部值引用可输出和必须通过希望使用它们的任何模块引入。

```
ASN1-Object-Identifier-Module { joint-iso-itu-t asn1(1)  specification(0) modules(0)object-
idenfitier(1)}
    DEFINITIONS::= BEGIN
    -- NumericString ASN.1 类型(见 37.3)--
    numericString OBJECT IDENTIFIER ::=
        {joint-iso-itu-t asn1(1)  specification(0) characterStrings(1)numericString(0)}
    -- PrintableString ASN.1 类型(见 37.5)--
    printableString OBJECT IDENTIFIER ::=
        {joint-iso-itu-t asn1(1)  specification(0)characterStrings(1)printableString(1)}
    -- ASN.1Character Module(见 38.1)--
```

```
    asn1CharacterModule OBJECT IDENTIFIER ::=
        {joint-iso-itu-t asn1(1)  specification(0)modules(0)iso10646(0)}
    -- ASN.1Object Identifer Module (本模块)--
    asn1ObjectIdentiferModule OBJECT IDENTIFIER ::=
        {joint-iso-itu-t asn1 (1)  specification(0)modules(0)object-identifers(1)}
    -- 单个 ASN.1 类型的 BER 编码--
    ber OBJECT IDENTIFIER ::=
        {joint-iso-itu-t asn1(1)  basic-encoding(1)}
    -- 单个 ASN.1 类型的 CER 编码--
    cer OBJECT IDENTIFIER ::=
        {joint-iso-itu-t asn1(1)  ber-derived(2)canonical-encoding(0)}
    -- 单个 ASN.1 类型的 DER 编码--
    der OBJECT IDENTIFIER ::=
        {joint-iso-itu-t asn1(1)  ber-derived(2)distinguished-encoding(1)}
    -- 单个 ASN.1 类型的 PER 编码(基本对齐)--
    perBasicAligned OBJECT IDENTIFIER ::=
        {joint-iso-itu-t asn1(1)  packed-encoding(3)basic(0)aligned(0)}
    -- 单个 ASN.1 类型的 PER 编码(基本非对齐)--
    perBasicUnaligned OBJECT IDENTIFIER ::=
        {joint-iso-itu-t asn1(1)  packed-encoding(3)basic(0)unaligned(1)}
    -- 单个 ASN.1 类型的 PER 编码(正则对齐)--
    perCanonicalAligned OBJECT IDENTIFIER ::=
        {joint-iso-itu-t asn1(1)  packed-encoding(3)canonical(1)aligned(0)}
    -- 单个 ASN.1 类型的 PER 编码(正则非对齐)--
    perCanonicalUnaligned OBJECT IDENTIFIER ::=
        {joint-iso-itu-t asn1(1)  packed-encoding(3)canonical(1)unaligned(1)}
    -- 单个 ASN.1 类型的 XER 编码(基本)--
    xerBasic OBJECT IDENTIFIER ::=
        {joint-iso-itu-t asn1(1)  xml-encoding(5)basic(0)}
    -- 单个 ASN.1 类型的 XER 编码(正则)--
    xerCanonical OBJECT IDENTIFIER ::=
        {joint-iso-itu-t asn1(1)  xml-encoding(5)正则(1)}
END -- ASN1-Object-Identifier-Module --
```

附　录　D
（资料性附录）
给客体标识符成分赋值

本附录描述客体描述符注册树的顶级弧。没有解释怎样增加新弧，也不解释注册权威机构应该遵循的规则。它们在GB/T 17969.1中规定。

D.1　客体标识符成分值的根赋值

D.1.1　从根节点开始规定了3条弧。值和标识符的赋值，以及随后成分值赋值的权威机构如下：

值	标识符	随后赋值权威机构
0	itu-t	ITU-T(见 D.2)
1	iso	ISO(见 D.3)
2	joint-iso-itu-t	见 D.4

D.1.2　按上面赋值的标识符 itu-t、iso 和 joint-iso-itu-t，每个可用作为"NameForm"(见31.3)。

D.1.3　标识符 ccitt 和 joint-iso-ccitt 分别与 itu-t 和 joint-iso-itu-t 同义，因此可以在客体标识符值中出现。

D.2　客体标识符成分值的 ITU-T 赋值

D.2.1　从 itu-t 标识的节点开始规定了5条弧。值和标识符的赋值是：

值	标识符	子序列赋值权威机构
0	recommendation	见 D.2.2
1	question	见 D.2.3
2	administration	见 D.2.4
3	network-operator	见 D.2.5
4	identified-organization	见 D.2.6

这些标识符可用作为"NameForm"(见31.3)。

D.2.2　在 recommendation 下的弧具有带赋予的标识符 a 至 z 的值1至26。它们下的弧具有由字母标识的序列中 ITU-T(和 CCITT)标准的数字。其下的弧根据需要由 ITU-T(和 CCITT)标准确定。标识符 a 至 z 可用作为"NameForm"。

D.2.3　在 question 下的弧有研究期间批准的、对应 ITU-T 研究组的值。该值由公式计算：

study group number(研究组号) ＋(period * 32)

其中"period"对于1984—1988其值为0，对于1988—1992其值为1，等等，它与十进制数32相乘。

在每个研究组下的弧具有对应赋予那个研究组的问题的值。它下面的弧根据需要由指派研究问题的组确定(例如，工作方或特殊报告起草人组)。

D.2.4　在 administration 下的弧有 X.121 DCCs 的值。它下面的弧根据需要由 X.121 DCC 标识的国家的管理部门确定。

D.2.5　在 network-operator 下的弧具有 X.121 DNICs 的值。它下面的弧根据需要由 X.121 DNIC 标识的 ROA 或管理部门确定。

D.2.6　在 identified-organization 下的弧是 ITU 通信标准局(TSB)赋予的值。它下面的弧根据需要由 ITU 值标识的组织确定。

注：可能发现这条弧有用的组织包括：

——不运营公共数据网络的认可的运营机构；

——科学和工业组织；

——地区标准组织；和

——多国组织。

D.3 客体标识符成分值的 ISO 赋值

D.3.1 从"iso"标识的节点开始规定了三条弧。值和标识符的赋值是：

值	标识符	子序列赋值权威机构
0	standard	见 D.3.2
2	member-body	见 D.3.3
3	identified-organization	见 D.3.4

这些标识符可用作为"NameForm"(见 31.3)。

注：已经撤销使用弧 registration-authority(1)。

D.3.2 在每个 standard 下的弧应该有国际标准号的值。在国际标准是多部分时，部分号后面应该有附加弧，除非特殊情况下它不包括在国际标准中。进一步的弧应该具有如那个国际标准中定义的值。

D.3.3 紧接 member-body 下的弧应该有三位数字的国家代码的值，正如 GB/T 2659 中规定的，标识那个国家的 ISO 国家委员会。不允许在这些标识符上有客体标识符成分的"NameForm"。

D.3.4 紧接 identified-organization 下面的弧应该具有注册权威机构为 SJ/Z 9090—1987 分配的、标识那个权威机构像分配客体标识符成分一样特别注册的发布组织的国际代码指定者(ICD)值。紧接 ICD 下面的弧应该有符合 SJ/Z 9090—1987 的发布组织分配的"organization code"值。

D.4 客体标识符成分值的联合赋值

D.4.1 根据 GB/T 17969.3，在 joint-iso-itu-t 下的弧有时由 ISO/IEC 和 ITU-T 建立登记权威机构赋予和同意的值来标识联合 ISO/IEC|ITU-T 标准机构的领域。

附 录 E
（资料性附录）
举例和提示

本附录包含描述(假定)数据结构中采用 ASN.1 的示例。它也包含有使用 ASN.1 各种特性的提示或指南。除非另有说明,否则假设是 AUTOMATIC TAGS 环境。

E.1 人事记录的示例

用一个简单、假设的人事记录来说明 ASN.1 的用法。

E.1.1 人事记录的非形式描述

人事记录的结构和某个特定个人的值如下所示：

Name：	John P Smith
Title：	Director
Employee Number：	51
Date of Hire：	1971 年 9 月 17 日
Name of Spouse：	Mary T Smith
Number of Children：	2
Child Information	
Name：	Ralph T Smith
Date of Birth	1957 年 11 月 11 日
Child Information	
Name：	Susan B Jones
Date of Birth	1959 年 7 月 17 日

E.1.2 记录结构的 ASN.1 描述

下面使用数据类型的标准记法形式地描述每个人事记录的结构。

```
PersonnelRecord ::= [APPLICATION 0] SET
{         name            Name,
          title           VisibleString,
          number          EmployeeNumber
          dateOfHire      Date,
          nameOfSpouse    Name,
          children        SEQUENCE OF ChildInformation DEFAULT {}
}
ChildInformation ::= SET
{name     Name,
          dateOfBirth     Date
}
Name ::= [APPLICATION 1] SEQUENCE
{         givenName       VisibleString,
          initial         VisibleString,
          familyName      VisibleString
}
```

```
EmployeeNumber::=[APPLICATION 2] INTEGER
Date::= [APPLICATION 3] VisibleString    -- YYYY MMDD
```

本例说明了 ASN.1 语法分析的一个方面。语法结构 DEFAULT 只能适用于 SEQUENCE 或 SET 成分，它不能适用于 SEQUENCE OF 的元素。因此，在 PersonnelRecord 中的 DEFAULT { }适用于 children，而不适用于 ChildInformation。

E.1.3 记录值的 ASN.1 描述

下面使用数据值的标准记法形式地描述 John Smith 的个人记录值。

```
{  name   {givenName "John",initial " P", familyName "Smith"},
   title              " Director",
   number             51,
   dateOfHire         " 19710917"
   nameOfSpouse       {givenName " Mary", initial " T" familyName " Smith"},
   children
   {  {name  { givenName "Ralph", initial "T" , familyName " Smith"},
          dateOfBirth " 19571111"},
      {name{ givenName " Susan", initial " B" familyName " Jones"},
          dateOfBirth " 19590717"}
   }
}
```

或者以 XML 值记法：

```
person::=
   <PersonnelRecord >
      <name>
      < givenName >John</ givenName >
         < initial >P</ initial >
         < familyName >Smith</ familyName >
         </ name >
      <title>Director</title>
      <number>51</number>
      < dateOfHire >19710917</ dateOfHire >
      <nameOfSpouse>
         < givenName >Mary</ givenName >
         < initial >T</ initial >
         < familyName >Smith</ familyName >
      </nameOfSpouse>
      <children>
         <ChildInformation>
            < name >
               < givenName >Ralph</ givenName >
               < initial >T</ initial >
               < familyName >Smith</ familyName >
            </ name >
            < dateOfBirth >19571111</ dateOfBirth >
```

```
            </ChildInformation>
            <ChildInformation>
                < name >
                    < givenName >Susan</ givenName >
                    < initial >B</ initial >
                    < familyName >Jones</ familyName >
                </ name >
                < dateOfBirth >19590717</ dateOfBirth >
            </ChildInformation>
        </children>
    </PersonnelRecord>
```

E.2 使用记法指南

本部分定义的数据类型及形式记法是灵活的，可广泛地用于各种协议的描述。然而，这种灵活性有时会带来混淆，尤其是在第一次用这个记法时。本附录通过给出使用记法的指南和示例，意于将混淆减到最少。对于每个固有数据类型，提供了一个或多个使用指南。这里不考虑字符串类型（如：VisibleString）和第41至43章定义的类型。

E.2.1 布尔

E.2.1.1 用布尔类型为逻辑（即：双态）变量值建模，例如，是否问题的答案。

例：

```
Employed ::= BOOLEAN
```

E.2.1.2 当赋给布尔类型引用名称时，选择描述 true 状态的那个。

例：

```
Married ::= BOOLEAN
```

而不是

```
MaritalStatus ::= BOOLEAN
```

E.2.2 整数

E.2.2.1 用整数类型为坐标或整数变量的值（为满足通用性而不限界）建模。

例：

```
CheckingAccountBalance ::= INTEGER              -- 精确到分；负为超支。
balance CheckingAccountBalance ::= 0
```

或者用 XML 值记法：

```
balance::=<CheckingAccountBalance >0</CheckingAccountBalance >
```

E.2.2.2 定义整数类型有名数字的最小和最大允许值。

例：

```
DayOfTheMonth ::= INTEGER {first(1), last(31)}
today DayOfTheMonth ::= first
unknown DayOfTheMonth ::= 0
```

或者用 XML 值记法：

```
today::=< DayOfTheMonth ><first/></ DayOfTheMonth >
unknown::=< DayOfTheMonth ></ DayOfTheMonth >
```

注意，选择有名数字 first 和 last 是因为他们对于读者语法的重要性，并且不排除有其他可能小于1、大于31或在1与31之间的 DayOfTheMonth 的可能性。

要限制 DayOfTheMonth 的值刚好是 first 和 last,它应该写作:

DayOfTheMonth ::= INTEGER {first(1), last(31) } (first | last)

以及要限制 DayOfTheMonth 的值在 1 与 31(含)之间的所有值,它应该写作:

DayOfTheMonth ::= INTEGER {first(1), last(31) } (first .. last)

dayOfTheMonth DayOfTheMonth ::= 4

或者用 XML 值记法:

dayOfTheMonth ::= < DayOfTheMonth >4</ DayOfTheMonth >

E.2.3 枚举

E.2.3.1 用枚举类型为有不少于三个状态的变量值建模。如果它们仅有的约束是不同的,则从零开始赋值。

例:

DayOfTheWeek ::= ENUMERATED {sunday(0), monday(1), tuesday(2), wednesday(3),
thursday(4), friday(5), saturday(6),}

firstDay DayOfTheWeek ::= sunday

或者用 XML 值记法:

firstDay ::=< DayOfTheWeek ><sunday /></ DayOfTheWeek >

注意,由于他们对读者语义的重要性,在选择枚举 sunday、monday 等等时,DayOfTheWeek 限制为假设这些值之一且没有其他值。另外,只有名称 sunday、monday 等等能赋给值;不允许有相当的整数值。

E.2.3.2 用可扩展的枚举类型为变量值建模,变量值在目前只有两个状态、但是在协议的今后版本中可能有附加状态。

例:

MaritalStatus ::= ENUMERATED {single,married} -- MaritalStatus 第一版

在下列预料中

MaritalStatus ::= ENUMERATED { single,married,...,widowed} -- MaritalStatus 第二版

今后还有:

MaritalStatus ::= ENUMERATED { single,married,...,widowed,divorced} -- MaritalStatus 第三版

E.2.4 实数

E.2.4.1 用实数类型为大约数目建模。

例"

AngleInRadian ::= REAL

pi REAL ::={mantissa 3141592653589793238462643383279,base10,exponent-30}

或者用实数的替换值记法:

pi REAL ::= 3.14159265358979323846264338327

或者用 XML 值记法:

pi::=

<REAL>

3.14159265358979323846264338327

</REAL>

E.2.4.2 应用设计者可能希望保证与实数值全部互工作,尽管在浮点硬件中不同,而且在实现决定中为应用使用(例如)单个或双倍长度浮点。它能通过下面实现:

App-X-Real::=REAL (WITH COMPONENTS{

mantissa (-16777215..16777215),
base (2),
exponent (-125..128)})

/*
发送者不应该传输这些范围之外的值，而且合格的接受者应能够接受和处理这些范围内的值。
*/

girth App-X-Real::={mantissa 16,base 2,exponent 1}

或者用 XML 值记法：

girth ::=
<App-X-Real>
32
</App-X-Real>

E.2.5 位串

E.2.5.1 用位串类型为没有规定格式和长度，或者在其他地方规定，而且其位的长度不必是 8 的整数倍的二进制数据建模。

例：

G3FacsimilePage ::= BIT STRING
-- 符合 ITU-T T.4 建议的位序列。
image G3FacsimilePage::= '100110100100001110110'B
trailer BIT STRING::= '0123456789ABCDEF'H
body1 G3FacsimilePage::= '1101'B
body2 G3FacsimilePage::= '1101000'B

或者用 XML 值记法：

image::= <G3Facsimile>100110100100001110110</G3 Facsimile>
trailer ::=
<BIT_ STRING>
0000 0001 0010 0011 0100 0101 0110 0111 1000 1001 1010 1011
1100 1101 1110 1111
</BIT_STRING>
body1::=<G3Facsimile >1101</G3 Facsimile >
body2::=<G3Facsimile >1101000</G3Facsimile >

注意，因为结尾 0 位很重要(由于 G3FacsimilePage 的定义中没有“NamedBitList”)，因此，“body1”和“body2”是不同的抽象值。

E.2.5.2 用有大小约束的位串类型为固定的依大小排列的位字段的值建模。

例：

BitField::=BIT STRING (SIZE (12))
map1 BitField::= '100110100100'B
map2 BitField::= '9A4'H
map3 BitField::= '1001101001'B -- 非法的——与大小约束冲突。

或者用 XML 值记法：

map1::=<BitField>100110100100</Bit Field>

注意，“map1”和“map2”是相同的抽象值，因为“map2”的四个结尾位没有意义。

E.2.5.3 用位串类型为 bit map 值建模，bit map 是指明是否为每个对应的客体有序集合保持特定条件的逻辑变量的有序集合。

```
DaysOfTheWeek ::= BIT STRING {
        sunday(0), monday(1), tuesday(2), wednesday(3),
        thursday(4), friday(5), saturday(6)} (SIZE (0..7))
sunnyDaysLastWeek1 DaysOfTheWeek ::= {sunday,monday,wednesday}
  sunnyDaysLastWeek2 DaysOfTheWeek::= '1101'B
  sunnyDaysLastWeek3 DaysOfTheWeek::= '1101000'B
sunnyDaysLastWeek4 DaysOfTheWeek::= '11010000'B    -- 非法的
```

或者用 XML 值记法：

```
sunnyDaysLastWeek1 ::=
  < DaysOfTheWeek >
      <sunday/><monday/><wednesday/>
  < DaysOfTheWeek >
sunnyDaysLastWeek2::= < DaysOfTheWeek >1101</ DaysOfTheWeek >
sunnyDaysLastWeek3::= < DaysOfTheWeek >1101000</ DaysOfTheWeek >
```

注意，如果位串值的长度小于 7 位，那么丢失的位指明那些天为阴天，也就是上面的最初三个值有相同的抽象值。

E.2.5.4 用位串类型为 *bit map* 值建模，是指明是否为每个对应的客体有序集合保持特定条件的逻辑变量的固定大小的有序集合。

```
DaysOfTheWeek ::= BIT STRING {
     sunday(0), monday(1), tuesday(2), wednesday(3),
     thursday(4), friday(5), saturday(6)} (SIZE (7))
sunnyDaysLastWeek1 DaysOfTheWeek ::= { sunday,monday,wednesday }
sunnyDaysLastWeek2 DaysOfTheWeek::= '1101'B  -- 非法的——与大小约束冲突
sunnyDaysLastWeek3 DaysOfTheWeek::= '1101000'B
sunnyDaysLastWeek4 DaysOfTheWeek::= '11010000'B  -- 非法的——与大小约束冲突
```

注意，第一个和第三个值有相同的抽象值。

E.2.5.5 用带已命名位的位串类型为相关逻辑变量集合的值建模。

例：

```
PersonalStatus::=BIT STRING
     {married(0),employed(1),veteran(2),collegeGraduate(3)}
billClinton PersonalStatus ::={ married,employed,collegeGraduate}
hillaryClinton PersonalStatus::= '110100'B
```

或者用 XML 值记法：

```
billClinton::=
    < PersonalStatus >
        <married/>
        <employed/>
        <collegeGraduate/>
    </PersonalStatus >
hillaryClinton::= < PersonalStatus > 110100</ PersonalStatus >
```

注意，“billClinton”和“hillaryClinton”有相同的抽象值。

E.2.6 八位位组串

E.2.6.1 用八位位组串类型为没有规定格式和长度，或者在其他地方规定，而且其位的长度是 8 的整数倍的二进制数据建模。

例：

G4FacsimileImage::=OCTET STRING

-- 符合 ITU-T T.5 和 ITU-T T.6 建议的八位位组序列。

image G4FacsimilePage::= '3FE2EBAD471005'B

或者用 XML 值记法：

image::= < G4FacsimileImage >3FE2EBAD471005</ G4FacsimileImage >

E.2.6.2 在有合适的受限制字符串类型时，优先用它而不用八位位组串类型。

例：

Surname::= PrintableString

president Surname::= "Clinton"

或者用 XML 值记法：

president::=<Surname>Clinton</Surname>

E.2.7 UniversalString、BMPString 和 UTF8String

用 BMPString 类型或 UTF8String 类型来为只由取自 GB/T 13000.1 基本多文种平面(BMP)的字符组成的任何信息串建模，而 UniversalString 或 UTF8String 则为由不属于 BMP 的 GB/T 13000.1 字符构成的任何串建模。

E.2.7.1 用 Level1 或 Level2 指明实现级数对使用组合字符的限制。

例：

RussianName::=Cyrillic(Level1)

-- RussianName 用无组合字符。

SaudiName::= BasicArabic(SIZE (1..100) ^ Level2)

-- SaudiName 用组合字符的子集。

Σ 的表达式：

greekCapitalLetterSigma BMPString::={0, 0, 3, 163}

或用 XML 值记法：

greekCapitalLetterSigma::= <BMPString>Σ</BMPString>

串"f→∞"的表达式：

rightwardsArrow UTF8String::={0, 0, 33, 146}

infinity UTF8String::={0, 0, 34, 30}

property UTF8String::={ "f",rightwardsArrow, " ",infinity}

或用 XML 值记法：

property ::=<UTF8String>f → ∞</UTF8String>

E.2.7.2 通过使用"UnionMark"(见第 46 章)，集合可扩大成选择的子集(即：包括 BASIC LATIN 集合中的所有字符)。

例：

KatakanaAndBasicLatin::= UniversalString(FROM (Katakana | BasicLatin))

E.2.8 CHARACTER STRING

用无限制字符串类型来为不能用受限制字符串类型之一建模的任何信息串建模。确保规定了字符汇和八位位组代码。

例：

```
PackedBCDString::= CHARACTER STRING ( WITH COMPONENTS{
                        identification (WITH COMPONENTS {
                        fixed PRESENT})
    /*抽象和传送语法应该是下面定义的 PackedBCDString-AbstractSyntaxId
      和 PackedBCDString-TransferSyntaxId。
    */
                    })
    /* 字母为数字 0 至 9 的字符抽象语法(字符集)的客体标识符值。
    */
    PackedBCDString-AbstractSyntaxId OBJECT IDENTIFIER::=
        {joint-iso-itu-t asn1(1)  examples(123)  PackedBCD(2)  charSet(0)  }
    /* 每八位位组紧缩两位数字,每位数字编码为 0000 至 1001,1111₂ 用作填充的
       字符传送语法的客体标识符值。
    */
    PackedBCDString-TransferSyntaxId OBJECT IDENTIFIER::=
        {joint-iso-itu-t asn1(1)  examples(123)  PackedBCD(2)  characterTransferSyntax(1)}
  /* PackedBCDString 的编码将只包含字符的已定义编码,有任意必需长的字段,
     以及在 BER 时,携带标记的字段。当"fixed"已规定时,不携带客体标识符值。
  */
```

或者用 XML 值记法:

```
    PackedBCDString- AbstractSyntaxId::=
      <OBJECT_IDENTIFIER>
          joint-iso-itu-t. asn1(1). examples(123). packedBCD(2). charSet(0)
      </OBJECT_ IDENTIFIER>
    packedBCDString-TransferSyntaxId::=
    <OBJECT_IDENTIFIER>
    joint-iso-itu-t. asn1(1). examples(123). packedBCD(2). CharacterTransferSyntax(1)
    </OBJECT_IDENTIFIER>
```

或者

```
    packedBCDString- AbstractSyntaxId::=
      <OBJECT_IDENTIFIER>2.1.123.2.0</OBJECT_ IDENTIFIER>
    packedBCDString-TransferSyntaxId::=
      <OBJECT_IDENTIFIER>2.1.123.2.1</OBJECT_IDENTIFIER>
```

注:编码规则不必将类型 CHARACTER STRING 的值编码成总是包含客体标识符值的形式,尽管它们保证编码中保留抽象值。

E.2.9 空

用空类型来指明序列成分的有效缺失。

例:

```
    PatientIdentifier ::=SEQUENCE{
      name  VisibleString,
      roomNumber  CHOICE{
          room     INTEGER,
          outPatient      NULL  -- 如果一个门诊病人 --
```

```
        }
    }
    lastPatient PatientIdentifier::={
        name "Jane Doe"
        roomNumber outPatient:  NULL
    }
```

或者用 XML 值记法：

```
    lastPatient::=
        < PatientIdentifier >
            <name>Jane Doe</name>
            <roomNumber><outPatient/></roomNumber>
        </ PatientIdentifier >
```

E.2.10 序列和单一序列

E.2.10.1 用单一序列类型来为类型相同、数字大或不可预知、顺序有意义的变量集合建模。

例：

```
    NamesOfMemberNations::= SEQUENCE OF VisibleString
    -- 按字母表顺序
    firstTwo NamesOfMemberNations::={ " Australia"," Austria"}
```

或用可选标识符：

```
    NamesOfMemberNations2::=SEQUENCE OF memberNation VisibleString
    -- 按字母表顺序
    firstTwo2 NamesOfMemberNations2::=
        { memberNation " Australia",memberNation "Austria"}
```

采用 XML 值记法，上面的两个值如下：

```
    firstTwo ::=
        < NamesOfMemberNations >
            < VisibleString > Australia </ VisibleString >
            < VisibleString > Austria </ VisibleString >
        </ NamesOfMemberNations >
    firstTwo2 ::=
        < NamesOfMemberNations2>
            < memberNation > Australia </ memberNation >
            < memberNation > Austria </ memberNation >
        </ NamesOfMemberNations 2>
```

E.2.10.2 用序列类型来为类型相同、数字已知和适中、及顺序有意义的变量集合建模，只要集合的构成不可能从协议的一个版本改变到下一个。

例：

```
    NamesOfOfficers::=SEQUENCE {
        president           VisibleString,
        vicePresident       VisibleString,
        secretary           VisibleString}
    acmeCorp NamesOfOfficers::= {
        president           " Jane Doe",
```

```
        vicePresident          " John Doe",
        secretary              " Joe Doe"}
```

或者用 XML 值记法：

```
    acmeCorp::=
        <NamesOfOfficers>
            <president>Jane Doe</president>
            <vicePresident>John Doe</vicePresident>
            <secretary>Joe Doe</secretary>
        </NamesOfOfficers>
```

E.2.10.3 用不可扩展的序列类型来为类型不同、数字已知和适中、顺序有意义的变量集合建模，只要集合的构成不可能从协议的一个版本改变到下一个。

例：

```
    Credentials::=SEQUENCE {
        userName          VisibleString,
        password          VisibleString,
        accountNumber  INTEGER}
```

E.2.10.4 用可扩展序列类型来为顺序有意义、数字当前已知和适中但预计会增加的变量集合建模。

例：

```
    Record::=SEQUENCE {  -- 包含"Record"的协议的第一版
        userName          VisibleString,
        password          VisibleString,
        accountNumber  INTEGER,
        ...,
        ...
    }
```

在预料中：

```
    Record::=SEQUENCE {  -- 包含"Record"的协议的第二版
        userName          VisibleString,
        password          VisibleString,
        accountNumber  INTEGER
        ...,
        [[2: --协议第二版中增加的扩展附加
            lastLoggedIn          GeneralizedTime OPTIONAL,
            minutesLastLoggedIn INTEGER
        ]],
        ...
    }
```

且后来还有(没有附加到纪录的协议的第三版)：

```
    Record::=SEQUENCE {  -- 包含"Record"的协议的第三版
        userName          VisibleString,
        password          VisibleString,
        accountNumber  INTEGER,
        ...,
```

```
[[2: --协议第二版中增加的扩展附加
    lastLoggedIn        GeneralizedTime OPTIONAL,
    minutesLastLoggedIn  INTEGER
]],
[[4:  -- 协议第三版中增加的扩展附加
    certificate      Certificate,
    thumb            ThumbPrint OPTIONAL
]],
...
}
```

E.2.11 集合和单一集合

E.2.11.1 用集合类型来为数字已知和适中且顺序无意义的变量集合建模。如果自动置标记无效,用如下所示的特殊上下文置标记来标识每个变量。(有自动置标记时,不必加标记。)

例:

```
UserName::=SET{
        personalName              [0] VisibleString,
        organizationName          [1] VisibleString,
        countryName               [2] VisibleString}
user UserName::={
        countryName               "Nigeria",
        personalName              "Jonas Maruba",
        organizationName          "Meteorology, Ltd."}
```

或者用 XML 值记法:

```
user  ::=
        <UserName>
        < countryName > Nigeria </ countryName >
        < personalName >Jonas Maruba</ personalName >
        < organizationName >Meteorology, Ltd. < organizationName >
        </ UserName >
```

E.2.11.2 用有 OPTIONAL 的集合类型来为数字已知和合理的小且顺序无意义的变量的另一个集的(正确或不正确)子集的变量集合建模。如果自动置标记无效,用如下所示的特殊上下文置标记来标识每个变量。(有自动置标记时,不必加标记。)

例:

```
UserName::=SET{
        personalName              [0] VisibleString,
        organizationName          [1] VisibleString OPTIONAL
        -- 默认为当地组织的那个--
        countryName               [2] VisibleString OPTIONAL
        -- 默认为当地国家的那个--}
```

E.2.11.3 用可扩展集合类型来为构成可能从一个协议版本改变到下一个的变量集合建模。下面假设模块定义中规定了 AUTOMATIC TAGS。

例:

```
UserName::=SET{
```

```
        personalName              VisibleString, --"UserName"的第一版
        organizationName          VisibleString OPTIONAL,
        countryName               VisibleString OPTIONAL,
        ...,
        ...
    }
    user userName ::= {personalName " Jonas Maruba"}
```

或者用 XML 值记法：

```
    user  ::=
        < UserName >
            < personalName >Jonas Maruba</ personalName >
        </ UserName >
```

在预料中：

```
    UserName::=SET{      --"UserName"第二版
        personalName              VisibleString,
        organizationName          VisibleString OPTIONAL,
        countryName               VisibleString OPTIONAL,
        ...,
        [[2:              --协议第二版中增加的扩展附加
          internetEmailAddress  VisibleString,
          faxNumber             VisibleString OPTIONAL
        ]],
        ...
    }
    user  UserName::={
        personalName              " Jonas Maruba",
        internetEmailAddress      "jonas@meteor. ngo. com"
    }
```

或者用 XML 值记法：

```
    user::=
    <UserName>
        < personalName >Jonas Maruba</ personalName >
        < internetEmailAddress >jonas@meteor. ngo. com</ internetEmailAddress >
    <UserName>
```

且后来还有(没有附加到用户名的协议的第三和四版)：

```
    UserName::=SET{     --包含"UserName"的协议第五版
        personalName              VisibleString,
        organizationName          VisibleString OPTIONAL,
        countryName               VisibleString OPTIONAL,
        ...,
        [[2:              --第二版中增加的扩展附加
          internetEmailAddress  VisibleString,
          faxNumber             VisibleString OPTIONAL
```

```
        ]],
        [[5:          -- 第五版中增加的扩展附加
        phoneNumber          VisibleString OPTIONAL
        ]],
        ...
    }
    user      UserName::={
        personalName              " Jonas Maruba",
        internetEmailAddress      "jonas@meteor. ngo. com"
    }
```

或者用 XML 值记法：

```
    user::=
        < UserName >
            < personalName >Jonas Maruba</ personalName >
            < internetEmailAddress >jonas@meteor. ngo. com</ internetEmailAddress >
        </ UserName >
```

E.2.11.4　用单一集合类型来为类型相同和顺序无意义的变量集合建模。

例：

```
    Keywords::= SET OF VisibleString   --按任意顺序
    someASN1Keywords Keywords::={ " INTEGER", " BOOLEAN", " REAL"}
```

或者采用可选标识符：

```
    Keywords2::=SET OF keyword VisibleString   -- 按任意顺序
    someASN1 Keywords2 Keywords2::={keyword " INTEGER", keyword " BOOLEAN",
        keyword "REAL"}
```

采用 XML 值记法，上面的两个值如下：

```
    someASN1Keywords::=
      <Keywords>
        <VisibleString>INTEGER</VisibleString>
        <VisibleString>BOOLEAN</VisibleString>
        <VisibleString>REAL</VisibleString>
      </Keywords>
    someASN1Keywords2::=
      <Keywords2>
        <keyword>INTEGER</keyword>
        <keyword>BOOLEAN</keyword>
        <keyword>REAL</keyword>
      </ Keywords2>
```

E.2.12　已标记

介绍 AUTOMATIC TAGS 结构之前，ASN.1 规范常常包含标记。下面各条描述典型应用置标记的方法。随着 AUTOMATIC TAGS 的介绍，新 ASN.1 规范不必采用标记记法，尽管那些修改旧记法可能使其本身与标记有关。鼓励 ASN.1 记法的新用户使用 AUTOMATIC TAGS，因为，它使记法更可读。

E.2.12.1　通用类别标记仅用于本部分内。提供记法［UNIVERSAL 30］（示例）只是为了“Useful-

Types"(见 41.1)的定义精确。它不应该用在其他地方。

E.2.12.2 使用标记经常碰到的形式是在整个规范中分配应用层类别标记精确地一次,用它标识在规范内发现宽度、分散、用途的类型。也常常使用应用层类别标记(只有一次)来标记应用的最外 CHOICE 的类型,如果通过应用类别标标识个人信息。下面是前面情形的举例用法:

例:

```
FileName::=[APPLICATION 8] SEQUENCE {
        directoryName                   VisibleString,
        directoryRelativeFileName       VisibleString}
```

E.2.12.3 特定上下文置标记常常以代数方式应用于 SET、SEQUENCE 或者 CHOICE 的所有成分中。然而,要注意,AUTOMATIC TAGS 设施为你轻松地完成这些。

例:

```
CustomerRecord ::= SET {
    name              [0] VisibleString,
    mailingAddress    [1] VisibleString,
    accountNumber     [2] INTEGER,
    balanceDue        [3] INTEGER -- 以分计 --}
CustomerAttribute::=CHOICE{
    name              [0] VisibleString,
    mailingAddress    [1] VisibleString,
    accountNumber     [2] INTEGER,
    balanceDue        [3] INTEGER -- 以分计 --}
```

E.2.12.4 专用类别置标记通常不应该用在国际标准化规范(尽管没有禁止这样做)。企业生产的应用通常使用应用层和特定上下文标记类别。然而,特定企业的规范试图扩大国际标准化规范可能是常见的情形,并且在这种情况下,采用专用类别标记可能会在部分地保护特定企业规范变化成国际标准化规范中获得一些利益。

例:

```
AcmeBadgeNumber::=[PRIVATE 2] INTEGER
badgeNumber AcmeBadgeNumber::=2345
```

或者用 XML 值记法:

```
badgeNumber::= <AcmeBadgeNumber>2345</AcmeBadgeNumber>
```

E.2.12.5 文本使用带各个标记的 IMPLICIT 通常只能在较早的规范中找得到。使用隐式置标记时,BER 产生比使用显式时更不简洁的表达式。PER 在两种情况下产生同样简洁的编码。用 BER 和显式置标记,已编码的数据中的重要类型(INTEGER、REAL、BOOLEAN,等等)具有更好的可视性。在这样做合法的示例中,这些指南采用隐式置标记。根据编码规则,这样可能产生在某些应用程序中非常渴望的简洁表达式。在其他应用中,例如,简洁可能没有进行强类型检查的能力重要。在后面的情况下,可以采用显式置标记。

例:

```
CustomerRecord::= SET {
    name              [0] IMPLICIT VisibleString,
    mailingAddress    [1] IMPLICIT VisibleString,
    accountNumber     [2] IMPLICIT INTEGER,
    balanceDue        [3] IMPLICIT INTEGER -- 以分计 --}
CustomerAttribute::=CHOICE{
```

```
    name            [0] IMPLICIT VisibleString,
    mailingAddress  [1] IMPLICIT VisibleString,
    accountNumber   [2] IMPLICIT INTEGER,
    balanceDue      [3] IMPLICIT INTEGER -- 以分计 --}
}
```

E.2.12.6 使用引用本部分的新 ASN.1 规范中的标记的指南十分简单:不要用标记。将 AUTOMATIC TAGS 放在模块头中,然后,不必管标记。如果你需要在后面的版本中增加新的成分给 SET、SEQUENCE 或者 CHOICE,将它们加在末尾。

E.2.13 选择

E.2.13.1 用 CHOICE 来为从总数已知且适中的变量集中选择的变量建模。

例:

```
FileIdentifier::= CHOICE {
    relativeName VisibleString,
  -- 文件名称(例如,"MarchProgressReport")
    absoluteName VisibleString,
  -- 文件名称并包含目录(例如,"<Williams>MarchProgressReport")
    serialNumber INTEGER
  -- 指派的系统的文件的标识符 -- }
file FileIdentifier::= serialNumber:106448503
```

或者用 XML 值记法:

```
fileIdentifier::=
< FileIdentifier >
    < serialNumber >106448503</ serialNumber >
</ FileIdentifier >
```

E.2.13.2 用可扩展 CHOICE 来为构成可能从协议的一个版本改变为另一个的变量集合中选择的变量建模。

例:

```
FileIdentifier ::= CHOICE {   -- FileIdentifier 的第一版
        relativeName       VisibleString,
        absoluteName       VisibleString,
        ...,...
}
fileId1 FileIdentifier::= relativeName:"MarchProgressReport.doc"
```

或者用 XML 值记法:

```
fileId1::=
        < FileIdentifier >
            < relativeName > MarchProgressReport.doc</ relativeName >
        </ FileIdentifier >
```

在预料中:

```
FileIdentifier::= CHOICE{      -- FileIdentifier 的第二版
        relativeName       VisibleString,
        absoluteName       VisibleString,
        ...,
```

```
        serialNumber      INTEGER，-- 第二版中增加的扩展附加
        ...
    }
    fileId1 FileIdentifier::= relativeName:" MarchProgressReport. doc"
    fileId2 FileIdentifier::= serialNumber:214
```

或者用 XML 值记法：

```
    fileId1 ::=
        < FileIdentifier >
            < relativeName > MarchProgressReport. doc</ relativeName >
        </ FileIdentifier >
    fileId2::=
        < FileIdentifier >
            < serialNumber >214</ serialNumber >
        </ FileIdentifier >
```

且后来还有：

```
    FileIdentifier::= CHOICE { -- FileIdentifier 的第三版
        relativeName      VisibleString,
        absoluteName      VisibleString,
        ...,
        serialNumber      INTEGER,       -- 第二版中增加的扩展附加
        [[                               -- 第三版中增加的扩展附加
          vendorSpecific  VendorExt,
          unidentified    NULL
        ]],
        ...
    }
    fileId1 FileIdentifier ::= relativeName: " MarchProgressReport. doc"
    fileId2 FileIdentifier ::= serialNumber:214
    fileId3 FileIdentifier ::= unidentified:NULL
```

或者用 XML 值记法：

```
    fileId1 ::=
        < FileIdentifier >
            < relativeName > MarchProgressReport. doc</ relativeName >
        < FileIdentifier >
    fileId2 ::=
        < FileIdentifier >
            < serialNumber >214</ serialNumber >
        < FileIdentifier >
    fileId3 ::=
        < FileIdentifier >
            <unidentified/>
        </ FileIdentifier >
```

E.2.13.3 预计在将来允许可能不止一种类型时，使用仅有一个类型的可扩展 CHOICE。

例：

```
Greeting::=CHOICE{    --"Greeting"的第一版
    postCard      VisibleString,
    ...,
    ...
}
```

在预料中：

```
Greeting::=CHOICE{    --"Greeting"的第二版
    Postcard      VisibleString,
    ...,
    [[2:      --第二版中增加的扩展附加
        audio     Audio,
        video     Video
    ]],
    ...
}
```

E.2.13.4　当选择值嵌套在另一个选择值内时，要求用多个冒号。

例：

```
Greeting::=[APPLICATION 12] CHOICE{
        postCard      VisibleString,
        recording     Voice}
Voice::=CHOICE {
        english       OCTET STRING,
        Swahili       OCTET STRING}
myGreeting Greeting ::= recording : English : '019838547E0'H
```

或者用 XML 值记法：

```
myGreeting::=
    <Greeting>
        <recording><english>019838547E0</english></recording>
    </Greeting>
```

E.2.14　精选类型

E.2.14.1　用精选类型为其类型是前面定义的 CHOICE 某些特定替换项的变量建模。

E.2.14.2　考虑定义：

```
FileAttribute ::=CHOICE{
            date-last-used   INTEGER,
            file-name        VisibleString
```

然后，可能是下面的定义：

```
AttributeList ::=SEQUENCE{
            first-attribute      date-last-used < FileAttribute,
            second- attribute    file-name < FileAttribute}
```

可能的值记法：

```
listOfAttributes AttributeList::={
            first - attribute        27,
```

```
        second - attribute      " PROGRAM " }
```

或者用 XML 值记法：

```
listOfAttributes::=
    < AttributeList >
        < first - attribute >27</ first - attribute >
        < second - attribute >PROGRAM</ second - attribute >
    </ AttributeList >
```

E.2.15　客体类别字段类型

E.2.15.1　用客体类别字段类型来标识用信息客体类别(见 GB/T 16262.2)定义的类型。例如，信息客体类别 ATTRIBUTE 的范围可用于定义类型、Attribute。

例：

```
ATTRIBUTE ::= CLASS{
    &AttributeType,
    &attributeId          OBJECT IDENTIFIER UNIQUE
    }
Attribute::=SEQUENCE {
    attributeID        ATTRIBUTE. & attributeId,  -- 这样通常是约束的
    attributeValue     ATTRIBUTE. & AttributeType  -- 这样通常是约束的
    }
```

ATTRIBUTE. & attributeId 和 ATTRIBUTE. & AttributeType 都是客体类别字段类型，因为它们是引用信息客体类别(ATTRIBUTE)定义的类型。因为类型 ATTRIBUTE. & attributeId 在 ATTRIBUTE 中显式地定义为 OBJECT IDENTIFIER，因此它是固定的。然而，类型 ATTRIBUTE. &AttributeType 能携带用 ASN.1 定义的任何类型的值，因为其类型在信息客体类别 ATTRIBUTE 的定义中没有固定。具有能携带任何类型值的这一特性的记法称为“开放类型记法”，即：ATTRIBUTE. &AttributeType 是开放类型。

E.2.16　嵌入式 pdv

E.2.16.1　用嵌入式 pdv 类型来为其类型没有规定、或在不限制用来规定类型的记法的其他地方规定的变量建模。

例：

```
FileContent::=EMBEDDED PDV
DocumentList::=SEQUENCE OF document EMBEDDED PDV
```

E.2.17　外部

外部类型与嵌入式 pdv 类型相似，但是标识选择更少。新规范通常更愿意使用嵌入式 pdv，因为其更大的灵活性和用某些编码规则对其值进行编码更有效的事实。

E.2.18　单一实例

E.2.18.1　用单一实例规定包含客体标识符字段和其类型是客体标识符确定的开放类型值的类型。如果用从 TYPE-IDENTIFIER(见 GB/T 16262.2 的附录 A 和附录 C)衍生来的类别的信息客体规定客体标识符值和类型之间的联系，只采用单一实例类型。

例：

```
ACCESS-CONTROL-CLASS::=TYPE-IDENTIFIER
Get-Invoke::=SEQUENCE {
    objectClass          ObjectClass,
    objectInstance       ObjectInstance,
```

```
        accessControl        INSTANCE OF ACCESS-CONTROL-CLASS,-- 这样通常是受约束的。
        attributeID          ATTRIBUTE. & attributeId
        }
```

那么,调用相当于:

```
    Get-Invoke::=SEQUENCE {
        ObjectClass          ObjectClass,
        ObjectInstance       ObjectInstance,
        AccessControl        [UNVERSAL 8] IMPLICIT SEQUENCE {
            type-id          ACCESS-CONTROL-CLASS. &id,   -- 这样通常是受约束的。
            Value            [0] ACCESS-CONTROL-CLASS. &Type  -- 这样通常是受约束的。
        },
        attributeID ATTRIBUTE. & attributeId
    }
```

单一实例类型的真实效果要到用信息客体集合约束它才能看到,但是这样的示例超出了本部分的范围。信息客体集合的定义见 GB/T 16262.3,而怎样用信息客体集合约束单一实例类型见 GB/T 16262.3的附录 A。

E.2.19 相对客体标识符

E.2.19.1 用相对客体标识符类型来在已知客体标识符值的早期部分的上下文中以更简洁的形式转送客体标识符值。可能出现三种情况:

a) 客体标识符值的早期部分对给定规范(这是一个特定工业标准,而且所有的 OIDs 是相对于分配给标准化成员体的 OID 的)是固定的。这时,使用:

```
    RELATIVE-OID  -- 相对客体标识符值是相对于{iso identified-organization set(22)}
```

b) 客体标识符值的早期部分常常是在规范的时间内已知的值,但是,通常可能是更通用的值。这时,使用:

```
    CHOICE
        { a       RELATIVE-OID  -- 值是相对{1 3 22}--,
          b       OBJECT IDENTIFIER  -- 任意客体标识符值 --}
```

c) 客体标识符值的早期部分直到通信时才知道,但是,常常将是许多需要发送的值共同的,而且在规范时间总是已知的值。这时,使用:

```
    SEQUENCE
        {oid-root        OBJECT IDENTIFIER DEFAULT {1  3  22},
         reloids         SEQUENCE OF RELATIVE-OID  -- 相对于 odi-root--}
```

E.3 标识抽象语法

E.3.1 常常用语义与单个 ASN.1 类型(在选择类型时典型)的每个值相关来定义协议。(该 ASN.1 类型有时非形式地引用为"应用的顶层类型"。)抽象值的集合形式上称为应用的抽象语法。抽象语法能通过给它一个 ASN.1 类型客体标识符的抽象语法名来标识。

E.3.2 能用 GB/T 16262.2 中定义的固有信息客体类别 ABSTRACT-SYNTAX 完成抽象语法的客体标识符赋值。这也用来清楚地标识应用层的顶层类型。

E.3.3 下面是可能在应用规范中出现的文本示例:

例:

```
    Application-ASN1 DEFINITIONS ::=
```

```
    BEGIN
    EXPORTS Application -PDU;
    Application -PDU ::=CHOICE{
            connect-pdu ......,
            data-pdu CHOICE{
                .....,
                .....
            },
            .....
    }
    ......
    END
Abstract-Syntax-Module DEFINITIONS ::=
    BEGIN
    IMPORTS Application -PDU FROM Application -ASN1;
-- 本应用定义下面的抽象语法:
    Abstract-Syntax ABSTRACT-SYNTAX::=
          { Application -PDU IDENTIFIED BY
              application-abstract-syntax-object-id}
    application-abstract-syntax-object-id OBJECT IDENTIFIER ::=
        {joint-iso-itu-t asn1(1) examples(123) application-abstract-syntax(3)}
-- 对应的客体描述符是:
application -abstract-syntax-descriptor ObjectDescriptor::=
        " Example Application Abstract Syntax"
    -- ASN.1 客体标识符和客体描述符值:
        -- 编码规则客体标识符
        -- 编码规则客体描述符
-- 指派给 GB/T 16263.1 或 GB/T 16263.2 的编码规则能用作和
-- 这一传送语法一起的传送语法标识符。
    END
```

E.3.4 为了保证能互工作,标准可能额外地标识一个强制传送语法(典型是,GB/T 16263.1 或 GB/T 16263.2或 ISO/IEC 8825-3 的编码规则中定义的那些之一)。

E.4 子类型

E.4.1 用子类型限制特殊情况下允许的现存类型的值。

例:

```
AtomicNumber::= INTEGER (1..104)
TouchToneString::=IA5String
        (FROM (" 0123456789" | "*" | "#"))  (size (1..63))
ParameterList::=SET SIZE (1..63) OF Parameter
SmallPrime::=INTEGER (2|3|5|7|11|13|17|19|23|29)
```

E.4.2 用可扩展子类型约束来为允许的值集小且很好定义了,但预计会增加的 INTEGER 类型建模。

例:

SmallPrime::=INTEGER (2 | 3,...) -- SmallPrime 的第一版

在预料中：

SmallPrime::=INTEGER (2 | 3,...,5 | 7 | 11)

-- SmallPrime 的第二版的

且以后还有：

SmallPrime::=INTEGER (2 | 3,...5 | 7 | 11 | 13 | 17 | 19)

-- SmallPrime 的第三版

注：对于某些类型，某些编码规则(如 PER)为子类型约束扩展根值(即："..."之前出现的值)提供极好的优化编码，而为子类型约束扩展附加值(即："..."之后出现的值)提供较少的优化编码，而在某些其他编码规则(如 BER)中子类型约束不影响编码。

E.4.3 当两个或多个相关的类型有重要共性时，考虑显性定义其共同的双亲为一个类型而对单独的类型使用子类型。这样使其关系和共性清楚，并鼓励(尽管不强迫)这样随类型发展而继续进行。因此，他便于采用处理这些类型的值的共同实现方法。

例：

```
Envelope ::=SET {
        typeA       TypeA,
        typeB       TypeB       OPTIONAL,
        typeC       TypeC       OPTIONAL}
    -- 共同的双亲
ABEnvelope::= Envelope (WITH  COMPONENTS
        {...,
        typeB  PRESENT,  typeC  ABSENT})
    -- typeB 必须总是出现，而 typeC 不能出现
ACEnvelope::= Envelope (WITH  COMPONENTS
        {...,
typeB  ABSENT,  typeC  PRESENT})
    -- typeC 必须总是出现，而 typeB 不能出现
```

后者的定义能用下面的表达式替换：

```
ABEnvelope ::= Envelope (WITH COMPONENTS {typeA, typeB})
ACEnvelope ::= Envelope (WITH COMPONENTS {typeA, typeC})
```

根据双亲类型中成分数量、以及那些可选择的数量、个体类型之间差异的程度和可能发展的策略等因素考虑替换项之间的选择。

E.4.4 用子类型来部分地定义值，例如，在测试仅关心 PDU 的某些成分时，一致性测试中用来测试的协议数据单元。

例：

```
Given:
    PDU::=SET
        {alpha          INTEGER,
        beta            IA5String    OPTIONAL,
        gamma           SEQUENCE OF Parameter,
        delta           BOOLEAN}
```

那么在要求布尔为假和整数为负的综合测试中，写作：

```
TestPDU::=PDU(WITH COMPONENTS
```

```
{...,
 delta(FALSE),
 alpha(MIN..<0)})
```

而进一步，如果 IA5String、beta 出现，而且长度为 5 或 12 个字符，则写成：

```
FurtherTestPDU ::= TestPDU (WITH COMPONENTS {..., beta (SIZE (5 | 12))PRESENT
})
```

E.4.5 如果一般目的数据类型已经被定义为 SEQUENCE OF，用子类型来定义一般类型的受限制子类型。

例：

```
Text-block ::= SEQUENCE OF VisibleString
Address ::= Text-block(SIZE(1..6))(WITH COMPONENT (SIZE (1..32)))
```

E.4.6 如果一般目的数据类型已经被定义为 CHOICE，用子类型来定义一般类型的受限制子类型。

例：

```
Z ::=CHOICE{
    a   A,
    b   B,
    c   C,
    d   D,
    e   E
  }
V ::=Z (WITH COMPONENTS {..., a  ABSENT,  b  ABSENT })  --a 和 b 必须缺失，
                                                        --c、d 或 e 可在值中出现。
W ::=Z (WITH COMPONENTS {...,a  PRESENT })  -- 只有 a 能出现(见 47.8.9.2)。
X ::= Z (WITH COMPONENTS {a  PRESENT })  -- 只有 a 能出现(见 47.8.9.2)。
Y ::= Z (WITH COMPONENTS {a  ABSENT, b,c })  --  a、d 和 e 必须缺失，
                                             --b 或 c 可在值中出现。
```

注：W 和 X 语义相同。

E.4.7 用包含的子类型来从现存的子类型中形成新子类型。

例：

```
Months ::=ENUMERATED {
      january       (1),
      february      (2),
      march         (3),
      april         (4),
      may           (5),
      june          (6),
      july          (7),
      august        (8),
      september     (9),
      october       (10),
      november      (11),
      december      (12)}
First-quarter ::=Months(january | february | march)
```

```
Second-quarter::= Months (april | may | june)
Third-quarter::= Months (july | august | september)
Fourth-quarter::= Months (october | november | december)
First-half::= Months(First-quarter | Second-quarter)
Second-half::= Months(Third-quarter | Fourth-quarter)
```

附 录 F
（资料性附录）
ASN.1字符串的辅导附录

F.1 ASN.1中的字符串支持

F.1.1 在ASN.1中有四个字符串支持组。这四个组是：

a) 基于与转义序列一起使用的编码字符集的ISO国际登记(即:基于GB/T 1988的结构)和相关编码字符集国际登记的,以及类型VisibleString、IA5String、TeletexString、VideotexString、GraphicString和GeneralString提供的字符串类型；

b) 基于GB/T 13000.1的,用有GB/T 13000.1中定义的子集的UniversalString、UTF8String或BMPString类型的分成子集或用已命名字符提供的字符串类型；

c) 提供本部分中规定的字符的简单小集的,以及预定特殊用途的字符串类型。这些是NumericString和PrintableString类型；

d) 使用类型CHARATER STRING,与所用的字符集协商(或宣称使用的集)；它允许实现采用赋给了OBJECT IDENTIFIERs(包括与转义序列一起使用的编码字符集的ISO国际登记)、ISO/IEC 7350、GB/T 13000.1的字符集和编码的任意集合,以及字符和编码的专用集合(文件可能强制要求或限制所用的字符集-字符抽象语法)。

F.2 UniversalString,UTF8String和BMPString类型

F.2.1 UniversalString和UTF8String类型携带取自GB/T 13000.1的任何字符。GB/T 13000.1中的字符集对于所要求的意义相一致的场合通常太大,而且正常情况下,应该分成GB/T 13000.1—1993附录A中字符的标准集合组合的子集。

F.2.2 BMPString类型携带取自GB/T 13000.1基本多文种平面的任何字符。正常情况下,基本多文种平面应该分成GB/T 13000.1附录A中字符的标准集合组合的子集。

F.2.3 对于GB/T 13000.1附录A中定义的集合,存在固有ASN.1模块"ASN1-CHARACTER-MODULE"(见第38章)中定义的类型引用。"子类型约束"机制允许定义现存子类型组合的UniversalString的新子类型。

F.2.4 在ASN1-CHARACTER-MODULE中定义的类型引用的示例与它们对应GB/T 13000.1的汇集名是：

BasicLatin	BASIC LATIN
Latin-1 Supplement	LATIN-1 SUPPLEMNT
LatinExtended-a	LATIN EXTENDED-A
LatinExtended-b	LATIN EXTENDED-B
IpaExtensions	IPA EXTENSIONS
SpacingModifierLetters	SPACING MODIFIER LETTERS
CombiningDiacriticalMarks	COMBINING DIACRITICAL MARKS

F.2.5 GB/T 13000.1规定三个"实现级",并要求GB/T 13000.1的所有用法规定实现级。

实现级与为字符汇中组合用字符给出支持的程度有关,因此,用ASN.1术语,定义UniversalString和BMPString受限字符串类型的子集。

在1级实现中,不允许组合字符,而且通常ASN.1字符串中的抽象字符与串的物理表现中的打印字符一一对应。

在2级实现中，可以使用某些组合用字符(列于GB/T 13000.1附录B中)，但是也有禁止其使用的其他情况。

在3级实现中，不限制使用组合用字符。

F.2.6 用如下的子类型记法能限制BMPString和UniversalString排除所有的控制功能：

```
VanillaBMPString::=BMPString(FROM (ALL EXCEPT ({0,0,0,0}..{0,0,0,31}|
                                    {0,0,0,128}..{0,0,0,159})))
```

或相当的：

```
C0::= BMPString(FROM ({0,0,0,0}..{0,0,0,31}))  -- C0 控制功能
C1::= BMPString(FROM ({0,0,0,128}..{0,0,0,159}))  -- C1 控制功能
VanillaBMPString::=BMPString (FROM (ALL EXCEPT (C0 | C1)))
```

F.3 关于GB/T 13000.1一致性要求

使用ASN.1类型定义中UniversalString、BMPString或UTF8String(或其子类型)要求指出GB/T 13000.1的一致性要求。

这些一致性要求需要使用这种ASN.1类型的标准(例如X)实现者为其标准X的实现提供GB/T 13000.1合适的子集和实现级(支持组合字符)的声明。

使用规范中UniversalString、BMPString或UTF8String的ASN.1子类型要求实现支持那个ASN.1子类型中包括的全部GB/T 13000.1字符，也就是，实现的合适子集中(至少)出现那些字符。也要求对所有那种ASN.1子类型支持陈述的级。

注：ASN.1规范(缺少抽象语法参数和例外规范)确定被传输的(最大)字符集和收到后进行处理的(最小)字符集。被采用的GB/T 13000.1的集要求不传输超过这个集的字符，而且收方支持这个集内的所有字符。因此，采用的集要求确切地是ASN.1规范允许的所有字符的集。下面讨论抽象语法有参数的情形。

F.4 对ASN.1用户的GB/T 13000.1一致性建议

ASN.1用户应该清楚，如果满足他们的标准的实现，将形成采用的实现子集(和要求的实现水平)的GB/T 13000.1字符集。

通过定义包含标准需要的所有字符的UniversalString、UTF8String或BMPString的ASN.1子类型可以方便地完成这一任务，如果合适的话，并通过限制它到"Level 1"或"Level 2"。这个类型的方便名字可能是"ISO-10646-String"。

例：

```
ISO-10646-String::=BMPString
  (FROM (Level2 INTERSECTION(BasicLatin UNION HebrewExtended UNION Hiragana)))
    -- 这是定义为实现级实现该标准采用的子集中字符最小集的类型。
    -- 要求该次至少是2级。
```

在OSI环境中，OSI协议实现一致性声明那时将包含一个简单的声明：采用的GB/T 13000.1子集是"ISO-10646-String"定义的、有限子集(和级)，而且，"ISO-10646- String"(可能分成了子类型)将在包含ISO/IEC 10646-1串的整个标准中使用。

EXAMPLE CONFORMANCE STATEMENT

采用的GB/T 13000.1子集是由模块＜模块名称＞中定义的ASN.1类型"ISO-10646-String"中的所有字符组成的、有限子集，具有2级实现。

EXAMPLE USE IN PROTOCOL

```
Message::= SEQUENCE {
    first-field ISO-10646-String,     -- 采用子集中的所有字符会出现
```

second-field ISO-10646-String

(FROM (latinSmallLetterA..latinSmallLetterZ)) -- 只有小写拉丁字母

third-field ISO-10646-String,(FROM (digitZero..digitNine)) -- 只有数字

}

F.5 用子集作为抽象语法的参数

GB/T 13000.1 要求显式地定义实现采用的子集和级数。当 ASN.1 用户不希望约束被定义标准的某些部分中的 GB/T 13000.1 字符字段时,这可以通过定义 ISO-10646-String(例如)为 UniversalString、BMPString 或 UTF8String 的子类型,它们带由(或包括)留下作为抽象语法参数的 ImplementorsSubset 构成的子类型约束。

告诫 ASN.1 用户,在这样的情况下,合格的发送者可传送不能被接受者处理的字符给合格的接收者,因为它们处于接收者(实现依赖)采用的子集或级数之外,同时建议在这样的情况下,ISO-10646-String 定义中包括例外处理规范。

例:

ISO-10646-String{UniversalString:ImplementorsSubset,ImplementationLevel}::=

UniversalString (FROM((ImplementorsSubset UNION BasicLatin)

INTERSECTION ImplementationLevel)! characterSetProblem)

-- GB/T 13000.1 采用的子集应该包括"BasicLatin",但可能也包括抽象语法参数

-- "ImplementorsSubset"中规定的任何附加字符。抽象语法参数"ImplementationLevel"

-- 定义实现级数。合格的接收者必须准备接收它采用的子集和实现级数之外的字符。

-- 这时,调用关于"characterSetProblem"的第＜这里增加你的章号＞章规定的例外处理。

-- 注意,如果通信实例中采用的实际字符限制为"BasicLatin",

-- 合格的接收者从不可能调用它。

my-Level2-String::= ISO-10646-String{{HebrewExtended UNION Hiragana},Level2}

F.6 CHARACTER STRING 类型

F.6.1 CHARACTER STRING 类型给出字符集的选择和编码方法中的完整灵活性。

注:当单个连接提供端到端数据传送(无中继)时,而且使用 OSI 协议,那么,所用的字符集协商及其编码能作为字符抽象语法的 OSI 表达式上下文的定义的一部分完成。否则,由一对客体标识符值声明抽象和传送字符语法(字符表和编码)。

F.6.2 在形式术语中,字符抽象语法是对可能值(它们是所有字符串,而且确实是取自字符的某些集合形成的所有字符串)有某些限制的普通抽象语法。因此,对字符抽象和传送语法的客体标识符值的分配以普通的方式进行。

F.6.3 CHARACTER STRING 编码要声明所用字符汇中的抽象和传送语法(即,字符集和编码)。在 OSI 环境中,这两种语法都可能协商。

F.6.4 字符抽象语法(和对应的字符传送语法)已经在许多我国标准、ITU-T 建议和国际标准中定义,而且任何能分派客体标识符的组织能定义附加字符抽象语法(和/或字符传送语法)。

F.6.5 在 GB/T 13000.1 中,具有为整个字符集合、为每个子集(BASIC LATIN, BASIC SYMBOLSN 等等)定义的字符集合,以及为字符集合定义的每个可能组合所定义的字符抽象语法(和分派的客体标识符)。还定义了两个字符传送语法来标识 GB/T 13000.1 中的各种选择(特别是 16 位和 32 位)。

附 录 G
（资料性附录）
类型扩展 ASN.1 的辅助附录

G.1 概述

G.1.1 ASN.1 类型可能会随着时间的过去通过称为扩展附加的系列扩展的手段从 extension root 类型转变而来。

G.1.2 能进行特定实现的 ASN.1 类型可能是扩展根类型，或可能是扩展根类型加一个或多个扩展附加。每个这种包含扩展附加的 ASN.1 类型也包含所有前面定义的扩展附加。

G.1.3 将本系列中的 ASN.1 类型定义说成是相关扩展（"相关扩展"的更精确定义见 3.6.32），而且要求编码规则以下面的方式对相关扩展类型编码：如果两个系统使用相关扩展的两个不同类型，在两个系统之间的转换将成功地传送两个系统共同的相关扩展类型那部分的信息内容。也要求不属于两个系统共同的那部分能解除限制并在后面的传输中重新传输（也许对第三方），倘若使用相同的传送语法。

注：发送者可能用扩展附加系列中较早或者较晚的类型。

G.1.4 逐步增加根类型获得的系列类型称为扩展系列。为了这些编码规则有合适的准备来传输相关扩展类型（可能要求行里有多位），这种类型（包括扩展根类型）需要语法上加标志。标志是一个省略号（...），并称作扩展标志。

例：

Extension root type	1st extension	2nd extension	3rd extension
A ::=SEQUENCE {	A ::= SEQUENCE {	A ::=SEQUENCE {	A ::=SEQUENCE {
a INTEGER,	a INTEGER,	a INTEGER,	a INTEGER,
...	...,	...,	...,
}	b BOOLEAN,	b BOOLEAN,	b BOOLEAN,
	c INTEGER	c INTEGER,	c INTEGER,
	}	d SEQUENCE {	d SEQUENCE{
		e INTEGER,	e INTEGER,
		...,	...,
		...,	g BOOLEAN OPTIONAL,
		f IA5STring	h BMPString,
		}	...,
		}	f IA5String
			}
			}

G.1.5 将序列、集和选择类型中的所有扩展附加插入在扩展标志对之间。允许有单个扩展标志，只要（在扩展根类型中）它在类型中作为最后一项出现，这时，假设一个匹配的扩展标志正好在类型的结束括号之前存在；在这些情况下，将所有扩展附加插入在类型的末尾。

G.1.6 有扩展标志的类型能嵌套在没有的类型内，或能嵌套在扩展根中的类型内，或者能嵌套在扩展附加类型内。在这些情况下，应独立地对待扩展系列，而且有扩展标志的被嵌套类型没有与它嵌套其中的类型相冲突。在任何规定的结构中只能出现一个扩展插入点（如果使用单个扩展标志，则在类型末尾，或者如果使用一对扩展标志，则刚好在第二个扩展标志之前）。

G.1.7 单个扩展附加组（一个或多个嵌套在"[[""]]"内的类型）或单个加在扩展插入点上的类型的术

语中定义了扩展系列中的新扩展附加。在下面的示例里,第一种扩展定义了扩展附加组,其中 b 和 c 必须在类型"A"的值中同时出现或同时缺失。第二种扩展定义了单个成分类型 d,它可能在类型"A"的值中缺失。第三种扩展定义了扩展附加组,其中只要值中出现新增加的扩展附加组,h 必须在类型"A"的值中出现。

例:

```
Extension root type   1st extension       2nd extension        3rd extension
A ::=SEQUENCE {       A ::= SEQUENCE {    A ::=SEQUENCE {      A ::=SEQUENCE {
  a INTEGER,            a INTEGER,          a INTEGER,           a INTEGER,
  ...                   ...,                ...,                 ...,
                        [[                  [[                   [[
                         b BOOLEAN,          b BOOLEAN,           b BOOLEAN,
                         c INTEGER           c INTEGER            c INTEGER
                        ]]                  ]],                  ]],
                      }                     d SEQUENCE {         d SEQUENCE{
                                             e INTEGER,           e INTEGER,
                                             ...,                 ...,
                                             ...,                 [[
                                             f IA5String          g BOOLEAN OPTIONAL,
                                            }                     h BMPString,
                                           }                      ]],
                                                                  ...,
                                                                  f IA5String
                                                                 }
                                                                }
```

G. 1. 8　也可能为版本括号增加新的版本号,但是只有它出现在模块内的所有括号中,而且只有模块中的所有扩展在版本括号内时才如此。建议使用版本号。省略号码和版本括号的能力是历史的原因。(本部分的较早版本中不允许有版本括号和版本号。)(也见 G. 3。)

G. 1. 9　随着时间的过去,对扩展附加将增加正常实用时,重要的 ASN. 1 模块和规范不包括时间。如果一个能通过扩展附加从另一个"生成",则这两个类型是相关扩展。也就是,一个包含另一个的所有成分。可能有在相反方向(尽管不太可能)"生成"的类型。随着时间的过去,它甚至可能是一个以许多逐步删去的扩展附加开头的类型。ASN. 1 及其编码规则关注的一切是一对扩展规范是否是相关扩展。如果它们是,那么所有 ASN. 1 编码规则保证它们的用户之间能互工作。

G. 1. 10　我们从一个类型开始,然后,如果我们后来要扩展它,决定是否要与较早的版本实现互工作。如果是的话,我们要包含现在的扩展标志。然后,我们能增加后面的扩展附加给带通过较早的系统定义好处理扩展值的类型。然而,注意增加一个扩展标志给以前没有(或删去扩展标志)的类型可能阻碍互工作。

注:当使用 ECN 时,在第二版中可能在第一版中没有扩展标志的地方增加扩展,而且,在第一版与第二版之间仍然保持互工作。

G. 1. 11　表 G. 1 表明能形成 ASN. 1 扩展系列的扩展根类型的 ASN. 1 类型,以及那一类型(当然,连续或作为扩展组一起能够成多扩展附加)允许的单个扩展附加的性质。

表 G.1 扩展附加

扩展根类型	扩展附加性质
ENUMERATED	在“AdditionalEnumeration”后面附加单个进一步枚举，用比已经增加的任何枚举的都大的枚举值
SEQUENCE 和 SET	在“ExtensionAdditionList”后面附加单个类型或扩展附加组。是扩展附加(不包含在扩展附加组中)的“ComponentType”不要求被标志 OPTIONAL 或 DEFAULT，尽管这将是经常发生的情况
CHOICE	在“ExtensionAdditionAlternativesList”后面附加单个“NamedType”
约束记法	将单个“AdditionalElementSetSpec”附加到“ElementSetSpecs”记法中

G.2 版本号的意义

G.2.1 在 BER 和 PER 编码中不使用版本号。由 ECN 规范确定它们在 ECN 编码中的用途(如果有的话)。

G.2.2 当它们与解码完整 PDU 的方式而不是与单个的类型相关时版本号最有用。类型用作几个协议的成分并且因此贡献给不同的完整 PDU 时，那个类型的附加通常要求增加它贡献的所有 PDU 的版本号。

G.2.3 当用来提供被开发系统间的互工作时，版本号应该以下面的方式用在扩展附加组：被开发的系统有带给出版本号(不管它们在协议内哪里出现)的所有扩展附加组的语法和语义知识，以及带较早版本号的所有扩展附加组的知识。ECN 规定者通常将假设已经按照这一原则分配了版本号(给适用于 ECN 的类型的所有部分)。

G.3 编码规则要求

G.3.1 抽象语法能定义为可扩展类型的单个 ASN.1 类型的值。然后，它含有所有能用加上或删去扩展附加获得的值。这样的抽象语法称作相关扩展抽象语法。

G.3.2 相关扩展抽象语法的很好形成的编码规则集满足 G.3.3 至 G.3.5 中描述的附加要求。

注：所有 ASN.1 编码规则满足这些要求。

G.3.3 将抽象值转换成编码来传输和将收到的编码转换成抽象值的程序定义应该认识到，发送者和接收者使用不等同，但均为相关扩展的抽象语法的可能性。

G.3.4 在这种情况下，编码规则应保证发送者有比接收者在扩展系列中较早的类型规范时，发送者的值应该以接收者能确定扩展附加不出现的方式传送。

G.3.5 编码规则应该保证发送者有比接收者在扩展系列中更晚的类型规范时，应能将那个类型的值传送到接受者。

G.4 (可能可扩展的)约束的组合

G.4.1 模块

G.4.1.1 应用约束的基本 ASN.1 模块是简单的：类型是抽象值集，而且加在其上的约束选择这些抽象值的子集。如果未约束的类型是不可扩展的，那么产生的类型如果且只有所应用的约束被定义为可扩展的时才定义为可扩展的。

G.4.1.2 即使在这种简单的情况下，要澄清一个特点：类型可能在形式上可扩展，即使从来不可能有任何扩展附加。考虑：

```
A ::= INTEGER (MIN .. MAX,..., 1..10)
```

像本附录中给出的许多示例一样，这是没人曾经写过的东西，但是哪个工具零售商都必须写代码，因为 ASN.1 标准给出的是简单和通用的，而因此，这个示例是合法的 ASN.1。在这个示例中，A 在形式上是可扩展整数，并具有根中整数值的整个范围。

G.4.1.3　复杂性的三个主要来源：

——约束应用于已经有可扩展约束作用于它的类型（约束的系列应用——见 G.4.2）

——用 UNION 和 INTERSECTION 和 EXCEPT 组合可扩展约束（集算法——见 G.4.3）

——当类型引用去引用可扩展类型时（也许有实际扩展附加——见 G.4.4），使用约束的集算法中的类型引用（包含的子类型）。

G.4.2　约束的系列应用

G.4.2.1　当类型受到约束（在类型引用的赋值中）和类型引用随后与应用于它的进一步约束一起使用时，出现约束的系列应用。

G.4.2.2　当类型以系列的方式有多种约束直接应用于它时，它也能出现，但是不常见。本附录中的很多示例采用后面的形式，但是类型引用链接两个（或多个）约束的情况是实际规范中通常出现系列应用的形式。

G.4.2.3　在约束的系列应用中有以下两个重点：

——如果受约束类型是可扩展的（和也许已扩展的），如果随后系列应用进一步约束，则丢弃“可扩展”标志和所有扩展附加。受约束类型（和任何扩展附加）的可扩展性仅仅依赖于所用的最后约束，能只引用要进一步受约束（双亲类型）的类型的根中的值。在根中或结果类型的扩展附加中包含的值只能是双亲类型根中的值。

——约束的系列应用（对复杂的情况）与集算法交叉不一样，即使在不包括可扩展性时也如此。首先，解释 MIN 和 MAX 的环境，其次是能在第二个约束中引用的抽象值在系列应用中与规定两个约束为取自共同双亲的交叉值时的情况完全不同。

注：在整数类型的约束中使用 20..28 这样的范围是合法的，如果（也只有）20 和 28 都在双亲类型（根）中，但是该范围规范引用的值仅仅是双亲（根）中的那些。因此，如果已经约束排除值 24 和 25，则范围 20..28 只引用 20 至 23 和 26 至 28。

下面有一些示例：

A1 ::=INTEGER (1..32,..., 33..128)

　　-- A1 是可扩展的，并且包含值 1 至 218，1 至 32 在根中，而且 33 至 128 作为扩展附加。

B1 ::=A1 (1..128)

　　--或相当的

B1 ::= INTEGER (1..32,..., 33..128) (1..128)

　　--这些是非法的，因为 128 不在双亲类型中，当进一步约束它时失去它的扩展附加

B2 ::=A1(1..16)

　　-- 这是合法的。B2 不是可扩展的，而且包含 1 至 16。

A2 ::=INTEGER (1..32)(MIN..63)

　　--MIN 是 1，而 63 是非法的。

A3 ::=INTEGER ((1..32)　INTERSECTION (MIN..63))

　　--这是合法的。MIN 是负无穷，而 A3 包含 1 至 32。

G.4.3　使用集算法

G.4.3.1　结果在很大程度上凭直觉，并遵循交叉、联合和集差（EXCEPT）的通常数学规则。特别是，交叉和联合都是可交换的，即：

(<some set 1 of values> INTERSECTION <some set 2 of values>

和

(<some set 2 of values > INTERSECTION< some set 1 of values >

对于 UNION 类似地一样。

G.4.3.2 可交换性是真实的,不管什么值集是可扩展的,也不管出现什么扩展附加。

G.4.3.3 如果交叉不能使扩展附加值存在将出现误解。这与 INTEGER(MIN..MAX,...)情况类似。

G.4.3.4 例如:

A ::= INTEGER ((1..256,...,B) INTERSECTION (1..256))

-- A 总是(只)包含值 1..256,不管 B 包含什么值,但是在形式上仍然可扩展。

G.4.3.5 记住这点也很重要:在进一步、且包含的子类型失去其可扩展性和扩展附加时,只要双亲类型失去其可扩展性和扩展附加,集算法中直接规定的值集既不失去其可扩展性也不失去其扩展附加。

G.4.3.6 由集算法产生的值集可扩展性规则已在 46.4 和 46.4 中清楚地陈述了,而且不依赖于集算法是否可能产生实际的扩展附加。

G.4.3.7 这里,为了完整而总结了规则,其中用 E 指明有“可扩展”标志集的值集,用 N 指明在形式上无可扩展的值集。用 R 指明每个集的根中的值,用 R 指明扩展附加(若有的话),而且为每种情况给出产生的内容。

注 1:为了本附录的目的,并为了简化说明,如果值集不是可扩展的,那么我们将它的各个值都描述为根值。

注 2:如果系列应用约束中使用的值的任何产生集的根是空,这是非法的规范。

注 3:为避免在下面冗长,在“扩展附加”更正确的地方使用“扩展”。

G.4.3.8 这些规则是:

```
N1 INTERSECTION N2=>N
        Root:R1 INTERSECTION R2
N1 INTERSECTION E2=>E
        Root:R1 INTERSECTION R2,Extensions:R1 INTERSECTION X2
E1 INTERSECTION E2=>E
        Root:R1 INTERSECTION R2,Extensions:((R1 UNION X1)
                                           INTERSECTION
                                           (R2 UNION X2)
                                           EXCEPT
                                           (R1 INTERSECTION R2)
N1 UNION N2=>N
        Root:R1 UNION R2
N1 UNION E2=>E
        Root:R1 UNION R2,Extensions:X2
E1 UNION E2 =>E
        Root:R1 UNION R2,Extensions:(R1 UNION X1 UNION R2 UNION X2)
                                    EXCEPT
                                    (R1 UNION R2)
N1 EXCEPT N2=>N
        Root:R1 EXCEPT R2
N1 EXCEPT E2=>E
        Root:R1 EXCEPT R2
E1 EXCEPT N2=>E
        Root:R1 EXCEPT R2,Extensions:(X1 EXCEPT R2)
                                    EXCEPT
```

(R1 EXCEPT R2)

E1 EXCEPT E2=>E

Root：R1 EXCEPT R2，Extensions：(X1EXCEPT (R2 UNION X2))

EXCEPT

(R1 EXCEPT R2)

N1... N2=>E

Root：R1，Extensions：R2 EXCEPT R1

E1... N2=>E

Root：R1，Extensions：X1 UNION R2

EXCEPT

R1

N1... E2=>E

Root：R1，Extensions：R2 UNION X2

EXCEPT

R1

E1... E2=>E

Root：R1，Extensions：X1 UNION R2 UNION E2

EXCEPT

R1

注：如果值的可扩展集的集算法结果没有实际的扩展附加，或者甚至决不可能有实际扩展附加(不管什么扩展附加加到可扩展输入上)，对于上面的结果 E，其结果在形式上仍然被定义为可扩展的。

G.4.4 包含的子类型可能是可扩展的，也可能不是可扩展的，但是当它用在集算法中时，它常常当作不可扩展的来处理，而且所有它的扩展附加被丢弃。

附 录 H
(资料性附录)
ASN.1 记法总结

在第 11 章中定义的下列词法项：

typereference
identifier
valuereference
modulereference
comment
empty
number
realnumber
bstring
hstring
cstring
xmlbstring
xmlhstring
xmlcstring
xmlasn1typename
"true"
"false"
"::="
"[["
"]]"
".."
"..."
"</"
"/>"
"{"
"}"
"<"
">"
","
"."
"("
")"
"["
"]"
"-"
":"
"="

" " " (QUOTATION MARK)
" ' " (APOSTROPHE)
" " (SPACE)
";"
"@"
"|"
"!"
"^"
ABSENT
ABSTRACT-SYNTAX
ALL
APPLICATION
AUTOMATIC
BEGIN
BIT
BMPString
BOOLEAN
BY
CHARACTER
CHOICE
CLASS
COMPONENT
COMPONENTS
CONSTRAINED
CONTAINING
DEFAULT
DEFINITIONS
EMBEDDED
ENCODED
END
ENUMERATED
EXCEPT
EXPLICIT
EXPORTS
EXTENSIBILITY
EXTERNAL
FALSE
FROM
GeneralizedTime
GeneralString
GraphicString
IA5String
IDENTIFIER

IMPLICIT
IMPLIED
IMPORTS
INCLUDES
INSTANCE
INTEGER
INTERSECTION
ISO646String
MAX
MIN
MINUS-INFINITY
NULL
NumericString
OBJECT
ObjectDescriptor
OCTET
OF
OPTIONAL
PATTERN
PDV
PLUS-INFINITY
PRESENT
PrintableString
PRIVATE
REAL
RELATIVE-OID
SEQUENCE
SET
SIZE
STRING
SYNTAX
T61String
TAGS
TeletexString
TRUE
TYPE-IDENTIFIER
UNION
UNIQUE
UNIVERSAL
UniversalString
UTCTime
UTF8String
VideotexString

```
VisibleString
WITH
```

在本部分中使用的下列产生式，并且用上面的词法项作为终止符号：

```
ModuleDefinition ::= ModuleIdentifier
        DEFINITIONS
        TagDefault
        ExtensionDefault
        "::="
        BEGIN
        ModuleBody
        END
ModuleIdentifier ::= modulereference
                  DefinitiveIdentifier
DefinitiveIdentifier ::="{" DefinitiveObjIdComponentList "}"  |
                  empty
DefinitiveObjIdComponentList ::=
        DefinitiveObjIdComponent  |
        DefinitiveObjIdComponent DefinitiveObjIdComponentList
DefinitiveObjIdComponent ::=
        NameForm |
        DefinitiveNumberForm  |
        DefinitiveNameAndNumberForm
DefinitiveNumberForm ::= number
DefinitiveNameAndNumberForm ::= identifier "(" DefinitiveNumberForm ")"
TagDefault ::=
          EXPLICIT TAGS  |
          IMPLICIT TAGS  |
          AUTOMATIC TAGS  |
          empty
ExtensionDefault ::=
          EXTENSIBILITY IMPLIED | empty
ModuleBody ::= Exports Imports AssignmentList  |
          empty
Exports ::= EXPORTS SymbolsExported ";"  |
          EXPORTS ALL ";"  |
          empty
SymbolsExported ::= SymbolList  |
          empty
Imports ::= IMPORTS SymbolsImported ";"  |
          empty
SymbolsImported ::= SymbolsFromModuleList  |
          empty
SymbolsFromModuleList ::=
```

```
            SymbolsFromModule    |
            SymbolsFromModuleList SymbolsFromModule
SymbolsFromModule ::= SymbolList FROM GlobalModuleReference
GlobalModuleReference ::= modulereference AssignedIdentifier
AssignedIdentifier ::= ObjectIdentifierValue   |
        DefinedValue   |
        empty
SymbolList ::= Symbol | SymbolList "," Symbol
Symbol ::= Reference | ParameterizedReference
Reference ::=
        Typereference          |
        valuereference         |
        objectclassreference   |
        objectreference        |
        objectsetreference
AssignmentList ::= Assignment | AssignmentList Assignment
Assignment ::=
        TypeAssignment              |
        ValueAssignment             |
        XMLValueAssignment          |
        ValueSetTypeAssignment      |
        ObjectClassAssignment       |
        ObjectAssignment            |
        ObjectSetAssignment         |
        ParameterizedAssignment
DefinedType ::=
        ExternalTypeReference   |
        typereference           |
        ParameterizedType       |
        ParameterizedValueSetType
ExternalTypeReference ::=
        modulereference
        "."
        typereference
NonParameterizedTypeName ::=
        ExternaTypeReference   |
        typereference          |
        xmlasn1typename
DefinedValue ::=
        ExternalValueReference   |
        valuereference           |
        ParameterizedValue
ExternalValueReference ::=
```

```
        modulereference
        "."
        valuereference
AbsoluteReference ::= "@" ModuleIdentifier
        "."
        ItemSpec
ItemSpec ::=
        typereference  |
        ItemId "." ComponentId
ItemId ::= ItemSpec
ComponentId ::=
        identifier | number | "*"
TypeAssignment ::= typereference
                   "::="
                   Type
ValueAssignment ::= valuereference
                    Type
                    "::="
                    Value
XMLValueAssignment ::=
        valuereference
        "::="
        XMLTypedValue
XMLTypedValue ::=
        "<" & NonParameterizedTypeName ">"
        XMLValue
        "</" & NonParameterizedTypeName ">"  |
        "<" & NonParameterizedTypeName "/>"
ValueSetTypeAssignment ::= typereference
                           Type
                           "::="
                           ValueSet
ValueSet ::= "{" ElementSetSpecs "}"
Type ::= BuiltinType | ReferencedType | ConstrainedType
BuiltinType ::=
        BitStringType         |
        BooleanType           |
        CharacterStringType   |
        ChoiceType            |
        EmbeddedPDVType       |
        EnumeratedType        |
        ExternalType          |
        InstanceOfType        |
```

```
        IntegerType              |
        NullType                 |
        ObjectClassFieldType     |
        ObjectIdentifierType     |
        OctetStringType          |
        RealType                 |
        RelativeOIDType          |
        SequenceType             |
        SequenceOfType           |
        SetType                  |
        SetOfType                |
        TaggedType
NamedType ::= identifier Type
ReferencedType ::=
        DefinedType              |
        UsefulType               |
        SelectionType            |
        TypeFromObject           |
        ValueSetFromObjects
Value ::= BuiltinValue | ReferencedValue | ObjectClassFieldValue
XMLValue ::= XMLBuiltinValue | XMLObjectClassFieldValue
BuiltinValue ::=
        BitStringValue           |
        BooleanValue             |
        CharacterStringValue     |
        ChoiceValue              |
        EmbeddedPDVValue         |
        EnumeratedValue          |
        ExternalValue            |
        InstanceOfValue          |
        IntegerValue             |
        NullValue                |
        ObjectIdentifierValue    |
        OctetStringValue         |
        RealValue                |
        RelativeOIDValue         |
        SequenceValue            |
        SequenceOfValue          |
        SetValue                 |
        SetOfValue               |
        TaggedValue
XMLBuiltinValue ::=
        XMLBitStringValue        |
```

```
        XMLBooleanValue              |
        XMLCharacterStringValue      |
        XMLChoiceValue               |
        XMLEmbeddedPDVValue          |
        XMLEnumeratedValue           |
        XMLExternalValue             |
        XMLInstanceOfValu            |
        XMLIntegerValue              |
        XMLNullValue                 |
        XMLObjectIdentifierValue     |
        XMLOctetStringValue          |
        XMLRealValue                 |
        XMLRelativeOIDValue          |
        XMLSequenceValue             |
        XMLSequenceOfValue           |
        XMLSetValue                  |
        XMLSetOfValue                |
        XMLTaggedValue
ReferencedValue ::=
        DefinedValue |
        ValueFromObject
NamedValue ::= identifier Value
XMLNamedValue ::=
        "<" & identifier ">" XMLValue "</" & identifier ">"
BooleanType ::=BOOLEAN
BooleanValue::= TRUE | FALSE
XMLBooleanValue ::=
        "<" & "true" "/>"  |
        "<" & "false" "/>"
IntegerType ::=
                INTEGER  |
                INTEGER "{" NamedNumberList "}"
NamedNumberList ::=
                NamedNumber  |
                NamedNumberList "," NamedNumber
NamedNumber ::=
                identifier "(" SignedNumber ")"  |
                identifier "(" DefinedValue ")"
SignedNumber ::= number | "-" number
IntegerValue ::= SignedNumber | identifier
XMLIntegerValue ::=
                SignedNumber |
                "<" & identifier "/>"
```

```
EnumeratedType ::=
            ENUMERATED "{" Enumerations "}"
Enumerations ::= RootEnumeration  |
         RootEnumeration "," "..." ExceptionSpec  |
         RootEnumeration "," "..." ExceptionSpec "," AdditionalEnumeration
RootEnumeration ::= Enumeration
AdditionalEnumeration ::= Enumeration
Enumeration ::= EnumerationItem | EnumerationItem "," Enumeration
EnumerationItem ::= identifier | NamedNumber
EnumeratedValue ::= identifier
XMLEnumeratedValue ::= "<" & identifier "/>"
RealType ::= REAL
RealValue ::=
     NumericRealValue | SpecialRealValue
NumericRealValue ::=
     Realnumber  |
     "-" realnumber  |
     SequenceValue  --相关序列类型的值
SpecialRealValue ::=
      PLUS-INFINITY | MINUS-INFINITY
XMLRealValue ::=
      XMLNumericRealValue | XMLSpecialRealValue
XMLNumericRealValue ::=
      Realnumber  |
      "-" realnumber
XMLSpecialRealValue ::=
      "<" & PLUS-INFINITY "/>" | "<" & MINUS-INFINITY "/>"
BitStringType ::=  BIT STRING | BIT STRING "{" NamedBitList "}"
NamedBitList ::=  NamedBit | NamedBitList "," NamedBit
NamedBit ::=  identifier "(" number ")" |
      identifier "(" DefinedValue ")"
BitStringValue ::= bstring | hstring | "{" IdentifierList "}" | "{" "}" | CONTAINING Value
IdentifierList ::=  identifier | IdentifierList "," identifier
XMLBitStringValue ::=
      XMLTypedValue  |
      Xmlbstring  |
      XMLIdentifierList  |
      empty
XMLIdentifierList ::=
      "<" & identifier "/>" |
      XMLIdentifierList "<" & identifier "/>"
OctetStringType ::= OCTET STRING
OctetStringValue ::= bstring | hstring | CONTAINING Value
```

```
XMLOctetStringValue ::=
        XMLTypedValue |
        xmlhstring
NullType ::=  NULL
NullValue ::= NULL
XMLNullValue ::= empty
SequenceType ::=
        SEQUENCE "{" "}" |
        SEQUENCE "{" ExtensionAndException OptionalExtensionMarker "}" |
        SEQUENCE "{" ComponentTypeLists "}"
ExtensionAndException ::= "..." | "..." ExceptionSpec
OptionalExtensionMarker ::= "," "..." | empty
ComponentTypeLists ::=
        RootComponentTypeList |
        RootComponentTypeList "," ExtensionAndException ExtensionAdditions
            OptionalExtensionMarker |
        RootComponentTypeList "," ExtensionAndException ExtensionAdditions
            ExtensionEndMarker "," RootComponentTypeList |
        ExtensionAndException ExtensionAdditions ExensionEndMarker ","
            RootComponentTypeList |
        ExtensionAndException ExtensionAdditions OptionalExtensionMarker
RootComponentTypeList ::= ComponentTypeList
ExtensionEndMarker ::= "," "..."
ExtensionAdditions ::= "," ExtensionAdditionList | empty
ExtensionAdditionList ::= ExtensionAddition |
        ExtensionAdditionList "," ExtensionAddition
ExtensionAddition ::= ComponentType | ExtensionAdditionGroup
ExtensionAdditionGroup ::= "[[" VersionNumber ComponentTypeList "]]"
VersionNumber ::= empty | number ":"
ComponentTypeList ::= ComponentType |
                      ComponentTypeList "," ComponentType
ComponentType ::=
        NamedType |
        NamedType OPTIONAL |
        NamedType DEFAULT Value |
        COMPONENTS OF Type
SequenceValue ::= "{" ComponentValueList "}" | "{" "}"
ComponentValueList ::= NamedValue |
                       ComponentValueList "," NamedValue
XMLSequenceValue ::=
        XMLComponentValueList |
        empty
XMLComponentValueList ::=
```

```
        XMLNamedValue  |
        XMLComponentValueList XMLNamedValue
SequenceOfType ::= SEQUENCE OF Type | SEQUENCE OF NamedType
SequenceOfValue ::= "{" ValueList "}" | "{" NamedValueList "}" | "{" "}"
ValueList ::= Value | ValueList "," Value
XMLSequenceOfValue ::=
        XMLValueList |
        XMLDelimitedItemList  |
        XMLSpaceSeparatedList |
        empty
XMLValueList ::=
        XMLValueOrEmpty  |
        XMLValueOrEmpty XMLValueList
XMLValueOrEmpty ::=
        XMLValue  |
        "<" & NonParameterizedTypeName "/>"
XMLSpaceSeparatedList ::=
        XMLValueOrEmpty  |
        XMLValueOrEmpty " " XMLSpaceSeparatedList
XMLDelimitedItemList ::=
        XMLDelimitedItem  |
        XMLDelimitedItem XMLDelimitedItemList
XMLDelimitedItem ::=
        "<" & NonParameterizedTypeName ">" XMLValue
            "</" & NonParameterizedTypeName ">" |
        "<" & identifier ">" XMLValue "</" & identifier ">"
SetType ::= SET "{" "}"  |
                  SET "{" ExtensionAndException OptionalExtensionMarker "}" |
                  SET "{" ComponentTypeLists "}"
SetValue ::= "{" ComponentValueList "}" | "{" "}"
XMLSetValue ::= XMLComponentValueList | empty
SetOfType ::= SET OF Type | SEQUENCE OF NamedType
SetOfValue ::= "{" ValueList "}" | "{" NamedValueList "}" | "{" "}"
XMLSetOfValue ::=
        XMLValueList           |
        XMLDelimitedItemList   |
        XMLSpaceSeparatedList |
        empty
ChoiceType ::= CHOICE "{" AlternativeTypeLists "}"
AlternativeTypeLists ::=
        RootAlternativeTypeList |
        RootAlternativeTypeList ","
            ExtensionAndException ExtensionAdditionAlternatives
```

```
        OptionalExtensionMarker
RootAlternativeTypeList ::= AlternativeTypeList
ExtensionAdditionAlternatives ::= "," ExtensionAdditionAlternativesList | empty
ExtensionAdditionAlternativesList ::= ExtensionAdditionAlternative |
    ExtensionAdditionAlternativesList "," ExtensionAdditionAlternative
ExtensionAdditionAlternative ::= ExtensionAdditionAlternativesGroup | NamedType
ExtensionAdditionAlternativesGroup ::= "[[" VersionNumber AlternativeTypeList "]]"
AlternativeTypeList ::= NamedType |
                        AlternativeTypeList "," NamedType
ChoiceValue ::= identifier ":" Value
XMLChoiceValue ::= "<" & identifier ">" XMLValue "</" & identifier ">"
SelectionType ::= identifier "<" Type
TaggedType ::= Tag Type |
               Tag IMPLICIT Type |
               Tag EXPLICIT Type
Tag ::= "[" Class ClassNumber "]"
ClassNumber ::= number | DefinedValue
Class ::= UNIVERSAL |
          APPLICATION |
          PRIVATE |
          empty
TaggedValue ::= Value
XMLTaggedValue ::= XMLValue
EmbeddedPDVType ::= EMBEDDED PDV
EmbeddedPDVValue ::= SequenceValue
XMLEmbeddedPDVValue ::= XMLSequenceValue
ExternalType ::= EXTERNAL
ExternalValue ::= SequenceValue
XMLExternalValue ::= XMLSequenceValue
ObjectIdentifierType ::= OBJECT IDENTIFIER
ObjectIdentifierValue ::= "{" ObjIdComponentsList "}" |
                          "{" DefinedValue ObjIdComponentsList "}"
ObjIdComponentsList ::= ObjIdComponents |
                        ObjIdComponents ObjIdComponentsList
ObjIdComponents ::= NameForm |
                    NumberForm |
                    NameAndNumberForm |
                    DefinedValue
NameForm ::= identifier
NumberForm ::= number | DefinedValue
NameAndNumberForm ::= identifier "(" NumberForm ")"
XMLObjectIdentifierValue ::=
    XMLObjIdComponentList
```

XMLObjIdComponentList ::=
    XMLObjIdComponent |
    XMLObjIdComponent & "." & XMLObjIdComponentList
XMLObjIdComponent ::=
    NameForm |
    XMLNumberForm |
    XMLNameAndNumberForm
XMLNumberForm ::= number
XMLNameAndNumberForm ::=
    identifier & "(" & XMLNumberForm & ")"
RelativeOIDType ::=
    RELATIVE-OID
RelativeOIDValue ::=
    "{" RelativeOIDComponentsList "}"
RelativeOIDComponentsList ::=
    RelativeOIDComponents |
    RelativeOIDComponents RelativeOIDComponentsList
RelativeOIDComponents ::= NumberForm |
    NameAndNumberForm |
    DefinedValue
XMLRelativeOIDValue ::=
    XMLRelativeOIDComponentList
XMLRelativeOIDComponentList ::=
    XMLRelativeOIDComponent |
    XMLRelativeOIDComponent & "." & XMLRelativeOIDComponentList
XMLRelativeOIDComponent ::=
    XMLNumberForm |
    XMLNameAndNumberForm
CharacterStringType ::= RestrictedCharacterStringType | UnrestrictedCharacterStringType
RestrictedCharacterStringType ::=
    BMPString |
    GeneralString |
    GraphicString |
    IA5String |
    ISO646String |
    NumericString |
    PrintableString |
    TeletexString |
    T61String |
    UniversalString |
    UTF8String |
    VideotexString |
    VisibleString

RestrictedCharacterStringValue ::= cstring | CharacterStringList | Quadruple | Tuple
CharacterStringList ::= "{" CharSyms "}"
CharSyms ::= CharsDefn | CharSyms "," CharsDefn
CharsDefn ::= cstring | Quadruple | Tuple | DefinedValue
Quadruple ::= "{" Group "," Plane "," Row "," Cell "}"
Group ::= number
Plane ::= number
Row ::= number
Cell ::= number
Tuple ::= "{" TableColumn "," TableRow "}"
TableColumn ::= number
TableRow ::= number
XMLRestrictedCharacterStringValue ::= xmlcstring
UnrestrictedCharacterStringType ::= CHARACTER STRING
CharacterStringValue ::= RestrictedCharacterStringValue | UnrestrictedCharacterStringValue
XMLCharacterStringValue ::=
XMLRestrictedCharacterStringValue |
XMLUnrestrictedCharacterStringValue
UnrestrictedCharacterStringValue ::= SequenceValue
XMLUnrestrictedCharacterStringValue ::= XMLSequenceValue
UsefulType ::= typereference
在 37.1 中定义的下列字符串类型：

NumericString	VisibleString
PrintableString	ISO646String
TeletexString	IA5String
T61String	GraphicString
VideotexString	GeneralString
UniversalString	BMPString

在第 42 章到第 44 章中定义的下列实用类型：
GeneralizedTime
UTCTime
ObjectDescriptor
在第 45 章到第 47 章中使用的下列产生式：
ConstrainedType ::=
Type Constraint |
TypeWithConstraint
TypeWithConstraint ::=
SET Constraint OF Type |
SET SizeConstraint OF Type |
SEQUENCE Constraint OF Type |
SEQUENCE SizeConstraint OF Type |
SET Constraint OF NamedType |
SET SizeConstraint OF NamedType |

```
        SEQUENCE Constraint OF NamedType |
        SEQUENCE SizeConstraint OF NamedType
Constraint ::= "(" ConstraintSpec ExceptionSpec ")"
ConstraintSpec ::= SubtypeConstraint |
                   GeneralConstraint
ExceptionSpec ::= "!" ExceptionIdentification | empty
ExceptionIdentification ::= SignedNumber |
        DefinedValue |
        Type ":" Value
SubtypeConstraint ::= ElementSetSpecs
ElementSetSpecs ::=
        RootElementSetSpec |
        RootElementSetSpec "," "..." |
        RootElementSetSpec "," "..." "," AdditionalElementSetSpec
RootElementSetSpec ::= ElementSetSpec
AdditionalElementSetSpec ::= ElementSetSpec
ElementSetSpec ::= Unions | ALL Exclusions
Unions ::= Intersections |
        UElems UnionMark Intersections
UElems ::= Unions
Intersections ::= IntersectionElements |
        IElems IntersectionMark IntersectionElements
IElems ::= Intersections
IntersectionElements ::= Elements | Elems Exclusions
Elems ::= Elements
Exclusions ::= EXCEPT Elements
UnionMark ::= "|" | UNION
IntersectionMark ::= "^" | INTERSECTION
Elements ::=
        SubtypeElements |
        ObjectSetElements |
        "(" ElementSetSpec ")"
SubtypeElements ::=
        SingleValue |
        ContainedSubtype |
        ValueRange |
        PermittedAlphabet |
        SizeConstraint |
        TypeConstraint |
        InnerTypeConstraints |
        PatternConstraint
SingleValue ::= Value
ContainedSubtype ::= Includes Type
```

```
Includes ::= INCLUDES | empty
ValueRange ::= LowerEndpoint ".." UpperEndpoint
LowerEndpoint ::= LowerEndValue | LowerEndValue "<"
UpperEndpoint ::= UpperEndValue | "<" UpperEndValue
LowerEndValue ::= Value | MIN
UpperEndValue ::= Value | MAX
SizeConstraint ::= SIZE Constraint
PermittedAlphabet ::= FROM Constraint
TypeConstraint ::= Type
InnerTypeConstraints ::=
        WITH COMPONENT SingleTypeConstraint |
        WITH COMPONENTS MultipleTypeConstraints
SingleTypeConstraint ::= Constraint
MultipleTypeConstraints ::= FullSpecification | PartialSpecification
FullSpecification ::= "{" TypeConstraints "}"
PartialSpecification ::= "{" "..." "," TypeConstraints "}"
TypeConstraints ::=
        NamedConstraint |
        NamedConstraint "," TypeConstraints
NamedConstraint ::=
        identifier ComponentConstraint
ComponentConstraint ::= ValueConstraint PresenceConstraint
ValueConstraint ::= Constraint | empty
PresenceConstraint ::= PRESENT | ABSENT | OPTIONAL | empty
PatternConstraint ::= PATTERN Value
```

ICS 35.100.60
L 79

中华人民共和国国家标准

GB/T 16262.2—2006/ISO/IEC 8824-2:2002

信息技术 抽象语法记法一(ASN.1) 第2部分:信息客体规范

Information technology—Abstract Syntax Notation One (ASN.1)— Part 2: Information object specification

(ISO/IEC 8824-2:2002,IDT)

2006-03-14 发布 2006-07-01 实施

中华人民共和国国家质量监督检验检疫总局
中国国家标准化管理委员会 发布

前　言

GB/T 16262 在《信息技术　抽象语法记法一(ASN.1)》总标题下，目前包括以下 4 个部分：

第 1 部分(即 GB/T 16262.1)：基本记法规范；

第 2 部分(即 GB/T 16262.2)：信息客体规范；

第 3 部分(即 GB/T 16262.3)：约束规范；

第 4 部分(即 GB/T 16262.4)：ASN.1 规范的参数化。

本部分为 GB/T 16262 的第 2 部分，等同采用国际标准 ISO/IEC 8824-2:2002《信息技术　抽象语法记法一(ASN.1)：信息客体规范》(英文版)。与该项国际标准的等同文本是 ITU-T 建议 X.681。

按照 GB/T 1.1—2000 的规定，本部分对 ISO/IEC 8824-2:2002 作了下列编辑性修改：

——“本标准”一词改为“本部分”；

——在引用的标准中，凡已转化成我国标准的各项标准，均用我国的相应标准编号代替。

本部分的附录 A、附录 B 和附录 C 是规范性附录，附录 D、附录 E 和附录 F 是资料性附录。

本部分由中华人民共和国信息产业部提出。

本部分由中国电子技术标准化研究所归口。

本部分起草单位：中国电子技术标准化研究所。

本部分主要起草人：郑洪仁、安金海、徐云弛。

引言

应用设计者经常需要设计一种协议，该协议用来处理某一类别信息客体中的任何一个实例，其中，类别的实例可由各个不同的其他实体定义，并可以不断增加。这种信息客体类别的示例有远程操作服务(ROS)中的操作和 OSI 目录的属性。

GB/T 16262 的本部分提供一种记法，使得能定义信息客体类别，各个信息客体和信息客体集合，以及给出引用名。

信息客体类别由其实例所占有字段的种类表征。字段可以包括：

——任意类型(类型字段)；或

——规定类型的单个值(固定类型值字段)；或

——已命名类型字段中规定类型的单个值(可变类型值字段)；

——规定类型非空值集合(固定类型值集合字段)；或

——已命名类型字段中规定类型的非空值集合(可变类型值集合字段)；或

——规定信息客体类别中的单个信息客体(客体字段)；

——规定信息客体类别中的信息客体集合(客体集合字段)。

可以选择信息客体类别的固定类型值字段以提供类别中信息客体的唯一标识。这称为类别的标识符字段。如果提供标识符字段的值，它则应在为此类别所定义的信息客体集合中是唯一的。它们可以，但不必，无歧义地标识更广范围内的类别的信息客体，尤其是通过使用客体标识符作为标识符字段的类型。

通过规定下列内容来定义信息客体类别：

——字段的名称；

——每个字段的形式(类型、固定类型值、可变类型值、固定类型值集合、可变类型值集合、客体或客体集合)；

——字段的任选性和默认设置；

——如有必要，则应明确哪个字段是标识符字段，

类别中各个信息客体则对每个字段提供必要的信息予以定义。

本标准定义的记法允许通过引用某个信息客体类别的字段规定 ASN.1 的类型——客体类别字段类型。在 GB/T 16262.3 中，通过引用某个具体的信息客体集合使提供这种类型的记法受到限制。

将信息客体类别的定义用来定义基础概念表(关联表)的形式可能是有用的。此表是每个字段一列，整个行定义一个信息客体。此表的形式(由信息客体类别规范确定)确定为完成某个协议规范要收集的和使用的信息。基础概念表为规定此类别信息客体的记法和完成其规范需要此信息的协议之间提供链接。典型地，用来完成特定协议规范的实际信息客体集合应是此协议的参数(见 GB/T 16262.4)。

引用特定客体或客体集合(或许是参数)的“InformationFromObjects”记法可用来从概念表的字符元中提取信息。

本部分：

——规定定义信息客体类别和用引用名标识它的记法(见第 9 章)；

——规定信息客体类别的定义符用以提供此类别信息客体定义用的定义语法的记法；对未定义语法业已定义的类别提供默认记法(见第 10 章)；

——规定定义信息客体，和将它赋于引用名的记法(见第 11 章)，并提供客体集合的模拟记法(见第 12 章)；

——定义一个类别的客体或客体集合的“关联表”(见第13章)；

——规定客体类别字段类型及其值的记法(见第14章)；

注：这些结构能够使用已命名信息客体类别的已命名字段规定ASN.1类型。关于将此类型限于与规定的信息客体集合有关的值的约束在GB/T 16262.3中规定。

——规定从客体中提取信息的记法(见第15章)。

在定义ASN.1规范时，可以部分或全部不知道定义客体集合中所使用的信息客体集合。例如，网络管理中出现的情况：当网络管理器正在执行时，被管客体在改变。本部分规定在客体集合定义中包含扩展标记的规则以向实施者告知设计者关注的，在ASN.1规范中没有完全定义客体集合内容。当用扩展标记定义客体集合时，实施者必须提供(可能超过ASN.1的范围)对客体集合动态地增加客体和从客体集合中删除先前增加客体的措施。

附录A(本部分的构成部分)规定其客体类别引用是TYPE-IDENTFIER的信息客体类别。这是最简单有用的类别，它只有两个字段，一个是类型客体标识符的标识符字段，一个是定义传送此类别中任一特定客体所有信息的ASN.1类型的单一类型字段。本标准定义它，是因为这种形式的信息客体有广泛的使用。

附录B(本部分的组成部分)用一合适的信息客体的定义规定定义抽象语法的记法。

附录C(本部分的组成部分)规定单一实例类型的记法(单一记法)。

附录D(不是本部分的组成部分)提供如何使用本部分所述记法的示例。

附录E(不是本部分的组成部分)提供ASN.1客体集合扩展模型的综述。

附录F(不是本部分的组成部分)提供本部分定义的记法综述。

信息技术　抽象语法记法一(ASN.1)
第2部分:信息客体规范

1　范围

GB/T 16262 的本部分是抽象语法记法一(ASN.1)的一个部分,并提供规定信息客体类别、信息客体和信息客体集合的记法。

2　规范性引用文件

下列文件中的条款通过 GB/T 16262 的本部分的引用而成为本部分的条款。凡是注日期的引用文件,其随后所有的修改单(不包括勘误的内容)或修订版均不适用于本部分,然而,鼓励根据本部分达成协议的各方研究是否可使用这些文件的最新版本。凡是不注日期的引用文件,其最新版本适用于本部分。

GB/T 16262.1—2006　信息技术　抽象语法记法一(ASN.1)　第1部分:基本记法规范(ISO/IEC 8824-1:2002,IDT)

GB/T 16262.3—2006　信息技术　抽象语法记法一(ASN.1)　第3部分:约束规范(ISO/IEC 8824-3:2002,IDT)

GB/T 16262.4—2006　信息技术　抽象语法记法一(ASN.1)　第4部分:ASN.1规范的参数化(ISO/IEC 8824-4:2002,IDT)

3　术语和定义

下列术语和定义适用于 GB/T 16262—2006 的本部分。

3.1　基本记法规范

本部分使用 GB/T 16262.1—2006 中定义的术语。

3.2　约束规范

本部分使用 GB/T 16262.3—2006 中定义的下列术语:

——表约束　table constraint。

3.3　ASN.1 规范的参数化

本部分使用 GB/T 16262.4—2006 中定义的下列术语:

a)　参数化类型　parameterized type;

b)　参数化值　parameterized value。

3.4　附加定义

3.4.1

关联表　associated tabe

通过由已有的链接字段(见 3.4.15)而产生的展开分层结构可从客体或客体集合导出的(某个信息客体或信息客体集合)抽象表。

注:关联表能用来确定某种约束的精确性质(见 GB/T 16262.3—2006),此约束是在使用客体集合时施加的。

3.4.2

默认语法　default syntax

对定义者没有提供定义语法的类别,定义这种类别信息客体的记法(见 11.10 的示例)。

3.4.3

定义语法　defined syntax

由类别的定义者提供的记法,它允许以用户友好的方式定义此类别的信息客体。

注:例如,类别 OPERATION 的定义语法可以允许此类别的实例定义如下:字 ARGUMENT 后接 &ArgumentType,然后,字 RESULT 后接 &ResultType,然后,字 CODE 后接 &OperationCode(见 11.11 的示例)。

3.4.4

可扩展客体集合　extensible object set

具有扩展标记的客体集合或对可扩展的客体集合进行集合运算定义的客体集合。

3.4.5

字段　field

信息客体类别的成分。每个字段是类型字段、固定类型值字段、可变类型值字段、固定类型值集合字段、可变类型值集合字段、信息客体字段或信息客体集合字段。

3.4.6

字段名称　field name

标识某个类别的字段的名称;或是直接规定此字段的类别,在此情况中,此名称是原始字段名称,或是具有与其中此字段实际上已被规定的情况有关的一系列链接字段的类别。

3.4.7

支配(类别)　governing(class)

支配者　governor

要求其引用或规定支配类别的信息客体时,影响 ASN.1 语法某部分解释的信息客体类别定义或引用。

3.4.8

标识符字段　identifier field

为提供类别中信息客体的唯一标识,所选用的类别的固定类型值字段。标识符字段值,如果提供,在对此类别定义的任一信息客体集合中应是无歧义的。它们可以,但不需要在更广范围内起到无歧义地标识此类别的信息客体。

注1:标识符字段具有固定的 ASN.1 类型,此类型的值可包含在协议中以标识此类型中的信息客体。

注2:标识符为无歧义的范围是信息客体集合的范围。然而,它还能在任一给定的抽象语言中,或完整的应用上下文中是无歧义的,或甚至通过标识符字段使用客体标识符类型能对所有类别是完全无歧义的。

3.4.9

信息客体　information object

某个信息客体类别中的实例,由符合此类别字段规范的字段集合组成。

注:例如,信息客体类别 OPERATION(在 3.4.10 的示例中提及的)一个具体实例可以是 invertMatrix,它具有 &ArgumentType 字段(包含类型 Matrix),&ResultType 字段(也包含类型 Matrix)和 &operationCode 字段(包含值 7)(见 10.13 的示例)。

3.4.10

信息客体类别(类别)　information object class(class)

对可能未界定的信息客体(此类别的实例)汇集为定义,形成模板的字段集合。

注:例如,信息客体类别 OPERATION 可以与远程操作服务(ROS)的操作概念相对应予以定义。此外,每个不同命名的字段规范可能与一个操作实例变到另一个操作实例的某个方面相对应。因而,可能有 &ArgumentType、&ResultType 和 &operationCode 字段,前两个规定类型字段,第三个规定值字段。

3.4.11

信息客体字段 information object field

包含某个规定类别信息客体的字段。

3.4.12

信息客体集合 information object set

使用相同信息客体类别引用名定义的所有信息客体的非空集合。

注：例如，类别 OPERATION(在 3.4.10 例中使用的)一个信息客体集合 MatrixOperation 可以包含 invertMatrix (在 3.4.9 中提及过)和其他有关操作(例如，addMatrices、multiplyMatrices 等)。这种客体集合可用来定义对调用作出规定并产生所有这些操作的结果报告的抽象语法(见 12.11 的示例)。

3.4.13

信息客体集合字段 information object set field

包含某个规定类别信息客体集合的字段。

3.4.14

单一实例类型 instance-of type

通过引用与类型相关联的客体标识符的信息客体类别所定义的类型。

3.4.15

链接字段 link field

客体或客体集合字段。

3.4.16

客体类别字段类型 object class field type

通过对信息客体类别中的某个字段的引用所规定的类型。在 GB/T 16262.3 中，提供的记法通过对此类别信息客体集合的引用使此类型受到限制。

3.4.17

原始字段名称 primitive field name

在信息客体类别定义中无须使用链接字段而直接规定的名称。

3.4.18

递归定义(引用名称的) recursive definition(of a reference name)

解析引用名称或引用名称定义的支配者要求解析最初引用名称的引用名称。

注：信息客体类别的递归定义是允许的。11.2 和 12.2 各自禁用信息客体或信息客体集合的递归定义。

3.4.19

递归实例(参数化引用名称的) recursive instantiation of a parameterized reference name

在解析实际参数要求解析最初引用名称时，引用名称的实例。

注：信息客体类别(包括编码结构)的递归实例是允许的。11.2 和 12.2 均禁用信息客体或信息客体集合的递归实例。

3.4.20

类型字段 type field

包含任意类型的字段。

3.4.21

值字段 value field

包含值的字段。这种字段或是固定类型或是可变类型。前者，值的类型是由字段规范确定的；后者，值的类型含在同一信息客体某个(指定)类型字段之中。

3.4.22

值集合字段 value set field

包含某个类型非空值集合的字段。这种字段或是固定类型或是可变类型。前者，值的类型是由字段规范确定的;后者,值的类型含在同一信息客体某个(指定)类型字段之中。

注:对一信息客体而言,值集合字段中的值集合构成规定类型的子类型。

4 缩略语

本部分使用下列缩略语:

ASN.1 抽象语法记法一

5 约定

本部分采用 GB/T 16262.1—2006 第 5 章定义的记法约定。

6 记法

本章综述本部分定义的记法。

6.1 赋值

本部分定义了下列记法,这些记法能用作"Assignment"(见 GB/T 16262.1—2006 第 12 章)的替代记法:

——ObjectClassAssignment(见 9.1);

——ObjectAssignment(见 11.1);

——ObjectSetAssignment(见 12.1)。

6.2 类型

6.2.1 本部分定义了下列记法,这些记法能用作"BuitinType"(见 GB/T 16262.1—2006 的 16.2)的替代记法:

——ObjectClassFieldType(见 14.1);

——InstanceOfType(见附录 C)。

6.2.2 本部分定义了下列记法,这些记法能用作"ReferencedType"(见 GB/T 16262.1—2006 的 16.3)的替代记法:

——TypeFromObject(见 15 章);

——ValueSet FromObjects (见 15 章)。

6.3 值

6.3.1 本部分定义了下列记法,此记法能用作"Value"(见 GB/T 16262.1—2006 的 16.7)的替代记法:

——ObjectClassFieldValue(见 4.6)。

6.3.2 本部分定义了下列记法,此记法能用作"BuiltinValue"(见 GB/T 16262.1—2006 的 16.9)的替代记法:

——InstanceOfValue(见附录 C)。

6.3.3 本部分定义了下列记法,此记法能用作"ReferencedValue"(见 GB/T 16262.1—2006 的 16.11)的替代记法:

——ValueFromObject(见 15 章)。

6.4 元素

6.4.1 本部分定义了下列记法,此记法能用作"Elements"(见 GB/T 16262.1—2006 的 46.5)的替代记法:

——ObjectSetElements(见 12.10)。

7 ASN.1 词项

除 GB/T 16262.1—2006 第 11 章中规定的词汇之外,本部分中还使用下列各条规定的词项。适用于这些词项的一般规则是按 GB/T 16262.1—2006 的 11.1 定义的。这些新的词项使用GB/T 16262.1—2006 第 10 章规定的 ASN.1 字符集,以及字符“&”。

注:GB/T 16262.1—2006 的 10.1 中的注也适用于 7.1 到 7.9 中规定的词项。

7.1 信息客体类别引用

词项名称——objectclassreference

“objectclassreference”应由 GB/T 16262.1—2006 的 11.2 对“typereference”规定的字符序列组成,但不应包括小写字母。

7.2 信息客体引用

词项名称——objectreference

“objectreference”应由 GB/T 16262.1—2006 的 11.4 对“valuereference”规定的字符序列组成。

7.3 信息客体集合引用

词项名称——objectsetreference

“objectsetreference”应由 GB/T 16262.1—2006 的 11.2 对“typereference”规定的字符序列组成。

7.4 类型字段引用

词项名称——typefieldreference

“typefieldreference”应由“&”紧接 GB/T 16262.1—2006 的 11.2 对“typereference”规定的字符序列组成。

7.5 值字段引用

词项名称——valuefieldreference

“valuefieldreference”应由“&”紧接 GB/T 16262.1—2006 的 11.4 对“valuereference”规定的字符序列组成。

7.6 值集合字段引用

词项名称——valuesetfieldreference

“valuesetfieldreference”应由“&”紧接 GB/T 16262.1—2006 的 11.2 对“typereference”规定的字符序列组成。

7.7 客体字段引用

词项名称——objectfieldreference

“objectfieldreference”应由“&”紧接 7.2 对“objectreference”规定的字符序列组成。

7.8 客体集合字段引用

词项名称——objectsetfieldreference

“objectsetfieldreference”应由“&”紧接 7.3 对“objectsetreference”规定的字符序列组成。

7.9 字

词项名称——word

“word”应由 GB/T 16262.1—2006 的 11.2 对“type reference”规定的字符序列组成,但不应包括小写字母或数字。

7.10 附加关键字

名称 CLASS、INSTANCE、SYNTAX 和 UNIQUE 在 GB/T 16262.1—2006 的 11.27 中作为备用字列出。

8 引用定义

8.1 结构:

```
DefinedObjectClass ::=
    ExternalObjectClassReference |
```

objectclassreference |
UsefulObjectClassReference
DefinedObject::=
ExternalObjectReference |
objectreference
DefinedObjectSet::=
ExternalObjectSetReference |
objectsetreference

分别用来引用类别,信息客体和信息客体集合定义。

8.2 对信息客体和信息客体集合的引用有一个支配类别。要求所引用的信息客体和所引用的信息客体集合中的信息客体应是支配类别中的客体。对信息客体而言,没有所规定的等效"value mappings"(见 GB/T 16262.1—2006 的附录 B),所以上句意指信息客体或信息客体集合必须使用与支配者使用的相同信息客体类别引用(或通过简单引用赋值获得的引用)加以定义。就此要求而言,两个等同的信息客体类别记法的实例(但字面上不同)不能视为同样的信息客体类别。

8.3 除 GB/T 16262.1—2006 的 12.15 规定外,"objectclassreference"、"objectreference"和"objectsetreference"的替代记法只能用于将类别或信息客体或信息客体集合赋于此引用的模块(见 9.1、11.1 和 12.1)。

"ExternalObjectClassReference"、"ExternalObjectReference"和"ExternalObjectSetreference"的替代记法定义如下:

ExternalObjectClassReference::=
modulereference
"."
objectclassreference
ExternalObjectReference::=
modulereference
"."
objectreference
ExternalObjectSetReference::=
modulereference
"."
objectsetreference

不应使用这些替代记法,除非在由相应的"modulereference"标识的模块(与引用模块不同)中已将类别或信息客体或信息客体集合赋于相应的"objectclassreference"、"objectreference"或"objectsetreference"(见 9.1、11.1 和 12.1)。这就是分别被引用的类别或信息客体或信息客体集合。

8.4 "DefinedObjectClass"的替代记法"UsefulObjectclassReference"定义如下:

UsefulObjectClassReference::=TYPE-IDENTIFIER| ABSTRACT-SYNTAX

其中,第一记法在附录 A 中规定,第二记法在附录 B 中规定。

注:名称 TYPE-IDENTIFIER 和 ABSTRACT-SYNTAX 在 GB/T 16262.1—2006 的 11.27 中作为备用字列出。

9 信息客体类别定义和赋值

9.1 结构"ObjectClassAssignment"用来将信息客体类别赋于引用名("objectclassreference")。此结构是 GB/T 16262.1—2006 的 12 章,"Assignment"的替代记法之一,并定义如下:

ObjectClassAssignment::=

objectclassreference

"::= "

ObjectClass

9.2 信息客体类别是由结构“ObjectClass”定义的类别：

ObjectClass::=

DefinedObjectClass |

ObjectClassDefn |

ParameterizedObjectClass

如果“object class”是：

a) “DefinedObjectclass”，那么此类别定义与此类别所引用的定义相同；

b) “ObjectClassDefn”，那么此类别按 9.3 中所述定义；

c) ParameterizedObjectClass”，那么此类别按 GB/T 16262.4 的 9.2 中所述定义。

9.3 每个类别归根结底是由“ObjectClassDefn”定义的：

ObjectClassDefn::=

CLASS

"{" FieldSpec "," + "}"

withSyntaxSpec?

WithSyntaxSpec::=WITH SYNTAX SyntaxList

这种记法允许类别的定义者提供命名的字段规范，其中每个规范是 9.4 中定义的一种“FieldSpec”。作为选择，定义者可以提供按 10.5 定义的信息客体定义语法（“SyntaxList”）。类别的定义者还可规定与此类别定义相关的语义。

9.4 每个“FieldSpec”规定并命名字段之一，它们应该或可以与此类别的实例相关联：

FieldSpec::=

TypeFieldSpec |

FixedTypeValueFieldSpec |

VairableTypeValueFieldSpec |

FixedTypeValueSetFieldSpec |

VariableTypeValueSetFieldSpec |

ObjectFieldSpec |

ObjectSetFieldSpec

“FieldSpec”的各种替代记法在以下各条中规定。

9.5 “TypeFieldSpec”规定此字段是类型字段（见 3.4.20）：

TypeFieldSpec::=

typefieldreference

TypeOpetionalitySpec?

TypeOptionalitySpec::=OPTIONAL|DEFAULT Type

此字段的名称是“ typefieldreference”。如果没有“typeOptionalitySpec”，则要求此类别的所有信息客体定义包括此字段的类型规范。如果 OPTIONAL 存在，那么，可以不定义此字段。如果 DEFAULT 存在，那么，在“Type”之后，则为（此字段）提供在定义中省略的默认设置。

9.6 “FixedTypeValueFieldSpec”规定此字段是固定类型值字段（见 3.4.21）：

FixedTypeValueFieldSpec::=

valuefieldreference

Type

UNIQUE?

ValueOpetionalitySpec?

ValueOptionalitySpec::=OPTIONAL|DEFAULT Value

此字段的名称是"valuefieldreference"。此"Type"结构规定此字段中的包含的值的类型。如果ValueOpetionalitySpec存在,它规定在信息客体定义中可以省略此值,或在DEFAULT情况时,它规定省略随后的"Value"(它应是此类型的值)。存在关键字UNIQUE时,它规定此字段是3.4.8(也见GB/T 16262.3—2006的10.20)定义的标识符字段。如果此关键字存在,则"Value OpetionalitySpec"不应是"DEFAULT Value"。

9.7 对标识符字段赋值时,要求此值在任一定义的信息客体集合中是无歧义的。

9.8 "VariableTypeValueFieldSpec"规定此字段是可变类型值字段(见3.4.21):

VariableTypeValueFieldSpec::=

valuefieldreference

FieldName

ValueOptionalitySpec?

此字段名称是"valuefieldreference"。"FieldName"(见9.14)与要规定的类别相关。它应是类型字段;此类型字段或是作为值字段处于相同的信息客体中,或通过客体字段链(其引用出现在"FieldName"中)链接。此类型字段应包含值的类型。(字段引用出现在"FieldName"中的所有链接字段应是客体字段。)如果存在ValueOpetionalitySpec,它规定在信息客体定义中可以省略此值,或在DEFAULT情况时,它规定省略随后的"Value"。"ValueOptionalitySpec"应是这样:

a) 如果由"FieldName"表示的类型字段有OPTIONAL的"TypeOptionality Spec",那么,"ValueOptionalitySpec"也应是OPTIONAL;以及

b) 如果"ValueOptionalitySpec"是"DEFAULT Value",那么,由"FieldName"表示的类型字段应有"DEFAULT Type"的"TypeOptionlitySpec",并且"Value"应是此类型的值。

9.9 "FixedTypeValueSetFieldSpec"规定此字段是固定类型值集合字段(见3.4.22):

FixedTypeValueSetFieldSpec::=

valuesetfieldreference

Type

ValueSetOptionalitySpec?

ValueSetOptionalitySpec::=OPTIONAL|DEFAULT ValueSet

注:"ValueSet"在GB/T 16262.1—2006的15.6和15.7中定义,并允许对值集合显式列表(用波浪大括号),或对"Type"的子类型使用"type reference"。

此字段的名称是"valuesetfieldreference"。"Type"结构规定此字段中所包含的值的类型。如果存在"ValueSetOptionalitySpec",它规定在信息客体定义中可以不规定此字段,或在DEFAULT情况时,规定省略随后的"ValueSet",它应是此类型的子类型。

9.10 "VariablTypeValueSetFieldSpec"规定此字段是可变类型值集合字段(见3.4.22):

VariableTypeValueSetFieldSpec::=

valuesetfieldreference

FieldName

ValueSetOptionalitySpec?

此字段的名称是"valuesetfieldreference"。"Field Name"(见9.14)与要规定的类别有关。它应是类型字段;此类型字段或是作为值集合字段处于相同的信息客体中,或通过客体字段链(其引用出现在"FieldName")链接。此类型字段应包含值的类型。(字段引用出现在"FieldName"中的所有链接字段应是客体字段。)如果存在"value setOptionalitySpec",它规定在信息客体定义中可以省略此值集合,或

在 DEFAULT 情况时，它规定省略随后的"Valueset"。"ValueSetOptionalitySpec"应是这样：

a) 如果由"FieldName"表示的类型字段有 OPTIONAL 的"TypeOptionalitySpec"，那么，"ValueSetoptiOnalitySpec"也应是 OPTINAL；以及

b) 如果"ValueSetoptiOnalitySpec"是"DEFAULT ValueSet"，那么，由"FieldName"表示的类型字段应有"DEFAULT Type"的"TypeOptionality Spec"，并且"ValueSet"应是此类型的子类型。

9.11 "ObjectFieldSpec"规定此字段是信息客体字段(见 3.4.11)：

```
ObjectFieldSpec::=
    objectfieldreference
    DefinedObjectClass
    ObjectOptionalitySpec?
ObjectOptionalitySpec::=OPTIONAL|DEFAULT Object
```

此字段的名称是"objectfieldreference"。"DefinedObjectClass"引用此字段(它可以是当前被定义的"ObjectClass"中所包含的客体类别。如果存在"Object OptionalitySpec"，它规定可以在信息客体定义中不规定此字段，或在 DEFAULT 情况时，规定省略随后的"object"(它应是"DefinedObjectClass"的客体)。

9.12 "ObjectSetFieldSpec"规定此字段是信息客体集合字段(见 3.4.13)：

```
ObjectSetFieldSpec::=
    objectsetfieldreference
    DefinedObjectClass
    ObjectSetOptionalitySpec?
ObjectSetOptionlitySpec::=OPTIONAL|DEFAULT ObjectSet
```

此字段的名称是"objectsetfieldreference"。"DefinedObjectClass"引用此字段中包括的客体类别。如果存在"ObjectSetOptionalitySpec"，它规定可以在信息客体定义中省略此字段，或在 DEFAULT 情况时，规定省略随后的"ObjectSet"(见 12.3)。其所有客体应是"DefinedObjectClass"的客体。

9.13 结构"primitiveFieldName"用来标识与包含其规范的类别有关的字段：

```
PrimitiveFieldName::=
    typefieldreference        |
    valuefieldreference       |
    valuesetfieldreference    |
    objectfieldreference      |
    objectsetfieldreference
```

在类别定义中所规定的所有字段名称应是各不相同的。

9.14 结构"FieldName"用来标识与直接包含此字段规范的某个类别有关的字段，或具有一系列链接字段链接到此包含类别的某个类别有关的字段。此链由用句点隔开的"PrimitiveFieldName"列表指明。

```
FieldName::=PrimitiveFieldNam"."+
```

9.15 如果有如下情况的一系列链接字段(见 3.4.15)规范(长度为 1 或更长)：

a) 第一个处于被定义的类别中而不是被定义的字段；和

b) 每个相继的规范是定义前一个规范的类别中的字段；及

c) 最后一个是使用被定义的类别加以定义。

那么，至少有一个字段规范应具有"ObjectOptionalitySpec"或"ObjectSetOptionalitySpec"(视合适而定)。

注：这是为防止递归的信息客体类别定义(一般情况下是允许的)。对此递归类别的信息客体具有无限的表示。

9.16 实例

在3.4.10中作为示例的非正式描述的信息客体类别的展开形式可以定义如下：

```
OPERATION::=CLASS
    {
        &ArgumentType          OPTIONAL,
        &ResultType            OPTIONAL,
        &Errors                ERROR OPTIONAL,
        &Linked                OPERATION OPTIONAL,
        &resultReturned        BOOLEAN DEFAULT TRUE,
        &Code                  INTEGER UNIQUE
    }
ERROR::=CLASS
    {
        &ParameterType         OPTIONAL,
        &code                  INTEGER UNIQUE
    }
```

注1：此示例是基于远程操作标准的操作和差错概念，但是作为示例，它被简化了。

注2：对此类别规定的字段包括2个类型字段(&ArqumentType和&ResultType)，2个客体集合字段(&Errors和&Linked)和2个值字段(&result Returned和&code)，后者是标识符字段。

注3：由OPRATIONS构成的任何信息客体集合必须是对&code字段，此集合中没有2个客体具有相同的值。(这同样适用于ERRORS的客体集合。)

注4：OPERATION信息客体类别包括一系列9.15所描述的链接字段。本链长度为了并通过&linked构成，它借助OPERATION加以(递归)规定。然而，这是十分有效的，因为将OPERATION赋于此字段(见9.15)。

注5：这些示例中没有一个示例包括“withSyntaxSpec”。但是在10.13中提供这样做的相应示例。

10 语法表

10.1 经常的情况是单独一个规范定义信息客体类别，对多种信息客体而有许多独立的规范分别予以定义。为此类别信息客体定义提供用户友好的记法，这可能对类别的定义者是合适的。

10.2 本章规定信息客体类别的制定者用以对此类别信息客体规范定义具体类别定义语法的记法。

10.3 此记法是语法结构“SyntaxList”，它出现在于语法结构“ObjectClassDefn”(见9.3)之中。

10.4 “SyntaxList”规定被定义类别的一个信息客体定义的语法。在下列各条中，此语法以“DefinedSyntax”表现。

注：此规范的特征是由“SyntaxList”定义的任一语法结构的末端(“DefinedSyntax”的实例)可由下列各条确定：

a) 无ASN.1说明；

b) 将字符串值处理成文字符号；

c) 要求一个初始的“{”，嵌入成对的“{”和“}”，并终止于一个未配对的“}”。

10.5 “SyntaxList”规定出现在“DefinedSyntax”(见11.6)中的“DefinedSyntaxToken”的顺序：

```
SytaxList::= "{" TokenOrGroupSpec empty+ "}"
TokenOrGroupSpec::=RequiredToken|OptionalGroup
OptionalGroup::= "["TokenOrGroupSpec empty+ "]"
RequiredToken::=
        Literal          |
        PrimitiveFieldName
```

注1：“SyntaxList”的编写者没有提供BNF的全部功能。记法功能差不多等于通常用于规定命令解释程序的命令

行语法的权力。给出可能的“RequiredToken”的表，在于准许他们这样做；将一串或几串符号置于方括号中，使得它们成为任选的。

注2：当分析“SyntxList”时，“[[”(或“]]”)的存在，不能分别解释为GB/T 16262.1—2006的11.19和11.20中规定的词项“[[”(或“]]”)，但可分别解释为“[”和“[”(或“]”和“]”)两个词项。

10.6 用作“Literal”的“word”符号不应是下列之一：

BIT
BOOLEAN
CHARACTER
CHOICE
EMBEDDED
END
ENUMERATED
EXTERNAL
FALSE
INSTANCE
INTEGER
INTERSECTION
MINUS-INFINITY
NULL
OBJECT
OCTET
PLUS-INFINITY
REAL
RELATIVE-OID
SEQUENCE
SET
TRUE
UNION

注：此表仅包含ASN.1备用的，表现为“Type”、“value”、“valueset”、“Object”或“ObjectSet”第一个词项的字以及备用字END。使用ASN.1其他备用字不引起歧义性的，允许使用。若定义语法用于一个“word”还是“typereference”和“objectsetreference”的环境时，首先采用当作“word”的用法。

10.7 “Literal”规定此“Literal”的实际内含，它是定义语法中此位置处的“word”或逗号(“,”)：

```
Literal::=
          Word |
          ","
```

10.8 每个“PrimitiveFieldName”对相应字段规定“Setting”(见11.7)的内含(在新语法中的此位置)。

10.9 信息客体类别的每个“PrimitiveFieldName”只能准确地出现一次。

10.10 在分析过程中，当遇到“OptionalGroup”，以及随后的词项在语法上可作为任选组中的第一个词项时，那么认为此组是存在的。如果它在语法上不能作为任选组的第一个词项，那么，认为此组是不存在的。

注：为避免不希望的影响，设计者通常使任选组中的第一个词项成为“Literal”。

10.11 使用“DefinedSyntax”的实例是无效的，除非它对信息客体类别规定所有强制字段。

10.12 为了保证易于分析新语法和防止误用，对新语法的定义者提出如下附加限制：

a) 要求每个“OptionalGroup”内至少有一个“PrimitiveFieldName”或“OptionalGroup”；

注1：这有助于防止在信息客体任一字段中没被反映的信息明显汇集。

b) “OptionalGroup”的使用应该使得在分析过程中决不能出现“setting”，它可能是一个以上“Field Name”的设置；

c) 如果“OptionalGroup”以一个“Literal”开始，那么“OptionalGroup”之后的第一个符号也应是一个“Literal”，并且应与紧接在“OptionalGroup”之前所有第一个“Literal”不同；

同时对“DefinedSyntax”的使用者提出如下限制：

d) 在“Optional Group”中出现的“Defined Syntax”内存在一个“Literal”，那么此“Optional Group”中“Primitive Field Name”的“setting”也应存在。

注 2：这有助于防止在信息客体任一字段中没被反映的信息明显汇集。

注 3：下列的示例是法定语法，而限制 d)防止使用者书写 LITERAL 时没有在其之后用此任选组之一或两者：

[LITERAL [A&field] [B&field2]]

10.13 示例

上面 9.16 类别定义的示例可以装配定义语法，以提供定义这些类别实例的“用户友好”的方法(此定义语法用于 11.11 的示例中)：

```
OPERATION::=CLASS
  {
        &ArgumentType            OPTIONAL,
        &ResultType              OPTIONAL,
        &Errors                  ERROR OPTIONAL,
        &Linked                  OPERATION OPTIONAL,
        &resultReturned          BOOLEAN DEFAULT TRUE,
        &operationCode           INTEGER UNIQUE
  }
  WITH SYNTAX
  {
        [ARGUMENT                &ArgumentType]
        [RESULT                  &ResultType]
        [RETURN RESULT           &resultReturned]
        [ERRORS                  &Errors]
        [LINKED                  &Linked]
        CODE                     &operationCode
  }
ERROR::=CLASS
  {
        &ParameterType           OPTIONAL,
        &errorCode               INTEGER UNIQUE
  }
  WITH SYNTAX
  {
        [PARAMETER               &ParameterType]
        CODE                     &errorCode
  }
```

11 信息客体定义和赋值

11.1 语法结构“ObjectAssignment”用来将规定类别的信息客体赋于引用名(“objectreference”)。此结构是 GB/T 16262.1—2006 中第 12 章“Assignment”的替代记法之一，并定义如下：

ObjectAssignment∷=

objectreference

DefinedObjectClass

"∷= "

Object

11.2 不应有“objectreference”递归定义(见 3.4.18)，以及不应有“objectreference”递归实例(见 3.4.9)。

11.3 “DefinedObjectClass”引用的类别的信息客体是由结构“Object”定义的：

Object∷=

DefinedObject |

ObjectDefn |

ObjectFromObject |

ParameterizedObject

如果“Object”是：

a) “DefinedObject”，那么，此客体与所引用的客体相同；

b) “ObjectDefn”，那么，此客体按 11.4 规定；

c) “ObjectFromObject”，那么，此客体按 15 章规定；

d) “ParameterizedObject”，那么，此客体按 GB/T 16262.4—2006 的 9.2 规定予以定义。

11.4 每个信息客体归根结底是由“ObjectDefn”定义的：

ObjectDefn∷=

DefaultSyntax |

DefinedSyntax

如果类别定义不包括“withSyntaxSpec”，则“ObjectDefn”应是“DefaultSyntax(见 11.5)”，如果它包括，则“ObjectDefn”应是“DefinedSyntax”(见 11.6)。

11.5 “DefaultSyntax”结构定义如下：

DefaultSyntax∷= "{" FieldSetting "," * "}"

FieldSetting∷=PrimitiveFieldName Setting

对不是 OPTIONAL 并且没有 DEFAULT 的类别定义中的每个“FieldSpec”应准确地有一个“FieldSetting”，对其他的每个“FieldSpec”至多有一个“Fieldsetting”。“FieldSetting”可以以任意次序出现。每个“FieldSetting”中的“PrimitiveFieldName”应是相应“FieldSpec”的名称。结构“Setting”在 11.7 中规定。

11.6 “DefinedSyntax”结构定义如下：

DefinedSyntax∷= "{" DefinedSyntaxToken empty * "}"

DefinedSyntaxToken∷=

Literal |

Setting

“withSyntaxSpec”中的“SyntaxList”(见第 10 章)确定要出现在“DefinedSyntax”中的“DefinedSyntaxToken”的顺序。结构“setting”在 11.7 中规定；每一次的出现规定信息客体某个字段的设置。结构“Literal”在 10.7 中定义；“Literal”是人们可读性的体现。

11.7 “setting”规定所定义信息客体中某个字段的设置：

Setting∷=

Type |

Value |
ValueSet |
Object |
ObjectSet

如果此字段是：

a) 类型字段，则应选用“Type”替代记法；

b) 值字段，则应选用“Value”替代记法；

c) 值集合字段，则应选用“ValueSet”替代记法；

d) 信息客体字段，则应选用“Object”替代记法；

e) 信息客体集合字段，则应选用“ObjectSet”替代记法。

注：设置将按 9.5 到 9.12 和 11.8 到 11.9 合适条款所述予以进一步限制。

11.8 可变类型值字段的设置应是由相同或所链接客体的合适类型字段的规定的类型值(即，不采用开放类型的值记法)。

11.9 可变类型值集合字段的设置应是由相同或所链接客体的合适类型字段所规定的类型值集合(即，不采用开放类型的值记法)。

11.10 示例(默认语法)

已知上面 9.16 的信息客体类别定义(不包括“WithSyntaxSpec”)，此类别的实例可使用“DefaultSyntax”予以定义。例如(3.4.9 给出的示例的展开形式)

```
invertMatrix OPERATION::=
    {
        &ArgumentType       Matrix,
        &ResultType         Matrix,
        &Errors             {determinantIsZero},
        &operationCode      7
    }
determinantIsZero ERROR::=
    {
        &errorcode          1
    }
```

11.11 示例(定义语法)

在 10.13 中，示例类别被提供给“WithSyntaxSpec”，因此，此类别实例使用“DefinedSyntax”予以定义。所以，11.10 的示例要写成：

```
invertMatrix OPERATION::=
    {
        ARGUMENT            Matrix
        RESULT              Matrix
        ERRORS              {determinantIsZero}
        CODE                7
    }
determinantIsRero ERROR::=
    {
        CODE                1
    }
```

12 信息客体集合定义和赋值

12.1 语法结构“ObjectSetAssignment”用来将规定类别的信息客体集合赋于引用名(“objectsetreference”)。此结构是 GB/T 16262.1—2006 第 12 章“Assignment”的替代记法之一,并定义如下:

```
ObjectSetAssignment::=
    objectsetreference
    DefinedObjectClass
    "::="
    ObjectSet
```

12.2 不应有“objectsetreference”递归定义(见 3.4.18),以及不应有“objectsetreference”递归实例(见 3.4.9)。

12.3 “DefinedObjectClass”引用的类别的信息客体集合是由结构“ObjectSet”定义的:

```
ObjectSet::= "{" ObjectSetSpec "}"
ObjectSetSpec::=
    RootElementSetSpec   |
    RootElementSetSpec "," "…"|
    "…"
"…" "," AdditionalElementSetSpec   |
RootElementSetSpec "," "..." ","AdditionalElementSetSpec
```

“RootElementSetSpec”和“AdditionalElementSetSpec”在 GB/T 16262.1—2006 中规定,并能利用支配类别的信息客体或集合来规定一个信息客体集合。集合中应至少有一个信息客体,除非规定了“ObjectSetSpec”的第三个替代记法(“…”)。在后一种情况,省略号的存在指明此客体集合最初是空的,但是通过应用程序将有客体动态地加入。

注 1:“ObjectSetSpec”引用的元素是“RootElementSetSpec”和“AdditionalElementSetSpec”所引用元素的并集

注 2:与可扩展类型,例如 SET 或 SEQENCE,或可扩展子类型约束(相对为 ASN.1 规范每种型式而设置的“understood”值集合是静态的)不同,可扩展客体集合在一给定的形式中能够动态地减少和增加。换言之,它可以在使用应用程序的给定实例中扩充和减少,好象它是动态地定义或未定义客体(进一步讨论见附录 E)。

12.4 涉及可扩展信息客体集合的集运算结果在 GB/T 16262.1—2006 第 46 章中规定。

12.5 如果可扩展信息客体集合 A 在另一个客体集合定义中被引用,那么,其扩展标记和其扩展由 B 继承。

12.6 如果使用可扩展信息客体集合定义“ValueSetFromObject”(见第 15 章)则最后产生的值集合不继承此信息客体集合的扩展标记。

12.7 如果类型由表约束所约束(见 GB/T 16262.3—2006 的 10.3 条)并且表约束中所引用的客体集合是可扩展的,则此类型不继承此客体集合的扩展标记。如果此类型预定是可扩展的,那么,应将扩展标记明确地加到其“ElementSetSpec”。

12.8 如果类型由不是可扩展的信息客体集合约束,那么,一致性实现应支持此集合中的所有信息客体,并且不应使用非此集合中的信息客体产生编码。

12.9 如果类型由可扩展信息客体集合约束,那么,一致性实现可根据对所约束类型每个实例的本地决定选择支持是根或是扩展中的一个信息客体。不应使用可扩展信息客体集合的根或扩展中具有 UNIQUE字段值的其他信息客体产生编码,但是,另一方面,可对所要求类别的任一信息客体产生编码。

12.10 “ObjectSetElements”记法如下:

```
ObjectSetElements::=
```

Object |
DefinedObjectSet |
ObjectSetFromObjects |
ParamenterizedObjectSet

此记法规定的元素由采用的记法确定，具体如下：

a) 如果使用“Object”替代记法，则仅规定确已赋值的客体。此客体应是支配类别的客体；

b) 如果使用其余替代记法的任一种，则规定确已赋值的集合的所有客体。这些客体应是支配类别的客体。如果使用“DefinedObjectSet”替代记法，则客体集合是被引用的集合。如果使用“ObjectSetFromObjects”替代记法，那么客体集合按第15章规定。如果使用“Parameterized ObjectSet”替代记法，那么客体集合按GB/T 16262.4—2006的9.2条规定。

12.11 示例

在3.4.12注中非正式描述的信息客体集合可规定如下：

```
MatrixOperations OPERATION::=
{
    invertMatrix |
    addMatrices |
    subtractMatrices |
    MultiplyMatrices
}
```

13 关联表

13.1 每个信息客体或信息客体集合能够看作一个表：其关联表。关联表的每个字符元对应于信息客体某个字段的设置，或是空的。关联表的列集合由客体或客体所属的类别确定；然而，行集合是由所涉及的客体或几个客体确定。

13.2 已知类别的定义，列集合定义如下：

a) 此类别定义的每个字段规范有一列。每个列用对应的“PrimitiveFieldName”命名；

b) 有一个附加的列集合对应于每个链接字段规范。此列集合是由链接字段的支配类别规则的应用确定的，但其名称以链接字段的“PrimitiveFieldName”和句号（“.”）为前缀的除外。

注：这些规则是递归的，并且是：如果类别是直接或间接自引用的，则列集合不是有限的。这不被禁止。

13.3 已知某个类别的信息客体，关联表是将13.4应用于正好包含此客体的客体集合而产生的表。

13.4 已知某个类别的信息客体集合，关联表中的行集合是执行下列递归规程而产生的：

a) 客体集合中的每个客体以一行开始。在每一行中，列中由“PrimitiveFieldName”命名的字符元将对应客体中合适字段的设置，而其他所有字符元是空的；

b) 对出现在行集合中某个行的每个链接字段：

1) 产生链接字段内容的（次级）关联表。

2) 下一步，用一批行代替链接字段所在的行，次级关联表的每个行进行一次替换。此批中的每一行与被取代的行相同，但用次级关联表被选择行的字符元填充，至今是空的对应字符元除外。其“FieldName”以“PrimitiveFieldName”为前缀。

注：这些规则是递归的，并且是：如果信息客体是直接或间接自引用的，则该规程将不会终止。这不被禁止。实际上，为了知道有限长度名命字的字符元的内容才是必要的，为此可以设计一种有界限的规程。

13.5 有效“FieldName”的示例

下列“FieldName”对类别OPERATON（见10.13中定义）信息客体或信息客体集合关联表是有

效的：

&ArgumentType

&Errors. &Parameter

&Errors. &errorCode

&Linked. &ArgumentType

&Linked. &Linked. &operetionCode

&Linked. &Linked. &Linked. &Linked. &Linked. &Errors. &errorCode

因为类别 OPERATION 是自引用的(通过 &Linked 字段)，所以列的数目不是有限的。

14 客体类别字段类型记法

用此记法被引用的类型与字段名称的种类有关。对不同的字段名称种类，在 14.2 到 14.5 中规定了被引用的类型。

14.1 客体类别字段类型(见 3.4.16)的记法应是"ObjectClassFieldType"：

```
ObjectClassFieldType::=
        DefinedObjectClass
        "."
        FieldName
```

其中，"FieldName"按 9.14 规定，与"DefinedObjectClass"标识的类别有关。

14.2 对类型字段，此记法定义一种开放类型，即其值集合是能用 ASN.1 规定的所有可能值的全集。使用对应信息客体集合的约束规范(见 GB/T 16262.3—2006)可将此类型限于一特定类型。当"FieldName"引用类型字段时，关于使用这种记法的下列约束适用：

a) 这种记法不应直接或间接用于信息客体类别值或值集合字段的类型定义；

b) 此记法有一个不确定的标记，因此当要求与某个其他类型不同的标记时不能使用这种记法；

注 1：通过显式标记此类型通常可以避免这种限制。

注 2：尽管在 GB/T 16262.1—2006 的 48.7.3 中规定对扩展标志概念上所加的元素有一个与所有已知 ASN.1 类型的标记不同的标记，但是要求开放类型有一个与概念上所加的元素的标记不同的标记时，仍不应使用此开放类型。

c) 不应隐式标记这种记法；

注 3：当将开放类型限于可以是一个选用类型的特定类型时应显式标记。

d) 要求编码规则对赋予定义的成分的值进行编码，使得接收者无须知道此成分的实际类型就能成功地确定与包含此成分的结构所有其他部分相对应的抽象值。

注 4："Type"结构通常使用信息客体集合和"AtNotation"予以约束(见 GB/T 16262.3—2006 第 10 章)。然而，要告诫 ASN.1 的使用者在没有应用约束时使用这种记法可能导致实现要求的歧义性，通常应予以避免。

14.3 对固定类型值或固定类型值集合字段，此记法表示出现在信息客体类别定义中此字段的规范中的"Type"。

具有客体、标识符或值引用的特定选择名，在这种产生式后的"SimpleTableConstraint"(见 GB/T 16262.3—2006 的 10.3)也能是有效的"SingleValue"(见 GB/T 16262.1—2006 的 47.2)子类型约束。在这种情况下，它应被看作是"SimpleTableConstraint"。

14.4 对可变类型值或可变类型值集合字段，此记法表示开放类型，其使用受 14.2 规定的相同限制所支配。

14.5 如果此字段是客体字段或客体集合字段，则不允许这种记法。

14.6 定义此类型的值的记法应是"ObjectClassFieldValue"，或用于"XMLTypeValue"时，是"XMLObjectClassFieldValue"：

```
ObjectClassFieldValue::=
        OpenTypeFieldVal     |
        FixedTypeFieldVal
OpenTypeFieldVal::=Type ":" Value
FixedTypeFieldVal::=BuiltinValue|ReferencedValue
XMLObjectClassFieldValue::=
      XMLOpenTypeFieldVal  |
      XMLFixedTypeFieldVal
XMLOpenTypeFieldVal::=XMLTypedValue
XMLFixedTypeFieldVal::=XMLBuiltinValue
```

14.7 对由"ObjectClassFieldType"固定类型值或值集合字段，应使用"FixedTypeFieldVal"或"XMLFixedTypeFieldVal"，并应是信息客体类别定义中规定的"Type"值。

14.8 对由"ObjectClassFieldType"定义的类型字段或可变类型值或值集合字段，"OpenTypeFieldVal"应用于任一"Value"。"OpenTypeFieldVal"中的"Type"应是任一 ASN.1 类型，并且"Value"应是此类型的任一值。

14.9 对由"ObjectClassFieldType"定义的类型字段或可变类型值或值集合字段，"XMLOpenTypeFieldVal"应用于任一"XMLValue"。当用于 ASN.1 模块时，由 XMLTypedValue 所标识的类型应是任一的 ASN.1 类型(且见 GB/T 16262.1—2006 的 13.3)，并且"XMLTypeValue"中的"XMLValue"应是此类型的任一值。

注：当按 GB/T16262.4—2006 的 8.3.1 的规定使用此记法时，"XMLOpenTypeFieldVal"中的"XMLTypedValue"的类型由协议(例如，由成分关系式约束)标识，由此求得"XMLTypeValue"中的"NonParameterizedTypeName"，并且"XMLValue"是此类型的值。

14.10 (作为"ObjectClassFieldType"的)XML 值记法("XMLFixedTypeFieldVal")的"xmlasnltypename"项中的字符序列应是信息客体类别中规定的"Type"的字符序列。单一序列和单一集合的 XML 值记法(见 GB/T 16262.1—2006 表 5)应由信息客体类别中规定的"Type"确定。

14.11 (作为"ObjectClassFieldType"的)XML 值记法("XMLOpenTypeFieldVal")的"xmlasnltypename"项中的字符序列应是"OPEN-TYPE"。单一序列和单一集合的 XML 值记法(见 GB/T 16262.1—2006 的表 5)应是"XMLDelimitedItemList"。

14.12 对于"XMLOpenTypeFieldVal"， 如果信息客体(忽略任何标记之后)中规定的"Type"是"typereference"或"ExternalTypeReference"，那么，"NonParameterizedTypeName"应是"typeteference"或"ExternalTypeReference"，否则，应是 GB/T 16262.1—2006 的表 4 规定的"xmlasnltypename"，并与信息客体中规定的内置类型相对应。

14.13 "ObjectClassFieldType"用法示例

下列每个示例基于 10.13 的示例并表明(a)可能的"ObjectClassFieldType"，(b)与示例类型(a)等价的类型(当没有约束地使用时)和(c)此类型值示例的记法。

1 (a) OPERATION.&operationCode

(b) INTEGER

(c) 7

2 (a) OPERATION.&ArgumentType

(b) open type

(c) Matrix:

```
{{1, 0, 0, 0},
{0, 1, 0, 0},
```

{0, 0, 1, 0},
{0, 0, 0, 1}}

3 (a) OPERATION. &Linked. &Linked. &Errors. &errorcode
(b) INTEGER
(c) 1

4 (a) OPERATION. &Linked. &ArgumentType
(b) open type
(c) UniversalString: {planckConstant, "and", hamiltonOperator}

15 来自客体的信息

15.1 客体或客体集合关联表列中的信息可由"InformationFromObject"记法的各种情况予以引用:

```
InformationFromObjects::=
        ValueFromObject          |
        ValueSetFromObjects      |
        TypeFromObject           |
        ObjectFromObject         |
        ObjectSetFromObjects
ValueFromObject::=
        ReferencedObjects
        "."
        FieldName
ValueSetFromObject::=
        ReferencedObjects
        "."
        FieldName
TypeFromObject::=
        ReferencedObjects
        "."
        FieldName
ObjectFromObject::=
        ReferencedObjects
        "."
        FieldName
ObjectFromObject::=
        ReferencedObjects
        "."
        FieldName
RefernccdObject::=
        DefinedObject            |
        ParameterizedObject      |
        DefinedObjectSet         |
        ParameterizedObjectSet
```

注:提供"InformationFromObject"生成式是为了帮助理解和在英文上下文中使用。它不在本部分中其他地方引用。

15.2 本记法引用“ReferencedObject”关联表被引用列的全部内容。

15.3 根据“ReferencedObjects”和“FieldName”的形式，此记法可能表示值、值集合、类型、客体或客体集合。由结构“ValueFromObject”、“ValueSetFromObjects”、“TypeFromObject”、“ObjectFromObject”和“ObjectsSetFromObjects”分别表示这五种情况。每一种结构是“InformationFromObjects”的一种特例。

15.4 “InformationFromObjects”生成式可划分为两部分。第一部分通过删除最后的（或仅有的）“PrimitiveFieldName”，及其前面的句号（.）。如果第一部分表示客体或客体集合，那么，15.5 到 15.12 适用。否则此记法是不合法的。第二部分是最后的（或仅有的）“PrimitiveFieldName”。

注：（指导性的）已知下列定义：

obj. &a. &b. &c. &d

定义中的第一部分是 obj. &a. &b. &c.，第二部分是 &d。

15.5 表 1 的第一列是指 15.4 中定义的第一部分。第二列是指 15.4 中定义的第二部分。第三列是指“InformationFromObjects”5 种情况中适用的（即使有也很少）情况。

表 1 允许的“InformationFromObjects”情况

InformationFromObjects 的第一部分	InformationFromObjects 的第二部分	结构
客体	固定类型值字段	“ValueFromObject”
	可变类型值字段	“ValueFromObject”
	固定类型值集合字段	“ValueSetFromObject”
	可变类型值集合字段	不被允许
	类型字段	“TypeFromObject”
	客体字段	“ObjectFromObject”
	客体集合字段	“ObjectSetFromObject”
客体集合	固定类型值字段	“ValueSetFromObject”
	可变类型值字段	不被允许
	固定类型值集合字段	“ValueSetFromObject”
	可变类型值集合字段	不被允许
	类型字段	不被允许
	客体字段	“ObjectSetFromObject”
	客体集合字段	“ObjectSetFromObject”

15.6 对“TypeFromObject”和“ValueSetFromObjects”，单一序列和单一集合的 XML 值记法（见 GB/T 16262.1—2006 表 5）应由信息客体中规定的“Type”确定。

15.7 如果第一部分引用一个客体，第二部分引用固定类型值集合字段，那么“ValueSetFromObjects”与具有 SimpleTableConstraint 的类型等效。此类型是“＜ClassName＞.＜FieldName＞”，其中＜ClassName＞是客体的信息客体类别，“＜FieldName＞”是第二部分引用的字段。SimpleTableConstraint 是只包含第一部分引用的客体的客体集合组成。

15.8 如果第一部分引用客体集合，第二部分引用固定类型值字段或固定类型值集合字段，那么“ValueSetFromObjects”与具有“SimpleTableConstraint”的类型等效。此类型是“＜ClassName＞.＜FieldName＞”，其中，“＜ClassName＞”是第一部分引用的客体集合的信息客体类别，“＜FieldName＞”是第二部分引用的字段。“SimpleTableConstraint”是由第一部分引用的客体集合组成。

15.9 能使用起初是空的但可扩展的信息客体集合定义“ValueSetFromObject”。凡是被一种应用使用这种信息客体集合定义的值集合时，这种信息客体集合中应至少有一个客体。

15.10 如果包含客体集合，并且最后的“PrimitiveFieldName”标识一个客体集合字段，那么“Object-

SetFromObjects"是所选客体集合的并集。

15.11 如表1所示，如果包含客体集合，并且最后的"PrimitiveFieldName"标识可变类型值或值集合字段或类型字段，则不允许这种记法。

15.12 如果列中被引用的所有字符元是空的，则不允许使用这种记法，这会使此字段成为空的(或默认的)，但使用这种记法直接定义 OPTIONAL(或 DEFAULT)信息客体的字段则是允许的。

15.13 来自客体的信息的示例

采用11.10、11.11和12.11示例中的定义，下列结构(左列)是有效的，并且可按与右列表示相等效而加以使用。

"ValueFromObject"

invertMatrix. &operationCode	7
determinantIsZero. &errorCode	1

"TypeFromObject"

invertMatrix. &ArgumentType	矩阵

"ValueSetFromObject"

invertMatrix. &Errors. &errorCode	{1}
MatrixOperations. &operationCode	{7 |和其他}

"ObjectSetFromObject"

invertMatrix. &Errors	{determinantIsZero}
MatrixOperations. &Errors	{determinantIsZero |和其他}

附 录 A
（规范性附录）
类型标识符信息客体类别

A.1 本附录规定一种有用的具有类别引用 TYPE-IDENTIFIER 的信息客体类别。

注：此信息客体类别是最简单的有用的类别，只具有两个字段：类型 OBJECT IDENTIFIER 的标识符字段和类型字段。类型字段定义含有有关此类别中任一特定客体所有信息的 ASN.1 类型。在本部分中予以定义是因为这种形式的信息客体有着广泛使用。

A.2 TYPE-IDENTIFIER 信息客体定义如下：

```
TYPE-IDENTIFIER::=CLASS
    {
        &id OBJECT IDENTIFIER UNIQUE,
        & Type,
    }
    WITH SYNTAX{&Type IDENTIFIER BY &id}
```

A.3 此类别定义为“有用的”信息客体类别，并且无须引入它即可在任一模块中得到。

A.4 示例

报文处理系统(MHS)通信的主体可定义为：

```
MHS-BODY-CLASS::=TYPE-IDENTIFIER
94FaxBody MHS-BODY-CLASS::=
    {BIT STRING IDENTIFIED BY {mhsbody 3}}
```

协议设计者通常定义一个成分以通过规定 C.10 中定义的类型 INSTANCE OF MHS-BODY-CLASS 附有 MHS-BODY-CLASS。

附 录 B
（规范性附录）
抽象语法定义

B.1 本附录规定了对定义抽象语法有用的信息客体类别 ABSTRACT-SYNTAX。

注：推荐凡是在抽象语法定义为一个 ASN.1 类型的值时要定义此信息客体类别的实例。

B.2 ABSTRACT-SYNTAX 信息客体类别定义为：

```
ABSTRACT-SYNTAX::=CLASS
        {
              &id OBJECT IDENTIFIER UNIQUE,
              &Type,
              &property BIT STRING {handles-invalid-encodings(0)} DEFAULT{}
        }
        WITH SYNTAX {
              &Type IDENTIFIED BY &id [HAS PROPERTY &property]
        }
```

当 &Type 字段包含其值构成抽象语法的一个 ASN.1 类型时，每个 ABSTRACT-SYNATAX 的 &id 字段是抽象语法名称。特性 handles-invalid-encodings 表示在解码过程期间，无效的编码不要处理成差错，以及如何处理这种无效编码留给应用去决定。

B.3 此信息客体类别定义为“有用的”，因为它具有通用性并且无须引入它即可在任一模块中得到。

B.4 示例

如果定义 ASN.1 类型叫做 XXX-PDU，那么可通过下列记法规定包含 XXX-PUD 所有值的抽象语法：

```
XXX-Abstract-Syntax ABSTRACT-SYNTAX::=
        {XXX-PDU IDENTIFIED BY{XXX 5}}
```

详细使用 ABSTRACT-SYNTAX 信息客体类别的示例见 GB/T 16262.1—2006 中附录 E 的 E.3。

B.5 经常是利用参数化类型定义抽象语法（如 GB/T 16262.4—2006 中定义的），例如用参数提供协议某些成分的界限。这些参数（受 GB/T 16262.4—2006 的第 10 章规定的限制）可在抽象语法定义时予以确定，或可作为抽象语法的参数予以推进。

附 录 C
(规范性附录)
单一实例类型

C.1 本附录规定单一实例类型(见 3.4.14)的类型和值记法。通过使用信息客体类别赋值(规定信息客体类别引用作此记法的一部分),这引起类型能够传送定义为类别 TYPE-IDENTIFIER 的信息客体类别中的信息客体的任何值。

C.2 在 GB/T 16262.1—2006 的 16.2 中引用了"InstanceOfType"记法,作为生成"Type"的记法之一,并定义如下:

InstanceOfType::=INSTANCE OF DefinedObjectClass

注:在 GB/T 16262.3—2006 第 10 章规定了通过应用"表约束"能约束此类型的方法,将此类型的值限于表示此类别某个特定信息客体集合的值。

C.3 此记法规定按照"DefinedObjectClass"的实例含有 &id 字段(OBJECT IDENTIFIER)和 &Type 值字段的类型。

注:这种结构通常由一个客体集合约束,而此客体集合常常是(但未必是)(GB/T 16262.4—2006 中 8.3~8.11 定义的)模型引用名,其实际客体集合已在别处定义。

C.4 所有单一实例类型具有通用类型的标记,号码 8。

注:这与外部类型的通用标记相同,在使用 ASN.1 基本编码规则时,使用单一实例类型能与外部类型比特兼容。

C.5 单一实例类型有一个相关的序列类型,用此相关的序列类型定义单一实例类型的值和子类型。

注:在此类型受 GB/T 16262.3—2006 约束记法约束时,此相关序列类型亦受到约束。由于对单一实例的约束从而导致对此相关序列类型的约束在 GB/T 16262.3—2006 的附录 A 中予以规定。

C.6 假设相关的序列类型在实施 EXPLCIT TAGS 的环境中予以定义。

C.7 相关的序列类型应是:

```
SEQENCE
    {
        type-id <DefinedObjectClass>.&id
        value [0]<DefinedObjectClass>.&Type
    }
```

式中"〈DefinedObjectClass〉"用于"InstanceOfType"记法中时由特定的"DefinedObjectClass"代替。

C.8 "InstanceOfType"记法的值记法"InstanceOfValue"和"XMLInstanceOfValue"应是相关序列类型的值记法。

InstanceOfValue::=Value

XMLInstanceOfValue::=XMLValue

C.9 单一实列和单一集合(见 GB/T 16262.1—2006 表 5)的 XML 值记法应是"XMLDelimitedItem-List"。

C.10 示例

基于 A.4 所给示例的一个示例如下:

此类型:

INSTANCE OF MHS-BODY-CLASS

具有下列的相关序列类型:

```
SEQENCE
    {
```

```
        type-id MHS-BODY-CLASS.&id
        value[0] MHS-BODY-CLASS.&Type
    }
```

表约束应用于此类型的示例可在 GB/T 16262.3—2006 的附录 A 中找到。

附 录 D
（资料性附录）
示 例

D.1 简化的 OPERATION 类别用法举例

设 OPERATION 和 ERROR 信息客体类别的简单定义如下：

```
OPERATION ::= CLASS
    {
        &ArgumentType                    OPTIONAL,
        &ResultType                      OPTIONAL,
        &Errors                          ERROR OPTIONAL,
        &Linked                          OPERATION OPTIONAL,
        &resultReturned                  BOOLEAN DEFAULT TRUE,
        &operationCode                   INTEGER UNIQUE
    }
WITH SYNTAX
    {
        [ARGUMENT                        &ArgumentType]
        [RESULT                          &ResultType]
        [RETURN RESULT                   &resultReturned]
        [ERRORS                          &Errors]
        [LINKED                          &Linked]
        CODE                             &operationCode
    }
ERROR ::= CLASS
    {
        &ParameterType                   OPTIONAL,
        &errorCode                       INTEGER UNIQUE
    }
WITH SYNTAX
    {
        [PARAMETER                       &ParameterType]
        CODE                             &errorCode
    }
```

我们能够定义包含两个 OPERATION 客体的下列客体集合：

```
My-Operations OPERATION ::= { operationA | operationB }
operationA OPERATION ::= {
        ARGUMENT INTEGER
        ERRORS { { PARAMETER INTEGER CODE 1000 } | { CODE 1001 } }
```

```
        CODE 1
    }
    operationB OPERATION ::= {
        ARGUMENT IA5String
        RESULT BOOLEAN
        ERRORS { { CODE 1002 } | { PARAMETER IA5String CODE 1003 } }
        CODE 2
    }
```

按下式从此客体集合提取 ERROR 客体集合。

```
    My-OperationErrors ERROR ::={My-Operation. &Errors}
```

得到的客体集合是：

```
    My-OperationErrors ERROR ::= {
        { PARAMETER INTEGER CODE 1000 } |
        { CODE 1001 } |
        { CODE 1002 } |
        { PARAMETER IA5String CODE 1003 }
    }
```

按下式提取操作差错的差错代码集合：

```
    My-OperationErrorCodes INTEGER ::={My-Operation. &Errors. &errorCode}
```

得到的值集合是：

```
    My-OperationErrorCodes INTEGER ::={1000 | 1001 | 1002 | 1003}
```

D.2 “ObjectClassFieldType”用法举例

“ObjectClassFieldType”可用于类型规范，例如：

--从此类别提取“ObjectClassFieldType”。在此提取中只能使用前 5 个字段。

```
    EXAMPLE-CLASS ::= CLASS {
        &TypeField                          OPTIONAL,
        &fixedTypeValueField                INTEGER OPTIONAL,
        &variableTypeValueField             &TypeField OPTIONAL,
        &FixedTypeValueSetField             INTEGER OPTIONAL,
        &VariableTypeValueSetField          &TypeField OPTIONAL,
        &objectField                        SIMPLE-CLASS OPTIONAL,
        &ObjectSetField                     SIMPLE-CLASS OPTIONAL
    }
    WITH SYNTAX {
        [TYPE-FIELD                         &TypeField]
        [FIXED-TYPE-VALUE-FIELD             &fixedTypeValueField]
        [VARIABLE-TYPE-VALUE-FIELD          &variableTypeValueField]
        [FIXED-TYPE-VALUE-SET-FIELD         &FixedTypeValueSetField]
        [VARIABLE-TYPE-VALUE-SET-FIELD      &VariableTypeValueSetField]
        [OBJECT-FIELD                       &objectField]
        [OBJECT-SET-FIELD                   &ObjectSetField]
    }
```

```
SIMPLE-CLASS ::= CLASS {
        &value INTEGER
    }
WITH SYNTAX {
        &value
    }
```

--此类型包含使用“ObjectClassFieldType”记法规定的成分。

--在类型字段和可变类型值和值集合字段情况，得到的成分类型是开放类型。

--在固定类型值和值集合字段情况，得到的成分类型是“INTEGER”。

-- 注：在“ObjectClassFieldType”的所有下列使用中，删去约束；

-- 当引用“ObjectClassFieldType”时，通常你会使用约束。

```
ExampleType ::= SEQUENCE {
        openTypeComponent1      EXAMPLE-CLASS.&TypeField,
        integerComponent1       EXAMPLE-CLASS.&fixedTypeValueField,
        openTypeComponent2      EXAMPLE-CLASS.&variableTypeValueField,
        integerComponent2       EXAMPLE-CLASS.&FixedTypeValueSetField,
        openTypeComponent3      EXAMPLE-CLASS.&VariableTypeValueSetField
    }
exampleValue ExampleType ::= {
        openTypeComponent1      BOOLEAN : TRUE,
        integerComponent1       123,
        openTypeComponent2      IA5String : "abcdef",
        integerComponent2       456,
        openTypeComponent3      BIT STRING : '0101010101'B
    }
```

D.3 举例说明客体和客体集合的用法

下面使用D.2中定义的客体类别：

```
objectA EXAMPLE-CLASS ::= {
        FIXED-TYPE-VALUE-FIELD              123
        FIXED-TYPE-VALUE-SET-FIELD          { 1 | 2 | 3 }
        OBJECT-FIELD                        { 1 }
        OBJECT-SET-FIELD                    { { 2 } | { 3 } }
    }
objectB EXAMPLE-CLASS ::= {
        TYPE-FIELD                          IA5String
        FIXED-TYPE-VALUE-FIELD              456
        VARIABLE-TYPE-VALUE-FIELD           "abc"
        VARIABLE-TYPE-VALUE-SET-FIELD       { "d" | "e" | "f" }
    }
```

--下列客体集合包含二个定义的客体和一个内插客体。

```
ObjectSet EXAMPLE-CLASS ::= {
        objectA |
```

```
    objectB |
    {
        TYPE-FIELD                              INTEGER
        FIXED-TYPE-VALUE-FIELD                  789
        VARIABLE-TYPE-VALUE-SET-FIELD           { 4 | 5 | 6 }
    }
}
```

--下列定义从客体和客体集合中提取信息。

```
integerValue INTEGER ::= objectA.&fixedTypeValueField
stringValue IA5String ::= objectB.&variableTypeValueField
IntegerValueSetFromObjectA INTEGER ::= { objectA.&FixedTypeValueSetField }
StringType ::= objectB.&TypeField
objectFromObjectA SIMPLE-CLASS ::= objectA.&objectField
ObjectSetFromObjectA SIMPLE-CLASS ::= { objectA.&ObjectSetField }
SetOfValuesInObjectSet INTEGER ::= { ObjectSet.&fixedTypeValueField }
SetOfValueSetsInObjectSet INTEGER ::= { ObjectSet.&FixedTypeValueSetField }
SetOfObjectsInObjectSet SIMPLE-CLASS ::= { ObjectSet.&objectField }
SetOfObjectSetsInObjectSet SIMPLE-CLASS ::= { ObjectSet.&ObjectSetField }
```

附 录 E
（资料性附录）
ASN.1客体集合扩展模块的个别指导附录

E.1 ASN.1规范能够定义信息客体集合，并且通过扩展标记或使用集合运算包含可扩展客体集合使这种客体集合成为可扩展的。客体集合时的扩展标记的使用不同于类型时的使用，在类型中，它规定应用能够动态地增加/去掉通信实例用客体集合中的客体。

E.2 如果约束客体集合是可扩展的，与未被满足的约束有关的表和成分，不被认为自身存在差错。在这些情况中，如果在客体集合中没有找到UNIQUE字段的值，这不是差错，但是如果找到，那么，如果没有满足对此引用类型施加的约束则是差错。

附 录 F
（资料性附录）
记 法 综 述

在第7章中定义了下列词项：

objectclassreference
objectreference
objectsetreference
typefieldreference
valuefieldreference
valuesetfieldreference
objectfieldreference
objectsetfieldreference
word
CLASS
INSTANCE
SYNTAX
UNIQUE

在GB/T 16262.1—2006中定义了下列词项并用于本部分：

empty
modulereference
xmlasn1typename
"::="
"{"
"}"
","
"."
"["
"]"
":"
DEFAULT
OF
OPTIONAL
WITH

在GB/T 16262.1—2006中定义了下列生成式并用于本部分：

BuiltinValue
ElementSetSpec
NonParameterizedTypeName
ReferencedValue
Type
Value

ValueSet
XMLBuiltinValue
XMLTypedValue
XMLValue

在 GB/T 16262.4—2006 中定义了下列生成式并用于本部分：

ParameterizedObjectClass
ParameterizedObjectSet
ParameterizedObject

本部分中定义了下列生成式：

DefinedObjectClass ::=
ExternalObjectClassReference | objectclassreference | UsefulObjectClassReference
ExternalObjectClassReference ::= modulereference "." objectclassreference
UsefulObjectClassReference ::=
TYPE-IDENTIFIER |
ABSTRACT-SYNTAX
ObjectClassAssignment ::= objectclassreference "::=" ObjectClass
ObjectClass ::= DefinedObjectClass | ObjectClassDefn | ParameterizedObjectClass
ObjectClassDefn ::= CLASS "{" FieldSpec "," + "}" WithSyntaxSpec?
FieldSpec ::=
TypeFieldSpec |
FixedTypeValueFieldSpec |
VariableTypeValueFieldSpec |
FixedTypeValueSetFieldSpec |
VariableTypeValueSetFieldSpec |
ObjectFieldSpec |
ObjectSetFieldSpec
PrimitiveFieldName ::=
Typefieldreference |
Valuefieldreference |
valuesetfieldreference |
objectfieldreference |
objectsetfieldreference
FieldName ::= PrimitiveFieldName "." +
TypeFieldSpec ::= typefieldreference TypeOptionalitySpec?
TypeOptionalitySpec ::= OPTIONAL | DEFAULT Type
FixedTypeValueFieldSpec ::= valuefieldreference Type UNIQUE ? ValueOptionalitySpec ?
ValueOptionalitySpec ::= OPTIONAL | DEFAULT Value
VariableTypeValueFieldSpec ::= valuefieldreference FieldName ValueOptionalitySpec ?
FixedTypeValueSetFieldSpec ::= valuesetfieldreference Type ValueSetOptionalitySpec ?
ValueSetOptionalitySpec ::= OPTIONAL | DEFAULT ValueSet
VariableTypeValueSetFieldSpec ::= valuesetfieldreference FieldName ValueSetOptionalitySpec?
ObjectFieldSpec ::= objectfieldreference DefinedObjectClass ObjectOptionalitySpec?

ObjectOptionalitySpec ::= OPTIONAL | DEFAULT Object

ObjectSetFieldSpec ::= objectsetfieldreference DefinedObjectClass ObjectSetOptionalitySpec ?

ObjectSetOptionalitySpec ::= OPTIONAL | DEFAULT ObjectSet

WithSyntaxSpec ::= WITH SYNTAX SyntaxList

SyntaxList ::= "{" TokenOrGroupSpec empty + "}"

TokenOrGroupSpec ::= RequiredToken | OptionalGroup

OptionalGroup ::= "[" TokenOrGroupSpec empty + "]"

RequiredToken ::= Literal | PrimitiveFieldName

Literal ::= word | ","

DefinedObject ::= ExternalObjectReference | objectreference

ExternalObjectReference ::= modulereference "." objectreference

ObjectAssignment ::= objectreference DefinedObjectClass "::=" Object

Object ::= DefinedObject | ObjectDefn | ObjectFromObject | ParameterizedObject

ObjectDefn ::= DefaultSyntax | DefinedSyntax

DefaultSyntax ::= "{" FieldSetting "," * "}"

FieldSetting ::= PrimitiveFieldName Setting

DefinedSyntax ::= "{" DefinedSyntaxToken empty * "}"

DefinedSyntaxToken ::= Literal | Setting

Setting ::= Type | Value | ValueSet | Object | ObjectSet

DefinedObjectSet ::= ExternalObjectSetReference | objectsetreference

ExternalObjectSetReference ::= modulereference "." objectsetreference

ObjectSetAssignment ::= objectsetreference DefinedObjectClass "::=" ObjectSet

ObjectSet ::= "{" ObjectSetSpec "}"

ObjectSetSpec ::=

RootElementSetSpec |
RootElementSetSpec "," "..." |
"..." |
"..." "," AdditionalElementSetSpec |
RootElementSetSpec "," "..." "," AdditionalElementSetSpec

ObjectSetElements ::=

Object | DefinedObjectSet | ObjectSetFromObjects | ParameterizedObjectSet

ObjectClassFieldType ::= DefinedObjectClass "." FieldName

ObjectClassFieldValue ::= OpenTypeFieldVal | FixedTypeFieldVal

OpenTypeFieldVal ::= Type ":" Value

FixedTypeFieldVal ::= BuiltinValue | ReferencedValue

XMLObjectClassFieldValue ::=

XMLOpenTypeFieldVal |
XMLFixedTypeFieldVal

XMLOpenTypeFieldVal ::= XMLTypedValue

XMLFixedTypeFieldVal ::= XMLBuiltinValue

InformationFromObjects ::= ValueFromObject | ValueSetFromObjects |

TypeFromObject | ObjectFromObject | ObjectSetFromObjects

ReferencedObjects ::=

DefinedObject | ParameterizedObject |

DefinedObjectSet | ParameterizedObjectSet

ValueFromObject ::= ReferencedObjects "." FieldName

ValueSetFromObjects ::= ReferencedObjects "." FieldName

TypeFromObject ::= ReferencedObjects "." FieldName

ObjectFromObject ::= ReferencedObjects "." FieldName

ObjectSetFromObjects ::= ReferencedObjects "." FieldName

InstanceOfType ::= INSTANCE OF DefinedObjectClass

InstanceOfValue ::= Value

XMLInstanceOfValue ::= XMLValue

ICS 35.100.60
L 79

中华人民共和国国家标准

GB/T 16262.3—2006/ISO/IEC 8824-3:2002

信息技术　抽象语法记法一(ASN.1)
第3部分:约束规范

Information technology—Abstract Syntax Notation One(ASN.1)—
Part 3:Constraint specification

(ISO/IEC 8824-3:2002,IDT)

2006-03-14 发布　　　　2006-07-01 实施

中华人民共和国国家质量监督检验检疫总局
中国国家标准化管理委员会　发布

前　言

GB/T 16262 在《信息技术 抽象语法记法一(ASN.1)》总标题下,目前包括以下 4 个部分:

第 1 部分(即 GB/T 16262.1):基本记法规范;

第 2 部分(即 GB/T 16262.2):信息客体规范;

第 3 部分(即 GB/T 16262.3):约束规范;

第 4 部分(即 GB/T 16262.4):ASN.1 规范的参数化。

本部分为 GB/T 16262 的第 3 部分,等同采用国际标准 ISO/IEC 8824-3:2002《信息技术 抽象语法记法一(ASN.1):约束规范》(英文版)。与该项国际标准的等同文本是 ITU-T 建议 X.682。

按照 GB/T 1.1—2000 的规定,本部分对 ISO/IEC 8824-3:2002 作了下列编辑性修改:

——"本标准"一词改为"本部分";

——在引用的标准中,凡已转化成我国标准的各项标准,均用我国的相应标准编号代替。

本部分的附录 A 是规范性附录,附录 B 是资料性附录。

本部分由中华人民共和国信息产业部提出。

本部分由中国电子技术标准化研究所归口。

本部分起草单位:中国电子技术标准化研究所。

本部分主要起草人:郑洪仁、安金海、徐云驰。

引　言

应用设计者需要一种定义结构式数据类型的记法以传送其语义。这在 GB/T 16262.1 和 GB/T 16262.2中提供。还需要一种记法以进一步约束可能出现的值。这些约束的示例有限制某个(某些)成分的范围或使用规定的信息客体集合约束“ObjectClassFieldType”成分,或使用“AtNation”规定各成分之间的关系。

GB/T 16262 的本部分对约束规范的一般情况提供记法。

注 1:由于历史原因,“子类型约束”的特殊情况在 GB/T 16262.1 中规定。

约束记法可能出现在使用语义结构“Type”之后的圆括号中,本部分的目的是要规定圆括号中的一般情况。

注 2:对相同的“Type”可以应用多重约束(每个在其自身的圆括号之内),如同约束“Type”的结果在形式上本身就是“Type”结构。

当将一个约束应用于“Type”结构的最外层时,就会产生一个新的类型,它是原(双亲)类型的子类型。

在约束记法的其他使用场合,双亲类型的子类型本身可用来定义相同双亲类型的其他子类型。因此,可通过限制双亲类型的范围或将此子类型规定成值的并集来定义构成子类型的值的子集。

注 3:在 GB/T 16262.1—2006 的 15.7 中规定的“ValueSet”记法提供了规定子类型的更进一步的办法。

当此记法嵌入另一种类型时,约束还可用来产生双亲类型的子类型(如上所述)。虽然,某些“成分关系”约束放在“Type”之后(在集合或序列类型定义中),但是,不能用来限制它们之前的“Type”(引用成分)可能值的集合。而是它们规定引用成分的值与同一集合或序列类型中一个或几个其他“Type”(称为引用成分)的值之间的关系。

成分关系约束可以看成将它们所嵌入的序列类型分成子类,而不必看成引用类型。

通过使用信息客体集合限制成分中的类型或值时可以应用有关 ObjectClassFieldType 成分的约束。这种约束称为表约束,因为它们是根据客体集合的“关联表”规定的。本部分定义的成分关系约束是表约束的特殊情况。

最后,可通过规定子类型中的人可读文本方式值集合,将“Type”划分成子类型。这种约束称为用户定义的约束。例如,规定用户定义的约束可以是将比特串约束到规定的 ASN.1 类型的值加密所产生的值集合。

本部分的目的是要提供规定表约束(包括成分关系约束)和用户定义的约束所用的记法。

注 4:一般而言,用灵活的方式,对约束规范的全面支持(特别是成分关系约束、划分子类型约束和形式定义体中用户定义约束)会要求一种能力可与程序设计语言相当的记法。显然这种能力只能通过建立 ASN.1 记法与某个其他定义的计算机语言之间的链接来提供。本部分这一版不提供这种链接,因此只能支持少量的约束机制。

嵌入定义约束的记法(子类型和关系)往往是最方便的规范形式(特别对结构的原成分的简单子分类),但是,有时将优先采用单独的(外部的)规范,特别是,由定义基本协议的一个独立小组要强加的约束就是如此。

注 5:在 GB/T 16262.4 中定义的参数化专门设计成能使一部分 ASN.1 规范(以及特别是约束)被参数化,允许某个为参数化构造提供实际参数的其他小组施加实际约束。

本部分所支持的约束规范所用的记法是：

——用户定义的约束(见第9章)；

——表约束，包括运载与信息客体有关的值、使用GB/T 16262.2的记法定义的两个成分之间的成分关系约束(见第10章)；

——内容约束(见第11章)。

表约束对GB/T 16262.2—2006附录C的“InstanceOfType”构造的应用在本部分附录A中规定。

信息技术　抽象语法记法一(ASN.1)
第3部分:约束规范

1　范围

GB/T 16262 的本部分是抽象语法记法一(ASN.1)的一个部分,并提供规定用户定义的约束、表约束和内容约束的记法。

2　规范性引用文件

下列文件中的条款通过 GB/T 16262 的本部分的引用而成为本部分的条款。凡是注日期的引用文件,其随后所有的修改单(不包括勘误的内容)或修订版均不适用于本部分,然而,鼓励根据本部分达成协议的各方研究是否可使用这些文件的最新版本。凡是不注日期的引用文件,其最新版本适用于本部分。

GB/T 16262.1—2006　信息技术　抽象语法记法一(ASN.1)　第1部分:基本记法规范(ISO/IEC 8824-1:2002,IDT)

GB/T 16262.2—2006　信息技术　抽象语法记法一(ASN.1)　第2部分:信息客体规范(ISO/IEC 8824-2:2002,IDT)

GB/T 16262.4—2006　信息技术　抽象语法记法一(ASN.1)　第4部分:ASN.1 规范的参数化(ISO/IEC 8824-4:2002,IDT)

3　术语和定义

下列术语和定义适用于 GB/T 16262 的本部分。

3.1　基本记法规范

本部分使用 GB/T 16262.1—2006 中定义的术语。

3.2　信息客体规范

本部分使用 GB/T 16262.2—2006 中定义的术语。

3.3　ASN.1 规范的参数化

本部分使用 GB/T 16262.4—2006 中定义的下列术语:

——参数化类型 parameterized type。

3.4　附加定义

3.4.1

成分关系约束　component relation constraint

关于集合类型或序列类型值的约束,其在文本上与此集合类型或序列类型的成分的类型(引用的成分)之一相关,并且规定那个成分的值与一个或多个其他成分(被引用成分)的值之间的关系。

3.4.2

被约束类型　constrained type

包含引用的成分和某个成分关系约束中所有被引用成分的最内的"Type"。

3.4.3

约束集合　constraining set

在某个成分关系约束中被引用的信息客体集合。

3.4.4

约束表 constraining table

与约束集合相对应的关联表(见 GB/T 16262.2—2006 的第 13 章)。

3.4.5

被引用成分 referenced component

在成分关系约束中被标识的集合类型或序列类型的成分。

3.4.6

引用的成分 referencing component

具有相关的成分关系约束的集合类型或序列类型的成分。

3.4.7

被选行 selected rows

在适当的列中,约束表包含所有被引用成分的值的那些行。

3.4.8

表约束 table constraint

应用于要求其值符合某个表合适列的内容的客体类别字段类型的约束。

3.4.9

用户定义的约束 user-defined constraint

要求比能由其他约束形式涉及的语句更为复杂的语句的约束,因此必须包含 ASN.1 之外的其他规范。

4 缩略语

本部分使用下列缩略语:

ASN.1 抽象语法记法一

5 约定

本部分采用 GB/T 16262.1—2006 的第 5 章定义的记法约定。

6 记法

本章综述本部分定义的记法。

6.1 赋值

本部分定义了下列记法,这个记法能用作"ConstraintSpec"(见 GB/T 16262.1—2006 的 45.6)的替代记法:

——GeneralConstraint (见 8.1)。

7 ASN.1 词项

除 GB/T 16262.1—2006 第 11 章中规定的词汇之外,本部分中还使用下列各条规定的词项。适用于这些词项的一般规则是按 GB/T 16262.1—2006 的 11.1 定义的。这些新的词项使用 GB/T 16262.1—2006第 10 章规定的 ASN.1 字符集。

7.1 附加关键字

名称 CONSTRAINED、CONTAINING、ENCODED 和 BY 已在 GB/T 16262.1—2006 的 11.27 中列出。

8 一般约束规范

8.1 "GeneralConstraint"的记法如下:

GeneralConstraint::=
UserDefinedConstraint|
TableConstraint|
ContentsConstraint

8.2 约束规范的各种可能性定义如下：

a) “UserDefinedConstraint”在第 9 章中定义；

b) “TableConstraint”在第 10 章中定义；

c) “ContentsConstraint”在第 11 章中定义。

9 用户定义的约束

注 1：这种形式的约束规范可以看作是 ASN.1 说明的特殊形式，因为它不是可由机器完全处理的。然而，使用存在的特定用户定义的约束，调用由用户提供的约束检验程序的自动工具却是可能的。

注 2：协议的设计者要知道由于这种方法的约束定义不是可由机器完全处理的，因此采用这种能力的规范由自动工具处理可能不太容易。

9.1 用户定义的约束由下列语法规定：

UserDefinedConstraint::=
CONSTRAINED BY "{" UserDefinedConstraintParameter "," * "}"

9.2 建议在括号（“{”和“}”）内注释何处引用实际约束。此注释应清楚地表明“UserDefinedConstraint”施加什么约束。

注：如果在此括号中存在“UserDefinedConstraintParameter”（见 9.3），此注释可以在它们之前、之后或分散在它们之中，这要随设计者方便而定。

9.3 应用的实际约束可能取决于某些参数。对每一个这种参数，应在“UserDefinedConstraint”中包含“UserDefinedConstraintparameter”。每个“UserDefinedConstraintParameter”应是成行定义或是引用名的“Value”、“ValueSet”、“Object”、“ObjectSet”、“Type”或“DefinedObjectClass”。

注：如果在“ParameterizedAssignment”使用“UserDefinedConstraint”，则引用名可以是假设的参数。

```
UserDefinedConstrainParameter::=
    Governor ":" Value |
    Governor ":" ValueSet |
    Governor ":" Object |
    Governor ":" Objec Set   |
    Type                     |
    DefinedObjectClass
```

记法“Governor”在 GB/T 16262.4—2006 的 8.3 中定义。当使用第一或第二种替代记法时，“Governor”应是“Type”。当使用第三或第四种替代记法时，“Governor”应是“DefinedObjectClass”。

9.4 示例

如果一名应用设计者想将某些成分规定为比特串来承载某个 ASN.1 类型的值的密码（对每个成分名不相同），那么，（使用 GB/T 16262.4 的参数化时），参数化的 ENCRYDTED 类型可以定义如下：

```
ENCRYPTED{ToBeEnciphered}::=BIT STRING
    (CONSTRAINED BY
        {--必须是某个编码 BER 的密码之值
         ——ToBeEnciphered}
     ! Error :securityViolation)
    Error::=ENUMERATED{SecurityViolation}
```

并且使用 BIT STRING(是 ENCRYPTED 类型的)的 ENCRYPTED 参数化子类型变得简单：

```
ENCRYPTED{SecurityParameters}
```

或在设计者灵机一动时，相当于：

```
BIT STRING(ENCRYPTED{SecurityParameters})
```

按照本地安全政策处理 SecurityViolation 的出现。

10 表约束，包括成分关系约束

注 1：信息客体类别、信息客体，信息客体集合和客体类别字段类型在 GB/T 16262.2 中定义。在本章中假定已了解了这些概念。

注 2：本章使用定义双亲类型的主要记法中所标识的信息客体集合来描述表约束的应用，换言之，主要记法是由协议设计者定义和标识的。这不能满足对实际信息客体集合的要求，因实际信息客体集合要用作随语法而变化的特定抽象语法的约束。GB/T 16262.4 另外提供记法，该记法使约束中使用的信息客体集合能作为一种参数，而变化的抽象语法组在后来的某一时间会支持这种参数值。

示例：

为说明本章的条文，将使用下面的示例。ErrorReturn 类型承载 errorCategory 和与此种类 errorInfo 相对应的一个或几个 errorCode。这由 ERROR-CLASS 信息客体类别所支持。此客体类别具有信息客体集合 ErrorSet 所定义的特定客体集合，而 ErrorSet 是用来约束 ErrorReturn 的字段的。

我们有：

```
ERROR-CLASS::=CLASS
    {
    &category PrintableString(SIZE(1)),
    &code INTEGER,
    &Type
    }
    WITH SYNTAX{&category &code &Type}
  ErrorSet ERROR—CLASS::=
    {
    {" A" 1 INTEGER} |
    {" A" 2 REAL} |
    {" B" 1 CHARACTER STRING} |
    {" B" 2 GeneralString}
    }
  ErrorReturn::=SEQUENCE
    {
      errorCategory     ERROR-CLASS. &category({ErrorSet})OPTIONAL,
      errors            SEQUENCE OF SEQUENCE
    {
        errorCode ERROR-CLASS. &code({ ErrorSet}{@errorCategory}),
        errorInfo ERROR-CLASS.&Type ({ErrorSet} {@errorCategory , @. errorCode})
    }OPTIONAL
  }
```

可将 Error Set 的关联表绘制如下：

&category	&code	&Type
"A"	1	INTEGER
"A"	2	REAL
"B"	1	CHARACTER STRING
"B"	2	GeneralString

10.1 表约束只能应用于类型“ObjectClassFieldType”或“InstanceOfType”。前者在本章的其余各条中定义,后者在附录A中定义。

10.2 “ObjectClassFieldType”标识信息客体类别,并且是标识该类别允许的“FieldName”之一。表约束标识信息客体集合,其关联表(如GB/T 16262.2—2006的第13章中定义)确定被约束值的集合。

10.3 “TableConstraint”记法是:

```
TableConstraint::=
        SimpleTableConstraint|
        ComponentRelationConstraint
SimpleTableConstraint::=Object Set
```

10.4 “SimpleTableConstraint”中的“ObjectSet ”由正被约束的“ObjectClassField Type”中出现的类别支配。

10.5 “SimpleTableConstraint”的语义使用约束信息客体集合的关联表加以规定。

10.6 被约束类型的“FieldName”用来选择此关联表适用的列,然而,应用时尚需遵守下列规则:

a) 对类型字段,此成分约束为此列任一行中任一类型的任一值;

b) 对值字段,此成分约束为此列任一行中的任一值;

c) 对值集合字段,此成分约束为此列任一行值集合中的任一值。

注:对某种给定客体集合,如果上述算法不能求得允许的值,如果此成分又存在于约束类型的值之中,那么这种约束总是违规的。

示例:

在第10章的示例中,情况b)适用于成分ErrorCategory:

ErrorCategory ERROR-CLASS. &category({ErrorSet})OPTIONAL,

同时,ErrorSet的关联表将其可能的值限制于“A”和“B”。

10.7 使用信息客体集合的关联表和下列生成式应用于成分关系约束:

```
ComponentRelationConstraint::=
        "{" DefinedObjectSet "}" "{" At Notation "," + "}"
AtNotation::=
        "@" ComponentIdList|
        "@." Level Component Id List
Level::= "." Level | empty
ComponentIdList::= identifier "." +
```

10.8 “ComponentIdList”中的每个“identifier”标识其双亲是集合、序列或选择类型的成分,如果它标识的成分不是集合、序列或选择类型,应是最后的“identifier”。

10.9 在双亲是集合或序列类型的情况,“identifier”应是此双亲“ComponentTypeLists”中“NamedType”的标识符之一。在双亲是选择类型的情况,“identifier”应是此选择类型“AlternativeTypeLists”中替代记法“NamedType”的“identifier”之一。

10.10 “AtNotation”向其所在的ASN.1结构的其他成分提供指针。“ComponentIdList”中第一个“identifier”的双亲结构被确定如下:

a) 如果选择“AtNotation”的第一个替代记法(在“@”之后无“.”),那么双亲结构是最外的文本上封闭的集合类型、序列类型或选择类型。

b) 如果选择第二个替代记法(在“@”之后有“.”),那么通过从最内的文本上封闭的集合类型或序列类型向上移动等于@之后附加“.”的数目的若干层次(集合、单一集合、单一序列、序列、选择)获得双亲结构。在出现“AtNotation”时,附加的“.”的个数不应超过包含最内的集合或序列类型的结构(集合、单一集合、序列、单一序列、选择)的数目。

注:尽管在包含序列、单一序列、集合、单一集合和选择类型组合的结构中可能出现不同嵌套层次,但是只有文本上处于集合类型或序列类型并引用文本上处于同一集合或序列类型的某个其他字段时才允许“AtNotation”。

示例:

在下列示例中“@…”说明上面的 b)情况

```
ErrorMessage ::= SEQUENCE{
        severity ERROR. &severity({Errors}),
        parameters SEQUENCE OF SEQUENCE{
            errorId ERROR. &id({Errors}),
            data SEQUENCE OF SEQUENCE{
                value ERROR. &Type({Errors}{@ severity,@…errorId}),
                text visibleString}}}
```

10.11 使用这种记法的成分是引用的成分,由“AtNotation”标识的成分是被引用的成分。

10.12 “ObjectSet”(见 10.3)或“DefinedObjectSet”(见 10.7)是约束集合,由此求得的关联表(在 GB/T 16262.2—2006的第 13 章中规定)是约束表。

10.13 成分关系约束只能应用于文本上属于封闭“Type”(被约束类型)的 ASN.1 类型,而此封闭 Type 在文本上包含所有被引用成分。被约束类型定义为满足上述条件的最内的“Type”。

示例:

在第 10 章的示例中,被约束类型是 ErrorReturn。

注:在某些方面,将此约束的应用看成是使用被引用成分的值以标识约束表中的行,然后使用合适的列来约束引用的成分是可能的。据此观点,被引用成分本身不能被看成是被约束的。

然而,下面所用的方法略有不同。它将此约束看成是在被约束类型(如上述解释,它不是引用的成分的类型)所有可能值上的操作和选择一些满足此约束的值。这种方法使得讨论有关不包含引用成分,或不包含一个或几个被引用成分(因为它们是任选的或在选择中)的值的被约束类型的值,以及被引用成分之一具有不与约束表中任一行相对应的值的被约束类型的值成为可能。

10.14 要求引用和所有被引成分是引用同一类别的“ObjectClassFieldType”。要求约束的集合是这些类别的信息客体集合。要求被引用成分是由与引用的成分相同的客体集合的约束的值字段或值集合字段。

示例:

在第 10 章的示例中,“ObjectClassFieldType”是所有的类别 ERROR—CLASS,也是约束的集合,它是 ErrorSet。

10.15 下面几条确定被约束类型中满足此约束的值集合。

10.16 如果引用的成分不在被约束类型的某一值中,那么这个值满足此约束。

示例:

在第 10 章的示例中,如果没有成分 error,那么认为 error 上的约束被满足。

10.17 如果任一被引用成分不在被约束类型的某一值中,而这个值不满足此约束,除非引用的成分不存在,在这种情况下此约束总是被满足的。

10.18 如果所有被引用成分存在并且引用的成分也存在,那么不满足此约束,除非在约束表中存在一个或几个这样的被选行,对每个被选行:

a） 值字段的每个被引用成分具有的值是被选行相对应的列的值；

b） 值集合字段的每个被引用成分具有的值是被选行相对应的列的值集合之一的值。

10.19 只有在引用成分满足通过将只包含被选行的表应用于引用成分而获得的简单表约束（如上面定义的），那就满足此约束。

示例：

在第10章的示例中，成分 errorCategory、errorCode 和 errorInfo 必须对应于 ErrorSet 关联表的某一行。

10.20 如果“ObjectClassFieldType”受一个或几个“TableConstrain”的约束，并且“FieldName”表示类型字段、可变类型值字段或可变类型值集合字段，那么在每种通信实例中，如果被引用的成分之一是标识符字段，那么被选行的数目应是1，否则至少应选择1。

示例：

在第10章的示例中，如果还有一个客体{“B”2 PrintableString}，那么可能有一个以上被选行。

11 内容约束

11.1 内容约束由下列语法规定：

ContentsConstraint ::=
    CONTAINING Type|
    ENCODED BY Value|
    CONTAINING Type ENCODED BY Value

11.2 “Value”应是类型客体标识符的值。

11.3 “ContentsConstraint”仅适用于八位位组串类型和不用“NamedBitList”定义的位串类型。这些被约束类型不应有用于它们的进一步约束，不管是直接或通过“typereference”名数的使用。

11.4 “Contents Constraint”的第一个生成式规定八位位组串或位串的抽象值是“Type”抽象值的编码，此编码是由适用于八位位组串或位串的编码规则产生的。下列限定使用：

a） 假若此约束应用于八位位组串，如果“Type”的抽象值的编码不是八位位组的倍数，那么它是规范差错。

b） 如果八位位组串或位串有长度约束，“Type”抽象值被约束为其编码能被包含在被约束八位位组串或位串中的值。如果没有这种抽象值，那么它是规范差错。

11.5 “ContentsConstraint”的第二生成式规定由客体标识符值“Value”标识的规程应产生并解释位串或八位位组串的内容。假若位串或八位位组串已受到约束，如果这些规程没有产生满足此约束的编码，那么它是规范差错。

11.6 “ContentsConstraint”的第三个生成式规定八位位组串或位串的抽象值是“Type”抽象值的编码，此编码是由客体标识符值“Value”所标识的编码规则产生的。下列限定适用：

a） 假若此约束应用于八位位组串，如果“Type”的抽象值的编码不是八位位组的倍数，那么它是规范差错。

b） 如果八位位组串或位串有长度约束，“Type”抽象值被约束为其编码能被包含在被约束八位位组串或位串中的值。如果没有这种抽象值，它是规范差错。

附　录　A
（规范性附录）
约束的单一实例类型

A.1　本附录规定对 GB/T 16262.2—2006 的附录 C 中规定的“InstanceOfType”的约束的应用。

A.2　适用于这种类型的仅有的约束是如第 10 章规定的简单表约束。当用此方法约束时，“InstanceOfType”的等效序列类型是：

```
SEQUNCE
    {
        type-id〈DefinedObjectClass〉. &id({<DefinedObjectSet>}),
    value[o]< DefinedObjectClass>. &Type({<Defined Object Set>}{@. type-id})
    }
```

其中〈DefinedObjectClass〉由用于“InstanceOfType”记法的特定“DefinedObjectClass”代替，DefinedObjectSet>由用于简单表约束的特定“DefinedObjectSet”代替。

A.3　当多个约束应用于单一实例类型时，每一个产生一个上述形式的约束，以致有适用于等效序列类型每一元素的多个约束。

A.4　示例：

基于 GB/T 16262.2—2006 的 C.10“示例”的示例如下。

类型：

```
INSTANCE OF MHS-ODY-LASS({PossibleBodyTypes})
```

具有如下的等效序列类型：

```
[UNIVERSAL 8]IMPLICIT SEQUENCE
{
type-id MHS-ODY-LASS. &id({PossibleBodyTypes}),
value[o] MHS-ODY-LASS. &Type({PossibleBodyTypes}{@. type-id})
}
```

这里，序列的 type-id 成分限于取 PossibleBodyTypes 之一的 &id 字段的值，而 Value 成分限于同一信息客体的 &Type 字段的任一值。

在这种情况中，PossibleBodyTypes 多半是此规范的一个参数（见 GB/T 16262.4—2006 的第 10 章和 A.8），在产生协议实现一致性声明（PICS）之前，使上述约束成为 GB/T 16262.4—2006 的 10.3 定义的可变约束，不太可能解决此参数。

附 录 B
（资料性附录）
记 法 综 述

在 7.1 中定义了下列词项 ：

CONSTRAINED
CONTAINING
ENCODED
BY

在 GB/T 16262.1—2006 中定义了下列词项并用于本部分：

modulereference
number
"::="
"{"
"}"
","
"."

在 GB/T 16262.1—2006 中定义了下列生成式并用于本部分：

Type
Value
ValueSet

在 GB/T 16262.2—2006 中定义了下列生成式并用于本部分：

DefinedObjectClass
DefinedObjectSet
Object
ObjectSet

在 GB/T 16262.4—2006 中定义了下列生成式并用于本部分：

Governor

本部分中定义了下列生成式：

```
GeneralConstraint ::= UserDefinedConstraint | TableConstraint | ContentsConstraint
UserDefinedConstraint ::= CONSTRAINED BY "{" UserDefinedConstraintParameter "," * "}"
UserDefinedConstraintParameter ::=
    Governor ":" Value |
    Governor ":" ValueSet |
    Governor ":" Object |
    Governor ":" ObjectSet |
    Type                |
    DefinedObjectClass
TableConstraint ::= SimpleTableConstraint | ComponentRelationConstraint
SimpleTableConstraint ::= ObjectSet
ComponentRelationConstraint ::= "{" DefinedObjectSet "}" "{" AtNotation "," + "}"
AtNotation ::= "@" ComponentIdList | "@." Level ComponentIdList
```

Level ::= "." Level | empty

ComponentIdList ::= identifier "." +

ContentsConstraint ::=

CONTAINING Type |

ENCODED BY Value |

CONTAINING Type ENCODED BY Value

ICS 35.100.60
L 79

中华人民共和国国家标准

GB/T 16262.4—2006/ISO/IEC 8824-4:2002

信息技术 抽象语法记法一(ASN.1) 第4部分:ASN.1规范的参数化

Information technology—Abstract Syntax Notation One(ASN.1)—
Part 4: Parameterization of ASN.1 specifications

(ISO/IEC 8824-4:2002,IDT)

2006-03-14 发布 2006-07-01 实施

中华人民共和国国家质量监督检验检疫总局
中国国家标准化管理委员会 发布

前　言

GB/T 16262 在《信息技术　抽象语法记法一(ASN.1)》总标题下，目前包括以下 4 个部分：

第 1 部分(即 GB/T 16262.1)：基本记法规范；

第 2 部分(即 GB/T 16262.2)：信息客体规范；

第 3 部分(即 GB/T 16262.3)：约束规范；

第 4 部分(即 GB/T 16262.4)：ASN.1 规范的参数化。

本部分为 GB/T 16262 的第 4 部分，等同采用国际标准 ISO/IEC 8824-4:2002《信息技术　抽象语法记法一(ASN.1)：ASN.1 规范的参数化》(英文版)。与该项国际标准的等同文本是 ITU-T 建议 X.683。

按照 GB/T 1.1—2000 的规定，本部分对 ISO/IEC 8824-4:2002 作了下列编辑性修改：

——"本标准"一词改为"本部分"；

——在引用的标准中，凡已转化成我国标准的各项标准，均用我国的相应标准编号代替。

本部分的附录 A 和附录 B 是资料性附录。

本部分由中华人民共和国信息产业部提出。

本部分由中国电子技术标准化研究所归口。

本部分起草单位：中国电子技术标准化研究所。

本部分主要起草人：郑洪仁、安金海、徐云驰。

引　言

应用设计者需编写某些方面留待定义的规范。这些方面随后将由一个或几个小组予以定义(每一个用自己的方式),以产生一个供抽象语法定义用的全面定义的规范(每个小组一个)。

在某些情况,规范的若干方面(例如,界限)可以留待定义,甚至留待抽象语法定义时,而由国际标准化轮廓或某个其他团体功能轮廓规范来完成。

注1:鉴于本部分的需求,在定义抽象语法之前,并不是要单独实现约束应用的任何方面。

在极端情况,规范的某些方面留待实施者完成,并按照协议实现一致性声明予以规定。

GB/T 16262.2 和 GB/T 16262.3 的规定提供稍后完成规范某些部分的框架,它们本身不能解决上面的要求。

另外,一个设计者有时需要定义许多类型,或许多信息客体类别,或许多信息客体集合,或许多信息客体,或许多值,它们具有相同的外部层次结构,但是内部层次上使用的类型,或信息客体类别,或信息客体集合,信息客体,或值是不同的。不写出每一个情况的外部层次结构,而只写一个情况,留待今后定义的部分引用它并提供附加信息的做法是有用的。

本部分的参数化引用名和参数化赋值的条款就是针对所有这些需求的。

参数化引用名的语法形式与相应的正式引用名相同,但应顾及下列附加考虑:

——当在参数化赋值语句赋值时,其后是括号中的虚设引用名表,每个可能伴随一个支配者;这些引用名具有赋值语句右边的范围和参数表。

注2:这正是识别出参数化引用名的根据。

——当被出口或入口时,随后是一对空括号以便将它标识为参数化引用名。

——当它用于任一构造时,随后是语法结构表,每个虚设引用名一个,它提供仅对此用途的虚设引用名的赋值。

虚设引用名具有与相应正式引用名相同的语法形式,并可用于赋值语句右边使用相应正式引用名的任何地方。要求所有这些用法一致。

信息技术　抽象语法记法一(ASN.1)
第4部分:ASN.1规范的参数化

1　范围

GB/T 16262的本部分是抽象语法记法一(ASN.1)的一个部分,并定义了ASN.1规范的参数化的记法。

2　规范性引用文件

下列文件中的条款通过GB/T 16262的本部分的引用而成为本部分的条款。凡是注日期的引用文件,其随后所有的修改单(不包括勘误的内容)或修订版均不适用于本部分,然而,鼓励根据本部分达成协议的各方研究是否可使用这些文件的最新版本。凡是不注日期的引用文件,其最新版本适用于本部分。

GB/T 16262.1—2006　信息技术　抽象语法记法一(ASN.1)　第1部分:基本记法规范(ISO/IEC 8824-1:2002,IDT)

GB/T 16262.2—2006　信息技术　抽象语法记法一(ASN.1)　第2部分:信息客体规范(ISO/IEC 8824-2:2002,IDT)

GB/T 16262.3—2006　信息技术　抽象语法记法一(ASN.1)　第3部分:约束规范(ISO/IEC 8824-3:2002,IDT)

3　术语和定义

下列术语和定义适用于GB/T 16262的本部分。

3.1　基本记法规范

本部分使用GB/T 16262.1—2006中定义的术语。

3.2　信息客体规范

本部分使用GB/T 16262.2—2006中定义的术语。

3.3　约束规范

本部分使用GB/T 16262.3—2006中定义的术语。

3.4　附加定义

3.4.1

标准引用名称　normal reference name

由"Assignment"方法而不是"ParameterizedAssignment"定义的、无参数的引用名称。这种名称引用完整的定义,并且在使用时不向其提供实际的参数。

3.4.2

参数化引用名称　parameterized reference name

使用参数化赋值定义的引用名称,它引用不完整的定义,因此在使用时必须提供实际的参数。

3.4.3

参数化类型　parameterized type

使用参数化类型赋值定义的类型,其成分是不完整的定义,在使用这种类型时必须提供实际的参数。

3.4.4

参数化值 parameterized value

使用参数化值赋值定义的值，其值没有完整地予以规定，在使用时必须向其提供实际的参数。

3.4.5

参数化值集合 parameterized value set

使用参数化值集合赋值定义的值，其值没有完整地予以规定，在使用时必须向其提供实际的参数。

3.4.6

参数化客体类别 parameterized object class

使用参数化客体类别赋值定义的信息客体类别，其字段规范没有完整地予以规定，在使用时必须向其提供实际的参数。

3.4.7

参数化客体 parameterized object

使用参数化客体赋值定义的信息客体，其成分没有完整地予以规定，在使用时必须向其提供实际的参数。

3.4.8

参数化客体集合 parameterized object set

使用参数化客体集合赋值定义的信息客体集合，其客体没有完整地予以规定，在使用时必须向其提供实际的参数。

3.4.9

可变约束 variable constraint

规定参数化抽象语法时采用的约束，此约束视抽象语法的某个参数而定。

4 缩略语

本部分使用下列缩略语：

ASN.1 抽象语法记法一

5 约定

本部分采用 GB/T 16262.1—2006 的第5章定义的记法约定。

6 记法

本章综述本部分定义的记法。

6.1 赋值

本部分定义了下列记法，此记法能用来替代"Assignment"(见 GB/T 16262.1—2006 的第12章)：

——ParameterizedAssignment(见8.1)。

6.2 参数化定义

6.2.1 本部分定义了下列记法，此记法能用来替代"DefinedType"(见 GB/T 16262.1—2006 的13.1)：

——ParameterizedType(见9.2)。

6.2.2 本部分定义了下列记法，此记法能用来替代"DefinedValue"(见 GB/T 16262.1—2006 的13.1)：

——ParameterizedValue(见9.2)。

6.2.3 本部分定义了下列记法，此记法能用来替代"DefinedType"(见 GB/T 16262.1—2006 的13.1)：

——ParameterizedValueSetType(见9.2)。

6.2.4 本部分定义了下列记法，此记法能用来替代"ObjectClass"(见 GB/T 16262.2—2006 的9.2)：

——ParameterizedObjectClass(见9.2)。

6.2.5 本部分定义了下列记法，此记法能用来替代"Object"(见 GB/T 16262.2—2006 的 11.3)：

——ParameterizedObject (见 9.2)。

6.2.6 本部分定义了下列记法，此记法能用来替代"ObjectSet"(见 GB/T 16262.2—2006 的 12.3)：

——ParameterizedObjectSet(见 9.2)。

7 ASN.1 词项

本部分使用 GB/T 16262.1—2006 的第 11 章规定的词项。

8 参数化赋值

8.1 与 GB/T 16262.1 和 GB/T 16262.2 规定的每一赋值语句有对应的参数化赋值语句。"ParameterizedAssignment"结构是：

```
ParameterizedAssignment ::=
        ParameterizedTypeAssignment               |
        ParameterizedValueAssignment              |
        ParameterizedValueSetTypeAssignment       |
        ParameterizedObjectClassAssignment        |
        ParameterizedObjectAssignment             |
        ParameterizedObjectSetAssignment
```

8.2 除了在初始词项之后有一个"ParameterList"之外，每个"Parameterized <X> Assignment"的语法与"<X>Assignment"相同。因此初始项成了参数的引用名(见 3.4.2)：

注：GB/T 16262.1 要求在一个模块中所赋予的所有引用名，不管是否参数化，必须是明确的：

```
ParameterizedTypeAssignment ::=
        typereference
        ParameterList
        " ::= "
        Type
ParameterizedValueAssignment ::=
        valuereference
        ParameterList
        Type
        " ::= "
        Value
ParameterizedValueSetTypeAssignment ::=
        typereference
        ParameterList
        Type
        " ::= "
        Value Set
ParameterizedObjectClassAssignment ::=
        objectclassreference
        ParameterList
        " ::= "
        Object Class
```

ParameterizedObjectAssignment::=
    objectreference
    ParameterList
    DefinedObjectClass
    " ::= "
    Object
ParameterizedObjectSetAssignment::=
    objectreference
    ParameterList
    DefinedObjectClass
    " ::= "
    ObjectSet

8.3 "ParameterList"是括号之间的"Parameter"表

ParameterList::= "{" Parameter "," "+" "}"

每个"Parameter"由"DummyReference"和或许还有"ParamGovernor"组成:

Parameter::=ParamGovernor ":" DummyReference| DummyReference

ParamGovernor::= Governor| DummyGovernor

Governor::=Type| DefinedObjectClass

DummyGovernor::= DummyReference

DummyReference::= Reference

"Parameter"中的"DummyReference"可以代表:

a) 在没有"ParamGovernor"的情况,代表"Type"或"DefinedObjectClass";

b) 在应存在"ParamGovernor"的情况,代表"Value"或"ValueSet";在"ParamGovernor"是"Governor"的情况,它应是"Type";在"ParamGovernor" 是"DummyGovernor"的情况,"ParamGovernor"的实际参数应是"Type";

c) 在应存在"ParamGovernor"的情况,代表"Object"或"ObjectSet";在"ParamGovernor"是"Governor"的情况,它应是"DefinedObjectClass";在"ParamGovernor"是"DummyGovernor"的情况,"ParamGovernor"的实际参数应是"DefinedObjectClass";

"DummyGovernor"应是没有"Governor"的"DummyReference"。

8.4 出现在"ParameterList"中的"DummyReference"的范围是"ParameterList"本身,以及在"::="之后的"ParameterizedAssignment"部分。"DummyReference"潜藏此范围中具有相同名称的其他"Reference"。

注:本条不适用于"NamedNumberList"、"Enumeration"和"NamedBitList"中定义的"identifier",因为它们不是"Reference"。"DummyReference"不潜藏这些"identifier"(见 GB/T 16262.1—2006 的 18.11 和 19.10)。

8.5 "DummyReference"在其范围内的用法应与其语法形式、何处应用、支配者一致,相同"DummyReference"的所有用法应彼此一致。

注:在虚设引用名称的语法形式有二义性的时候(例如,是"objectclassreference"还是"typereference"),这种二义性通常可根据赋值语句右边首先使用虚设引用名称加以解决。据此,虚设引用名称的特性是已知的。然而当它依次仅用作参数化引用的实际参数时,只用赋值语句的右侧不能确定虚设引用名称的特性;在此情况中,虚设引用名称的性质必须通过检查此参数化引用的定义予以确定。需告诉此记法的使用者,这一实际做法会使ASN.1规范不太清晰,建议提供足够的注释以向读者说明。

示例:

考虑有下列参数化客体类别赋值:

PARAMETERIZED-OBJECT-CLASS{TypeParam, INTEGER: ValueParam, INTEGER: ValueSetParam}::=

```
CLASS {
&valueField1          TypeParam,
&valueField2          INTEGER DEFAULT valueParam,
&valueField3          INTEGER (ValueSetParam)
&ValueSetField     INTEGER DEFAULT{ValueSetParam},
}
```

为确定"ParameterizedAssignment"范围中的"DummyReference"的合适用法，且目的仅限于此，可考虑将"DummyReference"定义如下：

```
TypeParam::=UnspecifiedType
valueParam INTEGER::= unspecifiedIntegerValue
ValueSetParam INTEGER::= {UnspecifiedIntegerValueSet}
```

其中：

a) TypeParam是代表"Type"的"DummyReference"。因此，凡是将"typereference"用作，例如固定类型值字段 valueField1 的"Type"时，可以使用 TypeParam；

b) ValueParam是代表整数类型的值的"DummyReference"。因此，凡是能将整数值的"valuereference"用作，例如，固定类型值字段 valueField2 的默认值时，可以使用 valueParam；

C) ValueSetParam是代表整数类型的值集合的"DummyReference"。因此，凡是能将整数值的"typereference"用作，例如，valueField3 和 ValueSetField 的"ConstrainedSubtype"记法中的"Type"时，可以使用 ValueSetParam。

8.6 在其范围内每个"DummyReference"应至少采用一次。

注：如果"Dummy Reference"没有这样出现过，对应的"Actual Parameter"不会影响此定义，好像被排除了，而对使用者而言，它们产生过某个规范。

包含对自身的直接或间接引用的"ParameterizedValueAssignment"、"ParameterizedValueSetAssignment"、"ParameterizedObjectAssignment"、"ParameterizedObjectSetAssignment"是不合法的。

8.7 在"ParameterizedType"、"ParameterizedValueSet"或"ParameterizedObjectClass"的定义中，不应将"DummyReference"作为已标记类型(作为实际参数)递归引用传递给"ParameterizedType"、"ParameterizedValueSet"或"ParameterizedObjectClass"(见A.3)。

8.8 在"ParameterizedType"、"ParameterizedValueSet"或"ParameterizedObjectClass"的定义中，不应产生对被定义项的循环引用，除非这种引用直接或间接标记成 OPTIONAL 或在通过对选择类型的引用产生的"ParameterizedType"和"ParameterizedValueSet"情况，至少其替代记法之一在定义中是非循环的。

8.9 "DummyReference"的支配者不应包括对另一个同样具有支配者的"DummyReference"的引用。

8.10 在参数化赋值中"::="的右边不应仅由"DummyReference"组成。

8.11 "DummyReference"的支配者不应要求知道此"DummyReference"，或正被定义的参数化引用名。

8.12 当值或值集合作为实际参数提供给参数化类型时，要求此实际参数的类型与对应虚设参数的支配者兼容(详见 GB/T 16262.1—2006 的 B.6.2 和 B.6.3)。

8.13 在定义具有值或值集合虚设参数的参数化类型时，用来支配该虚设参数的这一类型应是其所有值用于赋值右边使用虚设参数的各处都有有效的类型(详见 GB/T 16262.1—2006 的 B.6.5)。

9 引用参数化的定义

9.1 在"SymbolList"(在"Exports"或"Imports"中)，参数化定义应通过"Parameterized Reference"予

以引用：

ParameterizedReference ::= Reference| Reference"{" "}"

其中，如上述 8.2 规定，"Reference"是"ParameterizedAssignment"中的第一个词项。

注：提供"Parameterized Reference"第一个替代记法只是帮助人们理解。两种替代记法具有相同意义。

9.2 在"Exports"或"Imports"以外，参数化定义应通过"Parameterized<X>"结构予以引用，此结构可用作对应"<X>"的替代记法：

```
ParameterizedType ::=
        SimpleDefinedType
        ActualParameterList
SimpleDefinedType ::=
        ExternalTypeReference|
        typereference
ParameterizedValue ::=
        SimpleDefinedValue
        ActualParameterList
SimpleDefinedValue ::=
        ExternalValueReference|
        valuereference
ParameterizedValueSetType ::=
        SimpleDefinedType
        ActualParameterList
ParameterizedObjectClass ::=
        DefinedObjectClass
        ActualParameterList
ParameterizedObjectSet ::=
        DefinedObjectSet
        ActualParameterList
ParameterizedObject ::=
        DefinedObject
        ActualParameterList
```

9.3 "Defined<X>"中的引用名称应是"Parameterized Assignment"中对其产生赋值的引用名称。

9.4 关于使用"Defined<X>"替代记法的限制(在 GB/T 16262.1 和 GB/T 16262.2 中规定为标称)同样适用于相应的参数化引用名称。

注：大体上，限制如下：每个"Defined<X>"有两种替代记法，即"<X>reference"和"External<X>Reference"。前者在定义模块中使用，或如果已输入定义并且没有名称冲突时使用；后者在没有所列的输入(未赞同)或如果被输入的名称与本地定义之间(也未赞同)或在输入之间有冲突时使用。

9.5 "Actual Parameter List"是：

```
Actual Parameter List ::=
        "{"Actual Parameter "," + "}"
Actual Parameter ::=
        Type        |
        Value       |
        ValueSet    |
```

```
DefinedObjectClass   |
Object               |
ObjectSet
```

9.6 对应“ParameterizedAssignment”中的每个“Parameter”应正好有个“ActualParameter”，并且以同样的顺序出现。对“ActualParameter”和支配者(如果有)的具体选择应通过此“Parameter”的语法形式和它出现在“ParameterizedAssignment”的环境的检查予以确定。“ActualParameter”的形式应是取代其范围内每处的“DummyReference”所要求的形式(见 8.4)。

示例：

例如，可以引用前面示例(见 8.5)的参数化客体类别定义如下：

```
MY—OBJECT—CLASS::=PARAMETERIZED-OBJECT-CLASS{BIT STRING,123,{4|5|6}}
```

9.7 在确定正由使用参数化引用名的实例引用的实际类型、值、值集合、客体类别或客体集合时，实际参数代替虚设引用名称。

9.8 出现在“Actual Parameter”中任一引用的含义和默认适用于也是如此出现的任何标记的标记，按照“Actual Parameter”的标记环境而不是对应的“Dummy Reference”的标记环境予以确定。

注：因此，参数化，尤其如引用、选择类型和 COMPONENT OF 的参数化，准确地说不是按照文字的替换。

示例：

假设有下列模块：

```
M1  DEFINITIONS AUTOMATIC TAGS::=BEGEN
      EXPORTS T1;
    T1::=SET{
      f1   INTEGER,
      f2   BOOLEAN
    }
END
M2  DEFINITIONS EXPLICIT   TAGS::= BEGIN
      IMPORTS T1 FROM M1;
    T3::=T2{T1}
    T2{X}::=SEQUENCE{
      a   INTEGER,
      b   X
    }
END
```

应用 9.8 意味着 T3 的成分 f1 的标记(即@T3.b.f1)将隐含地予以标记，因为虚设参数 X(名义上明显标记)的标记环境不影响实际参数 T1 的成分的标记。

假设有模块 M3：

```
M3  DEFINITIONS AUTOMATIC TAGS::= BEGIN
      IMPORTS T1 FROM M1;
    T5::=T4{T1}
    T4{Y}::=SEQUENCE{
      a   INTEGER,
      b   Y
    }
END
```

应用 GB/T 16262.1—2006 的 30.6 意味着 T5 的成分 b 的标记(即@T5.B)将明显地予以标记,因为虚设参数 Y 总是明显地予以标记,因此 T5 等效于:

```
T5::=SEQUENCE{
    a   [0]IMPLICIT   INTEGER,
    b   [1]EXPLICIT   SET{
    f1  [0]INTEGER,
    f2  [1]BOOLEAN
    }
}
```

而 T3 等效于:

```
T3::=SEQUENCE{
    a       INTEGER,
    b       SET{
    f1      [0]IMPLICIT   INTEGER,
    f2      [1]IMPLICIT   BOOLEAN
    }
}
```

10 抽象语法参数

10.1 GB/T 16262.2—2006 的附录 B 提供了 ABSTRACT—SYNTAX 信息客体类别,并建议用其定义抽象语法。一个示例是将抽象语法定义成一个 ASN.1 类型的值集合,而这一 ASN.1 类型的外层未被参数化。

10.2 用来定义抽象语法的 ASN.1 类型予以参数化时,某些参数可作为定义抽象语法时的实际参数予以提供,而一些其他参数留作抽象语法本身的参数。

示例:

如果某一参数化类型已定义,叫做有二个虚设引用(假设第一个是某个已定义客体类别的客体集合,第二个是在一个边界内的整数值)的 YYY—PDU,那么:

```
YYY—Abstract—Syntax{INTEGER:bound}ABSTRACT—Syntax::=
    {YYY—PDU{{ValidObjects},bound}IDENTIFIED BY{YYY 5}}
```

定义其中已解决客体集合的参数化抽象语法,而 bound 留作抽象语法的一个参数。

抽象语法参数的使用方法是:

a) 直接或间接用于约束的上下文中;

b) 直接或间接用作最后用于约束上下文中的实际参数。

注:见 A.2 中的示例和 GB/T 16262.1—2006 的 F.5 中的示例。

10.3 其值集合视抽象语法一个或几个参数而定的约束是可变约束。在定义抽象语法之后确定这种约束(或许由国际标准化轮廓或在协议实现一致性声明中确定)。

注:如果在约束值规范包含的定义中的某处出现了抽象语法的参数,那么,此限别是可变约束。即使最后的约束的值集合与抽象语法的参数的实际值无关,它也是可变约束。

示例:

((1..3)EXCEPT a)UNION(1..3)的值总是 1..3,与 a 是什么值无关,若 a 是抽象语法的一个参数,它仍是可变约束。

10.4 形式上,可变约束不约束抽象语法中的值集合。

注:强力推荐希望留作抽象语法中可变约束的约束要有使用 GB/T 16262.1—2006 的 49.4 提供的记法的特殊规范。

附 录 A
（资料性附录）
示 例

A.1 使用参数化类型定义的示例

假设一名协议设计者常常需要携带具有一个或多个协议字段的鉴别符。这将按 BIT STRING 携带(位于此字段一侧)。没有参数化,Authenticator 需定义为 BIT STRING,因此不管 authenticator 是否要出现,需将它附加到文本以标识它应用于什么。换言之,此设计者要遵守将具有鉴别符的字段能换成此字段和 authenticator 的 SEQENCE 的约束。参数化机制为此工作提供便捷的方法。

首先,我们定义参数化类型 SIGNED{}:

```
SIGNED{ToBeSigned}::=SEQUENCE
    {
        authenticated-data        ToBeSigned,
        authenticator              BIT  STRING
    }
```

因此,在协议的主体中,此记法(作为示例)

```
SIGNED{OrderInFormation}
```

是下列的类型记法:

```
SEQUENCE
    {
        authenticated-data        OrdeInFormation,
        authenticator             BIT  STRING
    }
```

进一步假设发送者必须作出对某些字段是否加鉴别符的选择。这可通过产生任选的 BIT STRING 完成,但是更好的方案(线上比特更少)是定义另一种参数化类型。

```
OPTIONALLY—SIGNED{ToBeSigned}::=CHOICE
    {
        unsigned—data       [0]      ToBeSigned,
        signed—data         [1]      SIGNED{ ToBeSigned}
    }
```

注:如果编制者保证在使用参数化类型中没有一次产生 BIT STRING 的实际自变量(SIGNED 的类型),则 CHOICE 中的标记不是必需的,但是在防止规范其他部分中的差错是有用的。

A.2 使用参数化定义以及信息客体类别的示例

使用信息客体类别以集中抽象语法的所有参数。用此方法能使抽象语法的参数数目减少到收集类别的一个实例。可以使用"InformationFromObject"生成式提取参数客体中的信息。

示例:

--这种类别的一个实例包含抽象语法 Message—PDU 的所有参数。

```
MESSAGE—PARAMETERS::=CLASS{
            &maximum—priority—level                INTEGER,
            &maximum—message—buffer—size           INTEGER,
```

```
        &maximum—reference—buffer—size        INTEGER
    }
    WITH SYNTAX{
        THE MAXIMUM PRIORITY LEVEL IS &maximum-priority-level
        THE MAXIMUM MESSAGE BUFFER SIZE IS &maximum-message-buff-
er-size
        THE MAXIMUM REFERENCE BUFFER SIZE IS &maximum-reference-
buffer-size
    }
    --"Value From Object"生成式用来提供抽象语法参数"Param"
    --中的值。这些值只能用于约束中。
    --此外,此参数能一直被传送给另一个参数化类型。
  Message—PDU{MESSAGE—PARAMETERS :param}::=SEQUENCE{
    priority—level      INTEGER(0.. param. &maximum—priority—level),
    message             BMPString(SIZE(0.. param. &maximum-message-buffer-size)),
    reference           Reference{param}
    }
  Reference{ MESSAGE—PARAMETERS :param}::=
        SEQUENCE OF IA5String(SIZE(0..param. &maximum-reference-buffer-size))
    --参数化抽象语法信息客体的定义。
    --此抽象语法参数只能用于约束。
  Message—Abstract—Syntax{MESSAGE—PARAMETERS:param}
    ABSTRACT—SYNTAX::=
    {
        Message—PDU{param}
        IDENTIFIED  BY{joint—is o—ccitt  asn1(1) examples(123)0}
    }
```

类别 MESSAGE—PARAMETERS 和参数化抽象语法客体 message—Abstract—Syntax 使用如下：

```
  --MASSAGE—PARAMETERS 的实例定义此抽象语法的参数值。
  My—message—parameters MESSAGE—PARAMETERS::={
        THE MAXIMUM PRIORITY LEVEL IS 10
        THE MAXIMUM MESSAGE BUFFER SIZE IS  2000
        THE MAXIMUM REFERENCE  BUFFER SIZE IS 100
    }
  --现在可用规定的可变约束定义此抽象语法。
  My—message—Abstract—Syntax ABSTRACT—SYNTAX::=
        message—Abstract—Syntax{ My—message—parameters}
```

A.3 有限的参数化类型定义的示例

当规定作为一个通用表形式的参数化类型时,规定此种类型会使产生的 ASN.1 记法是有限的方法。例如,我们规定:

```
  List1{ElementTypeParam}::=SEQUENCE{
```

```
        elemElementTypeParam,
        next List1{ ElementTypeParam}OPTIONAL
    }
```

为了使用下列形式时是有限的：

```
    IntegerList1::= List1{INTEGER}
```

产生的 ASN.1 记法正如它通常定义的解释：

```
    IntegerList1::=SEQUENCE{
        elem   INTEGER,
        next   IntegerList1 OPTIONAL
    }
```

将此与下列定义比较：

```
    List2{ ElementTypeParam}::=SEQUENCE{
        elem       ElementTypeParam,
        next List2{[0] ElementTypeParam} OPTIONAL
    }
    IntegerList2::= List2{INTEGER}
```

在此场合，产生的 ASN.1 记法是无限的：

```
    IntegerList2::= SEQUENCE{
        elem   INTEGER,
        next   SEQUENCE{
            Elem   [0] INTEGER,
            next   SEQUENCE{
                elem   [0] [0] INTEGER,
                next        SEQUENCE{
                    elem          [0] [0] [0] INTEGER,
                    next          SEQUENCE{
                --等等
                    } OPTIONAL
                } OPTIONAL
            } OPTIONAL
        } OPTIONAL
    }
```

A.4 参数化值定义的示例

如果定义参数化串值如下：

```
    genericBirthdayGreeting{IA5String:name} IA5String:={ " Happy birthday,",
    name," !!" }
```

那么下面二个串值是相同的：

```
    greering1 IA5String::= genericBirthdayGreeting{ " John " }
        greering2 IA5String::= " Happy birthday,John!!"
```

A.5 参数化值集合定义的示例

如果定义二个参数化值集合如下：

```
QuestList1 { IA5String:extra Quest}IA5String::={ " Jack " | " John " | extraQuest}
    QuestList2{ IA5String:ExtraQuest} IA5String::={ " Jack " | " John " |
    extraQuest}
```

那么下列值集合表示此相同的值集合：

```
SetofQuest1 IA5String::={ QuestList1{ " Jill " }}
    SetofQuest2 IA5String::={ QuestList2{{  " Jill " }}}
    SetofQuest3 IA5String::={ " Jack " | " John " | " Jill " }
```

以及下列值集合表示此相同的值集合：

```
SetofQuest4 IA5String::={ QuestList2{{ " Jill " " Mary " }}}
    SetofQuest5 IA5String::={ " Jack " | " John " | " Jill " | " Mary " }
```

注意，一个值集合总是在花括号中规定的，即使它是一个参数化值集合引用时也是如此。通过在对曾在值集合赋值中创建的"identifier"的引用中略去花括号或在对"ParameterizedValueSetType"的引用中略去花括号，此记法则是"Type"的记法，而不是值集合记法。

A.6 参数化类别定义的示例

下列参数化类别可用来定义包含不同类型的差错代码的差错类别。注意，ErrorCodeType 参数只能用作 ValidErrorCodes 参数的"DummyGovernor"

```
GENERIC—ERROR{ErrorCodeType,ErrorCodeType:ValidErrorCodes}::=CLASS{
        &errorCode        ValidErrorCodes
    }
    WITH SYNTAX{
        CODE    &errorCode
    }
```

可以使用如下参数化类别定义来定义像同样的定义语法那样共享一些特性的不同类别：

```
ERROR—1::= GENERIC—ERROR{ INTEGER,{1|2|3}}
ERROR—2::= GENERIC—ERROR{ ErrorCodeString,{ StringErrorCode}}
ERROR—3::= GENERIC—ERROR{ EnumeratedErrorCode,{fatal |error}}
ErrorCodeString::=IA5String(SIZE(4))
StringErrorCodes ErrorCodeString::={ " E001 " | " E002 " | " E003 " }
EnumeratedErrorCode::=ENUMERATED{fatal,error,warning}
```

因此可使用定义类别如下：

```
MY—Errors ERROR—2::={{CODE " E001 " }|{CODE " E002 "}}
FatalError ERROR—3::={CODE    fatal}
```

A.7 参数化客体集合定义的示例

参数化客体集合定义 A11 Type 构成包含基本客体集合 BaseType 和以参数 additionalType 提供的附加客体集合的客体集合：

```
AllTypes{TYPE—IDENTIFIER:AdditionalTypes}TYPE—IDENTIFIER::=
{BaseTypes| AdditionalTypes}
BaseTypes TYPE—IDENTIFIER::={
            { BasicTypes-1 IDENTIFIFD   BY   basic-type-obj-id-value-1}|
            { BasicTypes-2 IDENTIFIFD   BY   basic-type-obj-id-value-2}|
            { BasicTypes-3 IDENTIFIFD   BY   basic-type-obj-id-value-3}
```

```
    }
```

参数化客体集合定义可使用如下：

```
MY-ALL-Types TYPE-IDENTIFIER::={AllTypes{{
        {MY-Type-1 IDENTIFIED BY my-obj-id-value-1}|
        {MY-Type-2 IDENTIFIED BY my-obj-id-value-2}|
        {MY-Type-3 IDENTIFIED BY my-obj-id-value-3}
    }}}
```

A.8 参数化客体集合定义的示例

在如下的参数化抽象语法定义中可使用 GB/T 16262.3—2006 的 A.4 定义类型：

```
--Possible Body Types 是一种抽象语法的参数。
Message-abstract-syntax {MHS-BODY-CLASS: PossibleBodyTypes} ABSTRACT-SYN-
TAX::={
        INSTANCE OF MHS-BODY-CLASS({PossibleBodyTypes})
        IDENTIFIED BY{joint-iso-itu asn1(1)examples(1)123}
    }
--此客体集合列出单纯实例类型所有可能成对的值和 type-ids。
--此客体集合用作参数化抽象语法定义的实际参数。
MY-BODY-TYPES MHS-BODY-CLASS::={
        {MY-First-Type      IDENTIFIED BY my-first-obj-id}|
        {MY-Second-Type     IDENTIFIED BY my-second-obj-id}|
    }
my-message-abstract-syntax  ABSTRACT-SYNTAX:: =
        message-abstract-syntax{{ MY-BODY-TYPES}}
```

附 录 B
（资料性附录）
记法综述

在 GB/T 16262.1—2006 中定义了下列词项并用于本部分：

typereference

valuereference

" ::= "

" {"

" }"

","

在 GB/T 16262.2—2006 中定义了下列词项并用于本部分：

objectclassreference

objectreference

objectsetreference

在 GB/T 16262.1—2006 中定义了下列生成式并用于本部分：

DefinedType

DefinedValue

Reference

Type

Value

ValueSet

在 GB/T 16262.2—2006 中定义了下列生成式并用于本部分：

DefinedObjectClass

DefinedObject

DefinedObjectSet

ObjectClass

Object

ObjectSet

本部分中定义了下列生成式：

ParameterizedAssignment ::=

ParameterizedTypeAssignment |

ParameterizedValueAssignment |

ParameterizedValueSetTypeAssignment |

ParameterizedObjectClassAssignment |

ParameterizedObjectAssignment |

ParameterizedObjectSetAssignment

ParameterizedTypeAssignment ::=

typereference ParameterList " ::= " Type

ParameterizedValueAssignment ::=

valuereference ParameterList Type " ::= " Value

ParameterizedValueSetTypeAssignment ::=

typereference ParameterList Type " ::= " ValueSet

ParameterizedObjectClassAssignment ::=

objectclassreference ParameterList " ::= " ObjectClass

ParameterizedObjectAssignment ::=

objectreference ParameterList DefinedObjectClass " ::= " Object

ParameterizedObjectSetAssignment ::=

objectsetreference ParameterList DefinedObjectClass " ::= " ObjectSet

ParameterList ::= " {" Parameter " , " + " }"

Parameter ::= ParamGovernor " : " DummyReference | DummyReference

ParamGovernor ::= Governor | DummyGovernor

Governor ::= Type | DefinedObjectClass

DummyGovernor ::= DummyReference

DummyReference ::= Reference

ParameterizedReference ::=Reference | Reference " {" " }"

SimpleDefinedType ::= ExternalTypeReference | typereference

SimpleDefinedValue ::= ExternalValueReference | valuereference

ParameterizedType ::= SimpleDefinedType ActualParameterList

ParameterizedValue ::= SimpleDefinedValue ActualParameterList

ParameterizedValueSetType ::= SimpleDefinedType ActualParameterList

ParameterizedObjectClass ::= DefinedObjectClass ActualParameterList

ParameterizedObjectSet ::= DefinedObjectSet ActualParameterList

ParameterizedObject ::= DefinedObject ActualParameterList

ActualParameterList ::= " {" ActualParameter " , " + " }"

ActualParameter ::= Type | Value | ValueSet | DefinedObjectClass | Object | ObjectSet

---

ICS 35.100.60
L 79

中华人民共和国国家标准

GB/T 16263.1—2006/ISO/IEC 8825-1:2002
代替 GB/T 16263—1996

信息技术 ASN.1编码规则 第1部分:基本编码规则(BER)、正则编码规则(CER)和非典型编码规则(DER)规范

Information technology—ASN.1 encoding rules—Part 1:Specification of Basic Encoding Rules(BER), Canonical Encoding Rules(CER) and Distinguished Encoding Rules(DER)

(ISO/IEC 8825-1:2002,IDT)

2006-03-14 发布 2006-07-01 实施

中华人民共和国国家质量监督检验检疫总局
中国国家标准化管理委员会 发布

前　言

GB/T 16263 在《信息技术　ASN.1 编码规则》的总标题下，目前包括以下两个部分：

——第 1 部分（即 GB/T 16263.1）：基本编码规则（BER）、正则编码规则（CER）和非典型编码规则（DER）规范；

——第 2 部分（即 GB/T 16263.2）：紧缩编码规则（PER）规范。

本部分为 GB/T 16263 的第 1 部分，等同采用国际标准 ISO/IEC 8825-1:2002《信息技术　ASN.1 编码规则：基本编码规则（BER）、正则编码规则（CER）和非典型编码规则（DER）规范》（英文版）。与该项国际标准等同的文本是 ITU-T 建议 X.690。

本部分从实施之日起代替 GB/T 16263—1996《信息处理系统　开放系统互连　抽象语法记法一（ASN.1）基本编码规则规范》。与 GB/T 16263—1996 相比，本次修订在内容上作了如下变化：

——第 3 章“术语和定义”中，增加了“正则编码”、“尾 0 位”两个术语，将“构造编码”修订为“结构化编码”、“简单编码”修订为“原始编码”、“接收者”修订为“接受器”、“发送者”修订为“发送器”；

——第 4 章“缩略语”中，增加了“BER”、“CER”、“DER”和“ULA”四个缩略语。4.2 条“记法”修订为第 5 章。4.2.2 和 4.2.3 修订为第 6 章的第 6.1 和 6.2 条，增加了 6.3 条；

——将第 5 章修订为第 7 章，增加了 7.4 条；

——将第 6 章修订为第 8.1 条，增加第 8 章标题“基本编码规则”。图 1～图 4 中分别去掉外框；

——将第 7 章修订为第 8.2 条、第 8 章修订为第 8.3 条，……，第 18 章修订为第 8.13 条，去掉第 19 章，将第 20 章修订为第 8.14 条，去掉第 21 章，增加了 8.15～8.18 条，将第 22 章修订为 8.19 条、增加了第 8.20 条，将第 23 章修订为第 8.21 条并增加了 8.21.6～8.21.10 条，将表 2 修订为表 3，去掉第 24 章，增加了第 8.22 条～第 8.23 条，增加第 9 章～第 11 章，将第 25 章修订为第 12 章；

——修订附录 B 中的内容，补充了在本部分中赋值的值；

——所有示例中的英文尽量保留不译。

按照 GB/T 1.1—2000 的规定，本部分与 ISO/IEC 8825-1:2002 相比做了下列编辑性修改：

——“本标准”一词改为“本部分”；

——在引用的标准中，凡已转化为我国标准的各项标准，均用我国的相应标准编号代替。对“规范性引用文件”一章中的标准按 GB/T 1.1—2000 的规定进行了重新排列。

本部分的附录 A、附录 B 和附录 C 是资料性附录。

本部分由中华人民共和国信息产业部提出。

本部分由中国电子标准化研究所归口。

本部分由北京信息工程学院、中国电子技术标准化研究所负责起草。

本部分主要起草人：王凌、郑洪仁、张红。

引 言

GB/T 16262.1、GB/T 16262.2、GB/T 16262.3 和 GB/T 16262.4(抽象语法记法一或 ASN.1)共同规定了定义抽象语法的记法,使应用标准能定义需要传送的信息的类型。它还规定了已定义的类型值规范的记法。

本部分定义了可应用于用 ASN.1 记法定义的类型值的编码规则。应用这些编码规则可产生对这些值的传送语法。这些编码规则规范也隐含着适用于解码。

有多种集合的编码规则可以应用于用 ASN.1 记法定义的类型值。本部分定义了 3 种编码规则集合,分别称为基本编码规则、正则编码规则和非典型编码规则。其中,基本编码规则给出编码发送器如何对数据值进行编码的各种选择,而正则编码规则和非典型编码规则只从为基本编码规则所允许的那些编码中选择一种编码,排除发送器的所有选项。正则编码规则和非典型编码规则加在基本编码规则上的限制集是互不相同的。

如果被编码的值足够小以适于可用的内存,并且需要快速掠过某些嵌套值时,非典型编码规则比正则编码规则更适用。如果需要被编码的值很大,不易适用于可用的内存,或者有必要在整个值成为可用之前对部分值进行编码和发送时,正则编码规则比非典型编码规则更适用。如果编码包含集合值和单一集合值,并且不需要对正则编码规则和非典型编码规则施加限制时,基本编码规则比正则编码规则和非典型编码规则更适用。这是因为后两种编码规则强制要求内存和 CPU 的开销,以便能保证集合值和单一集合值只有一种可能的编码。

附录 A 给出了应用基本编码规则的示例。它不构成本部分的组成部分。

附录 B 总结了在本部分中所产生的客体标识符值的赋值。它不构成本部分的组成部分。

附录 C 给出了对编码实数应用基本编码规则的示例。它不构成本部分的组成部分。

信息技术 ASN.1编码规则 第1部分:基本编码规则(BER)、正则编码规则(CER)和非典型编码规则(DER)规范

1 范围

本部分规定了基本编码规则集合,它们可以用来派生使用GB/T 16262.1、GB/T 16262.2、GB/T 16262.3和GB/T 16262.4规定的记法定义的类型值的传送语法规范,上述这些标准统称为抽象语法记法一或ASN.1。这些基本编码规则也适用于解码这种传送语法,以标识被传送的数据值。该集合还规定了正则编码规则和非典型编码规则集合,它把值的编码局限于只是基本编码规则所提供的替换编码之一。

2 规范性引用文件

下列文件中的条款通过GB/T 16263的本部分的引用而成为本部分的条款。凡是注日期的引用文件,其随后所有的修改单(不包括勘误的内容)或修订版均不适用于本部分,然而,鼓励根据本部分达成协议的各方研究是否可使用这些文件的最新版本。凡是不注日期的引用文件,其最新版本适用于本部分。

GB/T 1988—1998 信息技术 信息交换用七位编码字符集(eqv ISO/IEC 646:1991)

GB/T 2311—2000 信息技术 字符代码结构和扩充技术(idt ISO/IEC 2022:1994)

GB/T 5261—1994 信息技术 七位和八位编码字符集的控制功能(eqv ISO/IEC 6429:1992)

GB/T 9387.1—1998 信息技术 开放系统互连 基本参考模型 第1部分:基本模型(idt ISO/IEC 7498-1:1994)

GB/T 12054—1989 数据处理 转义序列登记规程(neq ISO 2375:1985)

GB 13000.1—1993 信息技术 通用多八位编码字符集(UCS) 第1部分:体系结构与基本多文种平面(idt ISO/IEC 10646.1:2000)

GB/T 16262.1—2006 信息技术 抽象语法记法一(ASN.1) 第1部分:基本记法规范(ISO/IEC 8824-1:2002, IDT)

GB/T 16262.2—2006 信息技术 抽象语法记法一(ASN.1) 第2部分:信息客体规范(ISO/IEC 8824-2:2002, IDT)

GB/T 16262.3—2006 信息技术 抽象语法记法一(ASN.1) 第3部分:限制规范(ISO/IEC 8824-3: 2002, IDT)

GB/T 16262.4—2006 信息技术 抽象语法记法一(ASN.1) 第4部分:参数化ASN.1规范(ISO/IEC 8824-4: 2002, IDT)

SJ/Z 9047—1987 信息处理 信息交换用字符串形式表示数值的方法(idt ISO 6093:1985)

要与转义序列一起使用的编码字符集的ISO国际登记簿

3 术语和定义

GB/T 9387.1和GB/T 16262.1中的术语和定义以及下列术语和定义适用于本部分。

3.1

正则编码　canonical encoding

通过应用无实现相关选项的编码规则所得到的抽象值的完整编码。这种规则导致在抽象语法中无歧义和唯一的编码与值之间一对一映射的定义。

3.2

结构化编码　constructed encoding

数据值编码，其中，内容八位位组是一个或多个数据值的完整编码。

3.3

内容八位位组　contents octets

表示特定值的数据值编码的那部分，以便把该特定值与同类型中的其他值区分开。

3.4

数据值　data value

按某个类型值所规定的信息；类型和值用 ASN.1 定义。

3.5

动态一致性　dynamic conformance

在通信场合中，某一实现遵守预定行为的要求的声明。

3.6

(数据值的)编码　encoding (of a data value)

用来表示数据值的八位位组的完整序列。

3.7

内容结束八位位组　end-of-contents octets

在其末端出现的数据值编码的一部分，它用来确定编码的终止。

注：不是所有编码都需要内容结束八位位组。

3.8

标识符八位位组　identifier octets

数据值编码的一部分，它用来标识值的类型。

注：某些 ITU-T 建议把术语"数据元素"用于本八位位组序列，但在本部分中不使用该术语，而其他标准中使用该术语意指"数据值"。

3.9

长度八位位组　length octets

数据值编码的一部分，它紧跟在标识符八位位组的后面，用来确定编码的终止。

3.10

原始编码　primitive encoding

数据值的编码，其中，内容八位位组直接表示该值。

3.11

接收器　receiver

对发送器所产生的八位位组进行解码的一种实现，以便标识出曾编码的数据值。

3.12

发送器　sender

对传送数据值进行编码的一种实现。

3.13

静态一致性　static conformance

对已定义的特性中一组有效特性的某一实现所支持的要求的声明。

3.14

尾 0 位 trailing 0 bit

位串值中最后位置内的 0。

注：由单个 0 位组成的位串值中的 0 就是尾 0 位。移去它将产生一个空的位串。

4 缩略语

下列缩略语适用于本部分。

ASN.1 抽象语法记法一

BER ASN.1 的基本编码规则

CER ASN.1 的正则编码规则

DER ASN.1 的非典型编码规则

ULA 高层体系结构

5 记法

本部分引用 GB/T 16262.1 定义的记法。

6 约定

6.1 本部分使用术语"最高有效位"和"最低有效位"来规定编码中每个八位位组的值。

注：低层规范使用相同记法来定义串行线路中位传输的次序，或者把这些位赋给并行信道。

6.2 仅为本部分的目的，八位位组中的位编号从 8 至 1，位 8 为"最高有效位"，位 1 为"最低有效位"。

6.3 为本部分的目的，两个八位位组串可以进行比较。如果这两个八位位组串的长度相同，并且在每个八位位组位置上的长度相同，则一个八位位组串等于另一个。当且仅当：

a) S_1 和 S_2 在每个位置内具有相同的八位位组，直到并且包括 S_2 内的最后 1 个八位位组，但 S_1 较长；或者

b) S_1 和 S_2 在一个或多个位置上以及第 1 个这样的位置具有不同的八位位组，S_1 内的八位位组大于 S_2 内的八位位组，于是认为这些八位位组是无符号二进制数，其位 n 具有权重 2^{n-1}，

则一个八位位组串 S_1 大于另一个 S_2。

7 一致性

7.1 动态一致性在第 8 章至第 12 章中规定。

7.2 静态一致性由那些规定了应用一个或多个编码规则的标准来规定。

7.3 基本编码规则允许替换的编码作为发送器的一个选项，声称符合基本编码规则的接收器应支持所有替换的编码。

注：这种替换编码的示例出现在 8.1.3.2 b)和表 3 中。

7.4 正则编码规则或非典型编码规则不允许替换的编码。

8 基本编码结构

8.1 编码的一般规则

8.1.1 编码结构

8.1.1.1 数据值的编码应由下列次序的 4 种成分组成：

a) 标识符八位位组(见 8.1.2)；

b) 长度八位位组(见 8.1.3)；

c) 内容八位位组(见 8.1.4)；

d) 内容结束八位位组(见 8.1.5)。

8.1.1.2 除非长度八位位组的值需要出现内容结束八位位组,否则该内容结束八位位组不应出现(见 8.1.3)。

8.1.1.3 图 1 示出了编码的结构(原始编码或结构化编码),图 2 示出了替换的结构化编码。

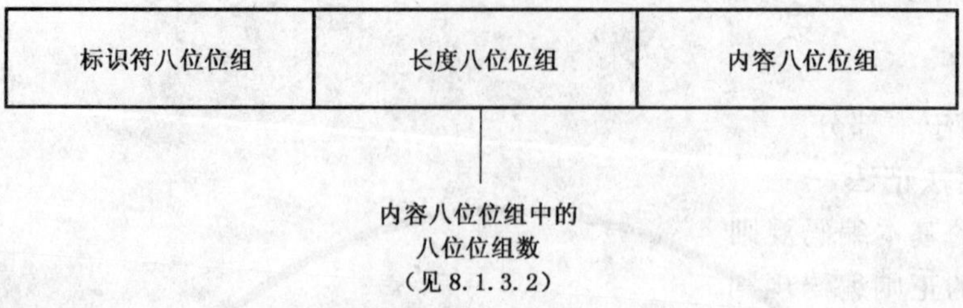

图 1 编码结构

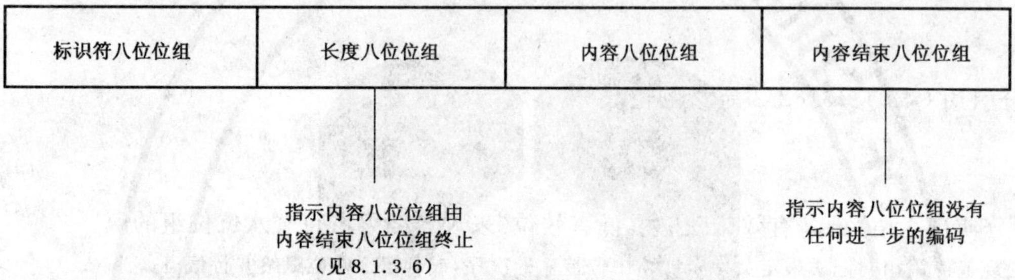

图 2 替换的结构化编码

8.1.1.4 本部分中规定的编码既不受 ASN.1 子类型记法的影响,也不受 ASN.1 类型的可扩充性记法的影响。

注:这意味着当确定编码时,所有约束记法可不予理睬。对于把扩充处理为好像它们曾处于类型的扩充根内的情况,也意味着 CHOICE、SEQUENCE 和 SET 中的所有可扩充性标记可不予理睬。

8.1.2 标识符八位位组

8.1.2.1 标识符八位位组应对数据值类型的 ASN.1 标签(类和编号)进行编码。

8.1.2.2 对于编号范围为 0~30(包括 0 和 30)的标签,标识符八位位组应由如下单个八位位组编码构成:

a) 位 8 和位 7 应编码为用来表示表 1 规定的标签类;

b) 按 8.1.2.5 的规则,位 6 应为 0 或 1;

c) 位 5 至位 1 应把标签编号编码为二进制整数,位 5 是最高有效位。

表 1 标签类的编码

类	位 8	位 7
通用	0	0
应用	0	1
上下文特定	1	0
专用	1	1

8.1.2.3 图 3 示出了带有一个编号范围在 0~30(包括 0 和 30)的标签的类型的标识符八位位组形式。

8.1.2.4 对于编号大于或等于 31 的标签,标识符八位位组应包含一个引导八位位组及后随的一个或多个后继八位位组。

8.1.2.4.1 引导八位位组应编码如下:

a) 位 8 和位 7 应编码为用来表示表 1 列出的标签类;

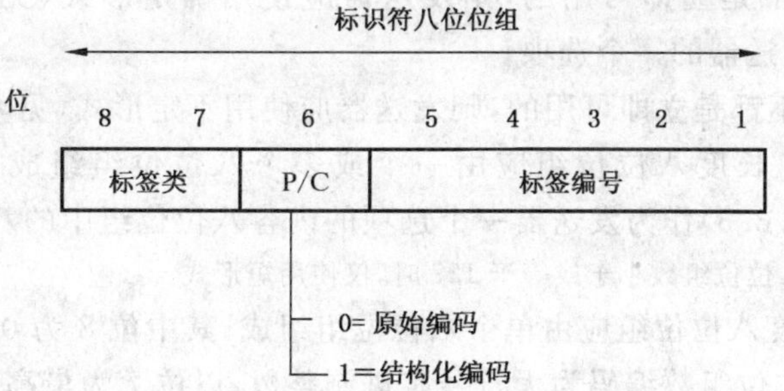

图 3　标识符八位位组(低标签编号)

b)　按 8.1.2.5 的规则,位 6 应为 0 或 1;

c)　位 5 至位 1 应编码为 11111_2。

8.1.2.4.2　后继八位位组应把标签编号编码如下:

a)　除了最后 1 个标识符八位位组外,每个八位位组的位 8 应置 1;

b)　第 1 个后继八位位组的位 7 至位 1,后随第 2 个后继八位位组的位 7 至位 1,依次后随每个更后面的八位位组的位 7 至位 1,直到并包括标识符八位位组中的最后 1 个后继八位位组,应是等于标签编号的无符号二进制整数的编码,以第 1 个后继八位位组的位 7 为最高有效位;

c)　第 1 个后继八位位组的位 7 至位 1 不应都为 0。

8.1.2.4.3　图 4 示出了带有一个编号大于 30 的标签的类型的标识符八位位组形式。

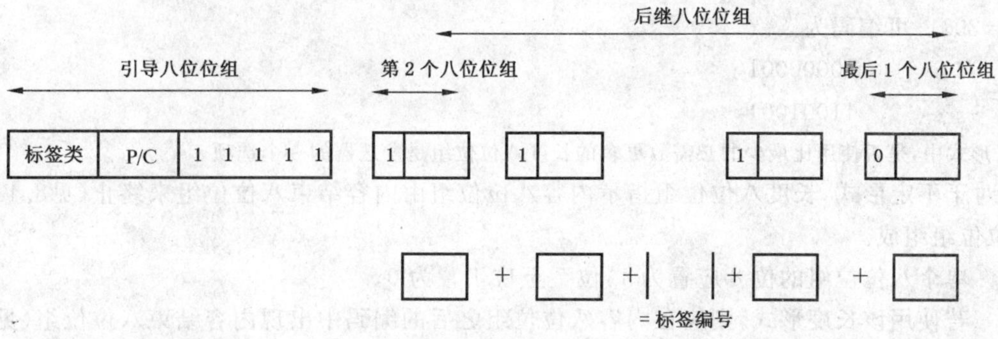

图 4　标识符八位位组(高标签编号)

8.1.2.5　若编码是原始编码,则位 6 置为 0,若编码是结构化编码,则位 6 置为 1。

注:对每种类型,以后各条规定了编码是原始编码还是结构化编码。

8.1.2.6　GB/T 16262.1—2006 规定,使用关键字 CHOICE 定义的类型的标签采用类型的标签值,而类型的标签值采用已选定的数据值。

8.1.2.7　GB/T 16262.2—2006 的 14.2 和 14.4 中规定,如果"ObjectClassFieldType"是类型字段、可变类型值字段或可变类型值集合字段,则使用"ObjectClassFieldType"定义的类型的标签是不确定的。该类型随后定义为 ASN.1 类型,然后其完整编码等同于所赋类型的值的完整编码(包括标识符八位位组)。

8.1.3　长度八位位组

8.1.3.1　规定两种长度八位位组形式,它们是:

a)　确定形式(见 8.1.3.3);及

b)　不定形式(见 8.1.3.6)。

8.1.3.2　如果编码

a)　是原始编码,则发送器应使用确定形式(见 8.1.3.3);

b) 是结构化编码且都是立即可用的，则发送器应使用确定形式（见 8.1.3.3）或不定形式（见 8.1.3.6），作为发送器的一个选项；

c) 是结构化编码且不都是立即可用的，则发送器应使用不定形式（见 8.1.3.6）。

8.1.3.3 对于确定形式，长度八位位组应由一个或多个八位位组组成，并应表示使用短形式（见 8.1.3.4）或长形式（见 8.1.3.5）作为发送器一个选项的内容八位位组中的八位位组数。

注：若内容八位位组中的八位位组数小于或等于 127 时，仅使用短形式。

8.1.3.4 在短形式中，长度八位位组应由单个八位位组组成，其中位 8 为 0，位 7 至位 1 把内容八位位组（它们可能是 0）中的八位位组数编码为无符号二进制整数，以位 7 为最高有效位。

例：$L=38$ 的编码为 00100110_2。

8.1.3.5 在长形式中，长度八位位组应由一个初始八位位组和一个或多个后继八位位组组成。初始八位位组应编码如下：

a) 位 8 应为 1；

b) 位 7 至位 1 应把长度八位位组中的后继八位位组数编码为无符号二进制整数，以位 7 为最高有效位；

c) 应不使用值 11111111_2。

注：引入这个限制是为了将来可能的扩展。

第 1 个后继八位位组的位 8 至位 1，后随第 2 个后继八位位组的位 8 至位 1，依次后随更后面八位位组的位 8 至位 1，直至并包含最后 1 个后继八位位组，应是等于内容八位位组中八位位组数的无符号二进制整数的编码，以第 1 个后继八位位组的位 8 为最高有效位。

例：$L=201$ 可编码为

10000001_2

11001001_2

注：在长形式中，是否使用比最少的必需数更多的长度八位位组是发送器的一个选项。

8.1.3.6 对于不定形式，长度八位位组指示内容八位位组由内容结束八位位组来终止（见8.1.5），并应由单个八位位组组成。

8.1.3.6.1 单个八位位组的位 8 应置为 1，位 7 至位 1 置为 0。

8.1.3.6.2 若使用该长度形式，则应在内容八位位组之后的编码中出现内容结束八位位组（见8.1.5）。

8.1.4 内容八位位组

内容八位位组应由 0 个、1 个或多个八位位组组成，并且应编码后续各条规定的数据值。

注：内容八位位组依赖于数据值的类型；后续各条遵循与 ASN.1 中相同的类型定义序列。

8.1.5 内容结束八位位组

若长度按 8.1.3.6 的规定编码，则应出现内容结束八位位组，否则应不出现。

内容结束八位位组应由两个值为 0 的八位位组组成。

注：内容结束八位位组可被认为是值的编码，其标签为通用类的，形式为原始编码，标签号为 0，且内容不存在，因此：

内容结束八位位组	长度	内容
00_{16}	00_{16}	无

8.2 布尔值的编码

8.2.1 布尔值的编码应是原始编码。内容八位位组由单个八位位组组成。

8.2.2 若布尔值是 FALSE，则八位位组应为 0。

若布尔值是 TRUE，则八位位组应为任意非 0 值，作为发送器的一个选项。

例：若是 BOOLEAN 类型，值 TRUE 被编码为：

布尔	长度	内容
01_{16}	01_{16}	FF_{16}

8.3 整数值的编码

8.3.1 整数值的编码应是原始编码，内容八位位组由一个或多个八位位组组成。

8.3.2 若整数值编码的内容八位位组由多个八位位组组成，则第1个八位位组的各个位和第2个八位位组的位8：

a) 应不全为1；并且

b) 应不全为0。

注：这些规则确保整数值总是用最小可能的八位位组数进行编码。

8.3.3 内容八位位组应是等于整数值的对2的补码的二进制数，其组成是由第1个八位位组的位8至位1，后随第2个八位位组的位8至位1，依次后随每个八位位组的位8至位1，直到并包含内容八位位组的最后1个八位位组。

注：2的补码的二进制数的值通过计数内容八位位组中的位得出：计数从最后1个八位位组的位1开始作为位0，到第1个八位位组的位8结束。每位赋予一个2^N的数值，这里N是该位在上面计数序列中的位置。2的补码的二进制数的值是：累加计算那些置1的位的数值，但不包括第1个八位位组的位8，然后，若第1个八位位组的位8置为1，则这个累加值减去第1个八位位组的位8的数值所得的结果。

8.4 枚举值的编码

枚举值的编码应是与之相关的整数值的编码。

注：它是原始编码。

8.5 实数值的编码

8.5.1 实数值的编码应是原始编码。

8.5.2 如果实数值为0值，则编码中应没有内容八位位组。

8.5.3 对非0实数值，如果抽象值的基数是10，则编码值的基数也应为10，如果抽象值的基数是2，则编码值的基数应为2、8或16，作为发送器的一个选项。

8.5.4 如果实数值为非0值，那么用于编码的基数应为8.5.3规定的B′。如果B′是2、8或16，应使用8.5.6规定的二进制编码。如果B′是10，则应使用8.5.7规定的字符编码。

8.5.5 第1个内容八位位组的位8应设置如下：

a) 如果位8=1，则使用8.5.6规定的二进制编码；

b) 如果位8=0，且位7=0，则使用8.5.7规定的十进制编码；

c) 如果位8=0，且位7=1，则按8.5.8的规定编码一个“SpecialRealValue”(见GB/T 16262.1)。

8.5.6 当使用二进制编码时(位8=1)，如果尾数M是非0，则它应由一个符号S、一个非负整数值N以及一个二进制比例因子F来表示，诸如：

$$M = S \times N \times 2^F$$

$$0 \leqslant F < 4$$

$$S = +1 \text{ 或 } -1$$

注：在某些环境下需要二进制比例因子F，以便将尾数隐含的小数点与本条编码规则所要求的位置对齐。这种对齐不能总是通过修改指数E来获得。如果用于编码的基数B'是8或16，隐含的小数点只能通过改变指数E分别以3个位或4个位为一步进行移动。因此，可能要求不是0的二进制比例因子的值，以便将隐含的小数点移动到所要求的位置。

8.5.6.1 如果S为-1，第1个内容八位位组的位7应为1，否则为0。

8.5.6.2 第1个内容八位位组的位6至位5应编码基数B'的值如下：

位 6 至位 5	基数
0 0	基数为 2
0 1	基数为 8
1 0	基数为 16
1 1	为本部分将来版本保留

8.5.6.3 第 1 个内容八位位组的位 4 至位 3 应把二进制比例因子 F 的值编码为无符号二进制整数。

8.5.6.4 第 1 个内容八位位组的位 2 至位 1 应编码指数格式如下：

a) 如果位 2 至位 1 为 00，那么第 2 个内容八位位组把指数的值编码为 2 的补码的二进制数；

b) 如果位 2 至位 1 为 01，那么第 2 个和第 3 个内容八位位组把指数的值编码为 2 的补码的二进制数；

c) 如果位 2 至位 1 为 10，那么第 2、第 3 和第 4 个内容八位位组把指数的值编码为 2 的补码的二进制数；

d) 如果位 2 至位 1 为 11，那么第 2 个内容八位位组编码用于编码指数的值的八位位组的数，假定为 X，(为无符号二进制数)，并且第 3 个直到第(X 加 3)个(包括二者)内容八位位组将指数的值编码为 2 的补码的二进制数；X 的值应至少为 1，发送指数的最前 9 位应不全为 0 或不全为 1。

8.5.6.5 剩余的内容八位位组将整数 N(见 8.5.6)的值编码为无符号二进制数。

注 1：对于非正则 BER，没有尾数的浮点常规化的需求。这允许实现者发送包含尾数的八位位组，而不用在内存中对尾数执行移位功能。在正则编码规则和非典型编码规则中，规定了常规化，并且尾数(除非它是 0)需要重复地移位直至最低有效位为 1。

注 2：实数数字的这种表示与通常用在浮点硬件中的格式有很大不同，但实数数字的表示已设计成能容易地与这种格式来回地转换(见附录 C)。

8.5.7 当使用十进制编码时(位 8 至位 7＝00)，按 SJ/Z 9047—1987 中使用的术语，跟在第 1 个内容八位位组后的所有内容八位位组形成作为发送器一个选项的字段长度，并且按照 SJ/Z 9047—1987 进行编码。SJ/Z 9047—1987 数字表示的选择由第 1 个内容八位位组的位 6 至位 1 规定如下：

位 6 至位 1	数字表示
00 0001	SJ/Z 9047 NR1 形式
00 0010	SJ/Z 9047 NR2 形式
00 0011	SJ/Z 9047 NR3 形式

位 6 至位 1 中剩余的值为本部分而保留。

应不使用伴随文件(见 SJ/Z 9047—1987)规定的比例因子。

注 1：在 SJ/Z 9047—1987 中关于至少使用一个数字用到十进制标记的左边的建议，在本部分中也建议这么做，但并不是强制的。

注 2：使用常规化形式(见 SJ/Z 9047—1987)是发送器的一个选项，这并不重要。

8.5.8 当“SpecialRealValues”被编码(位 8 至位 7＝01)时，应只有一个内容八位位组，有如下值：

01000000 值为 **PLUS-INFINITY**

01000001 值为 **MINUS-INFINITY**

位 8 至位 7 等于 0 和 1 的所有其他值分别为本部分的补篇而保留。

8.6 位串值的编码

8.6.1 位串值的编码应是原始编码，或是结构化编码，作为发送器的选项。

注：在整个位串可用之前有必要传送部分位串时，使用结构化编码。

8.6.2 原始编码的内容八位位组应包含一个初始八位位组，后随 0 个、1 个或多个后继八位位组。

8.6.2.1 从引导位开始直到结尾位的位串值中的所有位，应置于第 1 个后继八位位组的位 8 至位 1，后随第 2 个后继八位位组的位 8 至位 1，依次后随每个八位位组的位 8 至位 1，再后随从位 8 开始的最后1个后继八位位组需要的一些位。

注：术语“引导位”和“结尾位”在GB/T 16262.1—2006的21.2中定义。

8.6.2.2 作为以位1为最低有效位的无符号二进制整数，初始八位位组应编码最后1个后继八位位组中未使用位的数。该数的范围应为0到7。

8.6.2.3 若位串为空，应没有后继的八位位组，且初始八位位组应为0。

8.6.2.4 在应用GB/T 16262.1—2006中的21.7时，BER编码器/解码器可以增加值的尾0位或从值中删去尾0位。

注：如果位串值没有置为1的若干位，那么编码器(作为发送器的选项)可以用一个长度为1和一个初始八位位组置为0来编码该值，或者可以将该值编码成带有一个或多个置为0的位后随初始八位位组。

8.6.3 结构化编码的内容八位位组应由0个、1个或多个嵌套的编码组成。

注：每个这样的编码包括标识符、长度和内容八位位组，若它是结构化编码，则还可能包括内容结束八位位组。

8.6.4 为用此方法编码位串值，应将其分段。每个段应由该值的一系列连续位组成，除最后一段外，应包含8的整数倍的位数。整个值中的每一位应精确地处于某一段内，但不应把有效位放在段边界上。

注：段可能是0长度的，即不包含任何位。

8.6.4.1 内容八位位组中的每个编码应表示整个位串的一个段，该编码出自本条的一种递归应用。在该递归应用中，把每个段处理为一个位串值。段的编码应按照这些位在整个值中的次序出现在内容八位位组中。

注1：作为该递归的结果，内容八位位组中的每个编码本身可能是原始编码或结构化编码。然而，通常这样的编码将是原始编码。

注2：实际上，内容八位位组的标签总是通用类，编号为3。

8.6.4.2 示例

若是类型**BIT STRING**，值**‘0A3B5F291CD’H**可以如下编码。在该示例中，位串表示是原始编码：

位串	长度	内容
03_{16}	07_{16}	$040A3B5F291CD0_{16}$

上面示出的值也可以如下编码，在该示例中，位串表示是结构化编码：

位串	长度	内容		
23_{16}	80_{16}			
		位串	长度	内容
		03_{16}	03_{16}	$000A3B_{16}$
		03_{16}	05_{16}	$045F291CD0_{16}$
EOC	长度			
00_{16}	00_{16}			

8.7 八位位组串值的编码

8.7.1 八位位组串值的编码应是原始编码或是结构化编码，作为发送器的选项。

注：在整个八位位组串可用之前有必要传送部分八位位组串时，使用结构化编码。

8.7.2 原始编码包含0个、1个或多个值等于数据值中八位位组的内容八位位组，按照数据值中八位位组出现的次序，并使该数据值的八位位组的最高有效位与内容八位位组的一个八位位组的最高有效位对齐。

8.7.3 结构化编码的内容八位位组应由0个、1个或多个编码组成。

注：每个这样的编码包括标识符、长度和内容八位位组。若它是结构化编码，则还可能包括内容结束八位位组。

8.7.3.1 为用此方法编码一个八位位组串值，将其分段。每个段应由该值的一系列连续八位位组组成。不应把有效位放在段边界上。

注：段可能是0长度的，即不包含任何八位位组。

8.7.3.2 内容八位位组中的每个编码应表示整个八位位组串的一个段,该编码出自本条的一种递归应用。在该递归应用中,把每个段处理为一个八位位组串值。段的编码应按照这些位在整个值中的次序出现在内容八位位组中。

注1:作为该递归的结果,内容八位位组中的每个编码本身可能是原始编码或结构化编码。然而,通常这样的编码将是原始编码。

注2:实际上,内容八位位组的标签总是通用类,编号为4。

8.8 空值的编码

8.8.1 空值的编码应是原始编码。

8.8.2 内容八位位组应不包含任何八位位组。

注:长度八位位组为0。

例:若是 **NULL** 类型,**NULL** 值可以编码为:

NULL	长度
05_{16}	00_{16}

8.9 序列值的编码

8.9.1 序列值的编码应是结构化编码。

8.9.2 内容八位位组应由 ASN.1 序列类型定义中列出的每个类型的一个数据值的完整编码组成,除非引用的类型带有关键字 **OPTIONAL** 或 **DEFAULT**,否则这些编码按定义中的次序出现。

8.9.3 引用的类型带有关键字 **OPTIONAL** 或 **DEFAULT**,其数据值的编码可以出现,但不是必要的。若出现,则它应在按 ASN.1 定义的类型的编码的相应点上出现。

例:若类型为:

SEQUENCE{name IA5 string,ok BOOLEAN}

值为:

{**name "Smith", ok TRUE**}

可以编码为:

Sequence	Length	Contents		
30_{16}	$0A_{16}$			
		IA5String	Length	Contents
		16_{16}	05_{16}	"Smith"
		Boolean	Length	Contents
		01_{16}	01_{16}	FF_{16}

8.10 单一序列值的编码

8.10.1 单一序列值的编码应是结构化编码。

8.10.2 内容八位位组应由0个、1个或多个在 ASN.1 定义中列出的类型的数据值的完整编码组成。

8.10.3 数据值编码的次序应与被编码的单一序列值中数据值的次序相同。

8.11 集合值的编码

8.11.1 集合值的编码应是结构化编码。

8.11.2 内容八位位组应由 ASN.1 集合类型定义中列出的每个类型的一个数据值的完整编码组成。除非引用的类型带有关键字 **OPTIONAL** 或 **DEFAULT**,否则这些编码按发送器选定的次序出现。

8.11.3 引用的类型带有关键字 **OPTIONAL** 或 **DEFAULT**,其数据值编码可以出现,但不是必要的。

注:集合值中的数据值的次序不重要,对传送期间的次序没有限制。

8.12 单一集合值的编码

8.12.1 单一集合值的编码应是结构化编码。

8.12.2　同8.10.2。

8.12.3　编码及后续解码时，不必保持数据值的次序。

8.13　选择值的编码

选择值的编码应与被选择的类型值的编码相同。

注1：依照被选择的类型而定，编码可以是原始编码或结构化编码。

注2：按照ASN.1选择类型定义的规定，用于标识符八位位组的标签是被选择的类型的标签。

8.14　有标签值的编码

8.14.1　有标签值的编码应由8.14.2和8.14.3中规定的"TaggedType"记法中出现的类型所对应数据值的完整编码(称为基编码)导出。

8.14.2　若类型定义中未使用隐式的标签(见GB/T 16262.1—2006的30.6)，则编码应是结构化编码，内容八位位组应是完整的基编码。

8.14.3　若类型定义中使用了隐式标签，则：

a)　若基编码是结构化编码，则编码也应是结构化编码，否则应是原始编码；

b)　内容八位位组应与基编码的内容八位位组相同。

示例：

由ASN.1类型定义(在一个显式标签的环境中)：

Type 1::= VisibleString

Type 2::= [APPLICATION 3] IMPLICIT　Type 1

Type 3::= [2] Type 2

Type 4::= [APPLICATION 7] IMPLICIT　Type 3

Type 5::= [2] IMPLICIT　Type 2

值**"Jones"**编码如下：

对Type 1：

VisibleString	Length	Contents
$1A_{16}$	05_{16}	$4A6F6E6573_{16}$

对Type 2：

[APPLICATION 3]	Length	Contents
43_{16}	05_{16}	$4A6F6E6573_{16}$

对Type 3：

[2]	Length	Contents		
$A2_{16}$	07_{16}			
		[APPLICATION 3]	Length	Contents
		43_{16}	05_{16}	$4A6F6E6573_{16}$

对Type 4：

[APPLICATION 7]	Length	Contents		
67_{16}	07_{16}			
		[APPLICATION 3]	Length	Contents
		43_{16}	05_{16}	$4A6F6E6573_{16}$

对Type 5：

[2]	Length	Contents
82_{16}	05_{16}	$4A6F6E6573_{16}$

8.15　开放类型的编码

开放类型的值也是某一(其他)ASN.1类型的值。这种值的编码应是在此为认为是其他类型的值而规定的完整编码。

8.16 单一实例值的编码

8.16.1 单一实例值的编码应是下列带有8.16.2规定的值的序列类型的BER编码。

```
[UNIVERSAL 8] IMPLICIT SEQUENCE {
        type-id      <DefinedObjectClass>.&id,
        value [0]  EXPLICIT  <DefinedObjectClass>.&Type
}
```

其中,"<DefinedObjectClass>"被用于"InstanceOfType"记法的特定"DefinedObjectClass"所替换。

注:当值是单个ASN.1类型的值,并且使用BER编码时,该类型的编码等同于外部类型的对应值的编码,其中替换的语法是指用来表示该抽象值。

8.16.2 8.16.1中的序列类型的成分值应与GB/T 16262.2—2006的C.7中相关类型的对应成分的值相同。

8.17 嵌入式pdv类型值的编码

8.17.1 嵌入式pdv类型值的编码应是在GB/T 16262.1—2006的33.5中定义的类型的BER编码。

8.17.2 **data-value OCTET STRING**的内容应是使用已标识的传送语法的嵌入式pdv类型(见GB/T 16262.1—2006中的33.3a))的抽象数据值的编码,并且所有其他字段的值应与出现在抽象值中的值相同。

8.18 外部类型值的编码

8.18.1 外部类型值的编码应是假设定义在**EXPLICIT TAGS**环境中,其值按如下规定的序列类型的BER编码。

```
[UNIVERSAL 8]  IMPLICIT SEQUENCE  {
direct-reference          OBJECT IDENTIFIER OPTIONAL,
indirect-reference        INTEGER OPTIONAL,
data-value-descriptor     ObjectDescriptor OPTIONAL,
encoding                  CHOICE  {
single-ASN1-type            [0] ABSTRACT-SYNTAX.&Type,
octet-aligned               [1] IMPLICIT OCTET STRING,
arbitrary                   [2] IMPLICIT BIT STRING } }
```

注:由于历史原因,该序列类型与GB/T 16262.1中规定的序列类型不同。

8.18.2 字段的值依赖于要发送的抽象值,也即在GB/T 16262.1—2006中的34.5中规定的类型的值。

8.18.3 当且仅当**data-value-descriptor**出现在抽象值中,并且应有相同的值时,上述**data-value-descriptor**应出现。

8.18.4 上述**direct-reference**和**indirect-reference**的值应按照表2来出现或不存在。表2把GB/T 16262.1—2006中的34.5中定义的外部类型替换的标识映射成18.8.1中定义的外部类型成分的**direct-reference**和**indirect-reference**。

表2 标识用的替换的编码

identification	direct-reference	indirect-reference
syntaxes	* * * 不能出现 * * *	* * * 不能出现 * * *
syntax	syntax	不存在
presentation-context-id	不存在	presentation-context-id
context-negotiation	传送语法	presentation-context-id

表 2(续)

identification	direct-reference	indirect-reference
transfer-syntax	＊＊＊不能出现＊＊＊	＊＊＊不能出现＊＊＊
fixed	＊＊＊不能出现＊＊＊	＊＊＊不能出现＊＊＊

8.18.5 数据值应按照编码标识的传送语法进行编码,并应将该数据值放入下面规定的替换的编码选择中。

8.18.6 如果数据值是单个 ASN.1 数据类型的值,并且用于该数据类型的编码规则是本部分中规定的编码规则之一,则发送实现应使用下列任何编码选择:

- 单个 ANS.1 类型
- 八位位组对齐的
- 任意的

作为一实现选项。

8.18.7 如果使用商定的或协商的编码规则的数据值的编码是八位位组的整数倍,则发送实现应使用下列任何编码选择:

- 八位位组对齐的
- 任意的

作为一实现选项。

注:一系列 ASN.1 类型的,并且传送语法规定了通过将 ASN.1 基本编码规则应用于每个 ASN.1 类型所产生的八位位组串的原始拼接的数据值归入该范畴,而不是归入 8.18.6 的范畴。

8.18.8 如果使用商定的或协商的编码规则的数据值的编码不是八位位组的整数倍,则编码选择应是:

- 任意的

8.18.9 如果编码的选择是单个 ANS.1 类型,那么 ASN.1 类型应替换开放类型,其值等于要编码的数据值。

注:可能出现在开放类型中的值的范围通过与 **direct-reference** 相关的客体标识符值,和/或与 **indirect-reference** 相关整数值的注册来确定。

8.18.10 如果编码的选择选定为八位位组对齐的,那么,数据值应按照商定的或协商的编码传送语法进行编码,所得出的八位位组应形成八位位组串的值。

8.18.11 如果编码的选择是任意的,那么,数据值应按照商定的或协商的编码传送语法进行编码,其结果应形成位串的值。

8.19 客体标识符值的编码

8.19.1 客体标识符值的编码应是原始编码。

8.19.2 内容八位位组应是一起拼接的子标识符(见 8.19.3 和 8.19.4)的编码的(有序)列表。

每个子标识符表示一系列(1 个或多个)八位位组。每个八位位组的位 8 指示它是否为该系列的最后 1 个八位位组:最后八位位组的位 8 为 0;前面的每个八位位组的位 8 为 1。序列中这些八位位组的位 7 到位 1 共同编码为子标识符。在概念上,这些位被拼接起来,以形成一个无符号的二进制数,其最高有效位是第 1 个八位位组的位 7,最低有效位是最后 1 个八位位组的位 1,子标识符应尽可能最少地用八位位组来编码,也就是说,子标识符的引导八位位组应没有值 80_{16}。

8.19.3 子标识符的编号(N)应比被编码的客体标识符值中的客体标识符的成分的编号少 1。

8.19.4 第 1 个子标识符的数值从被编码的客体标识符值中的前两个客体标识符成分的值导出。使用公式

$$(X \times 40) + Y$$

其中：X 是第 1 个客体标识符成分的值，Y 是第 2 个客体标识符成分的值。

注：这种前两个客体标识符成分的组合认可的只有三个值由根结点赋予，且由 $X=0$ 和 $X=1$ 达到的结点最多赋于 39 个后继值。

8.19.5 第 i 个子标识符（$2 \leqslant i \leqslant N$）的数值是第（$i+1$）个客体标识符成分的数值。

示例：**OBJECT IDENTIFIER** 的值

{**joint-iso-itu-t 100 3**}

它与下式相同

{**2 100 3**}

其第 1 个子标识符为 180，第 2 个子标识符为 3。所得到的编码为：

OBJECT IDENTIFIER	Length	Contents
06_{16}	03_{16}	813403_{16}

8.20 相关客体标识符值的编码

注：相关客体标识符中的客体标识符成分的编码与客体标识符中成分（在第 2 个之后）的编码相同。

8.20.1 相关客体标识符值的编码应是原始编码。

8.20.2 内容八位位组应是一起拼接的子标识符（见 8.20.3 和 8.20.4）的编码的（有序的）列表。每个子标识符表示一系列（1 个或多个）八位位组。每个八位位组的位 8 指示其是否是系列中的最后 1 个八位位组：最后 1 个八位位组的位 8 是 0，前面的每个八位位组的位 8 为 1。序列中这些八位位组的位 7 至位 1 共同编码为子标识符。在概念上，这些位的组被拼接起来，以形成一个无符号的二进制数，其最高有效位是第 1 个八位位组的位 7，最低有效位是最后 1 个八位位组的位 1。子标识符应尽可能最少地用八位位组来编码，也就是说，子标识符的引导八位位组应没有值 80_{16}。

8.20.3 子标识符的编号（N）应等于要被编码的相关客体标识符值中的客体标识符的编号。

8.20.4 第 i 个子标识符（$1 \leqslant i \leqslant N$）的数据值是要被编码的相关客体标识符值中的第 i 个客体标识符的数据值。

8.20.5 示例，一个相关客体标识符值为：

{ **8571 3 2**}

其子标识符为 **8571**、**3** 和 **2**。所得到得编码为：

RELATIVE OID	Length	Contents
$0D_{16}$	04_{16}	$C27B0302_{16}$

8.21 受限字符串类型值的编码

8.21.1 数据值由 ASN.1 类型定义中规定的字符集中的字符串组成。

8.21.2 每个数据值应编码为独立于同一类型的其他数据值。

8.21.3 每个字符串类型应按如下说明的方式进行编码：

[**UNIVERSAL x**] **IMPLICIT OCTET STRING**

其中，x 是指派给 GB/T 16262.1—2006 中的字符串类型的通用类标签编号。八位位组串的值在 8.21.4 和 8.21.5 中规定。

8.21.4 在 GB/T 16262.1—2006 中，若直接引用一个枚举表（**NumericString** 和 **PrintableString**）来规定字符串类型，则八位位组串的值应是在 8.21.5 中为带有相同字符串值的 **VisibleString** 类型规定的值。

8.21.5 对于除 **UniversalString** 和 **BMPString** 串之外的受限字符串，八位位组串应包含 GB/T 2311 中为 8 位环境的编码所规定的八位位组，使用按照 GB/T 12054 登记的转义序列和字符编码。

8.21.5.1 除非在 GB/T 16262.1—2006 中用来定义字符串类型的登记号之一中有规定的转义序列，否则不使用转义序列。

8.21.5.2 在每串的开始处，某些登记号应被假设为指明的 G0 和/或 C0 和/或 C1，且被调用（使用

GB/T 2311 的术语)。表 3 将对每个类型以及它们隐式的假定的转义序列加以规定。

8.21.5.3 某些字符集串类型的编码中应不包含显式转义序列;在所有其他情况下,8.21.5.1 允许的任何转义序列可以在任何时候出现,包括在编码的开始处。表 3 列出允许有其显式转义序列的类型。

表 3 转义序列的使用

类型	假定的 G0 (登记号)	假定的 C0 和 C1 (登记号)	假定的转义序列和锁定移位(在可用处)	是否允许显式转义序列
NumericString	6	无	ESC 2/8 4/2 LS0	否
PrintableString	6	无	ESC 2/8 4/2 LS0	否
TeletexString (T61String)	102	106(C0) 107(C1)	ESC 2/8 7/5 LS0 ESC 2/1 4/5 ESC 2/2 4/8	是
VideotexString	102	1(C0) 73(C1)	ESC 2/8 7/5 LS0 ESC 2/1 4/0 ESC 2/2 4/1	是
VisibleString (GB/T 1988)	6	无	ESC 2/8 4/2 LS0	否
IA5String	6	1(C0)	ESC 2/8 4/2 LS0 ESC 2/1 4/0	否
GraphicString	6	无	ESC 2/8 4/2 LS0	是
GeneralString	6	1(C0)	ESC 2/8 4/2 LS0 ESC 2/1 4/0	是
注:有许多通常使用的字符(例如,A 到 Z)出现在具有各个登记号和转义序列的许多字符表中。当 ASN.1 类型允许转义序列时,对一个特定的字符串有多种编码是可能的(见 7.3)。				

8.21.5.4 应不使用宣布符,除非 ASN.1 用户有明确允许。

注:ASN.1 类型的选择还提供了一个宣布符功能度的有限形式。特定应用协议可以选择,以便在其他协议要素中携带宣布符或者详细地规定使用宣布符的方式。

示例:这个示例的类型定义为:

Name ::= VisibleString

其值为

"Jones"

可被编码(原始编码形式)为:

VisibleString Length Contents
$1A_{16}$ 05_{16} $4A6F6E6573_{16}$

或(结构化编码形式,确定长度)为:

VisibleString Length Contents
$3A_{16}$ 09_{16}

OctetString Length Contents
04_{16} 03_{16} $4A6F6E_{16}$

OctetString Length Contents
04_{16} 02_{16} 6573_{16}

或(结构化编码形式,不定长度)为:

VisibleString	Length	Contents		
$3A_{16}$	09_{16}			
		OctetString	Length	Contents
		04_{16}	03_{16}	$4A6F6E_{16}$
		OctetString	Length	Contents
		04_{16}	02_{16}	6573_{16}
		EOC	Length	
		00_{16}	00_{16}	

8.21.6 上述示例示出了三种(更多)可能的有效形式,作为发送器的一个选项。要求接收器处理所有允许的形式(见 7.3)。

8.21.7 对 **UniversalString** 类型,八位位组串应包含在 GB 13000.1—1993 中规定的使用 4 个八位位组正则形式(见 GB 13000.1—1993 中的 13.2)的八位位组。不应使用特定符号。如果控制功能满足被 8.21.9施加的限制,则可以使用该控制功能。

8.21.8 对 **BMPString** 类型,八位位组串应包含在 GB 13000.1—1993 中规定的使用 2 个八位位组 BMP 形式(见 GB 13000.1—1993 中的 13.1)的八位位组。不应使用特定符号。如果控制功能满足被 8.21.9 施加的限制,则可以使用该控制功能。

8.21.9 在下列例外的情况下,可以使用 GB/T 5261—1994 中的 C0 和 C1 控制功能。

注 1:本条的效果是当禁止对其他字符集使用转义时,允许有用的控制功能,例如:LF、CR、TAB 等。

注 2:对 BMPString,C0 和 C1 控制功能被编码为两个八位位组,对 UniversalString,C0 和 C1 控制功能被编码为四个八位位组。

a) 应不使用 GB/T 2311—2000 中定义的宣布符转义序列。

注 3:假设的字符编码环境是 GB 13000.1。

b) 应不使用 GB/T 2311—2000 中定义的指明或标识转义序列,包括 GB 13000.1—1993 的 17.2 和 17.4 所允许的标识转义序列。

注 4:ASN.1 允许使用 PermittedAlphabet 子类型记法来选择允许的字符集。PermittedAlphabet 也用来选择 GB 13000.1的实现级别。**BMPString** 总是用于两个八位位组的形式,**UniversalString** 总是用于四个八位位组的形式。

c) 应不使用调用 GB/T 2311—2000 的转义序列或控制序列,例如 SHIFT IN(SI)、SHIFT OUT (SO)或 LOCKING SHIFT FOR G3(SS3)。

d) 编码应与 GB 13000.1 一致,并保留在该代码集中。

e) 应不使用按照 GB 13000.1—1993 的 16.3 标识图形字符子集的控制序列。

注 5:ASN.1 的应用使用划分子类型来指示 GB 13000.1 图形字符的子集,和选择与 GB/T 2311 控制字符相对应的 GB 13000.1 字位。

f) GB 13000.1—1993 的 16.5 转义序列不应被用于切换到 GB/T 2311 代码。

8.21.10 对于 **UTF8String** 类型,八位位组串应包含 GB 13000.1—1993 中的附录 D 中规定的八位位组。不应使用宣布符和转义序列,并且每个字符应按对该字符有效的最小数的八位位组进行编码。

8.22 无限制字符串类型值的编码

8.22.1 无限制字符串类型值的编码应是 GB/T 16262.1—2006 中的 40.5 定义的类型的 BER 编码。

8.22.2 string-value OCTET STRING 的内容应是使用已标识的字符传送语法的无限制字符串类型(见 GB/T 16262.1—2006 中的 40.3a))的抽象字符串值的编码,并且所有其他字段的值应与该抽象值中出现值相同。

8.23 下列"有用的类型"应编码为已经用 GB/T 16262.1—2006 中的 42 至 44 中给出的定义所替代:

- 通用时
- 世界协调时

- 客体描述符

9 正则编码规则

正则编码规则使用的数据值的编码是第 8 章描述的基本编码及下列的限制，这些限制也在第 11 章中列出。

9.1 长度形式

如果编码是结构化编码，则应使用不定长度形式。如果编码是原始编码，应包括必要的最短长度的八位位组[与 8.1.3.2 b)对比]。

9.2 串编码形式

如果位串、八位位组串和受限字符串的值要求不大于 1000 个内容八位位组，则应使用原始编码对它们进行编码，否则，应使用结构化编码。结构化编码中包含的串分片应使用原始编码进行编码。每个分片的编码，除了可能的最后一个分片外，应具有 1000 个内容八位位组(与 8.21.6 对比)。

9.3 集合成分

集合值的成分值的编码应按照 GB/T 16262.1—2006 中的 8.6 中规定的标签所确定的次序出现。此外，当一个或多个成分是无标签的选择类型时，为确定成分的编码次序，每个无标签的选择类型也被排序，好像该类型有一个与该选择类型或其中嵌套的任何无标签选择类型中的最小标签相等的标签。

示例：

假设有一个 **IMPLICIT TAGS** 的置标签环境：

```
A ::= SET
      {
      a     [3]  INTEGER,
      b     [1]  CHOICE
                 {
                 c    [2]  INTEGER,
                 d    [4]  INTEGER
                 },
      e     CHOICE
                 f    CHOICE
                      {
                      g    [5]  INTEGER,
                      h    [6]  INTEGER
                      },
                 i    CHOICE
                      {
                      j    [0]  INTEGER
                      }
                 }
      }
```

编码集合成分的次序将总是 e、b 和 a，因为 tag[0]的排序最低，其次是[1]，再其次是[3]。

10 非典型编码规则

非典型编码规则使用的数据值的编码是第 8 章描述的基本编码及下列的限制，这些限制也在第 11

章中列出。

10.1 长度形式

应使用确定长度编码形式,用最小数目的八位位组进行编码[与 8.1.3.2 b)对比]。

10.2 串编码形式

对位串、八位位组串和受限字符串类型,应不使用结构化编码的形式(与 8.21.6 对比)。

10.3 集合成分

集合值的成分值的编码应按照 GB/T 16262.1—2006 中的 8.6 中规定的标签所确定的次序出现。

注:当集合的成分是无标签的选择类型时,该成分在次序中的位置将依赖于要编码的选择成分的标签。

11 CER 和 DER 使用 BER 的限制

在第 8 章及其各条对"应是 BER 编码"的引用应解释为"适当时,应是 CER 或 DER 编码"(见 8.16.1、8.17.1、8.18.1 和 8.22.1)。

11.1 布尔值

如果编码表示布尔值 TRUE,则其单个内容八位位组应使所有 8 位都置 1(与 8.2.2 对比)。

11.2 未使用的位

11.2.1 位串值编码的最后 1 个八位位组的各个未使用的位应置 0。

11.2.2 在应用 GB/T 16262.1—2006 中的 21.7 时,应在编码位串之前除去所有尾 0 位。

注 1:在使用大小限制的情况下,解码器交付给应用的抽象值是那些满足该大小约束的抽象值之一,并且仅仅不同于用若干尾 0 位发送的值。

注 2:如果位串值没有置 1 的位,那么,编码器应编码长度为 1 和初始八位位组置 0 的值。

11.3 实数值

11.3.1 如果编码表示基数 B 是 2 的实数值,则应使用利用基数 2 的二进制编码。在编码之前,选定尾数 M 和指数 E,使 M 是 0 或奇数。

注:这是必要的,因为若 $M \neq M'$,同一个实数值可以看成$\{M,2,E\}$和$\{M',2,E'\}$,对某一非 0 的整数 n:

$$M' = M \times 2^{-n}$$

$$E' = E + n$$

在值的编码中,二进制比例因子 F 应为 0,M 和 E 应分别用必需的最少八位位组表示。

11.3.2 如果编码表示基数 B 为 10 的实数值,则应使用十进制编码。在形成编码时,下列内容适用:

11.3.2.1 应使用 SJ/Z 9047—1987 NR3 形式。

11.3.2.2 编码中应不使用 SPACE。

11.3.2.3 如果实数值是负数,则它应以 MINUS SIGN(-)开始,否则,它应以一个数字开始。

11.3.2.4 尾数的第 1 个和最后 1 个数字都不可以是 0。

11.3.2.5 尾数的最后 1 个数字后应紧跟一个 FULL STOP(.),再跟一个指数记号 E。

11.3.2.6 如果指数是 0,它应写成"+0",否则,指数的第 1 个数字不应是 0,也不应使用 PLUS SIGN。

11.4 **GeneralString** 值

仅当字符的登记项当前不指明为 G0、G1、G2、G3、C0 或 C1 集时,**GeneralString** 类型(及其子类型)值的编码应生成转义序列,以指明和调用新的登记项。所有指明和调用应进入最小编号的 G 或 C 集合,对于 G 或 C 集合来说,存在与转义序列一起要使用的编码字符集的国际登记簿中的项所定义的一个转义序列。

注 1:对于上述条款的目的,G0 是最小编号的 G 集,然后依次是 G1、G2 和 G3。C0 是最小编号的 C 集,随后是 C1。

注 2:字符串值中的每个字符与编码字符集的国际登记簿中的特定项有关联。

11.5 默认值的集合和序列成分

集合值或序列值的编码应不包括等于其默认值的任何成分值的编码。

11.6 单一集合成分

单一集合值的成分值的编码应按升序出现，要被比较的编码八位位组串正如带有较短成分的八位位组串在其尾端用置为0的八位位组来填充那样进行比较。

注：填充的八位位组仅为了比较的目的，在编码中不出现。

11.7 GeneralizedTime(通用时)

11.7.1 编码应按照GB/T 16262.1—2006对GeneralizedTime条所描述的那样，以一个"Z"来终止。

11.7.2 秒元素应总是存在的。

11.7.3 若存在分秒元素，应忽略所有末尾0；若该元素相当于0，则它们应全部被忽略，十进制小数点也应被忽略。

示例

秒元素"26.000"应表示为"26"；

秒元素"26.5200"应表示为"26.52"。

11.7.4 若存在十进制小数点元素，则它应是小数点选项"."。

11.7.5 午夜(GMT)应以下列形式表示：

"YYYYMMDD000000Z"

其中，"YYYYMMDD"表示上述午夜之后的一天。

示例

有效表示的示例：

"19920521000000Z"

"19920622123421Z"

"19920722132100.3Z"

无效表示的示例：

"19920520240000Z"(不正确表示的午夜)

"19920622123421.0Z"(假的末尾0)

"19920722132100.30Z"(假的末尾0)

11.8 UTCTime(世界协调时)

11.8.1 编码应按照GB/T 16262.1—2006对UTCTime条所描述的那样，以一个"Z"来终止。

11.8.2 秒元素应总是存在的。

11.8.3 午夜(GMT)应该以下列形式表示：

"YYMMDD000000Z"

其中，"YYMMDD"表示上述午夜之后的一天。

11.8.4 有效表示的示例

"920521000000Z"

"920622123421Z"

"920722132100Z"

11.8.5 无效表示的示例

"920520240000Z"(不正确表示的午夜)

"9207221321Z"("00"秒被忽略)

12 传送语法定义中的BER、CER和DER的使用

12.1 对于单个ASN.1类型的所有值，无论何时需要规定一个无歧义的、不可分割的和自界定的八位位组串的表示，都可以引用和应用本部分规定的编码规则。

注：所有这样的八位位组串在单个ASN.1类型的范围内是无歧义的。若与不同的ASN.1类型的编码相混合，则不一定是无歧义的。

12.2 下列客体标识符和客体描述符的值被赋予用来标识和描述本部分规定的基本编码规则：

{**joint-iso-itu-t asn1（1） basic-encoding（1）**}和

"**Basic Encoding of a single ASN.1 type**"

12.3 下列客体标识符和客体描述符的值被赋予用来标识和描述本部分规定的正则编码规则：

{**joint-iso-itu-t asn1(1) ber-derived(2) canonical-encoding(0)**}和

"**Canonical encoding of a single ASN.1 type**"

12.4 下列客体标识符和客体描述符值被赋予用来标识和描述本部分规定的非典型编码规则：

{**joint-iso-itu-t asn1(1) ber-derived(2) distinguished-encoding(1)**}和

"**Distinguished encoding of a single ASN.1 type**"

12.5 在无歧义的规范将抽象语法定义为抽象值的集合时，其中每一个就是某一特定命名的 ASN.1 类型的值，通常(但不一定)是选择类型的值，那么，12.2、12.3 或 12.4 中规定的客体标识符的值之一可以与抽象语法名称一起用来分别标识出对应在定义抽象语法时所使用的、特定命名的 ASN.1 类型的基本编码规则、正则编码规则或非典型编码规则。

12.6 在 12.2、12.3 和 12.4 中规定的名字不应与抽象语法名称一起用来标识传送语法，除非满足抽象语法定义用的 12.5 中的条件。

附 录 A
（资料性附录）
编码的示例

本附录通过提出一个用 ASN.1 定义的(假想)人事记录的八位位组表示来说明本部分中的基本编码规则。

A.1 记录结构的 ASN.1 描述

假想的人事记录的结构在下面使用 GB/T 16262.1—2006 中为了定义类型而规定 ASN.1 形式描述。

```
PersonnelRecord ::= [APPLICATION  0] IMPLICIT  SET {
        Name                    Name,
        title                   [0]  VisibleString,
        number                  EmployeeNumber,
        dateOfHire              [1]  Date,
        nameOfSpouse            [2]  Name,
        children                [3]  IMPLICIT
            SEQUENCE OF ChildInformation  DEFAULT {} }
ChildInformation ::= SET
        { name                  Name,
          dateOfBirth           [0]  Date}
Name ::= [APPLICATION           1] IMPLICIT  SEQUENCE
        { givenName             VisibleString,
          initial               VisibleString,
          familyName            VisibleString}
EmployeeNumber ::= [APPLICATION  2] IMPLICIT  INTEGER
Date ::= [APPLICATION  3] IMPLICIT  VisibleString -- YYYYMMDD
```

A.2 记录值的 ASN.1 描述

John Smith 的个人记录的值使用 ASN.1 进行形式描述如下：

```
{name  {givenName "John",initial "P",familyName "Smith"},
        title                   "Director",
        number                  51,
        dateOfHire              "19710917",
        nameOfSpouse            {givenName "Mary",initial "T",familyName "Smith"},
        children
            {
                {name   {givenName "Ralph",initial "T",familyName "Smith"},
                        dateOfBirth "19571111"
                },
                {name   {givenName "Susan",initial "B",familyName "Jones"},
                    dateOfBirth "19590711"
```

```
            }
        }
    }
```

A.3 该记录值的表示

上面所给的记录值用八位位组的表示如下(应用了本部分定义的基本编码规则后)。标识符、长度和整数的内容八位位组的值用十六进制表示,每个八位位组是二个十六进制数。字符串内容的值的表示为文本,每个八位位组一个字符。

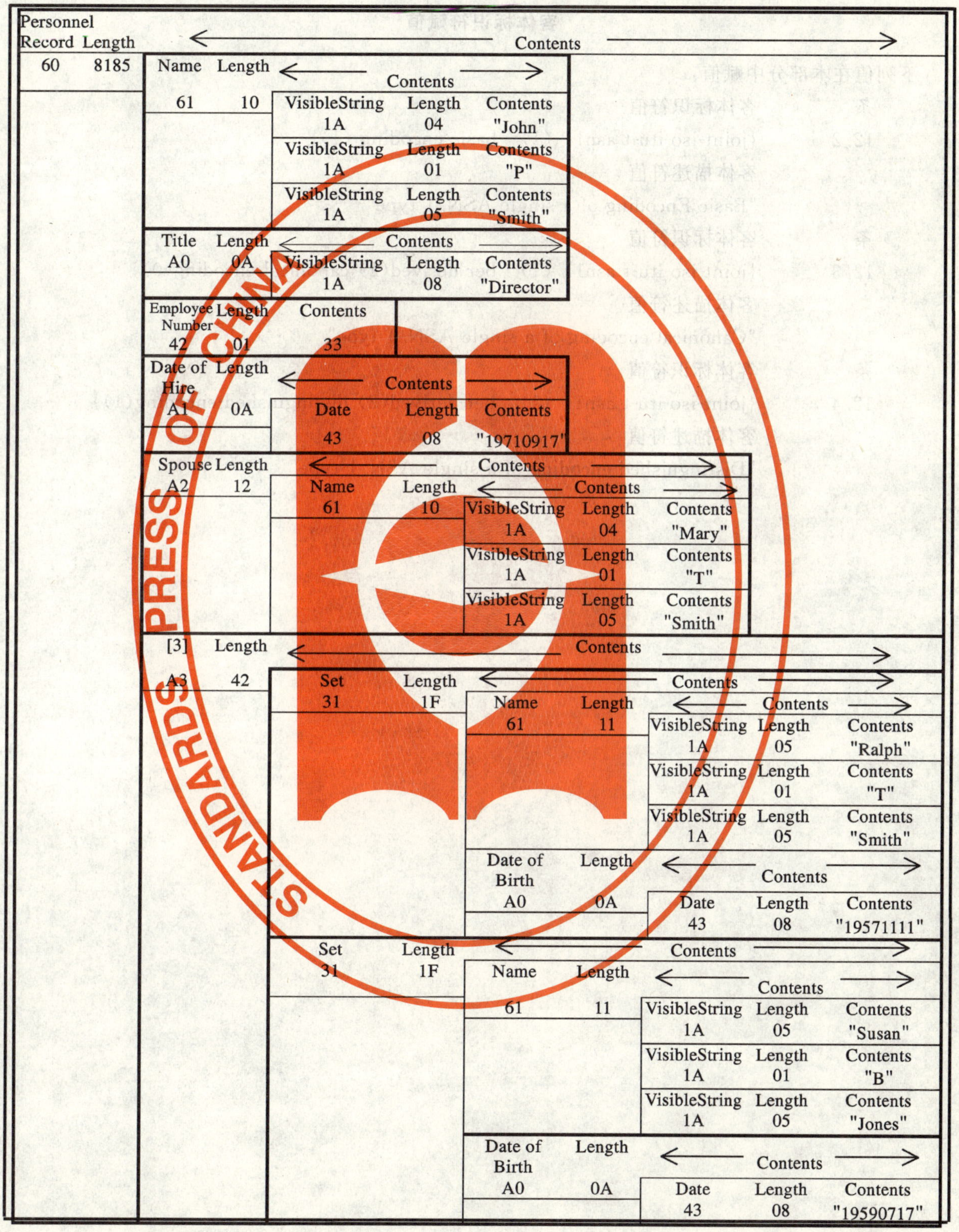
Personnel Record
Length
Contents
60
8185
Name
Length
Contents
61
10
VisibleString
Length
Contents
1A
04
"John"
VisibleString
Length
Contents
1A
01
"P"
VisibleString
Length
Contents
1A
05
"Smith"
Title
Length
Contents
A0
0A
VisibleString
Length
Contents
1A
08
"Director"
Employee Number
Length
Contents
42
01
33
Date of Hire
Length
Contents
A1
0A
Date
Length
Contents
43
08
"19710917"
Spouse
Length
Contents
A2
12
Name
Length
Contents
61
10
VisibleString
Length
Contents
1A
04
"Mary"
VisibleString
Length
Contents
1A
01
"T"
VisibleString
Length
Contents
1A
05
"Smith"
[3]
Length
Contents
A3
42
Set
Length
Contents
31
1F
Name
Length
Contents
61
11
VisibleString
Length
Contents
1A
05
"Ralph"
VisibleString
Length
Contents
1A
01
"T"
VisibleString
Length
Contents
1A
05
"Smith"
Date of Birth
Length
Contents
A0
0A
Date
Length
Contents
43
08
"19571111"
Set
Length
Contents
31
1F
Name
Length
Contents
61
11
VisibleString
Length
Contents
1A
05
"Susan"
VisibleString
Length
Contents
1A
01
"B"
VisibleString
Length
Contents
1A
05
"Jones"
Date of Birth
Length
Contents
A0
0A
Date
Length
Contents
43
08
"19590717"

附 录 B
（资料性附录）
客体标识符赋值

下列值在本部分中赋值：

条　　客体标识符值

12.2　　{joint-iso-itu-t asn1 (1) basic-encoding (1)}

客体描述符值

"Basic Encoding of a single ASN.1 type"

条　　客体标识符值

12.3　　{joint-iso-itu-t asn1 (1) ber-derived(2) canonical-encoding(0)}

客体描述符值

"Canonical encoding of a single ASN.1 type"

条　　客体标识符值

12.4　　{joint-iso-itu-t asn1 (1) ber-derived(2) distinguished-encoding(1)}

客体描述符值

"Distinguished encoding of a single ASN.1 type"

附 录 C
（资料性附录）
实数值编码的实例

C.1 发送器通常检查自己的硬件浮点表示，以便确定用来传送在该浮点表示与 ASN.1 实数值编码的长度八位位组和内容八位位组之间的值的（依赖于值的）算法。本附录说明了通过使用图 C.1 所示的尾数的（人工）硬件浮点表示在这样的过程中能够采取的步骤。

假设该指数作为一个整数 E 它能容易地从浮点硬件得到。

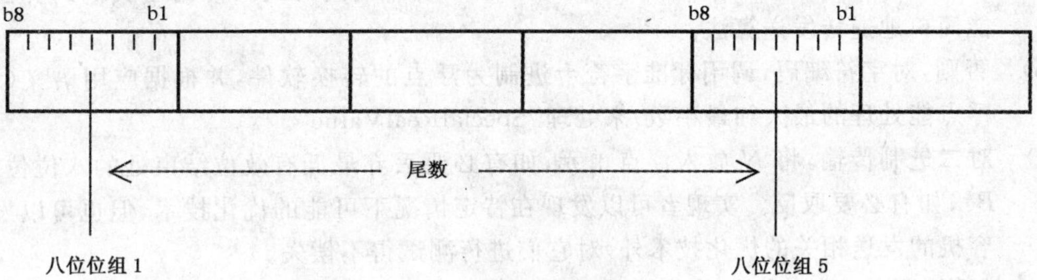

图 C.1 浮点表示

C.2 需要为了发送使用二进制编码的非 0 值（如本部分正文中的规定）而产生的内容八位位组是：

I S bb ff ee E 的八位位组 N 的八位位组

其中 S（尾数符号）依赖于被转换的值，bb 的固定的值（比如 10），以表示基数（本例中假定基数为 16），ff 是如 C.3 的描述计算出的 *F* 值，ee 是如 C.4 的描述计算出的指数值的固定长度（本附录不处理 E 需要超过 3 个八位位组的情况）。

C.3 在强制第 1 个八位位组的位 8 至位 3 和第 5 个八位位组的位 4 至位 1 为 0 后，该算法将发送作为 *N* 值的硬件表示的八位位组 1 到 5。假设隐含的十进制小数点被定位在交付 *E* 值的硬件表示中的八位位组 1 的位 2 和位 1 中间，发送之前通过减去 *E* 值，其隐含位置能移位到第 5 个八位位组之后的最近的点上。在我们的示例系统中，我们对每个指数的减量能移 4 位（因为我们假定基数为 16），所以 9 的减量将隐含的小数点定位在第 6 个八位位组的位 6 和位 5 中间。这样值 *M* 是 *N* 乘以 2^3，以便正确地定位 *M* 中的小数点（所传送八位位组的 *N* 中隐含的位置是在第 5 个八位位组的位 1 之后）。这样我们得到关键的参数：

$F=3$（所以 ff 是 11）

指数减量＝9

C.4 指数所需要的长度现在通过求出表示下列值所需要的八位位组的最大数计算出来，

E_{min}——超过量——指数减量

E_{max}——超过量——指数减量

其中，E_{min} 和 E_{max} 是指数表示法的最小和最大整数值，超过量是为了产生真实指数值而需要减去的任何值，指数减量如 C.3 计算出来。假设给出 3 个八位位组的长度。那么 ee 是 10。也假设超过量为 0。

C.5 现在，发送算法是：

a) 对于 ASN.1 类型实数，发送带有标签的基本编码规则标识符八位位组字段；

b) 测试 0，如果测试完成，发送带有值为 0 的 ASN.1 基本编码规则长度字段（无内容八位位组），并结束该算法；

c) 测试并记忆尾数符号，并且如果为负，尾数取反；

d) 传送带有值为 9 的 ASN.1 基本编码规则长度字段，那么：
——若为负 则 11101110；或者
——若为正 则 10101110；

e) 产生并发送有下列指数值的 3 个八位位组：
E-9；

f) 将第 1 个八位位组的位 8 至位 3 和第 5 个八位位组的位 4 至位 1 置为 0，然后发送 5 个八位位组尾数。

C.6 接收算法必须准备处理任何 ASN.1 基本编码，但这里可以直接使用浮点单元。我们按如下内容进行：

a) 检验第 1 个内容八位位组；如果它是 1×101110，我们得到的传输与我们的算法相一致，并且能简单地逆转发送算法。

b) 否则，对字符编码，调用标准字符十进制为浮点的转换软件，并根据应用语义（可能设置硬件浮点能处理的最大和最小数）来处理"SpecialRealValue"。

c) 对二进制传输，将 N 放入浮点单元，如有必要丢弃最低有效位结束处的八位位组，乘以 2^F 和 B^E，如有必要取反。实现者可以发现在特定情况下可能的优化技术，但也可以发现（除了与兼容机的发送相关的优化技术外）对它们进行测试得不偿失。

C.7 上述算法只是实例，当然，实现者将确定他们自己最好的策略。

ICS 35.100.60
L 79

中华人民共和国国家标准

GB/T 16263.2—2006/ISO/IEC 8825-2:2002

信息技术　ASN.1编码规则
第2部分:紧缩编码规则(PER)规范

Information technology—ASN.1 encoding rules—
Part 2: Specification of Packed Encoding Rules(PER)

(ISO/IEC 8825-2:2002,IDT)

2006-03-14 发布　　　　2006-07-01 实施

中华人民共和国国家质量监督检验检疫总局
中国国家标准化管理委员会　发布

前　言

GB/T 16263—2006 在《信息技术 ASN.1 编码规则》的总标题下，目前包括以下两个部分：

——第 1 部分(即 GB/T 16263.1)：基本编码规则(BER)、正则编码规则(CER)和非典型编码规则(DER)规范；

——第 2 部分(即 GB/T 16263.2)：紧缩编码规则(PER)规范。

本部分为 GB/T 16263 的第 2 部分，等同采用国际标准 ISO/IEC 8825-2:2002《信息技术　ASN.1 编码规则　紧缩编码规则(PER)规范》(英文版)。与该项国际标准等同的文本是 ITU-T 建议 X.691。

按照 GB/T 1.1—2000 的规定，本部分对 ISO/IEC 8825-2:2002 做了下列编辑性修改：

a)　"本标准"一词改为"本部分"；

b)　在引用的标准中，凡已转化为我国标准的各项标准，均用我国的相应标准编号代替。对"规范性引用文件"一章中的标准按 GB/T 1.1—2000 的规定进行了重新排列。

本部分的附录 A、附录 B、附录 C、附录 D、附录 E 和附录 F 是资料性附录。

本部分由中华人民共和国信息产业部提出。

本部分由中国电子标准化研究所归口。

本部分由北京信息工程学院、中国电子技术标准化研究所负责起草。

本部分主要起草人：王凌、郑洪仁、张红。

引　言

GB/T 16262.1、GB/T 16262.2、GB/T 16262.3 和 GB/T 16262.4 共同描述了抽象语法记法一(ASN.1),这种记法就对等应用之间交换的报文进行了定义。

本部分定义的编码规则适用于使用 GB/T 16262.1 规定的记法所确定的类型值。应用这些编码规则产生对这些值的传送语法。这些编码规则规范也隐含适用于解码。

ASN.1 的类型值应用的编码规则可以有多种集合。本部分定义了紧缩编码规则(PER)。之所以称为紧缩编码规则集合,是因为这种编码规则获得了比 GB/T 16263.1 中描述的基本编码规则(BER)及它派生的编码规则更紧凑的表示,GB/T 16263.1 是紧缩编码规则规范的某些部分的参考。

信息技术　ASN.1编码规则
第2部分:紧缩编码规则(PER)规范

1　范围

本部分规定了紧缩编码规则集合,它们可以用来为GB/T 16262.1中定义的类型值派生传送语法。这些紧缩编码规则也适用于解码这样的传送语法,以便标识出被传送的数据值。

本部分规定的编码规则:

——在通信时使用;

——在选择编码规则时主要关心值的最小化表示规模的场合中使用;

——对在GB/T 16262.1中描述的所有扩展形式,在保留现有值的编码时,允许通过增加额外值进行抽象语法的扩展。

2　规范性引用文件

下列文件中的条款通过GB/T 16263的本部分的引用而成为本部分的条款。凡是注日期的引用文件,其随后所有的修改单(不包括勘误的内容)或修订版均不适用于本部分,然而,鼓励根据本部分达成协议的各方研究是否可使用这些文件的最新版本。凡是不注日期的引用文件,其最新版本适用于本部分。

GB/T 1988—1998　信息技术　信息交换用七位编码字符集(eqv ISO/IEC 646:1991)

GB/T 2311—2000　信息技术　字符码结构和扩展技术(idt ISO/IEC 2022:1994)

GB/T 9387.1—1998　信息技术　开放系统互连　基本参考模型　第1部分:基本模型(idt ISO/IEC 7498-1:1994)

GB/T 12054—1989　数据处理　转义序列登记规程(neq ISO 2375:1985)

GB 13000.1—1993　信息技术　通用多八位编码字符集(UCS)第1部分:体系结构与基本多文种平面(idt ISO/IEC 10646:2000)

GB/T 16262.1—2006　信息技术　抽象语法记法一(ASN.1)　第1部分:基本记法规范(ISO/IEC 8824-1:2002, IDT)

GB/T 16262.2—2006　信息技术　抽象语法记法一(ASN.1)　第2部分:信息客体规范(ISO/IEC 8824-2:2002, IDT)

GB/T 16262.3—2006　信息技术　抽象语法记法一(ASN.1)　第3部分:约束规范(ISO/IEC 8824-3: 2002, IDT)

GB/T 16262.4—2006　信息技术　抽象语法记法一(ASN.1)　第4部分: ASN.1规范的参数化(ISO/IEC 8824-4: 2002, IDT)

GB/T 16263.1—2006　信息技术　ASN.1编码规则　第1部分:基本编码规则(BER)、正则编码规则(CER)和非典型编码规则(DER)的规范(ISO/IEC 8825-1: 2002, IDT)

SJ/Z 9047—1987　信息处理　信息交换用字符串形式表示数值的方法(idt ISO 6093:1985)

要与转义序列一起使用的编码字符集的ISO国际登记簿

3　术语和定义

下列术语和定义适用于本部分。

3.1 基本记法规范

GB/T 16262.1—2006 中的所有术语和定义适用于本部分。

3.2 信息客体规范

GB/T 16262.2—2006 中的所有术语和定义适用于本部分。

3.3 约束规范

本部分使用 GB/T 16262.3—2006 中定义的下列术语和定义：

a) 成分关系约束(component relation constraint)；

b) 表约束(table constraint)。

3.4 ASN.1 规范的参数化

本部分使用 GB/T 16262.4—2006 中定义的下列术语和定义：

可变约束(variable constraint)

3.5 基本编码规则

本部分使用 GB/T 16263.1—2006 中定义的下列术语和定义：

a) 动态一致性 (dynamic conformance)；

b) 静态一致性 (static conformance)；

c) 数据值 (data value)；

d) (数据值的)编码(encoding(of a data value))；

e) 发送器 (sender)；

f) 接收器 (receiver)。

3.6 附加定义

下列术语和定义适用于本部分。

3.6.1

2 的补码的二进制整数编码 2's-complement-binary-integer encoding

把整个数编码到指定长度的位字段(在 ALIGNED 变体中八位位组对齐)中，或者编码到可接纳该整个数编码为 2 的补码的整数的最小数目的八位位组中，该编码按照 10.4 所规定的等于、大于或小于 0 的整个数提供表示。

注 1：2 的补码的二进制数的值通过计数内容八位位组中的位得出，计数从最后 1 个八位位组的位 1 开始作为位 0，到第 1 个八位位组的位 8 结束。每位赋予一个 2^N 的数值，这里 N 是该位在上面计数顺序中的位置。2 的补码的二进制数的值利用下列方法得出，即，累加计算那些置 1 的位的数值，但不包括第 1 个八位位组的位 8。然后，若第 1 个八位位组的位 8 置为 1，则这个累加值减去赋给位 8 的数值。

注 2：整个数(whole number)是数学术语整数(integer)的同义词。这里使用它是为了避免与 ASN.1 的类型整数(integer)混淆。

3.6.2

抽象语法值 abstract syntax value

要由 PER 编码或由 PER 解码生成的抽象语法值(定义为单个 ASN.1 类型值的集合)。

注：与抽象语法相关联的单个 ASN.1 类型由类"**ABSTRACT-SYNTAX**"的客体形式地标识。

3.6.3

位字段 bit-field

编码机制某一部分的产物，由有序的位集合构成，这些位不必是 8 的倍数。

注：若该术语的使用后面紧跟"ALIGNED 变体中八位位组对齐"，这意味着对 PER 的对齐变体来说，该位字段要求完整的编码在八位位组边界上开始。

3.6.4

正则编码 canonical encoding

抽象语法值的一种完整编码，它通过使用没有实现相关的选项的编码规则获得；这种规则使得在传送语法中的无歧义且唯一的位串与抽象语法中的值之间产生一对一映射的定义。

3.6.5

复合类型 composite type

集合、序列、单一集合、单一序列、选择、嵌入式 pdv、外部或者不受限的字符串类型。

3.6.6

复合值 composite value

复合类型的值。

3.6.7

受约束的整个数 constrained whole number

受 PER 可视约束所约束的整个数处于"lb"到"ub"的范围内,"lb"的值小于或等于"ub"的值,且"lb"和"ub"的值是允许的值。

注:受约束的整个数出现在编码中,它标识以下内容:选定的选择类型的替换项;长度已经被 PER 可视约束限制到最大长度的字符、八位位组和位串类型的长度;单一序列或单一集合类型中的成分数计数已经被 PER 可视约束限制为最大成分数的计数;已经被 PER 可视约束所约束的处于有限最小值和最大值范围内的整数类型值;以及表示枚举类型中的枚举值。

3.6.8

有效长度约束(受约束字符串类型的) effective size constraint(for a constrained string type)

单个有限长度约束,它可适用于内置串类型,并且其效果是允许且只允许全部能被受约束的串类型表示的那些长度。

注 1:例如,下列串类型有一个有效长度约束:

A ::= IA5String (SIZE(1..4) | SIZE(10..15))

因为它可以用适用于所有值的单个长度约束改写:

A ::= IA5String (SIZE(1..4 | 10..15))

而下面的串类型没有有效长度约束,因为如果该串不包含除"a"、"b"和"c"外的任何字符,则它可以任意长:

B ::= IA5String (SIZE(1..4 | FROM("abc"))

注 2:有效长度约束只能用来确定长度的编码。

3.6.9

有效允许字母表约束(受约束的受限字符串类型的) effective permitted-alphabet constraint (for a constrained restricted character string type)

单个允许字母表约束,它可以适用于内置已知倍数字符串类型,并且其效果是允许且只允许那些能够出现在某个受约束的受限字符串类型的值中至少一个字符位置上的字符。

注 1:例如,在

Ax ::= IA5String (FROM("AB") | FROM("CD"))

Bx ::= IA5String (SIZE(1..4 | FROM("abc")) 内

Ax 有一个有效允许字母表约束为"**ABCD**",**Bx** 有一个由整个 **IA5String** 字母表构成的有效允许字母表约束,因为没有更小的允许字母表约束能够适用于 **Bx** 的所有值。

注 2:有效允许字母表约束只用来确定字符的编码。

3.6.10

枚举索引 enumeration index

与枚举类型中的"EnumerationItem"相关联的非负整个数。枚举索引通过把"EnumerationItem"按照枚举值升序的方式进行排序来确定,枚举索引从 0 开始赋值,0 赋值给第 1 个"EnumerationItem",1 赋值给第 2 个,依此类推,直到排序表中的最后一个"EnumerationItem"。

注:"RootEnumeration"中的"EnumerationItem"与"AdditionalEnumeration"中的"EnumerationItem"分开来排序。

3.6.11

PER 编码的可扩展　extensible for PER encoding

一种类型特性,需要 PER 把值的编码标识为根值的编码或扩展附加部分的编码。

注:根值编码一般比扩展附加部分编码的效率更高。

3.6.12

字段列表　field-list

位字段的有序集合,它是把这些编码规则应用于抽象值产生的结果。

3.6.13

不定长度　indefinite-length

其长度大于 64K-1 或者其最大长度不能由 ASN.1 记法确定的一种编码。

3.6.14

固定长度类型　fixed-length type

一种类型,该类型编码的最外层长度决定因子的值可以由类型记法(仅在应用 PER 可视约束之后)来确定(使用本部分规定的机制),并且对于该类型的所有可能值而言,该值相同。

3.6.15

固定值　fixed value

一个值,它可以确定(用本部分规定的机制)这是支配它的类型的一个唯一允许值(仅在应用 PER 可视约束之后)。

3.6.16

已知倍数字符串类型　known-multiplier character string type

一种受限字符串类型,其中,对所有允许字符串值,编码的八位位组数是字符串中的字符数的已知固定倍数。已知倍数字符串类型是 **IA5String**、**PrintableString**、**VisibleString**、**NumericString**、**UniversalString** 和 **BMPString**。

3.6.17

长度决定因子　length determinant

确定全部或者部分 PER 编码长度的(位、八位位组、字符或成分的)计数。

3.6.18

正常小非负整个数　normally small non-negative whole number

编码的一部分,它表示一个无边界非负整数的若干值,但是,小值比大值出现的可能性大。

3.6.19

正常小长度　normally small length

长度编码,它表示一个无边界长度的若干值,但是,小长度比大长度出现的可能性大。

3.6.20

非负二进制整数编码　non-negative-binary-integer-encoding

受约束或半受约束的整个数的编码,该整个数可编码到指定长度的位字段中、或编码到指定长度的位字段(ALIGNED 变体中的八位位组对齐)中、或者编码到最小数目的八位位组中,该八位位组将容纳非负二进制整数的整个数,而非负二进制整数为 10.3 规定的大于或等于 0 的整个数提供了表示。

注:2 的补码的二进制数的值通过计数内容八位位组中的位得出,计数从最后一个八位位组的位 1 开始作为位 0,到第 1 个八位位组的位 8 结束。每位赋予一个 2^N 的数值,这里 N 是该位在上面计数顺序中的位置。2 的补码的二进制数的值为置 1 的位所赋予数值的和。

3.6.21

最外层类型　outermost type

一种 ASN.1 类型,其编码被包含在一个非 ASN.1 载体中或作为其他 ASN.1 结构(见 10.1.1)

的值。

注：最外层类型的 PER 编码总是八位的整数倍。

3.6.22

PER 可视约束　PER-visible constraint

影响值的 PER 编码的 ASN.1 约束记法的使用实例。

3.6.23

中继安全编码　relay-safe encoding

抽象语法值的一种完整编码，该编码无需知道编码执行环境就可以被解码(包括任何嵌入式编码)。

3.6.24

半受约束的整个数　semi-constrained whole number

一种受 PER 可视约束所约束的整个数，以值"lb"作为允许值，约束超过或等于某个值"lb"，它是不受约束的整个数。

注：半受约束的整个数出现在不受约束的(和某些受约束的情况下的)字符、八位位组和位串类型的长度编码中，还出现在不受约束的(和某些受约束的情况下的)单一序列和单一集合类型的成分计数的编码中，以及已经约束为超过某个最小值的整数类型值的编码中。

3.6.25

简单类型　simple type

不是复合类型的类型。

3.6.26

文本依赖　textually dependent

用来标识下列情况的一个术语，如果在计算一个元素集合时使用了某个引用名，则该元素集合的值被认为依赖于该引用名，而无论执行的实际集合算术运算结果是元素集合的最终值与赋值给该引用名的实际元素集合值是否有关。

注：例如，下面的 Foo 的定义文本依赖于 Bar，即使 Bar 对 Foo 的值集没有影响(因此，根据 9.3.5，在 Foo 上的约束不是 PER 可视的，因为 Bar 被一个表约束来约束的，而 Foo 在文本上依赖于 Bar)。

```
MY-CLASS ::= CLASS { &name PrintableString, &age INTEGER } WITH SYNTAX{&name, &age}
MyObjectSet MY-CLASS ::= { { "Jack", 7 } | { "Jill",5 } }
Bar ::= MY-CLASS.&age ( { MyObjectSet } )
Foo ::= INTEGER ( Bar | 1..100 )
```

3.6.27

不受约束的整个数　unconstrained whole number

一种不受 PER 可视约束所约束的整个数。

注：不受约束的整个数仅出现在整数类型值的编码中。

4　缩略语

下列缩略语适用于本部分：

ASN.1	抽象语法记法一
BER	ASN.1 的基本编码规则
CER	ASN.1 的正则编码规则
DER	ASN.1 的非典型编码规则
PER	ASN.1 的紧缩编码规则
16K	16384
32K	32768
48K	49152

64K　　　　65536

5 记法

本部分引用 GB/T 16262.1 定义的记法。

6 约定

6.1 本部分使用术语“最高有效位”和“最低有效位”来定义编码中的每个八位位组的值。

注：低层规范使用相同的记法来定义串行线上位传输的次序，或者将若干位分配给并行信道。

6.2 对于本部分，八位位组的位从 8 至 1 编号，其中位 8 是“最高有效位”，位 1 是“最低有效位”。

6.3 在本部分中频繁使用的术语“八位位组”来代表“八个位”。使用该术语代替“八个位”不带有任何对齐的含义。若打算对齐，在本部分中被显式地说明。

7 本部分定义的编码规则

7.1 本部分规定了 4 种编码规则（以及相关联的客体标识符），它们可以用来编码和解码定义为单个（已知）ASN.1 类型值的抽象语法值。本章描述其适用性和特性。

7.2 在不知道被编码值的类型的情况下，就不可能确定编码（在任何 PER 编码规则算法下）的结构。特别是，在不知道被编码的类型的情况下，就不能从编码本身确定编码的结束。

7.3 如果类型 **EXTERNAL**、**EMBEDDED PDV** 和 **CHARACTER STRING** 的抽象值被约束阻止携带 OSI 表示上下文的标识符，则 PER 编码总是中继安全的。

7.4 本部分规定的最一般的编码规则算法是 BASIC-PER，它通常不产生正则编码。

7.5 本部分规定的第 2 个编码规则算法是 CANONICAL-PER，它产生正则编码。被定义为在 BASIC-PER 编码中依赖于实现的选择的限制。

注 1：当鉴别器需要应用于抽象值时，则 CANONICAL-PER 产生具有若干应用的正则编码。

注 2：任何与 CANONICAL-PER 编码一致的实现都与 BASIC-PER 编码一致。任何与 BASIC-PER 解码一致的实现都与 CANONICAL-PER 解码一致。因此，按照 CANONICAL-PER 形成的编码也是 BASIC-PER 所允许的编码。

7.6 如果用 BASIC-PER 或 CANONICAL-PER 所编码的类型含有 **EMBEDDED PDV**、**CHARACTER STRING** 或者 **EXTERNAL** 类型，则外层编码不再是中继安全的，除非所有 **EMBEDDED PDV**、**CHARACTER STRING** 和 **EXTERNAL** 类型所使用的传送语法都是中继安全的。如果用 CANONICAL-PER 所编码的类型含有 **EMBEDDED PDV**、**CHARACTER STRING** 或 **EXTERNAL** 类型，则外层编码不再是正则的，除非所有 **EMBEDDED PDV**、**CHARACTER STRING** 和 **EXTERNAL** 类型所使用的传送语法都是正则的。

注：支持{GB13000.1 的 1 级(1)...}形式的所有字符抽象语法的字符传送语法是正则的。支持{GB13000.1 的 2 级(2)...}和{GB13000.1 的 3 级(3)...}形式的字符传送语法不总是正则的。所有上述字符传送语法都是中继安全的。

7.7 BASIC-PER 和 CANONICAL-PER 各有两个变体：ALIGNED 变体和 UNALIGNED 变体。在 ALIGNED 变体中，常常插入填充位来恢复八位位组对齐。在 UNALIGNED 变体中，则从不插入填充位。

7.8 在 ALIGNED 变体和 UNALIGNED 变体之间没有互工作的可能性。

7.9 只有知道编码值的类型时，PER 编码才是自定界的。编码总是八位的整数倍。当在 **EXTERNAL** 类型中携带这些位时，应在 **OCTET STRING** 选择项中携带它们，除非 **EXTERNAL** 类型本身用 PER 进行编码，在这种情况下，该值可以编码为单个 ASN.1 类型（即，开放类型）。当在 OSI 表示协议中携带它们时，应使用带有 OCTET STRING 选择项的“全编码“（如 GB/T 15696.1 定义）。

7.10 除非另有说明，本部分的规则适用于两种算法和两种变体。

7.11 附录C是资料性附录,它就实现PER的组合给出了建议,以使互工作的机会最大化。

8 一致性

8.1 动态一致性在第9章中规定。

8.2 静态一致性由规定这些紧缩编码规则的应用的那些标准来规定。

注:附录C提供了与支持两种编码规则算法的两种变体有关的静态一致性的指南。该指南被设计成能保证互工作,同时认可既不是中继安全、也不是正则的某些编码应用的好处。

8.3 本部分中的规则以编码过程形式规定。如果生成的抽象语法值完整编码的位串与本部分为适用传送语法规定的那些位串之一相同,则不要求实现与规定的过程完全镜像。

8.4 执行解码的实现要产生与收到的位串相一致的抽象语法值,收到的位串由发送器产生,这些发送器符合与被解码资料相关联的传送语法中所标识的编码规则。

注1:通常,本部分显式说明的BASIC-PER,没有定义替换的编码。通过规定中继安全操作和限制引用其他标准的某些编码选项,使BASIC-PER成为正则的。CANONICAL-PER为要求正则和中继安全编码的非典型编码规则和正则编码规则(见GB/T 16263.1—2006)提供了一种替换的编码规则。

注2:当使用CANONICAL-PER来提供正则编码时,建议宜将从其派生出的任意所产生的加密散列值与一个算法标识符相关联,该算法标识符将CANONICAL-PER标识为从抽象语法值到初始位串(然后被散列)的转换。

9 PER使用的编码方法

9.1 类型记法的使用

9.1.1 这些编码规则专门使用GB/T 16262.1—2006中规定的ASN.1类型记法,并且只能适用于将使用该记法规定的单个ASN.1类型的值编码。

9.1.2 特别是,但不仅仅是,它们依赖于以使用该记法为基础的ASN.1类型和值模型中所保持的下列信息:

a) 选择类型中的选择类型的嵌套;

b) 放置在集合类型中的成分上的标签、放置在选择类型中的选项上的标签及枚举项的给定值;

c) 集合或者序列类型的成分是否可选;

d) 集合或者序列类型的成分是否有**DEFAULT**值;

e) (只)通过PER可视约束的应用出现的类型值的受限范围;

f) 成分是否是开放类型;

g) 类型对PER编码是否可扩展。

9.2 使用标签以提供正则次序

本部分要求被正则排序的集合类型和选择类型的成分独立于成分的正文排序。如GB/T 16262.1—2006中的8.6规定的那样,正则排序通过排序每个成分的最外层标签来确定。

9.3 PER可视约束

注:对于解码和编码,某些ASN.1约束可能不是PER可视的,但不会以任何方式影响使用这些约束处理解码期间检测到的差错,也不意味着允许违反这些约束的值被遵守规则的发送器所发送。然而,本部分并不在编码规范中使用这样的约束。

9.3.1 用人类可读文本表达的或在ASN.1注释中所表示的约束不是PER可视的。

9.3.2 可变的约束不是PER可视的(见GB/T 16262.4—2006中的10.3和10.4)。

9.3.3 表约束不是PER可视的(见GB/T 16262.3—2006)。

9.3.4 成分关系约束(见GB/T 16262.3—2006中的10.7)不是PER可视的。

9.3.5 计算过程文本依赖于表约束或成分关系约束的约束不是PER可视的(见GB/T 16262.3—2006)。

9.3.6 对不是(见GB/T 16262.1—2006中的第37章)已知倍数字符串类型的受限字符串类型的约束

不是 PER 可视的(见 3.6.16)。

9.3.7 模式约束不是 PER 可视的。

9.3.8 受上述各条制约的所有长度约束都是 PER 可视的。

9.3.9 约束类型的有效长度约束是单个长度约束,因此,当且仅当存在该(允许的)长度的某个约束类型值时,该长度才是允许的。

9.3.10 在应用 GB/T 16262.1—2006 中的 48.3 到 48.5 之后,对不可扩展的已知倍数字符串类型的允许字母表约束是 PER 可视的。可扩展的允许字母表约束不是 PER 可视的。

9.3.11 当且仅当包含某个字符的受约束类型的某个值,该受约束类型的有效允许字母表约束是允许该字符的单个允许字母表约束。如果受约束类型的所有字符都可以出现在该受约束类型的某个值中,则该有效允许字母表约束是为不受约束的类型而定义的字符集。

9.3.12 应用于实数类型的约束不是 PER 可视的。

9.3.13 仅当用来限制 **syntaxes** 成分的值为单个值时,或者用来限制 **identification** 为替换的 **fixed** 标识(见第 25 章和第 28 章)时,应用于不受限字符串或者嵌入式 pdv 类型的内部类型约束才是 PER 可视的。

9.3.14 对有用类型上的约束不是 PER 可视的。

9.3.15 应用于字符串类型的单个值子类型约束不是 PER 可视的。

9.3.16 当且仅当所有其他约束适用于整数类型或已知倍数字符串类型时,受上述各条制约的这些约束是 PER 可视的。

9.3.17 通常,对类型的约束可由各个约束组合而成,组合时使用了某些或全部包含子类型约束和一系列应用约束的集合算法。

注:有关组合分别为 PER 可视或 PER 不可视约束的效果的进一步讨论参见附录 B。

9.3.18 如果约束由约束的一系列应用组成,那么,即使不是 PER 可视的约束,也不影响 PER 编码,但能引起可扩展性(和扩展附加部分)出现在任何按 GB/T 16262.1—2006 中的 46.8 规定的要被取消的早期约束中。

注 1:如果在系列应用中的最后约束不是 PER 可视的,那么,类型对 PER 编码不是可扩展的,并且编码无扩展位。

注 2:例如,因为可扩展的允许字母表约束不是 PER 可视的,那么,

A ::= IA5String (SIZE(1..4)) (FROM("ABCD",...))

就有一个由整个 IA5String 字母组成的有效允许字母表约束。不过,它的有效大小约束为"SIZE(1..4)"。

类似地,

B::= IA5String (A)

有同样的有效大小约束和同样的有效允许字母表约束。

9.3.19 如果一个 PER 可视约束是 **INTERSECTION** 结构的一部分,那么,得到的约束是 PER 可视的,并由所有 PER 可视部分(非 PER 可视部分被忽略不计)的 **INTERSECTION** 组成。如果一个不是 PER 可视的约束是 **UNION** 结构的一部分,那么得出的约束也不是可视的。如果一个约束有 **EXCEPT** 条款,那么,**EXCEPT** 及随后的值集全部忽略不计,而不管跟在 **EXCEPT** 之后的值集是否是 PER 可视的。

注:例如:

A ::= IA5String (SIZE(1..4) INTERSECTION FROM ("ABCD",...))

有 1..4 的有效长度约束,但字母表约束不是可视的,因为它是可扩展的。

9.3.20 如果下列情况之一出现,则对于 PER 编码,类型也是可扩展的:

a) 它是从一个 **ENUMERATED** 类型派生的(通过划分子类型、指出类型引用或者置标签),而且在"Enumerations"产生式中有扩展标记;或者

b) 它是从一个 **SEQUENCE** 类型派生的(通过划分子类型、指出类型引用或者置标签),而且在"ComponentType Lists"或"SequenceType"产生式中有扩展标记;或者

c) 它是从一个 **SET** 类型派生的(通过划分子类型、指出类型引用或者置标签),而且在"ComponentType Lists”或“SetType”产生式中有扩展标记；或者

d) 它是从一个 **CHOICE** 类型派生的（通过划分子类型、指出类型引用或者置标签），而且在“AlternativeType Lists”产生式中有扩展标记。

9.4 编码使用的类型和值模型

9.4.1 ASN.1类型或是简单类型或是用其他类型构造的类型。记法允许使用类型引用和类型置标签。对于这些编码规则，使用类型引用和类型置标签对编码没有影响，而且在模型中这些是不可视的，除非在9.2中说明。记法也允许应用约束和差错规范。PER可视约束在模型中作为类型值的限制出现。其他约束和差错规范不影响编码，并且在PER类型和值模型中是不可视的。

9.4.2 被编码的值可以被视为一个简单值或者一个用结构化机制从简单或复合值的成分构建的复合值，与ASN.1类型定义的结构并行。

9.4.3 当约束包括一个在根中出现的扩展附加部分的值时，该值总是编码为根的值，而不是扩展附加部分的值。

示例：

INTEGER (0..10, ..., 5)

--值5被编码为根值，而不是一个扩展附加部分的值。

9.5 编码的结构

9.5.1 这些编码规则规定：

a) 简单值到字段列表的编码；并且

b) 复合值到字段列表的编码，使用了由这些编码规则应用到复合值的成分而产生的字段列表；并且

c) 最外层值的字段列表到抽象语法值的完整编码的变换（见10.1）。

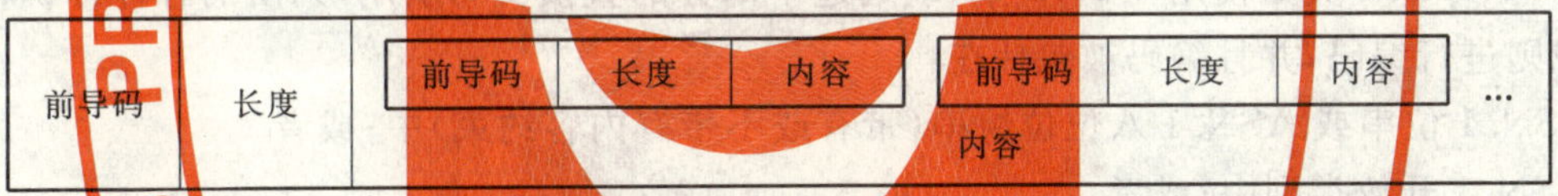

注：前导码、长度及内容都是“字段”，它们被拼接在一起形成“字段列表”。除选择类型外，复合类型的字段列表可以由几个值拼接在一起的字段构成。任一前导码、长度和/或任意值的内容都可能没有。

图1 复合值到字段列表的编码

9.5.2 数据值成分的编码：

a) 由3部分构成，如图1所示，它们以下列次序出现：

1) 前导码（见第18、20和22章）；

2) 长度决定因子（见10.9）；

3) 内容。或者

b) （若内容很长）由任意个部分构成，如图2所示，其中第1部分是前导码（见第18、20和22章），随后的各部分是多对位字段（在ALIGNED变体中八位位组对齐），首先是内容段的长度决定因子，其次是各内容段；各字段的最后一对由长度决定因子部分来标识，如10.9规定。

图2 长数据值的编码

9.5.3 在9.5.2中提到的每一部分生成：

a) 一个空字段（无内容）；或者

b) 一个位字段（未对齐）；或者

c) 一个位字段（ALIGNED变体中八位位组对齐）；或者

d) 一个字段列表，它可以包含位字段（未对齐）、位字段（ALIGNED变体中八位位组对齐）、或者

两者都有。

9.6 被编码的类型

9.6.1 下列各章规定将以下类型编码到字段列表中：布尔、整数、枚举、实数、位串、八位位组串、空、序列、单一序列、集合、单一集合、选择、开放、客体标识符、相关客体标识符、嵌入式 pdv、外部、受限字符串和不受限字符串的类型。

9.6.2 选择的类型应编码为所选类型的编码。

9.6.3 除 9.2 说明外，有标签的类型的编码不包括在本部分中，因为在这些编码规则所使用的类型和值模型中置标签是不可视的。因此，有标签的类型根据已有标签的类型的编码来编码。

9.6.4 下列“有用的类型”应进行的编码就好像它们已被 GB/T 16262.1—2006 的第 41 章中给出的定义所取代那样进行编码：

——通用时间；

——世界协调时；

——客体描述符。

对有用类型的约束不是 PER 可视的。在这里应用通过 GB/T 16263.1—2006 的 11.7 和 11.8 对通用时间和世界协调时的编码所施加的限制。

9.6.5 用值集赋值所定义的类型应进行的编码就好像该类型使用了 GB/T 16263.1—2006 的 15.8 中规定的产生式已经定义的那样进行编码。

10 编码过程

10.1 完整编码的产生式

10.1.1 如果 ASN.1 类型使用在 29.2 中(或通过本部分的直接文本引用)列出的客体标识符所标识的任何编码规则进行编码，并且编码被包括在：

a) ASN.1 位串或 ASN.1 八位位组串(带有或不带有内容约束)中；或者

b) ASN.1 开放类型中；或者

c) ASN.1 外部或嵌入式 pdv 类型的任何部分中；或者

d) 任何不使用 ASN.1 定义的载体协议中；

那么，该 ASN.1 类型被定义为这种应用的最外层类型，10.1.2 应适用于其值的所有编码。

注 1：这意味着使用此方法的所有完整的 PER 编码(对所有变体)总是八位的整数倍。

注 2：使用编码控制记法(见 ISO/IEC 8825-3)来规定 PER 编码的变体是可能的，该编码不被填充到 10.1.2 中规定的八位位组边界。许多工具支持这一选项。

注 3：一般公认为不使用 ASN.1 定义的载体协议不需为填充(在 10.1.2 中规定)而显式地运载附加 0 位，但可以隐含 0 位的存在。

10.1.2 作为对最外层类型抽象值应用本部分的结果而产生的字段列表应被用来如下产生这个抽象语法值的完整编码：应依序取出字段列表中的每个字段，拼接到位串的末端，该位串形成抽象语法值的完整编码，该抽象语法值的完整编码前面是如下面规定的填充的附加 0 位。

10.1.3 这些编码规则的 UNALIGNED 变体中，所有字段应进行拼接，而无需填充。如果最外层值编码的结果是空位串，则该位串应该用所有位置为 0 的单个八位位组来代替。如果是非空位串，且不是八位的倍数，则应在空位串后面附加(0 到 7 个)0 位以产生 8 位的倍数。

10.1.4 这些编码规则的 ALIGNED 变体中，字段列表中的任意位字段应进行拼接，而无需填充。在已拼接(0 到 7 个)0 位使目前产生的编码长度是 8 位的整数倍之后，任意八位位组对齐位字段应被拼接。如果最外层值编码的结果是空位串，则用一个所有位置为 0 的八位位组代替该位串。如果是个非空位串，且不是 8 位的整数倍，则应在其后面附加(0 到 7 个)0 位产生 8 位的整数倍。

注：如果抽象语法值是空类型值或者被约束为单个值的整数型，则最外层值的编码是个空位串。

10.1.5 所产生的位串是最外层类型的抽象语法值的完整编码。

10.2 开放类型字段

10.2.1 为了编码开放类型字段，占用该字段的实际类型的值应编码到一个字段列表中，然后，该字段列表应被转换成如10.1规定的抽象语法值的完整编码，用以产生长度为n的八位位组串。

10.2.2 要嵌入的开放类型的值的字段列表应被添加上(如10.9规定)不受约束的长度n(以八位位组为单位)和含有10.2.1中产生位的关联位字段(ALIGNED变体中八位位组对齐)。

注：当开放类型编码中八位位组的数目很大时，应使用10.9中的分片过程，开放类型编码将是断开的，而与占用开放类型字段的类型编码中分片边界的位置无关。

10.3 非负二进制整数的编码

注：(说明性)本条给出术语"非负二进制整数编码"的精确描述，以便把该整数放到固定位数目的字段中，或放到固定数目的八位位组的字段中，或者放到容纳该整数所需的最少数目八位位组的字段中。

10.3.1 随后诸条涉及进入某一字段的非负整(个)数的非负二进制整数编码的生成，而该字段是规定长度为单个八位位组、两个八位位组的位字段或者是表示该值的最少数目八位位组的位字段。本条(10.3)规定进行引用时所使用的精确编码。

10.3.2 该字段的引导位定义为位字段的引导位，或者是该字段第1个八位位组的最高有效位，该字段的末尾位定义为位字段的末尾位，或者是该字段最后1个八位位组的最低有效位。

10.3.3 只对以下定义，这些位应加以编号，该字段的末尾位应被编号为0，下一位编号为1，依此类推，直到该字段的引导位。

10.3.4 在非负二进制整数编码中，编码所表示的整个数的值应是每位所指定值之和。置为"0"的位的指定值为0。编号为"n"的位，若置为"1"，则该位的指定值为 2^n。

10.3.5 对被编码值的求和(按上述定义)的编码即是对该值的编码。

注：如果被编码字段长度为固定(指定长度的单个八位位组或两个八位位组的位字段)的，则存在唯一的编码，它是被编码的值的和。

10.3.6 整个数(它不能预先确定用于编码的八位位组的数目)的最少数目八位位组的非负二进制整数编码具有八位的整数倍的某一字段，并且该字段应满足如下条件，除非该字段是准确的八位长，否则该字段的引导段八位应不全是0。

注：这是产生唯一编码的充分必要条件。

10.4 2的补码二进制整数的编码

注：(说明性)本条给出术语"2的补码二进制整数编码"的精确描述，以便把有符号的整数放到为容纳该有符号整数所需的最少数目的八位位组中。这些过程在后面的编码规范中引用。

10.4.1 随后诸条涉及整个数(可能是负数、0或正数)被编码到表示其值的最少数目八位位组的2的补码二进制整数的编码的生成。本条(10.4)规定进行这种引用时所使用的精确编码。

10.4.2 该字段的引导位定义为第1个八位位组的最高有效位，末尾位定义为最后1个八位位组的最低有效位。

10.4.3 只对以下定义，这些位应加以编号，该字段的末尾位应被编号为0，下一位编号为1，依此类推，直到该字段的引导位。

10.4.4 在2的补码的二进制整数编码中，编码所表示的整个数的值应是每位所指定值之和。置为"0"的位的指定值为0。除引导位外，编号为"n"的位，若置为"1"，则该位的指定值为 2^n，如果引导位为1，则该位的指定值为(负数) -2^n。

10.4.5 对被编码值的求和(按上述定义)的任何编码均为对该值的编码。

10.4.6 整个数的最少数目八位位组2的补码二进制整数编码具有八位的整数倍的字段宽度，并且应满足如下条件：该字段的引导的9个位应不全是0也应不全是1。

注：这是产生唯一编码的充分必要条件。

10.5 受约束的整个数的编码

注:(说明性)本条被其他条引用,其本身也引用前面诸条,以便产生非负二进制整数编码或2的补码二进制整数编码。对于UNALIGNED变体,该值总是编码在表示该范围(在10.5.3中定义)所需的最少数目位中。本注的其余部分针对ALIGNED变体。当范围小于或等于255时,该值被编码到表示该范围的最小长度的位字段中。当范围正好是256时,该值被编码到单个八位位组对齐的位字段中。当范围在257到64K之间时,该值被编码到两个八位位组对齐位字段中。当范围大于64K时,则忽略范围,并且该值被编码到八位位组对齐位字段中,该位字段是表示该值的最少数目八位位组。在最后一种情况下,后面的过程(见10.9)将编码一个长度字段(通常是单个八位位组),以指示编码的长度。对其他情况,编码的长度与被编码的值无关,不被显式编码。

10.5.1 本条(10.5)规定从受约束的整个数到位字段(不对齐的)或者位字段(在ALIGNED变体中的八位位组对齐)的映射,它被本部分中的后续条款引用。

10.5.2 仅当受约束的被编码的整个数是可用的,并且下边界"lb"和上边界"ub"的值已从类型记法中确定下来(在应用PER可视约束之后),本条的过程才能被引用。

注:如果对一个无限数求MIN值,则不能确定下边界,如果对一个无限数求MAX值,则不能确定上边界。例如,对INTEGER(MIN..MAX),则上边界和下边界都不能确定。

10.5.3 设"范围"定义为整数值("ub"－"lb"＋1),且设被编码的值为"n"。

10.5.4 如果"范围"值为1,则编码结果应是一个空的位字段(没有任何位)。

10.5.5 有5种其他情况(导致不同的编码)要考虑,一种适用于UNALIGNED变体,其他4种适用于ALIGNED变体。

10.5.6 在UNALIGNED变体的情况下,值("n"－"lb")应编码为在10.3规定的位字段中的非负二进制整数,并具有为表示该范围所需的最少数目位数。

注:如果"范围"满足不等式 2^m＜"范围"$\leqslant 2^{m+1}$,则位数为 $m+1$。

10.5.7 在ALIGNED变体的情况下,编码依赖于是否:

a) "范围"小于或等于255(位字段的情况);

b) "范围"刚好等于256(一个八位位组的情况);

c) "范围"大于256且小于或等于64K(两个八位位组的情况);

d) "范围"大于64K(不定长度的情况)。

10.5.7.1 (位字段的情况)如果"范围"值小于或等于255,则本条的引用要求生成下表所规定的位数的位字段,并包含在10.3规定的位字段中作为非负二进制整数编码的值("n"－"lb")。

"范围"	位字段长度(按位计)
2	1
3、4	2
5、6、7、8	3
9～16	4
17～32	5
33～64	6
65～128	7
129～255	8

10.5.7.2 (一个八位位组的情况。)如果"范围"值为256,则值("n"－"lb")应被编码为10.3规定的非负二进制整数,放在一个八位位组位字段中(ALIGNED变体中的八位位组对齐)。

10.5.7.3 (两个八位位组的情况。)如果"范围"值大于或等于257并且小于或等于64K,则值编码为10.3规定的非负二进制整数("n"－"lb")放在两个八位位组位字段(ALIGNED变体中的八位位组对齐)中。

10.5.7.4 (不定长度的情况。)否则,值("n"—"lb")应按10.3的规定编码为非负二进制整数,放在表示该值的最少数目八位位组的位字段(ALIGNED变体中的八位位组对齐)中,并且该编码中使用的八位位组的数目"len"被引用本条的其他条用来规定长度的编码。

10.6 正常小非负整个数的编码

注:(说明性)当编码期望为小非负整个数,但其长度由于存在扩展标记而引起潜在地不受限制时,可使用本过程。选择索引是一个示例。

10.6.1 如果非负整个数"n"小于或等于63,则一个单个位的位字段应被附加到字段列表后,该位置为0,并且"n"应编码为非负二进制整个数,放入一个6位的位字段中。

10.6.2 如果"n"大于或等于64,则一个置为1的单个位的位字段应被附加到字段列表后。然后,值"n"应编码为半受约束的且"lb"等于0的整个数,并应引用10.9的过程将它附加到字段列表中,该字段列表前面是长度决定因子。

10.7 半受约束的整个数的编码

注:(说明性)当在能够标识出下边界但不能标识上边界时,可适用本过程。编码过程将与下边界的偏移值作为非负二进制整数放入最少数目的八位位组,并且要求一个按后面过程规定的显式长度编码(典型地是单个八位位组)。

10.7.1 本条规定从半受约束的整个数到位字段(ALIGNED变体中的八位位组对齐)的映射,并且它将被本部分的后续条款所引用。

10.7.2 仅当被编码的半受约束的整个数可用,并且下边界"lb"的值已经从类型记法中确定(在应用PER可视约束之后)时,本条(10.7)的过程才能被引用。

注:如果对一个无限数求MIN值,则不能确定下边界。例如,对INTEGER(MIN..MAX)不能确定任何下边界。

10.7.3 本条(10.7)的过程总是产生不定长度的情况。

10.7.4 (不定长度的情况。)值("n"—"lb")应按10.3的规定编码为非负二进制整数,放在表示该值的最少数目八位位组的位字段(ALIGNED变体中的八位位组对齐)中,并且该编码中使用的八位位组的数目"len"被引用本条的其他条用来规定长度的编码。

10.8 不受约束的整个数的编码

注:(说明性)这种情况只在没有下边界的整数型值的编码中出现。本过程将该值编码为2的补码二进制整数,并放入容纳该编码所需的最少数目八位位组中,并且要求有一个按后面过程规定的显式长度编码(典型的是单个八位位组)。

10.8.1 本条(10.8)规定从不受约束的整个数(如"n")到位字段(ALIGNED变体中的八位位组对齐)的映射,它被本部分的后续条款引用。

10.8.2 本条(10.8)的过程总是产生不定长度的情况。

10.8.3 (不定长度的情况。)值"n"应按10.4的规定编码为2的补码二进制整数,放在表示该值的最少数目八位位组的位字段(ALIGNED变体中的八位位组对齐)中,并且该编码中使用的八位位组的数目"len"被引用本条的其他条用来规定长度的编码。

10.9 长度决定因子的编码的一般规则

注1:(说明性)本条的过程只在编码的某些部分需要一个显式的长度字段时被引用,无论长度计数是否有上边界(通过PER可视约束)。使用长度的编码部分可能是位串(带有以位表示的长度计数)、八位位组串(带有以八位位组表示的长度计数)、已知倍数字符串(带有以字符表示的长度计数)、或者字段列表(带有以单一序列或单一集合的成分表示的长度计数)。

注2:(说明性)在ALIGNED变体的情况下,如果长度计数被小于64K的上边界所界定,则长度使用受约束的整个数编码。对于足够小的范围,其结果是一个位字段,否则,不受约束的长度(如"n")以下列三种方式之一编码到八位位组对齐字段中(依长度递增的次序):

a) ("n"小于128)含有"n"的位8置为0的单个八位位组;

b) ("n"小于16K)含有"n"的两个八位位组,第1个八位位组的位8置为1,位7置为0;

c) (大"n")含有计数"m"的单个八位位组,位8置为1,位7也置为1。计数"m"为1～4,该长度表示其后面有一个资料分片(16K 项的“m”倍)。对于所有“m”值,该分片后面跟有另一个表示资料余下部分的长度编码。

注 3:(说明性)在 UNALIGNED 变体中,如果长度计数被小于 64K 的上边界所界定,则受约束的整个数编码用来编码表示该范围所需的最少数目位的长度。否则不受约束的长度(如“n”)按上述注 2 的方式编码到位字段中。

10.9.1 按照后面各条的规范,如果长度决定因子“n”的值被类型定义(被 PER 可视约束所约束)固定为小于 64K 的值,则不能引用本条。

10.9.2 本条被引用来向字段列表附加字段或者字段列表,其前面是一个长度决定因子“n”,长度决定因子决定:

a) 以关联字段的八位位组表示的长度(单位为八位位组);或者

b) 以关联字段的位表示的长度(单位为位);或者

c) 以关联的字段列表表示的成分编码的数目(单位为单一集合或单一序列的成分);或者

d) 以关联的已知倍数字符串类型的值表示的字符数(单位为字符)。

10.9.3 (ALIGNED 变体)ALIGNED 变体用的过程在 10.9.3.1 到 10.9.3.8.4 中规定(UNALIGNED 变体用的过程在 10.9.4 中规定)。

10.9.3.1 作为类型定义(在后面的条中规定)的分析结果,长度决定因子(一个整个数“n”)将被确定为:

a) 一个正常小长度,其下边界“lb”等于 1;或者

b) 一个受约束的整个数,具有(大于或等于 0)的下边界“lb”,上边界“ub”小于 64K;或者

c) 一个半受约束的整个数,具有(大于或等于 0)的下边界“lb”,或者一个受约束的整个数,具有(大于或等于 0)的下边界“lb”,大于或等于 64K 的上边界“ub”。

10.9.3.2 引用本条(10.9)过程的各条将确定长度的下边界“lb”的值(如果长度是不受约束的,则它为 0)和长度的上边界“ub”的值。如果从 PER 可视约束不能确定上边界,则“ub”为不设置。

10.9.3.3 当长度决定因子是一个“ub”小于 64K 的受约束的整个数时,则按 10.5 中规定的长度决定因子的受约束整个数的编码应被附加到字段列表上。如果“n”为非 0,则其后应有关联字段或字段列表,过程结束。如果“n”为 0,则对字段列表不应进一步附加,过程结束。

注 1:例如:

A::= IA5String (SIZE (3..6))	--长度以 2 位的位字段编码
B::= IA5String (SIZE(40000..40254))	--长度以 8 位的位字段编码
C::= IA5String (SIZE(0..32000))	--长度以两个八位位组(ALIGNED 变体中的八位位组对齐)的位字段编码
D::= IA5String (SIZE(64000))	--长度不予编码

注 2:当这些过程被引用来添加 0 长度的八位位组对齐位字段时,在“n”等于 0 的情况下,不进行添加的影响是指对八位位组边界的填充并不出现,除非被 10.5 要求。

10.9.3.4 当长度决定因子是一个正常小长度,并且“n”小于或等于 64,则一个单个位的位字段将被附加到字段列表上,且该位被置为 0,值“n-1”应被编码为非负二进制整数放入一个 6 位的位字段中。其后是关联的字段,于是这些过程结束。按照 10.9.3.5 到 10.9.3.8.4 中的过程,如果“n”大于 64,则一个单个位的位字段应被附加到字段列表上,且该位置为 1,其后是不受约束长度决定因子 n 的编码,再后是关联的字段。

注:正常小长度只用来指示位图的长度,该位图表示集合或序列类型的扩展附加部分值的前缀。

10.9.3.5 否则(不受约束的长度,或大“ub”),“n”被编码并添加到字段列表上,其后是下面规定的关联字段。

注:下边界“lb”不影响 10.9.3.6 到 10.9.3.8.4 中规定的长度编码。

10.9.3.6 如果“n”小于或等于 127,则“n”应作为非负二进制整数(使用 10.3 的过程)被编码到一个单

个八位位组位7(最高有效位)至位1(最低有效位)中,且位8应置为0。它应作为位字段(在ALIGNED变体中的八位位组对齐)附加到字段列表后,其后是关联的字段或字段列表,过程结束。

注:例如,如果下列"A"的值为4个字符长,并且"B"的值为4个项长:

A::=IA5String

B::=SEQUENCE (SIZE (4..123456)) OF INTEGER

则这两个值都在占用一个八位位组的长度八位位组中编码,且最高有效位置为0,以表明长度小于或等于127:

0	0000100	4个字符/项
长度		值

10.9.3.7 如果"n"大于127且小于16K,则"n"应(使用10.3的过程)编码为非负二进制整数放入两个八位位组位字段(在ALIGNED变体中的八位位组对齐)中的第1个八位位组(最高有效)的位6到第2个八位位组(最低有效)的位1中,同时第1个八位位组的位8置为1,第1个八位位组的位7置为0。它应被附加到字段列表后,其后是关联字段或字段列表,过程结束。

注:如果在10.9.3.6示例中A的值为130个字符,B的值为130项,则这两个值在占用2个八位位组的长度成分和该八位位组的2个最高有效位(位8和位7)均置为10的情况下进行编码,以指长度大于127小于16K。

10	000000 10000010	130个字符/项
长度		值

10.9.3.8 如果"n"大于或者等于16K,则在位字段(在ALIGNED变体中的八位位组对齐)中的单个八位位组应被附加到字段列表上,该单个八位位组的位8置为1,位7置为1,并且位6到位1是值1、2、3或4,作为非负二进制整数(使用10.8的过程)编码。该单个八位位组后应是下面规定的部分关联字段或字段列表。

注:位6到位1的值限制为1~4(而不是理论值0~63),是为了把实现必须了解的项数限制到更易于管理的数目(64K而不是1024K)上。

10.9.3.8.1 位6到位1的值(1到4)应乘以16K来给出计数(记"m")。位6到位1中的整数的选择应是最大可允许的值,这样,相关联的字段或字段列表含有多于或正好等于合适的"m"个八位位组、位、成分或字符。

注1:不分片形式处理的长度达16K,因此分片可以提供高达64K的长度,粒度为16K。

注2:如果在10.9.3.6的示例中,B的值长度为144K+1(即64K+64K+16K+1)项长,则该值被分片,前三个分片的两个最高有效位(位8和位7)置为11,表明后面的1到4个块,每块16K项,另一个长度成分跟在每个分片的最后一块之后。

11	000100	64K项	11	000100	64K项	11	000001	16K项	0	0000001	1项
长度		值	长度		值	长度		值	长度		值

10.9.3.8.2 "m"指定的内容部分应被附加到字段列表上,作为

a) "m"个八位位组的单个位字段(在ALIGNED变体中的八位位组对齐)含有关联字段的前"m"个八位位组,单位为八位位组;或者

b) "m"位的单个位字段(在ALIGNED变体中的八位位组对齐)含有关联字段的前"m"位,单位为位;或者

c) 字段列表编码关联字段列表中的前"m"个成分,单位为单一集合类型或单一序列类型的成分;或者

d) "m"个字符的单个位字段(在ALIGNED变体中的八位位组对齐)含有关联字段的前"m"个字

符,单位为字符。

10.9.3.8.3 应重新应用10.9的过程将关联字段或字段列表的其余部分附加到带有长度的字段列表上,该长度是等于("n"-"m")的半受约束整个数,下边界为0。

注:如果含有部分编码值的最后一个分片的长度正好是16K的整数倍,则其后的最末一个分片只由单个八位位组的长度成分构成,该长度成分置为0。

10.9.3.8.4 重复应用这些过程,只将关联字段的一部分添加到字段列表上称为分片过程。

10.9.4 (UNALIGNED 变体)UNALIGNED 变体用的过程在10.9.4.1到10.9.4.2中规定(ALIGNED变体用的过程在10.9.3中规定)。

10.9.4.1 如果要编码的长度决定因子"n"是"ub"小于64K的受约束的整个数,则应使用编码"范围"("ub"-"lb"+1)所需的最少数目位数将("n"-"lb")编码为非负二进制整数(在10.3中规定),除非范围是1,在这种情况下,不应有长度编码。如果"n"为非0,则其后是关联字段或字段列表,过程结束。如果"n"是0,则不再向该字段列表添加字段表,过程结束。

注:如果"范围"满足不等式 2^m<"范围"≤ 2^{m+1},则长度决定因子中的位数为 $m+1$。

10.9.4.2 如果被编码的长度决定因子"n"是一个正常小长度、或是一个大于或等于64K的受约束整个数、或是一个半受约束整个数,则"n"应按照10.9.3.4到10.9.3.8.4中的规定进行编码。

注:因此,如果"ub"大于或等于64K,长度决定因子编码与长度不受约束时相同。

11 布尔类型的编码

11.1 布尔类型的值应编码为由单个位构成的位字段。

11.2 该位置1为真(TRUE)时,置0为假(FALSE)。

11.3 位字段应被添加到不带长度决定因子的字段列表上。

12 整数类型的编码

注1:(ALIGNED变体说明性)所允许的全部值编码到一个或更少的八位位组的范围,放入一个没有长度计数的最小长度的位字段。所允许的全部值编码到两个八位位组的范围,放入一个没有长度计数的八位位组对齐的位字段中的两个八位位组。否则,该值被编码到最少数目的八位位组(当合适时使用非负二进制整数或2的补码二进制整数编码)中并添加上长度决定因子。在这种情况下,如果整数值可以被编码在小于127个八位位组(作为可能确定的任何下边界的偏移)中,并且没有有限上边界和下边界,则存在一个八位位组的长度决定因子,否则,该长度被编码在所需的最少位数中。其他情况没有实际意义,但为了完整性也进行了规定。

注2:(UNALIGNED变体说明性)受约束的整数被编码在为表示与其范围所需的最小位数中,无论它的长度是多少。不受约束的整数的编码按注1。

12.1 如果在整数类型的约束规范中出现扩展标记,则单个位应作为长度为1的位字段添加到字段列表上。如果被编码的值不在扩展根的范围内,则该位应置为1,否则置为0。对前一种情况,该值应按12.2.4到12.2.6的规定,作为不受约束的整数值添加到字段列表中,过程结束。对后一种情况,该值应该按照不存在扩展标记的情况进行编码。

12.2 如果整数类型的约束规范中不存在扩展标记,则使用下列条款。

12.2.1 如果PER可视约束将整数值限制为单个值,则应不向字段列表添加任何内容,过程结束。

12.2.2 如果PER可视约束将整数值限制为受约束的整个数,则应按照10.5(受约束的整个数的编码)的过程将其转换成某个字段,然后应使用12.2.5到12.2.6的过程。

12.2.3 如果PER可视约束将整数值限制为半受约束的整个数,则应按照10.7(半受约束的整个数的编码)的过程将其转换成某个字段,然后应使用12.2.6的过程。

12.2.4 如果PER可视约束不将整数值限制为受约束的整个数或者半受约束的整个数,则按照10.8(不受约束的整个数的编码)的过程将其转换成某个字段,然后应使用12.2.6的过程。

12.2.5 如果引用将整数值编码到某个字段的过程不产生不定长度的情况(见10.5.7.4和10.8.2),

则该字段应被添加到字段列表上，过程结束。

12.2.6 否则，(不定长度情况)应引用10.9的过程把该字段附加到其前面是下列内容之一的字段列表上：

a) 受约束的长度决定因子等于“len”(按10.5.7.4所确定的)，如果PER可视约束限制了带有有限上下边界的类型，并且如果该类型是可扩展的，则该值位于扩展根范围内。长度决定因子使用的下边界“lb”应是1，上边界“ub”应是容纳该整数值范围所需的八位位组数的计数。

注：因此，值“**foo INTEGER (256..1234567) ::= 256**”的编码被编码为00xxxxxx00000000，其中‘x’表示一个0填充位，它可能存在也可能不存在，这取决于长度在八位位组中出现的位置(例如，如果长度开始于一个八位位组的边界，则编码是00 xxxxxx 00000000，如果长度开始于一个八位位组的两个最低有效位(位2和位1)，则编码是00 00000000)。

b) 不受约束的长度决定因子等于“len”(按10.7和10.8所确定的)，如果PER可视约束不限制具有有限上下边界的类型，或者如果该类型是可扩展的，并且该值不在扩展根的范围内。

13 枚举类型的编码

注：(说明性)没有扩展标记的枚举类型的编码就好像它是子类型约束不包含扩展标记的受约束整数那样进行编码。这意味着枚举类型在实际中差不多总是被编码为表示每个枚举所需的最少位数中的某个位字段。存在扩展标记时，如果该值不在扩展根中，则其被编码为正常小非负整个数。

13.1 枚举根中的若干枚举应根据其枚举值排列成升序，然后这些枚举应赋予以0开始的枚举索引，1赋予第2个枚举，以此类推，直到排序表中的最后一个枚举。扩展附加枚举(总是按升序定义)应赋予从0开始的枚举索引，1赋予给第2个枚举，以此类推，直到扩展附加枚举中的最后一个枚举。

注：GB/T 16262.1—2006要求每个连续的扩展附加枚举值应大于前一个。

13.2 如果在枚举类型定义中不存在扩展标记，则应编码枚举索引。其编码应被视为不存在扩展标记的受约束整型值，其中下边界为0，而上边界为与该类型相关联的最大枚举索引，过程结束。

13.3 如果存在扩展标记，则单个位应添加到长度为1的位字段内的字段列表中。如果被编码值不在扩展根中，则应将该位置为1，否则置为0。对前一种情况，应按照13.1将枚举附加枚举排序，该值应作为正常小非负整个数添加到字段列表中，该整个数的值是附加枚举的枚举索引，并且其“lb”置为0，过程结束。对后一种情况，就好像扩展标记不存在那样，该值应按照13.2的规定进行编码。

注：没有可适用于枚举类型的PER可视约束对这些编码规则来说是可视的。

14 实数类型的编码

注：(说明性)实数使用以长度决定因子开头的CER/DER内容八位位组，在实际中，该长度决定因子是单个八位位组。

14.1 如果抽象值的基数是10，则编码值的基数应是10，如果抽象值的基数是2，则编码值的基数应该是2。

14.2 应使用GB/T 16263.1中的CER和DER所规定的实数编码来给出某个位字段(在ALIGNED变体中的八位位组对齐)，该位字段是CER/DER编码的内容八位位组。该编码的内容八位位组由“n”个八位位组构成，并且被放在“n”个八位位组的位字段(在ALIGNED变体中的八位位组对齐)中。应引用10.9的过程把这一“n”个八位位组的位字段(在ALIGNED变体中的八位位组对齐)添加到字段列表上，前面是等于“n”的不受约束的长度决定因子。

15 位串类型的编码

注：(说明性)受约束于固定长度小于或等于16位的位串不会引起八位位组对齐。较大位串是在ALIGNED变体中的八位位组对齐的。如果长度被若干约束所固定，且上边界小于64K，则没有显式的长度编码，否则，所包含的长度编码可以采用任何一种前面规定的长度编码的形式，包括大型位串的分片。

15.1 PER 可视约束只能约束位串的长度。

15.2 在不存在 PER 可视约束，并且应用 GB/T 16262.1—2006 的 21.7 的场合，该值应编码为不带尾 0 位(注，这意味着不带置为 1 的位的值总被编码为空位串)。

15.3 在存在 PER 可视约束，并且应用 GB/T 16262.1—2006 的 21.7(即位串类型用“NamedBitList”定义)的场合，当有必要保证发送值的长度是能运载该值的最小长度，并且满足有效长度约束时，该值应是使用增加或去掉尾 0 位的编码。

15.4 设位串(在长度上由 PER 可视约束所确定)中的最大位数为“ub”，最少位数为“lb”。如果没有有限最大长度，则我们说“ub”未设置。如果在最小长度上没有约束，则“lb”为 0。设要编码的实际位串值的长度为“n”位。

15.5 当位串值按 15.6 到 15.11 的规定放到某个位字段中时，位串值的引导位应放在该位字段的引导位上，并且位串值的末尾位应放在该位字段的末尾位上。

15.6 如果位串类型的长度约束规范中存在扩展标记，则应把单个位添加到长度为 1 的位字段内的字段列表中。如果该编码的长度不在扩展根的范围内，则该位应被置 1，否则置 0。对前一种情况，应引用 15.11 将长度作为半受约束的整个数加到字段列表中，其后是位串值。对后一种情况，长度和值应按扩展标记不存在的情况进行编码。

15.7 如果位串类型的长度约束规范中不存在扩展标记，则适用 15.8 到 15.11。

15.8 如果位串被约束为 0 长度(“ub”等于 0)，则应不对其进行编码(字段列表不添加位串)，本条过程结束。

15.9 如果位串的所有值都被约束为同一长度(“ub”等于“lb”)，并且长度小于或等于 16 位，则位串应被放入到约束长度为“ub”的位字段中，该“ub”应被附加到无长度决定因子的字段列表上，本条过程结束。

15.10 如果位串的所有值都被约束为同一长度(“ub”等于“lb”)，并且该长度大于 16 位，但小于 64K 位，则位串应被放入到长度为“ub”(不必是 8 位的整数倍)的位字段(在 ALIGNED 变体中的八位位组对齐)中，且该位串应被附加到不带长度决定因子的字段列表上，本条过程结束。

15.11 如果 15.8 到 15.10 不适用，则位串应被放入到长度为“n”位的位字段(在 ALIGNED 变体中的八位位组对齐)中，且应引用 10.9 的过程把这个“n”位的位字段(在 ALIGNED 变体中的八位位组对齐)添加到字段列表中，如果设置了“ub”且小于 64K，则该字段列表前面是作为受约束的整个数的等于“n”位的长度决定因子，或者，如果未设置“ub”，则该字段列表前面是作为半受约束的整个数的等于“n”位的长度决定因子。“lb”如上确定。

注：对于 16K、32K、48K 或者 64K 位之后不受约束的或大型的“ub”，分片过程适用。

16 八位位组串类型的编码

注：(说明性)固定长度小于或等于两个八位位组的八位位组串不是八位位组对齐的。所有其他八位位组串都是在 ALIGNED 变体中八位位组对齐的。如果长度八位位组小于 64K，则固定长度的八位位组串编码中没有长度八位位组。对于不受约束的八位位组串，该长度则被显式编码(必要时使用分片)。

16.1 PER 可视约束只能约束八位位组串的长度。

16.2 设八位位组串(在长度上由 PER 可视约束所确定)中八位位组的最大数目为“ub”，最小数目为“lb”。如果没有有限最大值，则我们说“ub”未设置。如果在最小值上没有约束，则“lb”为 0。设要编码的实际八位位组串的值的长度为“n”个八位位组。

16.3 如果在八位位组串中存在 PER 可视长度约束和扩展标记，则应把单个位添加到长度为 1 的位字段内的字段列表中。如果该编码的长度不在扩展根的范围内，则该位应被置 1，否则置 0。对前一种情况，应引用 16.8 将长度作为半受约束的整个数加到字段列表中，其后是八位位组串值。对后一种情况，长度和值应按扩展标记不存在的情况进行编码。

16.4 如果在八位位组串类型的约束规范中不存在扩展标记，则适用16.5至16.8。

16.5 如果八位位组串被约束为0长度（“ub”等于0），则不应对其进行编码（对字段列表不添加八位位组），本条过程结束。

16.6 如果八位位组串的所有值都被约束为同一长度（“ub”等于“lb”），并且该长度小于或等于两个八位位组，则八位位组串应放到位数等于受约束长度为八倍“ub”的位字段中，该长度应被添加到不带长度决定因子的字段列表上，本条过程结束。

16.7 如果八位位组串的所有值都被约束为同一长度（“ub”等于“lb”），并且该长度大于两个八位位组，但小于64K，则八位位组串应放到受约束长度为“ub”的位字段（在ALIGNED变体中的八位位组对齐）中，且该长度应被添加到不带长度决定因子的字段列表上，本条过程结束。

16.8 如果16.5到16.7不适用，则八位位组串应放到长度为“n”个八位位组的位字段（在ALIGNED变体中的八位位组对齐）中，且应引用10.9的过程把该“n”个八位位组的位字段（在ALIGNED变体中的八位位组对齐）添加到字段列表上，如果设置了“ub”，则该字段列表前面是作为受约束的整个数的等于“n”个八位位组的长度决定因子，如果未设置“ub”，则该字段列表前面是作为半受约束的整个数的等于“n”个八位位组的长度决定因子。“lb”如上确定。

注：在16K、32K、48K或64K个八位位组之后，分片过程可能适用。

17 空值类型的编码

注：（说明性）空值类型基本上是一个位置容纳器，仅在选择、可选集合或序列成分的情况下才有实际意义。选择中的空值、或者可选元素中存在的空值的标识按这些编码规则进行，而无需用八位位组表示空值。因此，空值从不影响编码的八位位组。

对于空值的字段列表不应有任何附加部分。

18 序列类型的编码

注：（说明性）序列类型以位图前导码开始。如果该序列类型没有扩展标记，则该位图只记录该类型中默认或可选成分的存在与否，编码为固定长度的位字段。如果该序列类型有扩展标记，则该位图前有单个位说明编码中扩展附加部分的值是否真的存在。只要前导码的长度小于64K位，其编码就不带任何长度决定因子，否则编码长度决定因子以获得分片。该前导码后面依次是将每个成分编码的字段。如果存在扩展附加部分，则第1个被编码的扩展附加部分前面是被编码类型中的扩展附加数目计数的编码（作为正常小长度），后面是长度等于该计数的位图，记录每个扩展附加部分存在与否。其后是各扩展附加部分的编码，各扩展附加部分就像是开放类型字段的值。

18.1 如果序列类型具有扩展标记，则应首先将单个位添加到长度为1的位字段内的字段列表中。如果编码中存在扩展附加值，则该位应被置1，否则置0。（该位在下文中称为“扩展位”。）如果没有扩展标记，则应不添加扩展位。

18.2 如果序列类型在扩展根内有“n”个成分，标记为**OPTIONAL**或者**DEFAULT**，则应产生带有“n”位的单个位字段作为字段列表的附加部分。该位字段的这些位应依次对序列类型中每个可选或者默认成分的编码存在与否进行编码。位值为1应编码为成分的编码存在，位值为0编码为成分的编码不存在。前导码中的引导位应对第1个可选或者默认成分的存在与否进行编码，末尾位应对最后1个可选或者默认成分的存在与否进行编码。

18.3 如果“n”小于64K，则该位字段应添加到字段列表上。如果“n”大于或等于64K，则应引用10.9的过程把这个“n”位的位字段添加到字段列表上，其前面是作为受约束的整个数的等于“n”位的长度决定因子，它的“ub”和“lb”都是“n”。

注：在这种情况下，“ub”和“lb”都将被长度过程忽略。这里引用这些过程是为了提供大前导码的分片。这种情况应该很少出现。

18.4 这个前导码后面应是每个依次存在的序列值成分的字段列表。

18.5 对于 CANONICAL-PER,如果要被编码的值是个默认值,则标记为 **DEFAULT** 的成分的编码应总是不存在。对于 BASIC-PER,如果要被编码的值是个简单类型(见 3.6.25)的默认值,则标记为 **DEFAULT** 的成分的编码应总是不存在,否则是否对其进行编码是发送器的一个选择。

18.6 如果扩展位不存在或者扩展位为 0,则编码完成。如果扩展位存在并且置为 1,则应用下列过程。

18.7 设要被编码的类型中扩展附加部分的数目为"n",则应产生"n"位的位字段,以便加到字段列表,该位字段的位应依次对要被编码的类型中每个附加部分编码的存在与否进行编码。位值为 1 是对扩展附加部分编码的存在进行编码,位值为 0 是对扩展附加部分编码的不存在进行编码。位字段中引导位应对第 1 个扩展附加部分的存在与否进行编码,末尾位应对最后一个扩展附加部分的存在与否进行编码。

注:如果声称与规范的特定版本一致,则值"n"总是等于该版本的扩展附加的数目。

18.8 应引用 10.9 的过程把该"n"位的位字段添加到字段列表上,其前面是作为正常小长度的等于"n"的长度决定因子。

注:"n"不能是 0,因为该过程只在至少存在一个被编码的扩展附加部分时引用。

18.9 其后应依次是包含每个存在的扩展附加部分的编码的字段。每个"ComponentType"(即,不是"ExtensionAdditionGroup")的扩展附加部分应按 10.2.1 规定的那样进行编码,好像它是一个开放类型字段的值。每个"ExtensionAdditionGroup"的扩展附加部分应按 18.2 到 18.6 的规定编码为序列类型,然后再如 10.2.1 规定的那样进行编码,好像它是一个开放类型字段的值。如果"ExtensionAdditionGroup"的所有成分值都缺少,则"ExtensionAdditionGroup"应编码为缺少扩展附加部分(即在 18.7 中描述的位字段的相应位应置为 0。)

注 1:如果"ExtensionAdditionGroup"含有标记为 **OPTIONAL** 或 **DEFAULTWTBZ** 的成分,则"ExtensionAdditionGroup"用位图做前缀,表明每个标记为 OPTIONAL 或 DEFAULT 的成分值是否存在。

注 2:在"扩展标记对"之后定义的"RootComponentTypeList"成分按其在扩展标记对前面直接定义的那样进行编码。

19 单一序列类型的编码

19.1 PER 可视约束能约束单一序列类型成分的数目。

19.2 设单一序列中的最大成分数目(由 PER 可视约束确定)为"ub",最小成分数目为"lb"。如果没有有限最大数目或者"ub"大于或等于 64K,我们说"ub"未设置。如果在最小值上没有约束,则"lb"的值为 0。设要被编码的实际单一序列值成分的数目为"n"个成分。

19.3 单一序列的每个成分的编码将生成许多字段,以便添加到单一序列类型的字段列表。

19.4 如果其中具有 PER 可视约束且扩展标记存在,则应将单个位添加到长度为 1 的位字段内的字段列表中。如果该编码的成分数目不在扩展根的范围内,则该位应置 1,否则置 0。对前一种情况,应引用 10.9 的过程将长度决定因子作为半受约束的整个数添加到字段列表中,其后是成分值。对后一种情况,长度和值应按扩展标记不存在的情况进行编码。

19.5 如果成分数固定("ub"等于"lb"),且"ub"小于 64K,则对于单一序列应没有长度决定因子,每个成分的字段应依次添加到该单一序列的字段列表上。

19.6 否则,应引用 10.9 的过程将"n"个成分生成的字段的列表添加到字段列表上,如果设置了"ub",其前面是作为受约束的整个数的等于"n"个成分的长度决定因子,如果未设置"ub",则其前面是作为半受约束的整个数的等于"n"个成分的长度决定因子。"lb"如上确定。

注 1:在 16K、32K、48K 或 64K 个成分(components)之后,分片过程可能适用。

注 2:分片的断点在字段之间。在断点之前的位数不必是八的整数倍。

20 集合类型的编码

集合类型应将"RootComponentTypeList"中的元素排序为 GB/T 16262.1—2006 中 8.6 规定的正

则次序,另外,当一个或多个成分是无标签的选择类型时,为了决定成分编码的次序,每个无标签的选择类型按照它具有标签等于该选择类型或者任何被嵌套的无标签的选择类型的"RootAlternativeTypeList"中最小的标签那样进行排序。出现在"RootComponentTypeList"中的集合元素应被编码成好像它已经声明了序列类型。出现在"ExtensionAdditionList"中的集合元素应进行的编码好像它们都是按18.9规定的序列类型的成分那样进行编码(即它们以已定义的次序编码)。

例如,**IMPLICIT TAGS** 的置标签环境假设如下:

```
A ::= SET
{
    a [3] INTEGER,
    b [1] CHOICE
    {
        c [2] INTEGER,
        d [4] INTEGER
    },
    e CHOICE
    {
        f CHOICE
        {
            g [5] INTEGER,
            h [6] INTEGER
        },
        i CHOICE
        {
            j [0] INTEGER,
        }
    }
}
```

被编码的集合成分的次序总是 e、b、a,因为标签[0]排序最低,然后是[1]、[3]。

21 单一集合类型的编码

21.1 对于 CANONICAL-PER,单一集合类型成分值的编码应以升序出现,作为与位串比较的成分编码,其尾端用最多7个0位被填充到八位位组的边界,如果需要,则向比较短的位串增加0个八位位组以使其长度等于较长的位串。

注:为排序而增加的任何填充位或填充八位位组都不出现在实际的编码中。

21.2 对于 BASIC-PER,单一集合应编码为好像它已经被声明为单一序列类型那样进行编码。

22 选择类型的编码

注:(说明性)选择类型的编码通过编码指定的选定项的索引来进行的。这是关于受约束整数(除非在选择类型中存在扩展标记,在这种情况下,它是一个正常小非负整个数)的编码,因此这将典型地占用编码该索引所需的最小位数的固定长度位字段(虽然在理论上它可以任意大)。这后面是选定项的编码,在扩展附加部分的选定项被编码时就好像它们是一个开放类型字段的值那样进行编码。只有唯一选定项时不编码索引。

22.1 选择类型的编码不受PER可视的影响。

22.2 选择的每个成分有一个相关的索引,在选择的根中的第1个选定项的索引值为0(按

GB/T 16262.1—2006,8.4 规定的正则次序取选择项),第 2 个为 1,直到选择的扩展根中的最后一个成分。索引值以类似方式赋给“ExtensionAdditionAlternativesList”中的每个“NamedType”,从 0 开始,就像以扩展根的成分开始一样。设“n”为根中的最大索引值。

注:GB/T 16262.1—2006 的 28.4 要求每个连续的扩展附加部分应有比添加到“ExtensionAdditionAlternatives-List”中的上一个附加值大的标签值。

22.3 对于含有无标签选择的选择项的正则排序,每个无标签的选择类型应进行的排序就好像它有一个标签等于该选择类型或者任意被嵌套的无标签选择类型的最小标签那样排序。

22.4 如果选择在扩展根中只有一个选择项,那么如果选定该选择项,则应不对索引进行编码。

22.5 如果选择类型有一个扩展标记,则首先应将单个位添加到长度为 1 的位字段内的字段列表中。如果在编码中存在扩展附加值,则该位应置 1,否则置 0。(该位在下列文本中称为“扩展位”。)如果没有扩展标记,则应不增加扩展位。

22.6 如果不存在扩展位,选定项的选择索引应按照第 12 章的过程编码到一个字段中,仿佛它是一个约束到范围 0 至“n”的整数值(在其子类型约束中没有扩展标记),且应添加该字段到字段列表上。其后应是选定项的字段,本条过程结束。

22.7 如果存在扩展位,并且选定项位于扩展根内,则根据第 12 章的过程,应编码该选定项的选择索引,本条过程结束。

22.8 如果扩展位存在,并且选定项不在扩展根内,则该选定项的选择索引应编码为一个正常小非负整个数,其“lb”置为 0,该字段应添加到字段列表上。其后应是含有选定项编码的字段,仿佛该选定项是 10.2 所规定的开放类型字段的值,本条过程结束。

注:在选择扩展附加部分的定义中的版本括号对怎样编码“ExtensionAdditionAlternatives”没有影响。

23 客体标识符类型的编码

注:(说明性)客体标识符类型的编码使用前面有长度决定因子的 BER 的内容八位位组,在实际中长度是单个八位位组。

应使用为 BER 规定的编码给出一个位字段(在 ALIGNED 变体中的八位位组对齐),它是该 BER 编码的内容八位位组。该 BER 编码的内容八位位组由“n”个八位位组构成,被放入一个“n”个八位位组的位字段(在 ALIGNED 变体中的八位位组对齐)中。应引用 10.9 的过程将这个位字段(在 ALIGNED 变体中的八位位组对齐)添加到字段列表上,其前面是作为半受约束的整个数的八位位组计数的等于“n”的长度决定因子。

24 相关客体标识符类型的编码

注:(说明性)相关客体标识符类型的编码使用前面有长度决定因子的 BER 内容八位位组,在实际中长度是单个八位位组。下列正文与 23 章中的正文一样。

应使用为 BER 规定的编码给出一个位字段(在 ALIGNED 变体中的八位位组对齐),它是该 BER 编码的内容八位位组。该 BER 编码的内容八位位组由“n”个八位位组构成,被放入一个“n”个八位位组的位字段(在 ALIGNED 变体中的八位位组对齐)中。应引用 10.9 的过程将这个位字段(在 ALIGNED 变体中的八位位组对齐)添加到字段列表上,其前面是作为半受约束的整个数的八位位组计数的等于“n”的长度决定因子。

25 嵌入式 pdv 类型的编码

25.1 嵌入式 pdv 类型可以用下列方式编码:

a) 嵌入式 pdv 类型的选项 **syntaxes** 使用 PER 可视内部类型约束约束为单个值,或者选项 **identification** 使用 PER 可视内部类型约束约束为 **fixed** 选择项,在这种情况下,应只有 **data-value** 被编码;这称为“预定义”情况。

b) 内部类型约束既不用来约束 **syntaxes** 选项为单个值,也不约束 **identification** 为 **fixed** 选择项,在这种情况下,**identification** 和 **data-value** 都应被编码;这称为“通常”情况。

25.2 在“预定义”情况下,嵌入式 pdv 类型值的编码应是 **OCTET STRING** 类型值的 PER 编码。该 **OCTET STRING** 值应是形成 GB/T 16262.1—2006 的 33.3a)中引用的单个数据值完整编码的八位位组。

25.3 在“通常”情况下,嵌入式 pdv 类型值的编码应是在 GB/T 16262.1—2006 的 33.5 中定义的类型的 PER 编码,同时去掉 **data-value-descriptor** 元素(即,在 **SEQUENCE** 编码的头部应没有 **OPTIONAL** 位图)。类型 **OCTER STRING** 的 **data-value** 成分的值应是形成 GB/T 16262.1—2006 的 33.3 a)中的单个数据值完整编码的八位位组。

26 外部类型值的编码

26.1 外部类型值的编码应是下列序列类型的 PER 编码,假设在一个 **EXPLICIT TAGS** 的环境下定义,值在下面子条中指定:

```
[UNIVERSAL 8]    IMPLICIT SEQUENCE   {
        direct-reference            OBJECT IDENTIFIER OPTIONAL,
        indirect-reference          INTEGER OPTIONAL,
        data-value-descriptor       ObjectDescriptor OPTIONAL,
        encoding                    CHOICE {
            single-ASN1-type        [0]  ABSTRACT-SYNTAX.&Type,
            octet-aligned           [1]  IMPLICIT OCTET STRING,
            arbitrary               [2]  IMPLICIT BIT STRING } }
```

注:此序列类型不同于 GB/T 16262.1—2006 中的规定。

26.2 成分值依赖于被发送的抽象值,它是 GB/T 16262.1—2006 的 33.5 中定义的类型值。

26.3 当且仅当 **data-value-descriptor** 存在于抽象值中,且它们应有相同的值,上述 **data-value-descriptor** 才应存在。

26.4 上述 **direct-reference** 和 **indirect-reference** 的存在与否与表 1 一致。表 1 将 GB/T 16262.1—2006 中的 33.5 中定义的 **identification** 的外部类型选项映射到 26.1 中定义的外部类型成分 **direct-reference** 和 **indirect-reference** 上。

表 1 identification 的替换编码

identification	direct-reference	indirect-reference
syntaxes	* * * 不能出现 * * *	* * * 不能出现 * * *
syntax	syntax	不存在
presentation-context-id	不存在	presentation-context-id
context-negotiation	传送语法	presentation-context-id
transfer-syntax	* * * 不能出现 * * *	* * * 不能出现 * * *
fixed	* * * 不能出现 * * *	* * * 不能出现 * * *

26.5 数据值应按照编码所标识的传送语法进行编码,并应放到下面规定的 **encoding** 选择的选项上。

26.6 如果数据值是单个 ASN.1 数据类型值(见 26.7 的注),并且该数据值的编码规则是在本部分中规定的那些,则发送实现应使用 **single-ASN1-type** 选项。

26.7 否则,如果数据值使用同意或协商的编码进行编码,其编码是一个八位位组的整数,则发送实现应编码为 **octet-aligned**。

注：一个数据值，它是一系列 ASN.1 类型的值，并且传送语法为其规定了八位位组串的简单拼接，这些八位位组串是在每个 ASN.1 类型上应用 ASN.1 基本编码规则产生的，属于本类别，而不是 26.6。

26.8 否则，如果数据值使用同意或协商的编码进行编码，其编码不是八位位组的整数倍，则选择 **encoding** 应是 **arbitrary**。

26.9 如果 **encoding** 选择选定为 **single-ASN1-type**，则 ASN.1 类型应按 10.2 的规定进行编码，其值等于要被编码的数据值。

注：可能出现在开放类型中的值的范围由与 **direct-reference** 相关联的客体标识符值和/或与 **indirect-reference** 相关联的整数值的注册来确定。

26.10 如果 **encoding** 选择是 **octet-aligned**，则该数据值应按照同意或协商的传送语法进行编码，所得结果八位位组应形成八位位组串的值。

26.11 如果 **encoding** 选择是 **arbitrary**，则该数据值应按照同意或协商的传送语法进行编码，所得结果八位位组应形成位串的值。

27 受限字符串类型的编码

注 1：(指导 ALIGNED 变体)小于或等于两个八位位组的固定长度字符串不是八位位组对齐的。被约束为最大长度小于两个八位位组的可变长度的字符串不是八位位组对齐的。所有其他的字符串在 ALIGNED 变体中都是八位位组对齐的。如果固定长度字符串的长度小于 64K 字符，则其编码在没有长度八位位组下进行。对不受约束的字符串或长于 64K－1 的受约束字符串，其长度被显式编码(必要时分片)。每个 **NumericString**、**PrintableString**、**VisibleString**(**ISO 646String**)、**IA5String**、**BMPSring**、**UniversalString** 字符被编码为能接纳有效允许字母表约束所允许的所有字符的 2 的最小幂的位数。

注 2：(指导 UNALIGNED 变体)字符串不是八位位组对齐的。如果只有一种可能长度值，如果长度小于 64K，则不存在长度编码。对不受约束的字符串或长于 64K－1 的受约束字符串，长度被显式编码(必要时分片)。每个 **NumericString**、**PrintableString**、**VisibleString**(**ISO646String**)、**IA5String**、**BMPSring**、**UniversalString** 字符被编码为能接纳有效允许字母表约束所允许的所有字符的最小位数。

注 3：(指导每个被编码字符的长度)每个字符的编码依赖于有效允许字母表约束(见 9.3.11)，该约束定义类型使用的字母表。假设该字母表由字符集 ALPHA 构成。对于每个已知倍数字符串类型(见 3.6.16)，有一个与每个字符相关联的整数值，其通过引用该受限字符串类型相关联的某个编码表获得。与字符集 ALPHA 对应的值集 BETA 用来确定所使用的编码，过程如下：每个字符编码的位数仅由值集 BETA(或字符集 ALPHA)中元素的个数 N 来确定。对于 UNALIGNED 变体，它是能把值 N－1 编码为非负二进制整数的最小位数。对于 ALIGNED 变体，它是 2 的幂且能把值 N－1 编码的最小位数。假设选择的位数是 B。如果在值集 BETA 中的每个值都可以编码(无变换时)在 B 位中，则用值集 BETA 中的值来表示字符集 ALPHA 中相应的字符。否则，将值集 BETA 中的值按照升序取出，用值 0、1、2，依此类推，直到 N-1 所代替，用这些值表示对应的字符。总之，总是使用最小位数(对于 ALIGNED 变体取下一个 2 的幂)。给出使用与这些字符正常关联的值的优先权，但是如果这些值不能按最小位数编码，则使用紧缩编码。

27.1 下列受限字符串类型是已知倍数字符串类型：**NumericString**、**PrintableString**、**VisibleString**(**ISO 646String**)、**IA5String**、**BMPSring**、**UniversalString**。有效允许字母表约束只对这些类型是 PER 可视的。

27.2 有效长度约束记法可以确定抽象字符串长度的上边界“aub”。否则，“aub”不设置。

27.3 有效长度约束记法可以确定抽象字符串长度的非 0 下边界“alb”。否则，“alb”为 0。

注：PER 可视约束只适用于已知倍数字符串类型。对于其他受限字符串类型，将不设置“aub”，且“alb”为 0。

27.4 如果类型对 PER 编码可扩展(见 9.3.16)，则应将由单个位构成的位字段添加到字段列表上。如果该值处在扩展根范围内，则该单个位应置 0，否则置 1。如果该值处在扩展根的范围外，则下列的编码应是好像不存在有效长度约束一样，且应具有一个构成不受约束类型字符集的有效允许字母表约束。

注：只有已知倍数字符串类型对 PER 编码可扩展。其他字符串类型上的可扩展标记对 PER 编码没有影响。

27.5 本条适用于已知倍数字符串。其他受限字符串类型的编码在 27.6 规定。

27.5.1 有效允许字母表定义为被允许字母表约束所允许的字母表，或者如果没有允许的字母表约束，则定义为内置类型的完整字母表。

27.5.2 设 N 为有效允许字母表中的字符数。设 B 为 2 的 B 次幂大于或等于 N 的最小整数。设 B2 为大于等于 B 的 2 的最小幂。那么，在 ALIGNED 变体中，每个字符应编码为 B2 个位，在 UNALIGNED 变体中为 B 位。设此规则所标识出的位数为“b”。

27.5.3 通过如下引用 GB/T 16262.1—2006 中的第 39 章，使一个数值“v”同每个字符相关联。对于 **UniversalString**，该值用来确定 GB/T 16262.1—2006 的 39.3 中的正则顺序（该值在 0 至 $2^{32}-1$ 之间）的值。对于 **BMPString**，该值用来确定 39.3 中的正则顺序（该值在 0 至 $2^{16}-1$ 之间）的值。对于 **NumricString** 和 **PrintableString**、**VisibleString**（**ISO646String**）、**IA5String**，该值是为 GB/T 1988 相应字符的编码定义的值。（对于 **IA5String**，该值的范围在 0 至 127 之间，对于 **VisibleString**，该值的范围在 32 至 126 之间，对于 **NumricString**，该值的范围在 32 至 57 之间，对 **PrintableString**，该值的范围在 32 至 122 之间。对于 **IA5String** 和 **VisibleString**，范围内的所有值都存在，但是，对于 **PrintableString** 和 **NumricString** 不是范围内的所有值都被使用。）

27.5.4 设允许字母表中字符集范围内的最小值为“lb”，最大值为“ub”，则进入“b”位中的字符编码是如下标识出的值“v”的非负二进制整数编码：

a) 如果“ub”小于或等于 2^b-1，则“v”是上述规定的值，否则

b) 字符按 GB/T 16262.1—2006 的第 39 章规定的正则顺序加以放置。第 1 个字符赋予的值为 0，正则顺序的下一个字符赋予的值比上一个字符赋予的值大 1。这些赋予的值是“v”。

注：上面 a)项从不适用于受约束或不受约束的 **NumricString** 字符，它总是使用 b)编码为 4 位或者更少位数。

27.5.5 应通过将每个字符（使用合适的“v”值）编码为非负二进制整数进入“b”位中，将其拼接形成“b”位的整数倍的位字段，来获得完整字符串的编码。

27.5.6 如果“aub” 等于“alb”并且小于 64K，如果“aub”乘以“b”大于 16，则该位字段应作为位字段（在 ALIGNED 变体中的八位位组对齐）添加到位字段列表上，否则，应作为非八位位组对齐的位字段添加到位字段列表上。本条过程结束。

27.5.7 如果“aub”不等于“alb”，或者大于或等于 64K，则应引用 10.9 的过程添加“n”长度决定因子作为字符串中的字符计数，同时长度决定因子的下边界为“alb”，上边界为“aub”。如果“aub”乘以“b”大于或等于 16，则该位字段作为一个字段（在 ALIGNED 变体中的八位位组对齐）添加到位字段列表上，否则应作为非八位位组对齐的位字段添加到位字段列表上。本条过程结束程。

注：27.5.6 和 27.5.7 都规定若“aub”乘以“b”小于 16，则不对齐，若大于 16，则对齐。对正好等于 16 的值，27.5.6 规定不对齐，27.5.7 规定对齐。

27.6 本条适用于未知倍数字符串的字符串。在这种情况下，约束从不是 PER 可视的，该类型对 PER 编码也从不可扩展。

27.6.1 对于 BASIC-PER，下面对于“基本编码”的引用意思是 BER 编码的内容八位位组。对于 CANONICAL-PER，它的意思是在 GB/T 16263.1—2006 中为 CER 和 DER 规定的编码的内容八位位组。

27.6.2 “基本编码”应适用于给出“n”个八位位组字段的字符串。

27.6.3 应引用 10.9 添加一个作为八位位组计数的不受限的长度决定因子“n”，并且“n”个八位位组的字段应作为一个位字段（在 ALIGNED 变体中的八位位组对齐）添加，本条过程结束。

28 不受限字符串类型的编码

28.1 不受限字符串类型可以用下列两种方式编码：

a) 不受限字符串类型的选项 **syntaxes** 使用 PER 可视内部类型约束约束为单个值，或者 **identification** 使用 PER 可视内部类型约束约束为 **fixed** 选项，在这种情况下，应只编码 **string-value**，这称为“预定义”情况。

b) 内部类型约束既不用来约束 **syntaxes** 选项为单个值，也不约束 **identification** 为 **fixed** 选项，在

这种情况下,**identification** 和 **string-value** 都应被编码;这称为“一般”情况。

28.2 对于“预定义”情况,**CHARACTER STRING** 类型值的编码应是 **OCTET STRING** 类型值的 **PER** 编码。**OCTET STRING** 类型值是形成 GB/T 16262.1—2006 的 40.3a)中引用的字符串值完整编码的八位位组。

28.3 对于“一般”情况,不受限字符串类型值的编码是 GB/T 16262.1—2006 中的 40.5 中定义的类型的 PER 编码同时去掉 **data-value-descriptor** 成分(即,在 **SEQUENCE** 编码的头部应没有 **OPTIONAL** 位图)。类型 **OCTER STRING** 的 **data-value** 成分的值应是形成 GB/T 16262.1—2006 的 40.3a)中的字符串值完整编码的八位位组。

29 传送语法的客体标识符

29.1 本部分规定的编码规则可以在需要为单个 ASN.1 类型所有值规定无歧义位串表示时被引用和应用。

29.2 下列客体标识符和客体描述值被赋予用来标识和描述本部分规定的编码规则:

对 BASIC-PER,ALIGNED 变体:

{**joint-iso-itu-t asn1 (1) packed-encoding (3) basic (0) aligned (0)**}

"**Packed endoding of a single ASN.1 type (basic aligned)**"

对 BASIC-PER,UNALIGNED 变体:

{**joint-iso-itu-t asn1 (1) packed-encoding (3) basic (0) unaligned (1)**}

"**Packed endoding of a single ASN.1 type (basic unaligned)**"

对 CANONICAL-PER,ALIGNED 变体:

{**joint-iso-itu-t asn1 (1) packed-encoding (3) canonical (1) aligned (0)**}

"**Packed endoding of a single ASN.1 type (canonical aligned)**"

对 CANONICAL-PER,UNALIGNED 变体:

{**joint-iso-itu-t asn1 (1) packed-encoding (3) canonical (1) unaligned (1)**}

"**Packed endoding of a single ASN.1 type (canonical unaligned)**"

29.3 如果应用标准把抽象语法定义为抽象值集合,其值是使用 ASN.1 记法定义的某个特定命名的 ASN.1 类型的值,则 29.2 中指定的客体标识符值可以与抽象语法名一起来标识传送语法,这些传送语法是由于把本部分中规定的编码规则应用到定义抽象记法时使用的特定命名的 ASN.1 类型上引起的结果。

29.4 如果 29.3 抽象语法定义的条件不满足,则 29.2 中规定的名字不应与抽象语法名一起用来标识传送语法。

附 录 A
(资料性附录)
编 码 实 例

本附录通过示出使用 ASN.1 定义的(假设的)个人记录的八位位组的表示来说明本部分规定的紧缩编码规则的使用。

A.1 不使用子类型约束的记录

A.1.1 记录结构的 ASN.1 描述

假设的个人记录的结构使用 GB/T 16262.1—2006 规定的 ASN.1 形式地描述类型定义如下。它与 GB/T 16263.1—2006 中附录 A 定义的实例相同。

```
PersonnelRecord ::= [APPLICATION 0] IMPLICIT SET {
    name              Name,
    title             [0] VisibleString,
    number            EmployeeNumber,
    dateOfHire        [1] Date,
    nameOfSpouse      [2] Name,
    children          [3] IMPLICIT
      SEQUENCE OF ChildInformation    DEFAULT {}}

ChildInformation ::= SET
    { name            Name,
      dateOfBirth     [0] Date}

Name ::= [APPLICATION 1] IMPLICIT SEQUENCE
    { givenName       VisibleString,
      initial         VisibleString,
      familyName      VisibleString}

EmployeeNumber ::= [APPLICATION 2] IMPLICIT INTEGER

Date ::= [APPLICATION 3] IMPLICIT VisibleString -- YYYYMMDD
```

A.1.2 记录值的 ASN.1 描述

John Smith 的个人记录值使用 ASN.1 形式地描述如下。

```
{ name { givenName "John", initial "P", familyName "Smith"},
    title            "Director",
    number           51,
    dateOfHire       "19710917",
    nameOfSpouse     { givenName "Mary", initial "T", familyName "Smith"},
    children
    {{name           {givenName "Ralph", initial "T", familyName "Smith"},
```

dateOfBirth "19571111"},
{{**name** {**givenName** "**Susan**", **initial** "**B**", **familyName** "**Jones**"},
dateOfBirth "19590717"}}}

A.1.3　本记录值的 ALIGNED PER 表示

上面给出的记录值的表示(在应用本部分定义的紧缩编码规则的 ALIGNED 变体之后)如下所示。编码以十六进制示出,后面是以二进制示出的编码的注释描述。

该编码的长度是 94 个八位位组,而相同的使用 PER 的 UNALIGNED 变体进行编码的个人记录值则为 84 个八位位组,限定长度形式的 BER 至少为 136 个八位位组,不定长度形式的 BER 至少为 161 个八位位组。

A.1.3.1　十六进制视图

```
80044A6F  686E0150  05536D69  74680133  08446972  6563746F  72083139  37313039
3137044D  61727901  5405536D  69746802  0552616C  70680154  05536D69  74680831
39353731  31313105  53757361  6E014205  4A6F6E65  73083139  35393037  3137
```

A.1.3.2　二进制视图

为了使数据的二进制视图更容易读懂,用空行将逻辑上的一组字段分在一起(典型情况为长度/值对);用换行分割字段;用空格分割字符串内的字符;'x'表示一个 0 填充位,它有时用来为填充八位位组边界而对齐字段。

```
1xxxxxxx                                      位图位=1 表示存在"children"

00000100                                      name.givenName 的长度=4
01001010 01101111 01101000 01101110           name.givenName="John"

00000001                                      name.initial 的长度=1
01010000                                      name.initial="P"

00000101                                      name.familyName 的长度=5
01010011 01101101 01101001 01110100 01101000  name.familyName="Smith"

00000001                                      (employee)number 的长度=1
00110011                                      (employee)number=51

00001000                                      title 的长度=8
01000100 01101001 01110010 01100101 01100011
01110100 01101111 01110010                    title="Director"

00001000                                      dateOfHire 的长度=8
00110001 00111001 00110111 00110001 00110000
00111001 00110001 00110111                    dateOfHire="19710917"

00000100                                      nameOfSpouse.givenName 的长度=4
01001101 01100001 01110010 01111001           nameOfSpouse.givenName="Mary"

00000001                                      nameOfSpouse.initial 的长度=1
```

01010100	nameOfSpouse. initial ="T"
00000101	nameOfSpouse. familyName 的长度=5
01010011 01101101 01101001 01110100 01101000	nameOfSpouse. familyName="Smith"
00000010	children 的个数
00000101	children[0]. givenName 的长度=5
01010010 01100001 01101100 01110000 01101000	children[0]. givenName="Ralph"
00000001	children[0]. initial 的长度=1
01010100	children[0]. initial="T"
00000101	children[0]. familyName 的长度=5
01010011 01101101 01101001 01110100 01101000	children[0]. familyName="Smith"
00001000	children[0]. dateOfBirth 的长度=8
00110001 00111001 00110101 00110111 00110001 00110001 00110001 00110001	children[0]. dataOfBirth="19571111"
00000101	children[1]. givenName 的长度=5
01010011 01110101 01110011 01100001 01101110	children[1]. givenName="Susan"
00000001	children[1]. initial 的长度=1
01000010	children[1]. initial="B"
00000101	children[1]. familyName 的长度=5
01001010 01101111 01101110 01100101 01110011	children[1]. familyName="Jones"
00001000	children[1]. dateOfBirth 的长度=8
00110001 00111001 00110101 00111001 00110000 00110111 00110001 00110111	children[1]. dateOfBirth="19590717"

A.1.4 本记录值的 UNALIGNED PER 表示

上面给出的记录值的表示(在应用本部分定义的紧缩编码规则的 UNALIGNED 变体之后)如下所示。编码以十六进制示出,后面是以二进制示出的编码注释描述。注意填充位没有出现在 UNALIGNED 变体中,而字符也尽可能用最少的位数编码。

该编码的长度是 84 个八位位组,而相同的使用 PER 的 ALIGNED 变体编码的个人记录值为 94 个八位位组,限定长度形式的 BER 至少为 136 个八位位组,不定长度形式的 BER 至少为 161 个八位位组。

A.1.4.1 十六进制视图

824ADFA3 700D005A 7B74F4D0 02661113 4F2CB8FA 6FE410C5 CB762C1C B16E0937
0F2F2035 0169EDD3 D340102D 2C3B3868 01A80B4F 6E9E9A02 18B96ADD 8B162C41
69F5E787 700C2059 5BF765E6 10C5CB57 2C1BB16E

A.1.4.2 二进制视图

为使数据的二进制视图更容易被读懂，用空行将逻辑上的一组字段分在一起（典型情况为长度/值对）；用换行分割字段；用空格分割字符串内的字符；点(.)用来标记八位位组边界；'x'表示对八位位组边界填充最后一个八位位组所用的0位。

1	位图位＝1表示存在"children"
0000010.0	name.givenName 的长度＝4
1001010.1101111 1.101000 11.01110	name.givenName＝"John"
000.00001	name.initial 的长度＝1
101.0000	name.initial＝"P"
0000.0101	name.familyName 的长度＝5
1010.011 11011.01 110100.1 1110100 .1101000	name.familyName＝"Smith"
0.0000001	(employee)number 的长度＝1
0.0110011	(employee)number＝51
0.0001000	title 的长度＝8
1.000100 11.01001 111.0010 1100.101 11000.11 111010.0 1101111 .1110010	title＝"Director"
0.0001000	dateOfHire 的长度＝8
0.110001 01.11001 011.0111 0110.001 01100.00 011100.1 0110001 .0110111	dateOfHire＝"19710917"
0.0000100	nameOfSpouse.givenName 的长度＝4
1.001101 11.00001 111.0010 1111.001	nameOfSpouse.givenName＝"Mary"
00000.001	nameOfSpouse.initial 的长度＝1
10101.00	nameOfSpouse.initial＝"T"
000001.01	nameOfSpouse.familyName 的长度＝5
101001.1 1101101 .1101001 1.110100 11.01000	nameOfSpouse.familyName＝"Smith"
000.00010	children 的个数
000.00101	children[0].givenName 的长度＝5
101.0010 1100.001 11011.00 111000.0 1101000	children[0].givenName＝"Ralph"
.00000001	children[0].initial 的长度＝1

.1010100	children[0].initial="T"
0.0000101	children[0].familyName 的长度=5
1.010011 11.01101 110.1001 1110.100 11010.00	children[0].familyName="Smith"
000010.00	children[0].dateOfBirth 的长度=8
011000.1 0111001 .0110101 0.110111 01.10001	
011.0001 0110.001 01100.01	children[0].dataOfBirth="19571111"
000001.01	children[1].givenName 的长度=5
101001.1 1110101 .1110011 1.100001 11.01110	children[1].givenName="Susan"
000.00001	children[1].initial 的长度=1
100.0010	children[1].initial="B"
0000.0101	children[1].familyName 的长度=5
1001.010 11011.11 110111.0 1100101 .1110011	children[1].familyName="Jonesv
0.0001000	children[1].dateOfBirth 的长度=8
0.110001 01.11001 011.0101 0111.001 01100.00	
011011.1 0110001 .0110111x	children[1].dateOfBirth="19590717"

A.2 使用子类型约束的记录

除了利用子类型记法在某些项上施加一些约束之外，本实例与 A.1 所示的相同。

A.2.1 记录结构的 ASN.1 描述

假定个人记录的结构使用 GB/T 16262.1—2006 中规定的 ASN.1 形式地描述类型定义如下。

```
PersonnelRecord ::= [APPLICATION 0] IMPLICIT SET {
        name                Name,
        title               [0] VisibleString,
        number              EmployeeNumber,
        dateOfHire          [1] Date,
        nameOfSpouse        [2] Name,
        children            [3] IMPLICIT,
            SEQUENCE OF ChildInformation DEFAULT {} }
ChildInformation ::= SET
        { name              Name,
        dateOfBirth         [0] Date}
Name ::= [APPLICATION 1] IMPLICIT SEQUENCE
        { givenName         NameString,
        initial             NameString (SIZE(1)),
        familyName          NameString }
EmployeeNumber ::= [APPLICATION 2] IMPLICIT INTEGER
Date ::= [APPLICATION 3] IMPLICIT VisibleString (FROM("0" .. "9") ^ SIZE(8))
```

```
                                  --YYYYMMDD
      NameString ::= VisibleString (FROM("a".. "z" | "A".. "Z" | "-.") ^ SIZE (1..64))
```

A.2.2 本记录值的 ASN.1 描述

John Smith 的个人记录值使用 ASN.1 形式地描述如下。

```
{ name { givenName "John", initial " P", familyName "Smith"},
  title            "Director",
  number           51,
  dateOfHire       "19710917",
  nameOfSpouse     {givenName "Mary", initial "T", familyName "Smith" },
  children
  {{ name { givenName "Ralph", initial "T", familyName "Smith" },
          dateOfBirth "19571111" },
   { name { givenName "Susan", initial "B", familyName "Jones" },
          dateOfBirth "19590717" }}}
```

A.2.3 本记录值的 ALIGNED PER 表示

上面给出的记录值的表示(在应用本部分定义的紧缩编码规则的 ALIGNED 变体之后)如下所示。编码以十六进制示出,后面是以二进制示出的编码注释描述。在二进制视图中,'x'用来表示编码为 0 位的填充位,它们有时用来对齐字段。

该编码的长度是 74 个八位位组,而相同的使用 PER 的 UNALIGNED 变体编码的个人记录值为 61 个八位位组,限定长度形式的 BER 至少为 136 个八位位组,不定长度形式的 BER 至少为 161 个八位位组。

A.2.3.1 十六进制视图

```
864A6F68  6E501053  6D697468  01330844  69726563  746F7219  7109170C  4D617279
5410536D  69746802  1052616C  70685410  536D6974  68195711  11105375  73616E42
104A6F6E  65731959  0717
```

A.2.3.2 二进制视图

为使数据的二进制视图更容易读懂,用空行将逻辑上的一组字段分在一起(典型情况为长度/值对);用换行分割字段;用空格分割字符串内的字符;'x'表示一个 0 填充位,它有时用来为填充八位位组边界而对齐字段。

```
1                                             位图位=1 表示存在"children"

0000011x                                      name.givenName 的长度=4
01001010  01101111  01101000  01101110        name.givenName="John"

01010000                                      name.initial="P"

000100xx                                      name.familyName 的长度=5
01010011  01101101  01101001  01110100  01101000    name.familyName="Smith"

00000001                                      (employee)number 的长度=1
00110011                                      (employee)number=51
```

00001000	title 的长度=8
01000100 01101001 01110010 01100101	
01100011 01110100 01101111 01110010	title="Director"
0001 1001 0111 0001 0000 1001 0001 0111	dateOfHire="19710917"
000011xx	nameOfSpouse. givenName 的长度=4
01001101 01100001 01110010 01111001	nameOfSpouse. givenName="Mary"
01010100	nameOfSpouse. initial="T"
000100xx	nameOfSpouse. familyName 的长度=5
01010011 01101101 01101001 01110100 01101000	nameOfSpouse. familyName="Smith"
00000010	children 的个数
000100xx	children[0]. givenName 的长度=5
01010010 01100001 01101100 01110000 01101000	children[0]. givenName="Ralph"
01010100	children[0]. initial="T"
000100xx	children[0]. familyName 的长度=5
01010011 01101101 01101001 01110100 01101000	children[0]. familyName="Smith"
0001 1001 0101 0111 0001 0001 0001 0001	children[0]. dataOfBirth="19571111"
000100xx	children[1]. givenName 的长度=5
01010011 01110101 01110011 01100001 01101110	children[1]. givenName="Susan"
01000010	children[1]. initial="B"
000100xx	children[1]. familyName 的长度=5
01001010 01101111 01101110 01100101 01110011	children[1]. familyName="Jones"
0001 1001 0101 1001 0000 0111 0001 0111	children[1]. dateOfBirth="19590717"

A.2.4 本记录值的 UNALIGNED PER 表示

上面给出的记录值的表示(在应用本部分定义的紧缩编码规则的 UNALIGNED 变体之后)如下所示。编码以十六进制示出,后面是以二进制示出的编码的注释描述。注意填充位没有出现在 UNALIGNED 变体中,而字符也尽可能用最少的位数编码。

编码的长度是 61 个八位位组,而相同的使用 PER 的 ALIGNED 变体编码的个人记录值为 74 个八位位组,限定长度形式的 BER 至少为 136 个八位位组,不定长度形式的 BER 至少为 161 个八位位组。

A.2.4.1 十六进制视图

865D51D2 888A5125 F1809984 44D3CB2E 3E9BF90C B8848B86 7396E8A8 8A5125F1

81089B93 D71AA229 4497C632 AE222222 985CE521 885D54C1 70CAC838 B8

A.2.4.2 二进制视图

为使数据的二进制视图更容易读懂，用空行将逻辑上的一组字段分在一起(典型情况为长度/值对)；用换行分割字段；用空格分割字符串内的字符；点(.)用来标记八位位组边界；'x'表示对八位位组边界填充最后一个八位位组所用的0位。

1	位图位=1表示存在"children"
000011	name. givenName 的长度=4
0. 01011 101. 010 10001. 1 101001	name. givenName="John"
0. 10001	name. initial="P"
000. 100	name. familyName 的长度=5
01010. 0 101000 1. 00100 101. 111 10001. 1	name. familyName="Smith"
0000000. 1	(employee) number 的长度=1
0011001. 1	(employee) number=51
0000100. 0	title 的长度=8
1000100 . 1101001 1. 110010 11. 00101 110. 0011 1110. 100 11011. 11 111001. 0	title="Director"
0001 100. 1 0111 000. 1 0000 100. 1 0001 011. 1	dateOfHire="19710917"
000011	nameOfSpouse. givenName 的长度=4
0. 01110 011. 100 10110. 1 110100	nameOfSpouse. givenName="Mary"
0. 10101	nameOfSpouse. initial="T"
000. 100	nameOfSpouse. familyName 的长度=5
01010. 0 101000 1. 00100 101. 111 10001. 1	nameOfSpouse. familyName="Smith"
0000001. 0	children 的个数
000100	children[0]. givenName 的长度=5
0. 10011 011. 100 10011. 1 101011 1. 00011	children[0]. givenName="Ralph"
010. 101	children[0]. initial="T"
00010. 0	children[0]. familyName 的长度=5
010100 1. 01000 100. 100 10111. 1 100011	children[0]. familyName="Smithv"

0.001 1001 0.101 0111 0.001 0001 0.001 0001	children[0].dataOfBirth="19571111"
0.00100	children[1].givenName 的长度=5
010.100 11000.0 101110 0.11100 101.001	children[1].givenName="Susan"
00001.1	children[1].initial="B"
000100	children[1].familyName 的长度=5
0.01011 101.010 10100.1 100000 1.01110	children[1].familyName="Jones"
000.1 1001 010.1 1001 000.0 0111 000.1 0111xxx	children[1].dateOfBirth="19590717"

A.3 使用扩展标记的记录

A.3.1 记录结构的 ASN.1 描述

假定个人记录的结构使用 GB/T 16262.1—2006 中规定的 ASN.1 形式地描述类型定义如下：

```
PersonnelRecord ::= [APPLICATION 0] IMPLICIT SET {
    name              Name,
    title             [0] VisibleString,
    number            EmployeeNumber,
    dateOfHire        [1] Date,
    nameOfSpouse      [2] Name,
    children          [3] IMPLICIT,
        SEQUENCE (SIZE(2, ...)) OF ChildInformation OPTIONAL,
    ...
}
ChildInformation ::= SET
    { name            Name,
    dateOfBirth       [0] Date,
    ...,
     sex              [1] IMPLICIT ENUMERATED { male(1), female(2),
                                  unknown(3) } OPTIONAL
    }
Name ::= [APPLICATION 1] IMPLICIT SEQUENCE
    { givenName       NameString,
    initial           NameString (SIZE(1) ),
    familyName        NameString,
    ...
    }
EmployeeNumber ::= [APPLICATION 2] IMPLICIT INTEGER (0 .. 9999, ...)
Date ::= [APPLICATION 3] IMPLICIT VisibleString
                  (FROM ("0" .. "9") ^ SIZE (8, ..., 9 .. 20)) --YYYYMMDD
NameString ::= VisibleString (FROM ("a".. "z" | "A".. "Z" | "-.") ^ SIZE ( 1.. 64, ... ))
```

A.3.2 记录值的ASN.1描述

John Smith 的个人记录值使用ASN.1形式地描述如下。

```
{ name {givenName "John", initial "P", familyName "Smith"},
  title           "Director",
  number          51,
  dateOfHire      "19710917",
  nameOfSpouse    {givenName "Mary", initial "T", familyName "Smith"},
  children
   {{ name{ givenName "Ralph", initial "T", familyName "Smith"},
        dateOfBirth "19571111" },
    { name{ givenName "Susan", initial "B", familyName "Jones"},
        dateOfBirth "19590717", sex female} } }
```

A.3.3 本记录值的ALIGNED PER表示

上面给出的记录值的表示(在应用本部分定义的紧缩编码规则的ALIGNED变体之后)如下所示。编码以十六进制示出,后面是以二进制示出的编码的注释描述。在二进制显示中,'x'用来表示编码为0位的填充位,它们用来对齐字段。

该编码的长度是83个八位位组。而相同的用PER的UNALIGNED变体编码的个人记录值为65个八位位组,限定长度形式的BER至少为139个八位位组,不定长度形式的BER至少为164个八位位组。

A.3.3.1 十六进制视图

```
40C04A6F  686E5008  536D6974  68000033  08446972  6563746F  72001971  0917034D
61727954  08536D69  74680100  52616C70  68540853  6D697468  00195711  11820053
7573616E  42084A6F  6E657300  19590717  010140
```

A.3.3.2 二进制视图

为使数据的二进制视图更容易读懂,用空行将逻辑上的一组字段分在一起(典型情况为长度/值对);用换行分割字段;用空格分割字符串内的字符;'x'表示一个0填充位,它有时用来为填充八位位组边界而对齐字段。

```
0                                              在个人记录中不存在扩展值

1                                              位图位=1表示存在"children"

0                                              在"name"中不存在扩展值

0                                              长度在扩展根范围内
0000  11xxxxxx                                 name.givenName的长度=4
01001010 01101111 01101000 01101110            name.givenName="John"

01010000                                       name.initial="P"

0                                              长度在扩展根范围内
000100x                                        name.familyName的长度=5
01010011 01101101 01101001 01110100 01101000   name.familyName="Smith"
```

0xxxxxxx	长度在扩展根范围内
00000000 00110011	(employee)number=51
00001000	title 的长度=8
01000100 01101001 01110010 01100101 01100011 01110100 01101111 01110010	title="Director"
0xxxxxxx	长度在扩展根范围内
0001 1001 0111 0001 0000 1001 0001 0111	dateOfHire="19710917"
0	在 nameOfSpouse 中不存在扩展值
0	长度在扩展根范围内
000011	nameOfSpouse. givenName 的长度=4
01001101 01100001 01110010 01111001	nameOfSpouse. givenName="Mary"
01010100	nameOfSpouse. initial="T"
0	长度在扩展根范围内
000100x	nameOfSpouse. familyName 的长度=5
01010011 01101101 01101001 01110100 01101000	nameOfSpouse. familyName="Smith"
0	children 的个数在扩展根范围内
0	在 children[0]中不存在扩展值
0	在 children[0]. name 中不存在扩展值
0	长度在扩展根范围内
000100xx xxxx	children[0]. givenName 的长度=5
01010010 01100001 01101100 01110000 01101000	children[0]. givenName="Ralph"
01010100	children[0]. initial="T"
0	长度在扩展根范围内
000100x	children[0]. familyName 的长度=5
01010011 01101101 01101001 01110100 01101000	children[0]. familyName="Smith"
0xxxxxxx	长度在扩展根范围内
0001 1001 0101 0111 0001 0001 0001 0001	children[0]. dataOfBirth="19571111"
1	在 children[1]中存在扩展值

0	在 children[1]. name 中不存在扩展值
0	长度在扩展根范围内
00010 0xxxxxxx	children[1]. givenName 的长度＝5
01010011 01110101 01110011 01100001 01101110	children[1]. givenName＝"Susan"
01000010	children[1]. initial＝"B"
0	长度在扩展根范围内
000100x	children[1]. familyName 的长度＝5
01001010 01101111 01101110 01100101 01110011	children[1]. familyName＝"Jones"
0xxxxxxx	长度在扩展根范围内
0001 1001 0101 1001 0000 0111 0001 0111	children[1]. dateOfBirth＝"19590717"
0000000	children[1]扩展附加物位图的长度＝1
1	表示存在 sex 的扩展值
00000001	sex 完整编码的长度
01xxxxxx	sex＝famale 的完整编码

A.3.4 本记录值的 UNALIGNED PER 表示

上面给出的记录值的表示(在应用本部分定义的紧缩编码规则的 UNALIGNED 变体之后)如下所示。编码以十六进制示出,后面是以二进制示出的编码的注释描述。注意填充位没有出现在 UNALIGNED 变体中,字符尽可能用最少位数编码。

编码的长度是 65 个八位位组,而相同的使用 PER 的 ALIGNED 变体编码的个人记录值为 83 个八位位组,限定长度形式的 BER 至少为 139 个八位位组,不定长度形式的 BER 至少为 164 个八位位组。

A.3.4.1 十六进制视图

```
40CBAA3A  5108A512  5F180330  889A7965  C7D37F20  CB8848B8  19CE5BA2  A114A24B
E3011372  7AE35422  94497C61  95711118  22985CE5  21842EAA  60B832B2  0E2E0202
80
```

A.3.4.2 二进制视图

为使数据的二进制视图更容易读懂,用空行将逻辑上的一组字段分在一起(典型情况为长度/值对);用换行分割字段;用空格分割字符串内的字符;点(.)用来标记八位位组边界;'x'表示对八位位组边界填充最后一个八位位组所用的 0 位。

0	在个人记录中不存在扩展值
1	位图位＝1 表示存在"children"
0	在"name"中不存在扩展值
0	长度在扩展根范围内
0000.11	name. givenName 的长度＝4
001011 .101010 10.0011 1010.01	name. givenName＝"John"

010001	name. initial="P"
.0	长度在扩展根范围内
000100	name. familyName 的长度=5
0.10100 101.000 10010.0 101111 1.00011	name. familyName="Smith"
0	长度在扩展根范围内
00.00000011.0011	(employee)number=51
0000.1000	title 的长度=8
1000.100 11010.01 111001.0 1100101 1100011 1.110100 11.01111 111.0010	title="Director"
0	长度在扩展根范围内
000.1 1001 011.1 0001 000.0 1001 000.1 0111	dateOfHire="19710917"
0	在 nameOfSpouse 中不存在扩展值
0	长度在扩展根范围内
0.00011	nameOfSpouse. givenName 的长度=4
001.110 01110.0 101101 1.10100	nameOfSpouse. givenName="Mary"
010.101	nameOfSpouse. initial="T"
0	长度在扩展根范围内
0001.00	nameOfSpouse. familyName 的长度=5
010100 .101000 10.0100 1011.11 100011	nameOfSpouse. familyName="Smith"
.0	children 的个数在扩展根范围内
0	在 children[0]中不存在扩展值
0	在 children[0]. name 中不存在扩展值
0	长度在扩展根范围内
0001.00	children[0]. givenName 的长度=5
010011 .011100 10.0111 1010.11 100011	children[0]. givenName="Ralph"
.010101	children[0]. initial="T"
0	长度在扩展根范围内
0.00100	children[0]. familyName 的长度=5

010. 100 10100. 0 100100 1. 01111 100. 011	children[0]. familyName="Smith"
0	长度在扩展根范围内
0001 . 1001 0101 . 0111 0001 . 0001 0001 . 0001	children[0]. dataOfBirth="19571111"
1	在 children[1]中存在扩展值
0	在 children[1]. name 中不存在扩展值
0	长度在扩展根范围内
0. 00100	children[1]. givenName 的长度=5
010. 100 11000. 0 101110 0. 11100 101. 001	children[1]. givenName="Susan"
00001. 1	children[1]. initial="B"
0	长度在扩展根范围内
000100	children[1]. familyName 的长度=5
. 001011 10. 1010 1010. 01 100000 . 101110	children[1]. familyName="Jones"
0	长度在扩展根范围内
0. 001 1001 0. 101 1001 0. 000 0111 0. 001 0111	children[1]. dateOfBirth="19590717"
0. 000000	children[1]扩展附加物位图的长度=1
1	表示存在 sex 的扩展值
0. 0000001	sex 完整编码的长度
0. 1xxxxxx	sex=famale 的完整编码
x	填充位创建完整的个人记录编码

A.4 使用扩展附加组的记录

A.4.1 记录结构的 ASN.1 描述

假定客户记录的结构使用 GB/T 16262.1—2006 中规定的 ASN.1 形式地描述类型定义如下，假设 **AUTOMATIC TAGS**：

```
Ax ::= SEQUENCE {
    a  INTEGER ( 250 .. 253 ),
    b  BOOLEAN,
    c  CHOICE {
        d  INTEGER,
        ... ,
        [[
            e  BOOLEAN,
            f  IA5String
        ]],
```

```
        ...
    },
    ...,
    [[
        g   NumbericString (SIZE(3)),
        h   BOOLEAN OPTIONAL
    ]],
    ...,
    i     BMPString OPTIONAL,
    j     PrintableString OPTIONAL
}
```

A.4.2 记录值的 ASN.1 描述

Ax 的值使用 ASN.1 形式地描述如下：

{ a 253, b TRUE, c e : TRUE, g "123", h TRUE }

A.4.3 本记录值的 ALIGNED PER 表示

上面给出的记录值的表示(在应用本部分定义的紧缩编码规则的 ALIGNED 变体之后)如下所示。编码以十六进制示出，后面是以二进制示出的编码的注释描述。在二进制显示中，'x'用来表示编码为 0 的填充位，它们用来对齐字段。

该编码的长度是 8 个八位位组。而相同的使用 PER 的 UNALIGNED 变体编码的个人记录值为 8 个八位位组，限定长度形式的 BER 至少为 22 个八位位组，不定长度形式的 BER 至少为 26 个八位位组。

A.4.3.1 十六进制视图

9E000180 010291A4

A.4.3.2 二进制视图

为使数据的二进制视图更容易读懂，用空行将逻辑上的一组字段分在一起(典型情况为长度/值对)；用换行分割字段；用空格分割字符串内的字符；'x'表示一个 0 填充位，它有时用来为填充八位位组边界而对齐字段。

```
1                       在 Ax 中存在扩展附加值
00                      位图位=0 表示不存在可选字段(i 和 j)

11                      a=253

1                       b=TRUE

1                       c 的选择项的值为一个扩展附加值
0000000 xx              选择索引选择 c.e

00000001                c.e 的长度
1xxxxxxx                c.e=TRUE

0000000                 在 Ax=1 中定义的扩展附加部分的数目
```

1	存在第1个扩展附加部分
00000010	扩展附加部分编码的长度=2
1	位图=1表示h存在
0010 0011 0100	g=123
1xx	h=TRUE

A.4.4 本记录值的UNALIGNED PER表示

上面给出的记录值的表示(在应用本部分定义的紧缩编码规则的UNALIGNED变体之后)如下所示。编码以十六进制示出,后面是以二进制示出的编码的注释描述。注意,除了在最外层值的编码的末尾之外,填充位没有出现在UNALIGNED变体中——因此它隐含在开放类型载有的值的末尾。

该编码的长度是8个八位位组,而相同的用PER的ALIGNED变体编码的个人记录值为8个八位位组,限定长度形式的BER至少为22个八位位组,不定长度形式的BER至少为26个八位位组。

A.4.4.1 十六进制视图

9E000600 040A4690

A.4.4.2 二进制视图

为使数据的二进制视图更容易读懂,用空行将逻辑上的一组字段分在一起(典型情况为长度/值对);用换行分割字段;用空格分割字符串内的字符;点(.)用来标记八位位组边界;'x'用来表示为八位位组边界而填充最后一个八位位组所用的0位。

1	在Ax中存在扩展附加值
00	位图位=0表示不存在可选字段(i和j)
11	a=253
1	b=TRUE
1	c的选择项的值为一个扩展附加值
0.000000	选择索引选择c.e
00.000001	c.e的长度
1x.xxxxxx	c.e=TRUE
00.00000	在Ax=1中定义的扩展附加部分的数目
1	存在第1个扩展附加部分
00.000010	扩展附加部分编码的长度=2
1	位图=1表示h存在
0.010 0011 0.100	g=123
1xxxx	h=TRUE

附 录 B
（资料性附录）
组合 PER 可视约束和 PER 非可视约束

B.1 概述

B.1.1 PER 可扩展性的正确决定因素是实现互工作的关键。不同的实现形成值的相同决定因素也很重要，这些值被 PER 编码为根值，这些根值又为扩展类型而编码为扩展附加部分。

B.1.2 用户写出的东西通常是简单的，PER 编码是直观的，但对复杂的结构来说，需要进一步讨论 PER 可视、PER 可扩展性和集合运算之间的交互作用，这即是本章的内容。

B.1.3 由于有些约束被定义为 PER 不可视的（见 9.3），那么，类型可能被 GB/T 16262.1—2006 中的规则定义为可扩展的，但对 PER 编码来说，被认为是不可扩展的（带有涵盖所有可能的扩展的放松约束）。

B.1.4 在两种情况下类型被认为是可扩展的，PER 编码的根值集合不总是与认为用 GB/T 16262.1—2006 定义的根值的值集合相同。

B.1.5 对实际规范中出现的大多数情况，两种决定因素都是简单、易懂的。

B.1.6 然而，ASN.1 在复杂约束的应用中提供了值得考虑的能力和普遍性，这些复杂约束是由于集合运算和/或简单或复杂约束的一系列应用而产生的。

B.1.7 用户的规范不大可能定义涉及本附录讨论的复杂性的 ASN.1 结构，但如果实际上应用了这样的约束，工具的实现者需要知道产生何种编码。

B.1.8 用于非常复杂的约束（可能涉及类型引用名）的规则不总是直观的，但这些规则已被设计成能简化工具的实现和 ASN.1 规范的复杂性。

B.1.9 对 **SEQUENCE**、**SET**、**CHOICE** 和 **ENUMERATED** 来说，如果含有扩展标记（省略号"…"），那么即使被约束（见 9.3.20），类型也总是可扩展的。当且仅当一个值在省略号后不包括任何元素（或 **CHOICE** 中的选项及 **ENUMERATED** 中的枚举），该值就是根值。一个非可扩展的 **SEQUENCE**、**SET**、**CHOICE** 或 **ENUMERATED** 可以是可扩展约束适用的双亲类型，由此产生一个可扩展的序列、集合、值选择或枚举类型。然而，这些类型上的约束从不是 PER 可视的，且导致按 PER 的类型编码没有可扩展位。这些类型在本附录中不做进一步讨论，它仅与在整数和受限的已知倍数字符串类型上使用可扩展的约束而引起的可扩展性有关。（在其他类型上的约束不影响 PER 编码，除非在八位位组串和位串类型上的长度约束，它们类似于在字符串类型上的长度约束，这里不做进一步考虑。）

B.1.10 规范文本中规定了精度规则，但本指导附录旨在理解这些规则时帮助工具的厂商。

B.1.11 为简化说明，非可扩展类型或约束中的值集合作为根值描述如下，尽管该术语只严格地适用于扩展类型或约束。

B.1.12 当所有约束是如本部分所规定的 PER 可视的，则 GB/T 16262.1—2006 的 G.4 提供了关于约束组合方面的指导信息，宜与本附录结合起来阅读。当涉及的约束不是 PER 可视的，或约束适用于字符串类型时，则该规则需要进一步补充。这些补充的规则涵盖在 B.2 中。

B.2 PER 中约束的可扩展性和可视性

B.2.1 概述

B.2.1.1 在 BER 中，对于根值和扩展附加部分，值的编码是一样的，所以可扩展性对该编码没有什么影响。在 PER 中，若抽象值处于（通常但不是必须，是有限的）根值集合中，那么，一般用有效方式编码这些抽象值,若抽象值是扩展附加的,则该编码的效率较低。

B.2.1.2 然而,对于许多 PER 编码,在被 PER 编码的类型(被 GB/T 16262.1—2006 确定)的扩展附加部分中的值就好像这些值是根值,而不是扩展附加部分的值那样进行编码。这些值的精确标识是通过注释某些约束都是“非 PER 可视的”来进行的。

B.2.1.3 在本部分中引入 PER 可视的概念是为了使编码者在试图确定要被编码的值是否处于可扩展类型的根中时,减轻其任务。对编码者来说,难于用有效方式处理的约束被定义为对 PER 编码(对其没有影响)是“不可视”的。

B.2.1.4 有一个例外,简单约束的可视性仅依赖要被约束的类型和/或与可扩展性无关的约束方面。例如,约束仅在正文上依赖表约束? 约束是可变的吗(在正文上依赖抽象语法参数的约束)?

B.2.1.5 若一个约束是可变的,或是在正文上依赖表约束,则不管它适用什么类型,它决不是 PER 可视的。

B.2.1.6 此外,除非约束适用于整数型或已知倍数的受限字符串类型(或对位串、八位位组串上长度约束),否则约束决不是 PER 可视的。

B.2.1.7 其例外是对已知倍数受限字符串类型上的允许字母表约束。该约束是 PER 可视的,当且仅当它不是可扩展的。

B.2.1.8 在字符串类型上注释单个值子类型约束不是 PER 可视的也很重要。

B.2.1.9 在 PER 中,对字符串类型的约束有两个独立方面:对串长度的约束和对允许字母表的约束。前一种约束在编码中影响长度字段的存在和形式,第二种约束影响用来编码每个字符的位数。在简单应用中,很明显,约束规定了或者这个,或者那个。因此,

```
A1 ::= VisibleString (SIZE (20))
        --长度约束
A2 ::= VisibleString (FROM ("A" .. "F"))
        --允许的字母表约束
A3 ::= VisibleString (SIZE (2)) (FROM ("A" .. "F"))
        --长度约束和允许字母表约束
```

B.2.1.10 但应考虑:

```
B ::= VisibleString (SIZE (20) INTERSECTION FROM ("A" .. "F")
                    UNION
                    SIZE (3) INTERSECTION FROM("F" .. "K"))
```

B.2.1.11 为规定带有这种复杂约束的类型的编码,PER 引入了一个*有效*长度约束的概念,和一个*有效*允许字母表约束的概念。这些是允许所有抽象值处于实际约束的根中的约束,但通常允许某些附加的抽象值。在上面的示例中,有效长度约束为 3..20,有效允许字母表约束是 **FROM("A" .. "K")**。

B.2.1.12 为处理可扩展性,本部分引入了可以扩展的有效长度约束和有效允许字母表约束(后者是 PER 不可视的,并且在确定编码时被忽略)任一或两者的进一步的概念,并且有必要考虑可扩展允许字母表约束的(非)PER 可视对类型方面的有效约束的影响。

B.2.1.13 下列各条说明的主要方面是:PER 可视的效果以及关于约束的系列应用和对集合运算的有效性约束的计算。

B.2.2 约束的 PER 可视性

B.2.2.1 B.2.2.10 描述了一个完整的(复杂的)PER 约束何时是 PER 可视的,何时不是。然而首先我们简单地考虑约束的系列应用,哪一个(或作为一个整体)是 PER 可视的,哪一个不是。

B.2.2.2 规则很简单:如果在约束的系列应用中的一个完整约束不是 PER 可视的,那么,对于 PER 编码,简单地全部忽略该约束。

注:当为定义 PER 编码去掉非可视的约束时,不隐含着这些应用能合法地发送附加抽象值。原有的约束仍适用于能发送的值,尽管编码器可通常使用 PER 可视约束来执行检验和发布诊断。

B.2.2.3 重要的是要意识到在复杂情况中去掉非可视约束会有相当显著的效果，在去掉系列应用的不可视的 PER 约束之后考虑可扩展性(以及什么是根值)也总是重要的。(若没有任何系列应用的约束是 PER 可视的，那么该类型对 PER 编码是不受约束的，并是不可扩展的。)

B.2.2.4 按照 GB/T 16262.1—2006 的可扩展类型对 PER 可能是不可扩展的。

B.2.2.5 即使效果不是那么明显，按照 GB/T 16262.1—2006 的扩展附加部分的值也可能是某些约束被去掉时的根值的一部分，因此在 PER 中这些值可编码为根值，而不是编码为扩展附加部分。

注：这意味着 PER 编码可能比理论上的更冗长，但仍然是要编码的该类型中的所有抽象值使用的唯一编码。

B.2.2.6 三个主要因素影响系列应用的复杂约束的可视性。

B.2.2.7 第 1 个要考虑的因素是该约束是可变约束(在文本上依赖于抽象语法的参数)，还是在文本上依赖的表约束。在这种情况下，系列应用的整个约束不是 PER 可视的，并且整个约束要被丢弃。

B.2.2.8 第 2 个要考虑的因素是只对字符串适用的约束。在这些类型上的单个值子类型约束不是 PER 可视的，但如果在该约束中存在集合运算，那么，单个值子类型约束的存在不必形成系列应用不可视的完整约束。

B.2.2.9 确定这种情况的 PER 可视的规则在 9.3.19 中规定，也在那里加以概述。设“V”表示 PER 可视的，“I”表示非可视的(不可视)。

B.2.2.10 因为 **UNION** 和 **INTERSECTION** 都是可交换的，那么只对第 1 种情况 V 给出结果的规则。(若所有成分都是 V，则应用 GB/T 16262.1—2006 的正常规则，这里不做进一步讨论。所有成分都是 I 的情况总是给出 I，也不再列出。)规则是：

V UNION I => I

V INTERSECTION I => V

—导出的 **V** 恰好是交集部分的 **V**

V EXCEPT V => I

—导出的 **V** 恰好是不带差集的 **V**

I EXCEPT V => I

V, ..., I => I

I, ..., V => I

B.2.2.11 用这种方式去掉单个值子类型约束(及 **EXCEPT**)有一个重要结果。这意味着适用于字符串类型的所有“原子”约束既是单纯的长度约束，也是单纯的允许字母表约束。总约束(只)任意复杂地由使用这种“原子”单元的交集、并集和扩展附加部分构成。

B.2.2.12 这明显简化了 PER 引用对字符串类型的“有效约束”的计算。

B.2.2.13 第 3 种主要因素是允许字母表约束是否是可扩展的。这些约束不是 PER 可视的，不过，当它们的存在不影响任何可能存在的长度约束时，对其的处理不同于上述所列的那些。该领域将在 B.2.3 中讨论。

B.2.3 有效的约束

B.2.3.1 对已知倍数字符串类型的每个约束针对一对有效的约束进行评价：一个有效的允许字母表约束和一个有效的长度约束。其中的每一个或两者可能是可扩展的，也可能是空(无有效约束)的。

B.2.3.2 在系列应用中，由于 GB/T 16262.1—2006 中的规则，只有最后的约束拥有许多可以扩展的对。

B.2.3.3 有效的长度约束和有效的允许字母表约束的定义在 3.6.8 和 3.6.9 中给出，这里不再重复，但实际上要按 B.2.2.9 和 B.2.2.10 中的规定，将定义应用于带有被去掉的“不可视”约束的类型。

B.2.3.4 随着去掉非 PER 可视的约束，用系列应用有效长度约束和有效允许字母表约束替换实际约束将增加用于 PER 编码的新抽象值(现在包括的带有有效长度约束长度的任何值，并且该值仅使用有效的允许字母表约束)。然而,这些值将不再通过一致的应用来发送,并且其效果是再一次简单地使PER编码比理论上所能达到的效率还要低。

B.2.3.5 示例

```
A ::= VisibleString ( SIZE (10)  INTERSECTION FROM("A")
      UNION
      SIZE (20)    INTERSECTION FROM ("B") )
```

只有2个值,所以1位的编码只是理论上可能,但PER编码使用有效的约束并能在下列内容中编码总数为一百万(大约)个值:

```
B ::= VisibleString ( SIZE ( 10 UNION  20)
                    INTERSECTION
                    FROM ("AB") )
```

B.2.3.6 对2个值集合的并集的有效约束总是对每个值集合的有效约束的并集,但通常情况下(若所有约束都是PER可视的),这一简单规则可能不适用交集。

B.2.3.7 然而这里重要的是去掉单个值子类型约束和**EXCEPT**条款。当所有"原子"约束是单纯的长度约束或单纯的允许字母表约束(可能扩展)时,有效的约束可以用简单的方式对任意集合运算(无EXCEPT条款)进行计算。

B.2.3.8 设{S, A}表示被与允许字母表约束A一起串行使用的长度约束S所允许的所有值的集合。(还要注意,交集和并集是可交换的。)则有:

```
{S1, A1}   INTERSECTION  {S2, A2} => {S1 INTERSECTION S2,
                                      A1 INTERSECTION A2 }
{S1, A1}   UNION {S2, A2} => {S1 UNION S2,
                              A1 UNION A2}
{S1, A1}, ... => {S1, ...}
```

B.2.3.9 后一种情况需要做些解释。一个可扩展的允许字母表约束对编码没有影响,因为PER不支持根值所需的不同位数的字符,也不支持扩展附加值所需的不同位数的字符。因此,如果一(有效的)允许字母表约束是可扩展的,它就不再是一个约束——所有字符都有能力表示。后一种情况中的"…"的效果是使允许的字母表和长度可扩展,但只有可扩展的长度仍然保持为一个约束。在规范正文中,表示可扩展的有效允许字母表约束不是PER可视的。

B.3 示例

本章包含提供进一步说明的若干示例。

```
A ::= INTEGER (MIN .. MAX, ..., 1..10)
    --A是可扩展的,但根不受约束,并且可扩展位总是置为0。
A1 ::= INTEGER (1..32, ..., 33..128)
    --A1是可扩展的,并且在根的1~32中包含值1~128,值33~128作为扩展附加部分。
A2 ::= INTEGER (1..32, ..., 33..128) (1..128)
    --这是非法的,因为128不在双亲的根中。(见GB/T 16261.1的第46章)。
A3 ::= INTEGER ( (1..32, ..., 33..128) ^ (1..128) )
    --这是合法的,A3是可扩展的,包含根中的1~ 32,并且33 ~ 128作为扩展部分。
A4 ::= INTEGER (1..32) (MIN .. 63)
    --MIN为1,并且63是不合法的。
A5 ::= INTEGER ( (1..32) ^ (MIN..63) )
    --这是合法的,MIN是负的无限数,A3包含1~ 32。
```

A6 ::= INTEGER ((1..64, ... , **B**) ^ (1..32))

--A6 总是(仅)包含值 1..32,而不管 B 值包含的是什么,但它不过是形式上可扩展,并且 PER 将编码所--有 5 位中的值,其扩展位(总是)置为 0。

A7 ::= INTEGER (1..32, ... , **B**) (1..256)

--A7 是非法的, 作为(1..256)的双亲,它不再包含比 1～32 多,而不管 B 包含什么。

A8 ::= IA5String (**SIZE**(3..4) | **SIZE**(9..10))

--A8 具有长度(3..4|9..10)的有效长度约束,

--PER 将使用 3 位来编码长度字段,就好像它有 SIZE(3..10)那样。

A9 ::= IA5String (**FROM** ("**AB**") ^ **SIZE**(1..2) |

FROM ("DE") ^ SIZE(3) |

FROM ("AXE") ^ (SIZE(1..5)))

--A9 具有有效长度约束 SIZE(1..5), PER 将用 3 位来编码长度。

--A9 还具有有效字母表约束 FROM("ABDEX"),PER 将用 3 位编码每一个字母。

A10 ::= IA5String (**SIZE**(1..4) | **SIZE**(5..10) ^

FROM("ABCD") | SIZE(6..10))

--A10 具有有效长度约束 SIZE(1..10), 但允许的字母由整个 IA5String 字母组成。

A11 ::= IA5String (**SIZE**(1..10) | **FROM**("**A**".."**D**"))

--没有长度约束, 字母表是整个 IA5String 字母表。

A12 ::= IA5String (**SIZE**(1..10) ^ **FROM**("**A**".."**D**"), ...)

--A12 具有可扩展的有效长度约束 SIZE(1..10,...),字母表是整个 IA5String 字母表。

A13 ::= IA5String (**SIZE**(1..10, ...) ^ FROM("**A**".."**D**"))

--A13 具有可扩展的有效长度约束 SIZE(1..10,...),有效字母表约束是 FROM("A".."D")。

A14 ::= IA5String (**SIZE**(1..10, ...,29)) (**FROM**("**A**".."**D**"))

--有效长度约束 SIZE(1..10), 由于 FROM 的系列应用,不可扩展。

--有效字母表约束是 FROM("A".."D")

A15 ::= IA5String (**SIZE**(1..10, ...) | **FROM**("**A**".."**D**"), ...)

--从 MIN 至 MAX 的可扩展的有效长度约束,带有根中的所有值,

--可扩展位的编码总是置为 0,字母表是整个 IA5String 字母表。

A16 ::= IA5String (**FROM**("**A**".."**D**") ^ **SIZE**(1..10), ...)

--有效长度约束 SIZE(1..10), 可以扩展。

--字母表是整个 IA5String 字母表。

A17 ::= IA5String (**FROM**("**A**".."**D**"), ...) (**SIZE**(1..10))

--有效字母表约束 FROM("A".."D"), 由于 SIZE 的系列应用,不可扩展。

--有效长度约束是 SIZE(1..10)。

附 录 C
（资料性附录）
对 PER 算法的支持

应用（程序）标准、或者国际标准化轮廓，可能规定在协商中哪种紧缩编码规则要被支持，以及相应的传送语法要被提供或者被接受。

当要求使用 **EMBEDDED PDVs**（或 **EXTERNALs**）或 **CHARACTER STRING** 中的中继安全（safe）和/或正则编码时，宜明确声明。

下列文本提供的指南可用于规范文本产生式。

C.1 正则编码打算用在当安全特性（security）适用于编码时。当被编码的值包括单一集合类型时，使用 CANONICAL-PER 可能涉及重大额外的 CPU 利用成本，因此，一般不推荐使用，除非要求安全特性。

C.2 当抽象语法值含有嵌入内容，并且该嵌入内容使用不同于与该抽象语法值相关联的传送或抽象语法进行编码时，强烈推荐嵌入内容用中继安全的方式进行编码。如果安全特性很重要，则要求正则编码规则。在本上下文中，宜特别注意用于类型 BMPString 或 UniversalString 的 GB13000.1 的级别，只有 GB13000.1 的 1 级实现被保证是正则的。

C.3 强烈建议支持任何 PER ALIGNED 变体传送语法的所有实现支持解码 BASIC-PER ALIGNED 变体解码（因此也支持 CANONICAL-PER ALIGNED 变体）。UNALIGNED 变体情况类似。

C.4 从互工作利益的角度出发，建议 PER 的所有实现支持 ALIGNED 变体和 UNALIGNED 变体（增加的实现复杂性很小）。在通信实例中提供哪一个（1 个或者 2 个）是本地管理事项，如果两者都提供则接受哪一个也是本地管理事项。如果只提供一个，则它也应该被接受。

C.5 接受这些建议对一般工具厂商尤其重要。当某个实现是特定于某些特定应用时，支持单个 PER 传送语法（可能被该应用的设计者指定）也完全可以接受。

附 录 D
（资料性附录）
对可扩展 ASN.1 规则的支持

D.1 这些紧缩编码规则依赖于其所使用类型的总体定义。通常，如果对类型定义做了不同于那些纯语义特性的任何改变，那么，使用本规范部分的所有值的编码都将受到影响。特别是，对于序列可选成分的增加、将成分转换成该成分的 **CHOICE** 或者其他类型、或者对某个成分约束的放松或加紧都可能改变该类型值的编码。

D.2 但是，这些编码规则已设计成能保证满足类型扩展 ASN.1 模型（见 GB/T 16262.1—2006）中规定的对编码规则的要求。

D.3 当类型不是扩展序列的一部分（不存在扩展标记）时，本附录前面的文本适用：PER 不为该类型的扩展性提供支持。当序列或集合类型有扩展标记，但没有扩展附加部分时，与类型相同但不带扩展标记的类型相比，会多出 1 位的开销（由于在 ALIGNED 变体中的填充，可变成一个八位位组）。当类型中存在扩展附加部分，而且在通信实例中被实际发送时，与去掉扩展标记的相同类型相比，多出大约一个八位位组的进一步开销，加上为发送的每个扩展附加部分用的一个附加长度字段。

D.4 重要的是注释扩展标记的增加和去掉都将改变线上的位，而且通常要求改变协议的版本号。

D.5 在一个信息客体集中包含扩展标记、或者增加和去掉异常规范都不改变编码，但是，这些当然可能表示在要求实现行为方面的一些变化，并且仍然要求改变协议的版本号。

附 录 E
（资料性附录）
关于 PER 编码拼接的指导附录

E.1 在已知编码规则和编码类型的情况下，PER 编码是自定界的。ALIGNED 和 UNALIGNED 变体的完整编码总是 8 位的整数倍。

E.2 为了在 OSI 表示层协议中载有 PER 编码，可以在八位位组串选项中拼接 ALIGNED 和 UNALIGNED 变体的编码。

附 录 F
（资料性附录）
客体标识符值的赋值

在本部分中，下列客体标识符值和客体描述值被赋值：

对于 BASIC-PER，ALIGNED 变体：

{ joint-iso-itu-t asn1 (1) packed-encoding (3) basic (0) aligned (0) }

"Packed encoding of a single ASN.1 type (basic aligned)"

对于 BASIC-PER，UNALIGNED 变体：

{joint-iso-itu-t asn1 (1) packed-encoding (3) basic (0) unaligned (1) }

"Packed encoding of a single ASN.1 type (basic unaligned)"

对于 CANONICAL-PER，ALIGNED 变体：

{joint-iso-itu-t asn1 (1) packed-encoding (3) canonical (1) aligned (0) }

"Packed encoding of a single ASN.1 type (canonical aligned)"

对于 CANONICAL-PER，UNALIGNED 变体：

{joint-iso-itu-t asn1(1) packed-encoding (3) canonical (1) unaligned (1) }

"Packed encoding of a single ASN.1 type (canonical unaligned)"

ICS 17.140
A 59

中华人民共和国国家标准

GB/T 16404.3—2006/ISO 9614-3:2002

声学 声强法测定噪声源的声功率级 第3部分：扫描测量精密法

Acoustics—Determination of sound power levels of noise sources using sound intensity—Part 3: Precision method for measurement by scanning

(ISO 9614-3:2002,IDT)

2006-05-08 发布　　2006-11-01 实施

中华人民共和国国家质量监督检验检疫总局
中国国家标准化管理委员会　发布

前　言

GB/T 16404　在《声学　声强法测定噪声源的声功率级》总标题下包括3部分：

GB/T 16404—1996　声学　声强法测定噪声源的声功率级　第1部分：离散点上的测量

GB/T 16404.2—1999　声学　声强法测定噪声源的声功率级　第2部分：扫描测量

GB/T 16404.3—2006　声学　声强法测定噪声源的声功率级　第3部分：扫描测量精密法

本部分为GB/T 16404的第3部分，等同采用ISO 9614-3:2002《声学　声强法测定噪声源的声功率级　第3部分：扫描测量精密法》。

本部分在等同采用ISO 9614-3:2002过程中，将其规范性引用文件和参考文献中部分ISO标准替换成我国目前正在实施的对应的国家标准。在规范性引用文件中加入了GB 3102.7—1993《声学的量和单位》和GB/T 3947—1996《声学名词术语》，并进行了编辑性修改。

本部分的附录A、附录D、附录E、附录F、附录G、附录H、附录I、附录J为资料性附录，附录B、附录C为规范性附录。

本部分由中国科学院提出。

本部分由全国声学标准化技术委员会(SAC/TC17)归口。

本部分起草单位：中国科学院声学研究所、合肥工业大学、同济大学、中国建筑科学研究院。

本部分主要起草人：程明昆、田静、李志远、毛东兴、谭华、俞悟周、徐欣。

引　言

0.1　一个声源辐射的声功率值，等于声强矢量与对应的面元矢量标量乘积在包含整个声源的任意面积上的总积分，目前有关噪声源声功率级测定的国家标准，如GB/T 3767、GB/T 3768、GB/T 6881和ISO 3745等，毫无例外都是规定声压级作为测量的基本量，任意一点的声强级与声压级之间的关系取决于声源特性、测量环境特性以及测量位置相对于声源的布置。

由于下列原因，GB/T 3767到GB/T 6882规定的方法不是总有效：

a)　如果要求高精度的测量，则必须要有专门的设施。而大型设备往往无法在这样的设施内安装和运行。

b)　当有由非研究的声源产生的高声级外部噪声存在的情况下，上述方法不能应用。

0.2　本部分规定了测试条件不受上述标准要求的限制情况下，在指定的不确定度范围内测定声源声功率级的方法。建议使用本部分进行声强测量的人员应受适当的培训并掌握一定的经验。

0.3　本部分是GB/T 16404、GB/T 16404.2和GB/T 3767、GB/T 3768、GB/T 6881、GB/T 6882标准的补充，这些标准规定了机器和设备声功率级测定的不同方法，本部分与GB/T 3767、GB/T 3768、GB/T 6881和ISO 3745标准的不同之处有如下三点：

a)　要同时测量声强和声压；

b)　用本部分规定的方法测定的声功率级的不确定度，是按照标准规定的辅助试验及根据实验室测量进行的计算结果来分级；

c)　由于目前受符合GB/T 17561—1998的声强测量设备的限制，测量仅限于50 Hz～6.3 kHz的1/3倍频带范围，倍频带和有限带宽的A计权值根据1/3倍频带值的组合来确定。

0.4　声强矢量与相应的面元矢量的标量乘积在整个包围声源的任意面上的积分给出包围面之内所有声源直接辐射到空气中的声功率。实际上，只有当被测声源和在测量面上产生外部声强的其他声源在时间上是稳态的情况下，包围面之外声源辐射的声音不包括在内才是有效的。当测量面外存在运行的声源时，测量面内的任何系统能够吸收入射到它上面的一部分声能，测量面内被吸收的总声功率会呈现一个负值，加到声功率上，并且在声功率测定中产生一个误差。为了使相应的误差最小，有必要移去测量面内的任何吸声材料，而这些材料通常在被测声源运行期间并不存在。

本部分是以沿着规定路线连续移动声强探头对垂直于测量面的声强进行采样为基础。最终的采样误差是测量面上法向声强分量空间变化的函数，它取决于声源的指向性、选取的测量面、探头扫描的方式和速度以及测量面外部声源的接近程度。

在一个测点上，声强法向分量的测量准确度与该点声压级和声强级之差密切相关。当一个测点的声强矢量与测量面法向方向的夹角接近90°时，差值会变得很大。换句话说，该点的声压级可能主要是测量面外部声源的贡献，而几乎与被测声源的纯声能无关，就像一个闭空间内的混响场一样；或者由于近场和/或驻波的存在，声场会是强抗性的。

通过部分测量面进入测量面内的外部声能流虽然原则上会被通过剩余测量面流出的声能流抵消，但仍会对声功率测量的准确度带来不利影响，这种情况是由于测量面外部存在一个很强的外部声源引起的，本部分通过给出相关的准则对这种情况加以限制。

声学　声强法测定噪声源的声功率级 第3部分：扫描测量精密法

1　范围

1.1　本部分规定了一种通过在测量面上测量声强法向分量来测量噪声源声功率级的方法，测量面应完全包围被测噪声源。

垂直于测量面的声强分量对面积的积分是用声强探头在被划分为若干相邻的局部测量面上，沿着覆盖该面范围的一条连续路径进行扫描来近似。测量仪器测量的是每次扫描期间的平均法向声强分量和均方声压。扫描操作可以用手动或机械装置来实现。

倍频带或有限频段的计权声功率级是用测得的1/3倍频带值来计算。本方法能够用于具有确定的稳定测量面的任何声源，在此测量面上，被测声源和其他明显的外部声源产生的声音在时间上是稳定的。被测噪声源的范围通过测量面的选取来定义。本方法能够用于满足本部分所有相关要求的指定测试环境。

本部分的附录C描述了要与声功率测定一起进行的辅助测试，其结果用来评价声功率测定的质量和准确度等级。如果测量的质量不能满足本部分的规定要求，测量过程要按照指定的方法进行修正。

本部分不适用于被测声源声功率为负数的任何频带。

1.2　本部分能够用于下面任何环境中的噪声源：随着时间变化不至于导致声强测量准确度下降到不可接受的情况；声强测量探头不会遇到速度大到不能接受或不稳定气流情况（参见5.2.2、5.3和5.4）。

在某些情况下，测量条件太恶劣而不能满足本部分的要求。例如：外部噪声级可能超过仪器的动态性能范围或者在测试过程中变化过大。此时，本部分给出的方法不适合用来测量噪声源的声功率级。

2　规范性引用文件

下列文件中的条款通过GB/T 16404的本部分的引用而成为本部分的条款。凡是注日期的引用文件，其随后所有的修改单（不包括勘误的内容）或修订版均不适用于本部分，然而，鼓励根据本部分达成协议的各方研究是否可使用这些文件的最新版本。凡是不注日期的引用文件，其最新版本适用于本部分。

GB 3102.7—1993　声学的量和单位(eqv ISO 31-7:1992)

GB/T 3241—1998　倍频程和分数倍频程滤波器（idt IEC 61620:1995）

GB/T 3947—1996　声学名词术语

GB/T 17561—1998　声强测量仪　用声压传声器对测量（idt IEC 61043:1993）

IEC 61672-1:2002　电声　声级计　第1部分：规范

IEC 60942:1998　电声　声校准器

GUM:1993　测量不确定度表述指南，BIPM，IEC，IFCC，ISO，IUPAC，IUPAP，OIML

3　术语和定义

GB 3102.7—1993、GB/T 3947—1996确定的以及下列术语和定义适用于本部分。

注：在本部分中使用过的符号在附录A中列出，声场指示值的定义在附录B中给出。

3.1

声压级　sound pressure level

L_p

声压与基准声压之比以 10 为底的对数乘以 2,单位为贝[尔](B)。但通常用 dB 为单位,基准声压必须指明。

注:基准声压为:

a) 20 μPa(空气中);

b) 1 μPa(水中)。

3.2

瞬时声强 instantaneous sound intensity

$\boldsymbol{I}(t)$

在局部声质点振速的方向上,单位时间内单位面积上的瞬时声能流,见式(1)。

注:这是个矢量,它等于一点的瞬时声压和对应的质点振速矢量的乘积。

$$\boldsymbol{I}(t) = p(t) \cdot \boldsymbol{u}(t) \quad \cdots\cdots(1)$$

式中:

$p(t)$——测量点的瞬时声压,单位为帕斯卡(Pa);

$\boldsymbol{u}(t)$——对应的同一点的瞬时质点振速,单位为米每秒(m/s);

t——时间,单位为秒(s)。

3.3

声强 sound intensity

$\boldsymbol{I}$

稳态声场中瞬时声强 $\boldsymbol{I}(t)$ 的时间平均值,见式(2)。

$$\boldsymbol{I} = \lim_{T\to\infty} \frac{1}{T}\int_0^T \boldsymbol{I}(t)\,\mathrm{d}t \quad \cdots\cdots(2)$$

式中:

T——积分时间,单位为秒(s)。

注 1:I 是 $\boldsymbol{I}$ 的幅值,带有正负符号。在本部分中,符号选取时把从测量面里流向外面的能量流作为正值。

注 2:$|I|$ 是 $\boldsymbol{I}$ 的幅值,不带正负符号。

3.4

法向声强 normal sound intensity

I_n

测量面上的声强法向分量,由单位法向矢量 $\boldsymbol{n}$ 定义,如式(3)。

$$I_n = \boldsymbol{I} \cdot \boldsymbol{n} \quad \cdots\cdots(3)$$

式中:

$\boldsymbol{n}$——单位法向矢量,指向包络面的外面为正。

3.5

法向声强级 normal sound intensity level

L_{I_n}

法向声强绝对值 $|I_n|$ 的对数,表达式如式(4):

$$L_{I_n} = 10\lg \frac{|I_n|}{I_0} \quad \cdots\cdots(4)$$

式中:

I_0——基准声强,$I_0 = 10^{-12}\ \mathrm{W/m^2}$。

注 1:单位用分贝(dB)表示。

注 2:当 I_n 是负值的时候,法向声强表示为 (−)×× dB,除非用于 δ_{pI_0} 的计算(参见 3.10)。

3.6

声功率 sound power level

3.6.1

局部声功率 partial sound power

P_i

单位时间通过测量面上一个局部测量面的时间平均声能流,表达式如式(5):

$$P_i = \bar{I}_{ni} \cdot S_i \qquad (5)$$

式中:

$\bar{I}_{ni}$——在测量面的第 i 个局部测量面上测得的带有正负符号的局部平均法向声强值;

S_i——局部测量面 i 的面积。

注 1:当局部测量面上的平均法向声强级 $\bar{L}_{I_n}$ 表示为×× dB 时候,$\bar{I}_{ni}$ 由式(6)计算得到:

$$\bar{I}_{ni} = I_0 10^{\times\times/10} \qquad (6)$$

注 2:当局部测量面的平均法向声强级 $\bar{L}_{I_n}$ 表示为(−)×× dB 时候,$\bar{I}_{ni}$ 由式(7)计算得到:

$$\bar{I}_{ni} = -I_0 10^{\times\times/10} \qquad (7)$$

3.6.2

声功率 sound power

P

噪声源产生的总的声功率,用本部分给出的方法测定,具体如式(8):

$$P = \sum_{i=1}^{N} P_i \qquad (8)$$

式中:

N——测量面上的局部测量面总数。

3.6.3

声功率级 sound power level

L_W

按本部分测定的一个声源声功率的对数量。由式(9)给出:

$$L_W = 10\lg\left|\frac{P}{P_0}\right| \qquad (9)$$

式中:

P_0——基准声功率,$P_0 = 10^{-12}$ W。

注 1:用分贝(dB)表示;

注 2:当 P 是负值时,声功率级表示为(−)×× dB,这仅是作为记录的目的。

3.6.4

归一化声功率级 normalized sound power level

L_{W0}

在标准气象条件下的声功率级(温度 $\theta_0 = 23$℃,大气压力 $B_0 = 101\ 325$ Pa),由式(10)确定:

$$L_{W0} = L_W - 15\lg\left[\frac{B}{101\ 325} \times \frac{296.15}{273.15 + \theta}\right] \qquad (10)$$

式中:

θ——实际测量时候的空气温度,单位为摄氏度(℃);

B——实际测量时候的大气压力,单位为帕(Pa)。

注:参见附录 H。

3.7

表面 surface

3.7.1

测量面　measurement surface

测量面是一个假想的面，在这个面上进行声强测量。这个面可以完全包围被测声源，也可以和一个声学上完全刚性的连续面一起包围被测噪声源。

注：当假想面被具有刚性面的物体穿透的情况下，测量面以物体与假想面的交线为界。

3.7.2

局部测量面　partial surface

由一个测量面分成的一系列较小的局部测量面，在这些局部测量面上，通过测量获得局部声功率（参见图 1）。

3.7.3

面元　segment

由一个局部测量面分成的一系列更小的表面（参见图 2）。

注：引入"面元"的概念是为了确定局部测量面上的扫描路径和时间。

3.8

外部声强　extraneous intensity

声强测量结果中来自测量面外部声源工作时产生的声强部分。

3.9

声强探头　probe

声强测量系统中带有传声器的部件。

3.10

声压-残余声强指数　pressure-residual intensity index

δ_{pI_0}

当声强探头放置在声场中，并且指向声强等于 0 的方位时，所显示的 L_p 和 $L_{I\delta}$ 之间的差值，如式(11)：

$$\delta_{pI_0} = L_p - L_{I\delta} \qquad (11)$$

式中：

$L_{I\delta}$——残余声强 I_δ 的声强级，由式(12)给出：

$$L_{I\delta} = 10\lg\frac{|I_\delta|}{I_0} \qquad (12)$$

注 1：用分贝(dB)表示。

注 2：δ_{pI_0} 的详细确定过程在 GB/T 17561—1998 中叙述。

3.11

动态范围指数　dynamic capability index

L_d

由式(13)给出：

$$L_d = \delta_{pI_0} - K \qquad (13)$$

注 1：用分贝(dB)表示。

注 2：在本部分中，偏差因子 K 是 10 dB，δ_{pI_0} 与实际测量中使用的传声器的间距有关。

3.12

稳态信号　stationary signal

如果测量面的一个局部测量面上进行一次测量的时间平均特性和同一局部测量面上用对测量面的所有局部测量面进行测量时所需要的总时间去测量所得到的时间平均特性相同，那么该信号是稳态的。

3.13

扫描 scanning

3.13.1

扫描 scan

在测量面的一个局部测量面上，声强探头沿着指定的路径连续的移动。

3.13.2

扫描线密度 scan line density

相邻扫描线平均间隔的倒数。

3.13.3

扫描时间 scanning time

T_s

沿着局部测量面上规定的路径扫描一次所花费的时间。

3.14

仪器和数据采集 instrumentation and data acquisition

3.14.1

瞬时模式 instantaneous mode

能连续测量声强及平方声压的时间序列和存储 1/3 倍频带声强及平方声压分量的测量仪器的实时模式。

3.14.2

测量间隔 measurement interval

Δt

一个连续的短时平均声强和声压测量序列的时间间隔。

注：时间间隔受到数据处理和存储的限制。

3.14.3

声强的时间序列 I_{nq} 和平方声压的时间序列 p_q^2 time-series of intensity I_{nq} and squared pressure p_q^2

在离散时刻 $q \cdot \Delta t$ 采样的短时平均声强和平方声压的数值序列，其中：$q=1,2,3,\cdots,Q$（参见图 3）。

3.14.4

时均声强 $\bar{I}_{nm}$ 和均方声压 $\overline{p_m^2}$ time-averaged sound intensity $\bar{I}_{nm}$ and squared pressure $\overline{p_m^2}$

在时间段$[(m-1)T,mT]$，$m=1,2,3,\cdots,M$ 上声强和平方声压的平均，分别由式(14)和式(15)给出：

$$\bar{I}_{nm}=\frac{1}{Q}\sum_{q=(m-1)Q+1}^{mQ} I_{nq} \quad \cdots\cdots(14)$$

$$\overline{p_m^2}=\frac{1}{Q}\sum_{q=(m-1)Q+1}^{mQ} p_q^2 \quad \cdots\cdots(15)$$

式中：

Q——在区间段$[(m-1)T,mT]$上 $\bar{I}_{nq}$ 和 p_q^2 的数值的个数（参见图 3）。

注：计算 F_T（见 8.3.2）的时候，时间段 T 的平均间隔可以彼此分割开。

4 一般要求

4.1 被测声源的尺寸

只要附录 C 中的准则都能够成立，被测噪声源的尺寸不受限制。噪声源的范围由所选取的测量面来确定。

4.2 声源辐射的噪声特性

在时间上声源信号应该是稳态的，如 3.12 中的定义。必须采取措施避免测量过程中的可以预见的非稳态外部噪声源的运行(参见表 C.1)。

4.3 测量的不确定度

用本部分进行单次测量得到的噪声源声功率级可能与真值有所不同，实际差值是无法精确估算的。然而，用本方法多次测量得到的值通常分布在真值的周围，因此，可以用测量值落在真值的某个范围内的置信度来表示。从统计学的观点来看：对于一个处在给定测试场所的声源，在相同的条件下，用相同的方法和实验仪器，重复测量得到的量值是一组统计描述重复性的数据。按照本部分在不同的场所、用不同的仪器对给定的声源进行测试得到的数值是一组描述测定再现性的数据。再现性受测试现场的环境条件和试验技术的影响。标准偏差不考虑声源运行条件(即转速、电网电压)或安装条件改变而引起的声功率输出的变化。

按照本部分测定的声功率级的再现性标准偏差上限值在表 1 中给出。表中数值考虑了测量过程中的随机偏差和 GB/T 17561—1998 中规定的仪器参数允差的影响，但是没有包含声源安装、固定和运行条件变化的影响，除非知道与不确定度有关的声源更具体的知识，GUM：1993 中定义 95％覆盖率的扩展测量不确定度将被认为是表 1 中给定的再现性标准偏差的两倍。

声源声功率级测定的不确定度与声源声场的特性、外部噪声场的特性、被测试声源的吸声特性以及声强场采样方式和采用的测量方法有关。由于这个原因，本部分规定了预先初始测试，用于估算所选测量面区域内的声场指示值(参见附录 B)，用这个初始测试结果按照表 C.1 来选择合适的措施，以提高声功率级测定的准确度。

50 Hz 以下没有足够的数据作为不确定度的根据。在本部分中，50 Hz～6.3 kHz 的 1/3 倍频带为 A 计权数值的正常范围。如果在 31.5 Hz～40 Hz 和 8 kHz～10 kHz 的频带内没有明显的高声级的话，那么由 50 Hz～6.3 kHz 的 1/3 倍频带声功率级计算得到的 A 计权数值是正确的。为了对此作出判断，可将这些频带作 A 计权，若其频带 A 计权声功率级不低于计算的 A 计权总声功率级 6 dB，则就是明显的高声级。如果要在更加严格的频率范围内进行 A 计权测量和声功率级的测定，那么这个范围要参照第 10 章中 b)加以说明。如果仅测量 A 计权值，任意一个比最大 A 计权频带声功率级小 10 dB 以上的频带 A 计权声功率都可以忽略。要是两个或更多的频带声级都很低，它们的 A 计权声功率级之和比最大 A 计权频带小 10 dB 以上的时候，那么它们都可以忽略。如果仅测量 A 计权总声功率级，那么，比计权总声功率级低 10 dB 以上的任何频带声功率级测定的不确定度对测量结果都没有影响。

表 1　参照本部分测量声功率级的再现性标准偏差的估算上限值

1/3 倍频带中心频率 Hz	再现性标准偏差的上限值 dB
50～60	2.0
200～315	1.5
400～5 000	1.0
6 300	2.0
A 计权[a]	1.0[b]

[a] 由 50 Hz～6.3 kHz 的 1/3 倍频带计算得到。

[b] 对辐射噪声在 50 Hz～6.3 kHz 内，具有相对平坦的 1/3 倍频带谱的噪声源有效。

注 1：如果由确定的操作员使用相似的设备和仪器，在给定场所对给定声源的声功率测定，标准偏差可能比表 1 中的给定数值要小。

注 2：对于一个尺寸相似，具有相似声功率谱的声源系列，在相似的环境下，按照规定的测量方法进行测量时，它的再现性标准偏差可能比表 1 中的数值要小，GB/T 14573.4—1993 中规定了批量机器特性的统计方法。

注 3：对于一个给定的声源测量，本部分的方法和表 1 中的标准偏差是适用的。同一系列或者型号的一批声源的声功率级特性涉及到在规定的置信区间的随机采样技术的使用，结果用统计上限来表示。在应用这些技术时，总的标准偏差或已知或被估算。标准偏差包含生产的标准偏差，它是单个机器和批量机器之间的声功率输出之间的差异的一种度量，就像在 GB/T 14573.1—1993 中定义的一样。

5 声学环境

5.1 测试环境的适用准则

测试环境应当保证用符合 GB/T 17561—1998 规定的测量仪器进行测量的声强有效。此外，还应当满足 5.2～5.5 规定的要求。

5.2 外部声强

5.2.1 外部声强级

外部声强级应当尽量的小，以保证它不会把测量准确度降低到不可接受的地步(参见附录 C 的 C.1.4)。

注：如果被测噪声源包含有较多的吸声材料，高声级的外部声强会导致声功率测量的偏小。附录 E 中给出在被测声源可以关闭的特殊情况下如何估算最终误差的方法。

5.2.2 外部声强的变化性

应当在测试前采取适当的措施(例如，取消对声源运行无关紧要的外部噪声源的自动切换功能，让工厂操作人员对声源测量问题有所了解)，并选择适当的测量时间，以避免测量期间外部声强的改变。

5.3 风和气流

当测量面上存在流体流动的时候，可以使用探头风罩。当探头附近的风和气流超过厂家规定的保证测量系统能良好测试的限值时，应当停止测量。如果有风，相对于探头的最大速度不应超过 1 m/s。

附录 D 描述了气流和扰动对声强测量的不利影响。

5.4 温度

当声源的温度与环境温度不同时，那么探头应当距离声源至少 20 mm。

注：沿探头轴线方向的温度梯度会对两个传声器的响应产生与时间有关的差分变化。它会引起声强估算的偏差。

5.5 现场状况

测试过程中，除了拿探头的人员位置外，测试现场状况应保持不变，这对具有纯音特性的声源特别重要。如果测试过程中现场状况的变化不可避免应当在报告中说明。在任何表面上进行测量期间，应当尽量保证操作人员不要站在或者接近探头轴线的位置，如果可能，应当把外部物体从被测噪声源的附近挪开。

5.6 大气条件

空气压力和温度会影响空气密度和声音的速度。这些因素对于仪器校准的影响应当确定，并应对指示的声强作适当的修正(参见 GB/T 17561—1998)。

6 仪器

6.1 概述

要使用符合 GB/T 17561—1998 要求的 1 级声强探头和测试仪器。按照 GB/T 17561—1998 中的规定调整声强测量仪器时要考虑到空气和温度的因素。同时按照 GB/T 17561—1998 的规定，记录下每个测量频带的声压——残余声强指数。

仪器要具有捕捉声强和平方声压以及时均声强和均方声压时间序列的功能(参见 3.14、6.3 和图 3)。

6.2 校准和现场检验

6.2.1 完好设备

仪器和探头应符合 GB/T 17561—1998 的规定，为此，每年至少按照相应的标准进行一次实验室校准。如果每次测定声功率前都用声强校准器进行校准的话，则每两年至少作一次实验室校准。并应根据第10章中d)报告检测结果。

为了保证能够完成每次测试，要在使用之前检查仪器，或者采用厂家指定的现场检验方法，或者在没有规定现场检验的情况下，采用6.2.2～6.2.3的方法检验是否有由于搬运等过程中常常导致的测试系统的异常。

6.2.2 声压级

使用符合IEC 60942:1998规定的0级或者1级或者0L级或者1L级的校准器来测定声强探头每个传声器的声压灵敏度。

6.2.3 声强

把声强探头放置在测量面上的一点，这点的声强要比测量面的平均值高，探头轴线要与测量面垂直。在全部要测量的频带上测量法向声强级，再将探头绕垂直于测量轴的轴线旋转180°，再把探头的声学中心放置在同一测点上再次测量。最好将声强探头固定在支架上，以便旋转探头时保持位置不变，两次测得到的1/3倍频带的最大声强 I_n 的符号应该相反，而且对所有频带其声强级差值应小于1.0 dB，则此时认为测量仪器是可以接受的。

6.3 声强和声压的时间序列

仪器至少要能够在大于所需的扫描时间 T_s 的时间段和按照8.3.2确定时变指示值 F_T 所需要的时间段上连续捕捉到声强、平方声压的时间序列。测量的时间间隔 Δt 小于或等于0.5 s。如果使用一台FFT分析仪类型的仪器，该仪器必须能够捕捉到具有汉宁窗函数的数据，并且至少有30%的重叠(参见 图3和附录G)。

7 声源的安装和运行

7.1 概述

按照规定类型的机械或者设备的噪声测试规范安装或放置声源，要是没有相应的噪声测试规范，采用代表正常使用的方式来安装。要确保能够识别被测声源/外部声源/测试环境中可能变化的声源。

7.2 被测声源的工况

采用相应的噪声测试规范中规定的工况。如果没有这样的规范，则应该根据下列设备选择合适的工况：

a) 规定的负载和工况下的设备；

b) 满负载工况(如果与上面不同)下的设备；

c) 无负载工况(空载) 下的设备；

d) 对应于通常使用时声音最大的工况下的设备；

e) 具有详细定义的模拟工况下的设备；

f) 具有特征的工作周期运行工况下的设备。

8 法向声强分量级的测量

8.1 测量面的确定

测量面应定义在包围被测声源的周围表面上。手动扫描测量时，测量面最好是平行六面体，且各局部测量面为矩形(参见图1)。被测噪声源和局部测量面的最小距离应大于或等于0.25 m，除非可以实验验证这个面是被测噪声源的一个辐射噪声很微弱的面。选择的测量面可以和没有声吸收(扩散场吸声系数小于0.06)的面重合，如水泥地面、砖墙等便于使用的面。声强测量不应在这些面上进行，而且这些不吸收表面的面积也不应计入根据式(5)(见3.6.1)所进行的声源声功率的计算中。

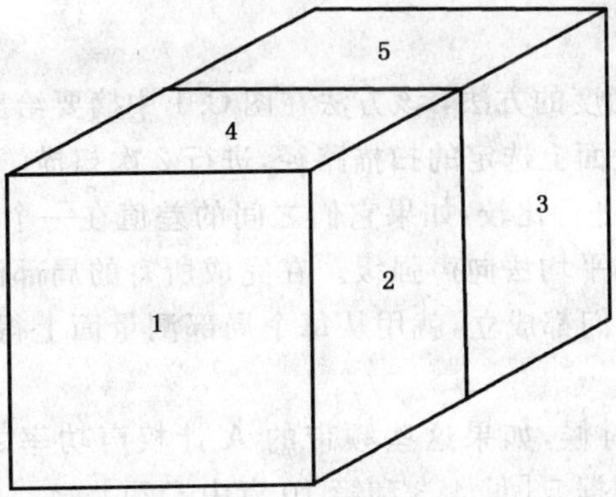

图例：

1～5——局部测量面编号。

图 1　测量面（平行六面体）和局部测量面（矩形）的例子

8.2　扫描路径和面元的确定

扫描路径的基本单元是单根直线。扫描路径应是以恒定的速度均匀覆盖各局部测量面的路径。扫描通过手动或机械位移机构来实现。声强探头测到的该机械位移机构产生的额外声强应至少比来自于测量面上的声强小 20 dB。在各局部测量面上沿着特定的路径连续移动声强探头。扫描测量时，探头的轴线始终保持与测量面垂直，探头移动的速度保持恒定。某些裂缝和开口处可能有较高的声辐射，在选择局部测量面时必须特别小心。

在每个局部测量面上，本部分中采用两种正交扫描路径之一进行扫描的方法。在确定扫描路线前，如图 2 所示把局部测量面分成面元。Δx 和 Δy 的比值要满足 $0.83 \leqslant \Delta x/\Delta y \leqslant 1.2$。面元两个边中的较大者应小于局部测量面和被测声源表面最近距离的一半。对于整个测量面，最大面元和最小面元的比值应该小于或等于 1.5。扫描路径的起点、终点在图中分别标注为 1 和 2(1 和 2 可以对调)。在扫描路径的拐角处，可以把扫描线稍微弯曲，以便于尽可能保持扫描速度为常数。

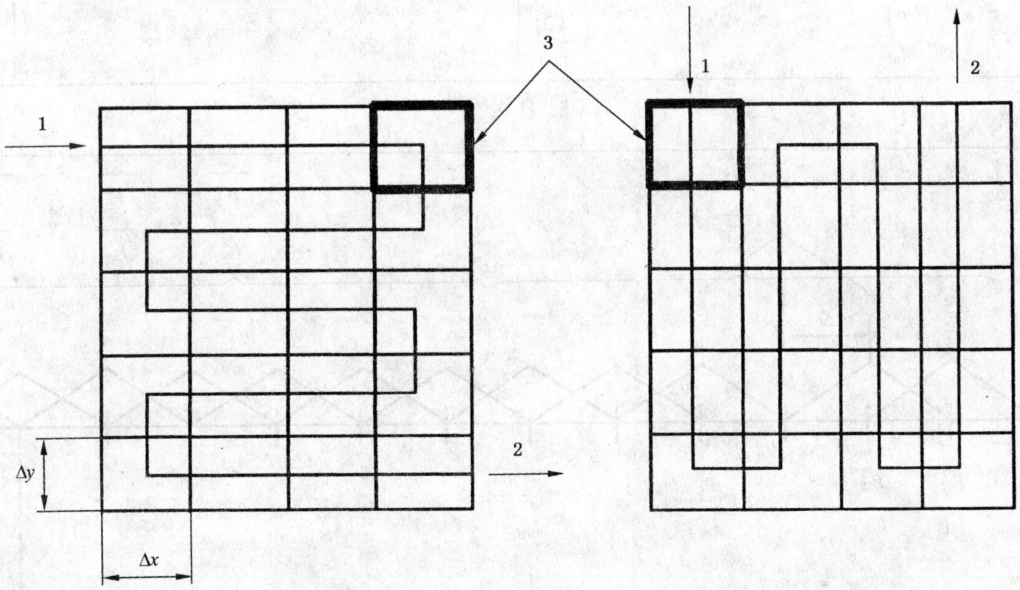

图例：

1,2——扫描路径；

3——面元。

注：这种情况下，面元的数目 N_s 是 20。

图 2　矩形局部测量面上的两种正交扫描路径的例子

8.3 测量

8.3.1 一般方法

附录C中给出获得预期准确度的方法，该方法在图C.1中摘要给出。本部分采用图2中的两个正交路径之一。对于某一局部测量面上选定的扫描路径，进行2次扫描。对每个局部测量面，将按照扫描时间 T_S 平均的两次法向声强级进行比较，如果它们之间的差值在一个允差范围内(判据1)，则这两个声强级即暂作为此局部测量面的平均法向声强级。在完成所有的局部测量面的测量后，对测量面进行判据2～判据5的检验，如果它们都成立，就用从每个局部测量面上得到的声强级来计算噪声源的声功率级。

在计算A计权声功率级的时候，如果这些频带的A计权声功率之和低于最高的A计权频带级10 dB，则不要求满足判据1～判据5［见4.3和第10章中f)2)］。

8.3.2 扫描时间和声场时变特性的检验

在测量面上选择具有较高声强的一点作为测量位置，用来评估声场是否为稳态的。把测量系统设置为“瞬态”模式，记录下超过100 s的声强 I_{nq} 的时间序列。在时间段 T 上，计算出时均声强 $\bar{I}_{nm}$，$m=1,2,3,\cdots,M$(见图3)。T 的数值大于或等于1.0 s，M 一般取为10。平均时间段可以彼此分开。然后采用式(B.1)以0.5 s或者更小的增量计算出不同 T 值的时变指示值 F_T，找出对每个1/3倍频带都满足 $F_T<0.6$ 的平均时间 $T_{F_T<0.6}$。

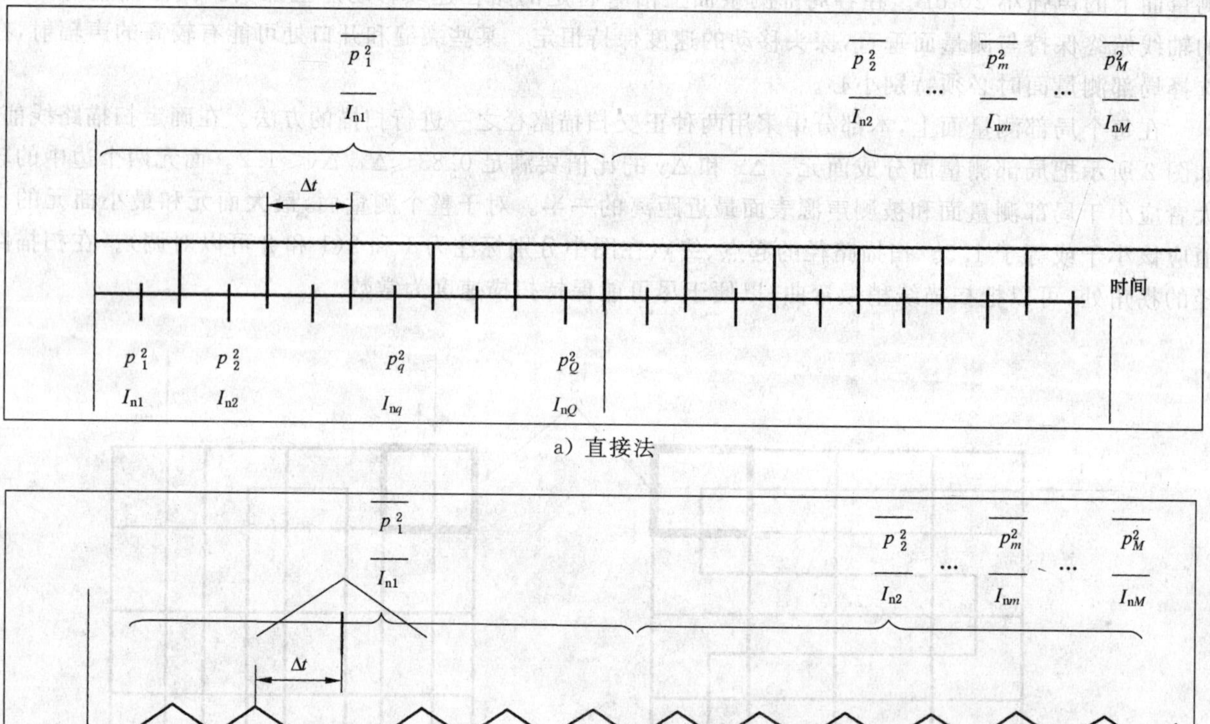

a) 直接法

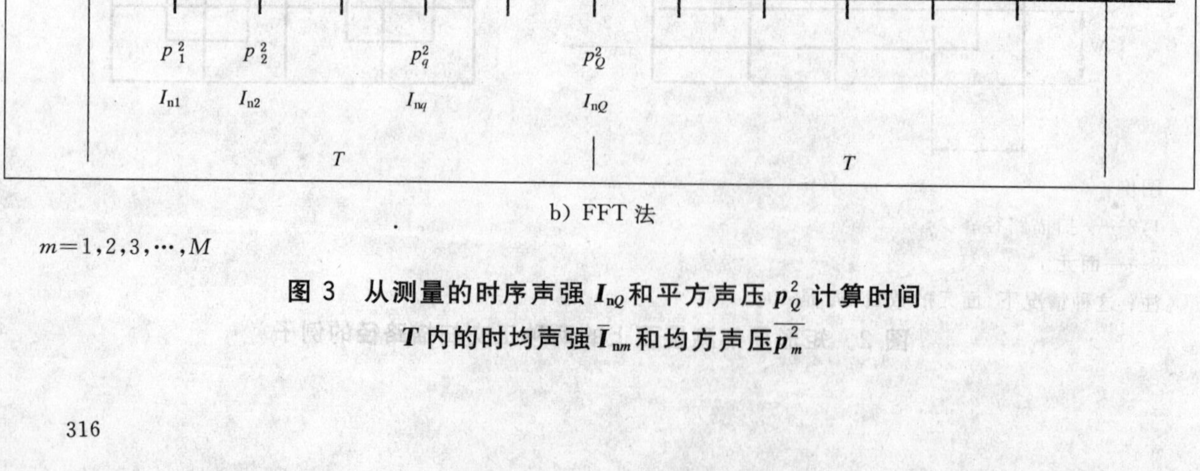

b) FFT 法

$m=1,2,3,\cdots,M$

图3 从测量的时序声强 I_{nQ} 和平方声压 p_Q^2 计算时间 T 内的时均声强 $\bar{I}_{nm}$ 和均方声压 $\overline{p_m^2}$

每次扫描时间 T_s 要大于或等于各个 1/3 倍频带的 $N_s \cdot T_{F_T<0.6}$ 中的最大值，其中，N_s 是某一局部测量面上的面元数目。如果按照上述方法确定的 T_s 不能作为最小扫描时间，则按照表 C.1 中给定的措施执行。

手动扫描时速度不应超过 0.5 m/s。使用自动扫描装置进行扫描时，只要移动装置产生的噪声级和对扫描时间的要求能够满足，扫描速度可以任意设定。

8.3.3 局部测量面上声强和声压的测量以及扫描重复性的检验

以扫描时间 T_s 在同样的扫描路径上进行两次独立的扫描测量，并记录下两次的声强和平方声压的时间序列。实际的扫描时间 T'_s 应在期望的扫描时间 T_s 的±20% 范围内。如果不能满足，要舍弃得到的数据并重新测量。对于每次扫描测量，得到在扫描时间 T'_s 上平均的声强级 $\overline{L}_{I_n(1)}$ 和 $\overline{L}_{I_n(2)}$。对所有测量频带计算 $|\overline{L}_{I_n(1)} - \overline{L}_{I_n(2)}|$，得到的数值代入到 C.1.3 中给定的判据 1。

如果两次扫描测量结果都满足本判据，那么记录下全部测量频带的平均法向声强级（单位为 dB）见式(16)：

$$\overline{L}_{I_n} = 10\lg\left[\frac{1}{2}\left(10^{\overline{L}_{I_n}(1)/10} + 10^{\overline{L}_{I_n}(2)/10}\right)\right] \quad \cdots\cdots (16)$$

同样，应获取满足判据 1 时局部测量面上相应的每个测量面元的时均声强和平方声压。首先，按照附录 G 中的描述方法，得到每个面元每次扫描的时均声强和平方声压。然后，在每个面元上计算两次扫描测量值的平均。这些数据将被用于声场非均匀指示值 F_s 的计算。

在判据 1 不能满足的情况下，要找出不符的原因并按表 C.1 中给定的措施来加以改善。

8.3.4 仪器能力的评估

根据式(B.6)，对所有测量频带计算整个测量面上有符号的声压-声强指示值 F_{pI_n}。同时把这个值代入 C.1.4 给定的判据 2。如果这个判据不满足，则按照表 C.1 中的规定采取措施。

8.3.5 外部强噪声存在的评估

根据式(B.3)，对所有测量频带计算整个测量面上无符号的声压-声强指示值 $F_{p|I_n|}$。同时把这个值和 F_{pI_n} 一起代入 C.1.5 给定的判据 3。如果这个判据不满足，则按照表 C.1 中的规定采取措施。

8.3.6 声场非均匀性影响的评估

根据式(B.8)，对所有测量频带计算整个测量面上声场的非均匀指示值 F_s。同时把这个值代入 C.1.6.1给定的判据 4。如果这个判据不满足，按照表 C.1 中的规定采取措施。

8.4 进一步的措施

当判据 1～判据 4 在测量面上的所有测量频带都满足时，那么根据以下章节的内容，最初测定的声功率有效，可以作为测量的最终结果。否则，要参照 C.2 中的规定选取合适的措施，用修改过的测量安排来测量法向声强分量级和相关联的声压级。要重新计算指示值 F_T，$F_{p|I_n|}$，F_{pI_n} 和 F_s，并按照 C.1 中的规定进行评价。参照 C.2 采取措施，重复这些过程，直到 C.1 中的判据都能够满足。

有时会出现判据 1～判据 3 满足，但判据 4 却不满足的情况。这时，扫描密度应增加两倍或更高倍数。当先前测量的非均匀指示值 $F_{s(1)}$ 和现在测量的非均匀指示值 $F_{s(2)}$ 的比值满足判据 5（见 C.1.6.2）时，则认为当前的扫描密度已足够，测得的每个局部测量面上的平均声强级就可以用来计算辐射噪声功率。

如果先前测量的声场非均匀指示值 $F_{s(1)}$ 和现在测量的非均匀指示值 $F_{s(2)}$ 的比值不满足判据 5，则扫描密度应进一步增加。

当重复使用包括增加扫描密度的措施，仍不能满足判据的要求时，应记下这些无效的测量结果并说明相关原因，或按照参考文献[12]得到工程或简易级准确度的辐射声功率。

9 声功率级的测定

9.1 测量面上每个局部测量面的局部声功率的计算

用式(5)计算测量面上的每个局部测量面的各频带局部声功率。

9.2 计算归一化声功率级的计算

按式(8)和式(9),计算每个频带的被测声源的声功率级 L_W,再按式(10)计算归一化声功率级。

当有些频带的声功率 P 为负值时,GB/T 16404 的本部分给出的方法对这些频带不适用。

在测定 A 计权声功率级时,平均法向声强级 $\overline{L}_{I_n}$ 是按照 IEC 61672-1:2002 中规定的频率计权的1/3倍频带声强级值。IEC 61672-1:2002 的计权因子对应于 GB/T 3241—1998 中规定的标准中心频率。

10 报告内容

如果有条件,按照 GB/T 16404 的本部分进行的所有测量应编制和报告以下内容:

a) 测试

测试的日期和地点。

b) 被测声源

1) 名称、型号;
2) 技术参数;
3) 尺寸;
4) 制造商;
5) 机器序列号;
6) 制造年份;
7) 对被测噪声源的描述(包括它的主要尺寸和表面特性);
8) 被测声源特性的定性描述,包括它的纯音或者周期特性以及变化性;
9) 安装条件;
10) 运行条件。

c) 声学环境

1) 测试环境的描述:
——如果在室内,包络面的几何特征和特性的描述;
——如果在室外,给出周围地形的简图,包括测试环境的物理描述。
2) 空气温度(℃),气压(Pa),相对湿度;
3) 与测试地点相关的平均风速和方向;
4) 测试环境中的任何变化的声源;为使外部声强和/或混响时间的影响最小的设施和措施;
5) 任何气体/气流和非稳定性的定性描述。

d) 仪器

1) 用于测量的仪器,包括名称,型号,序列号,制造商以及探头的结构形式;
2) 用于检验和校准声场性质的方法;
3) 校准及测试仪器检验的地点和日期;
4) 风罩的形状;
5) 按照 GB/T 17561—1998 规定的声压残留声强指数。

e) 测量过程

1) 声强探头安装、支撑系统、扫描机构的描述;
2) 扫描过程的描述,包括几何形状和速度;
3) 测量面以及局部测量面和其面元数目的定量描述;要给出扫描路径图;
4) 每个局部测量面上的测量时间;
5) 为改善测量准确度而采取的任何必要的步骤的描述。

f) 声学数据

1) 根据每个局部测量面上每组声功率测试数据计算出的每个频带的声场指示值 F_T,$F_{p|I_n|}$,

F_{pI_n} 和 F_s,用表格表示；

2) 用表格的方式表示在所有测量频带中,被测噪声源的归一化声功率级;当需要计算 A 计权声功率级的时候,要将不能满足判据 1～判据 4 或者判据 1～判据 3 以及判据 5 的频带从测量结果中去除,并对其影响加以说明,除非根据 4.3,其贡献可以忽略不计；

3) 如果应用 6.2.3 中规定的“探头反转”检验声场,要给出结果；

4) 测量的不确定度。

附 录 A
(资料性附录)
GB/T 16404 的本部分所使用的符号

符号	术 语	单 位	引 用
$p(t)$	瞬时声压	Pa	3.2
$\boldsymbol{u}(t)$	瞬时质点振速	m/s	3.2
ρ	空气密度	kg/m^3	附录 H
c	声速	m/s	附录 H
ρc	空气特性阻抗	Pa·s/m	附录 H
θ	空气温度	℃	3.6.4,附录 H
B	大气压力	Pa	3.6.4,附录 H
t	时间	s	3.2
Δt	测量时间间隔	s	3.14.2
T_s	扫描时间	s	3.13.3,6.3
$\boldsymbol{n}$	单位法向矢量,方向为指向测量面包围而成的立方体外面	1	3.4
S_i	第 i 个局部测量面的面积	m^2	3.6.1
N_s	在某个局部测量面上的面元数目	1	8.3.2
N	整个测量面上的面元数目	1	B.2.2
p_q^2	平方声压的时间序列(其中,$q=1,2,3,\cdots,Q$)	Pa^2	3.14.3
$\overline{p_m^2}$	均方声压(其中,$m=1,2,3,\cdots,M$)	Pa^2	3.14.4
$\overline{p_j^2}$	在每个测量面元上测得的均方声压	Pa^2	B.2.2
p_0	参考声压($p_0=20\ \mu Pa$)	Pa	B.2.2
$\boldsymbol{I}(t)$	瞬时声强	W/m^2	3.2
$\boldsymbol{I}$	声强	W/m^2	3.3
I	声强 $\boldsymbol{I}$ 带正、负符号的幅值	W/m^2	3.3
$\lvert I\rvert$	声强 $\boldsymbol{I}$ 不带正、负符号的幅值	W/m^2	3.3
I_n	法向声强	W/m^2	3.4
I_0	基准声强($I_0=10^{-12}W\cdot m^{-2}$)	W/m^2	3.5
$\bar{I}_{ni}$	测量面的第 i 个局部测量面上测量得到的局部测量面平均法向声强带正、负号的幅值	W/m^2	3.6.1
I_{nq}	声强的时间序列,$q=1,2,3,\cdots,Q$	W/m^2	3.14.3
$\bar{I}_{nm}$	时均声强,$m=1,2,3,\cdots,M$	W/m^2	3.14.4
$\lvert\bar{I}_n\rvert_j$	每个面元上测得的时均法向声强(不带正、负号的)	W/m^2	B.2.2
$\bar{I}_{nj}$	每个面元上测得的时均法向声强(带正、负号的)	W/m^2	B.2.3

符号	术　　语	单　位	引　　用
L_p	声压级	dB	3.1
$\overline{L}_p$	平均声压级	dB	B.2.2
L_{I_n}	法向声强级	dB	3.5
$\overline{L}_{I_n}$	平均法向声强级(有正负符号)	dB	3.6.1,B.2.3
$L_{I\delta}$	残余声强级(I_δ)	dB	3.10
P_i	局部的声功率	W	3.6.1
P	声功率	W	3.6.2
P_0	基准声功率($P_0=10^{-12}$ W)	W	3.6.3
L_W	声功率级	dB	3.6.3
L_{W0}	归一化声功率级	dB	3.6.4
δ_{pI_0}	声压-残余声强指数	dB	3.10
L_d	动态范围指数	dB	3.11
K	偏差因子	dB	3.11
F_T	时变指示值	1	B.2.1
$F_{p\|I_n\|}$	不带符号的声压-声强指示值	dB	B.2.2
F_{pI_n}	带符号声压-声强指示值	dB	B.2.2
F_s	声场非均匀指示值	1	B.2.4

附 录 B
(规范性附录)
声场指示值的计算

B.1 概述

在测定声功率级的各频带上，根据式(B.1)～(B.9)计算测量面上某一点处的声场指示值 F_T 以及测量面上的声场指示值 $F_{p|I_n|}$，F_{pI_n} 和 F_s。这些指示值是通过把测量仪器设定为实时模式，由时域数据计算得到(见 3.14.1)。

B.2 声场指示值的定义

B.2.1 时变指示值 F_T

计算测量面上某一合适位置点声场随时间变化的评价值 F_T。记录下声强数据的时间序列 I_{nq}，同时获得一段测量时间 T 内声强的时间平均值 $\overline{I}_{nm}$(参见 8.3)，然后再根据式(B.1)计算 F_T：

$$F_T = \frac{1}{\overline{I}_n}\sqrt{\frac{1}{M-1}\sum_{m=1}^{M}(\overline{I}_{nm}-\overline{I}_n)^2} \qquad \cdots\cdots(B.1)$$

式中：

$\overline{I}_n$——$\overline{I}_{nm}$ 的平均值，$m=1,2,3,\cdots,M$；根据式(B.2)计算：

$$\overline{I}_n = \frac{1}{M}\sum_{m=1}^{M}\overline{I}_{nm} \qquad \cdots\cdots(B.2)$$

通过改变平均时间 T，得到满足条件 $F_T<0.6$ 的时间。这一时间值 $T_{F_T<0.6}$ 被用来确定某个局部测量面上的最小扫描时间 T_s($T_s \geqslant N_s \cdot T_{F_T<0.6}$)，其中 N_s 是局部测量面上的面元数目。M 一般取 10。在计算 F_T 时候，两个连续的间隔为 T 的 $\overline{I}_{nm}$ 和 $\overline{I}_{n(m+1)}$ 不应重叠，可以彼此分开。

注：在 GB/T 16404 中，用 F_1 来表示符号 F_T(参见附录 I)。

B.2.2 无符号声压-声强指示值 $F_{p|I_n|}$

测量面的无符号声压-声强指示值 $F_{p|I_n|}$ 根据式(B.3)计算：

$$F_{p|I_n|} = \overline{L}_p - \overline{L}_{|I_n|} \qquad \cdots\cdots(B.3)$$

式中：

$\overline{L}_p$——以分贝表示的平均声压级，根据式(B.4)计算：

$$\overline{L}_p = 10\lg\left(\frac{1}{N}\sum_{j=1}^{N}\overline{p_j^2}/p_0^2\right) \qquad \cdots\cdots(B.4)$$

式中：

$\overline{p_j^2}$——在每个面元上测量到的均方声压，单位为二次方帕(Pa^2)；

p_0——基准声压($p_0=20\ \mu Pa$)；

N——测量面上的面元总数。

$\overline{L}_{|I_n|}$——无符号的平均法向声强级，单位为分贝(dB)，由式(B.5)计算：

$$\overline{L}_{|I_n|} = 10\lg\left(\frac{1}{N}\sum_{j=1}^{N}|\overline{I}_n|_j/I_0\right) \qquad \cdots\cdots(B.5)$$

式中：

$|\overline{I}_n|_j$——每个面元上无符号的时均法向声强，单位为瓦每平方米(W/m^2)。

注 1：在 GB/T 16404 中，无符号的的声压-声强指示值 $F_{p|I_n|}$ 被称为测量面的声压-声强指示值 F_2(参见附录 I)。

注 2：虽然每个局部测量面的面元面积最多可相差 50%(见 8.2)，这种差异的影响在应用式(B.3)、(B.4)和(B.5)时可忽略。这对 B.2.3 和 B.2.4 也适用。

注 3：在应用式(B.3)、(B.4)和(B.5)时，由于每个局部测量面的重复扫描测量，所以总的面元数目是 $2N$。

B.2.3 有符号声压-声强指示值 F_{pI_n}

测量面的有符号声压-声强指示值 F_{pI_n}，根据式(B.6)来计算：

$$F_{pI_n} = \overline{L}_p - \overline{L}_{I_n} \qquad \text{(B.6)}$$

式中：

$\overline{L}_p$——以分贝表示的平均声压级，根据式(B.4)计算；

$\overline{L}_{I_n}$——以分贝表示的带符号的平均法向声强级，根据式(B.7)计算：

$$\overline{L}_{I_n} = 10\lg\left|\frac{1}{N}\sum_{j=1}^{N}\overline{I}_{nj}/I_0\right| \qquad \text{(B.7)}$$

式中：

$\overline{I}_{nj}$——每个面元上有符号的时均法向声强，单位为瓦每平方米(W/m^2)。

注 1：有符号声压-声强指示值 F_{pI_n} 在 GB/T 16404 中称为负的局部声功率指数 F_3。对于面元面积均匀的特殊情况，这个指示值等于 GB/T 16404.2 中定义的声场中测量面的声压-声强指示值 F_{pI}。

注 2：对于面元面积均匀的特殊情况，$F_{pI_n} - F_{p|I_n|}$ 等效于 GB/T 16404.2 中定义的负局部声功率指示值 $F_{+/-}$。

B.2.4 声场非均匀指示值 F_s

测量面的声场非均匀指示值 F_s 根据式(B.8)计算：

$$F_s = \frac{1}{\overline{I}_n}\sqrt{\frac{1}{N-1}\sum_{j=1}^{N}(\overline{I}_{nj} - \overline{I}_n)^2} \qquad \text{(B.8)}$$

式中：

$$\overline{I}_n = \frac{1}{N}\sum_{j=1}^{N}\overline{I}_{nj} \qquad \text{(B.9)}$$

注：在 GB/T 16404 中，用符号 F_4 表示 F_s。

附 录 C
（规范性附录）
获得预期准确度的方法

C.1 条件要求

C.1.1 概述

应用 GB/T 16404 的本部分，初始测量面上的测量位置处的声场条件可能有很大差异。为保证声功率级测定的不确定度的上限，有必要检验仪器及与具体测量的声场/环境条件相关的测量参数（如：测量面、距离、路径）选择的充分性。

一般过程在图 C.1 中列出。

C.1.2 平均时间充分性检验

用满足 $F_T<0.6$ 条件的平均时间 T（表示为：$T_{F_T<0.6}$）来确定扫描时间 T_s。T_s 的数值应大于或等于 $N_s \cdot T_{F_T<0.6}$。如果这个条件不能满足，则按表 C.1 中给定的步骤采取措施。

C.1.3 局部测量面上扫描重复性检验

在每个局部测量面上用同样的扫描路径重复扫描测量，测量得到的每个频带的平均声强级必须在允许的误差范围内：

判据 1：

$$|\overline{L}_{I_n(1)}-\overline{L}_{I_n(2)}|\leqslant\frac{s}{2} \qquad \cdots\cdots(C.1)$$

式中：

$\overline{L}_{I_n(1)}$ 和 $\overline{L}_{I_n(2)}$——两次扫描得到的法向声强级；s 是表 1 中给定的不确定度。如果这个判据不满足，按表 C.1 中给定的步骤采取措施（见图 C.1）。

C.1.4 测量设备充分性检验

测量仪器的动态范围指数 L_d 应大于或等于根据附录 B 对每个测量频带确定的指示值 F_{pI_n}：

判据 2：

$$L_d\geqslant F_{pI_n} \qquad \cdots\cdots(C.2)$$

如果所选的测量面不能满足判据 2，按照表 C.1 中给定的步骤采取措施（见图 C.1）。

C.1.5 存在较强外部噪声的检验

比较 $F_{p|I_n|}$ 和 F_{pI_n}，检验是否在每个测量频带都满足下面的条件：

判据 3：

$$F_{pI_n}-F_{p|I_n|}\leqslant 3 \qquad \cdots\cdots(C.3)$$

如果判据 3 不满足，按照表 C.1 中给定的步骤采取措施以降低外部噪声的影响（见图 C.1）。

C.1.6 声场非均匀性的检验

C.1.6.1 声场非均匀性的初始检验

计算测量面上声场非均匀指示值 F_s，检验是否在每个测量频带都满足下面条件：

判据 4：

$$F_s\leqslant 2 \qquad \cdots\cdots(C.4)$$

如果前面所有的判据都满足，但本判据不满足，则按照表 C.1 中给定的措施来降低声场非均匀性的影响（见图 C.1）。

C.1.6.2 扫描线密度充分性检验

如果在同一局部测量面上的扫描线密度增加了两倍或更多倍，比较当前和先前的声场指示值，检验下面条件是否在每个测量频带上都满足：

判据 5：

$$0.83 \leqslant F_{s(1)}/F_{s(2)} \leqslant 1.2 \qquad \cdots\cdots(C.5)$$

如果判据 5 满足，则即使 $F_{s(2)} \geqslant 2$，这个结果仍可以作为最终的测量结果。

C.2 提高测量准确度等级的措施

如果判据 1～判据 5 都不能满足，则采取表 C.1 中给定的相应措施，来提高声功率级测量的准确度(见图 C.1)。

表 C.1 提高测定声功率级精度的措施

情况	措施代码	措施
如果 T_S 不能够满足	A	增加扫描时间，和/或者降低外部声强的时间变化，或者在外部噪声变化较小的时候测量
判据 1 如果： $\lvert \overline{L}_{I_n(1)} - \overline{L}_{I_n(2)} \rvert > s/2$	B 和/或 C	调整扫描速度、时间，或者扫描路径 调整局部测量面和/或测量面
判据 2 如果： $L_d < F_{pI_n}$	D	存在有明显的外部噪声和/或混响较强的时候，减小测量面距声源的平均距离(最小为 0.25 m)。在没有明显的外部噪声和/或较强混响时，增加测点和声源的距离最大到 1 m
判据 3 如果：$F_{pI_n} - F_{p\lvert I_n \rvert} > 3$	或 E	把测量面屏蔽起来防止外部的噪声，或者采取措施降低到声源的反射声
判据 4 如果：$F_s > 2$	F 或 G	增加局部测量面与声源的平均距离 增加扫描密度
判据 5 如果：$F_{s(1)}/F_{s(2)} < 0.83$ 或者 $F_{s(1)}/F_{s(2)} > 1.2$	G	增加扫描密度

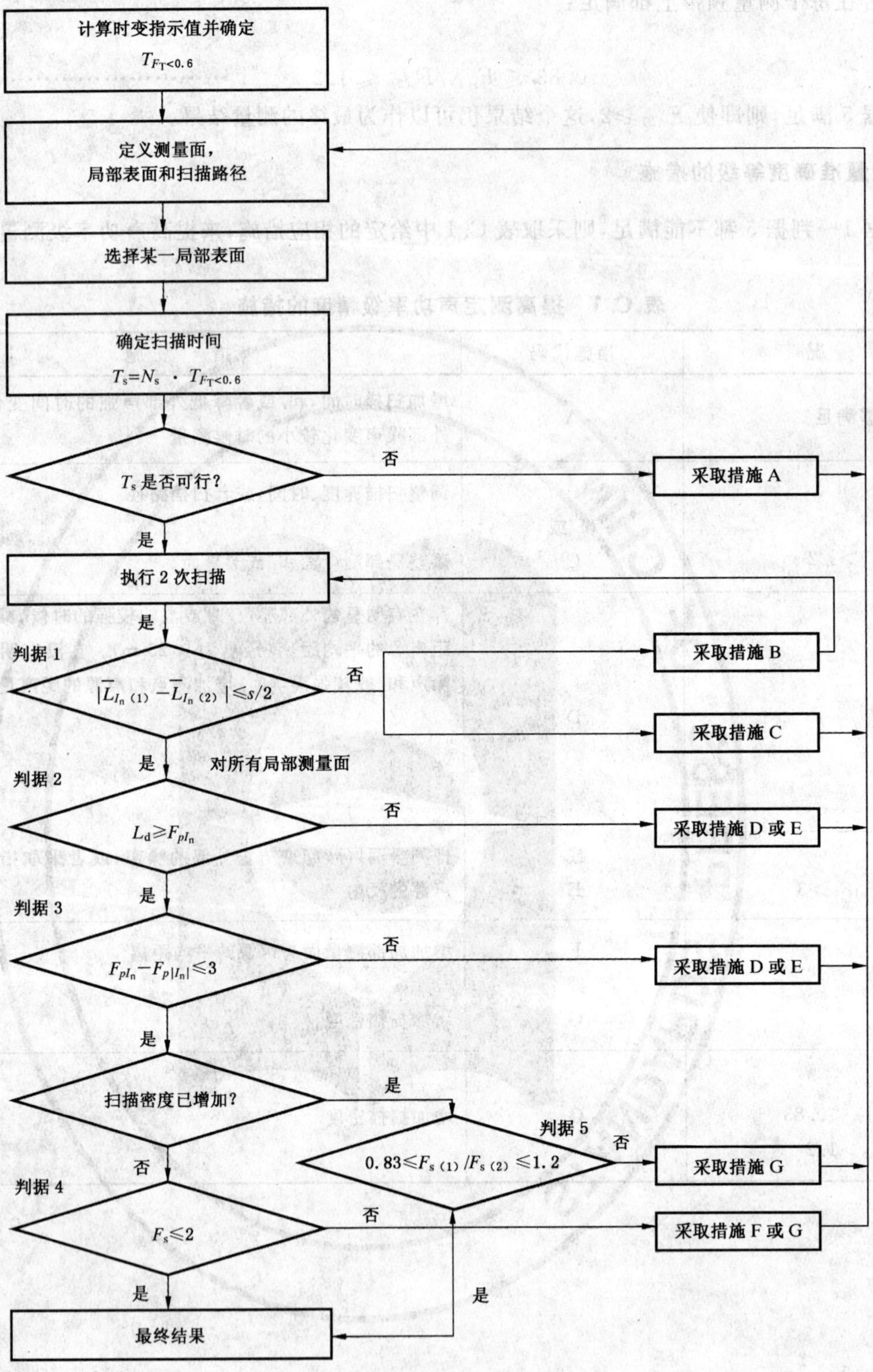

图 C.1 获得预期准确度的流程

附 录 D
（资料性附录）
气流对声强测量的影响

在测量期间，声强探头有时处于气流中，例如有风的户外条件，或者靠近冷却风扇产生的气流。原则上，声强测量的原理在存在稳定流场时不能成立，但是，除了是高抗性的声场，当马赫数较低（$Ma<0.05$）时，误差可以忽略，更严重的误差可能由非稳态的湍流引起。

当气流碰到探头上时，会有湍流存在，探头本身的存在同样可以产生湍流。湍流固有的流体动量起伏与压力起伏相关；它们是非声学量，通常与声场的压力起伏无关。然而它能被处于流体中的任何压力敏感的换能器记录下来，并且最终测得的信号不可能把它们与声压区别开来。湍流以一个接近平均流（时间平均）的速度流动，并且含有涡流（相关的运动区域），它的尺度一般比典型的音频波长小得多。湍流中的空间压力梯度可能大大超过声波中的压力梯度，因此，对应的质点速度可能大大地超过典型声场中的质点速度，结果会产生很强的伪声强信号。声强探头的介入所导致的湍流可以通过谨慎使用合适的风罩得到抑制。然而，涡流（不是由探头所引起）存在于风以及冷却风扇和鼓风机产生的气流中。风扇产生的平均（或时间平均）流可通过节流阀有效降低到零，这绝不会抑制湍流压力起伏，在靠近风扇和鼓风机的测量表面仍能测到，它们极难甚至不可能用探头风罩来抑制。因而，在做风扇和鼓风机的声功率测量要特别小心。除了必须采用风罩外，还需仔细实验以确保声强探头所测得的是声强而不是伪声强或湍流压力起伏。

探头风罩的作用是把气流从压力传感器附近移开。由于湍流对流速度低，因此作用于风罩外表面的湍流压力和速度不能有效地传播到压力传感器所在的风罩中央区域，然而声波的衰减却很小，这就是用风罩加以分离的原理。

必须认识到，风罩的这种分离效果是有限的。非常强的湍流起伏不能被完全排除，并且低频大尺度湍流比高频小尺度的湍流的衰减要小很多。因为风和风扇产生的湍流的频谱随频率迅速下降，因此看来对声强测量影响最大的是低频（尤其是小于 200 Hz）。

湍流的频率和尺度主要取决于产生过程的特性，所以很难规定现场条件下声强测量期间会遇到的每个非稳态流场情况。因为湍流压力的有效值（RMS）是平均流速平方的函数，因此，平均流速要加一个适度的适当限制。

作为一般的指南，应当注意到在低频段（<100 Hz），1/3 倍频带声强级和/或质点振速级保持较高，甚至还有上升的趋势是一个危险的征兆，除非有证据表明声压确实如此，并且能够主观判断被测声源在低频的辐射很强。声强值受到湍流伪声强影响的另外一种定性表现就是声强和质点振速级非常不稳定。传声器间的相干性不一定能够很好地反映出湍流的影响，因为低频和大尺度湍流压力起伏在典型的传声器间距上高度相关。

附 录 E
（资料性附录）
测量表面声吸收的影响

如果声源表现出明显的吸声性能（如隔热和/或吸声的相关材料），并且如果声场指示值 F_{pI_n} 的测量值大于 3 dB 的话，就要检查吸收的声功率对测得的总声功率的影响。这只有在被测声源可以关闭的情况下才可能做到。因此，如果剩余的外部噪声没有变化，被吸收的声功率级 $L_{W,abs}$ 可以直接用参考文献[11]中规定的方法测量关掉声源后测量面上的声强通过式(9)来确定。如果外部噪声在被测声源关闭时不能保持，可以借助于一个合适的人工外部声源来粗略地估算吸收声功率级，该人工声源应在测量面上产生与原来的外部声源相似的声强级。

下面的条件满足后，对声音吸收的影响可以忽略的：

$$L_W - L_{W,abs} \geqslant 10 \qquad \cdots\cdots\cdots\cdots (E.1)$$

式中：

L_W——声源正常开启后的总声功率级（见式(8)和式(9)）；

$L_{W,abs}$——当声源关闭后的吸收声功率。

否则，要采取措施降低外部噪声或者把测量面和外部噪声源隔开。

附 录 F
（资料性附录）
测量面和扫描步骤

应用声强技术测量声功率的基本原理就是在一个完全包围被测声源的测量面上测量法向声强。这种方法获得结果的主要不确定度来源于仪器和信号分析误差以及不理想的现场采样(扫描)过程。本附录中给出用于现场采样过程的导则。按照这些原则并且采用 GB/T 16404 的本部分中规定的参数,不确定度可以最小化,并可以获得表 1 中给出的准确度级。

测量面应以容易扫描来规定,并且选择的测量面要使外部噪声和声源近场的影响最小。扫描线要保证是直线,并且在每个扫描路径上探头的方向保持不变。

在选择测量面、局部测量面和扫描路径时,要参照 8.1 和 8.2(参见图 F.1)与声源的几何特性和周围环境相适应。

图 F.1 带有曲面的声源的建议测量面

每个局部测量面的确定应当适于用恒定的扫描速度、均匀的扫描密度容易和舒适地进行扫描,同时在测量过程中保证探头轴线垂直于局部测量面,扫描线终端转折在面平均过程中会产生误差,这是由于会把边角处的贡献估计大了。应当尽量保持在整个扫描过程中恒定的扫描速度。

如果处理器运行时间是分步骤预先设置好的,每次测量都要努力令完成任意一个局部测量面上的扫描和运行停止之间的时间间隔最小。

同样值得注意是:扫描时要遵守预先选定的扫面路径,保持扫描速度和线密度的均匀性,同时保持探头轴的指向。忽略了其中的任意一项,都会给测量的准确度带来不利的影响。

附 录 G
（资料性附录）
从一系列短时平均声强和平方声压数据获得时均声强和均方声压的过程

把一次扫描获得的短时平均声强和平方声压的个数记为 N_x，这样就可得到扫描时间 $T'_s = \Delta t \cdot N_x$。这一过程如图 G.1 所示，最后的采样数据可能间断和舍弃。但是，由于一般情况下 $\Delta t \ll T'_s$ 是满足的，这种影响可以忽略。把时间 T'_s 分成 N_s 个小段，并且计算出在每个小段内有多少个短时平均声强和平方声压值。然后，在每个小段上，把时间平均的声强和平方声压进行简单的平均计算。

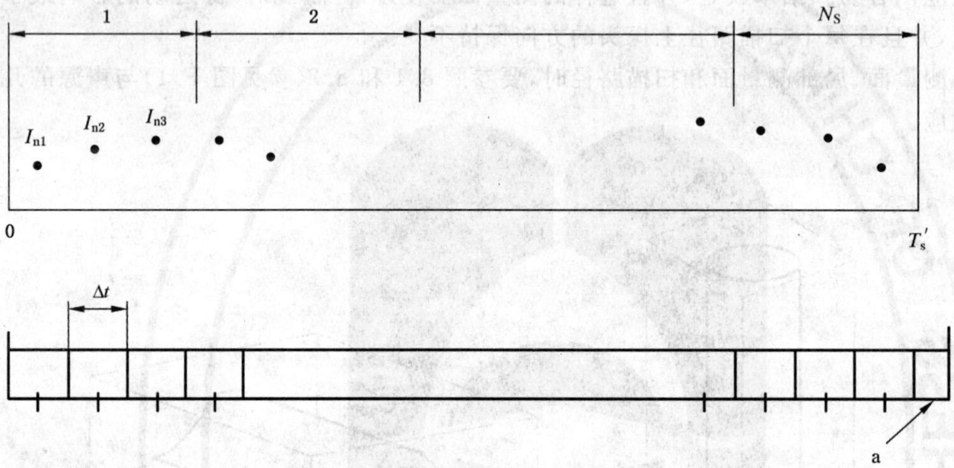

a）直接法

b）FFT 法

a 最后采样的数据可以被舍弃。

图 G.1 从一系列的短时平均声强和平方声压数据获得时均声强和均方声压的过程

附 录 H
(资料性附录)
声功率级的归一化

H.1 概述

当用于声强探头的传声器灵敏度在实际气象条件下进行标定时，测得的声压 p(单位:Pa)对于实际的测量条件是正确的。对应的质点振速 u(单位:m/s)由式(H.1)得到：

$$u = -\frac{1}{\rho}\int\frac{\partial p}{\partial n}\mathrm{d}\tau \qquad \text{(H.1)}$$

式中：

ρ——空气的密度，单位为 kg/m^3。

当使用实际测量条件下的空气密度时，测得的质点振速以及声强 I(单位:W/m^2)对于实际测量条件是真实的，见式(H.2)：

$$I = \overline{pu} \qquad \text{(H.2)}$$

GB/T 16404 的本部分要求使用满足 GB/T 17561—1998 规定的 1 型仪器。在 GB/T 17561—1998 的 6.13 中规定 1 型的处理器要具有输入大气压和温度或者由这些量导出修正因子的功能，以用于声强的计算中。因此，按照本部分进行的声强测量始终给出的是实际气象条件下的真实声强值。

H.2 归一化声功率级的计算

从声源辐射出来的声功率 P(单位:W)与空气密度 ρ、空气中声速 c(单位: m/s)密切有关，见式(H.3)。

首先可以假设：

$$P \propto \rho c^n \qquad \text{(H.3)}$$

式中：

$n=1$ 为结构的高频振动导致的声辐射；

$n=-1$ 为单极子源辐射；

$n=-3$ 为偶极子源辐射；

$n=-5$ 为四极子源辐射[20]。

对于大多数结构和空气动力声源，可假设 n 的平均值为 $n=-1$，从而可以得到式(H.4)：

$$C^* = -10\lg\left[\left(\frac{\rho}{\rho_0}\right)\left(\frac{c}{c_0}\right)^{-1}\right] \qquad \text{(H.4)}$$

式中：

$$\rho = \frac{B}{R_L T} \qquad \text{(H.5)}$$

$$c = \sqrt{\gamma R_L T} \qquad \text{(H.6)}$$

式中：

B——大气静态压力，单位为帕(Pa)；

T——热力学温度，单位为开(K)($T=273.15+\theta$，其中，θ 是摄氏温度)；

γ——比热比。

$R_L = \dfrac{ZR}{M_a}$

R——统一气体常数；

M_a——空气的摩尔质量；

Z——空气的压缩系数(≈1)。

从式(H.4)，(H.5)和(H.6)推出式(H.7)：

$$C^{*} = -10\lg\frac{B}{B_0} + 15\lg\left(\frac{273.15+\theta}{T_0}\right) \quad\cdots\cdots(\text{H.7})$$

式中：

B_0——基准大气压，(101 325 Pa)；

T_0——基准温度 (273.15+23=296.15K)。

考虑到雷诺数对于大气静压 B 修正的附加影响。得到式(H.8)(如式(10)所示)：

$$C = -15\lg\frac{B}{B_0} + 15\lg\left(\frac{273.15+\theta}{T_0}\right) = -15\lg\left(\frac{B}{101\ 325}\times\frac{296.15}{273.15}\right) \quad\cdots\cdots(\text{H.8})$$

假设 $n=-1$ 时，在温度 15℃～30℃时候，由于结构振动、单极子源或偶极子源等引起的噪声辐射的修正项的不确定度小于 0.2 dB。

附 录 I
（资料性附录）
GB/T 16404.2 和 GB/T 16404.3 中用到的声场指示值

表 I.1 给出了 GB/T 16404、GB/T 16404.2 和 GB/T 16404.3 中使用的声场指示值的对照表，在 GB/T 16404.3 中这样做是为了避免和 GB/T 16404、GB/T 16404.2 中已有的符号相矛盾。

表 I.1 GB/T 16404、GB/T 16404.2 和 GB/T 16404.3 中使用的声场指数

指 数		GB/T 16404	GB/T 16404.2	GB/T 16404.3
时变指示值		$F_1 = \frac{1}{I_n}\sqrt{\frac{1}{M-1}\sum_{k=1}^{M}(I_{nk}-\bar{I}_n)^2}$ * I_n 应写为 $\bar{I}_n$	—	$F_t = \frac{1}{\bar{I}_n}\sqrt{\frac{1}{M-1}\sum_{m=1}^{M}(\bar{I}_{nm}-\bar{I}_n)^2}$
声场非均匀性指示值		$F_4 = \frac{1}{I_n}\sqrt{\frac{1}{N-1}\sum_{i=1}^{N}(I_{ni}-\bar{I}_n)^2}$ * I_n 应写为 $\bar{I}_n$	—	$F_s = \frac{1}{\bar{I}_n}\sqrt{\frac{1}{N-1}\sum_{j=1}^{N}(\bar{I}_{nj}-\bar{I}_n)^2}$
声压声强指示值	无符号	表面声压声强指示值 $F_2 = \overline{L_p} - \overline{L_{\lvert I_n \rvert}}$ $\overline{L_p} = 10\lg\left(\frac{1}{N}\sum_{i=1}^{N}10^{0.1L_{pi}}\right)$ $\overline{L_{\lvert I_n \rvert}} = 10\lg\left(\frac{1}{N}\sum_{i=1}^{N}\lvert I_{ni}\rvert/I_0\right)$	负局部声功率指示值 $F_{+/-} = 10\lg[\sum\lvert P_i\rvert/\sum P_i]$ $P_i = \langle I_{ni}\rangle S_i \quad P = \sum_{i=1}^{N}P_i$ * 特殊情况下 $F_{+/-} = F_3 - F_2$	无符号声压声强指示值 $F_{p\lvert I_n\rvert} = \bar{L}_p - L_{\lvert I_n\rvert}$ $\bar{L}_p = 10\lg\left(\frac{1}{N}\sum_{j=1}^{N}\overline{p_j^2}/p_0^2\right)$ $\bar{L}_{\lvert I_n\rvert} = 10\lg\left(\frac{1}{N}\sum_{j=1}^{N}\lvert\bar{I}_n\rvert_j/I_0\right)$
	有符号	负的局部功率指数 $F_3 = \overline{L_p} - \overline{L_{I_n}}$ $\overline{L_{I_n}} = 10\lg\left(\frac{1}{N}\sum_{i=1}^{N}I_{ni}/I_0\right)$	声场声压 - 声强指示值 $F_{pI} = [L_p] - L_W + 10\lg(S/S_0)$ $[L_p] = 10\lg\left[\frac{1}{S}\sum_{i=1}^{N}(S_i 10^{0.1L_{pi}}\right]$ $S = \sum_{i=1}^{N}S_i, S_0 = 1\ m^2$ * 特殊情况下 $F_{pI} = F_3$	有符号声压声强指示值 $F_{pI_n} = \bar{L}_p - \bar{L}_{I_n}$ $\bar{L}_{I_n} = 10\lg\left\lvert\frac{1}{N}\sum_{j=1}^{N}\bar{I}_{nj}/I_0\right\rvert$

注：有符号声压 - 声强指示值 F_{pI_n} 在 GB/T 16404—1996 中被称作为局部负声功率指示值。这个指示值等于 GB/T 16404.2—1999 中规定的当声场中测量面元面积相同时的声压 - 声强指示值 F_{pI}；$F_{pI_n} - F_{p\lvert I_n\rvert}$ 等于 GB/T 16404.2—1999 中规定的当声场中测量面元面积相同时，局部负声功率指示值 $F_{+/-}$。

附 录 J
（资料性附录）
参 考 文 献

[1] GB/T 14367—1993 声学 噪声源声功率级的测定 使用基础标准与制订噪声测试规范的准则

[2] GB/T 6881.1—2002 声学 声压法测定噪声源声功率级 混响室精密法

[3] GB/T 6881.2—2002 声学 声压法测定噪声源声功率级 混响场中小型可移动声源工程法 第1部分:硬壁测试室比较法

[4] GB/T 6881.3—2002 声学 声压法测定噪声源声功率级 混响场中小型可移动声源工程法 第2部分:专用混响测试室法

[5] GB/T 3767—1996 声学 声压法测定噪声源声功率级 反射面上方近似自由场的工程法

[6] GB/T 6882—1986 声学 噪声源声功率级的测定 消声室和半消声室精密法

[7] GB/T 3768—1996 声学 声压法测定噪声源声功率级 反射面上方采用包络测量表面的简易法

[8] GB/T 16538—1996 声学 声压法测定噪声源声功率级 使用标准声源简易法

[9] GB/T 14573.1—1993 声学 确定和检验机器设备规定的噪声辐射值的统计方法 第一部分:概述与定义

[10] GB/T 14573.4—1993 声学 确定和检验机器设备规定的噪声辐射值的统计方法 第四部分:成批机器标牌值的确定和检验方法

[11] GB/T 16404—1996 声学 声强法测定噪声源的声功率级 第1部分:离散点上的测量

[12] GB/T 16404.2—1999 声学 声强法测定噪声源的声功率级 第2部分:扫描测量

[13] GB/T 19052—2003 声学 机器和设备发射的噪声 噪声测试规范起草和表述的准则

[14] ISO/TR 7849-1 Acoustics—Estimation of airborne noise emitted by machinery using vibration measurement

[15] ISO 5725-1 Accuracy (trueness and precision) of measurement methods and results—Part 1: General principles and definitions

[16] Hübner, G. and Wittstock, V. Further investigations to check the adequacy of sound field indicators to be used for sound intensity technique determining the sound power level. *Proceedings of Inter-noise* 99, *Fort Lauderdale*, 1999, pp. 1523-1528

[17] Hübner, G. Is the sound power defined by ISO/TC 43 independent of specific environmental conditions. *Proceedings of the* 10th *Intemational Congress on Acoustics*, *Sydney*, 1980, Vol. 3, Paper M6.5

[18] Hübner, G. Experimentelle Untersuchungen zur Abhängigkeit der Schallleistung aerodynamische Schallquellen von den Gaseigenschaften, *DAGA* 78 *Berichte*, VDE-Verlag Berlin, 1878, pp. 359-365

[19] Morse, P. M. and Ingard, K. U. *Theoretical Acoustics*, Princeton University Press, Princeton, NJ, 1968, p. 753

[20] Hübner, G. Accuracy considerations on the meteorological correction for a normalized sound power level, *Proceeding of Inter-noise* 2000, *Nice*, 2000, pp. 2996-3000

[21] Blake, W. K. *Mechanics of flow induced sound and vibration*. Vol. 17, *Applied Mathematics and Mechanics*, Orlando, Florida, 1986

[22] HÜBNER, G., WITTSTOCK, V. Investigations of the sound power generation of solid cylinder moving in gases under different static pressures—First results, *Proceedings of Euro Noise 98*, *Munich*, 1998, pp. 868-870

[23] WONG, G. S. K. Characteristic impedance of humid air. *J. Acoust. Soc. Am.* 80(4), 1986, pp. 1203-1204

[24] DAVIS, R. S. Equation for the determination of the density of moist air(1981/91). *Metrologia*, 29, 1992, pp. 67-70

[25] WONG, G. S. K. and EMBLETON, T. F. W. Variation of the speed of sound in air with humidity and temperature. *J. Acoust. Soc. Am.*, 77(5), 1985, pp. 1710-1712

ICS 17.140
C 41

中华人民共和国国家标准

GB/T 16407—2006/IEC 61846:1998
代替 GB/T 16407—1996

声学　医用体外压力脉冲碎石机的声场特性和测量

Acoustics—Characteristics and measurements of field of pressure pulse lithotripters

(IEC 61846:1998 Ultrasonics—Pressure pulse lithotripters—Characteristics of fields, IDT)

2006-07-25 发布　　2006-12-01 实施

中华人民共和国国家质量监督检验检疫总局
中国国家标准化管理委员会　发布

前　言

本标准等同采用 IEC 61846:1998《超声学　医用压力脉冲碎石机的声场特性》,并有编辑性修改。

本标准是对 GB/T 16407—1996 的修订,修订中增加了水听器的要求和有关附录。

本标准的附录 A、附录 B、附录 C 和附录 D 为资料性附录。

本标准由中国科学院提出。

本标准由全国声学标准化技术委员会(SAC/TC 17)归口。

本标准起草单位:中国科学院声学研究所、上海交通大学、国家医用超声设备检测中心、北京大学人民医院碎石研究所。

本标准主要起草人:朱厚卿、莫喜平、寿文德、王志俭、何申戌。

本标准所代替标准的历次版本发布情况为:

GB/T 16407—1996。

引　言

体外碎石机用于肾结石、膀胱结石和胆结石等的临床治疗。碎石机产生的高强度声波通过一系列的声波的作用使结石粉碎。目前在市场上已有一些厂家生产的不同类型的碎石机。

本标准描述了体外碎石机所产生的声场特性并规定了相应的测量方法。

声学　医用体外压力脉冲碎石机的声场特性和测量

1　范围

本标准规定了医用体外压力脉冲碎石机的声场特性和测量方法，所测参数可用于该类设备的声输出公布。

本标准适用于从体外引入压力波并聚焦机械能量的医用碎石设备，不适用于经皮式碎石设备和激光式碎石设备。

注：在目前阶段，本标准定义的参数不作为碎石机的有效性和可能危害的定量规定，尤其是不可能用于对这些效应做出限制性规定。

本标准是针对体外碎石机制定的。在治疗性体外压力脉冲的其他医学应用领域，只要不涉及其他特定的有效标准，也可采用本标准作为指南。

2　规范性引用文件

下列文件中的条款通过本标准的引用而成为本标准的条款。凡是注日期的引用文件，其随后所有的修改单（不包括勘误的内容）或修订版均不适用于本标准，然而，鼓励根据本标准达成协议的各方研究是否可使用这些文件的最新版本。凡是不注日期的引用文件，其最新版本适用于本标准。

GB/T 3947—1996　声学名词术语

GB/T 16540—1996　在 0.5～15 MHz 频率范围内的超声场特性及其测量水听器法（eqv IEC 61102:1991）

IEC 60866:1987，在 0.5～15 MHz 频率范围内水听器的特性和校准

3　术语和定义

GB/T 3947—1996 确立的及下列术语和定义适用于本标准。

3.1

医用碎石机（设备）　lithotripsy equipment

用以粉碎人体内的结石和其他凝结物的设备。

注：医用碎石设备可用于肾结石、胆结石、胰管结石、涎腺结石及关节疼痛和肌腱钙化等的临床治疗。

3.2

水听器（水下传声器）　hydrophone (underwater microphone)

用于接收水声信号的电声换能器。

注：由于工作原理、特性及构造等不同，有声压、声压梯度、定向、指向、压电、光纤等水听器。

3.3

水听器电缆末端有载灵敏度　end-of-cable loaded sensitivity of a hydrophone

M_L

水听器接到指定输入阻抗的负载后，其电缆或连接器末端的输出电压与水听器移去时水听器声中心位置未受干扰的平面波自由场瞬时声压的比值，单位为伏每帕[斯卡]（V/Pa）。

3.4

声压　sound pressure

p

有声波时,媒质中的压力与静压的差值,单位为帕[斯卡](Pa)。

3.5

声强[度]　sound intensity (sound energy flux density, sound power density)

I

某一时刻,在声场中某点上,与质点速度方向垂直的单位面积上在单位时间内通过的声能称为瞬时声强。在稳态声场中,声强为瞬时声强在一定时间内的平均值。单位为瓦每平方米(W/m^2)。[见GB/T 3947中2.26]。

3.6

压力脉冲　pressure pulse

医用碎石机产生的声压脉冲。

3.7

声压脉冲波形　pressure pulse waveform

在压力脉冲声场中指定位置上包含所有足够声信息的瞬时声压的即时波形。

3.8

脉冲声压平方积分　pulse-pressure-squared integral

p_i

在声脉冲波形上瞬时声压平方的时间积分,单位为二次方帕[斯卡]秒,($Pa^2 \cdot s$)。

3.9

导出脉冲声强积分　derived pulse-intensity integral

$P\,II$

在压力脉冲声场中,某点瞬时声强对整个脉冲波形持续时间的积分,单位为焦[耳]每平方米(J/m^2)。

3.10

导出脉冲声能量　derived acoustic pulse energy

E_R

导出脉冲声强积分在与声束轴垂直的 x,y 平面内包含焦点的以 R 为半径的横截面积上的空间积分,单位为焦[耳](J)。

3.11

导出焦域声脉冲能量　derived focal acoustic pulse energy

E_f

导出脉冲声强积分对焦域横截面积的空间积分,单位为焦[耳](J)。

3.12

正声压[压缩]峰值　peak-positive acoustic pressure, peak-compressional acoustic pressure

p_+

在压力脉冲声场中任何位置上最大压缩声压,单位为帕[斯卡](Pa)。

3.13

负声压[稀疏]峰值　peak-negative acoustic pressure, peak-rarefractional acoustic pressure

p_-

在压力脉冲声场中任何位置上的稀疏声压绝对值的最大值。单位为帕[斯卡](Pa)。

3.14

正声压[压缩]脉冲宽度　compressional pulse duration

$t_{FWHM p_+}$

正声压脉冲峰值前后,其声压值等于脉冲峰值50%的两瞬时声压的时间差值,单位为秒(s)。

注:下标 FWHM 表示为全宽度,半极大值。

3.15

负声压[稀疏]脉冲宽度　rarefactional pulse duration

$t_{FWHMp\_}$

负声压脉冲峰值前后，其声压值等于负脉冲峰值50%的两瞬时声压的时间差值，单位为秒(s)。

3.16

正时间积分限　positive temporal integration limits

T_p

正脉冲声压第一次超过最大值的10%到第一次降低到最大值的10%之间的时间，单位为秒(s)。

3.17

总时间积分限　total temporal integration limits

T_T

声压脉冲波形绝对值第一次超过最大值的10%到最后一次降低到最大值的10%之间的时间，单位为秒(s)。

3.18

上升时间　rise time

t_r

在焦点处正声压脉冲前沿部分从峰值压力的10%上升到90%时所经历的时间，单位为秒(s)。

3.19

焦点　focus

在压力脉冲声场中，最大正声压峰值的位置。

3.20

声束轴线　beam axis

通过压力脉冲发生器孔径的几何中心和焦点的直线。

3.21

焦域长度　focal extent

f_z

在声束轴线上焦点两边比最大正声压峰值低6dB的最短距离，单位为米(m)。

3.22

最大焦域宽度　maximum focal width

f_x

包含焦点的x、y平面内，围绕焦点比最大正声压峰值p_+低6 dB的等声压线的最大宽度，单位为米(m)。

3.23

正交焦域宽度　orthogonal focal width

f_y

包含焦点的x、y平面内，围绕焦点比最大正声压峰值p_+低6 dB等声压线的且垂直于f_x的宽度，单位为米(m)。

3.24

焦域横截面积　focal cross-sectional area

A_f

在焦点并与声束轴线垂直的平面内，比最大正声压峰值(0 dB)低6 dB的等声压线所围区域的面积，单位为平方米(m^2)。

3.25

焦域体积　focal volume

V_f

在焦点周围比最大正声压峰值(0 dB)低 6 dB 的界面所围空间的体积,单位为立方米(m^3)。

注:围绕焦点的－6 dB 等声压区域是很难测量的。实际上在三个正交方向,即波束轴(z 轴)、x 轴方向和垂直于 x 轴的 y 轴方向上的最大波束直径近似得到。

3.26

目标(靶区)位置　target location

碎石机制造商给用户定出的结石的空间位置。

4　符号

A_f——焦域横截面积,m^2;

E_f——导出焦斑声脉冲能量,J;

E_R——导出脉冲声能量,J;

f_x——x 方向焦域宽度,m;

f_y——y 方向焦域宽度,m;

f_z——焦域长度,m;

I——瞬时声强,W/m^2;

M_L——水听器电缆末端有载灵敏度,V/Pa;

p——瞬时声压,Pa;

p_-——负峰值声压,Pa;

p_+——正峰值声压,Pa;

p_i——脉冲声压平方积分,$Pa^2 \cdot s$;

$P\,I\!I$——导出脉冲声强积分,J/m^2;

t_r——上升时间,s;

t_{FWHMp_+}——正压缩脉冲宽度,s;

t_{FWHMp_-}——负压缩脉冲宽度,s;

T_P——正时间积分限,s;

T_T——总时间积分限,s;

V_f——焦柱体积,m^3;

Z——媒质的特性声阻抗,$Pa \cdot s/m$。

5　测量条件

测量宜在接近临床使用的条件下进行。并应记录如下参数:

——压力脉冲发生器驱动电压值;

——压力脉冲释放速率;

——环境温度;

——测量水槽中水的电导率;

——测量水槽中水的温度和含氧量。

测量水槽应足够大,满足近似自由场的测量条件。宜采用 20℃到 40℃的除气水(见附录 C)。若未采用除气水,应格外小心,确保在水听器上和声程上不聚集气泡。

水的电导率应与所用水听器相适应。水听器灵敏度应采用水槽水温下的校准数据。

6 测量设备

6.1 测量水槽

测量水槽应牢固地安放在压力脉冲发生器上并与水媒质良好的耦合，使压力脉冲能量很好传递。水槽应足够大，保证焦域位置离反射边界几厘米，特别注意与水面距离，焦域和反射界面间距离，应使压力脉冲的多次反射不干扰测量。

水听器应该有适当的机械支架，放在坐标定位系统上，以便在相对于焦点的三个正交方向调节水听器的测量位置。水听器在焦点位置的精确定位非常重要，定位坐标系统的一个轴（z 轴）与声束轴线共轴。水听器的定位精度不低于 0.5 mm。

应小心操作，确保耦合膜不影响测量。所用耦合剂应由制造商规定。

6.2 水听器

测量用水听器特性应符合 IEC 60866:1987 的规定。

本标准规定使用两类水听器：

——焦点水听器；

——声场水听器。

6.2.1 焦点水听器

焦点水听器可用压电薄膜点极化水听器，薄膜厚度不大于 25 μm（见附录 C 和 GB/T 16540—1996）。校准应该在 0.5 MHz～15 MHz 频率范围内根据 IEC 60866:1987 进行。频响的不均匀性在校准的频率范围内不大于±3 dB。水听器的有效直径不大于 1.0 mm 并尽可能小。其直径数值应公布。

注：根据 IEC 60866:1987 和 GB/T 16540—1996，目前水听器校准的低频限 0.5 MHz，但是为了上述测量目的，最好能将校准的频率至少降低到 0.2 MHz。

6.2.2 声场水听器

声场水听器应有不易击碎的结构，在 0.5 MHz～15 MHz 频率范围内的频响不均匀性不超过每倍频程±3 dB。水听器的有效直径不大于 1.0 mm 并尽可能小。其直径数值应公布。

水听器在测量过程中，其灵敏度值的变化不应大于±10%。

注：允许使用两种不同的水听器，因为大部分的水听器在焦点处极易击碎。所以可以使用灵敏度较低但不易击碎的水听器作为通用的声场测量水听器。作为声场测量水听器还必须在高声压时能保证线性和负脉冲声压的输出。

6.3 电压测量

6.3.1 存储示波器或瞬态记录仪

虽然瞬态记录器、数字存储和计算机显示都能满足要求，但推荐优先使用数字存储示波器。数字存储示波器的采样频率大于 100 MHz，并给出示波器的频率响应、输入电阻和并联电容。

水听器电缆末端有载灵敏度根据 GB/T 16540—1996 的 5.1.2 计算得到，随后应使用该值，从测量水听器的输出电压计算出入射声压。

6.3.2 压力脉冲波形记录

根据记录水听器的输出电压波形，可测量和计算下列参数：

——瞬时声压 p；

——负峰值声压 p_-；

——正峰值声压 p_+；

——上升时间 t_r；

——压缩脉冲宽度 t_{FWHMp_+}；

——瞬时声强 I。

7 测量程序

至少应在制造商规定的一项临床设置条件下进行测量。若仅采用一项设置条件,该设置应能在临床应用中产生最大的有效输出,该设置条件应说明。

使用 $x-y-z$ 坐标系统,z 轴方向为声束轴方向。进行以下测量,可给出波束的空间特性。

x 轴定义为包括焦点在内的 x-y 平面上最大波束宽度的方向。应注明焦点和目标位置间的距离。如果在目标位置处正峰值声压 p_+ 与焦点处的差别不大于 10%,可灵活地在目标位置 z 处的 x-y 平面内进行测量。

7.1 空间测量

应在测量水槽中测量声压的空间分布,最大的空间采样间隔在 x-y 平面内为 1 mm 或 −6 dB 等声压线最小宽度的 1/5,二者中取其小。在 x-z 平面内为 2 mm 或 −6 dB 的等声压线的最大尺寸的 1/5,二者中取其小。如果采样点之间的 p_+ 的差别不大于 10%,采样点的间隔可扩大到 5 mm 或 10 mm。可使用声场水听器,采样点的间隔在给出空间分布时应加以说明。

注 1:在进行其他测量前,首先在目标定位点附近进行测量,明确 z 轴方向以确定焦点位置(见附录 C)。

注 2:只有在完成 7.1.1 的测量后,才能最终确定 x 轴方向。

注 3:必须仔细选择水听器,在正负脉冲区域有足够的线性度,以保证在 6 dB 的测量中不出现畸变。

7.1.1 正峰值声压波束图

测量包含焦点 x-y 平面内正峰值声压,由 −6 dB 等声压线确定 −6 dB 波束宽度。x 轴选择在 x-y 平面上最大波束宽度的方向并测量出在 x-z 平面内和 y-z 平面的 −6 dB 的等声压线。

注:在 y 轴方向上各点的正峰值声压测量后可计算得到脉冲声强积分(见 7.3.1)。由于这两条曲线不相同,两条曲线计算的面积会有较大的差异。

7.1.2 负峰值声压波束图

测量 x-z 和 y-z 平面的负峰值声压,并估算最大负峰值声压值的幅度及其位置。实际上这些测量都比较困难,所以可灵活选择空间取样间隔,如果点到点的 p_- 值差别不超过 10%,取样间隔可以大些,但必须说明。

7.1.3 焦点

焦点和目标定位的距离应确定,其精度在 x、y 方向上应在 ±2 mm 以内,在 z 轴方向应在 ±3 mm 以内。

7.1.4 焦域宽度

根据 7.1.1 的测量,可得到在 x 方向 −6 dB 的等声压线上的最大的焦域宽度 f_x,其正交的 y 方向上得到的焦域宽度为 f_y。

7.1.5 焦域长度

根据 7.1.1 中 $x-z$ 平面上 −6 dB 的等声压图,可得到在 z 方向的 −6 dB 的等声压线间的焦域长度 f_z。

7.1.6 焦域面积

根据空间分布,沿着 x 轴和 y 轴确定焦域横截面积。

注:可以将焦域面积近似为轴长分别为 f_x 和 f_y 的椭圆面的面积。

7.1.7 焦域体积

根据空间分布,可得到沿 x、y 和 z 轴的焦域体积。

注:可以将焦域体积近似轴长分别是 f_x、f_y 和 f_z 的椭球体。

7.2 时域测量

焦点水听器放在焦点位置,测出正峰值声压与说明书给出的差别不应超过 ±20%。在焦点处测出压力脉冲波形,得出下列参数:

——正峰值声压和负峰值声压；

——压缩脉冲宽度；

——上升时间。

7.3 声能量测量

7.3.1 脉冲声压平方积分

任意点(r,θ)的脉冲声压平方积分如式(1)：

$$p_{\mathrm{I}}(r,\theta)=\int_{T}p^{2}(r,\theta,t)\mathrm{d}t \quad\cdots\cdots(1)$$

注：积分限 T 可以是 T_{p} 或 T_{T}。

7.3.2 导出脉冲声强积分

任意点(r,θ)的导出脉冲声强积分如式(2)：

$$P\,\mathit{II}\,(r,\theta)=\frac{1}{Z}\int_{T}P^{2}(r,\theta,t)\mathrm{d}t \quad\cdots\cdots(2)$$

式中：

Z——水的特性声阻抗(见附录C)。

注：在时域限内进行积分，T 可以是 T_{p} 或 T_{T}。

测量宜采用焦点水听器。

7.3.3 导出焦域声脉冲能量

焦域声脉冲能量可以从导出脉冲声强积分焦域横截面积分计算得出，如式(3)：

$$E_{\mathrm{f}}=\frac{1}{Z}\iint_{S\,T}P^{2}(r,\theta,t)\mathrm{d}S\mathrm{d}t=\int_{S}P\,\mathit{II}\,(r,\theta)\mathrm{d}S \quad\cdots\cdots(3)$$

注：积分限可以是 T_{p} 或 T_{T}。

式中：

$p(r,\theta,t)$——任意点(r,θ)在 t 时间的瞬时声压；

S——通过焦点且垂直于波束 z 轴，空间极坐标(r,θ)点 -6 dB 等声压线内的面积；

Z——水的特性声阻抗(参见附录C)。

7.3.4 导出声脉冲能量

声脉冲能量可以从导出声强在以半径为 R 的截面积 S 内积分计算得到，如式(4)：

$$E_{\mathrm{R}}=\frac{1}{Z}\iint_{S\,T}p^{2}(r,\theta,t)\mathrm{d}S\mathrm{d}t=\int_{S}P\,\mathit{II}\,(r,\theta)\mathrm{d}S \quad\cdots\cdots(4)$$

对 R 值应加以规定并能模拟结石的大小。

附录 A
（资料性附录）
声波碎石技术

A.1 背景

在很多国家，肾结石和输尿管结石较普遍。在欧洲，其发病率估计为人口的3%～4%。这个数字还未加上常见的胆结石。

通常治疗肾结石和输尿管结石、胆结石的方法是有创伤性的外科手术，病人必须在医院住上1～3周并需要有一个较长的恢复期。

自1978年以来，经皮式超声碎石和体外超声碎石这两种新的治疗方法越来越被重视，目前已有大量的手术进行临床的结石治疗。这种方法不仅可以减轻创伤，甚至是无创伤，能缩短住院和术后恢复的时间。这两种方法都是使用了高强度聚焦声波进行碎石。

最早使用这种方法的超声设备是采用连续波声源和病人直接接触。体外碎石机使用的是序列脉冲压力波。经皮式激光碎石机由于其外科创伤小也受到重视。

自上世纪90年代以来，大量文献表明高强度超声在治疗骨关节疼痛、骨折恢复和肌腱钙化等疾病方面的潜力越来越引起人们的兴趣。

A.2 经皮式连续波系统

利用超声能量粉碎结石的想法最早见于1953年，但直到上世纪70年代才有实际工作报道，虽然这种设备现在仍在生产，但因治疗时间太长而未被广泛采用。

A.3 局限性

本部分不讨论经皮式的连续波系统和半创伤的激光碎石机。虽然激光碎石机可以将局部等离子体和冲击波结合起来，本部分只考虑体外压力脉冲的方法和设备。

A.4 体外碎石机

尽管体外碎石机的成本很高，但用于体外碎石机粉碎结石的临床应用却发展得很快。在德国，由于该方法无创伤、治疗时间短和恢复快，临床已很普遍。可以从不同厂家购买不同型号的体外碎石机。

在临床上关键的因素是要准确确定结石的位置和换能器焦柱体积对结石的定位。这可以用X射线和B超诊断进行三维定位，并可以用B超来进行实时监视粉碎结石的过程。

临床治疗的时间长短不一，并且主要依赖体外碎石机系统和结石的形状、位置和大小。被粉碎的肾结石碎块在随后几天里通过输尿管、膀胱和尿道排出。对胆结石，由于其结石的特殊位置和结石较软，排泄有些困难。

附 录 B
（资料性附录）
压力波换能器的类型

B.1 引言

目前，有四种技术可产生所需的压力脉冲。其工作原理有：电火花放电；压电激励；电磁感应和化学爆炸。未来也有可能使用超磁致伸缩换能器。在前三类的电子系统中，贮存在一组电容器内的能量向机电换能器放电而获得高峰值能量的短脉冲信号。化学系统是利用小当量的化学物质在聚焦反射器内爆炸而获得高能量的短脉冲信号。

B.1.1 电火花放电式

利用椭球形反射器，电火花放电间隙在椭球形两个焦点的其中一个焦点上，放电间隙应设计得易于拆卸、安装和更换。在大部分情况下，放电尖端的寿命较短，因此要设计得易于更换。放电间隙可以是镶有内外二电极的圆柱式的。反射器可用柔性膜片围起来。充满除气水或其他有效透声液体。治疗时病人可以在反射器的上方或下方，或其他形式。

必须控制好放电的时间和强度，治疗时必须准确记录放电的各种参数。

B.1.2 压电式

压电换能器有两种类型。最普遍的是由很多压电陶瓷片，像马赛克一样贴在一球形盘内。每一陶瓷片被同时激励，大孔径的能量源提供压力波的准确聚焦。不像电火花声源，每一单元只辐射相对低的能量，只是在焦点上产生高声强，低应力延长了免于维护的周期并提高了可靠性。个别压电陶瓷片的击穿不会影响到总体性能，在结构上要保证这些元件能更换。

第二种类型的换能器是用圆环或圆管形压电陶瓷换能器安装在聚焦抛物型反射器内。

平面活塞形换能器也可以用塑料或金属制成的声透镜来聚焦。

B.1.3 电磁式

典型的电磁式换能器是利用“大饼式”的螺旋线圈使充液圆筒内的金属膜推动，平面波被声透镜聚焦到病人体内的一点上。与病人接触的充液圆筒的前端由柔性膜片密封。

也可以用一圆柱形电磁式换能器安装在抛物面反射器的轴上而得到另一种形式的电磁式聚焦换能器。

B.1.4 磁致伸缩式

高效率的磁致伸缩材料的发展促进了低电压驱动的单脉冲换能器的研制。但目前尚无此类产品。

B.1.5 化学爆炸式

像弹药带一样，少量的炸药放置在椭球形碗体的一个焦点上，爆炸时快速膨胀的气泡在另一焦点上产生压力脉冲。

B.2 定位系统

为避免损伤碎石周围的组织，非常重要的一点是碎石机压力脉冲发射器在体外要进行正确的定位。定位必须是三维的，并能在所有轴上进行检测。可以用一些高分辨率的超声扫描仪来进行定位。定位的超声探头安装在治疗换能器内或定位臂上。焦点相对于探头的位置是固定的，在治疗过程中，结石可以被连续的成像显示。发射器相对于病人不经意地移动可以通过微处理器来控制以保证准确定位。

X射线透视也是一种定位系统，通常配备图像增强系统以提高对比度。但其缺点是由于剂量的限制，和在胆结石情况下结石材料的X射线透光性强，不宜连续观察。

附 录 C
(资料性附录)
声 场 测 量

C.1 测量传感器和水听器

许多压力波测量设备是可以用来测量医用体外碎石机的声场特性,见[1]。由于压力波脉冲很快的上升时间和很短的发生时间的瞬态特性,传统压力传感器和水听器一般不适合用来测量碎石机的声场特性。由于其焦点上有其他应用中不常见的高声压,也限制了这类传感器的使用。高频响应要求达到100 MHz,短脉冲也同样要求有耐冲击的传感器设计,见[18][19]。

测量水听器应有平坦的频率响应,低频限远低于碎石机的声学工作频率,通常约为0.25 MHz,高频限越高越好(见[19][20])。理想的水听器在0.05 MHz到100 MHz的频率范围内,灵敏度的频响不均匀度应在±3 dB以内,其灵敏元件的有效直径不大于1 mm。但实际上目前的水听器不能满足上述要求,因此在6.2.1和6.2.2中所要求的水听器特性严格来说是不满足要求的,但在目前来说是较实际和可实现的。

以下是关于已被用于碎石机脉冲的测量水听器和检测方法的一般讨论。

测量要完成两个功能:在焦点上冲击波的幅度测量和压力波包络形迹的测量。

广泛使用的是PVDF压电薄膜水听器(见表C.1和表C.2)。

一些硬背衬的PVDF聚合物水听器不能测得冲击波的负声压脉冲部分,而没有背衬的薄膜水听器能测得。

不管用哪一类型的水听器,必须正确得到电缆末端的水听器输出,才能把此信号输入到下一级的测量设备。

如用电容式水听器和涉及干涉仪的光学技术的检测器,则需要相对较为复杂的技术和较困难的操作过程。

光纤水听器已得到发展,见[9]-[12],与PVDF薄膜水听器相比,更易测得冲击波的负声压脉冲部分。据报导:光纤水听器对空化气泡更敏感,光纤水听器的接收端面易损,但修复和重新校准据称比较容易。

电磁式水听器[14]是利用压力波使在磁场内线圈中的金属球产生运动。这种检测器最不易损坏,但适合于检测压力脉冲总能量而非其波形。

利用压敏纸也可以得到碎石机焦点上的声压,但不能进行定量测定[2]。

利用模拟结石的方法也可以检测整个系统的效能,但这种方法只能进行日常的检查。

在一些专门的实验室里,使用焦点水听器和精密仪表对碎石机进行定型鉴定和基本评价时,在定型鉴定时必须在焦域附近进行空间域和时间域的测量。可以通过距焦点一定轴向距离垂直于声束轴的一些非焦点平面内进行扫描测量,对碎石机特性进行日常连续监测,这时不一定需要焦点水听器来进行测量,测量设备的要求也不必太严格。

为实时检测冲击波,可以在椭球体内表面上安装一个水听器。为了改进日常检测碎石机的可靠性,有必要进行定型鉴定评价的相似测量并确定在焦点和非焦点平面上测量的相关性。

表C.1给出了在焦点和声场测量时选择不同水听器的导则。表C.2是用于质量保证目的所采用的其他技术和传感器的导则。

表 C.1 焦点和声场测量用水听器

水听器	用途	附注	参考文献
PVDF单膜,点极化,厚度<25 μm	焦点水听器	只耐几次冲击	[3]-[5]
PVDF探针式	声场水听器	广泛用于碎石机测量	[7],[8],[22]
光纤水听器	焦点和声场	损坏后易修复和校准	[9]-[12]
PVDF单膜,点极化,厚度<50 μm	焦点和声场	特殊设计,寿命长	[16],[17]

表 C.2 质量保证体系用的测量技术和传感器

水听器	特点	测量参数	参考文献
电容式	大的敏感面积	压力波形	[13]
PVDF点极化薄膜	大的敏感面积,耐冲击	压力波形	[6]
电磁式钢球	极耐冲击	能量	[14]
模拟结石	临床用	脉冲碎石能力	[15]
压敏纸	耐冲击,非定量的声场测量	空间压力分布,半定量峰值压力	[2]
带金属保护层的压电水听器	耐冲击	压力波形	用于冲击波产生稳定性的质量控制

C.2 测量水槽

压力波和焦域内的声场分布可以在除气水的测量水槽内进行测量。

在测量水槽中,换能器定位系统安装在水槽的上部,远距离控制的步进马达带动水听器在三维方向独立扫描。压力波发生器放在透声膜的下面并用耦合剂紧贴以便于传递能量。有一些碎石机,其压力波发生器是倾斜的,则在设计测量水槽的基底时必须有一个匹配角。

为了测量压力脉冲波形和正声压峰值(或压缩峰值),水听器必须准确定位在焦点上,它依靠碎石机的位置传感器和显示设备来定位。对薄膜水听器,先用一小金属片,放在水听器薄膜最灵敏的位置上并用显示设备。在定位准确以后(即检测出稠密质量),移走金属片,调节水听器,直到水听器有最大的信号输出。

C.3 除气水

涉及到在水槽内的声学测量,一般应使用蒸馏水或除气水。如果脉冲间的时间间隔足够长,使气泡产生后有时间消失,则这个要求可以放松些。

下面列出一些典型的水除气的方法。这些水除气方法的效果可以用溶解氧测试仪测定除气水样本中溶解氧含量来检验。特别要注意的是在测量时水听器表面不能附有气泡。

C.3.1 煮沸

a) 把水煮沸,保持15 min;

b) 冷却到54℃;

c) 灌满瓶子,用带玻璃管的橡皮塞子塞紧,玻璃管的另一端带软管,软管应充满水后夹紧;

d) 冷却贮存,软管内保持局部真空。使用时放开夹子,注入水槽,防止带入空气。

C.3.2 减压煮沸

在减压下(小于10^4 Pa),用浸式电热器在20 L的广口玻璃瓶内把水煮沸,冷却到39℃,保持温度和减压不变直到(1天到1周后)使用该除气水为止。

C.3.3 减压喷雾

水以细喷雾形式进入局部抽真空的长颈瓶(压力小于 10^4 Pa),除气效果受到流水搅动和大水滴表面积的影响。

C.4 声脉冲能量

声脉冲能量可以在焦点附近−6 dB 的平面上积分求得。图 C.1 和图 C.2 用于表征典型的压力脉冲波形和焦域空间分布的一些参数。

在焦域上,碎石机声脉冲能量可近似由式(C.1)给出:

$$E_f = \frac{1}{Z}\iint_{S\,T} p^2(r,\theta,t)\,\mathrm{d}t\,\mathrm{d}S \qquad \cdots\cdots\cdots\cdots (\text{C.1})$$

式中:

p——瞬时声压,单位为帕(Pa);

S——包括焦点的在 x-y 平面内极坐标为 r 和 θ 的焦斑面积,单位为平方米(m^2);

T——时间,单位为秒(s);

Z——水的特性声阻抗($=1.5\times10^6\ \mathrm{kg\cdot m^{-2}\cdot s^{-1}}$)。

对于圆形对称的波束:

$$E = 2\pi\int_0^R P\,Ⅱ\,(r)r\,\mathrm{d}r \qquad \cdots\cdots\cdots\cdots (\text{C.2})$$

式中:

$$P\,Ⅱ\,(r) = \frac{1}{Z}\int p^2(r,t)\,\mathrm{d}t \qquad \cdots\cdots\cdots\cdots (\text{C.3})$$

$P\,Ⅱ\,(r)$为径向距离 r 处的导出声强积分。

R 为正声压峰值−6 dB 波束的半径。

估算 E 时,应取沿二个正交的直径方向,四个径向测量结果的平均值。

式(C.2)的数值解为[21]:

$$E = 0.5\pi\sum_{i=1}^{N}(P\,Ⅱ_{\,i} + P\,Ⅱ_{\,i-1})(R_i^2 - R_{i-1}^2) \qquad \cdots\cdots\cdots\cdots (\text{C.4})$$

式(C.4)中假定在 $r=0$ 和 $r=R$ 之间的径向测量点数取 $N+1$ 点,其中 $R_0=0$,$R_N=R$,在 $r=R_i$ 点的导出声强积分为 $P\,Ⅱ_{\,i}$。

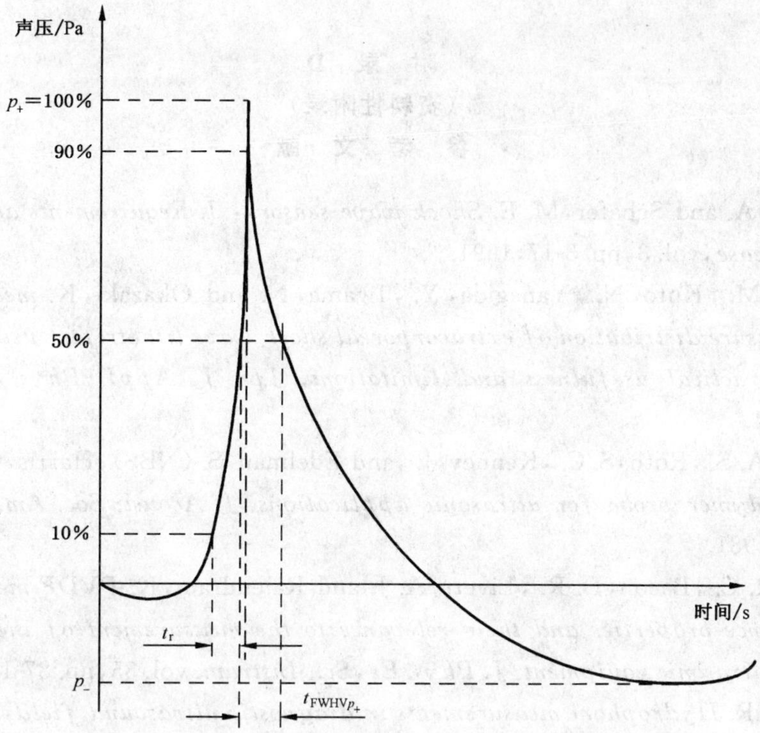

图 C.1 焦点上典型的压力脉冲波形

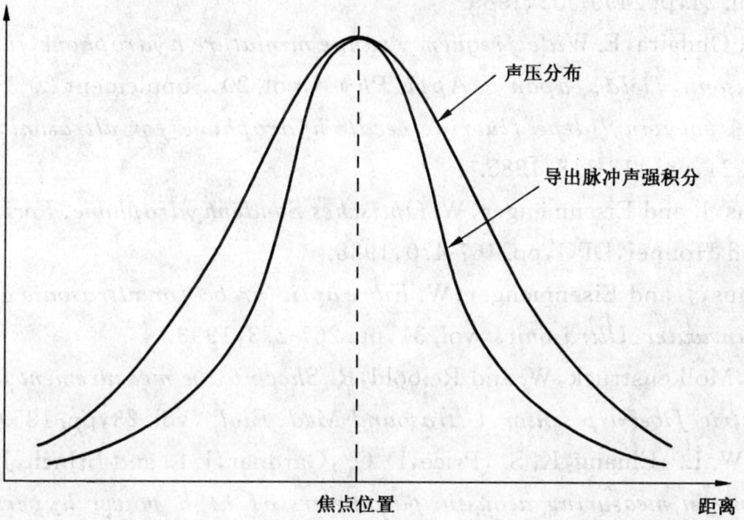

图 C.2 归一化的焦域上典型的焦域声压分布(上曲线)和导出脉冲声强积分(下曲线)
(上下曲线归一化后具有相同的峰值幅度)

附 录 D
（资料性附录）
参 考 文 献

[1] Lewin, P. A. and Schafer, M. E. *Shock wave sensors: I. Requirements and design. J. Litho. Stone Disease*, vol. 3, pp. 3-17, 1991.

[2] Oyanagi, M., Kuto, N., Yanagida, Y., Iwama, N. and Okazaki, K. *measurements of shock wave pressure distribution of extracorporeal shock wave lithotripter using pressure sensitive paper: practical usefulness and limitations. Jpn J. AppI. Phys.*, vol. 33, pp. 3155-3158, 1994.

[3] DeReggi, A. S., Roth, S. C., Kenney, J., and Edelman, S. (NBS); Harris, G. R. (FDA), *Piezoelectric polymer probe for ultrasonic applications. J. Acoust. Soc. Am.*, vol. 69, no. 3, pp. 853-859, 1981.

[4] Preston, R. C., Bacon, D. R., Livett, A. J. and Rajendram, K. *PVDF membrane hydrophone performance properties and their relevance to the measurement of the acoustic output of medical ultrasonic equipment. J. Phys. E., Sci. Instrum.* vol. 35, pp. 87-106, 1988.

[5] Harris, G. R. *Hydrophone measurements in diagnostic ultrasound fields. IEEE Transactions Ultrasonics, Ferroelectrics and Frequency Control*, vol. 35, pp. 87-106, 1988.

[6] Granz, B. *PVDF hydrophone for the measurement of shock waves. IEEE Transactions Electr. Ins.*, vol. 24, pp. 499-502, 1989.

[7] Ide, M. and Ohdaira, E. *Wide frequency range miniature hydrophone for the measurement of pulse ultrasonic field. Japan J. Appl. Phys.*, vol. 20, Supplement 20-3, pp. 205-208, 1981.

[8] Platte, M. *A polyvinylidene fluoride needle hydrophone for ultrasonic applications. Ultrasonics*, vol. 24, pp. 113-118, 1985.

[9] Staudenraus, J. and Eisenmenger, W. *Optisches Sondenhydrophone. Fortschritte, der Akustik, DAGA.* Bad Honnef, DPG, pp. 467-470, 1988.

[10] Staudenraus, J. and Eisenmenger, W. *Fibre-optic probe for ultrasonic and shock wave measurements in water. Ultrasonics*, vol. 31, pp. 267-273, 1993.

[11] Koch, C., Molkenstruck, W. and Reibold, R. *Shock-wave measurement using a calibrated interferometric fiber-tip sensor. Ultrasound Med. Biol.*, vol. 23, pp. 1259-1266, 1997.

[12] Chan, H. W. L., Chiang, K. S., Price, D. C., Gardner, J. L. and Brinch, J. *Use of a fibre-optic hydrophone in measuring acoustic parameters of high power hyperthermia transducers. Phys. Med, Biol.*, vol. 34, pp. 1609-1622, 1989.

[13] Filipczynski, L. and Etienne, J. *Capacitance hydrophones for pressure determination in lithotripsy. Ultrasound Med. Biol.*, vol. 16, pp. 157-165, 1990.

[14] Pye, S. D., Parr, N. J., Monro, E. G., Anderson, T. and McDicken, W. N. *Robust electromagnetic probe for the monitoring of lithotripter output. Ultrasound Med. Biol.*, vol. 17, pp. 931-939, 1991.

[15] Delius, M., Ueberle, F. and Gambihler, S. *Destruction of gallstones an model stones by extracorporeal shock waves. Ultrasound Med. Biol.*, vol. 20, pp. 251-258, 1994.

[16] Schafer, M., Kraynak, T., and Krakhman, V. *Development of a cost Effective Shock Wave Hydrophone. IEEE Ultrasonics Symposium, Proceedings*, vol. 3, pp. 1805-1808, 1994.

[17] Schafer, M. *Cost-Effective Shock Wave Hydrophones*. *Journals of Stone Disease*, vol. 5, no. 2, pp. 71-76, April 1993.

[18] Coleman, A., Saunders, J., Preston, R. C. et al. *A Survey of the Acoustic Output of Commercial Extracorporeal Shock Wave Lithotripters*. *Ultrasound Med Biol*, 15(3), pp. 213-237, 1989.

[19] Harris, G. R., *Lithotripsy pulse measurement errors due to non-ideal hydrophone and amplifier frequency response*. *IEEE Transactions, Ultrasonics, Ferroelectrics, and Frequency Control*, vol. 39, no. 2, pp. 256-261, 1992.

[20] Harris, G. R., *Pressure pulse distortion by hydrophones due to diminished low frequency response*. *IEEE Transactions, Ultrasonics, Ferroelectrics, and Frequency Control*, vol. 42, no. 6, pp. 989-992, 1995.

[21] Department of Health and Human Services, US Food and Drug Administration. *Draft of Suggested Information for Reporting Extracorporeal Shock Wave Lithotripsy Device Shock Wave Measurements*. March 1991.

[22] Lewin, P. A. *Practical Implementations and Technology of Measurement Devices*, Ch. 7, pp. 185-215, In: *Ultrasonic Exposimetry*, CRC Press, 1993.

ICS 83.080.01
G 31

中华人民共和国国家标准

GB/T 16422.1—2006/ISO 4892-1:1999
代替 GB/T 16422.1—1996

塑料 实验室光源暴露试验方法 第1部分:总则

Plastics—Methods of the exposure to laboratory light sources—Part 1:General guidance

(ISO 4892-1:1999,IDT)

2006-09-01 发布

2007-02-01 实施

中华人民共和国国家质量监督检验检疫总局
中国国家标准化管理委员会 发布

前 言

GB/T 16422《塑料 实验室光源暴露方法》分为四个部分：

——第1部分：总则；

——第2部分：氙弧灯；

——第3部分：荧光紫外灯；

——第4部分：开放式碳弧灯。

本部分为GB/T 16422的第1部分，等同采用国际标准ISO 4892-1:1999《塑料 实验室光源暴露方法 第1部分：总则》(英文版)。

为了便于使用，本标准还做了下列编辑性修改：

a) “国际标准”一词改为“国家标准”；

b) 删除了ISO 4892-1:1999的前言；

c) 增加了国家标准的前言；

d) 用相应的国家标准替代国际标准，GB/T 16422.3和GB/T 16422.4等效采用国际标准，被引用的技术内容与国际标准相同，故在规范性引用文件中替代相应的国际标准；

e) 用小数点“.”代替作为小数点的逗号“,”。

本部分代替GB/T 16422.1—1996《塑料实验室光源暴露试验方法 第1部分：通则》。

本部分与GB/T 16422.1—1996相比的主要变化如下：

——增加了目次部分；

——增加了前言部分；

——增加了引言部分；

——将“引用标准”改为“规范性引用文件”，并修订为区分注日期和不注日期的引用文件，增加了部分规范性引用文件(1996年版的第2章；本版的第2章)；

——增加了术语和定义(见第3章)；

——修改了原理的内容(1996年版的第3章；本版的第4章)；

——修改了湿度和润湿的内容(1996年版的4.6；本版的5.3)；

——增加了精度和偏差的内容(见第8章)；

——增加了资料性附录“减少实验室光源加速试验与实际使用暴露之间相关性的因素”(见附录A)；

——增加了规范性附录“试样暴露区域内辐照度均匀性的测试规程”(见附录B)。

本部分的附录A为资料性附录。

本部分的附录B为规范性附录。

本部分由中国石油和化学工业协会提出。

本部分由全国塑料标准化技术委员会老化方法分技术委员会归口。

本部分起草单位：广州合成材料研究院。

本部分参加单位：珠海市远康企业有限公司、广州金发科技股份有限公司、北京建诚机械有限责任公司、山东道恩集团工程塑料有限公司、无锡市锦华试验设备有限公司、翁开尔中国有限公司。

本部分主要起草人：王浩江、邵芳、杨育农、谢振平。

本部分所代替标准的历次版本发布情况为：

——GB/T 16422.1—1996。

引　言

塑料在室内外使用时，经常长期暴露在日光或玻璃过滤后日光下，因此测定光、热、湿度和其他气候应力对塑料颜色和性能的影响非常重要。ISO 877:1994《塑料　暴露于自然气候、玻璃过滤日光气候和菲涅耳反射加强日光气候的方法》描述了户外日光和玻璃过滤日光下暴露试验。然而，通常需要采用特定实验室光源加速老化试验来更加快速地测定光、热、湿度对塑料物理、化学和光学性能的影响。实验室设备中的暴露在比大气老化有更多的可控条件下进行，用来加速高聚物降解和产品失效。

因为实验室加速暴露与实际使用的差异，且实验室试验往往不能再现实际使用条件下的塑料所受的全部暴露因素，所以很难使两种暴露试验结果相关联。没有任何一种实验室暴露试验可以完全模拟实际使用的暴露条件。

由于紫外线辐射、潮湿时间、温度、污染及其他因素的差异，在材料实际使用条件下的相对耐久性会随不同的地区而大不相同。因此，即使发现一个特定的实验室加速试验结果被用来比较在某一室外或实际使用条件下暴露的材料的相对耐久性，也不能认为此结果适用于判定在不同的室外或不同实际使用条件下暴露的材料的相对耐久性。

塑料　实验室光源暴露试验方法
第1部分:总则

1　范围

1.1　本部分提供了有关在后面各部分详细描述的暴露方法中选择和实施的资料和总则,也描述和推荐了测定辐照度和辐射量的方法,并描述了用于监测箱体内气温和深浅色材料表面温度的设备要求。

1.2　本部分还提供了加速暴露试验数据说明的资料。更多有关测定暴露后塑料性能变化和结果表示的方法的资料见ISO 4582。

2　规范性引用文件

下列文件中的条款通过GB/T 16422的本部分的引用而成为本部分的条款。凡是注日期的引用文件,其随后所有的修改单(不包括勘误的内容)或修订版均不适用于本部分,然而,鼓励根据本部分达成协议的各方研究是否可使用这些文件的最新版本。凡是不注日期的引用文件,其最新版本适用于本部分。

GB/T 2918—1998　塑料试样状态调节和试验的标准环境(idt ISO 291:1997)

GB/T 16422.2—1999　塑料实验室光源暴露试验方法　第2部分:氙弧灯(idt ISO 4892-2:1994)

GB/T 16422.3—1997　塑料实验室光源暴露试验方法　第3部分:荧光紫外灯(eqv ISO 4892-3:1994)

GB/T 16422.4—1996　塑料实验室光源暴露试验方法　第4部分:开放式碳弧灯(eqv ISO 4892-4:1994)

GB/T 17037.1—1997　热塑性塑料材料注塑试样的制备　第1部分:一般原理及多用途试样和长条试样的制备(idt ISO 294-1:1996)

GB/T 17037.3—2003　塑料　热塑性塑料材料注塑试样的制备　第3部分:小方试片(idt ISO 294-3:2002)

ISO 293:1986　塑料　热塑性材料试样的压塑

ISO 294-2:1996　塑料　热塑性材料试样的注塑　第2部分:拉伸小样条

ISO 295:1991　塑料　热固性材料试样的压塑

ISO 2557-1:1989　塑料　无定形塑料　具有规定的最大回复率的试样的制备　第1部分:样条

ISO 2818:1994　塑料　机加工法制备试样

ISO 3167:1993　塑料　多用途试样

ISO 4582:1993　塑料　暴露于玻璃下日光、自然气候或实验室光源后颜色和性能变化的测定

ISO 9370:1997　塑料　气候试验辐照量的仪器测定　总则和基本试验方法

CIE 出版物 No.85:1989　太阳光光谱辐照度

3　术语和定义

下列术语和定义适用于GB/T 16422的本部分。

3.1

对照物　control

(气候老化)一种与试验材料有相似成分和结构,并同时暴露后与其进行比较的材料。

注:例如当需评价的配方与当前使用配方不同时则需用对照物,这种情况下对照物由原始配方的塑料制备。

3.2

存放样品　file specimen

存放在稳定的条件下用来比较暴露前后性能变化的部分试验材料。

3.3

参照材料　reference material

一种已知性能的材料。

3.4

参照样品　reference specimen

用来暴露的参照材料的一部分。

4　原理

样品在受控的环境条件下进行实验室光源暴露试验。描述的方法包括用于测量样品表面辐照度和辐照量的方法，以及测量指定白板和黑板温度的程序。

4.1　意义

4.1.1　当利用实验室光源进行暴露时，考虑加速试验条件模拟被测塑料实际使用环境的程度十分重要。此外，在安排暴露试验和整理加速暴露实验结果时，考虑加速试验与实际暴露间差异的影响非常必要。

4.1.2　没有一种实验室暴露试验能完全模拟实际使用条件。只有当特定被测材料的等级相关性已建立并且降解类型和机理相同时，才能认为这些实验室加速暴露试验的结果能反映实际使用暴露的特征。由于不同地区紫外线辐射、潮湿时间、相对湿度、温度、污染物及其他因素的差异，材料在实际使用条件下的相对耐久性会随不同的地点而明显不同。因此，即使根据 GB/T 16422 进行的某个特定暴露试验结果能够用于某一环境下暴露的材料相对耐久性的比较，也不能认为该结果能够用来判定相同材料在不同环境下的相对耐久性。

4.1.3　虽然实验室加速试验中"x"小时或兆焦辐照量与实际暴露"y"月或年相关的"加速因子"的计算很有诱惑力，但不推荐。这些加速因子不适用有几个原因。

a)　加速因子对材料有依赖性，会随材料的不同或相同材料而配方不同产生明显差别。

b)　实际使用和实验室加速暴露试验中降解速率的差异能够对加速因子的计算产生很大的影响。

c)　加速因子的计算以实验室光源与日光(甚至在使用相同的带通的情况下)间的辐照度比率为基础，没有考虑因实验室光源与日光之间温度、湿度和光能量分布的差异而产生的影响。

注：尽管在本部分中已有提示，但如果仍希望使用加速因子，那么加速因子仅仅适用于特定的材料，而且这些加速因子是基于足够数量的独立户外或户内环境试验与实验室加速暴露试验数据以确保能够用统计方法分析每个暴露中的破坏和时间关系。J. A. Simms 描述了一个利用多次实验室和实际暴露试验数据对加速因子进行统计分析的例子，见涂料技术期刊(Journal of Coatings Technology)1987 年第 50 卷 45～53 页。

4.1.4　许多因素都可能降低实验室光源加速试验与户外暴露间的相关性(有关每种因素如何改变材料稳定等级的具体资料见附录 A)：

a)　实验室光源与日光光谱分布的差别；

b)　高于实际使用条件的光照强度；

c)　实验室光源连续暴露周期试验没有任何暗周期；

d)　高于实际温度的样品温度；

e)　导致与事实不符的深浅色样板之间温度差异的暴露条件；

f)　导致样品温度频繁高低循环或造成不切实际的热效应的暴露条件；

g)　与实际不符的高或低湿度；

h)　生物因素和污染物的缺乏。

4.2 实验室光源加速老化试验的应用

4.2.1 按此标准实施的加速暴露试验结果最好用于比较材料的有关性能。一种常见的应用是确定不同批次材料的质量水平与已知性能的对照物是否相同。当材料在同一暴露设备中同时试验时,材料间的比较最为合适。结果可以通过比较材料的特定性能下降到某一特定水平所需的暴露时间或辐照量来表示。

4.2.1.1 为了比较试验材料与对照物的性能,着重推荐每个试验至少有一个对照物被暴露。所选对照物必须具有相似的组成和结构以使其失效模式与被测材料相同。最好采用两个对照物:一个耐久性较好,另一个较差。

4.2.1.2 为获得统计估算结果,每一对照物和被评价的试验材料的平行试验数量要足够多。除非另有规定,否则全部试验材料和对照物至少要进行三次平行试验。进行破坏性试验测试材料性能时,每个暴露期都需要一组独立的样品。

4.2.2 在某些规范试验中,试验材料与气候老化参照材料(如蓝色羊毛织物)同时暴露。试验材料的某一性能或多项性能测试是在参照材料的规定性能达到某一水平后进行的。如果参照材料的成分有别于试验材料,它可能会对导致试验材料失效的暴露作用因素不敏感,或者会对影响试验材料作用很小的暴露作用因素很敏感。参照材料的结果变化可能会远远不同于试验材料。参照材料与试验材料的所有这些差别会导致错误的结果。

注:适用于气候老化试验的对照物与参照材料的定义见第3章。

4.2.3 在某些规范试验中,试验样品性能的评价是在一组规定条件的试验周期下,经过特定暴露时间或辐照量后进行的。除非一个特定暴露周期作用的再现性和性能测试方法的再现性已被确定,否则按照本部分进行的任何加速暴露试验结果均不能根据指定暴露时间或辐照量达到后的特定性能水平来确定材料的"合格或不合格"。

5 实验室暴露设备要求

5.1 光源

5.1.1 暴露设备应规定样品及特定感测件的安放位置,以确保从光源处获得相同的辐照度。

5.1.2 暴露设备的设计应确保在样品暴露区域任何位置的辐照度至少为此区域最大辐照度的70%。辐照均匀性的测试方法见附录B。

注:暴露设备内辐照度均匀性依赖于几个因素,如在光学系统及箱体内壁上形成的沉淀物。此外暴露试验样品的种类和数量也能够影响辐照度均匀性。制造商承诺的辐照度均匀性适用于新设备,并明确规定了测试条件。在许多新型设备内,暴露区域任何位置的辐照度均至少为最大辐照度的80%。

5.1.3 如果样品暴露区域内任何位置的辐照度均至少为最大辐照度的90%,则暴露过程不必进行样品位置的周期性变换。

注:如果设备不能满足5.1.3辐照度均匀性的要求,则需进行样品位置的周期性变换以确保所有样品能够接受到相同的暴露作用。

5.1.4 如果样品暴露区域任何位置的辐照度均为最大辐照度的70%~90%,则在暴露期应进行样品位置的周期性变换以确保每一样品都能获得等量的辐照量。位置变换时间表应由所有相关方协商。

5.1.5 按照设备制造商的说明书进行灯和滤光器的更换以及灯和/或滤光器的预老化。

5.1.6 CIE出版物No. 85:1989提供了典型气候条件下的太阳辐射光谱数据,可以作为比较实验室光源与日光光源的根据。例如,对于1个相对大气质量,1.42 cm可沉淀水及0.34 cm臭氧(1大气压,0℃下测试)在300 nm~2 450 nm波段地面阳光辐照度为1 090 W/m^2。表1列出了在这些大气条件下在紫外光、可见光和红外光谱区地面阳光辐射的宽波段聚光光谱辐照度。它代表了被暴露材料在春分或秋分的一个晴天近午时的赤道水平面上所经受的最大地面阳光辐照度。

表 1 地面光谱辐照度

(摘自 CIE 出版物 No. 85:1989 表 4)

波长/ nm	辐照度/ (W/m^2)	300 nm～2 450 nm 总百分比/%	300 nm～800 nm 紫外和 可见光百分比/%
300～320	4.1	0.4	0.6
320～360	28.5	2.6	4.2
360～400	42.0	3.9	6.2
300～400	74.6	6.8	11.0
400～800	604.2	55.4	89.0
300～800	678.8	62.2	100.0
800～2 450	411.6	37.8	
300～2 450	1 090.4	100.0	

直接来自氙灯、开放式碳弧灯和某些荧光灯的辐射中含有大量日光中所不存在的短波紫外线。用滤光器对这些光源进行适当过滤能够去除大部分的短波光。但是,有些滤光器允许少量但重要的短波(小于 300 nm)射线通过。荧光灯因具有与日光的某一特定紫外区域相对应的光谱输出而被选用。氙弧被适当过滤后产生的辐照光谱能量分布能够很好地模拟通常日光的整个紫外及可见光区域。

5.1.7 根据 ISO 9370:1997 的要求,辐照仪可以用来测试样品表面辐照度 E 或光谱辐照度 E_λ 及辐照量 H 或光谱辐照量 H_λ。

5.1.7.1 如果使用辐照仪,则应将其安装在能够获得与样品表面相同辐照度的位置。如果没有安装在样品平面内,则应有一个足够大的观察区间,并校准至与样品相同距离的辐照度。

5.1.7.2 辐照仪应在所用光源的发射区域内校准,应根据辐射测试设备制造商的说明书进行校准检查。应该由被批准认证的实验室对辐照仪至少每年进行一次全面校准。建议进行更频繁的校准。

5.1.7.3 进行辐照度测试时,应将相关方商定后的所用波长范围写入报告中。有些类型的设备提供了测试特定波长范围(如 300 nm～400 nm 或 300 nm～800 nm)或以一个单波长(如 340 nm)为中心的窄波带的辐照度。

5.2 温度

5.2.1 被暴露材料的表面温度主要依赖于辐射吸收量、样品的辐射率、样品内部的导热量以及样品与空气或样品与样品架之间的热传导。因为监测单个样品表面温度不切实际,所以使用特定的黑板传感器来测量和控制试验箱内温度。着重推荐将黑板温度传感器安装在样品暴露区域的支架上,以使其接受的辐照及冷却条件与同一支架上试验平板表面相同。黑板也可以安装在与光源距离固定但与试样距离不同的位置并校准以获得样品暴露区域温度。但是不推荐此法,因为将黑板安装在远离样品的一个固定位置,即使通过校准获得了样品暴露区域温度,但由于光强度及空气流动的不同,也可能反映不出试样温度真实特征。

5.2.2 可以使用的两类黑板温度传感器

5.2.2.1 黑标准温度计由一块厚约 0.5 mm 的不锈钢平板组成。典型的长度和宽度约为 70 mm×40 mm。平板对光面应涂覆有良好耐老化黑色涂层。涂覆后的平板至少吸收至 2 500 nm 波长总入射光通量的 90%～95%。铂电阻传感器应以很好的热传导连接在平板背光面的中心位置。钢板的金属面应安装在一块 5 mm 厚的未填充聚偏氟乙烯(PVDF)底座上,底座上应加工成有足以容纳铂电阻传感器的空间。传感器与 PVDF 板凹槽间的距离约为 1 mm。PVDF 板的长度和宽度必须足够大以确保涂黑金属板与底座支架间不存在金属之间的热传导。绝缘黑板的金属支架与金属板的边缘至少相距 4 mm。只要暴露设备达到设定的稳定温度和辐照度时,所选用的另一结构的温度计指示的温度为上述指定结构温度计所示温度±1.0℃以内,不同结构的黑标准温度计也可使用。此外,另一结构黑标准温度计达到稳定状态所需的时间应在指定黑标准温度计达到稳定状态所需时间的±10%以内。

5.2.2.2 黑板温度计由耐腐蚀金属平板组成。典型尺寸分别为长 150 mm、宽 150 mm、厚 1 mm。平板对光面应涂覆具有良好防老化性的黑色涂层。涂覆后的平板应至少吸收至 2 500 nm 总入射光通量的 90%~95%。热敏元件应紧固在暴露表面中心位置。它可以是一个涂黑杆状双金属盘式传感器或电阻传感器。金属板背面应露置在老化箱的空气中。

5.2.3 黑板或黑标准温度计的指示温度依赖于实验室光源产生的辐照度和试验箱内的温度及空气流动速度。黑板温度通常与金属板黑色涂层的温度相当。黑标准温度通常与导热性差的黑色样品暴露表面温度相当。在典型暴露试验条件下,黑标准温度计的指示温度将比黑板温度计的指示温度高 3℃~12℃。因为黑标准温度计被隔热,所以对温度变化的响应时间略慢于黑板温度计。

在辐射量较少时,黑板或黑标准温度计的指示温度与样品真实温度的差别可能较小。当使用红外线发射量很少的光源进行试验时,两类黑板的指示温度或深浅色样品间的温度差别将会很小。

5.2.4 为评估被暴露样品表面温度范围,更好地控制设备内的辐照度或试验条件,除使用黑板或黑标准温度计外,推荐使用白板或白标准温度计。白板或白标准温度计的制备应与相应的黑板或黑标准温度计相同,不同之处是使用白色耐老化涂层。白色涂层对 300 nm~1 000 nm 波的反射率应至少为 90%,对 1 000 nm~2 500 nm 波的反射率应至少为 60%。

5.2.5 暴露设备应能将黑或白板传感器的温度控制在设定温度±3℃以内。暴露设备的设计应确保黑板或白板温度传感器放置在样品暴露区域任何位置所感测到的温度均在设定摄氏温度±5%以内。

5.2.6 试验报告中应写明所使用的是黑标准温度计还是黑板温度计。如果所用温度计(黑或白)不在样品暴露区域内,则需在试验报告中描述其确切位置。

5.3 湿度和润湿

5.3.1 湿气的存在,尤其是以凝露形式存在于样品被暴露面时,可能对实验室加速暴露试验产生严重影响。根据本部分安装的用来模仿湿气影响的任何设备应有以下一种或多种向样品提供湿气的方法:

a) 使箱内空气润湿;

b) 形成凝露;

c) 喷淋水;

d) 浸润。

5.3.2 样品喷淋用水的纯度非常重要。如果未经适当处理除去水中的阳离子、阴离子和有机物,尤其是硅,则被暴露样品将产生在户外暴露时所不出现的污点。着重推荐样品的喷淋用水中最大固含量为 1 μg/g,最大硅含量为 0.2 μg/g。蒸馏或去离子与反渗透的结合使用是获得理想纯度水的有效方法。如果样品喷淋用水的固含量大于 1 μg/g,则应记录其固含量及硅含量。除非循环水的纯度能够达到以上纯度要求,否则不推荐对样品喷淋用水进行循环使用。

5.3.3 如果发现暴露后的样品有沉淀物或污点,则应检测水的纯度是否满足 5.3.2 要求。在有些情况下,被暴露样品可能被在喷淋用纯化水中所生长的细菌产生的沉淀物污染。如果检查出是细菌产生的污染,应使用有氯化作用的溶液如次氯酸钠对整个样品喷淋水系统进行冲洗,并在重新暴露前用清水进行全面清洗。

5.3.4 尽管喷淋用水的电导率并不总与硅含量相关,但推荐对其进行连续监测,并且无论何时只要电导率超过 5 μS/cm,就应停止暴露。

5.3.5 样品喷淋设备的所有部件应由不锈钢或对水不造成污染的其他材料制成,因为有些材料能够吸收紫外线或在试样上形成与实际不符的沉淀物。

5.4 其他设备要求

5.4.1 尽管试验需要使用各种各样的设备,但每种设备均应满足以下要求:

5.4.1.1 在试验箱湿度控制装置内,测湿传感器应安装在空气流动且避免光线直射和水喷淋的位置。

5.4.1.2 在试验箱气温控制装置内,用来感应和控制试验箱内气温的传感器应放置在避免光线直射和水喷淋的位置。

5.4.1.3　用来模拟湿气影响的任何设备应有样品润湿和非润湿的时间控制程序。

5.4.1.4　模拟光照和暗周期影响的任何设备应有能设定辐射和非辐射时间程序的电子控制装置或机械装置。

5.4.2　为满足特定的实验过程要求，设备需有指示或记录以下操作参数的功能：

a) 电源电压；
b) 灯电压；
c) 灯电流；
d) 所有绝热或未绝热黑板或白板温度计的指示温度；
e) 试验箱的空气温度；
f) 试验箱的相对湿度；
g) 水喷淋周期的细节；
h) 光谱辐照度和辐照量；
i) 暴露持续时间(辐照时间和总暴露时间，如果不同)。

6　试样

6.1　形状和制备

6.1.1　试样的制备方法能够对其表观耐久性产生显著影响，因此试样制备方法应经过相关方协商，最好紧密结合材料在典型应用中的常用加工方法。试验报告中应包括试样制备方法的完整描述。

6.1.2　试样尺寸通常在暴露后相应的性能测试方法中有规定。当要测定特定类型的制品性能时，在可能情况下应暴露制品本身。

6.1.3　如果被测材料是粒状、碎片状、粉末状或其他原料状态经挤出或模塑成型后的聚合物，那么被暴露样品应从以适当方法制备的片材上裁取。样品的确切形状及尺寸按照相关性能的特定测试方法确定。从片材上或制品上加工或裁取单个样品的方法可能影响性能测试结果，并且因此影响样品的表观耐久性。试样的制备方法见 ISO 293:1986、ISO 3167:1993、ISO 294-2:1996、GB/T 17037.1—1997、GB/T 17037.3—2003、ISO 294-2:1996、ISO 295:1991 和 ISO 2557-1:1989。

6.1.4　在某些情况下，需要从暴露后的大样中裁取单个样品进行性能测试。例如，对边缘易分层的材料，需要以大片材形式暴露后进行取样。从暴露后的片材中裁取和制备样品的方法对单个样品性能的影响会更大，此裁样方法对于暴露后易脆化材料的影响尤其明显。ISO 2818:1994 描述了样品的机械加工制备方法。当这一制备方法被特别指明时，只能从已暴露大样上裁取单个试样进行性能测试。

当从已暴露片材或大制品上裁取试样时，最好在离固定材料的夹具或暴露样品边缘至少为 20 mm 的区域内选取。在样品制备过程中决不能去除样品暴露面的任何部分。

6.1.5　当在暴露试验中进行试样比较时，应使用尺寸及暴露面积相似的试验样品。

6.2　试样数量

6.2.1　每一组试验条件或每一个暴露周期的试样数量应在暴露后性能测试方法中规定。

注：就力学性能的测试而言，推荐暴露试样的数量为相关国家标准要求的 2 倍(这是因为在测试气候老化后材料的力学性能时会产生较大的标准偏差)。

6.2.2　如果性能测试方法没有规定暴露试样的数量，推荐每种材料每个暴露阶段所需的重复样品最少为 3 个。

6.2.3　当通过破坏性试验进行试样性能测试时，所需试样总数应由暴露阶段数以及非暴露存放样品是否与暴露试样同时试验来确定。

6.2.4　每个暴露试验最好包括已知耐久性的对照物材料。推荐同时使用耐久性较差和较好的对照物材料。在进行实验室间比对前,所有相关方需就所用对照物材料进行协商,对照物材料样品数最好与所用试验材料样品数相同。

6.3 贮存与状态调节

6.3.1 如果试验样品和(或)参照样品是从大样材上裁取或切割的,则应按照 GB/T 2918—1998 制备后进行状态调节。在某些情况下,为方便试样制备,可能需在裁取或切割前对片材进行预处理。

6.3.2 当利用试验来表征被暴露材料力学性能时,应在所有的性能测试前对样品进行适当的状态调节。所用条件见 GB/T 2918—1998。一些塑料的性能对水分含量非常敏感,并且状态调节的持续时间可能要比 GB/T 2918—1998 规定的时间长,尤其是暴露在恶劣气候条件下的样品。

6.3.3 存放样品应避光保存在标准实验室环境中,最好是 GB/T 2918—1998 规定的某一标准大气环境中。

6.3.4 某些材料,尤其是老化后的材料,在避光保存时会发生变色,因此其暴露表面一旦变干就必须尽快进行颜色测定或目测对比。

7 试验条件和步骤

7.1 暴露试验的条件和步骤依赖于所选的特定试验方法,见 GB/T 16422.2～16422.4 的适合部分。

7.2 根据 ISO 4582:1993 描述的步骤测试暴露前后试样的性能并表示暴露后性能的变化。对于以下测试样品性能的特定方法参照相关国家标准。

7.2.1 如果采用非破坏性试验测试材料性能,则应在开始暴露前进行。在每个暴露周期结束后测试同一性能。应注意每个暴露周期后的同一性能的测试要在试样的相同位置。

注:为监测所需性能测试仪器的灵敏度,应在每次使用测试仪器时对参照或校准样品进行测试。

7.2.2 如果采用破坏性试验测试材料的性能,则每个暴露周期均需独立的一组试验样品。对每组被暴露样品进行性能测试,比较暴露前后的性能值。另一方面,测试被暴露样品性能的同时对一组独立的存放样品进行性能测试,然后将存放样品和被暴露样品的测试结果进行比较。

8 精度和偏差

8.1 精度

8.1.1 根据本部分进行的暴露结果的重复性和再现性会随被测材料、被测性能、特定的试验条件和所用周期的不同而不同。在 ASTM 委员会 G3.03 进行的循环式研究[1)]中,将相同的 PVC 样条在不同的实验室中进行暴露试验,采用相同试验设备和暴露周期,其 60°光泽度呈现出显著差异。这种在循环式研究中表现出的变化限制了"绝对规范"的应用,例如要求在一个特定暴露周期后有特定的性能水平。

8.1.1.1 如果一般使用的标准或规范要求在根据本试验操作进行特定时间或辐照量的暴露后达到一个确定的性能水平,那么这个特定的性能水平应基于在循环式研究中得出的结论,这个循环研究需考虑暴露和相关性能测试方法引起的变化。循环研究应按照相关的循环暴露国家标准进行,并且应包括一个能够进行常规的暴露或性能测试的所有实验室或组织的统计代表样本。

8.1.1.2 如果在双方或三方之间使用的标准或规范要求在根据本操作进行特定时间和辐照量的暴露后有一个确定的性能水平,那么这个特定的性能水平应基于对每个实验室中至少两个独立的暴露试验结论的统计分析。用于确定规范的试验设计应考虑因暴露和相关性能测试方法而引起的变化。

8.1.2 在 8.1.1 中所述的相同的循环式研究说明实验室间一系列材料光泽度的重复性很高。如果根

1) Fischer. R. M"光和水暴露标准试验结果"有机材料加速和户外耐久性试验。ASTM STO 1202 warren D. Ketola 和 Douglass Grossmar(编辑),美国材料试验学会,费城,1993。

据本部分进行暴露试验的结果的重复性并非通过循环式试验确定，材料的性能要求应根据与对照材料的比较（如等级）而规定。所用的对照材料的样品应和试样同时暴露于同一设备中。所用的特定对照材料应经相关方协商。

8.2 偏差

因没有适合的标准的气候老化参照材料，所以不能进行偏差测定。

9 试验报告

试验报告应包括以下内容：

9.1 样品描述

a) 样品及其来源的完整描述；

b) 复合物细节、处理时间和温度；

c) 试样制备方法的完整描述。

注：如果暴露试验通过分包进行，则通常将样品编号。在这种情况下，源实验室有责任在试验报告中对样品进行完整描述。

9.2 暴露试验描述

根据 GB/T 16422.2～16422.4，应包括：

a) 暴露设备和光源的描述，包括：

1) 设备和光源类型；

2) 所用滤光器的描述；

3) 如果需要，还应包括样品表面的辐照度（包括辐照度测试的带通）；

4) 暴露开始前滤光器和光源的已被使用的小时数。

b) 所用的黑板和（或）白板温度传感器类型及其未被安装在样品暴露区域时的确切位置。

c) 如果需要，应包括测湿装置的类型。

d) 所用暴露周期的完整描述，包括下述每个光照及暗周期内容：

1) 所用黑板温度传感器指示温度的平均值及公差范围；

2) 流过试样的空气相对湿度的平均值和公差范围；

3) 对于包含水喷淋周期的试验，应记录水喷淋的持续时间及水是被喷在样品的暴露面、背光面还是两面均喷淋；如果喷淋用水的总固含量超过 1 μg/g，应记录总固含量及硅含量；

4) 对于样品上的凝露试验，应报告冷凝期的时间；

5) 光照及暗周期的时间。

e) 暴露架上样品安放方法的描述，包括对用作试样衬垫的任何材料的描述。

f) 如果进行了样品位置的变换，应写明变换方法。

g) 如果使用辐照仪测试光辐照量，则应包括对辐照仪的描述。

9.3 试验报告

a) 所有性能测试方法的完整描述。

b) 根据 ISO 4582:1993 所提出的，结论应包括：

1) 试验样品的性能测试结果；

2) 对照样品的性能测试结果；

3) 如果测定了未被暴露的存放样品，则应包括其性能测试结果；

4) 暴露周期（按小时计的时间或辐照能 J/m^2 以及测试所用带通）。

9.4 试验日期

附 录 A
（资料性附录）
减少实验室光源加速试验与实际使用暴露之间相关性的因素

A.1 实验室光源与日光光谱分布的差异

在实验室光源加速暴露试验中，常采用在比正常波长短的光源下进行暴露来获得较快的破损率。就室外暴露而言，通常认为短波紫外线的界限约为 300 nm。材料暴露在波长小于 300 nm 的紫外线下可能会发生其在户外使用时所不会发生的降解反应。如果加速试验所用的实验室光源产生的紫外线波长比实际使用条件下的波长短，那么试验材料的降解机理和稳定等级将会明显不同。

如果已知使被测材料产生相应降解的特定光线波段，则可能不需要模拟整个日光光谱。但是，在紫外或可见光谱区以外的狭窄波段内，实验室光源产生非常强烈的辐射，这可能产生一个较其他反应更为重要的特殊反应。此类光源也可能不产生在日光下暴露引起的变化。在仅产生紫外线的光源下暴露时可能不会出现可见光下发生的褪色现象，但可能发生较日光下暴露更为显著的聚合物黄变现象。

A.2 高于实际使用条件的光强度

实验室光源暴露试验一般采用高于实际使用条件的光强度来加速降解。相对于实际使用环境条件，采用异常高的光强度会改变材料的降解机理有几个原因（因某些材料对光强度比其他材料更为敏感，因此异常高的光强度能够改变材料的稳定等级）：

a) 在室外暴露中，因吸收了高能量光子而处于激发态的聚合物一般会在吸收另一个高能量光子前衰变为基态。然而，在实验室光源暴露中能产生异常高的光通量，光子吸收速率非常高，只要聚合物处于激发态就会经常吸收高能量光子。

b) 在紫外光下暴露的材料往往产生自由基。当自由基与材料相互作用时发生降解反应。在非降解反应中，自由基也能够与其他自由基相互结合。在高辐照度条件下产生的高浓度自由基由于相互距离很近其再结合率较高。在这种情况下，降解不是辐照度的线性函数。

c) 在异常高的辐照度（或异常高的样品温度）下进行加速试验时，氧气的扩散有时可能限制聚合物氧化的速度。这能够使降解反应机理产生不同，也可能导致表面向内部氧化率的异常，结果可能造成异常色移或物理性能的改变。

A.3 没有暗周期的实验室光源持续暴露

常采用实验室光源持续暴露来实现相对于实际应用时的加速降解，然而，持续暴露可能会消除在室外暴露或室内使用中周期性无光照时发生的临界暗反应。

A.4 异常高于实际使用条件的样品温度

在实验室加速试验中常采用高于实际使用条件的温度来获得较快的降解。热效应的存在使得某些塑料远比其他塑料更易降解。对于具有相同光降解速率和类型的材料来说，暴露在异常高温条件下时，温度敏感性高的材料比温度敏感性低的材料的耐久性差。此外，与暴露在低于玻璃化转变温度时相比，在高于玻璃化转变温度条件下暴露将显著地改变聚合物的降解机理及稳定等级。实验室加速试验中所用的黑板温度应维持在一个适当范围，通常不高于实际使用条件下的黑板温度最大值。

A.5 使深浅色样品间产生与实际不符的温度差异的暴露条件

有些实验室光源产生大量红外线。为防止样品过热，经常通过使用红外吸收或反射滤光器来减少红外线,或向试样箱通入大量空气使试样降温。如果所用的方法不足以控制到达被暴露样品的红外线量,那么相同材料的深浅色样品间的温度差异将比自然暴露时更大。

有些实验室光源产生的红外线很少。当使用这些光源时,深浅色试样间温度差异可能比室外暴露时小。

A.6 与实际使用条件不同的温度循环条件

通常高频率温度循环能够机械性地产生诱发裂纹或其他在使用条件下暴露时所看不到的降解类型。暴露设备对光照中的样品进行水喷淋时,样品能够产生异常快速的温度变化从而也可能产生在使用环境中不产生的裂纹。

A.7 与实际不符的高或低湿气水平

湿气对很多聚合物降解的产生非常重要。如果湿气量或样品在受湿气影响的加速实验中的暴露方式与实际使用条件下不同,那么降解机理和速率可能会有很大差别。这对材料稳定等级的影响非常大。

A.8 生物因素及污染物的缺乏

暴露在湿、热场所下的塑料经常会受到生物因素如真菌、细菌和藻类的迅速生长的作用。在很多户外环境中存在的污染物会对某些塑料的降解机理和速率产生严重影响。如果在加速实验室暴露试验中不包括这些影响,那么材料的机理和稳定等级可能明显不同于户外暴露时。

附 录 B
（规范性附录）
试样暴露区域内辐照度均匀性的测试规程

B.1 将试样放在暴露设备内的鼓状架上，并使其围绕光源旋转，测试试样鼓状架上离光源最近的一个位置（图 B.1 中位置 A）及离光源最远的两个位置（图 B.1 中位置 B）处的辐照度。B 位置与 A 位置辐照度之间的关系如下：

$$E_B \geqslant 0.7E_A$$

a) 平的试样转鼓　　b) 倾斜的试样转鼓

图 B.1 使用样品转鼓的设备中辐照度的测试

B.2 将试样放置在暴露设备光源前的平板上，测试试样平面内离光源最近处（见图 B.2 中位置 X）及两个对角点（见图 B.2 中位置 Y）处的辐照度。位置 Y 与位置 X 处的辐照度关系如下：

$$E_Y \geqslant 0.7E_X$$

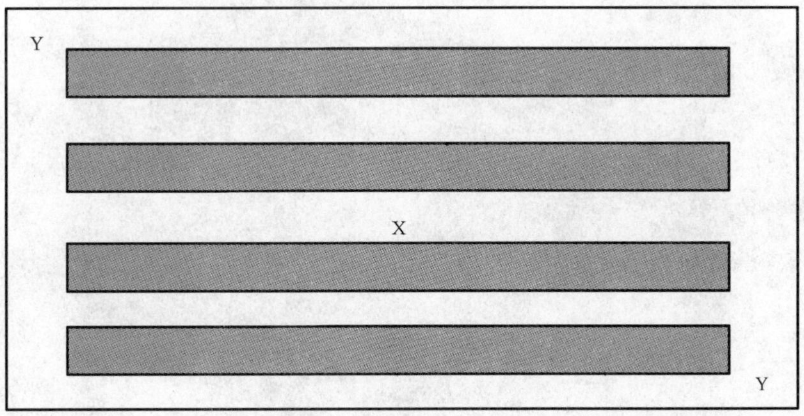

图 B.2 带有样品平板的设备中辐照度均匀性的测试
（阴影区域表示光源）

B.3 如果设备设计的最大辐照度不在暴露区域中心处，或最小辐照度不在离中心最远位置处，那么图 B.1 及 B.2 中等式中的 E_A 或 E_X 应为实际最大辐照度，而 E_B 或 E_Y 为最小辐照度。暴露区域其他位置辐照度的补充测试也需进行。然而，无论在任何情况下，这些位置所测得的辐照度应至少为最大辐照度的 70%。

B.4 作为辐照度测试的一个选择方案，可以通过选用参照材料来测试辐照度均匀性。参照材料的特性变化应是一个有关辐照量的已知函数(最好为线性),并且作为一个辐照量函数最好不应在性能变化很小时显示诱导期,图 B.3 是合格与不合格参照材料被测性能关于辐照量函数的典型曲线。当使用参照材料时,所有样品应为同一批。参照材料样品应暴露在暴露区域中心处以及离中心最远处。所有样品应同时暴露。参照样品应暴露至监测特性发生可测量变化时为止。离暴露中心最远处参照材料的被测性能变化应至少为中心位置处的 70%。

注:辐照度的实际测试优于使用参照材料,因为参照材料暴露在暴露区域边缘及中心处的性能变化的不同可能会受到不同温度和(或)湿气条件的严重影响,因而所测得的辐照度一样受到影响。

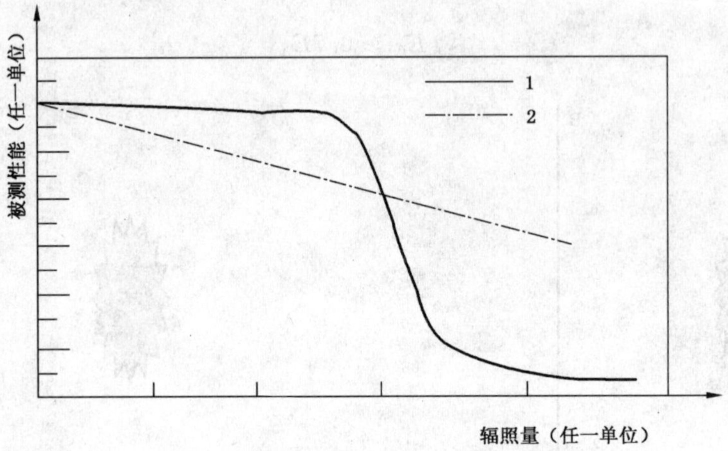

图例:

1——不合格的;

2——合格的。

图 B.3 被测性能随辐照量呈现线性变化的参照材料和被测性能变化前出现诱导期的参照材料典型曲线

ICS 13.100
C 72

GB

中华人民共和国国家标准

GB 16423—2006
代替 GB 16423—1996，GB 16424—1996

金属非金属矿山安全规程

Safety regulations for metal and nonmetal mines

2006-06-22 发布 2006-09-01 实施

中华人民共和国国家质量监督检验检疫总局
中国国家标准化管理委员会 发布

前 言

本标准除4.11、5.1.8、5.2.2.3、5.2.7.2、5.3.1.4、5.3.1.6、5.3.2.3、5.3.2.10、5.3.3.1、5.3.6.9、5.4.2.6、5.5.1、5.5.2、5.5.6、5.6.1.5、5.6.1.7、5.6.1.14、5.7.2、5.8.4.3、5.8.5.3、5.8.5.4、5.8.6.2、5.8.6.3、5.8.6.4、5.8.6.6、5.8.6.7、5.8.6.8、5.8.6.9、5.8.6.10、5.8.6.11、5.8.6.12、5.8.6.13、5.8.6.14、6.1.1.7、6.1.4.1、6.2.2.3、6.2.2.4、6.3.5.3、6.5.1.6、6.5.2.9、6.5.3.4、6.5.5.5、6.5.5.9、6.6.3.13、6.7.2.1外，其余规范性技术要素均为强制性的。

本标准代替GB 16423—1996《金属非金属露天矿山安全规程》、GB 16424—1996《金属非金属地下矿山安全规程》。

本标准与GB 16423—1996和GB 16424—1996相比，主要作了如下改变：

——增加了小型露天采石场、盐类矿山、基本洪水频率、设计防洪频率、防跑车装置、陡帮开采、陡坡铁路、矿井有效风量、提升钢丝绳的安全系数等术语和定义；

——增加了作业人员在井下滞留时间的规定(见4.5)；

——增加了矿用产品安全标志的规定(见4.7)；

——增加了陡坡铁路运输(见5.3.1.15)；

——增加了分期开采和陡帮开采的有关内容(见5.2.7.1、5.2.7.2)；

——增加了挖掘船开采的有关内容(见5.4.2.1、5.4.2.2、5.4.2.3、5.4.2.4、5.4.2.12、5.4.2.13、5.4.2.14)；

——增加了饰面石材开采(见5.5)；

——增加了盐类矿山开采(见5.6)；

——增加了排土场的有关规定(见5.7)；

——增加了井下溶浸采矿的规定(见6.2.2.12，6.2.2.13)；

——增加了对作业场所噪声的规定(见7.1.9)；

——增加了健康监护(见7.2)。

本标准由国家安全生产监督管理总局提出并归口。

本标准负责起草单位：中钢集团武汉安全环保研究院、中钢集团马鞍山矿山研究院、中国有色工程设计研究总院。

本标准参加起草单位：中国安全生产科学研究院、中冶集团鞍山冶金设计研究总院、四川和邦投资集团有限公司。

本标准主要起草人：李晓飞、项宏海、彭怀生、张兴凯、刘育明、章林、王红汉、汪斌、安建英、谢良、田有连、徐京苑、岑元刚、孟建国、李明泽、杜尚杰。

本标准所代替标准的历次版本发布情况为：

——GB 16423—1996；

——GB 16424—1996。

金属非金属矿山安全规程

1 范围

本标准规定了金属非金属矿山设计、建设和开采过程中的安全技术要求，以及职业危害的管理与监测、作业人员的健康监护要求。

本标准适用于金属非金属矿山的设计、建设和开采。

本标准不适用于煤矿、煤系硫铁矿及其他与煤共生的矿藏的开采。

本标准也不适用于石油、天然气、矿泉水等液态或气态矿藏的开采。

2 规范性引用文件

下列文件中的条款通过本标准的引用而成为本标准的条款。凡是注明日期的引用文件，其随后所有的修改单(不包括勘误的内容)或修订版均不适用于本标准，然而，鼓励根据本标准达成协议的各方研究是否可使用这些文件的最新版本。凡是不注日期的引用文件，其最新版本适用于本标准。

GB 4053.1 固定式钢直梯安全技术条件

GB 4053.2 固定式钢斜梯安全技术条件

GB 4053.3 固定式工业防护栏杆安全技术条件

GB 4053.4 固定式工业钢平台

GB 5013.1 额定电压450/750 V及以下橡皮绝缘电缆 第1部分：一般要求

GB 5013.2 额定电压450/750 V及以下橡皮绝缘电缆 第2部分：试验方法

GB/T 5748 作业场所空气中粉尘测定方法

GB 5749 生活饮用水卫生标准

GB/T 5972 起重机械用钢丝绳检验和报废实用规范

GB/T 6067 起重机械安全规程

GB 6722 爆破安全规程

GB 7231 工业管道的基本识别色、识别符号和安全标识

GB/T 8918 钢丝绳

GB/T 11651 劳动防护用品选用规则

GB 12141 货运架空索道安全规范

GB 14161 矿山安全标志

GB 16541 竖井罐笼提升信号系统安全技术要求

GB 16542 罐笼安全技术要求

GB 18599 一般工业固体废物贮存、处置场污染控制标准

GB 50034 工业企业照明设计标准

GB 50061 66 kV及以下架空电力线路设计规范

GB 50070 矿山电力设计规范

GB 50086 锚杆喷射混凝土支护技术规范

GBJ 16 建筑设计防火规范

GBJ 213 矿山井巷工程施工及验收规范

GBZ 1 工业企业设计卫生标准

GBZ 2 工作场所有害因素职业接触限值

DL 408　电业安全工作规程

JB 8516　矿井提升机和矿用提升绞车安全要求

3　术语和定义

下列术语和定义适用于本标准。

3.1

金属非金属露天矿山　metal and nonmetal opencast mines

在地表开挖区通过剥离围岩、表土或砾石，采出供建筑业、工业或加工业用的金属或非金属矿物的采矿场及其附属设施。

3.2

金属非金属地下矿山　metal and nonmetal underground mines

以平硐、斜井、斜坡道、竖井等作为出入口，深入地表以下，采出供建筑业、工业或加工业用的金属或非金属矿物的采矿场及其附属设施。

3.3

小型露天采石场　small quarry

年采剥总量不超过 500 kt、最大开采高度不超过 50 m 的山坡型采石场。

3.4

盐类矿山　salt mines

指岩盐、芒硝、天然碱、钾盐矿山。

3.5

基本洪水频率　probability of flood

在某个期限内，可能遭遇超越概率(%)的洪水频率。

3.6

设计防洪频率　design probability of flood prevention

在基本洪水频率基础上确定的，作为工程设防依据的洪水频率。

3.7

防跑车装置　bull

斜井提升时，为防止坠车事故，安设在矿车上的叉形止车装置和抓钩，或装在线路上的阻车器和挡车栏。

3.8

排土场　dump

集中排放矿山剥离和掘进过程中产生的腐植表土、风化岩土、坚硬岩石及其混合物和贫矿等的场所。

3.9

陡帮开采　opencast of steep slope

加陡露天矿剥岩工作帮坡角(18°以上)所采用的采场要素、工艺方法、技术措施和采剥程序的总称。

3.10

陡坡铁路　railway on steep slope bench

露天矿山采场内线路折算后坡度大于或等于 40‰的铁路。

3.11

矿井有效风量　effective air quantity

送到采掘工作面、硐室和其他用风地点的风量总和。

3.12

提升钢丝绳的安全系数　safety coefficient of hoisting steel rope

钢丝绳的全部钢丝破断拉力总和与其所承受的载荷之比。

3.13

钢丝绳静防滑安全系数　static antislip safety coefficient of steel rope

按照尤拉公式计算的提升装置上钢丝绳打滑时的钢丝绳静张力差与提升装置钢丝绳实际最大静张力差的比值。

3.14

钢丝绳动防滑安全系数　dynamic antislip safety coefficient of steel rope

提升系统加速或减速运行过程中，按照尤拉公式计算的提升装置上钢丝绳打滑时的钢丝绳张力差与提升装置钢丝绳实际最大动张力差的比值。

4　总则

4.1　矿山企业应遵守国家有关安全生产的法律、法规、规章、规程、标准和技术规范。

矿山企业应建立健全各级领导安全生产责任制、职能机构安全生产责任制和岗位人员安全生产责任制。

矿山企业应建立健全安全活动日制度、安全目标管理制度、安全奖惩制度、安全技术审批制度、危险源监控和安全隐患排查制度、安全检查制度、安全教育培训制度、安全办公会议制度等，严格执行值班制和交接班制。

4.2　矿山企业应设置安全生产管理机构或配备专职安全生产管理人员。

专职安全生产管理人员，应由不低于中等专业学校毕业(或具有同等学历)、具有必要的安全生产专业知识和安全生产工作经验、从事矿山专业工作五年以上并能适应现场工作环境的人员担任。

4.3　矿山企业应认真执行安全检查制度。企业安全生产管理人员应根据本单位的生产经营特点，对安全生产状况进行经常性检查；对检查中发现的事故隐患，应立即处理；不能立即处理的，应及时报告本单位有关负责人。检查及处理的情况应记录在案。

4.4　矿山企业应对职工进行安全生产教育和培训，保证其具备必要的安全生产知识，熟悉有关的安全生产规章制度和安全操作规程，掌握本岗位的安全操作技能。未经安全生产教育和培训合格的，不应上岗作业。

矿长应具备安全专业知识，具有领导安全生产和处理矿山事故的能力，并经依法培训合格，取得安全任职资格证书。

所有生产作业人员，每年至少接受 20 h 的在职安全教育。

新进地下矿山的作业人员，应接受不少于 72 h 的安全教育，经考试合格后，由老工人带领工作至少 4 个月，熟悉本工种操作技术并经考核合格，方可独立工作。

新进露天矿山的作业人员，应接受不少于 40 h 的安全教育，经考试合格，方可上岗作业。

调换工种的人员，应进行新岗位安全操作的培训。

采用新工艺、新技术、新设备、新材料时，应对有关人员进行专门培训。

参加劳动、参观、实习人员，入矿前应进行安全教育，并有专人带领。

特种作业人员，应按照国家有关规定，经专门的安全作业培训，取得特种作业操作资格证书，方可上岗作业。

作业人员的安全教育培训情况和考核结果，应记录存档。

4.5　除下列情况外，连续 24 h 内，任何作业人员均不应在井下滞留或被强制滞留 8 h 以上(包括上、下井时间)：

——因事故或突发事件导致滞留时间延长；

——作业人员为负责人、水泵工、信号工或紧急维修人员。

4.6　矿山企业的要害岗位、重要设备和设施及危险区域，应根据其可能出现的事故模式，设置相应的、符合 GB 14161 要求的安全警示标志。未经主管部门许可，不应任意拆除或移动安全警示标志。

设备的裸露转动部分，应设防护罩或栅栏。

4.7　危险性较大的矿用产品，应根据国家有关规定取得矿用产品安全标志。

矿山企业应对安全设备、设施和器材进行经常性维护、保养，并定期检测，保证正常运转。维护、保养、检测应作好记录，并由有关人员签字。

上述设备、设施和器材，不应毁坏或挪作他用，未经许可不应任意拆除。

试验涉及安全生产的新技术、新工艺、新设备、新材料，应经过论证、安全性能检验和鉴定，并制定可靠的安全措施。

4.8　矿山企业应对重大危险源登记建档，进行定期检测、评估、监控，制定应急预案，并根据实际情况对预案及时进行修改。

矿山企业应使每个职工熟悉应急预案，并且每年至少组织 1 次矿山救灾演习。

4.9　矿山企业的新建、改建、扩建工程，应经过安全条件论证及安全、职业危害评价。新建、改建、扩建工程的安全设施，应与主体工程同时设计、同时施工、同时投入生产和使用。安全设施投资，应纳入工程概算。

发生特别重大生产安全事故，或出现严重影响安全生产的情况，或停产 6 个月以上恢复生产的地下矿山，应进行安全条件论证和安全评价。

4.10　新建矿山企业的办公区、工业场地、生活区等地面建筑，应选在危崖、塌陷、洪水、泥石流、崩落区、尘毒、污风影响范围和爆破危险区之外。

4.11　矿山企业的地面工业建(构)筑物，应符合 GBJ 16 的规定。

凡有人通过或工作的地点，建筑物均应设置安全进出口，并保持畅通。

需离地面 2 m 以上操作设备或阀门时，应设置固定式平台。采用钢平台时，应符合 GB 4053.4 的规定。有跌落危险的平台、通道、走梯、走台等，均应设置护栏或扶手，并有足够的照明。栏杆的设置应遵守 GB 4053.3 的规定，钢直梯和钢斜梯设置应遵守 GB 4053.1、4053.2 的规定。通道、斜梯的宽度不宜小于 0.8 m，直梯宽度不宜小于 0.6 m。常用的斜梯，倾角应小于 45°；不常用的斜梯，倾角应小于 60°。天桥、通道、斜梯踏板和平台，应采取防滑措施，或用防滑钢板、格栅板制作。

4.12　在距坠落高度基准面 2 m 以上(含 2 m)的高处作业时，应佩带安全带或设置安全网、护栏等防护设施。

高处作业时，不应抛掷物件，不应上下垂直方向双层作业。

遇有六级以上强风时，不应在露天进行起重和高处作业。

4.13　作业场所有坠人危险的钻孔、井巷、溶洞、陷坑、泥浆池和水仓等，均应加盖或设栅栏，并设置明显的标志和照明。行人和车辆通行的沟、坑、池的盖板，应固定可靠，并满足承载要求。

4.14　矿山企业应根据《中华人民共和国消防法》及其配套法规的要求，配备消防设备和设施，并与当地消防部门建立联系。

通往厂房、库区和可燃材料堆场的消防通道，宽度应不小于 3.5m，尽头式消防通道，应根据所选消防车型设置回车场或回车道。

4.15　露天矿山，应保存下列图纸，并根据实际情况的变化及时更新：

——地形地质图；

——采剥工程年末图；

——防排水系统及排水设备布置图。

4.16　地下矿山，应保存下列图纸，并根据实际情况的变化及时更新：

——矿区地形地质和水文地质图；

——井上、井下对照图；
——中段平面图；
——通风系统图；
——提升运输系统图；
——风、水管网系统图；
——充填系统图；
——井下通讯系统图；
——井上、井下配电系统图和井下电气设备布置图；
——井下避灾路线图。

图中应正确标记：
——已掘进巷道和计划(年度)掘进巷道的位置、名称、规格、数量；
——采空区(包括已充填采空区)、废弃井巷和计划(年度)开采的采场(矿块)的位置、数量；
——矿石运输线路；
——主要安全、通风、防尘、防火、防水、排水等设备和设施的位置；
——风流方向，人员安全撤离的路线和安全出口；
——采空区及废弃井巷的处理进度、方式、数量及地表塌陷区的位置。

4.17 矿山企业应按照 GB/T 11651 和《劳动防护用品配备标准(试行)》的规定，为作业人员配备符合国家标准或行业标准要求的劳动防护用品。进入矿山作业场所的人员，应按规定佩带防护用品。

4.18 任何人不应酒后进入矿山作业场所；受酒精或麻醉剂影响的人员不应从事露天或井下作业。不应将酒类饮料和麻醉剂带入作业场所(医疗用麻醉剂除外)。

作业前应认真检查作业地点的安全情况，发现严重危及人身安全的征兆时，应迅速撤出危险区，同时设置警戒和照明标志，禁止人员和车辆通行，并报告矿有关部门及时处理，处理结果应记录存档。

地下矿山企业应建立、健全每个作业人员和其他下井人员出入矿井的登记和检查制度。入井人员应携带照明灯具。

4.19 矿山企业及其主管部门，在编制年度生产建设计划和长远发展规划的同时，应编制安全卫生工程技术措施计划和规划，并按国家规定提取和使用安全技术措施专项费用。该费用应全部用于改善矿山安全生产条件，不应挪作他用。

4.20 矿山企业应建立由专职或兼职人员组成的事故应急救援组织，配备必要的应急救援器材和设备。生产规模较小不必建立事故应急救援组织的，应指定兼职的应急救援人员，并与邻近的事故应急救援组织签订救援协议。

4.21 矿山企业发生重大生产安全事故时，企业的主要负责人应立即组织抢救，采取有效措施迅速处理，并及时分析原因，认真总结经验教训，提出防止同类事故发生的措施。

事故发生后，应按国家有关规定及时、如实报告。

5 露天部分

5.1 基本规定

5.1.1 小型露天采石场，除遵守原国家安全生产监督管理局令第 19 号《小型露天采石场安全生产暂行规定》外，还应遵守本标准的有关规定。

5.1.2 露天开采应遵循自上而下的开采顺序，分台阶开采，并坚持“采剥并举，剥离先行”的原则。

5.1.3 设计规定保留的矿(岩)柱、挂帮矿体，在规定的期限内，未经技术论证不应开采或破坏。

5.1.4 采剥和排土作业，不应对深部开采或邻近矿山造成水害和其他潜在安全隐患。

露天矿山，尤其是深凹露天矿山，应设置专用的防洪、排洪设施。

5.1.5 靠近矿山铁路修筑建构筑物，跨越矿山铁路、横穿路基或桥涵架设电线和管道等，以及临时在矿山铁路附近施工，均应事先征得矿山运输和安全部门同意，并制定施工安全措施，经批准方可实施。

5.1.6 在矿山铁路或道路两侧堆放物品时，应堆放稳固，且堆放物的边缘与铁路建筑接近限界的距离，应不小于 0.75 m；与道路路面边缘的距离，应不小于 1 m（若道路有侧沟，距侧沟外侧，应不小于 0.5 m）。

5.1.7 任何人不应擅自移动和毁坏矿山的测量基点；需要移动或报废时，应经矿山地质测量部门同意，并经主管矿长批准。

5.1.8 露天矿符合下列条件之一的，宜配备专用载人车辆接送作业人员上下班：

——从上下班人员集中的地方至露天矿（或车间）主要作业场所，路程超过 3 000 m；

——凹陷露天矿的垂直深度超过 100 m；

——山坡露天矿的垂直高差大于 150 m。

采用提升设备运送人员时，应遵守本标准第 6 章的有关规定。

5.1.9 露天矿边界应设可靠的围栏或醒目的警示标志，防止无关人员误入。露天矿边界上 2 m 范围内，可能危及人员安全的树木及其他植物、不稳固材料和岩石等，应予清除。露天矿边界上覆盖的松散岩土层厚度超过 2 m 时，其倾角应小于自然安息角。

5.1.10 因遇大雾、炮烟、尘雾和照明不良而影响能见度，或因暴风雨、雪或有雷击危险不能坚持正常生产时，应立即停止作业；威胁人身安全时，人员应转移到安全地点。

5.1.11 设备的走台、梯子、地板以及人员通行和操作的场所，应保持整洁和通行安全。

不应在设备的顶棚存放杂物，并应及时清除上面的石块。

5.1.12 露天采场应有人行通道，并应有安全标志和照明。

上、下台阶之间，可设带扶手的梯子、台阶（踏步）或路堑作人行通道。梯子下部临近铁路时，应在建筑接近限界处设置安全护栏。上、下台阶间的人行通道接近铁路时，其边缘应离铁路建筑接近限界 0.5 m以上；接近道路时，应设在道路路肩以外。

5.1.13 采掘、运输、排土或其他设备，其主开关送电、停电或启动设备时，应由操作人员呼唤应答，确认无误方可进行操作。

5.1.14 使用采掘、运输、排土和其他机械设备，应遵守下列规定：

——设备运转时，不应对其转动部分进行检修、注油和清扫；

——设备移动时，不应上下人员；在可能危及人员安全的地点，不应有人停留或通行；

——终止作业时，应切断动力电源，关闭水、气阀门。

5.1.15 检修设备，应在关闭启动装置、切断动力电源和设备完全停止运转的情况下进行，并应对紧靠设备的运动部件和带电器件设置护栏。在切断电源处，电源开关应加锁或设专人监护，并应悬挂“有人作业，不准送电”的警示牌。

5.1.16 露天采掘设备的供电电缆，应保持绝缘良好，应不与金属管（线）和导电材料接触，横过道路、铁路时，应采取防护措施。

5.1.17 电力驱动的钻机、挖掘机和机车内，应备有完好的绝缘手套、绝缘靴、绝缘工具和器材等。停电、送电和移动电缆时，应按规定使用绝缘防护用品和工具。

5.1.18 采掘、运输等设备从架空电力线路下方通过时，其顶端与架空电力线路的距离，应符合下列规定：

——3 kV 以下，应不小于 1.5 m；

——3 kV～10 kV，应不小于 2.0 m；

——高于 10 kV，应不小于 3.0 m。

5.1.19 露天开采应优先采用湿式作业。产尘点和产尘设备，应采取综合防尘技术措施。

5.1.20 深凹露天矿的采掘设备与矿用自卸汽车的司机驾驶室，应配备空气调节装置，不应开窗作业。

5.1.21 露天爆破作业应遵守 GB 6722 的规定。爆破作业现场应设置坚固的人员避炮设施，其设置地点、结构及拆移时间，应在采掘计划中规定，并经主管矿长批准。

5.1.22　爆破前，应将钻机、挖掘机等移动设备开到安全地点，并切断电源。

5.2　露天开采

5.2.1　台阶构成的安全要求

5.2.1.1　生产台阶高度应符合表1的规定。

开采结束，并段后的台阶高度超过表1的规定时，应经过技术论证，在保证安全的前提下，由设计确定。

表1　生产台阶高度的确定

矿岩性质	采掘作业方式		台阶高度/m
松软的岩土	机械铲装	不爆破	不大于机械的最大挖掘高度
坚硬稳固的矿岩		爆破	不大于机械的最大挖掘高度的1.5倍
砂状的矿岩	人工开采		不大于1.8
松软的矿岩			不大于3.0
坚硬稳固的矿岩			不大于6.0

5.2.1.2　挖掘机或装载机铲装时，爆堆高度应不大于机械最大挖掘高度的1.5倍。

5.2.1.3　非工作台阶最终坡面角和最小工作平台宽度，应在设计中规定。

采矿和运输设备、运输线路、供电和通讯线路，应设置在工作平台的稳定范围内。

爆堆边缘到准轨铁路中心线的距离，应不小于2.5 m；到窄轨铁路中心线的距离，应不小于2.0 m；到汽车道路边缘的距离，应不小于1 m。

5.2.2　穿孔作业

5.2.2.1　钻机稳车时，应与台阶坡顶线保持足够的安全距离。千斤顶中心至台阶坡顶线的最小距离：台车为1 m，牙轮钻、潜孔钻、钢绳冲击钻机为2.5 m，松软岩体为3.5 m。千斤顶下不应垫块石，并确保台阶坡面的稳定。钻机作业时，其平台上不应有人，非操作人员不应在其周围停留。钻机与下部台阶接近坡底线的电铲不应同时作业。钻机长时间停机，应切断机上电源。

穿凿第一排孔时，钻机的中轴线与台阶坡顶线的夹角应不小于45°。

5.2.2.2　钻机靠近台阶边缘行走时，应检查行走路线是否安全；台车外侧突出部分至台阶坡顶线的最小距离为2 m，牙轮钻、潜孔钻和钢绳冲击式钻机外侧突出部分至台阶坡顶线的最小距离为3 m。

5.2.2.3　钻机移动时，机下应有人引导和监护。钻机不宜在坡度超过15°的坡面上行走；如果坡度超过15°，应放下钻架，由专人指挥，并采取防倾覆措施。行走时，司机应先鸣笛，履带前后不应有人；不应90°急转弯或在松软地面行走；通过高、低压线路时，应保持足够安全距离。钻机不应长时间在斜坡道上停留；没有充分的照明，夜间不应远距离行走。起落钻架时，非操作人员不应在危险范围内停留。

5.2.2.4　移动电缆和停、切、送电源时，应严格穿戴好高压绝缘手套和绝缘鞋，使用符合安全要求的电缆钩；跨越公路的电缆，应埋设在地下。钻机发生接地故障时，应立即停机，同时任何人均不应上、下钻机。打雷、暴雨、大雪或大风天气，不应上钻架顶作业。不应双层作业。高空作业时，应系好安全带。

5.2.2.5　挖掘台阶爆堆的最后一个采掘带时，相对于挖掘机作业范围内的爆堆台阶面上、相当于第一排孔位地带，不应有钻机作业或停留。

5.2.3　铲装作业

5.2.3.1　挖掘机汽笛或警报器应完好。进行各种操作时，均应发出警告信号。夜间作业时，车下及前后的所有信号、照明灯应完好。

5.2.3.2　挖掘机作业时，发现悬浮岩块或崩塌征兆、盲炮等情况，应立即停止作业，并将设备开到安全地带。

5.2.3.3　挖掘机作业时，悬臂和铲斗下面及工作面附近，不应有人停留。

5.2.3.4 运输设备不应装载过满或装载不均，也不应将巨大岩块装入车的一端，以免引起翻车事故。

5.2.3.5 装车时铲斗不应压碰汽车车帮，铲斗卸矿高度应不超过 0.5 m，以免震伤司机，砸坏车辆。

5.2.3.6 不应用挖掘机铲斗处理粘厢车辆。

5.2.3.7 两台以上的挖掘机在同一平台上作业时，挖掘机的间距：汽车运输时，应不小于其最大挖掘半径的 3 倍，且应不小于 50 m；机车运输时，应不小于二列列车的长度。

5.2.3.8 上、下台阶同时作业的挖掘机，应沿台阶走向错开一定的距离；在上部台阶边缘安全带进行辅助作业的挖掘机，应超前下部台阶正常作业的挖掘机最大挖掘半径 3 倍的距离，且不小于 50 m。

5.2.3.9 挖掘机工作时，其平衡装置外型的垂直投影到台阶坡底的水平距离，应不小于 1 m。

操作室所处的位置，应使操作人员危险性最小。

5.2.3.10 挖掘机应在作业平台的稳定范围内行走。挖掘机上下坡时，驱动轴应始终处于下坡方向；铲斗应空载，并下放与地面保持适当距离；悬臂轴线应与行进方向一致。

5.2.3.11 挖掘机通过电缆、风水管、铁路道口时，应采取保护电缆、风水管及铁路道口的措施；在松软或泥泞的道路上行走，应采取防止沉陷的措施；上下坡时应采取防滑措施。

5.2.3.12 挖掘机、前装机铲装作业时，铲斗不应从车辆驾驶室上方通过。装车时，汽车司机不应停留在司机室踏板上或有落石危险的地方。

5.2.3.13 挖掘机运转时，不应调整悬臂架的位置。

5.2.4 推土机作业

5.2.4.1 推土机在倾斜工作面上作业时，允许的最大作业坡度，应小于其技术性能所能达到的坡度。

5.2.4.2 推土机作业时，刮板不应超出平台边缘。推土机距离平台边缘小于 5 m 时，应低速运行。推土机不应后退开向平台边缘。

5.2.4.3 推土机牵引车辆或其他设备时，应遵守下列规定：

——被牵引的车辆或设备，有制动系统，并有人操纵；

——推土机的行走速度，不超过 5 km/h；

——下坡牵引车辆或设备时，不用缆绳牵引；

——有专人指挥。

5.2.4.4 推土机发动时，机体下面和近旁不应有人作业或逗留。推土机行走时，人员不应站在推土机上或刮板架上。发动机运转且刮板抬起时，司机不应离开驾驶室。

5.2.4.5 推土机的检修、润滑和调整，应在平整的地面上进行。检查刮板时，应将其放稳在垫板上，并关闭发动机。

任何人均不应在提起的刮板上停留或进行检查。

5.2.5 采场塌陷和边坡滑落的预防

5.2.5.1 开采境界内和最终边坡邻近地段的废弃巷道、采空区和溶洞，应及时标在矿山平面图上，并随着采掘作业的进行，及时设置明显的警示标志。

5.2.5.2 开采境界内的废弃巷道、采空区和溶洞，应至少超前一个台阶进行处理。处理前应编制施工方案，并报主管矿长审批。

5.2.5.3 对采场工作帮应每季度检查 1 次，高陡边帮应每月检查 1 次，不稳定区段在暴雨过后应及时检查，发现异常应立即处理。

5.2.5.4 邻近最终边坡作业，应遵守下列规定：

——应采用控制爆破减震；

——应按设计确定的宽度预留安全平台、清扫平台、运输平台；

——应保持台阶的安全坡面角，不应超挖坡底；

——局部边坡发生坍塌时，应及时报告矿有关主管部门，并采取有效的处理措施；

——每个台阶采掘结束，均应及时清理平台上的疏松岩土和坡面上的浮石，并组织矿有关部门验收。

5.2.5.5　对运输和行人的非工作帮，应定期进行安全稳定性检查(雨季应加强)，发现坍塌或滑落征兆，应立即停止采剥作业，撤出人员和设备，查明原因，及时采取安全措施，并报告矿有关主管部门。

5.2.5.6　遇有下列情况之一时，应事先采取有效的安全措施进行处理：

——岩层内倾于采场，且设计边坡角大于岩层倾角；

——有多组节理、裂隙空间组合结构面内倾采场；

——有较大软弱结构面切割边坡、构成不稳定的潜在滑坡体的边坡。

5.2.5.7　露天采场各作业水平上、下台阶之间的超前距离，应在设计中明确规定。不应从下部不分台阶掏采。采剥工作面不应形成伞檐、空洞等。

5.2.5.8　边坡浮石清除完毕之前，其下方不应生产；人员和设备不应在边坡底部停留。

5.2.5.9　在境界外邻近地区堆卸废石时，应遵守设计规定，保证边坡的稳固，防止滚石、滑塌的危害。并且废石场不应成为作用于边坡的附加荷载。

5.2.5.10　边坡监测系统设计，应根据最终边坡的稳定类型、分区特点确定各区监测级别。对边坡应进行定点定期观测，包括坡体表面和内部位移观测、地下水位动态观测、爆破震动观测等。技术管理部门应及时整理边坡观测资料，据以指导采场安全生产。对存在不稳定因素的最终边坡应长期监测，发现问题及时处理。

5.2.5.11　大、中型矿山或边坡潜在危害性大的矿山，除应建立健全边坡管理和检查制度，对边坡重点部位和有潜在滑坡危险的地段采取有效的防治措施外，还应每5年由有资质的中介机构进行一次检测和稳定性分析。

5.2.6　联合开采

5.2.6.1　在地下开采的岩体移动范围内(包括10 m～20 m保护带)，除非采取有效的技术措施，否则不应同时进行露天开采。

5.2.6.2　露天与地下同时开采时，应遵守下列原则：

——受地下开采影响地段的露天边坡角，应根据影响程度适当减小；

——露天与地下各采区间的回采顺序，应在设计中予以规定，以免联合开采时相互影响。

5.2.6.3　露天与井下爆破相互影响时，不应同时爆破，且爆破前应通知对方撤出危险区内的人员。

规模较大的爆破作业，应制定有效的安全措施，报主管矿长批准。

5.2.6.4　地下开采改为露天开采时，应将全部地下巷道、采空区和矿柱的位置，绘制在矿山平、剖面对照图上。地下巷道和采空区的处理方法，应在设计中确定。地下开采的塌陷区范围内，不应布置重要矿山工程。

5.2.6.5　露天开采转地下开采时，对地下开采的上部边界，应根据所选用的采矿方法，在设计中确定境界安全顶柱的规格或岩石垫层的厚度。设计排水方案时，应考虑原露天坑的截排水能力。选择采矿方法时，应考虑边坡稳定性和产生泥石流对地下开采的影响。

5.2.7　分期开采和陡帮开采

5.2.7.1　分期开采应遵守下列规定：

——安全平台宽度应不小于15 m；

——采用陡帮扩帮作业时，每隔60～90 m高度，应布置一个宽度不小于20 m的接滚石平台。

5.2.7.2　陡帮开采应遵守下列规定：

——陡帮开采工艺的作业台阶，不应采用平行台阶的排间起爆方式，宜采用横向起爆方式；

——爆区最后一排炮孔，孔位应成直线，并控制炮孔装药量，以利于为下一循环形成规整的临时非工作台阶；

——在爆区边缘部位形成台阶坡面处进行铲装时，应严格按计划线铲装，以保证下一循环形成规整的临时非工作台阶；

——爆破作业后，在陡帮开采作业区的坑线上和临时非工作台阶的运输通道上，应及时处理爆碴中的危险石块，汽车不应在未经处理的线路上运行；

——上部采剥区段在第一采掘带作业时，下部临时帮上运输线不应有运输设备通过；

——临时非工作台阶作运输通道时，其上部临时非工作平台的宽度应大于该台阶爆破的旁冲距离；

——临时非工作台阶不作运输通道时，其宽度应能截住上一台阶爆破的滚石；

——组合台阶作业区之间或组合台阶与采场下部作业区之间，应在空间上错开，两个相邻的组合台阶不应同时进行爆破；作业区超过300 m时，应按设计规定执行。

5.3 运输

5.3.1 铁路运输

5.3.1.1 矿山铁路，应按规定设置避让线和安全线；在适当地点设置制动检查所，对列车进行检查试验；设置甩挂、停放制动失灵的车辆所需的站线和设备。

5.3.1.2 设在曲线上的牵出线，应有保证调车安全的良好瞭望条件。从T接线和调车牵出线的铁路中心线至有作业的一侧路基面边缘的距离，应不小于3.5 m，窄轨铁路的路肩宽度应不小于1 m。

5.3.1.3 下列地段应设双侧护轮轨：

——全长大于10 m或桥高大于6 m的桥梁(包括立交桥)和路堤道口铺砌的范围内；

——线路中心到跨线桥墩台的距离小于3 m的桥下线。

固定线和半固定线采用表2所列的最小曲线半径时，应在曲线内侧设单侧护轮轨。

表2 最小曲线半径

线路名称	准轨铁路			窄轨铁路		
	机车、车辆类型			固定轴距/m		
	一类	二类	三类	<1.4	1.4～2.0	2.1～3.0
				铁路轨距/mm		
				600	762,900	762,900
最小曲线半径/m	120	120	150	30	60	80

注：准轨铁路电机车、车辆类型分类：一类为机车固定轴距≤2.6 m、全轴距<11 m，矿车固定轴距≤1.8 m、全轴距<11 m；二类为机车固定轴距≤2.6 m、全轴距<16 m，矿车固定轴距≤1.8 m、全轴距<11 m；三类为机车固定轴距1.2×2、全轴距<13 m。改建矿山利用旧有机车固定轴距大于2.6 m，小于3 m时，可参照二类的标准。

5.3.1.4 人流和车流的密度较大的铁路与道路的交叉口，应立体交叉。平交道口应设在瞭望条件良好、满足规定的机车与汽车司机通视距离的线路上，站内不宜设平交道口。瞭望条件较差或人(车)流密度较大的平交道口，应设自动道口信号装置或设专人看守。

5.3.1.5 电气化铁路，应在道口处铁路两侧设置限界架；在大桥及跨线桥跨越铁路电网的相应部位，应设安全栅网；跨线桥两侧，应设防止矿车落石的防护网。

5.3.1.6 繁忙道口、有人看守的较大的桥隧建构筑物和可能危及行车安全的塌方、落石地点，宜安设遮断信号机，其位置距防护地点不小于50 m。在有暴风雨、雾、雪等不良气候条件的地区，或当遮断信号机显示距离不足400 m时，还应在主体信号机前方300 m(窄轨铁路150 m)处，设预告信号机或复示信号机。

5.3.1.7 装(卸)车线一般应设在平道或坡度不大于2.5‰(窄轨不大于3‰)的坡道上；对有滚动轴承的车辆，坡度应不大于1.5‰。

特殊情况下，机车不摘钩作业时，其装卸线坡度：准轨，应不大于10‰；窄轨，应不大于15‰。

铁路线尽头应设安全车挡与警示标志。

5.3.1.8 列车运行速度，由矿山具体确定，但应保证能在准轨铁路300 m、窄轨铁路150 m的制动距离内停车。

5.3.1.9 同一调车线路，不应两端同时进行调车。采取溜放方式调车时，应有相应的安全制动措施。在运行区间内不准甩车。在站线坡度大于2.5‰(滚动轴承车辆大于1.5‰，窄轨大于3‰)的坡道上进行甩车作业时，应采取防溜措施。

5.3.1.10 列车通过电气化铁路、高压输电网路或跨线桥时，人员不应攀登机车、煤水车或装载敞车的顶部。电机车升起受电弓后，人员不应登上车顶或进入侧走台工作。

5.3.1.11 铁路吊车作业时，应根据设备性能和线路坡度的需要，采取止轮或机车(列车)连挂等安全措施。

5.3.1.12 窄轨人力推车时，应遵守以下规定：

——线路坡度5‰以下时，前后两车的间距应不小于10 m；坡度大于5‰时，间距应不小于30 m；坡度大于10‰时，不应人力推车；

——在能够自溜的线路上运行时，行车速度应不超过3 m/s，并应有可靠的制动装置或制动措施。矿车进入弯道、道岔、站场和尽头时，应减速缓行；

——车辆上不应有人搭乘；

——双轨道上同向或逆向行驶的矿车间距，应不小于0.7 m。推车工不应在两车道中间行走。

5.3.1.13 窄轨自溜运输，车辆的滑行速度应不超过3 m/s。滑行速度1.5 m/s以下时，车辆间距应不小于20 m，滑行速度超过1.5 m/s时，车辆间距应不小于30 m。

自溜运输，沿线应按需要设减速器或阻车器等安全装置。

5.3.1.14 发生故障的线路，应在故障区域两端设停车信号，独头线路发生故障时，应在进车端设停车信号；故障排除和停车信号撤除之前，列车不应在故障线路区域运行。

5.3.1.15 陡坡铁路运输应遵守以下规定：

——线路坡度范围不应超过50‰；列车运行速度应不低于15 km/h，不高于40 km/h；线路建设等级应为固定式、半固定式；

——线路平面的圆曲线半径应不小于250 m；直线与圆曲线间应采用三次抛物线型缓和曲线连接；缓和曲线的长度应不小于30 m，超高顺坡率应不大于3‰；圆曲线或夹直线最小长度应不小于30 m(小于列车长度时设置护轮轨)；竖曲线半径应不小于3 000 m；

——最大坡度应按式(1)和式(2)进行坡度折减：

当曲线长度大于或等于列车长度时，

$$\Delta i_r = 600/R \qquad \cdots\cdots(1)$$

当曲线长度小于列车长度时，

$$\Delta i_r = 10.5\sum\alpha/L \qquad \cdots\cdots(2)$$

式中：

Δi_r——曲线阻力所引起的坡度减缓值(‰)；

R——曲线半径，单位为米(m)；

L——坡段长度，单位为米(m)；

$\sum\alpha$——坡段长度内平面曲线偏角总和(°)；

纵断面坡段长度应不小于200 m；

——轨道类型应为次重型以上(轨型重量不小于50 kg/m)；混凝土轨枕、弹条扣件铺设参数应为1 760根/km以上；道渣厚度应不小于350 mm；

——线路应采用25m标准长度钢轨，钢轨接头采用对接；轨距1 435 mm，当曲线半径为300 m≤R<350 m时，曲线轨距应加宽5 mm；当曲线半径为250 m≤R<300 m时，曲线轨距应加宽15 mm；道床边坡坡度应不大于1∶1.75；

——每25 m应铺设2组防爬桩，应双向安装8对防爬器，应安装14对轨撑；

——150 t电机车牵引 60 t重矿车数量应不超过 8 辆;224 t电机车牵引 60 t重矿车数量应不超过 12 辆。

5.3.2 **道路运输**

5.3.2.1 深凹露天矿运输矿(岩)石的汽车,应采取尾气净化措施。

5.3.2.2 不应用自卸汽车运载易燃、易爆物品;驾驶室外平台、脚踏板及车斗不应载人。

不应在运行中升降车斗。

5.3.2.3 双车道的路面宽度,应保证会车安全。陡长坡道的尽端弯道,不宜采用最小平曲线半径。弯道处的会车视距若不能满足要求,则应分设车道。急弯、陡坡、危险地段应有警示标志。

5.3.2.4 雾天或烟尘弥漫影响能见度时,应开亮车前黄灯与标志灯,并靠右侧减速行驶,前后车间距应不小于 30 m。视距不足 20 m 时,应靠右暂停行驶,并不应熄灭车前、车后的警示灯。

5.3.2.5 冰雪或多雨季节道路较滑时,应有防滑措施并减速行驶;前后车距应不小于 40 m;拖挂其他车辆时,应采取有效的安全措施,并有专人指挥。

5.3.2.6 山坡填方的弯道、坡度较大的填方地段以及高堤路基路段,外侧应设置护栏、挡车墙等。

5.3.2.7 正常作业条件下,同类车不应超车,前后车距离应保持适当。生产干线、坡道上不应无故停车。

5.3.2.8 自卸汽车进入工作面装车,应停在挖掘机尾部回转范围 0.5 m 以外,防止挖掘机回转撞坏车辆。汽车在靠近边坡或危险路面行驶时,应谨慎通过,防止崩塌事故发生。

5.3.2.9 对主要运输道路及联络道的长大坡道,应根据运行安全需要,设置汽车避让道。

5.3.2.10 道路与铁路交叉的道口,宜采用正交形式,如受地形限制应斜交时,其交角应不小于 45°。

道口应设置警示牌。

车辆通过道口之前,驾驶员应减速瞭望,确认安全方可通过。

5.3.2.11 装车时,不应检查、维护车辆;驾驶员不应离开驾驶室,不应将头和手臂伸出驾驶室外。

5.3.2.12 卸矿平台(包括溜井口、栈桥卸矿口等处)应有足够的调车宽度。卸矿地点应设置牢固可靠的挡车设施,并设专人指挥。挡车设施的高度应不小于该卸矿点各种运输车辆最大轮胎直径的 2/5。

5.3.2.13 拆卸车轮和轮胎充气之前,应先检查车轮压条和钢圈完好情况,如有缺损,应先放气后拆卸。在举升的车斗下检修时,应采取可靠的安全措施。

5.3.2.14 不应采用溜车方式发动车辆,下坡行驶不应空档滑行。在坡道上停车时,司机不应离开;应使用停车制动,并采取安全措施。

5.3.2.15 露天矿场汽车加油站,应设置在安全地点。不应在有明火或其他不安全因素的地点加油。

5.3.2.16 夜间装卸车地点,应有良好照明。

5.3.3 **溜槽、平硐溜井运输**

5.3.3.1 应合理选择溜槽的结构和位置。从安全和放矿条件考虑,溜槽坡度以 45°～60°为宜,应不超过 65°。溜槽底部接矿平台周围应有明显警示标志,溜矿时人员不应靠近,以防滚石伤人。

5.3.3.2 确定溜井位置,应依据可靠的工程地质资料。溜井应布置在矿岩坚硬、稳定、整体性好、地下水不大的地点。溜井穿过局部不稳固地层,应采取加固措施。

5.3.3.3 放矿系统的操作室,应设有安全通道。安全通道应高出运输平硐,并应避开放矿口。

5.3.3.4 平硐溜井应采取有效的除尘措施。

5.3.3.5 溜井的卸矿口应设挡墙,并设明显标志、良好照明和安全护栏,以防人员和卸矿车辆坠入。机动车辆卸矿时,应有专人指挥。

5.3.3.6 运输平硐内应留有宽度不小于 1 m(无轨运输时,不小于 1.2 m)的人行道。进入平硐的人员,应在人行道上行走。

平硐内应有良好的照明设施和联络信号。

5.3.3.7 容易造成堵塞的杂物,超规定的大块物件、废旧钢材、木材、钢丝绳及含水量较大的黏性物料,不应卸入溜井。溜井不应放空，应保持经常性放矿制度。

5.3.3.8 在溜井口周围进行爆破，应有专门设计。

5.3.3.9 溜井上、下口作业时，无关人员不应在附近逗留。操作人员不应在溜井口对面或矿车上撬矿。

溜井发生堵塞、塌落、跑矿等事故时，应待其稳定后再查明事故的地点和原因，并制定处理措施；事故处理人员不应从下部进入溜井。

5.3.3.10 应加强平硐溜井系统的生产技术管理，编制管理细则，定期进行维护检修。检修计划应报主管矿长批准。

5.3.3.11 雨季应加强水文地质观测，减少溜井储矿量；溜井积水时，不应卸入粉矿，并应采取安全措施，妥善处理积水，方可放矿。

5.3.4 带式输送机运输

5.3.4.1 带式输送机两侧应设人行道，经常行人侧的人行道宽度应不小于1.0 m；另一侧应不小于0.6 m。

人行道的坡度大于7°时，应设踏步。

5.3.4.2 非大倾角带式输送机运送物料的最大坡度，向上应不大于15°，向下应不大于12°。

5.3.4.3 带式输送机的运行，应遵守下列规定：

——任何人员均不应乘坐非乘人带式输送机；

——不应运送规定物料以外的其他物料及设备和过长的材料；

——物料的最大块度应不大于350 mm；

——堆料宽度，应比胶带宽度至少小200 mm；

——应及时停车清除输送带、传动轮和改向轮上的杂物，不应在运行的输送带下清矿；

——必需跨越输送机的地点，应设置有栏杆的跨线桥；

——机头、减速器及其他旋转部分，应设防护罩；

——输送机运转时，不应注油、检查和修理。

5.3.4.4 带式输送机的胶带安全系数，按静载荷计算应不小于8，按启动和制动时的动载荷计算应不小于3；钢绳芯带式输送机的静载荷安全系数应不小于5。

5.3.4.5 钢绳芯带式输送机的卷筒直径，应不小于钢丝绳直径的150倍，不小于钢丝直径的1 000倍，且最小直径不应小于400 mm。

5.3.4.6 各装、卸料点，应设有与输送机联锁的空仓、满仓等保护装置，并设有声光信号。

5.3.4.7 带式输送机应设有防止胶带跑偏、撕裂、断带的装置，并有可靠的制动、胶带和卷筒清扫以及过速保护、过载保护、防大块冲击等装置；线路上应有信号、电气联锁和紧急停车装置；上行的输送机，应设防逆转装置。

5.3.4.8 更换拦板、刮泥板、托辊时应停车，切断电源，并有专人监护。

5.3.4.9 胶带启动不了或打滑时，不应用脚蹬踩、手推拉或压杠子等办法处理。

5.3.5 架空索道运输

5.3.5.1 架空索道运输，应遵守GB 12141的规定。

5.3.5.2 索道线路经过厂区、居民区、铁路、道路时，应有安全防护措施。

5.3.5.3 索道线路与电力、通讯架空线路交叉时，应采取保护措施。

5.3.5.4 遇有八级或八级以上大风时，应停止索道运转和线路上的一切作业。

5.3.5.5 离地高度小于2.5 m的牵引索和站内设备的运转部分，应设安全罩或防护网。高出地面0.6 m以上的站房，应在站口设置安全栅栏。

5.3.5.6 驱动机应同时设置工作制动和紧急制动两套装置，其中任一套装置出现故障，均应停止运行。

5.3.5.7 索道各站都应设有专用的电话和音响信号装置，其中任一种出现故障，均应停止运行。

5.3.6 **斜坡卷扬运输**

5.3.6.1 斜坡轨道与上部车场和中间车场的连接处，应设置灵敏可靠的阻车器。

5.3.6.2 斜坡轨道应有防止跑车装置等安全设施。

5.3.6.3 斜坡卷扬运输速度，不应超过下列规定：

——升降人员或用矿车运输物料的最高速度：斜坡道长度不大于 300 m 时，3.5 m/s；斜坡道长度大于 300 m 时，5 m/s；在甩车道上运行，1.5 m/s；

——用箕斗运输物料和矿石的最高速度：斜坡道长度不大于 300 m 时，5 m/s；斜坡道长度大于 300 m时，7 m/s；

——运输人员的加速度或减速度，0.5 m/s^2。

5.3.6.4 斜坡卷扬运输的机电控制系统，应有限速保护装置、主传动电动机的短路及断电保护装置、过卷保护装置、过速保护装置、过负荷及无电压保护装置、卷扬机操纵手柄与安全制动之间的联锁装置、卷扬机与信号系统之间的闭锁装置等。

5.3.6.5 卷扬机紧急制动和工作制动时，所产生的力矩和实际运输最大静荷重旋转力矩之比 K，均应不小于 3。质量模数较小的绞车，保险闸的 K 值可适当降低，但应不小于 2。

调整双卷筒绞车卷筒旋转的相对位置时，制动装置在各卷筒闸轮上所产生的力矩，不应小于该卷筒悬挂重量（钢丝绳重量与运输容器重量之和）所形成的旋转力矩的 1.2 倍。

计算制动力矩时，闸轮和闸瓦摩擦系数应根据实测确定，一般采用 0.30～0.35，常用闸和保险闸的力矩应分别计算。

5.3.6.6 应沿斜坡道设人行踏步。

斜坡轨道两侧应设堑沟或安全挡墙。

5.3.6.7 斜坡轨道道床的坡度较大时，应有防止钢轨及轨梁整体下滑的措施；钢轨敷设应平整、轨距均匀。

斜坡轨道中间应设地辊托住钢丝绳，并保持润滑良好。

5.3.6.8 矿仓上部应设缓冲台阶、挡矿板、防冲击链等防砸设施。

矿仓闸门口下部应设置接矿坑或刮板运输机，以收集和清理撒矿。

5.3.6.9 卷筒直径与钢丝绳直径之比，应不小于 80。卷筒直径与钢丝直径之比，应不小于 1 200。

专门运输物料的钢丝绳，安全系数应不小于 6.5；运送人员的，应不小于 9。

钢丝绳在卷筒上多层缠绕时，卷筒两端凸缘应高出外层绳圈 2.5 倍钢丝绳直径的高度。

钢丝绳弦长不宜超过 60 m；超过 60 m 时，应在绳弦中部设置支撑导轮。

5.3.6.10 卷扬司机、卷扬信号工、矿仓卸矿工之间，应装设声光信号联络装置。联系信号应清楚；信号中断或不清，应停止操作，并查明原因。

5.3.6.11 在斜坡轨道上，或在箕斗（矿车）、料仓里工作，应有安全措施。

5.3.6.12 调整卷扬钢丝绳，应空载、断电进行，并用工作制动。

拉紧钢丝绳或更换操作水平时，运行速度不应超过 0.5 m/s。

5.3.6.13 对钢丝绳及其相关部件，应定期进行检查与试验；发现下列情况之一均应更换：

——专门运输物料的钢丝绳，在一个捻距内断丝数目达到钢丝总数的 10%；

——因紧急制动而被猛烈拉伸时，在拉伸区段有损坏或长度增加 0.5%以上；

——磨损达 30%；

——有断股或直径缩小达 10%。

多层缠绕的钢丝绳，由下层转到上层的临界段应加强检查，并且每季度应将临界段串动 1/4 绳圈的位置。

运输物料的钢丝绳，自悬挂之日起，隔 1 年做第一次试验，以后每隔 6 个月试验 1 次。

箕斗卷扬钢丝绳的连接套拔出 5 mm 以上，或出现其他异常现象时，应重新浇注连接。

5.4 水力开采和挖掘船开采

5.4.1 水力开采

5.4.1.1 水枪喷嘴至工作台阶坡底线的最小距离，应符合下列规定：

——逆向冲采松散的砂质黏土岩，不小于台阶高度的 0.8 倍；冲采黏土质的致密岩土，不小于台阶高度的 1.2 倍。

——远距离操纵的近冲水枪，距台阶坡底线的最小距离，应在设计中确定。

5.4.1.2 冲采致密岩土并进行底部掏槽时，台阶高度应不超过 10 m，超过 10 m 时，应分段逆向冲采。复用尾矿时，其开采台阶高度应不超过 5 m。

采用水力掘沟、明槽运矿时，其堑沟宽度应不小于台阶高度的 1.5 倍。

5.4.1.3 开采洗选排弃的尾矿中的泥油层，或倾角 30°以上且底板较平滑的山坡砂矿，不应逆向冲采。冲采溶洞中的沉积砂矿时，应及时处理溶洞边缘上的浮石。台阶坡面上有大块浮石时，不应正面冲采。

5.4.1.4 水枪正在作业的冲采工作面，人员不应进入边坡顶部和底部的边缘。水枪停止作业时，应经过检查确认安全，方可进入冲采工作面，但不应进入坡底线附近。水枪开动时，任何人员均不应在冲采范围内进行其他工作。

水枪突然停水，在关闭水源开关以前，任何人员均不应进入冲采工作面。

5.4.1.5 一个台阶同时有两台水枪作业时，对向冲采时相互距离应不小于水枪有效射程的 2.5 倍；并列冲采时相互距离应不小于水枪有效射程的 1.5 倍。

上、下两个台阶同时开采时，上部台阶作业面应超前下部台阶作业面 30 m 以上。

5.4.1.6 矿浆池上部的砂泵，应设稳固的操作平台和带扶手的梯子。平台宽度应不小于 0.7 m。

上面有行人的运矿沟槽，沟槽上应设盖板或金属网。深度超过 2 m 的沟槽，应设明显标志，并禁止人员靠近。

5.4.1.7 敷设有管道或渡槽的栈桥，应设宽度不小于 0.5 m 的人行通道、栏杆和梯子。

5.4.1.8 供配电线路，应符合下列要求：

——固定输电线路，不应设在采掘作业区内，其与作业水枪间的距离，应不小于水枪射程的 2 倍；

——采场内的移动电缆，不应从水枪射程范围内通过，并应保证绝缘良好；

——电气线路应有良好的防雷设施。

5.4.1.9 泥浆管道至裸露输电线和通讯线路的距离，应不小于电杆高度的 1.5 倍。

5.4.2 挖掘船开采

5.4.2.1 非标准采、选船的设计和制造，应由有相应资质的单位承担。

5.4.2.2 采、选船基坑开挖的水深，应大于船的吃水深度加 0.8 m 以上；采、选船的吃水深度超过设计规定的吃水深度时，应及时查找原因，排除安全隐患；采区实际水深低于船的吃水深度时，应停止作业；开采工作面水上边坡高度大于 3 m、边坡角大于矿岩自然安息角时，应用水枪及时处理边坡。

5.4.2.3 采、选船上机械设备的转动部位，应安装可拆卸的护栏；甲板、桥板、梯子及高于甲板 2 m 以上的操作平台外侧，应安装扶手；浮箱式采、选船的浮箱，应设平时密封紧锁的渗水观察孔。

5.4.2.4 采、选船的牵引绳应定期检查，其安全系数低于设计要求时，应及时更换。

5.4.2.5 挖掘作业期间，在挖掘船的首绳和边绳的岸上设置区内，不应进行其他作业。

5.4.2.6 挖掘船的安全水位和最小采幅，应在设计中规定。挖掘船工作时，干舷高应不小于 0.2 m；挖掘船过河时，河面标高与采池水面标高之差，应不大于 0.5 m；挖掘船过河段低于安全水位时，应筑坝提高水位，不宜采用超挖底板开拓法过河。

5.4.2.7 地表建(构)筑物到采池边的距离，应不小于 30 m；设备到采池边的距离，应不小于 5 m；人员到采池边的距离，应不小于 2 m。

5.4.2.8 挖掘船作业时，在其回转半径范围内，不应有人员和船只停留或经过。

5.4.2.9 在大风、大雾及洪水期间，行船和调船应有可靠的安全措施。

5.4.2.10 动力电缆应保持绝缘良好;敷设在地表部分,应有警示标志;横穿道路时,应采取防护措施;水上部分应敷设在浮箱或木排上。

5.4.2.11 挖掘船上应设置水位警报、照明、信号、通讯和救护设备。

5.4.2.12 采场的主要进出口,应设置醒目的警示标志。距离采场边缘 30 m,应设安全防护线,其内不应堆放任何杂物。进入采场的作业人员,应穿戴救生器材。

5.4.2.13 挖掘船船体离采场边缘,应有不小于 20 m 的安全距离。船体四周应用缆绳固定,防止飘浮摇摆,碰撞采场边坡面产生滑坡事故。

5.4.2.14 采场边坡高度不应大于 10 m,边坡角水上部分应控制在 40°以下,水下部分应控制在 30°以下。应定期对边坡进行安全检查,发现有潜在滑坡危险地段,应自上而下放缓边坡。

5.4.2.15 过采区应按设计要求进行回填及治理,防止滑坡、塌方和泥石流等灾害发生。

5.5 饰面石材开采

5.5.1 石材矿山开采荒料,不宜使用硐室等各种大型爆破、烈性炸药爆破。必须使用烈性炸药爆破的,应在设计中进行专门论证。

5.5.2 台阶参数应符合下列规定:

——台阶、分台阶高度,根据所选定的开拓系统确定,采用直进式道路开拓时,台阶高度不大于 20 m,分台阶高度不大于 6 m;采用桅杆式等起重设备作业时,台阶高度由设计确定;

——台阶、分台阶坡面角,应根据矿层产状和节理裂隙倾角确定,工作台阶坡面角应小于 80°,台阶最终坡面角应小于 70°,分台阶坡面角应不超过 90°或与节理裂隙倾角一致;

——采场最终边坡角应满足安全生产的要求,宜小于 60°或由设计确定;

——最小工作平台宽度,应满足荒料分离、分切、整形、吊装运输、清碴等工艺设备和安全的要求,机械化开采时最小工作平台宽度由设计确定,但应不小于 30 m;分台阶工作平台宽度,应大于分台阶高度;安全和清扫平台宽度,由设计确定。

5.5.3 石材开采的剥离、开沟等浅眼爆破和其他常规爆破,应按爆破作业的有关规定执行,控制爆破的安全距离应满足 GB 6722 的要求。

5.5.4 挖掘机、起重机作业,应遵守下列规定:

——挖掘机的停留、挖掘作业等,严格执行挖掘机的安全操作规程;

——采场进行牵引、吊装作业时,与作业无关的人员不应进入作业区;

——6 级以上大风和大雪、大雨天气,应停止吊装作业;

——汽车起重机、履带起重机的停放、作业场地,应根据作业要求和环境条件,选择稳固、便于操作的地方;

——吊装荒料时,开车前应鸣笛;吊运中接近人员时,应发出断续笛声,吊臂下不应有人;吊装荒料不应从载重汽车驾驶室上方和人员头顶上面越过,不应碰撞车体,荒料不应冲砸车箱底板和车帮;

——被吊荒料离开作业面之前不应回转;起吊大块荒料回转时,不应改变动臂倾角,不应换档;

——吊装荒料的重量应与起重机的起重能力相适应,不应超载起吊,重量不清的荒料或与岩体未完全分离的块石不应起吊;起吊不应斜拉、拖拽;

——起重机司机交接班时,应对制动器、吊钩、钢丝绳和限位开关等进行检查,并做好日常保养、润滑等工作;发现性能不正常,应在操作之前排除;

——汽车起重机、履带起重机行走时,其吊臂应置于行走位置,通过高、低压输电线路时,最高点与电线距离应不小于 2 m;

——开始起吊荒料时,如发现电流表超过额定数值,应立即停止起吊,放下荒料,查明原因,排除故障后,方可重新开始作业;

——桅杆吊基础的位置,应符合开采工艺要求,选择在坚实稳固的地段;设备基础,应根据安装地点的工程地质资料、设备吊装能力的要求，由设计确定。桅杆吊应安装可靠的防雷和接地保护装置；

——吊装用钢丝绳应符合 GB/T 6067 的规定，并按 GB/T 5972 的要求进行检验和报废，不应超限使用；

——制动器的零部件有裂纹、制动带摩擦片厚度磨损达到厚度的 50%、弹簧出现塑性变形、小轴或轴孔直径磨损达到原直径的 5%时，均应报废；

——制动轮的制动摩擦面，不应有妨碍制动性能的缺陷或沾染油污；制动轮出现裂纹、轮缘厚度磨损达到原厚度的 40%时，应报废；

——提升、变幅、回转机构的限位开关中的接触开关，使用时应定期检查，超过使用寿命应及时更换；

——吊钩不应与吊臂上端的滑轮相碰，应保留 2 m 以上的安全距离；

——吊钩的最低极限位置，应保证提升卷筒上最少绕有 6～7 圈的提升钢丝绳。

5.5.5 锯石机作业应遵守下列规定：

——钢索锯石机应按照设备总装图和设计要求，安全可靠地固定在设备基础上；安装完毕，应检查单机和各部分的相互匹配情况，确认安全可靠，方可进行联动试车；

——钢索锯石机锯切大理石，应先开空车试运转，待钢丝绳运行速度稳定后方可推进锯割；锯割中应定期检查钢丝绳是否有裂纹及磨损情况，如有断绳迹象应及时更换；锯石机在运转中不应随意停机；停机时应先停止加沙，只加水，以冲洗锯缝中的砂浆，再将锯割钢丝绳退出 100 mm 以上，使钢丝绳脱离锯缝底部，然后停机；

——锯割钢丝绳的锯槽磨平时，应立即按规定更换新绳；

——钢索锯石机进行锯割作业时，锯割绳两侧 10 m 范围内，不应有人进入；

——链臂式锯石机的安装，应严格按设备说明书的要求清理和平整工作面，调整校对好主机和切割刀的行走导轨，安全可靠地紧固机械；按规定加注液压油、润滑油，并定期检查，及时更换；

——锯割过程中应始终保持供水量，一旦发生卡链，应适当减慢推进和锯割速度，清除卡链的小石块，不应拆卸链条；当链条被卡住不能动作或有异常响声时，应切断电源停机，查明原因，清除故障，必要时将机器倒转后退 20 mm～30 mm 再起动；

——锯割作业应做好记录，及时更换磨损的部件。

5.5.6 火焰切割机作业应遵守下列规定：

——操作工应进行技术培训，应有 3 人～5 人协同、轮换作业，正常切割时 1 人操作，1 人观察全机动态，1 人负责空压机和氧气管理；

——点火调试、切割时，应严格执行火焰切割操作规程，操作人员应戴好防噪声耳罩、防护眼镜和防尘口罩；喷燃器前方不应站人；遇风时，应尽量避免迎风点火；

——切割前应清理干净火焰切割部位的石碴、风化浮石等；操作杆与被切割岩面应成 70°～75°夹角；开始时火焰方向朝外，正常切割时火苗方向朝内；喷嘴口离切割面的距离应适当，并以适当速度来回移动；

——切割中应避免形成凹坑，出现凹坑应尽快处理，以免旋回石碴飞出烧伤或打伤操作工；

——火焰切割机连续工作时间不宜超过 4 h。

5.5.7 慢动卷扬机作业应遵守下列规定：

——设备安装定位后，应按要求注油、清除机内杂物，检查电路是否符合安全要求；确认无误后，进行空载试运转，30 min 内无异常噪音、振动、发热，各操作手柄灵活、正常时，方可进行绕绳等作业；

——每班作业前应检查润滑部位是否缺油，机内有无杂物，各连接部位有无松动，钢绳是否有严重磨损或断股，电气线路是否符合安全要求；工作中发现异常，应立即断电停车处理；设备停止作业应切断电源；

——露天作业，传动系统应有防雨设施；慢动卷扬机的钢丝绳应安装导向装置，卷扬机进行牵引、拖拽时，人员不应跨越钢丝绳，钢丝绳两边 10 m 范围内不应有人员来往和进行其他作业；

——设备应定期检查、维护，发现有超出允许范围的磨损件，应立即修复或更换。

5.5.8 使用手持式凿岩机作业时，操作工不应用身体推压凿岩机。在凿岩工作面，不应一人同时操作多台凿岩机作业。

5.6 盐类矿山开采

5.6.1 盐湖开采

5.6.1.1 盐湖作业区，应符合下列规定：

——在溶洞、气眼和淤泥较厚的地点，应设立明显标志；

——采坑深度超过 1 m 时，距采坑边缘 1.5 m 范围内，不应站人或停放设备；

——盐层松软的再生盐产区，车辆驶入之前，应查明盐层的承载能力。

5.6.1.2 在盐湖内进行手工开采作业，应遵守下列规定：

——夏季应采取防暑措施；

——两人同时在同一盐槽内作业，其间距应保持在 2 m 以上；

——作业人员应穿戴工作服、胶靴、墨镜和凉帽。

5.6.1.3 采盐船应符合下列规定：

——采盐船的长宽比、型宽与型深比，应符合有关船舶设计规范的规定；

——采盐船的初稳心高度，应在 1.5 m～3.0 m 范围内；

——采盐船的液压传动系统，应保证各系统均可自动调节超压泄荷，实现恒扭矩无级变速，油泵在零流量时起动，保证主机安全运行；

——非自发电的采盐船动力电缆，应选用符合 GB 5013.1、GB 5013.2 规定的 YC、YCW 型电缆；

——采盐船所选用的电器设备、元件，应具有防潮性能；

——采盐船甲板，应采取防滑措施。

5.6.1.4 采盐船绞车应符合 JB 8516 的有关规定；钢丝绳应符合 GB/T 8918 的有关规定；采坑两边的缆机桩，应具有足够的抗拉强度。

5.6.1.5 采盐船采掘作业，应遵守下列规定：

——采盐船动力电缆的铺设应规范，并留有较长余量，防止过紧拉断或被采盐船、运盐船碰挂损伤；

——采坑的水深，应不小于采盐船设计吃水深度的 1.3 倍；

——绞吸式采盐船，绞刀应至少没入水中 3/4；

——采掘原盐层，应自上而下分层进行，防止采掘量超限引起链斗出轨、断链或绞刀卡死；

——采掘工作中横移缆绳应松紧适宜；横移绞车的转速应根据采掘量及盐层的松软程度确定，防止缆绳过紧造成断绳；

——链斗运转时，应注意观察桥身振动等异常现象，发现问题立即停机处理；

——破碎机出现堵塞或破碎板松动，应停止上料，并切断链斗和破碎机电源后，进行处理；

——每 2 h 检查一次台车油缸和定位桩油缸，发现台车行程与指示器不符，应立即停机调整；

——采盐船移位时，应停止链斗、破碎机或绞刀等设备的运转，并提起主、副桩；

——梭式输送机横移时，机上和机头伸出方向不应有人；输送机伸向运盐船船仓前，应发出警号；

——采盐船与运盐船的移动，应协调一致，并通过鸣笛等加强联系，避免撞船。

5.6.1.6 疏松盐层爆破，应执行 GB 6722 的有关规定。

5.6.1.7 采用铁路和道路运输卤盐，应执行本标准 5.3.1 和 5.3.2 的有关规定。

5.6.1.8 采用管道输送卤盐，应遵守下列规定：

——输盐管路每隔 100 m～200 m，应设一事故处理用的三通管；

——输盐管路，应每年旋转一定角度；
——管路支座基础，应定期检查和维护；
——水泵加盘根或维修时，应断开电源。

5.6.1.9　采用运盐船运输卤盐，应遵守下列规定：

——运盐船运输的航道和码头，应根据盐湖开采的总体布置，综合考虑供水、供电、维修、盐湖补水条件等，进行合理规划；
——航道宽度应为运盐船宽度的5倍～6倍；
——航道水深应不小于1.5 m；
——应及时清理和打捞航道中的漂浮物；
——码头船坞的设置，应考虑运盐船的卸盐方式；
——港池应具有船舶调头、会船安全作业的最小水域；
——码头应具有良好的照明设施，并配备适当数量的探照灯，保证码头周围的湖面有足够的照度；
——运盐船应达到船舶技术状况分类的一类船；
——运盐船每年应按规定由有资质的检测检验机构检验一次；
——运盐船应配备足够数量的灭火器材及救生器具；
——运盐船使用的电气设备，应有良好的防水、防潮、耐腐蚀和绝缘性能；
——运盐船不应超载运行；应以安全航速行驶；安全航速的确定，应考虑能见度、通航密度、船舶操纵性能等；
——相向行驶的运盐船，会船时的最小距离应不小于5 m；
——运盐船进入采区，应减速行驶；
——运盐船空载航行时，应进行漏水检查，以免发生沉船事故；
——运盐船行至离港湾200 m时，应加强瞭望，减速行驶，并用声光信号与码头指挥人员取得联系；未经指挥人员同意，不应进港；
——运盐船卸盐时，绞车钢丝绳和驱动齿轮旁，或卸料输送机机架上、下方，不应有人；
——运盐船卸盐完毕，方可提起盐门(或收回输送机)，不应带料提起盐门(或收回输送机)。

5.6.1.10　采用带式(或刮板)输送机运输卤盐，应遵守本标准5.3.4的有关规定。

5.6.1.11　推土机作业时，应选择适宜的铲、推线路。清理作业现场时，应保证车辆无下陷、倾覆等危险。

5.6.1.12　推土机清除高于机体并埋于地下的物体时，应有安全防护措施。

5.6.1.13　推土机作业时，人员不应上下。夜间作业时，现场应有良好的照明。

5.6.1.14　矿堆和尾盐矿堆，应分层堆排，分层高度不大于30 m，坡面角不超过60°，分层排放不宜超过2个分层，并留有20 m宽的安全平台。

5.6.1.15　任何人均不应在矿堆和尾盐矿堆上或下方停留。

5.6.2　钻井水溶开采

5.6.2.1　钻机选型应综合考虑矿层埋藏深度、钻井方式、井身结构等因素，以保证钻井施工安全。

5.6.2.2　井架及其基础，应符合下列规定：

——各主要部件不应有裂纹和严重锈蚀、变形、弯曲；
——螺栓、螺帽及弹簧垫圈应齐全；
——基础应满足施工安全要求，其平面误差应不大于3 mm；
——底座四角高差应不大于3 mm；
——绷绳数量、直径、方向，应按所选井架出厂规定考虑，用正反螺栓绷紧，与地面呈45°；绷绳坑大小和深度，应根据井架负荷及土质差异计算确定。

5.6.2.3　装、卸井架时，应有专人统一指挥。遇大风(6级以上)、暴雨(雪)、大雾及无充足照明的夜间，不应进行井架装、卸作业。

5.6.2.4 电气设施应符合下列规定：

——供配电设施距井口应不小于 30 m；

——线路不应有裸线及漏电现象；

——供电线路应合理布置，生产用电与生活用电分开；

——架空电力线与井架绷绳应至少相距 3 m，并不应在绷绳上空交叉穿过；

——架线高度应保证汽车和特种车辆安全通行；

——井架应采用电压不高于 36 V 的低压防爆灯照明。

5.6.2.5 指重表应符合下列规定：

——单独装在专用仪表箱中，不应与井架接触；

——与传感器处于同一水平，并尽量与司钻视线相平；

——指重表、灵敏表和自动记录仪，仪器误差应在允许范围内，三者的读数应一致，若有偏差应及时调整。

5.6.2.6 绞车卷筒、转盘面水平误差应小于 1.5 mm；链轮中心偏差应小于 2 mm；皮带轮中心偏差应小于 3 mm；井口、转盘、天车，三者中心偏差应不超过 10 mm。

5.6.2.7 穿钻机游动系统所用钢丝绳，应符合下列规定：

——安装前消除应力，防止大钩扭劲；

——直径应与钻机型号相匹配；

——长度应保证大钩放至转盘面时，卷筒上仍留有一层零 2 圈以上的钢丝绳；

——死绳端应在死轮上缠绕 2 圈～3 圈，并用相应尺寸的专用绳卡卡牢，两绳卡之间距离应不小于钢丝绳直径的 6 倍；

——特殊绳头卡固，可视实际情况调整距离；

——按 GB/T 5972 的要求进行检验和报废。

5.6.2.8 中深井每作业 2 井次、深井每作业 1 井次，应对钻机提升系统（天车轴、游车轴、大钩、钩销、水龙头提环及其销等）至少进行一次探伤。

5.6.2.9 防碰天车、水龙带保险绳、吊钳尾绳、钢绳固定绳卡等，均应按规定装设，并经检查合格。

5.6.2.10 采用柴油机作钻井动力时，应安装消声器。

5.6.2.11 钻井、修井作业，应遵守下列规定：

——人员上井架作业时，应系安全带；

——所带工具、棍类物件应装好绑牢；

——处理卡钻时，不应使用吊钳进行倒扣；用转盘强行倒扣时，应把方补心连接螺栓上紧，再用绳索固定在方钻杆上；吊卡不应挂在吊环上；应绑好耳环，插好大钩锁销；

——防碰天车装置应定期检查，经常处于灵活状态；起下钻时，操作人员应注意游动滑车上升情况，并与井架工保持联系；

——检查钻机、传动部分、柴油机设备时，应停车或有专人监护离合器开关；

——上提解卡时，上提力应在井架提升系统允许负荷和所使用钻具允许屈服极限范围内；已磨损的钻具，应降低级别使用；上提钻具之前，应对井架、绷绳及提升系统进行全面检查；

——强行转动钻具时，不应超过钻杆允许扭转圈数，并控制倒转速度，防止钻具扭断或倒开；倒扣时，井口工具应绑牢，除司钻及指挥人员外，无关人员应撤离操作平台；

——有毒有害气体超标时，应配备相应的防护器具（防毒面具、排风扇等），并有专人监护；

——有易燃气体的作业场所，不应吸烟，动火作业应办理动火作业证；

——井口应安装防喷装置，并采取相应防喷措施。

5.6.2.12 水溶开采，应遵守下列规定：

——井口装置中的管汇，应采用厚壁无缝钢管，不应采用直缝管或螺旋管；

——管道阀门的耐压等级，应满足开采压力要求；

——井口装置中的各组件安装完毕，应进行耐压试验，试验压力不低于设计最大工作压力的1.25倍，试验合格方可投入使用；

——作业场所应有排水和防止液体渗漏的设施，地面应防滑；

——在有毒有害气体聚集的地点(井口、卤池、取样阀等)作业时，应采取防毒措施，并有专人监护。

5.6.2.13 采输卤作业，应遵守下列规定：

——采卤工艺管汇、输卤管道的耐压等级，应满足使用压力要求，安装完毕应进行耐压试验，试验压力不低于设计最大工作压力的1.25倍，试验合格方可投入使用；

——采卤工艺管汇应按输送介质的不同，涂以不同的颜色，并注明介质名称和输送方向；管汇的识别色，应符合GB 7231的规定；

——严格按工艺、设备的技术和安全操作规程进行操作；

——正常生产时，应定时观测记录卤井、机电设备运行的电流、电压、电机温度、压力和流量、卤水浓度和温度等参数；特殊情况应加密观测记录次数；异常情况应及时向生产调度报告；紧急情况应立即采取相应措施并汇报；

——单井生产正、反循环和多井连通生产注、出水井的倒换等工艺技术的改变，应经技术负责人批准；

——夜间进行操作井口装置、检修管道和阀门等野外作业，应有充足的照明，且不应单人作业；

——井口装置、泵、工艺管汇、输卤管线等采输卤设备、设施，应及时进行维护和检修。

5.6.2.14 生产采区的建设，应根据建构筑物、交通、水体等的保护等级，留设相应的安全距离。钻井水溶开采的最小安全开采深度，应根据矿区地质、矿床条件和开采工艺确定。井组之间应按设计要求预留保安矿柱。

5.6.2.15 井盐矿山应设立地表水和地下水水质监测系统，每半年至少对矿区范围的水质(主要是含盐量)进行一次检测。

5.6.2.16 对岩层破碎、采空区很高、采深不大等易发生地表沉陷和位移的矿区，应进行地表沉陷和位移监测。在地表可能或已有沉降、位移的区域，应有明显的安全标志和应急预案。

5.6.2.17 不用的地质勘探井和生产报废井，应作彻底封井处理。

5.7 排土场

5.7.1 矿山排土场应由有资质的中介机构进行设计。

5.7.2 排土场(包括水力排土场)位置的选择，应遵守以下原则：

——保证排弃土岩时不致因滚石、滑坡、塌方等威胁采矿场、工业场地(厂区)、居民点、铁路、道路、输电网线和通讯干线、耕种区、水域、隧道涵洞、旅游景区、固定标志及永久性建筑等的安全；其安全距离在设计中规定；

——依据的工程地质资料可靠；不宜设在工程地质或水文地质条件不良的地带；若因地基不良而影响安全，应采取有效措施；

——依山而建的排土场，坡度大于1∶5且山坡有植被或第四系软弱层时，最终境界100 m内的植被或第四系软弱层应全部清除，将地基削成阶梯状；

——避免排土场成为矿山泥石流重大危险源，必要时，采取有效控制措施；

——排土场位置要符合相应的环保要求；排土场场址不应设在居民区或工业建筑主导风向的上风侧和生活水源的上游，含有污染物的废石要按照GB 18599要求进行堆放、处置。

5.7.3 排土场位置选定后，应进行专门的地质勘探工作。

5.7.4 排土场设计，应进行排土场土岩流失量估算，设计拦挡设施。

5.7.5 内部排土场不应影响矿山正常开采和边坡稳定，排土场坡脚与开采作业点之间应有一定的安全距离。必要时应设置滚石或泥石流拦挡设施。

5.7.6　排土场排土工艺、排土顺序、排土场的阶段高度、总堆置高度、安全平台宽度、总边坡角、废石滚落可能的最大距离，及相邻阶段同时作业的超前堆置距离等参数，均应在设计中明确规定。

5.7.7　排土场进行排弃作业时，应圈定危险范围，并设立警戒标志，无关人员不应进入危险范围内。

任何人均不应在排土场作业区或排土场危险区内从事捡矿石、捡石材和其他活动。

未经设计或技术论证，任何单位不应在排土场内回采低品位矿石和石材。

5.7.8　排土场最终境界 20 m 内，应排弃大块岩石。

5.7.9　高台阶排土场，应有专人负责观测和管理；发现危险征兆，应采取有效措施，及时处理。

5.7.10　在矿山建设过程中，修建道路和工业场地的废石，应选择适当地点集中排放，不应排弃在道路边和工业场地边，以避免形成泥石流。

5.7.11　铁路移动线路的卸车地段，应遵守下列规定：

——路基面向排土场内侧形成反坡；

——线路一般为直线，困难条件下，其最小曲线半径不小于表 3 的规定，并根据翻卸作业的安全要求设置外轨超高；

——线路尽头前的一个列车长度内，有不小于 2.5‰～5‰的上升坡度；

——卸车线钢轨轨顶外侧至台阶坡顶线的距离，应不小于表 4 的规定；

——牵引网路符合 GB 50070 的规定；网路始端，设电源开关，以便于先停电后移动网路；

——在独头卸载线端部，设置车挡；车挡有完好的栏挡指示和红色夜光示警牌；独头线的起点和终点，设置铁路障碍指示器。

表 3　线路平曲线半径规定

卸车方向	准轨铁路	窄轨铁路		
		机车车辆固定轴距≤2.0 m		机车车辆固定轨距 2.0 m～3.0 m，轨距 762 mm，900 mm
		轨距 600 mm	轨距 762 mm，900 mm	
向曲线外侧/m	150	30	60	80
向曲线内侧/m	250	50	80	100

表 4　轨顶外侧至台阶坡顶线的距离　　单位为毫米

准轨/(路基稳固)	窄轨		
	轨距(900)	轨距(762)	轨距(600)
750	450	430	370

5.7.12　道路运输的卸排作业，应遵守下列规定：

——汽车排土作业时，有专人指挥；非作业人员不应进入排土作业区，进入作业区内的工作人员、车辆、工程机械，应服从指挥人员的指挥；

——排土场平台平整；排土线整体均衡推进，坡顶线呈直线形或弧形，排土工作面向坡顶线方向有 2%～5%的反坡；

——排土卸载平台边缘，有固定的挡车设施，其高度不小于轮胎直径的 1/2，车挡顶宽和底宽分别不小于轮胎直径的 1/4 和 3/4；设置移动车挡设施的，对不同类型移动车挡制定相应的安全作业要求，并按要求作业。

——按规定顺序排弃土岩；在同一地段进行卸车和推土作业时，设备之间保持足够的安全距离；

——卸土时，汽车垂直于排土工作线；汽车倒车速度小于 5 km/h，不应高速倒车，以免冲撞安全车挡；

——在排土场边缘，推土机不应沿平行坡顶线方向推土；

——排土安全车挡或反坡不符合规定、坡顶线内侧 30 m 范围内有大面积裂缝（缝宽 0.1 m～0.25 m）或不正常下沉（0.1 m～0.2 m）时，汽车不应进入该危险区作业，应查明原因及时处理，方可恢复排土作业；

——排土场作业区内烟雾、粉尘、照明等因素导致驾驶员视距小于 30 m，或遇暴雨、大雪、大风等恶劣天气时，停止排土作业；

——汽车进入排土场内应限速行驶，距排土工作面 50 m～200 m 时速度低于 16 km/h，50 m 范围内低于 8 km/h；排土作业区设置一定数量的限速牌等安全标志牌。

——排土作业区照明系统完好，照明角度符合要求，夜间无照明不应排土；灯塔与排土车挡距离 d 按式(3)计算：

$$d \geqslant d_1 + 10 \quad \cdots\cdots(3)$$

式中：

d——灯塔与排土车挡距离，单位为米(m)；

d_1——车辆视觉盲区距离，单位为米(m)。

——排土作业区配备质量合格、适合相应载重汽车突发事故救援使用的钢丝绳（多于 4 根）、大卸扣（多于 4 个）等应急工具；

——排土作业区，应配备指挥工作间和通讯工具。

5.7.13 列车在卸车线上运行和卸载时，应遵守下列规定：

——列车进入排土线后，由排土人员指挥列车运行；

——机械排土线的列车运行速度，准轨不超过 10 km/h；窄轨不超过 8 km/h；接近路端时不超过 5 km/h；

——运行中不应卸载（曲轨侧卸式和底卸式除外）；

——卸车顺序从尾部向机车方向依次进行；必要时，机车以推送方式进入；

——列车推送时，有调车员在前引导指挥；

——列车在新移设的线路上首次运行时，不应牵引进入；

——翻车时由两人操作，且操作人员不应位于卸载侧；

——清扫自卸车宜采用机械化作业；人工清扫时应有安全措施；

——卸车完毕，排土人员发出出车信号后，列车方可驶出排土线。

5.7.14 采用排土机排土，应在设计中进行不均匀沉降计算，并提出反坡坡度。排土机排土时，排土机距眉线应留安全距离，安全距离应在设计中明确规定。

5.7.15 排土犁推排作业，应遵守下列规定：

——推排作业线上、排土犁犁板和支出机构上，不应站人；

——排土犁推排岩土的行走速度，不超过 5 km/h。

5.7.16 单斗挖掘机排土时，受土坑的坡面角不应大于 60°，不应超挖卸车线路基。

5.7.17 人工排土时，人员不应站在车架上卸载或在卸载侧处理粘车。

5.7.18 排土机卸排作业，应遵守下列规定：

——排土机在稳定的平盘上作业，外侧履带与台阶坡顶线之间保持一定的安全距离；

——工作场地和行走道路的坡度，应符合排土机的技术要求；

——排土机长距离行走时，受料臂、排料臂应与行走方向成一直线，并将其吊起、固定；配重小车靠近回转中心的前端，到位后用销子固定；上坡不应转弯。

5.7.19 排土场防洪,应遵守下列规定:

——山坡排土场周围,修筑可靠的截洪和排水设施拦截山坡汇水;

——排土场内平台设置2%～5%的反坡,并在排土场平台上修筑排水沟,以拦截平台表面及坡面汇水;

——当排土场范围内有出水点时,应在排土之前采取措施将水疏出;排土场底层排弃大块岩石,以便形成渗流通道;

——汛期前,疏浚排土场内外截洪沟,详细检查排洪系统的安全情况,备足抗洪抢险所需物资,落实应急救援措施;

——汛期及时了解和掌握水情和气象预报情况,并对排土场,下游泥石流拦挡坝,通讯、供电及照明线路进行巡视,发现问题应及时修复;

——洪水过后,对坝体和排洪构筑物进行全面认真的检查与清理。

5.7.20 排土场防震,应遵守下列规定:

——处于地震烈度高于6度地区的排土场,应制定相应的防震和抗震的应急预案;

——排土场泥石流拦挡坝,按现行抗震标准进行校核,低于现行标准时,进行加固处理;

——地震后,对排土场及下游泥石流拦挡坝进行巡查和检测,及时修复和加固破坏部分,确保排土场及其设施的运行安全。

5.7.21 排土场关闭,应遵守下列规定:

——矿山企业在排土场服务年限结束时,整理排土场资料、编制排土场关闭报告;

——排土场资料包括:排土场设计资料、排土场最终平面图、排土场工程地质与水文地质资料、排土场安全稳定性评价资料及排土场复垦规划资料等;

——排土场关闭报告包括:结束时的排土场平面图、结束时的排土场安全稳定性评价报告、结束时的排土场周围状况及排土场复垦规划等;

——排土场关闭前,由中介服务机构进行安全稳定性评价;不符合安全条件的,评价单位应提出治理措施;企业应按措施要求进行治理,并报省级以上安全生产监督管理部门审查;

——排土场关闭后,安全管理工作由原企业负责;破产企业关闭后的排土场,由当地政府落实负责管理的单位或企业;

——关闭后的排土场重新启用或改作他用时,应经过可行性设计论证,并报安全生产监督管理部门审查批准。

5.7.22 排土场复垦,应遵守下列规定:

——制定切实可行的复垦规划,达到最终境界的台阶先行复垦;

——复垦规划包括场地的整平、表土的采集与铺垫、覆土厚度、适宜生长植物的选择等;

——关闭后的排土场未完全复垦或未复垦的,矿山企业应留有足够的复垦资金。

5.7.23 矿山企业应建立排土场监测系统,定期进行排土场监测。排土场发生滑坡时,应加强监测工作。

发生泥石流的矿山,应建立泥石流观测站和专门的气象站。泥石流沟谷应定期进行剖面测量,统计泥沙淤积量,为排土场泥石流防治提供资料。

5.7.24 排土参数检查,应遵守下列规定:

——测量排土场台阶高度、排土线长度;

——测量排土场的反坡坡度,每100 m不少于2条剖面;

——测量道路运输排土场安全车挡的底宽、顶宽和高度;

——测量铁路运输排土场线路坡度和曲率半径;

——测量排土机排土外侧履带与台阶坡顶线之间的距离，测量误差不大于 10 mm；
——排土场出现不均匀沉降、裂缝时，应查明沉降量和裂缝的长度、宽度、走向等，并判断危害程度；
——排土场地面出现隆起、裂缝时，应查明范围和隆起高度等，判断危害程度。

5.7.25 排土场安全度分为危险级、病级和正常级三级。

有下列现象之一的为危险级：

——在坡度大于 1∶5 的地基上顺坡排土，或在软地基上排土，未采取安全措施，经常发生滑坡的；
——易发生泥石流的山坡排土场，下游有采矿场、工业场地（厂区）、居民点、铁路、道路、输电网线和通讯干线、耕种区、水域、隧道涵洞、旅游景区、固定标志及永久性建筑等设施，未采取切实有效的防治措施的；
——排土场存在重大危险源（如道路运输排土场未建安全车挡，铁路运输排土场铁路线顺坡和曲率半径小于规程最小值等），极易发生车毁人亡事故的；
——山坡汇水面积大而未修筑排水沟或排水沟被严重堵塞的；
——经验算，用余推力法计算的安全系数小于 1.0 的。

有下列现象之一的为病级：

——排土场地基条件不好，对排土场的安全影响不大的；
——易发生泥石流的山坡排土场，下游有山地、沙漠或农田，未采取切实有效的防治措施的；
——未按排土场作业管理要求的参数或规定进行施工的；
——经验算，用余推力法计算的安全系数大于 1.00 而小于设计规范规定值的；

同时满足下列条件的为正常级：

——排土场基础较好或不良地基经过有效处理的；
——排土场各项参数符合设计要求和排土场作业管理要求，用余推力法计算的安全系数大于1.15，生产正常的；
——排水沟及泥石流拦挡设施符合设计要求的。

5.7.26 危险级排土场，应停产整治，并采取以下措施：

——处理不良地基或调整排土参数；
——采取措施防止泥石流发生，建立泥石流拦挡设施；
——处理排土场重大危险源；
——疏通、加固或修复排水沟。

5.7.27 病级排土场，应采取以下措施限期消除隐患：

——采取措施控制不良地基的影响；
——将各排土参数修复到排土场作业管理要求的参数或规定的范围内。

5.7.28 排土场应由有资质条件的中介机构，每 5 年进行一次检测和稳定性分析。

5.8 电气安全

5.8.1 一般规定

5.8.1.1 矿山电力装置，应符合 GB 50070 和 DL 408 的要求。

5.8.1.2 电气工作人员，应按规定考核合格方准上岗，上岗应穿戴和使用防护用品、用具进行操作。维修电气设备和线路，应由电气工作人员进行。

5.8.1.3 电气工作人员，应熟练掌握触电急救方法。

5.8.1.4 在输电线路上带电作业，应采取可靠的安全措施，并经主管矿长批准。

5.8.1.5 电气设备可能被人触及的裸露带电部分，应设置保护罩或遮栏及警示标志。

5.8.1.6 供电设备和线路的停电和送电，应严格执行工作票制度。

5.8.1.7 在电源线路上断电作业时，该线路的电源开关把手，应加锁或设专人看护，并悬挂“有人作业，不准送电”的警示牌。

5.8.1.8 两个以上单位共同使用和检修输电网路时,应共同制定安全措施,指定专人负责,统一指挥。

5.8.1.9 在带电的导线、设备、变压器、油开关附近,不应有任何易燃易爆物品。

5.8.1.10 在带电设备周围,不应使用钢卷尺和带金属丝的线尺。

5.8.1.11 熔断器、熔丝、熔片、热继电器等保险装置,使用前应进行核对,不应任意更换或代用。

5.8.1.12 采场的每台设备,应设有专用的受电开关;停电或送电应有工作牌。

5.8.1.13 矿山电气设备、线路,应设有可靠的防雷、接地装置,并定期进行全面检查和监测,不合格的应及时更换或修复。

5.8.2 **线路**

5.8.2.1 移动式电气设备,应使用矿用橡套电缆。

5.8.2.2 绝缘损坏的橡套电缆,应经修理、试验合格,方准使用。在长度 150 m 范围内,橡套电缆接头应不超过 10 个,否则应予以报废。

5.8.2.3 在停电线路上工作时,应先采取验电和挂接地线等安全措施。工作完毕,应及时将地线拆除后再通电。

5.8.2.4 在同杆共架的多回路线中,只有部分线路停电检修时,操作人员及其所携带的工具、材料与带电体之间的安全距离:10 kV 及以下,不应小于 1.0 m;35(20～44) kV,不应小于 2.5 m。

5.8.2.5 从变电所至采场边界以及采场内爆破安全地带的供电线路,应使用固定线路。

5.8.2.6 露天开采的矿山企业,架空线路的设计、敷设应符合 GB 50061 的规定。

5.8.3 **变电所**

5.8.3.1 变电所应有独立的防雷系统和防火、防潮及防止小动物窜入带电部位的措施。

5.8.3.2 变电所的门应向外开,窗户应有金属网栅,四周应有围墙或栅栏,并应有通往变电所的道路。

5.8.3.3 倒闸应该一人操作、一人监护,发现异常情况,应向值班调度报告,查明情况再进行操作。

5.8.3.4 线路跳闸后,不应强行送电,应立即报告调度,并与用户联系,查明原因,排除故障后,方可送电。

5.8.3.5 联系和办理停送电时,应执行使用录音电话和工作票制度。

5.8.3.6 停电作业时,应进行验电、挂接地线、加锁和挂警示牌,并将工作牌交给作业人员。

5.8.3.7 送电时,工作票应经矿山调度签字,并用录音电话与调度联系。作业人员交还工作牌后,方可送电。

5.8.4 **照明**

5.8.4.1 夜间工作时,所有作业点及危险点,均应有足够的照明。

5.8.4.2 夜间工作的采矿场和排土场,在下列地点应设照明装置:

——凿岩机、移动式或固定式空气压缩机和水泵的工作地点;

——运输机道、斜坡卷扬机道、人行梯和人行道;

——汽车运输的装卸车处、人工装卸车地点的排土场卸车线;

——调车站、会让站。

5.8.4.3 挖掘机和穿孔机工作地点的照明,宜利用设备附设的灯具。

5.8.4.4 露天矿照明使用电压,应为 220 V。

行灯或移动式电灯的电压,应不高于 36 V。

在金属容器和潮湿地点作业,安全电压应不超过 12 V。

5.8.3.5 12 V、36 V、120 V 和 220 V 的插座,应有区别标志。

5.8.4.6 380/220 V 的照明网络,熔断器或开关应安装在火线上,不应装在中性线上。

5.8.4.7 露天矿的照度标准,应符合 GB 50034 的规定。

5.8.5 **保护接地**

5.8.5.1 电气设备和装置的金属框架或外壳、电缆和金属包皮、互感器的二次绕组,应按有关规定进行保护接地。

5.8.5.2 接地线应采用并联方式，不应将各电气设备的接地线串联接地。

5.8.5.3 接地电阻应每年测定一次，测定工作宜在该地区地下水位最低，最干燥的季节进行。

5.8.5.4 1 kV 以下的中性线接地电网，应采用接零系统。架空线的终端，宜重复接地，无分支的线路，每隔 1～2 km 接地一次。

5.8.5.5 直流线路零线的重复接地，应用人工接地体，不应与地下管网有金属联系。

5.8.6 露天矿供配电安全

5.8.6.1 露天矿采矿场和排土场的高压电力网配电电压，应采取 6 kV 或 10 kV。当有大型采矿设备或采用连续开采工艺并经技术经济比较合理时，可采用其他等级的电压。

5.8.6.2 当采用连续开采工艺时，移动式胶带输送机的配电，宜采用移动式变电站或可移动的户外组合式配电装置。

5.8.6.3 连续开采工艺和非连续开采工艺的配电线路，宜分别架设。

5.8.6.4 采矿场的供电线路不宜少于两回路。两班生产的采矿场或小型采矿场可采用一回路。排土场的供电线路可采用一回路。

两回路供电的线路，每回路的供电能力不应小于全部负荷的 70%。当采用三回路供电线路时，每回路的供电能力不应小于全部负荷的 50%。

5.8.6.5 有淹没危险的采矿场，主排水泵的供电线路应不少于两回路。当任一回路停电时，其余线路的供电能力应能承担最大排水负荷。

5.8.6.6 采矿场的供电线路，宜采用沿采矿场边缘架设的环形或半环形的固定式、干线式或放射式供电线路。排土场可采用干线式供电线路。

固定式供电线路与采矿场最终边界线之间的距离，宜大于 10 m；当采矿场宽度较大且开采时间较长，供电线路架设在最终边界线以外不合理时，可架设在最终边界线以内。

5.8.6.7 采矿场内的高压电力设备和移动式变电站，宜采用横跨线或纵架线（统称分支线）供电。分支线应为移动式或半固定式线路，移动式线路应采用轻型电杆架设。横跨线的间距宜采用 250 m～300 m。

5.8.6.8 在采矿场和排土场的架空供电线路上设置开关设备时，应符合下列规定：

——在环形或半环形线路的出口和需联络处，应设置分段开关，且宜采用隔离开关；

——在分支线与环形线、半环形线或其他地面固定干线连接处，应设置开关，且宜采用户外高压真空断路器或其他断器器；

——高压电力设备或移动式变电站与分支线连接处，宜设置带短路保护的开关设备；

——移动式高压电力设备的供电线路，应设置具有单相接地保护的开关设备。

5.8.6.9 采矿场内的架空线路宜采用钢芯铝绞线，其截面积应不小于 35 mm^2。排土场的架空线路宜采用铝绞线。由分支线向移动式设备供电，应采用矿用橡套软电缆。移动式电力设备的拖曳电缆长度，应符合表 5 的规定。

5.8.6.10 固定式架空照明线路宜采用铝绞线；移动式架空照明线路宜采用绝缘导线；移动式非架空照明线路应采用橡套软电缆。

5.8.6.11 向低压移动设备供电的变压器，其中性点宜采用非直接接地方式；向固定式设备供电的变压器，应采用中性点直接接地方式。

5.8.6.12 与变压器中性点非直接接地电力网相连的高、低压电气设备，应设保护接地，并应在变压器低压侧各回路设置能自动断开电源的漏电保护装置。变压器中性点直接接地的低压电力网，宜采用保护线与中性线分开系统（TN-S）或保护线与中性线部分分开系统（TN-C-S）。

5.8.6.13 采矿场和排土场低压电力网的配电电压，宜采用 380 V 或 380 V/220 V。手持式电气设备的电压，应不高于 220 V。

表 5 露天采矿场移动式电力设备拖曳电缆长度

单位为米

设备名称	架线方式	
	横跨线	纵架线
挖掘机	200～250	150～200
移动变电站	100	50
低压设备	150	150
注：连续开采工艺的移动式电力设备拖曳电缆长度和有专用收、放电缆装置的移动式电力设备拖曳电缆长度，均不包括在表内。		

5.8.6.14 主接地极的设置，应符合下列规定：

——采矿场的主接地极应不少于2组；排土场主接地极可设1组；

——主接地极宜设在供电线路附近，或其他土壤电阻率低的地方；

——有2组及以上主接地极时，当任一组主接地极断开后，在架空接地线上任一点所测得的对地电阻值应不大于4 Ω，移动式设备与架空接地线之间的接地电阻值，应不大于1 Ω。

5.8.6.15 高土壤电阻率的矿山，可采用长效化学接地电阻降阻剂，使接地电阻值符合有关规定。

5.8.6.16 接地线和设备金属外壳的接触电压，应不高于50 V。

5.8.6.17 户外高压电力设备在2.6 m以下的裸露带电部分，应设置围栏。

5.8.6.18 采矿场的架空供电线路，下列地点应装设防雷装置：

——采矿场配电线路与分支线的连接处；

——多雷地区的矿山、高压电力设备与分支线的连接处；

——排土场高压电力设备与架空线的连接处。

5.8.6.19 接地装置应符合下列规定：

——架空接地线应采用截面积不小于35 mm^2 的钢绞线或钢芯铝绞线，并应架设在配电线路最下层导线的下方，与导线任一点的垂直距离应不小于0.5 m。

——移动式电力设备，应采用矿用橡套软电缆的专用接地芯线接地或接零。

5.8.6.20 电力牵引供电，应遵守GB 50070之规定。

5.9 防排水和防灭火

5.9.1 防排水

5.9.1.1 露天矿山应设置防、排水机构。大、中型露天矿应设专职水文地质人员，建立水文地质资料档案。每年应制定防排水措施，并定期检查措施执行情况。

5.9.1.2 露天采场的总出入沟口、平硐口、排水井口和工业场地，均应采取妥善的防洪措施。

5.9.1.3 矿山应按设计要求建立排水系统。上方应设截水沟；有滑坡可能的矿山，应加强防排水措施；应防止地表、地下水渗漏到采场。

5.9.1.4 露天矿应按设计要求设置排水泵站。

遇超过设计防洪频率的洪水时，允许最低一个台阶临时淹没，淹没前应撤出一切人员和重要设备。

5.9.1.5 矿床疏干过程中出现陷坑、裂缝以及可能出现的地表陷落范围，应及时圈定、设立标志，并采取必要的安全措施。

5.9.1.6 各排水设备，应保持良好的工作状态。

5.9.1.7 矿山所有排水设施及其机电设备的保护装置，未经主管部门批准，不应任意拆除。

5.9.1.8 邻近采场境界外堆卸废石，应避免排土场蓄水软化边坡岩体。

5.9.1.9 应采取措施防止地表水渗入边坡岩体的软弱结构面或直接冲刷边坡。边坡岩体存在含水层并影响边坡稳定时，应采取疏干降水措施。

5.9.1.10 露天开采转为地下开采的防、排水设计，应考虑地下最大涌水量和因集中降雨引起的短历时最大径流量。

5.9.1.11 有条件的排土场,底部应排放易透水的大块岩石,控制排土场正常渗流。

水力排土场应有足够的调、蓄洪能力,并设置防汛设施,备足防汛器材;较大容量的水力排土场,应设值班室,配置通讯设施和必要的水位观测、坝体沉降与位移观测、坝体浸润线观测等设施,并有专人负责,按要求整理。

5.9.2 防火和灭火

5.9.2.1 矿山的建(构)筑物和重要设备,应按 GBJ 16 和国家发布的其他有关防火规定,以及当地消防部门的要求,建立消防隔离设施,设置消防设备和器材。消防通道上不应堆放杂物。

5.9.2.2 重要采掘设备,应配备灭火器材。设备加注燃油时,不应吸烟或采用明火照明。不应在采掘设备上存放汽油和其他易燃易爆材料,不应用汽油擦洗设备。

易燃易爆器材,不应放在电缆接头、轨道接头或接地极附近。

废弃的油、棉纱、布头、纸和油毡等易燃品,应妥善管理。

5.9.2.3 应结合生活供水管设计地面消防水管系统,水池容积和管道规格应考虑两者的需要。

5.9.2.4 矿山企业应规定专门的火灾信号,并应做到发生火灾时,能通知作业地点的所有人员及时撤离危险区。安装在人员集中地点的信号,应声光兼备。

任何人员发现火灾,应立即报告调度室组织灭火,并迅速采取一切可能的方法直接扑灭初期火灾。

5.9.2.5 木材场、防护用品仓库、炸药库、氢和乙炔瓶库、石油液化气站和油库等场所,应建立防火制度,采取防火措施,备足消防器材。

6 地下部分

6.1 矿山井巷

6.1.1 一般规定

6.1.1.1 矿山井巷工程施工及验收,应遵守 GBJ 213 的规定。

6.1.1.2 井巷工程的施工组织设计,基建期应由施工单位编制,生产期则由矿山企业自行编制。

施工前,应组织施工人员学习施工组织设计。施工中,应按照施工组织设计的规定作业,保证工程的规格质量。

6.1.1.3 每个矿井至少应有两个独立的直达地面的安全出口,安全出口的间距应不小于 30 m。

大型矿井,矿床地质条件复杂,走向长度一翼超过 1 000 m 的,应在矿体端部的下盘增设安全出口。

每个生产水平(中段),均应至少有两个便于行人的安全出口,并应同通往地面的安全出口相通。

井巷的分道口应有路标,注明其所在地点及通往地面出口的方向。所有井下作业人员,均应熟悉安全出口。

6.1.1.4 装有两部在动力上互不依赖的罐笼设备、且提升机均为双回路供电的竖井,可作为安全出口而不必设梯子间。其他竖井作为安全出口时,应有装备完好的梯子间。

6.1.1.5 井下存在跑矿危险的作业点,应设置确保人员安全撤离的通道。

6.1.1.6 竖井梯子间的设置,应符合下列规定:

——梯子的倾角,不大于 80°;

——上下相邻两个梯子平台的垂直距离,不大于 8 m;

——上下相邻平台的梯子孔错开布置,平台梯子孔的长和宽,分别不小于 0.7 m 和 0.6 m;

——梯子上端高出平台 1 m,下端距井壁不小于 0.6 m;

——梯子宽度不小于 0.4 m,梯蹬间距不大于 0.3 m;

——梯子间与提升间应完全隔开。

6.1.1.7 行人的运输斜井应设人行道。人行道应符合下列要求:

——有效宽度,不小于 1.0 m;

——有效净高，不小于1.9 m；

——斜井坡度为10°～15°时，设人行踏步；15°～35°时，设踏步及扶手；大于35°时，设梯子；

——有轨运输的斜井，车道与人行道之间宜设坚固的隔离设施；未设隔离设施的，提升时不应有人员通行。

6.1.1.8 行人的水平运输巷道应设人行道，其有效净高应不小于1.9 m，有效宽度应符合下列规定：

——人力运输的巷道，不小于0.7 m；

——机车运输的巷道，不小于0.8 m；

——调车场及人员乘车场，两侧均不小于1.0 m；

——井底车场矿车摘挂钩处，应设两条人行道，每条净宽不小于1.0 m；

——带式输送机运输的巷道，不小于1.0 m。

6.1.1.9 无轨运输的斜坡道，应设人行道或躲避硐室。行人的无轨运输水平巷道，应设人行道。

人行道的有效净高应不小于1.9 m，有效宽度不小于1.2 m。

躲避硐室的间距，在曲线段不超过15 m，在直线段不超过30 m。躲避硐室的高度不小于1.9 m，深度和宽度均不小于1.0 m。躲避硐室应有明显的标志，并保持干净、无障碍物。

6.1.1.10 在水平巷道和斜井中，有轨运输设备之间以及运输设备与支护之间的间隙，应不小于0.3 m；带式输送机与其他设备突出部分之间的间隙，应不小于0.4 m；无轨运输设备与支护之间的间隙，应不小于0.6 m。

6.1.2 竖井掘进

6.1.2.1 表土层掘进，应遵守下列规定：

——井内设梯子，不应使用简易提升设施升降人员；

——在含水表土层施工时，应及时架设、加固井圈，加固密集背板并采取降低水位措施，防止井壁砂土流失导致空帮；

——在流砂、淤泥、砂砾等不稳固的含水层中施工时，有专门的安全技术措施。

6.1.2.2 竖井施工时，应采取防止物件下坠的措施。井口应设置临时封口盘，封口盘上设井盖门。井盖门两端应安装栅栏。封口盘和井盖门的结构应坚固严密。卸碴设施应严密，不允许向井下漏碴、漏水。井内作业人员携带的工具、材料，应拴绑牢固或置于工具袋内。不应向(或在)井筒内投掷物料或工具。

6.1.2.3 竖井施工应采用双层吊盘作业。升降吊盘之前，应严格检查绞车、悬吊钢丝绳及信号装置，同时撤出吊盘下的所有作业人员。移动吊盘，应有专人指挥，移动完毕应加以固定，将吊盘与井壁之间的空隙盖严，并经检查确认可靠，方准作业。

6.1.2.4 下列情况，作业人员应佩带安全带，安全带的一端应正确拴在牢固的构件上：

——拆除保护岩柱或保护台；

——在井筒内或井架上安装、维修或拆除设备；

——在井筒内处理悬吊设备、管、缆，或在吊盘上进行作业；

——乘坐吊桶；

——爆破后到井圈上清理浮石；

——井筒施工时的吊泵作业；

——在暂告结束的中段井口进行支护、锁口作业。

6.1.2.5 用吊桶提升，应遵守下列规定：

——关闭井盖门之前，不应装卸吊桶或往钩头上系扎工具或材料；

——吊桶上方应设坚固的保护伞；

——井盖门应有自动启闭装置，以便吊桶通过时能及时打开和关闭；

——井架上应有防止吊桶过卷的装置，悬挂吊桶的钢丝绳应设稳绳装置；

——吊桶内的岩碴，应低于桶口边缘 0.1 m，装入桶内的长物件应牢固绑在吊桶梁上；

——吊桶上的关键部件，每班应检查一次；

——吊桶运行通道的井筒周围，不应有未固定的悬吊物件；

——吊桶应沿导向钢丝绳升降；竖井开凿初期无导向绳时，或吊盘下面无导向绳部分，其升降距离不应超过 40 m；

——乘坐吊桶人数应不超过规定人数，乘桶人员应面向桶外，不应坐在或站在吊桶边缘；装有物料的吊桶，不应乘人；

——不应用自动翻转式或底开式吊桶升降人员（抢救伤员时例外）；

——吊桶提升人员到井口时，待出车平台的井盖门关闭、吊桶停稳后，人员方可进出吊桶；

——井口、吊盘和井底工作面之间，应设置良好的联系信号。

6.1.2.6　用抓岩机出碴，应遵守下列规定：

——作业前详细检查抓岩机各部件和悬吊的钢丝绳；

——爆破后，工作面应经过通风、洒水、处理浮石、清扫井圈和处理盲炮，方可进行抓岩作业；

——不得抓取超过抓岩机能力的大块岩石；

——抓岩机卸岩时，吊桶附近不得有人；

——不得用手从抓岩机叶片下取岩块；

——升降抓岩机，应有专人指挥；

——抓岩机临时停用时，应用绞车提升到安全高度，井底有人作业时，不应单用气缸上举抓岩机。

6.1.2.7　竖井施工时，应设悬挂式金属安全梯。安全梯的电动绞车能力应不小于 5 t，并应设有手动绞车，以备断电时提升井下人员。若采用具备电动和手动两种性能的安全绞车悬吊安全梯，则不必设手动绞车。

6.1.2.8　井筒内每个作业地点，均应设有独立的声、光信号系统和通讯装置通达井口。掘进与砌壁平行作业时，从吊盘和掘进工作面发出的信号，应有明显区别，并指定专人负责。应设井口信号工，整个信号系统，应由井口信号工与卷扬机房和井筒工作面联系。

6.1.2.9　井筒延深时，应用坚固的保护盘或在井底水窝下留保安岩柱，将井筒的延深部分与上部作业中段隔开。采出岩柱或撤出保护盘，应进行专门的施工设计，并经主管矿长批准方可施工。

6.1.3　**斜井、平巷掘进**

6.1.3.1　斜井、平巷地表部分开口的施工，应严格按照设计进行，及时进行支护和砌筑挡墙。

6.1.3.2　用装岩机、耙斗装岩机、铲运机、装运机或人工出碴之前，应检查和处理工作面顶、帮的浮石。在斜井中移动耙斗装岩机时，下方不应有人。

6.1.3.3　斜井施工，应遵守下列规定：

——井口应设与卷扬机联动的阻车器；

——井颈及掘进工作面上方应分别设保险杠，并有专人（信号工）看管，工作面上方的保险杠应随工作面的推进而经常移动；

——斜井内人行道一侧，每隔 30 m～50 m 设一躲避硐；

——井下设电话和声光兼备的提升信号。

6.1.3.4　斜坡道及平巷采用无轨设备施工时，应遵守下列规定：

——施工中应遵守 6.1.1.9、6.2.3.2、6.4.1 和 6.4.4 的规定；

——使用无轨移动设备施工，应遵守 6.3.1.17 的规定；

——井下无轨移动设备作业，应保证刹车系统、灯光系统、警报系统齐全有效。

6.1.4　**天井、溜井掘进**

6.1.4.1　采用普通法掘进天井、溜井，应遵守下列规定：

——架设的工作台，应牢固可靠；

——及时设置安全可靠的支护棚，并使其至工作面的距离不大于6 m；
——掘进高度超过7 m时，应有装备完好的梯子间和溜碴间等设施，梯子间和溜碴间用隔板隔开；上部有护棚的梯子可视作梯子间；
——天井、溜井应尽快与其上部平巷贯通，贯通前宜不开或少开其他工程；需要增开其他工程时，应加强局部通风措施；
——天井掘进到距上部巷道约7 m时，测量人员应给出贯通位置，并在上部巷道设置警戒标志和围栏；
——溜碴间应保留不少于一茬炮爆下的矿岩量，不应放空。

6.1.4.2 用吊罐法掘进天井，应遵守下列规定：
——上罐前，检查吊罐各部件的连接装置、保护盖板、钢丝绳、风水管接头，以及声光信号系统和通讯设施等是否完善、牢固，如有损坏或故障，经处理后方准作业；
——吊罐提升用的钢丝绳的安全系数不小于13，任何一个捻距内的断丝数不超过钢丝总数的5%，磨损不超过原直径的10%；
——吊罐应装设由罐内人员控制的升、降、停的信号操纵装置；
——信号通讯、电源控制线路，不应和吊罐钢丝绳共设在一个吊罐孔内；
——升降吊罐时，应认真处理卡帮和浮石；作业人员应系好安全带，并站在保护盖板内，头部不应接触罐盖和罐壁；升降完毕，立即切断吊罐稳车电源，绑紧制动装置；
——不应从吊罐上往下投掷工具或材料；
——天井中心孔偏斜率应不大于0.5%；
——吊罐绞车应锁在短轨上，并与巷道钢轨断开；
——检修吊罐应在安全地点进行；
——天井与上部巷道贯通时，应加强上部巷道的通风和警戒。

6.1.4.3 用爬罐法掘进天井，应遵守下列规定：
——爬罐运行时，人员应站在罐内，遇卡帮或浮石，应停罐处理；
——爬罐行至导轨顶端时，应使保护伞接近工作面，工作台接近导轨顶端；
——正常情况下，不应利用自重下降；
——运送导轨应用装配销固定；安装导轨时，应站在保护伞下将浮石处理干净，再将导轨固定牢靠；
——及时擦净制动闸上的油污；
——其他安全事项，应遵守6.1.4.2的有关规定。

6.1.5 井巷支护

6.1.5.1 在不稳固的岩层中掘进井巷，应进行支护。在松软或流砂岩层中掘进，永久性支护至掘进工作面之间，应架设临时支护或特殊支护。

6.1.5.2 需要支护的井巷，支护方法、支护与工作面间的距离，应在施工设计中规定；中途停止掘进时，支护应及时跟至工作面。

6.1.5.3 架设木支架时，应遵守下列规定：
——不应使用腐朽、蛀孔、软杂木和劈裂的坑木。永久支护坑木，应进行防腐处理；
——支架架设后，应在接榫附近用木楔将梁、柱与顶、帮之间楔紧。顶、两帮的空隙应塞紧，梁、柱接榫处应用扒钉固定；
——斜井支架应有下撑和拉杆；坡度大于30°的斜井，永久性棚架之间应架设撑柱；
——柱窝应打在稳定的岩石上；
——爆破前，靠近工作面的支架，应加固；
——发现棚腿歪斜、压裂、顶梁折断或坑木腐烂等，应及时更换、修复。

6.1.5.4 井巷砌碹支模，应遵守下列规定：

——砌碹前拆除原有支架时，应及时清理顶、帮浮石，并采取临时护顶措施；砌碹后应将顶、帮空隙填实；

——木碹胎间距超过 1 m、金属碹胎间距超过 2 m，应进行中间加固；

——跨度大于 4 m 的巷道架设碹胎，金属碹胎各节点应用螺栓连结，木碹胎的各节点应牢固可靠；

——碹胎的强度，应具有不小于 3 倍支撑重量的安全系数；

——碹胎的下弦，不应支撑工作台。

6.1.5.5 竖井砌碹工作，应遵守下列规定：

——竖井的永久性支护与掘进工作面之间，应安设临时井圈，井圈及背板应用楔子塞紧；永久性支护架及临时井圈与掘进工作面的距离，应在施工组织设计中规定；

——用普通凿井法穿过表土层、松软岩层或流砂层时，临时井圈应紧靠工作面，并应加固；圈后背板要严密，并及时砌碹；砌碹前，每班要有专人检查地表和井圈后的表土、岩层、流砂的移动及流失情况，发现险兆，应立即停止作业，撤出人员，进行处理；

——竖井的砌碹，应保持碹壁平整、接口严密；岩帮与碹壁之间的空隙，应用碎石填满，并用砂浆灌实；碹外有涌水时应用导管引出，砌碹完毕，应进行封水。

6.1.5.6 喷锚支护工作，应遵守下列规定：

——锚杆、喷射混凝土支护的设计和施工，应遵守 GB 50086 的规定；

——采用锚杆、喷浆或喷射混凝土支护，应有专门设计；喷锚工作面与掘进工作面的距离，锚杆形式、角度，喷体厚度、强度等，应在设计中规定；

——砂浆锚杆的眼孔应清洗干净，灌满灌实；

——锚杆应做拉力试验，喷体应做厚度和强度检查；在井下进行锚固力试验，应有安全措施；

——锚杆的托板应紧贴巷壁，并用螺母拧紧；

——处理喷射管路堵塞时，应将喷枪口朝下，不应朝向人员；

——在松软破碎的岩层中进行喷锚作业，应打超前锚杆，进行预先护顶；在动压巷道，应采用喷锚与金属网联合支护方式；在有淋水的井巷中喷锚，应预先做好防水工作；

——喷锚作业，应佩戴个体防护用品和配备良好的照明。

6.1.5.7 胶结充填体中的二次掘进，应待胶结充填体达到规定的养护期和强度后方准进行，同时应架设可靠的支护。

6.1.6 井巷维护和报废

6.1.6.1 对所有支护的井巷，均应进行定期检查。井下安全出口和升降人员的井筒，每月至少检查一次；地压较大的井巷和人员活动频繁的采矿巷道，应每班进行检查。检查发现的问题，应及时处理，并作好记录。

6.1.6.2 维修主要提升井筒、运输大巷和大型硐室，应有经主管矿长批准的安全技术措施。

6.1.6.3 维修斜井和平巷，应遵守下列规定：

——平巷修理或扩大断面，应首先加固工作地点附近的支架，然后拆除工作地点的支架，并做好临时支护工作的准备；

——每次拆除的支架数应根据具体情况确定，密集支架的拆除，一次应不超过两架；

——撤换松软地点的支架，或维修巷道交叉处、严重冒顶片帮区，应在支架之间加拉杆支撑或架设临时支架；

——清理浮石时，应在安全地点操纵工具；

——维修斜井时，应停止车辆运行，并设警戒和明显标志；

——撤换独头巷道支架时，里边不应有人。

6.1.6.4 维修竖井，应编制施工组织设计，并遵守下列规定：

——应在坚固的平台上作业，平台上应有保护设施和联络信号，工作平台与中段平巷之间应有可靠的通讯联络方式；

——作业人员应系好安全带；

——作业前，应将各中段马头门及井框上的浮石清理干净；

——各中段的马头门应设专人看管。

6.1.6.5 报废的井巷和硐室的入口，应及时封闭。封闭之前，入口处应设有明显标志，禁止人员入内。报废的竖井、斜井和平巷，地面入口周围还应设有高度不低于1.5 m的栅栏，并标明原来井巷的名称。

6.1.6.6 废竖井和倾角30°以上的废斜井，其支护材料不应回收，如必须回收，应有经主管矿长批准的安全技术措施。倾角30°以下的废斜井或废平巷的支护材料回收，应由里向外进行。

6.1.6.7 修复废旧井巷，应首先了解井巷本身的稳定情况及周围构筑物、井巷、采空区等的分布情况，废旧井巷内的空气成分，确认安全方可施工。

6.1.6.8 修复被水淹没的井巷时，对陆续露出的部分，应及时检查支护，并采取措施防止有害气体和积水突然涌出。

6.1.7 **防坠**

6.1.7.1 竖井与各中段的连接处，应有足够的照明和设置高度不小于1.5 m的栅栏或金属网，并应设置阻车器，进出口设栅栏门。栅栏门只准在通过人员或车辆时打开。井筒与水平大巷连接处，应设绕道，人员不得通过提升间。

6.1.7.2 天井、溜井、地井和漏斗口，应设有标志、照明、护栏或格筛、盖板。

6.1.7.3 在竖井、天井、溜井和漏斗口上方作业，以及在相对于坠落基准面2 m及以上的其他地点作业，作业人员应系安全带，或者在作业点下方设防坠保护平台或安全网。作业时，应设专人监护。

6.2 地下开采

6.2.1 一般规定

6.2.1.1 地下采矿，应按设计要求进行。

6.2.1.2 每个采区（盘区、矿块），均应有两个便于行人的安全出口，并经上、下巷道与通往地面的安全出口相通。安全出口应稳固，并根据需要设置梯子。

6.2.1.3 矿柱回采和采空区处理方案，应在回采设计中同时提出；中段矿房回采结束，应及时回采矿柱，矿柱回采速度应与矿房回采速度相适应；矿柱回采应采取后退式回采方式，并制定专门的安全措施。

6.2.1.4 应严格保持矿柱（含顶柱、底柱和间柱等）的尺寸、形状和直立度，应有专人检查和管理，以保证其在整个利用期间的稳定性。

6.2.1.5 溜矿井不应放空。不合格的大块矿石、废旧钢材、木材和钢丝绳等杂物，不应放入井内，以防堵塞。溜井口不准有水流入。

人员不应直接站在溜井、漏斗的矿石上或进入溜井与漏斗内处理堵塞。采用特殊方法处理堵塞，应经主管矿长批准。

6.2.1.6 采场放矿作业出现悬拱或立槽时，人员不应进入悬拱、立槽下方危险区进行处理。

6.2.1.7 围岩松软不稳固的回采工作面、采准和切割巷道，应采取支护措施；因爆破或其他原因而受破坏的支护，应及时修复，确认安全后方准作业。

回采作业，应事先处理顶板和两帮的浮石，确认安全方准进行。不应在同一采场同时凿岩和处理浮石。作业中发现冒顶预兆，应停止作业进行处理；发现大面积冒顶危险征兆，应立即通知作业人员撤离现场，并及时上报。在井下处理浮石时，应停止其他妨碍处理浮石的作业。

井下潜在或已发生危及作业人员健康或安全的危险状态，而当班作业结束前来不及消除时，应由当班负责人作好书面记录，内容包括危险状况和所采取处理措施。下一班负责人在本班作业人员开始位于危险区的作业前，应确认上一班的记载内容，并对可能受其影响的作业人员提醒危险状况、已采取的处理措施、为消除危险状态应做的工作。

6.2.1.8 应建立顶板分级管理制度。对顶板不稳固的采场，应有监控手段和处理措施。

6.2.1.9 工程地质复杂、有严重地压活动的矿山，应遵守下列规定：

——设立专门机构或专职人员负责地压管理，及时进行现场监测，做好预测、预报工作；

——发现大面积地压活动预兆，应立即停止作业，将人员撤至安全地点；

——地表塌陷区应设明显标志和栅栏，通往塌陷区的井巷应封闭，人员不应进入塌陷区和采空区。

6.2.1.10 采用留矿法、空场法采矿的矿山，应采取充填、隔离或强制崩落围岩的措施，及时处理采空区；较小、较薄和孤立的采空区，是否需要及时处理，由主管矿长决定。

6.2.1.11 矿井停电时，应立即采取应急措施，井下不应爆破，内燃设备应停止作业。

6.2.1.12 井下爆破，应遵守 GB 6722 的规定。

6.2.2 **采矿方法**

6.2.2.1 采用全面采矿法、房柱采矿法采矿，回采过程中应认真检查顶板，处理浮石，并根据顶板稳定情况，留出合适的矿柱。

6.2.2.2 采用横撑支柱法采矿，横撑支护材料应有足够的强度，一端应紧紧插入底板柱窝；搭好平台方准进行凿岩；人员不应在横撑上行走；采幅宽度应不超过 3 m。

6.2.2.3 采用分段法采矿，应遵守下列规定：

——除作为回采、运输、充填和通风的巷道外，不得在采场顶柱内开掘其他巷道；

——上下中段的矿房和矿柱宜相对应，规格也宜相同；

6.2.2.4 采用浅孔留矿法采矿，应遵守下列规定：

——开采第一分层之前，应将下部漏斗和喇叭口扩完，并充满矿石；

——每个漏斗应均匀放矿，发现悬空应停止其上部作业，并经妥善处理，方准继续作业；

——放矿人员和采场内的人员应密切联系，在放矿影响范围内不应上下同时作业；

——每一回采分层的放矿量，应控制在保证凿岩工作面安全操作所需高度，作业高度不宜超过 2 m。

6.2.2.5 采用壁式崩落法回采，应遵守下列规定：

——悬顶、控顶、放顶距离和放顶的安全措施，应在设计中规定；

——放顶前应进行全面检查，以确保出口畅通、照明良好和设备安全；

——放顶时，人员不应在放顶区附近的巷道中停留；

——在密集支柱中，每隔 3 m～5 m 应有一个宽度不小于 0.8 m 的安全出口，密集支柱受压过大时，应及时采取加固措施；

——放顶若未达到预期效果，应作出周密设计，方可进行二次放顶；

——放顶后，应及时封闭落顶区，禁止人员入内；

——多层矿体分层回采时，应待上层顶板岩石崩落并稳定后，才准回采下部矿层；

——相邻两个中段同时回采时，上中段回采工作面应比下中段工作面超前一个工作面斜长的距离，且应不小于 20 m；

——撤柱后不能自行冒落的顶板，应在密集支柱外 0.5 m 处，向放顶区重新凿岩爆破，强制崩落；

——机械撤柱及人工撤柱，应自下而上、由远而近进行；矿体倾角小于 10°的，撤柱顺序不限。

6.2.2.6 采用有底柱分段崩落法和阶段崩落法回采，应遵守下列规定：

——采场电耙道应有独立的进、回风道；电耙的耙运方向，应与风流方向相反；

——电耙道间的联络道，应设在入风侧，并在电耙绞车的侧翼或后方；

——电耙道放矿溜井口旁，应有宽度不小于 0.8 m 的人行道；

——未经修复的电耙道，不准出矿；

——采用挤压爆破时，应对补偿空间和放矿量进行控制，以免造成悬拱；

——拉底空间应形成厚度不小于 3 m～4 m 的松散垫层；

——采场顶部应有厚度不小于崩落层高度的覆盖岩层，若采场顶板不能自行冒落，应及时强制崩落，或用充填料予以充填。

6.2.2.7 采用无底柱分段崩落法回采，应遵守下列规定：

——回采工作面的上方，应有大于分段高度的覆盖岩层，以保证回采工作的安全；若上盘不能自行冒落或冒落的岩石量达不到所规定的厚度，应及时进行强制放顶，使覆盖岩层厚度达到分段高度的二倍左右；

——上下两个分段同时回采时，上分段应超前于下分段，超前距离应使上分段位于下分段回采工作面的错动范围之外，且应不小于 20 m；

——分段联络道应有足够的新鲜风流；

——各分段回采完毕，应及时封闭本分段的溜井口。

6.2.2.8 采用分层崩落法回采，应遵守下列规定：

——每个分层进路宽度应不超过 3 m，分层高度应不超过 3.5 m；

——上下分层同时回采时，应保持上分层(在水平方向上)超前相邻下分层 15 m 以上；

——崩落假顶时，人员不应在相邻的进路内停留；

——假顶降落受阻时，不应继续开采分层；顶板降落产生空硐时，不应在相邻进路或下部分层巷道内作业；

——崩落顶板时，不得用砍伐法撤出支柱；开采第一分层时，不得撤出支柱；

——顶板不能及时自然崩落的缓倾斜矿体，应进行强制放顶；

——凿岩、装药、出矿等作业，应在支护区域内进行；

——采区采完后，应在天井口铺设加强假顶；

——采矿应从矿块一侧向天井方向进行，以免形成通风不良的独头工作面；当采掘接近天井时，分层沿脉(穿脉)应在分层内与另一天井相通；

——清理工作面，应从出口开始向崩落区进行。

6.2.2.9 采用自然崩落法回采，应遵守下列规定：

——应编制放矿计划，严格进行控制放矿；应使崩落面与崩落下的松散物料面之间的空间高度适当，防止产生空气冲击波伤害人员和破坏设施；

——雨季出矿应采取相应的安全措施，防止暴雨产生泥石流伤人；

——尽量少用裸露药包进行二次破碎。

6.2.2.10 采用充填法回采，应遵守下列规定：

——采场应有良好的照明；顺路行人井、溜矿井、泄水井(水砂充填用)和通风井，均应保持畅通；

——采用上向分层充填法采矿，应预先进行充填井及其联络道施工，然后进行底部结构及拉底巷道施工，以便创造良好的通风条件；当采用脉内布置溜矿井和顺路行人井时，不应整个分层一次爆破落矿；

——每一分层回采完毕后应及时充填，上向充填法最后一个分层回采完毕后应严密接顶；下向充填法每一分层均应接顶密实；

——在非管道输送充填料的充填井下方，人员不得停留和通行；充填时，各工序之间应有通讯联络；

——顺路行人井、放矿井，应有可靠的防止充填料泄漏的背垫材料，以防堵塞及形成悬空；采场下部巷道及水沟堆积的充填料，应及时清理；

——充填料应无毒无害；

——采用下向胶结充填法采矿，采场两帮底角的矿石应清理干净；

——用组合式钢筒作顺路天井(行人、滤水，放矿)时，钢筒组装作业前应在井口悬挂安全网；

——采用人工间柱上向分层充填法采矿，相邻采场应超前一定距离；

——矿柱回采应与矿房回采同时设计。

6.2.2.11 回采矿柱，应遵守下列规定：

——回采顶柱和间柱,应预先检查运输巷道的稳定情况,必要时应采取加固措施;
——采用胶结充填采矿法时,应待胶结充填体达到要求强度,方可进行矿柱回采;
——回采未充填的相邻两个矿房的间柱时,不得在矿柱内开凿巷道;
——所有顶柱和间柱的回采准备工作,应在矿房回采结束前做好(嗣后胶结充填采空区除外);
——除装药和爆破工作人员外,无关人员不得进入未充填的矿房顶柱内的巷道和矿柱回采区;
——大量崩落矿柱时,在爆破冲击波和地震波影响半径范围内的巷道、设备及设施,均应采取安全措施;未达到预期崩落效果的,应进行补充崩落设计。

6.2.2.12 地下原地浸出采矿,应保持抽液量与注液量基本平衡,加强对监测井的观测,防止酸性溶液渗到溶浸区以外,污染地下水。污染严重的,应停止其溶浸作业,并做好后续的处理工作。

6.2.2.13 地下原地爆破浸出,应遵守下列规定:
——布液系统应防止跑、冒、滴、漏,避免酸液伤人;
——采场拉底空间形成后,应在底部铺设不小于 0.5 m 厚的混凝土隔层,并向集液巷形成一定的斜坡,混凝土隔层上应铺一层防水防酸隔离层;
——井下浸出液收集及输送应密闭,宜采用管道输送;
——采场矿堆溶浸结束并滤干后,应及时进行清水洗堆和中和处理,直至流出液 pH 值达到 7～8;
——浸出结束,应严密封堵通往采场的通道。

6.2.3 **采矿机械**

6.2.3.1 采用电耙绞车出矿,应遵守下列规定:
——应有良好照明;
——绞车前部应有防断绳回甩的防护设施;
——电耙运行时,耙道内或尾部不应有人;
——绞车开动前,司机应发出信号;
——电耙运行时,人员不应跨越钢丝绳;
——电耙停止运行时,应使钢丝绳处于松弛状态。

6.2.3.2 采用无轨装运设备,应遵守下列规定:
——出矿巷道中运行的车辆遇到人员,应停车让人通过;
——运输巷道的底板应平整、无大块,巷道的坡度应小于设备的爬坡能力,弯道的曲线半径应符合设备的要求;
——不应用铲斗或站在铲斗内处理浮石,不得用铲斗破大块;
——人员不应从升举的铲斗下方通过或停留;
——溜矿井应设安全车挡;
——车箱装载不应过满,作业人员操作位置上方应设防护网或板;
——每台设备应配备灭火装置。

6.3 **运输和提升**

6.3.1 **水平巷道运输**

6.3.1.1 采用电机车运输的矿井,由井底车场或平硐口到作业地点所经平巷长度超过 1 500 m 时,应设专用人车运送人员。

专用人车应有金属顶棚,从顶棚到车厢和车架应作好电气连接,确保通过钢轨接地。

6.3.1.2 专用人车运送人员,应遵守下列规定:
——每班发车前,应有专人检查车辆结构、连接装置、轮轴和车闸,确认合格方可运送人员;
——人员上下车的地点,应有良好的照明和发车电铃;如有两个以上的开往地点,应设列车去向灯光指示牌;架线式电机车的滑触线应设分段开关,人员上下车时,应切断电源;
——调车场应设区间闭锁装置;人员上下车时,其他车辆不应进入乘车线;

——列车行驶速度应不超过 3 m/s;

——不应同时运送爆炸性、易燃性和腐蚀性物品或附挂处理事故以外的材料车。

6.3.1.3 乘车人员应严格遵守下列规定:

——服从司机指挥;

——携带的工具和零件,不应露出车外;

——列车行驶时和停稳前,不应上下车或将头部和身体探出车外;

——不应超员乘车,列车行驶时应挂好安全门链;

——不应扒车、跳车和坐在车辆连接处或机车头部平台上;

——不应搭乘除人车、抢救伤员和处理事故的车辆以外的其他车辆。

6.3.1.4 列车运输时,矿车应采用不能自行脱钩的连接装置。不能自动摘挂钩的车辆,其两端的碰头或缓冲器的伸出长度,应不小于 100 mm。

停放在能自动滑行的坡道上的车辆,应用制动装置或木楔可靠地稳住。

6.3.1.5 人力推车,应遵守下列规定:

——推车人员应携带矿灯;

——在照明不良的区段,不应人力推车;

——每人只允许推一辆车;

——同方向行驶的车辆,轨道坡度不大于 5‰的,车辆间距不小于 10 m,坡度大于 5‰的,不小于 30 m;坡度大于 10‰的,不应采用人力推车;

——在能够自动滑行的线路上运行,应有可靠的制动装置;行车速度应不超过 3 m/s;推车人员不应骑跨车辆滑行或放飞车;

——矿车通过道岔、巷道口、风门、弯道和坡度较大的区段,以及出现两车相遇、前面有人或障碍物、脱轨、停车等情况时,推车人应及时发出警号。

6.3.1.6 在运输巷道内,人员应沿人行道行走。双轨巷道有列车错车时,人员不应在两轨道之间停留。在调车场内,人员不应横跨列车。

6.3.1.7 永久性轨道应及时敷设。永久性轨道路基应铺以碎石或砾石道碴,轨枕下面的道碴厚度应不小于 90 mm,轨枕埋入道碴的深度应不小于轨枕厚度的 2/3。

6.3.1.8 轨道的曲线半径,应符合下列规定:

——行驶速度 1.5 m/s 以下时,不小于车辆最大轴距的 7 倍;

——行驶速度大于 1.5 m/s 时,不小于车辆最大轴距的 10 倍;

——轨道转弯角度大于 90°时,不小于车辆最大轴距的 10 倍;

——对于带转向架的大型车辆(如梭车、底卸式矿车等),应不小于车辆技术文件的要求。

6.3.1.9 曲线段轨道加宽和外轨超高,应符合运输技术条件的要求。直线段轨道的轨距误差应不超过 +5 mm 和 −2 mm,平面误差应不大于 5 mm,钢轨接头间隙宜不大于 5 mm。

6.3.1.10 维修线路时,应在工作地点前后不少于 80 m 处设置临时信号,维修结束应予撤除。

6.3.1.11 使用电机车运输,应遵守下列规定:

——有爆炸性气体的回风巷道,不应使用架线式电机车;

——高硫和有自燃发火危险的矿井,应使用防爆型蓄电池电机车;

——每班应检查电机车的闸、灯、警铃、连接器和过电流保护装置,任何一项不正常,均不应使用;

——电机车司机不应擅离工作岗位;司机离开机车时,应切断电动机电源,拉下控制器把手,取下车钥匙,扳紧车闸将机车刹住。

6.3.1.12 电机车运行,应遵守下列规定:

——司机不应将头或身体探出车外;

——列车制动距离:运送人员应不超过 20 m,运送物料应不超过 40 m;14 t 以上的大型机车(或双

机)牵引运输,应根据运输条件予以确定,但应不超过 80 m;

——采用电机车运输的主要运输道上,非机动车辆应经调度人员同意方可行驶;

——单机牵引列车正常行车时,机车应在列车的前端牵引(调车或处理事故时不在此限);

——双机牵引列车允许 1 台机车在前端牵引,1 台机车在后端推动;

——列车通过风门、巷道口、弯道、道岔和坡度较大的区段,以及前方有车辆或视线有障碍时,应减速并发出警告信号;

——在列车运行前方,任何人发现有碍列车行进的情况时,应以矿灯、声响或其他方式向司机发出紧急停车信号;司机发现运行前方有异常情况或信号时,应立即停车检查,排除故障;

——电机车停稳之前,不应摘挂钩;

——不应无连接装置顶车和长距离顶车倒退行驶;若需短距离倒行,应减速慢行,且有专人在倒行前方观察监护。

6.3.1.13 架线式电机车运输的滑触线悬挂高度(由轨面算起),应符合下列规定:

——主要运输巷道:线路电压低于 500 V 时,不低于 1.8 m;线路电压高于 500 V 时,不低于 2.0 m;

——井下调车场、架线式电机车道与人行道交叉点:线路电压低于 500 V 时,不低于 2.0 m;线路电压高于 500 V 时,不低于 2.2 m;

——井底车场(至运送人员车站),不低于 2.2 m。

6.3.1.14 电机车运输的滑触线架设,应符合下列规定:

——滑触线悬挂点的间距,在直线段内应不超过 5 m;在曲线段内应不超过 3 m;

——滑触线线夹两侧的横拉线,应用瓷瓶绝缘;线夹与瓷瓶的距离不超过 0.2 m;线夹与巷道顶板或支架横梁间的距离,不小于 0.2 m;

——滑触线与管线外缘的距离不小于 0.2 m;

——滑触线与金属管线交叉处,应用绝缘物隔开。

6.3.1.15 电机车运输的滑触线应设分段开关,分段距离应不超过 500 m。每一条支线也应设分段开关。上下班时间,距井筒 50 m 以内的滑触线应切断电源。

架线式电机车运输工作中断时间超过一个班时,非工作地区内的电机车线路电源应切断。修整电机车线路,应先切断电源,并将线路接地,接地点应设在工作地段的可见部位。

6.3.1.16 使用带式输送机,应遵守下列规定:

——带式输送机运输物料的最大坡度,向上(块矿)应不大于 15°,向下应不大于 12°;带式输送机最高点与顶板的距离,应不小于 0.6 m;物料的最大外形尺寸应不大于 350 mm;

——人员不得搭乘非载人带式输送机;

——不应用带式输送机运送过长的材料和设备;

——输送带的最小宽度,应不小于物料最大尺寸的 2 倍加 200 mm;

——带式输送机胶带的安全系数,按静荷载计算应不小于 8,按启动和制动时的动荷载计算应不小于 3;钢绳芯带式输送机的静荷载安全系数应不小于 5～8;

——钢绳芯带式输送机的滚筒直径,应不小于钢绳芯直径的 150 倍,不小于钢丝直径的 1 000 倍,且最小直径应不小于 400 mm;

——装料点和卸料点,应设空仓、满仓等保护装置,并有声光信号及与输送机联锁;

——带式输送机应设有防胶带撕裂、断带、跑偏等保护装置,并有可靠的制动、胶带清扫以及防止过速、过载、打滑、大块冲击等保护装置;线路上应有信号、电气联锁和停车装置;上行的带式输送机,应设防逆转装置;

——在倾斜巷道中采用带式输送机运输,输送机的一侧应平行敷设一条检修道,需要利用检修道作辅助提升时,带式输送机最突出部分与提升容器的间距应不小于 300 mm,且辅助提升速度不应超过 1.5 m/s。

6.3.1.17 井下使用无轨运输设备，应遵守下列规定：

——内燃设备，应使用低污染的柴油发动机，每台设备应有废气净化装置，净化后的废气中有害物质的浓度应符合 GBZ 1、GBZ 2 的有关规定；

——运输设备应定期进行维护保养；

——采用汽车运输时，汽车顶部至巷道顶板的距离应不小于 0.6 m；

——斜坡道长度每隔 300～400 m，应设坡度不大于 3%、长度不小于 20 m 并能满足错车要求的缓坡段；主要斜坡道应有良好的混凝土、沥青或级配均匀的碎石路面；

——不应熄火下滑；

——在斜坡上停车时，应采取可靠的挡车措施；

——每台设备应配备灭火装置。

6.3.2 **斜井运输**

6.3.2.1 供人员上、下的斜井，垂直深度超过 50 m 的，应设专用人车运送人员。斜井用矿车组提升时，不应人货混合串车提升。

6.3.2.2 专用人车应有顶棚，并装有可靠的断绳保险器。列车每节车厢的断绳保险器应相互连结，并能在断绳时起作用。断绳保险器应既能自动，也能手动。

运送人员的列车，应有随车安全员。随车安全员应坐在装有断绳保险器操纵杆的第一节车内。

运送人员的专用列车的各节车厢之间，除连接装置外，还应附挂保险链。连接装置和保险链，应经常检查，定期更换。

6.3.2.3 采用专用人车运送人员的斜井，应装设符合下列规定的声、光信号装置：

——每节车箱均能在行车途中向提升司机发出紧急停车信号；

——多水平运送时，各水平发出的信号应有区别，以便提升司机辨认；

——所有收发信号的地点，均应悬挂明显的信号牌。

6.3.2.4 斜井运输，应有专人负责管理。

乘车人员应听从随车安全员指挥，按指定地点上下车，上车后应关好车门，挂好车链。

斜井运输时，不应蹬钩；人员不应在运输道上行走。

6.3.2.5 倾角大于 10°的斜井，应设置轨道防滑装置，轨枕下面的道碴厚度应不小于 50 mm。

6.3.2.6 提升矿车的斜井，应设常闭式防跑车装置，并经常保持完好。

斜井上部和中间车场，应设阻车器或挡车栏。阻车器或挡车栏在车辆通过时打开，车辆通过后关闭。斜井下部车场应设躲避硐室。

6.3.2.7 斜井运输的最高速度，不应超过下列规定：

——运输人员或用矿车运输物料，斜井长度不大于 300 m 时，3.5 m/s；斜井长度大于 300 m 时，5 m/s；

——用箕斗运输物料，斜井长度不大于 300 m 时，5 m/s；斜井长度大于 300 m 时，7 m/s；

——斜井运输人员的加速度或减速度，应不超过 0.5 m/s^2。

6.3.3 **竖井提升**

6.3.3.1 垂直深度超过 50 m 的竖井用作人员出入口时，应采用罐笼或电梯升降人员。

6.3.3.2 用于升降人员和物料的罐笼，应符合 GB 16542 的规定。

6.3.3.3 建井期间临时升降人员的罐笼，若无防坠器，应制定切实可行的安全措施，并报主管矿长批准。

6.3.3.4 同一层罐笼不应同时升降人员和物料。升降爆破器材时，负责运输的爆破作业人员应通知中段(水平)信号工和提升机司机，并跟罐监护。

6.3.3.5 无隔离设施的混合井，在升降人员的时间内，箕斗提升系统应中止运行。

6.3.3.6 罐笼的最大载重量和最大载人数量，应在井口公布，不应超载运行。

6.3.3.7　竖井提升应符合下列规定：

——提升容器和平衡锤，应沿罐道运行。

——提升容器的罐道，应采用木罐道、型钢罐道或钢丝绳罐道。

——竖井内用带平衡锤的单罐笼升降人员或物料时，平衡垂的质量应符合设计要求，平衡锤和罐笼用的钢丝绳规格应相同，并应做同样的检查和试验。

6.3.3.8　提升容器的导向槽（器）与罐道之间的间隙，应符合下列规定：

——木罐道，每侧应不超过 10 mm；

——钢丝绳罐道，导向器内径应比罐道绳直径大 2 mm～5 mm；

——型钢罐道不采用滚轮罐耳时，滑动导向槽每侧间隙不应超过 5 mm；

——型钢罐道采用滚轮罐耳时，滑动导向槽每侧间隙应保持 10 mm～15 mm。

6.3.3.9　导向槽（器）和罐道，其间磨损达到下列程度，均应予以更换：

——木罐道的一侧磨损超过 15 mm；

——导向槽的一侧磨损超过 8 mm；

——钢罐道和容器导向槽同一侧总磨损量达到 10 mm；

——钢丝绳罐道表面钢丝在一个捻距内断丝超过 15%；封闭钢丝绳的表面钢丝磨损超过 50%；导向器磨损超过 8 mm；

——型钢罐道任一侧壁厚磨损超过原厚度的 50%。

6.3.3.10　竖井内提升容器之间、提升容器与井壁或罐道梁之间的最小间隙，应符合表 6 规定。

罐道钢丝绳的直径应不小于 28 mm；防撞钢丝绳的直径应不小于 40 mm。

表 6　竖井内提升容器之间以及提升容器最突出部分和井壁、罐道梁、井梁之间的最小间隙

单位为毫米

罐道和井梁布置		容器与容器之间	容器与井壁之间	容器与罐道梁之间	容器与井梁之间	备　注
罐道布置在容器一侧		200	150	40	150	罐道与导向槽之间为 20
罐道布置在容器两侧	木罐道	—	200	50	200	有卸载滑轮的容器，滑轮和灌道梁间隙增加 25
	钢罐道	—	150	40	150	
罐道布置在容器正门	木罐道	200	200	50	200	
	钢罐道	200	150	40	150	
钢丝绳灌道		450	350	—	350	设防撞绳时，容器之间最小间隙为 200

凿井时，两个提升容器的钢丝绳罐道之间的间隙，应不小于 $250+H/3$（H 为以米为单位的井筒深度的数值）mm，且应不小于 300 mm。

6.3.3.11　钢丝绳罐道，应优先选用密封式钢丝绳。每根罐道绳的最小刚性系数应不小于 500 N/m。各罐道绳张紧力应相差 5%～10%，内侧张紧力大，外侧张紧力小。

井底应设罐道钢丝绳的定位装置。拉紧重锤的最低位置到井底水窝最高水面的距离，应不小于 1.5 m。应有清理井底粉矿及泥浆的专用斜井、联络道或其他形式的清理设施。

采用多绳摩擦提升机时，粉矿仓应设在尾绳之下，粉矿仓顶面距离尾绳最低位置应不小于 5 m。穿过粉矿仓底的罐道钢丝绳，应用隔离套筒予以保护。

从井底车场轨面至井底固定托罐梁面的垂高应不小于过卷高度，在此范围内不应有积水。

6.3.3.12　罐道钢丝绳应有 20 m～30 m 备用长度；罐道的固定装置和拉紧装置应定期检查，及时串动和转动罐道钢丝绳。

6.3.3.13　天轮到提升机卷筒的钢丝绳最大偏角，应不超过 1°30′。

天轮轮槽剖面的中心线，应与轮轴中心线垂直。不应有轮缘变形、轮辐弯曲和活动等现象。

6.3.3.14　采用扭转钢丝绳作多绳摩擦提升机的首绳时，应按左右捻相间的顺序悬挂，悬挂前，钢丝绳应除油。腐蚀性严重的矿井，钢丝绳除油后应涂增摩脂。

若用扭转钢丝绳作尾绳，提升容器底部应设尾绳旋转装置，挂绳前，尾绳应破劲。

井筒内最低装矿点的下面，应设尾绳隔离装置。

6.3.3.15　运转中的多绳摩擦提升机，应每周检查一次首绳的张力，若各绳张力反弹波时间差超过10%，应进行调绳。

对主导轮和导向轮的摩擦衬垫，应视其磨损情况及时车削绳槽。绳槽直径差应不大于0.8 mm。衬垫磨损达2/3，应及时更换。

6.3.3.16　采用钢丝绳罐道的罐笼提升系统，中间各中段应设稳罐装置。

6.3.3.17　采用钢丝绳罐道的单绳提升系统，两根主提升钢丝绳应采用不旋转钢丝绳。

6.3.3.18　不应用普通箕斗升降人员。遇特殊情况需要使用普通箕斗或急救罐升降人员时，应采取经主管矿长批准的安全措施。

6.3.3.19　人员站在空提升容器的顶盖上检修、检查井筒时，应有下列安全防护措施：

——应在保护伞下作业；

——应佩带安全带，安全带应牢固地绑在提升钢丝绳上；

——检查井筒时，升降速度应不超过0.3 m/s；

——容器上应设专用信号联系装置；

——井口及各中段马头门，应设专人警戒，不应下坠任何物品。

6.3.3.20　竖井罐笼提升系统的各中段马头门，应根据需要使用摇台。除井口和井底允许设置托台外，特殊情况下也允许在中段马头门设置自动托台。摇台、托台应与提升机闭锁。

6.3.3.21　竖井提升系统应设过卷保护装置，过卷高度应符合下列规定：

——提升速度低于3 m/s时，不小于4 m；

——提升速度为3 m/s～6 m/s时，不小于6 m；

——提升速度高于6 m/s、低于或等于10 m/s时，不小于最高提升速度下运行1 s的提升高度；

——提升速度高于10 m/s时，不小于10 m；

——凿井期间用吊桶提升时，不小于4 m。

6.3.3.22　提升井架(塔)内应设置过卷挡梁和楔形罐道。楔形罐道的楔形部分的斜度为1%，其长度(包括较宽部分的直线段)应不小于过卷高度的2/3，楔形罐道顶部需设封头挡梁。

多绳摩擦提升时，井底楔形罐道的安装位置，应使下行容器比上提容器提前接触楔形罐道，提前距离应不小于1 m。

单绳缠绕式提升时，井底应设简易缓冲式防过卷装置，有条件的可设楔形罐道。

6.3.3.23　提升系统的各部分，包括提升容器、连接装置、防坠器、罐耳、罐道、阻车器、罐座、摇台(或托台)、装卸矿设施、天轮和钢丝绳，以及提升机的各部分，包括卷筒、制动装置、深度指示器、防过卷装置、限速器、调绳装置、传动装置、电动机和控制设备以及各种保护装置和闭锁装置等，每天应由专职人员检查1次，每月应由矿机电部门组织有关人员检查1次；发现问题应立即处理，并将检查结果和处理情况记录存档。

6.3.3.24　钢筋混凝土井架、钢井架和多绳提升机井塔，每年应检查1次；木质井架，每半年应检查1次。检查结果应写成书面报告，发现问题应及时解决。

6.3.3.25　井口和井下各中段马头门车场，均应设信号装置。各中段发出的信号应有区别。

乘罐人员应在距井筒5 m以外候罐，应严格遵守乘罐制度，听从信号工指挥。

提升机司机应弄清信号用途，方可开车。

6.3.3.26　罐笼提升系统，应设有能从各中段发给井口总信号工转达提升机司机的信号装置。井口信号与提升机的启动，应有闭锁关系，并应在井口与提升机司机之间设辅助信号装置及电话或话筒。

箕斗提升系统，应设有能从各装矿点发给提升机司机的信号装置及电话或话筒。装矿点信号与提升机的启动，应有闭锁关系。

竖井提升信号系统，应设有下列信号：

——工作执行信号；

——提升中段(或装矿点)指示信号；

——提升种类信号；

——检修信号；

——事故信号；

——无联系电话时，应设联系询问信号。

竖井罐笼提升信号系统，应符合 GB 16541 的规定。

6.3.3.27 事故紧急停车和用箕斗提升矿石或废石，井下各中段可直接向提升机司机发出信号。用罐笼提升矿石或废石，应经井口总信号工同意，井下各中段方可直接向提升机司机发出信号。

6.3.3.28 所有升降人员的井口及提升机室，均应悬挂下列布告牌：

——每班上下井时间表；

——信号标志；

——每层罐笼允许乘罐的人数；

——其他有关升降人员的注意事项。

6.3.3.29 清理竖井井底水窝时，上部中段应设保护设施，以免物体坠落伤人。

6.3.4 钢丝绳和连接装置

6.3.4.1 除用于倾角 30°以下的斜井提升物料的钢丝绳外，其他提升钢丝绳和平衡钢丝绳，使用前均应进行检验。经过检验的钢丝绳，贮存期应不超过 6 个月。

6.3.4.2 提升钢丝绳的检验，应使用符合条件的设备和方法进行，检验周期应符合下列要求：

——升降人员或升降人员和物料用的钢丝绳，自悬挂时起，每隔 6 个月检验 1 次；有腐蚀气体的矿山，每隔 3 个月检验一次；

——升降物料用的钢丝绳，自悬挂时起，第一次检验的间隔时间为 1 年，以后每隔 6 个月检验 1 次；

——悬挂吊盘用的钢丝绳，自悬挂时起，每隔 1 年检验 1 次。

6.3.4.3 提升钢丝绳，悬挂时的安全系数应符合下列规定：

单绳缠绕式提升钢丝绳：

——专作升降人员用的，不小于 9；

——升降人员和物料用的，升降人员时不小于 9，升降物料时不小于 7.5；

——专作升降物料用的，不小于 6.5。

多绳摩擦提升钢丝绳：

——升降人员用的，不小于 8；

——升降人员和物料用的，升降人员时不小于 8，升降物料时不小于 7.5；

——升降物料用的，不小于 7；

——作罐道或防撞绳用的，不小于 6。

6.3.4.4 使用中的钢丝绳，定期检验时安全系数为下列数值的，应更换：

——专作升降人员用的，小于 7；

——升降人员和物料用的，升降人员时小于 7，升降物料时小于 6；

——专作升降物料和悬挂吊盘用的，小于 5。

6.3.4.5 新钢丝绳悬挂前，应对每根钢丝做拉断、弯曲和扭转 3 种试验，并以公称直径为准对试验结果进行计算和判定：不合格钢丝的断面积与钢丝总断面积之比达到 6%，不应用于升降人员；达到 10%，不应用于升降物料;以合格钢丝拉断力总和为准算出的安全系数,如小于本标准6.3.4.3的规定时,不应使用该钢丝绳。

使用中的钢丝绳,可只做每根钢丝的拉断和弯曲2种试验。试验结果,仍以公称直径为准进行计算和判定:不合格钢丝的断面积与钢丝总断面积之比达到25%时,应更换;以合格钢丝拉断力总和为准算出的安全系数,如小于本标准6.3.4.4的规定时,应更换。

6.3.4.6 对提升钢丝绳,除每日进行检查外,应每周进行一次详细检查,每月进行一次全面检查;人工检查时的速度应不高于0.3 m/s,采用仪器检查时的速度应符合仪器的要求。对平衡绳(尾绳)和罐道绳,每月进行一次详细检查。所有检查结果,均应记录存档。

钢丝绳一个捻距内的断丝断面积与钢丝总断面积之比,达到下列数值时,应更换:

——提升钢丝绳,5%;

——平衡钢丝绳、防坠器的制动钢丝绳(包括缓冲绳),10%;

——罐道钢丝绳,15%;

——倾角30°以下的斜井提升钢丝绳,10%。

以钢丝绳标称直径为准计算的直径减小量达到下列数值时,应更换:

——提升钢丝绳或制动钢丝绳,10%;

——罐道钢丝绳,15%;

使用密封钢丝绳外层钢丝厚度磨损量达到50%时,应更换。

6.3.4.7 钢丝绳在运行中遭受到卡罐或突然停车等猛烈拉力时,应立即停止运转,进行检查,发现下列情况之一者,应将受力段切除或更换全绳:

——钢丝绳产生严重扭曲或变形;

——断丝或直径减小量超过本标准6.3.4.6的规定;

——受到猛烈拉力的一段的长度伸长0.5%以上。

在钢丝绳使用期间,断丝数突然增加或伸长突然加快,应立即更换。

6.3.4.8 钢丝绳的钢丝有变黑、锈皮、点蚀麻坑等损伤时,不应用于升降人员。

钢丝绳锈蚀严重,或点蚀麻坑形成沟纹,或外层钢丝松动时,不论断丝数多少或绳径是否变化,应立即更换。

6.3.4.9 多绳摩擦提升机的首绳,使用中有1根不合格的,应全部更换。

6.3.4.10 平衡钢丝绳(尾绳)的长度,应满足罐笼或箕斗过卷的需要。使用圆形平衡钢丝绳时,应有避免平衡钢丝绳扭结的装置。平衡钢丝绳(尾绳)最低处,不应被水淹或渣埋。

6.3.4.11 单绳提升,钢丝绳与提升容器之间用桃形环连接时,钢丝绳由桃形环上平直的一侧穿入,用不少于5个绳卡(其间距为200~300 mm)与首绳卡紧,然后再卡一视察圈(使用带模块楔紧装置的桃形环除外)。

提升容器应用带拉杆的耳环和保险链(或其他类型的连接装置)分别连接在桃形环上。安装好的保险链,不准有打结现象。

多绳提升的钢丝绳用专用桃形绳夹时,回绳头应用2个以上绳卡与首绳卡紧。

6.3.4.12 新安装或大修后的防坠器、断绳保险器,应进行脱钩试验,合格后方可使用。

在用竖井罐笼的防坠器,每半年应进行一次清洗和不脱钩试验,每年进行一次脱钩试验。

在用斜井人车的断绳保险器,每日进行一次手动落闸试验,每月进行一次静止松绳落闸试验,每年进行一次重载全速脱钩试验。

防坠器或断绳保险器的各个连接和传动部件,应经常处于灵活状态。

6.3.4.13 连接装置的安全系数,应符合下列规定:

——升降人员或升降人员和物料的连接装置和其他有关部分,不小于13;

——升降物料的连接装置和其他有关部分,不小于10;

——无极绳运输的连接装置,不小于8;

——矿车的连接钩、环和连接杆,不小于6。

计算保险链的安全系数时,假定每条链子都平均地承受容器自重及其荷载,并应考虑链子的倾斜角度。

6.3.4.14 井口悬挂吊盘应平稳牢固,吊盘周边至少应均匀布置4个悬挂点。井筒深度超过100 m时,悬挂吊盘用的钢丝绳不应兼作导向绳使用。

6.3.4.15 凿井用的钢丝绳和连接装置的安全系数,应符合下列规定:

——悬挂吊盘、水泵、排水管用的钢丝绳,不小于6;

——悬挂风筒、压缩空气管、混凝土浇注管、电缆及拉紧装置用的钢丝绳,不小于5;

——悬挂吊盘、安全梯、水泵、抓岩机的连接装置(钩、环、链、螺栓等),不小于10;

——悬挂风管、水管、风筒、注浆管的连接装置,不小于8;

——吊桶提梁和连接装置的安全系数不小于13。

6.3.5 提升装置

6.3.5.1 提升装置的天轮、卷筒、主导轮和导向轮的最小直径与钢丝绳直径之比,应符合下列规定:

——摩擦轮式提升装置的主导轮,有导向轮时不小于100,无导向轮时不小于80;

——落地安装的摩擦轮式提升装置的主导轮和天轮不小于100;

——地表单绳提升装置的卷筒和天轮,不小于80;

——井下单绳提升装置和凿井的单绳提升装置的卷筒和天轮,不小于60;

——排土场的提升或运输装置的卷筒和导向轮,不小于50;

——悬挂吊盘、吊泵、管道用绞车的卷筒和天轮,凿井时运料用绞车的卷筒,不小于20;

——其他移动式辅助性绞车视情况而定。

6.3.5.2 提升装置的卷筒、天轮、主导轮、导向轮的最小直径与钢丝绳中最粗钢丝的最大直径之比,应符合下列规定:

——地表提升装置,不小于1200;

——井下或凿井用的提升装置,不小于900;

——凿井期间升降物料的绞车或悬挂水泵、吊盘用的提升装置,不小于300。

6.3.5.3 各种提升装置的卷筒缠绕钢丝绳的层数,应符合下列规定:

——竖井中升降人员或升降人员和物料的,宜缠绕单层;专用于升降物料的,可缠绕2层;

——斜井中升降人员或升降人员和物料的,可缠绕2层;升降物料的,可缠绕3层;

——盲井(包括盲竖井、盲斜井)中专用于升降物料的或地面运输用的,可缠绕3层;

——开凿竖井或斜井期间升降人员和物料的,可缠绕两层;深度或斜长超过400 m的,可缠绕3层;

——移动式或辅助性专为提升物料用的,以及凿井期间专为升降物料用的,可多层缠绕。

6.3.5.4 缠绕两层或多层钢丝绳的卷筒,应符合下列规定:

——卷筒边缘应高出最外一层钢丝绳,其高差不小于钢丝绳直径的2.5倍;

——卷筒上应装设带螺旋槽的衬垫,卷筒两端应设有过渡块;

——经常检查钢丝绳由下层转至上层的临界段部分(相当于1/4绳圈长),并统计其断丝数。每季度应将钢丝绳临界段串动1/4绳圈的位置。

6.3.5.5 双筒提升机调绳,应在无负荷情况下进行。

6.3.5.6 在卷筒内紧固钢丝绳,应遵守下列规定:

——卷筒内应设固定钢丝绳的装置,不应将钢丝绳固定在卷筒轴上;

——卷筒上的绳眼,不许有锋利的边缘和毛刺,折弯处不应形成锐角,以防止钢丝绳变形;

——卷筒上保留的钢丝绳,应不少于3圈,以减轻钢丝绳与卷筒连接处的张力。

用作定期试验用的补充绳,可保留在卷筒之内或缠绕在卷筒上。

6.3.5.7 天轮的轮缘应高于绳槽内的钢丝绳，高出部分应大于钢丝绳直径的1.5倍。带衬垫的天轮，衬垫应紧密固定。衬垫磨损深度相当于钢丝绳直径，或沿侧面磨损达到钢丝绳直径的一半时，应立即更换。

6.3.5.8 竖井用罐笼升降人员时，加速度和减速度应不超过0.75 m/s^2；最高速度应不超过式(4)计算值，且最大应不超过12 m/s。

$$v = 0.5\sqrt{H} \qquad (4)$$

式中：

v——最高速度，单位为米每秒(m/s)；

H——提升高度，单位为米(m)。

竖井升降物料时，提升容器的最高速度，应不超过式(5)计算值。

$$v = 0.6\sqrt{H} \qquad (5)$$

式中：

v——最高速度，单位为米每秒(m/s)；

H——提升高度，单位为米(m)。

6.3.5.9 吊桶升降人员的最高速度：有导向绳时，应不超过罐笼提升最高速度的1/3；无导向绳时，应不超过1 m/s。

吊桶升降物料的最高速度：有导向绳时，应不超过罐笼提升最高速度的2/3；无导向绳时，应不超过2 m/s。

6.3.5.10 提升装置的机电控制系统，应有下列符合要求的保护与电气闭锁装置：

——限速保护装置：罐笼提升系统最高速度超过4 m/s和箕斗提升系统最高速度超过6 m/s时，控制提升容器接近预定停车点时的速度应不超过2 m/s；

——主传动电动机的短路及断电保护装置：保证安全制动及时动作；

——过卷保护装置：安装在井架和深度指示器上；当提升容器或平衡锤超过正常卸载(罐笼为进出车)位置0.5 m时，使提升设备自动停止运转，同时实现安全制动；此外，还应设置不能再向过卷方向接通电动机电源的联锁装置；

——过速保护装置：当提升速度超过规定速度的15%时，使提升机自动停止运转，实现安全制动；

——过负荷及无电压保护装置：当提升机过负荷或供电中断时，使提升机自动停止运转；

——提升机操纵手柄与安全制动之间的联锁装置：操纵手柄不在“0”位、制动手柄不在抱闸位置时，不能接通安全制动电磁铁电源而解除安全制动；

——闸瓦磨损保护装置：闸瓦磨损超过允许值或制动弹簧(或重锤机构)行程超限时，应有信号显示及安全制动；

——使用电气制动的，当制动电流消失时，应实现安全制动；

——圆盘式深度指示器自整角机的定子绕组断电时，应实现安全制动；

——圆盘闸制动系统，制动油压过高、或制动油泵电动机断电、或制动闸变形异常时，应实现安全制动；

——润滑系统油压过高、过低或制动油温过高时，应使下一次提升不能进行；

——当提升容器到达两端减速点时，应使提升机自动减速或发出减速信号；

——采用直流电动机传动时，主传动电动机应装设失励磁保护；

——测速回路应有断电保护；

——提升机与信号系统之间的闭锁装置：司机未接到工作执行信号不能开车；应同时设有解除这项闭锁的装置；该装置未经许可，司机不应擅自动用。

6.3.5.11 提升系统除应装设6.3.5.10所述基本保护和联锁装置外，还应设置下列保护和联锁装置：

——高压换向器(或全部电气设备)的隔墙(或围栅)门与油断路器之间的联锁；

——安全制动时不能接通电动机电源、工作闸抱紧时电动机不能加速的联锁；
——直流控制电源的失压保护；
——高压换向器的电弧闭锁；
——控制屏加速接触器主触头的失灵闭锁；
——提升机卷筒直径在3 m以上的，应设松绳保护；
——采用能耗制动时，高压换向器与直流接触器间，应有电弧闭锁；
——直流主电动机回路的接地保护；
——在制动状态下，主电动机的过电流保护；
——主电动机的通风机故障、或主电动机温升超过额定值的联锁；
——可控硅整流装置通风机故障的联锁；
——尾绳工作不正常的联锁；
——装卸载机构运行不到位或平台控制不正常的联锁；
——装矿设施不正常及超载过限的联锁；
——深度指示器调零装置失灵、摩擦式提升机位置同步未完成的联锁；
——摇台或托台工作状态的联锁；
——井口及各中段安全门未关闭的联锁。

6.3.5.12 提升机控制系统，除应满足正常提升要求外，还应满足下列运行工作状态的要求：
——低速检查井筒及钢丝绳，运行速度应不超过0.3 m/s；
——调换工作中段；
——低速下放大型设备或长材料，运行速度应不超过0.5 m/s。

6.3.5.13 提升设备应有能独立操纵的工作制动和安全制动的两套制动系统，其操纵系统应设在司机操纵台。

安全制动装置，除可由司机操纵外，还应能自动制动。制动时，应能使提升机的电动机自动断电。

提升速度不超过4 m/s、卷筒直径小于2 m的提升设备，如工作闸带有重锤，允许司机用体力操作。其他情况下，应使用机械传动的、可调整的工作闸。

提升能力在10 t以下的凿井用绞车，可采用手动安全闸。

6.3.5.14 提升设备应有定车装置，以便调整卷筒位置和检修制动装置。

6.3.5.15 在井筒内用以升降水泵或其他设备的手摇绞车，应装有制动闸、防止逆转装置和双重转速装置。

6.3.5.16 安全制动装置的空动时间(自安全保护回路断电时起至闸瓦刚接触闸轮或闸盘的时间)：压缩空气驱动闸瓦式制动闸，应不超过0.5 s；储能液压驱动闸瓦式制动闸，应不超过0.6 s；盘式制动闸，应不超过0.3 s。对于斜井提升，为了保证上提紧急制动不发生松绳而应延时制动时，空动时间可适当延长。

安全制动时，杠杆和闸瓦不应发生显著的弹性摆动。

6.3.5.17 竖井和倾角大于30°的斜井的提升设备，安全制动时的减速度应满足：满载下放时应不小于1.5 m/s²，满载提升时应不大于5 m/s²。

倾角30°以下的井巷，安全制动时的减速度应满足：满载下放时的制动减速度应不小于0.75 m/s²，满载提升时的制动减速度应不大于按式(6)计算的自然减速度 A_0(m/s²)。

$$A_0 = g(\sin\theta + f\cos\theta) \quad \cdots\cdots(6)$$

式中：

g——重力加速度，单位为米每二次方秒(m/s²)；

θ——井巷倾角，(°)；

f——绳端荷载的运动阻力系数，一般取0.010～0.015。

摩擦轮式提升装置，常用闸或保险闸发生作用时，全部机械的减速度不得超过钢丝绳的滑动极限。

满载下放时，应检查减速度的最低极限；满载提升时，应检查减速度的最高极限。

6.3.5.18 提升机紧急制动和工作制动时所产生的力矩，与实际提升最大静荷载产生的旋转力矩之比 K，应不小于3。质量模数较小的绞车，上提重载安全制动的减速度超过6.3.5.17所规定的限值时，可将安全制动装置的 K 值适当降低，但应不小于2。

凿井时期，升降物料用的提升机，K 值应不小于2。

调整双卷筒绞车卷筒旋转的相对位置时，应在无负荷情况下进行。制动装置在各卷筒闸轮上所产生的力矩，应不小于该卷筒所悬质量（钢丝绳质量与提升容器质量之和）形成的旋转力矩的1.2倍。

计算制动力矩时，闸轮和闸瓦摩擦系数应根据实测确定，一般采用0.30～0.35；常用闸和保险闸的力矩，应分别计算。

6.3.5.19 盘式制动器的闸瓦与制动盘的接触面积，应大于制动盘面积的60%；应经常检查调整闸瓦与制动盘的间隙，保持在1 mm左右，且应不大于2 mm。

液压离合器的油缸不应漏油。盘式制动器的闸盘上不应有油污，每班至少检查1次，发现油污应及时停车处理。

6.3.5.20 多绳摩擦提升系统，两提升容器的中心距小于主导轮直径时，应装设导向轮；主导轮上钢丝绳围包角应不大于200°。

6.3.5.21 多绳摩擦提升系统，静防滑安全系数应大于1.75；动防滑安全系数，应大于1.25；重载侧和空载侧的静张力比，应小于1.5。

6.3.5.22 多绳摩擦提升机采用弹簧支承的减速器时，各支承弹簧应受力均匀；弹簧的疲劳和永久变形每年应至少检查1次，其中有1根不合格，均应按性能要求予以更换。

6.3.5.23 提升设备应装设下列仪表：

——提升速度4 m/s以上的提升机，应装设速度指示器或自动速度记录仪；

——电压表和电流表；

——指示制动系统的气压表或油压表以及润滑油压表。

6.3.5.24 在交接班、人员上下井时间内，非计算机控制的提升机，应由正司机开车，副司机在场监护。每班升降人员之前，应先开一次空车，检查提升机的运转情况，并将检查结果记录存档。连续运转时，可不受此限。

发生故障时，司机应立即向矿机电部门和调度报告，并应记录停车时间、故障原因、修复时间和所采取的措施。

6.3.5.25 主要提升装置，应由有资质的检测检验机构按规定的检测周期进行检测。检测项目如下：

——6.3.5.10、6.3.5.11所规定的各种安全保护装置；

——天轮的垂直度和水平度，有无轮缘变形和轮辐弯曲现象；

——电气传动装置和控制系统的情况；

——各种保护、调整和自动记录装置（仪表），以及深度指示器等的动作状况和准确、精密程度；

——工作制动和安全制动的工作性能，并验算其制动力矩，测定安全制动的速度；

——井塔或井架的结构、腐蚀和震动；

——防坠器、防过卷装置、罐道、装卸矿设施等。

对检测发现的问题，矿山企业应提出整改措施，限期整改。

6.3.5.26 提升装置，应备有下列技术资料：

——提升机说明书；

——提升机总装配图和备件图；

——制动装置的结构图和制动系统图；

——电气控制原理系统图；

——提升系统图；

——设备运转记录；

——检验和更换钢丝绳的记录；

——大、中、小修记录；

——岗位责任制和操作规程；

——司机班中检查和交接班记录；

——主要装置(包括钢丝绳、防坠器、天轮、提升容器、罐道等)的检查记录。

制动系统图、电气控制原理图、提升机的技术特征、提升系统图、岗位责任制和操作规程等，应悬挂在提升机室内。

6.4 通风防尘

6.4.1 井下空气

6.4.1.1 井下采掘工作面进风流中的空气成分(按体积计算)，氧气应不低于20%，二氧化碳应不高于0.5%。

6.4.1.2 入风井巷和采掘工作面的风源含尘量，应不超过0.5 mg/m^3。

6.4.1.3 井下作业地点的空气中，有害物质的接触限值应不超过GBZ 2的规定。

6.4.1.4 含铀、钍等放射性元素的矿山，井下空气中氡及其子体的浓度应符合相关国家标准规定。

6.4.1.5 矿井所需风量，按下列要求分别计算，并取其中最大值：

——按井下同时工作的最多人数计算，供风量应不少于每人4 m^3/min；

——按排尘风速计算，硐室型采场最低风速应不小于0.15 m/s，巷道型采场和掘进巷道应不小于0.25 m/s；电耙道和二次破碎巷道应不小于0.5 m/s；箕斗硐室、破碎硐室等作业地点，可根据具体条件，在保证作业地点空气中有害物质的接触限值符合GBZ 2规定的前提下，分别采用计算风量的排尘风速；

——有柴油设备运行的矿井，按同时作业机台数每千瓦每分钟供风量4 m^3 计算。

6.4.1.6 采掘作业地点的气象条件应符合表7的规定，否则，应采取降温或其他防护措施。

表7 采掘作业地点气象条件规定

干球温度/℃	相对湿度/%	风速/(m/s)	备 注
≤28	不规定	0.5～1.0	上限
≤26	不规定	0.3～0.5	至适
≤18	不规定	≤0.3	增加工作服保暖量

6.4.1.7 进风井巷冬季的空气温度，应高于2℃；低于2℃时，应有暖风设施。不应采用明火直接加热进入矿井的空气。

在严寒地区，主要井口(所有提升井和作为安全出口的风井)应有保温措施，防止井口及井筒结冰。如有结冰，应及时处理，处理结冰时应通知井口和井下各中段马头门附近的人员撤离，并做好安全警戒。

有放射性的矿山，不应利用老窿(巷)预热和降温。

6.4.1.8 井巷断面平均最高风速应不超过表8的规定。

表8 井巷断面平均最高风速规定

井巷名称	最高风速/(m/s)
专用风井，专用总进、回风道	15
专用物料提升井	12
风桥	10
提升人员和物料的井筒，中段的主要进、回风道，修理中的井筒，主要斜坡道	8
运输巷道，采区进风道	6
采场	4

6.4.2　**通风系统**

6.4.2.1　矿井应建立机械通风系统。对于自然风压较大的矿井，当风量、风速和作业场所空气质量能够达到6.4.1的规定时，允许暂时用自然通风替代机械通风。

应根据生产变化，及时调整矿井通风系统，并绘制全矿通风系统图。通风系统图应标明风流的方向和风量、与通风系统分离的区域、所有风机和通风构筑物的位置等。

井下采用硐室爆破时，应专门编制通风设计和安全措施，并经主管矿长批准执行。

6.4.2.2　矿井通风系统的有效风量率，应不低于60%。

6.4.2.3　采场形成通风系统之前，不应进行回采作业。

矿井主要进风风流，不得通过采空区和塌陷区，需要通过时，应砌筑严密的通风假巷引流。

主要进风巷和回风巷，应经常维护，保持清洁和风流畅通，不应堆放材料和设备。

6.4.2.4　进入矿井的空气，不应受到有害物质的污染。放射性矿山出风井与入风井的间距，应大于300 m。从矿井排出的污风，不应对矿区环境造成危害。

6.4.2.5　箕斗井不应兼作进风井。混合井作进风井时，应采取有效的净化措施，以保证风源质量。

主要回风井巷，不应用作人行道。

6.4.2.6　各采掘工作面之间，不应采用不符合6.4.1要求的风流进行串联通风。

井下破碎硐室、主溜井等处的污风，应引入回风道。

井下炸药库，应有独立的回风道。充电硐室空气中氢气的含量，应不超过0.5%（按体积计算）。

井下所有机电硐室，都应供给新鲜风流。

6.4.2.7　采场、二次破碎巷道和电耙巷道，应利用贯穿风流通风或机械通风。电耙司机应位于风流的上风侧。

6.4.2.8　采空区应及时密闭。采场开采结束后，应封闭所有与采空区相通的影响正常通风的巷道。

6.4.2.9　通风构筑物（风门、风桥、风窗、挡风墙等）应由专人负责检查、维修，保持完好严密状态。主要运输巷道应设两道风门，其间距应大于一列车的长度。手动风门应与风流方向成80°～85°的夹角，并逆风开启。

6.4.2.10　风桥的构造和使用，应符合下列规定：

——风量超过20 m^3/s时，应设绕道式风桥；风量为10 m^3/s～20 m^3/s时，可用砖、石、混凝土砌筑；风量小于10 m^3/s时，可用铁风筒；

——木制风桥只准临时使用；

——风桥与巷道的连接处应做成弧形。

6.4.3　**主扇**

6.4.3.1　正常生产情况下，主扇应连续运转。当井下无污染作业时，主扇可适当减少风量运转；当井下完全无人作业时，允许暂时停止机械通风。当主扇发生故障或需要停机检查时，应立即向调度室和主管矿长报告，并通知所有井下作业人员。

6.4.3.2　每台主扇应具有相同型号和规格的备用电动机，并有能迅速调换电动机的设施。

6.4.3.3　主扇应有使矿井风流在10 min内反向的措施。当利用轴流式风机反转反风时，其反风量应达到正常运转时风量的60%以上。

每年至少进行1次反风试验，并测定主要风路反风后的风量。

采用多级机站通风系统的矿山，主通风系统的每1台通风机都应满足反风要求，以保证整个系统可以反风。

主扇或通风系统反风，应按照事故应急预案执行。

6.4.3.4　主扇风机房，应设有测量风压、风量、电流、电压和轴承温度等的仪表。每班都应对扇风机运转情况进行检查，并填写运转记录。有自动监控及测试的主扇，每 2 周应进行 1 次自控系统的检查。

6.4.4 **局部通风**

6.4.4.1 掘进工作面和通风不良的采场，应安装局部通风设备。局扇应有完善的保护装置。

6.4.4.2 局部通风的风筒口与工作面的距离：压入式通风应不超过 10 m；抽出式通风应不超过 5 m；混合式通风，压入风筒的出口应不超过 10 m，抽出风筒的入口应滞后压入风筒的出口 5 m 以上。

6.4.4.3 人员进入独头工作面之前，应开动局部通风设备通风，确保空气质量满足作业要求。独头工作面有人作业时，局扇应连续运转。

6.4.4.4 停止作业并已撤除通风设备而又无贯穿风流通风的采场、独头上山或较长的独头巷道，应设栅栏和警示标志，防止人员进入。若需要重新进入，应进行通风和分析空气成分，确认安全方准进入。

6.4.4.5 风筒应吊挂平直、牢固，接头严密，避免车碰和炮崩，并应经常维护，以减少漏风，降低阻力。

6.4.5 **防尘措施**

6.4.5.1 凿岩应采取湿式作业。缺水地区或湿式作业有困难的地点，应采取干式捕尘或其他有效防尘措施。

6.4.5.2 湿式凿岩时，凿岩机的最小供水量，应满足凿岩除尘的要求。

6.4.5.3 爆破后和装卸矿(岩)时，应进行喷雾洒水。凿岩、出碴前，应清洗工作面 10 m 内的巷壁。进风道、人行道及运输巷道的岩壁，应每季至少清洗 1 次。

6.4.5.4 防尘用水，应采用集中供水方式，水质应符合卫生标准要求，水中固体悬浮物应不大于 150 mg/L，pH 值应为 6.5～8.5。贮水池容量，应不小于一个班的耗水量。

6.4.5.5 接尘作业人员应佩戴防尘口罩。防尘口罩的阻尘率应达到Ⅰ级标准要求(即对粒径不大于 5 μm的粉尘，阻尘率大于 99%)。

6.5 **电气设施**

6.5.1 **供电**

6.5.1.1 矿山企业各种电气设备或电力系统的设计、安装、验收，应遵守 GB 50070 的规定。

6.5.1.2 井下各级配电标称电压，应遵守下列规定：

——高压网络的配电电压，应不超过 10 kV；

——低压网络的配电电压，应不超过 1 140 V；

——照明电压，运输巷道、井底车场应不超过 220 V；采掘工作面、出矿巷道、天井和天井至回采工作面之间，应不超过 36V；行灯电压应不超过 36 V；

——手持式电气设备电压，应不超过 127 V；

——电机车牵引网络电压，采用交流电源时应不超过 380 V；采用直流电源时，应不超过 550 V。

6.5.1.3 由地面到井下中央变电所或主排水泵房的电源电缆，至少应敷设两条独立线路，并应引自地面主变电所的不同母线段。其中任何一条线路停止供电时，其余线路的供电能力应能担负全部负荷。无淹没危险的小型矿山，可不受此限。

6.5.1.4 井下电气设备不应接零。井下应采用矿用变压器，若用普通变压器，其中性点不应直接接地，变压器二次侧的中性点不应引出载流中性线(N 线)。地面中性点直接接地的变压器或发电机，不应用于向井下供电。

架线式电机车整流装置的专用变压器，视其作业要求而定。

6.5.1.5 向井下供电的断路器和井下中央变配电所各回路断路器，不应装设自动重合闸装置。

6.5.1.6 引至采掘工作面的电源线，应装设具有明显断开点的隔离电器。从采掘工作面的人工工作点至装设隔离电器处，同一水平上的距离不宜大于 50 m。

6.5.1.7 有自燃发火倾向及可燃物多、火灾危险较大的地下矿山，不应采用在发生接地故障后仍带电继续运行的工作方式，而应迅速切断故障回路。

6.5.1.8 矿山企业应备有地面、井下供(配)电系统图，井下变电所、电气设备布置图，电力、电话、信号、电机车等线路平面图。

有关供(配)电系统、电气设备的变动,应由矿山企业电气工程技术人员在图中作出相应的改变。

6.5.2 电气线路

6.5.2.1 水平巷道或倾角45°以下的巷道,应使用钢带铠装电缆。竖井或倾角大于45°的巷道,应使用钢丝铠装电缆。

移动式电力线路,应采用井下矿用橡套电缆。

井下信号和控制用线路,应使用铠装电缆。井下固定敷设的照明电缆,如有机械损伤可能,应采用钢带铠装电缆。

6.5.2.2 敷设在硐室或木支护巷道中的电缆,应选用塑料护套钢带(或钢丝)铠装电缆。

6.5.2.3 敷设在竖井内的电缆,应和竖井深度相一致,中间不准有接头。如竖井太深,应将电缆接头部分设置在中段水平巷道内。

6.5.2.4 在钻孔中敷设电缆,应将电缆紧固在钢丝绳上。钻孔不稳固时,应敷设保护套管。

6.5.2.5 必须在水平巷道的个别地段沿地面敷设电缆时,应用铁质或非可燃性材料覆盖。不应用木材覆盖电缆沟,不应在排水沟中敷设电缆。

6.5.2.6 敷设井下电缆,应符合下列规定:

——在水平巷道或倾角45°以下的巷道内,电缆悬挂高度和位置,应使电缆在矿车脱轨时不致受到撞击、在电缆坠落时不致落在轨道或运输机上,电力电缆悬挂点的间距应不大于3 m,控制与信号电缆及小断面电力电缆间距应为1.0 m~1.5 m,与巷道周边最小净距应不小于50 mm;

——不应将电缆悬挂在风、水管上,电缆上不应悬挂任何物件。电缆与风、水管平行敷设时,电缆应敷设在管子的上方,其净距应不小于300 mm;

——在竖井或倾角大于45°的巷道内,电缆悬挂点的间距:在倾斜巷道内,电力电缆应不超过3 m,控制与信号电缆及小截面电力电缆应不超过1.5 m;在竖井内应不超过6 m;敷设电缆的夹子、卡箍或其他夹持装置,应能承受电缆重量,且应不损坏电缆的外皮;

——橡套电缆应有专供接地用的芯线,接地芯线不应兼作其他用途;

——高、低压电力电缆之间的净距应不小于100 mm;高压电缆之间、低压电缆之间的净距应不小于50 mm,并应不小于电缆外径。

6.5.2.7 电缆通过防火墙、防水墙或硐室部分,每条应分别用金属管或混凝土管保护。管孔应根据实际需要予以密闭。

6.5.2.8 巷道内的电缆每隔一定距离和在分路点上,应悬挂注明编号、用途、电压、型号、规格、起止地点等的标志牌。

6.5.2.9 高温矿床或有自燃发火危险的采区,宜选用矿用阻燃电缆。

6.5.3 电气及保护

6.5.3.1 井下电力网的短路电流,应不超过井下装设的矿用高压断路器的额定开断电流。非矿用高压油断路器用于井下时,其使用的开断电流值应不超过其额定开断电流值的一半。

6.5.3.2 从井下中央变电所或采区配电所引出的低压馈出线,应装设带有过电流保护的断路器。

6.5.3.3 经由地面架空线引入井下的供电电缆,在架空线与电缆连接处、井下变电所一次配电母线侧及与一次母线相接且电缆线路较长的旋转电机的机旁机柜内部,均应装设避雷装置。

6.5.3.4 井下变(配)电所,高压馈出线应装设单相接地保护装置,低压馈出线应装设漏电保护装置。有爆炸危险的矿井,保护装置应能实现有选择性的切断故障线路并能实现漏电检测和动作于信号;无爆炸危险的矿井,保护装置宜有选择性的切断故障线路或能实现漏电检测并动作于信号。

漏电保护装置应灵敏可靠,值班人员每天应对其运行情况进行一次检查,不应任意取消。

6.5.4 变(配)电所硐室

6.5.4.1 井下永久性中央变(配)电所硐室,应砌碹。采区变电所硐室,应用非可燃性材料支护。硐室的顶板和墙壁应无渗水,电缆沟应无积水。

中央变(配)电所的地面标高,应比其入口处巷道底板标高高出 0.5 m;与水泵房毗邻时,应高于水泵房地面 0.3 m。采区变电所应比其入口处的巷道底板标高高出 0.5 m。其他机电硐室的地面标高应高出其入口处的巷道底板标高 0.2 m 以上。

硐室的地坪面应向巷道等标高较低的方向倾斜,其坡度可为 2‰~3‰。

6.5.4.2 长度超过 6 m 的变配电硐室,应在两端各设一个出口;当硐室长度大于 30 m 时,应在中间增设一个出口;各出口均应装有向外开的铁栅栏门。有淹没、火灾、爆炸危险的矿井,机电硐室都应设置防火门或防水门。

6.5.4.3 硐室内各电气设备之间应留有宽度不小于 0.8 m 的通道,设备与墙壁之间的距离应不小于 0.5 m。

6.5.4.4 变配电硐室装有带油的设备而无集油坑的,应在硐室出口防火门处设置斜坡混凝土挡,其高度应高出硐室地面 0.1 m。

6.5.4.5 硐室内各种电气设备的控制装置,应注明编号和用途,并有停送电标志。硐室入口应悬挂"非工作人员禁止入内"的标志牌,高压电气设备应悬挂"高压危险"的标志牌,并应有照明。

没有安排专人值班的硐室,应关门加锁。

6.5.5 照明、通讯和信号

6.5.5.1 井下所有作业地点、安全通道和通往作业地点的人行道,都应有照明。

6.5.5.2 采掘工作面可采用移动式电气照明。有爆炸危险的井巷和采掘工作面,应采用携带式蓄电池矿灯。炸药库照明应按国家现行有关标准、规范执行。

6.5.5.3 从采区变电所到照明用变压器的 380 V/220 V 供电线路,应为专用线,不应与动力线共用。照明电源应从采区变电所的变压器低压出线侧的断路器之前引出。

6.5.5.4 地表调度室至井下各中段采区、马头门、装卸矿点、井下车场、主要机电硐室、井下变电所、主要泵房和主扇风机房等,应设有可靠的通讯系统。

矿井井筒通讯电缆线路一般分设两条通讯电缆,从不同的井筒进入井下配线设备,其中任何一条通讯电缆发生故障,另一条通讯电缆的容量应能担负井下各通讯终端的通讯能力。

井下无线通讯系统,应覆盖有人员流动的竖井、斜井、运输巷道、生产巷道和主要开采工作面。

井下通讯终端设备,应具有防水、防腐、防尘功能。

6.5.5.5 井下装卸矿点、提升人员的井口及各中段马头门等处,宜设电视监控系统。

6.5.5.6 大、中型矿山的井底车场和主要运输水平,应根据井下铁路的运输特点、运输繁忙程度和运输需要,设计铁路信号。

6.5.5.7 在井底车场内和主要运输水平同时作业机车多于 3 台的情况下,井下铁路信号系统可采用电气集中设备或采用微机监控系统。

6.5.5.8 井下铁路信号电源为二级负荷,应有一路专用电源和一路备用电源。交流电源的引入,应采用变压器隔离、对地绝缘系统。

6.5.5.9 井下铁路信号电缆,宜采用裸钢带铠装铜芯信号电缆。

6.5.6 保护接地

6.5.6.1 井下所有电气设备的金属外壳及电缆的配件、金属外皮等,均应接地。巷道中接近电缆线路的金属构筑物等也应接地。

6.5.6.2 下列地点,应设置局部接地极:

——装有固定电气设备的硐室和单独的高压配电装置;

——采区变电所和工作面配电点;

——铠装电缆每隔 100 m 左右应接地一次,接线盒的金属外壳也应接地。

6.5.6.3 矿井电气设备保护接地系统应形成接地网:

——所有需要接地的设备和局部接地极,均应与接地干线连接;接地干线应与主接地极连接;

——移动式和携带式电气设备,应采用橡套电缆的接地芯线接地,并与接地干线连接;

——所有应接地的设备,应有单独的接地连接线,不应将其接地连接线串联连接;

——所有电缆的金属外皮,均应有可靠的电气连接和接地。无电缆金属外皮可利用时,应另敷设接地干线和接地极。

6.5.6.4 各中段的接地干线,均应与主接地极相连。敷设在钻孔中的电缆,如不能与井下接地干线连接,应将主接地极设在地面。钻孔金属套管可用作接地极。

6.5.6.5 主接地极应设在井下水仓或积水坑中,且应不少于两组。

局部接地极可设于积水坑、排水沟或其他适当地点。

6.5.6.6 接地极应符合下列要求:

——主接地极设置在水仓或水坑内时,应采用面积不小于 0.75 m^2、厚度不小于 5 mm 的钢板;

——局部接地极设置在排水沟中时,应采用面积不小于 0.6 m^2、厚度不小于 3.5 mm 的钢板,或具有同样面积而厚度不小于 3.5 mm 的钢管,并应平放于水沟深处;

——局部接地极设置在其他地点时,应采用直径不小于 35 mm、长度不小于 1.5 m、壁厚不小于 3.5 mm的钢管,钢管上至少应有 20 个直径不小于 5 mm 的孔,并竖直埋入地下。

6.5.6.7 接地干线应采用截面积不小于 100 mm^2、厚度不小于 4 mm 的扁钢,或直径不小于 12 mm 的圆钢。

电气设备的外壳与接地干线的连接线(采用电缆芯线接地的除外)、电缆接线盒两头的电缆金属连接线,应采用截面积不小于 48 mm^2、厚度不小于 4 mm 的扁钢或直径不小于 8 mm 的圆钢。

6.5.6.8 接地装置所用的钢材,应镀锌或镀锡。接地装置的连接线应采取防腐措施。

6.5.6.9 当任一主接地极断开时,在其余主接地极连成的接地网上任一点测得的总接地电阻,不应大于 2 Ω。

每台移动式或手持式电气设备与接地网之间的保护接地线,其电阻值应不大于 1 Ω。

高压系统的单相接地电流大于 20 A 时,接地装置的最大接触电压应不大于 40 V。

接地线及其连接部位,应设在便于检查和试验的地方。

6.5.7 检查和维修

6.5.7.1 电气设备的检查、维修和调整等,应建立表 9 所列的主要检查制度。检查中发现的问题应及时处理,并应及时将检查结果记录存档。

表 9 电气设备主要检查制度

检 查 项 目	检查时间
井下自动保护装置检查	每季 1 次
主要电气设备绝缘电阻测定	每季 1 次
井下全部接地网和总接地网电阻测定	每季 1 次
高压电缆耐压试验、橡套电缆检查	每季 1 次
新安装和长期没运行的电气设备,合闸前应测量绝缘和接地电阻	投入运行前

6.5.7.2 变压器等电气设备使用的绝缘油,应每年进行一次理化性能及耐压试验;操作频繁的电气设备使用的绝缘油,应每半年进行 1 次耐压试验。理化性能试验或耐压试验不合格的,应更换。

补充到电气设备中的绝缘油,应与原用油的性质相同,并事先经过耐压试验。

应定期检查油浸泡电气设备的绝缘油量,并保持规定的油量。

6.5.7.3 矿井电气工作人员,应遵守下列规定:

——对重要线路和重要工作场所的停电和送电,以及对 700 V 以上的电气设备的检修,应持有主管电气工程技术人员签发的工作票,方准进行作业;

——不应带电检修或搬动任何带电设备(包括电缆和电线);检修或搬动时,应先切断电源,并将导体完全放电和接地；

——停电检修时，所有已切断的开关把手均应加锁，应验电、放电和将线路接地，并且悬挂“有人作业，禁止送电”的警示牌。只有执行这项工作的人员，才有权取下警示牌并送电；

——不应单人作业。

6.5.7.4 供给移动式机械(装岩机、电钻)电源的橡套电缆，靠近机械的部分可沿地面敷设，但其长度应不大于45 m，中间不应有接头，电缆应安放适当，以免被运转机械损坏。

6.5.7.5 移动式机械工作结束后，司机离开机械时，应切断机械的工作电源。

6.5.7.6 橡套电缆的接头，其芯线应焊接或熔焊，接头的外层胶应用硫化热补法进行补接；或采用矿山专用插接件连接。

6.6 防排水

6.6.1 一般规定

6.6.1.1 存在水害的矿山企业，建设前应进行专门的勘察和防治水设计。勘察和设计应由具有相应资质的单位完成。防治水设计应为矿山总体设计的一部分，与矿山总体设计同时进行。

6.6.1.2 水害严重的矿山企业，应成立防治水专门机构，在基建、生产过程中持续开展有关防治水方面的调查、监测和预测预报工作。

6.6.2 地面防水

6.6.2.1 应查清矿区及其附近地表水流系统和汇水面积、河流沟渠汇水情况、疏水能力、积水区和水利工程的现状和规划情况，以及当地日最大降雨量、历年最高洪水位，并结合矿区特点建立和健全防水、排水系统。

6.6.2.2 每年雨季前，应由主管矿长组织一次防水检查，并编制防水计划。其工程应在雨季前竣工。

6.6.2.3 矿井(竖井、斜井、平硐等)井口的标高，应高于当地历史最高洪水位1 m以上。工业场地的地面标高，应高于当地历史最高洪水位。特殊情况下达不到要求的，应以历史最高洪水位为防护标准修筑防洪堤，井口应筑人工岛，使井口高于最高洪水位1 m以上。

6.6.2.4 井下疏干放水有可能导致地表塌陷时，应事前将塌陷区的居民迁走、公路和河流改道，才能进行疏放水。

6.6.2.5 矿区及其附近的积水或雨水有可能侵入井下时，应根据具体情况，采取下列措施：

——容易积水的地点，应修筑泄水沟；泄水沟应避开矿层露头、裂缝和透水岩层；不能修筑沟渠时，可用泥土填平压实；范围太大无法填平时，可安装水泵排水；

——矿区受河流、洪水威胁时，应修筑防水堤坝；河流穿过矿区的，应采用留保安矿柱或充填法采矿的方法保护河床不塌陷，或将河流改道至开采影响范围以外；

——漏水的沟渠和河流，应及时防水、堵水或改道；

——排到地面的井下水及地表集中排水，应引出矿区；

——雨季应设专人检查矿区防洪情况；

——地面塌陷、裂缝区的周围，应设截水沟或挡水围堤；

——不应往塌陷区引水；

——有用的钻孔，应妥善封盖。报废的竖井、斜井、探矿井、钻孔和平硐等，应封闭，并在周围挖掘排水沟，防止地表水进入地下采区；

——影响矿区安全的落水洞、岩溶漏斗、溶洞等，均应严密封闭。

6.6.2.6 废石、矿石和其他堆积物，应避开山洪方向，以免淤塞沟渠和河道。

6.6.3 井下防水

6.6.3.1 矿山企业应调查核实矿区范围内的小矿井、老井、老采空区，现有生产井中的积水区、含水层、岩溶带、地质构造等详细情况，并填绘矿区水文地质图。

应查明矿坑水的来源，掌握矿区水的运动规律，摸清矿井水与地下水、地表水和大气降雨的水力关系，判断矿井突然涌水的可能性。

6.6.3.2　对积水的旧井巷、老采区、流砂层、各类地表水体、沼泽、强含水层、强岩溶带等不安全地带，应留设防水矿(岩)柱。防水矿(岩)柱的尺寸由设计确定，在设计规定的保留期内不应开采或破坏。在上述区域附近开采时，应事先制定预防突然涌水的安全措施。

6.6.3.3　一般矿山的主要泵房，进口应装设防水门。

水文地质条件复杂的矿山，应在关键巷道内设置防水门，防止泵房、中央变电所和竖井等井下关键设施被淹。防水门的位置、设防水头高度等应在矿山设计中总体考虑。

同一矿区的水文条件复杂程度明显不同的，在通往强含水带、积水区和有大量突然涌水可能区域的巷道，以及专用的截水、放水巷道，也应设置防水门。

防水门应设置在岩石稳固的地点，由专人管理，定期维修，确保其经常处于良好的工作状态。

6.6.3.4　对接近水体的地带或可能与水体有联系的地段，应坚持“有疑必探，先探后掘”的原则，编制探水设计。探水孔的位置、方向、数目、孔径、每次钻进的深度和超前距离，应根据水头高低、岩石结构与硬度等条件在设计中规定。

6.6.3.5　探水前应做好下列准备工作：

——检查钻孔附近坑道的稳定性；

——清理巷道、准备水沟或其他水路；

——在工作地点或附近安装电话；

——巷道及其出口，应有良好照明和畅通的人行道；巷道的一侧悬挂绳子(或利用管道)作扶手；

——对断面大、岩石不稳、水头高的巷道进行探水，应有经主管矿长批准的安全措施计划。

6.6.3.6　钻凿探水孔时，若发现岩石变软，或沿钻杆向外流水超过正常凿岩供水量等现象，应停止凿岩。此时，不应移动钻杆，除派人监视水情外，应立即报告主管矿长采取安全措施。在可能出现大水的地层中探水时，探水孔应设孔口管及闸阀，以便控制水量。

6.6.3.7　相邻的井巷或采区，如果其中之一有涌水危险，则应在井巷或采区间留出隔离安全矿柱，矿柱尺寸由设计确定。

6.6.3.8　掘进工作面或其他地点发现透水预兆，如出现工作面“出汗”、顶板淋水加大、空气变冷、产生雾气、挂红、水叫、底板涌水或其他异常现象时，应立即停止工作，并报告主管矿长，采取措施。如果情况紧急，应立即发出警报，撤出所有可能受水威胁地点的人员。

6.6.3.9　探水、放水工作，应由有经验的人员根据专门设计进行；放水量应按照排水能力和水仓容积进行控制。放水钻孔应安装孔口管和闸阀，紧急情况下可关闭。

6.6.3.10　对老采空区、硫化矿床氧化带的溶洞、与深大断裂有关的含水构造进行探水，以及被淹井巷排水和放水作业时，为预防被水封住的、或水中溶解的有害气体逸出造成危害，应事先采取通风安全措施，并使用防爆照明灯具。发现有害气体、易燃气体泄出，应及时采取处置措施。

6.6.3.11　受地下水威胁的矿山企业，应考虑矿床疏干问题。直接揭露含水体的放水疏干工程，施工前应先建好水仓、水泵房等排水设施。地下水位降到安全水位之前，不应开始采矿。

6.6.3.12　裸露型岩溶充水矿区、地面塌陷发育的矿区，应做好气象观测，做好降雨、洪水预报；封堵可能影响生产安全的、井下揭露的主要岩溶进水通道，应对已采区构建挡水墙隔离；雨季应加密地下水的动态观测，并进行矿井涌水峰值的预报。

6.6.3.13　井筒掘进时，预测裸露段涌水量大于 20 m^3/h，宜采用预注浆堵水。巷道穿越强含水层或高压含水断裂破碎带之前，宜先进行工作面预注浆，进行堵水与加固后再掘进。

6.6.4　井下排水设施

6.6.4.1　井下主要排水设备，至少应由同类型的 3 台泵组成。工作水泵应能在 20 h 内排出一昼夜的正常涌水量；除检修泵外，其他水泵应能在 20 h 内排出一昼夜的最大涌水量。井筒内应装设两条相同的排水管，其中一条工作，一条备用。

6.6.4.2 井底主要泵房的出口应不少于两个，其中一个通往井底车场，其出口应装设防水门；另一个用斜巷与井筒连通，斜巷上口应高出泵房地面标高 7 m 以上。泵房地面标高，应高出其入口处巷道底板标高 0.5 m(潜没式泵房除外)。

6.6.4.3 水仓应由两个独立的巷道系统组成。涌水量较大的矿井，每个水仓的容积，应能容纳 2 h～4 h的井下正常涌水量。一般矿井主要水仓总容积，应能容纳 6 h～8 h 的正常涌水量。

水仓进水口应有蓖子。采用水砂充填和水力采矿的矿井，水进入水仓之前，应先经过沉淀池。水沟、沉淀池和水仓中的淤泥，应定期清理。

6.7 防火和灭火

6.7.1 一般规定

6.7.1.1 地面防火，应遵守 5.9.2 的规定。

6.7.1.2 应结合湿式作业供水管道，设计井下消防水管系统。

6.7.1.3 井下消防供水水池容积应不小于 200 m^3。管道规格应考虑生产用水和消防用水的需要。用木材支护的竖井、斜井及其井架和井口房、主要运输巷道、井底车场硐室，应设置消防水管。生产供水管兼作消防水管时，应每隔 50 m～100 m 设支管和供水接头。

6.7.1.4 木材场、有自燃发火危险的排土堆、炉渣场，应布置在距离进风口常年最小频率风向上风侧 80 m 以外。

6.7.1.5 主要进风巷道、进风井筒及其井架和井口建筑物，主要扇风机房和压入式辅助扇风机房，风硐及暖风道，井下电机室、机修室、变压器室、变电所、电机车库、炸药库和油库等，均应用非可燃性材料建筑，室内应有醒目的防火标志和防火注意事项，并配备相应的灭火器材。

6.7.1.6 井下各种油类，应单独存放于安全地点。装油的铁桶应有严密的封盖。应采用输油泵或唧管输油，尽量减少漏油。储存动力油的硐室应有独立回风道，其储油量应不超过 3 昼夜的需用量。

6.7.1.7 井下柴油设备或油压设备，出现漏油应及时处理。

6.7.1.8 不得用火炉或明火直接加热井下空气，或用明火烘烤井口冻结的管道。

井下不得使用电炉和灯泡防潮、烘烤和采暖。

6.7.1.9 井下输电线路和直接回馈线路通过木制井框、井架和易燃材料的部位，应采取有效的防止漏电或短路的措施。

6.7.1.10 在井下进行动火作业，应制定经主管矿长批准的防火措施。在井筒内进行焊接时，应派专人监护，焊接完毕应严格检查清理。在木结构井筒内焊接时，应在作业部位的下方设置收集火星、焊渣的设施，并派专人喷水淋湿和及时扑灭火星。

6.7.1.11 矿井发生火灾时，主扇是否继续运转或反风，应根据矿井火灾应急预案和当时的具体情况，由主管矿长决定。

6.7.2 防自燃发火

6.7.2.1 有自燃发火危险的矿井，至少应每月对井下空气成分、温度、湿度和水的 pH 值测定 1 次，以掌握内因火灾的特点和发火规律。

有自燃发火危险的大中型矿山企业，宜装备现代化的坑内环境监测系统，实行连续自动监测与报警。

有沼气渗出的矿山企业，应加强沼气的监测，下井人员应携带自救器。

6.7.2.2 开采有自燃发火危险的矿床，应采取以下防火措施：

——主要运输巷道和总回风道，应布置在无自然发火危险的围岩中，并采取预防性灌浆或者其他有效的防止自燃发火的措施；

——正确选择采矿方法，合理划分矿块，并采用后退式回采顺序。根据采取防火措施后矿床最短的发火期，确定采区开采期限。充填法采矿时，应采用惰性充填材料。采用其他采矿方法时，应确保在矿岩发火之前完成回采与放矿工作，以免矿岩自燃；

——采用黄泥灌浆灭火时，钻孔网度、泥浆浓度和灌浆系数(指浆中固体体积占采空区体积的百分比)，应在设计中规定；

——尽可能提高矿石回收率，坑内不留或少留碎块矿石，工作面不应留存坑木等易燃物；

——及时充填需要充填的采空区；

——严密封闭采空区的所有透气部位；

——防止上部中段的水泄漏到采矿场，并防止水管在采场漏水。

6.7.3　井下灭火

6.7.3.1　发现井下起火，应立即采取一切可能的方法直接扑灭，并迅速报告矿调度室；区、队、班、组长，应按照矿井火灾应急预案，首先将人员撤离危险地区，并组织人员，利用现场的一切工具和器材及时灭火。

火源无法扑灭时，应封闭火区。

6.7.3.2　电气设备着火时，应首先切断电源。在电源切断之前，只准用不导电的灭火器材灭火。

6.7.3.3　主管矿长接到火灾报告后，应立即组织有关人员，查明火源及发火地点的情况，根据矿井火灾应急预案，拟定具体的灭火和抢救行动计划。同时，应有防止风流自然反向和有害气体蔓延的措施。

6.7.3.4　需要封闭的发火地点，可先采取临时封闭措施，然后再砌筑永久性防火墙。进行封闭工作之前，应由佩戴隔绝式呼吸器的救护队员检查回风流的成分和温度。在有害气体中封闭火区，应由救护队员佩戴隔绝式呼吸器进行。在新鲜风流中封闭火区，应准备隔绝式呼吸器。如发现有爆炸危险，应暂停工作，撤出人员，并采取措施，加以清除。

6.7.3.5　防火墙应符合下列规定：

——严密坚实；

——在墙的上、中、下部，各安装一根直径 35 mm～100 mm 的铁管，以便取样、测温、放水和充填，铁管露头要用带螺纹的塞子封闭；

——设人行孔，封闭工作结束，应立即封闭人行孔。

6.7.4　火区管理

6.7.4.1　对已封闭的火区，应建立火区检查记录档案，绘制火区位置关系图。这些资料应永久保存。

6.7.4.2　永久性防火墙应编号，并标记在火区位置关系图和通风系统图上。矿山企业应定期或不定期测定火区内的空气成分、温度、湿度和水的 pH 值，检测、分析结果应记录存档。若发现封闭不严或有其他缺陷以及火区内有异常变化，应及时处理和报告。

6.7.4.3　封闭火区的启封和恢复开采，应根据测定结果确认封闭火区内的火已熄灭，并制定安全措施，报主管矿长批准，方可进行。

火区面积不大时，可采用一次性启封，先打开回风侧，无异常现象再打开进风侧；火区面积较大时，应设多道调节门，分段启封，逐步推进。

6.7.4.4　启封火区的风流，应直接引入回风流，回风流经过的巷道中的人员应事先撤出。恢复火区通风时，应监测回风流中有害气体的浓度，发现有复燃征兆，应立即停止通风，重新封闭。

6.7.4.5　火区启封后 3 天内，应由矿山救护队每班进行检查测定气体成分、温度、湿度和水的 pH 值，证明一切情况良好，方可转入生产。

6.7.4.6　在活动性火区附近(下部和同一中段)进行回采时，应留防火矿柱，其设计和安全措施，应经主管矿长批准。

7　职业危害防治

7.1　管理和监测

7.1.1　矿山企业应加强职业危害的防治与管理，做好作业场所的职业卫生和劳动保护工作，采取有效措施控制职业危害，保证作业场所符合国家职业卫生标准。

7.1.2　矿山企业应配备足够数量的测尘仪器、气体测定分析仪器、水质测定分析仪器和其他有关职业健康方面的仪器等，并应按国家规定进行校准。

7.1.3　矿山企业应经常检查防尘设施，发现问题及时处理，保证防尘设施正常运转。

7.1.4　矿山企业应对作业地点的气象条件（温度、湿度和风速等），每月至少测定1次。

7.1.5　矿山企业应按国家规定对生产性粉尘进行监测，并遵守下列规定：

——总粉尘：定期测定作业场所的空气含尘浓度，凿岩工作面应每月测定1次，并逐月进行统计分析、上报和向职工公布；

——呼吸性粉尘：采、掘（剥）工作面接尘人员每3个月测定两次；每个采样工种分两个班次连续采样，1个班次内至少采集2个有效样品，先后采集的有效样品不应少于4个；定点呼吸性粉尘监测每月测定1次；

作业地点粉尘中游离二氧化硅的含量，应每年至少测定1次，每次测定的有效样品数应不少于3个。

开采深度大于200 m的露天矿山企业，在气压较低的季节应适当增加测定次数。

7.1.6　防尘用水中的固体悬浮物及pH值，应每年测定2次（采用生活用水防尘可不作测定）。

7.1.7　矿井空气中有害气体的浓度，应每月测定1次。井下空气成分的取样分析，应每半年进行1次。进行硐室爆破和更换炸药时，应在爆破前、后进行空气成分测定。

7.1.8　空气中含放射性元素的作业地点，粉尘浓度应每月至少测定3次；氡及其子体的浓度，应每周测定1次，浓度变化较大时，每周测定3次。

7.1.9　工作场所操作人员每天连续接触噪声的时间，应随噪声声级的不同而异，并应符合表10的规定。但最高限值不应超过115 dB(A)。接触碰撞和冲击等的脉冲噪声，应不超过表11的规定。

表10　允许噪声暴露

日接触噪声时间/h	卫生限值/[dB(A)]
8	85
4	88
2	91
1	94
1/2	97
1/4	100
1/8	103

表11　工作地点脉冲噪声声级的卫生限值

工作日接触脉冲次数	峰值/dB
100	140
1 000	130
10 000	120

应积极采取防止噪声的措施，消除噪声危害。达不到噪声标准的作业场所，作业人员应佩戴防护用具。

7.1.10　矿区生活用水的水源选择、水源卫生防护及水质标准，应符合GB 5749、GBZ 1和GBZ 2的规定。

矿山企业应每月进行1次水质检验，水质不合格的不应供给饮用。

7.1.11　井下污水的排放，不应污染矿区周围水源和危害农作物。

含放射性及其他有害物质的工业废水，应经净化处理达到排放标准，方准排放。

7.1.12 井下(不含放射性矿山)就餐室，应设于空气新鲜的进风巷道内，且经常保持清洁卫生。保健食品的装运器具应加盖、经常消毒，并由专人运送。

7.1.13 有放射性的矿山，不应在井下饮水和就餐。不应在有沼气和放射性的矿山井下吸烟。

7.1.14 每一中段，应在顶板稳固、通风良好的地点设置井下厕所，并经常清扫和消毒。

7.1.15 每个矿井应有浴室、更衣室，并能满足人数最多班的全体人员在1 h内洗完澡的要求。更衣室应有衣柜、衣架和通风除尘设备，室内气温应不低于20℃。

有放射性的矿山不应在浴室设浴池，只能设淋浴设施。污染的衣物，应与非污染的衣物分开存放，不得将污染衣物带回居住区。

7.1.16 露天矿破碎场、排土场等粉尘和有毒有害气体污染源，应位于工业场地和居民区的最小频率风向的上风侧。

7.1.17 坑口、露天采场应设保健站或医务室，并备有电话、急救药品和担架。

7.1.18 深凹露天矿，应有通风措施。

7.1.19 矿山企业应根据气候特点，采取防暑降温措施或防冻避寒措施。

7.1.20 露天矿汽车运输的道路，应采取防尘措施。

7.1.21 地面和井下(有放射性的矿山除外)作业地点附近，应设饮水站，及时供给职工符合卫生标准的饮用水。在边远地点作业的人员，应发给随身携带的水壶。每个矿山应设专人供应饮用水。饮水容器应有保温装置，并加盖上锁。

7.1.22 矿山企业应按国家规定，对生产性毒物、物理性职业危害因素等进行定期监测，并遵守下列规定：

——铅、苯、汞及其他有毒物质，每3个月测定1次；

——噪声、放射线及其他物理因素每年至少测定1次；

监测结果应建档，并按规定上报有关主管部门。

7.2 健康监护

7.2.1 矿山企业应按国家有关法律、法规的规定，对新入矿工人应进行职业健康检查(如胸透、听力测定、血液化验等指标)，并建立健康档案；对接尘工人的职业健康检查应拍照胸大片；不适合从事矿山、井下作业者不应录用。

7.2.2 对接触粉尘及其他有毒有害物质的作业人员，应定期进行健康检查。

应按照卫生部规定的职业病范围和诊断标准，定期对职工进行职业病鉴定和复查，并建立职工健康档案。体检鉴定患有职业病或职业禁忌症，并确诊不适合原工种的，应及时调离。

7.2.3 下列病症患者，不应从事接尘作业：

——各种活动性肺结核或活动性肺外结核；

——上呼吸道或支气管疾病严重，如萎缩性鼻炎、鼻腔肿瘤、气管喘息及支气管扩张；

——显著影响肺功能的肺脏或胸膜病变，如肺硬化、肺气肿、严重胸膜肥厚与粘连；

——心、血管器质性疾病，如动脉硬化症，Ⅱ、Ⅲ期高血压症及其他器质性心脏病；

——曾有接尘史，并已产生影响的；

——经医疗鉴定，不适于接尘的其他疾病。

7.2.4 下列病症患者，不应从事井下作业：

——7.2.3所列病症；

——听力已下降，严重耳聋；

——风湿病(反复活动)；

——癫痫症；

——精神分裂症；

——经医疗鉴定，不适合从事井下作业的其他疾病。

7.2.5 血液常规检查不正常者，不应从事有放射性的矿山井下作业。

7.2.6 对职工的健康检查，应每2年进行1次，并建立职工健康档案。对检查出的职业病患者，应按国家规定及时给予治疗、疗养和调离有害作业岗位。

ICS 65.020.30
B 41

中华人民共和国国家标准

GB 16548—2006
代替 GB 16548—1996

病害动物和病害动物产品生物安全处理规程

Biosafety specification on sick animal and animal product disposal

2006-09-04 发布　　2006-12-01 实施

中华人民共和国国家质量监督检验检疫总局
中国国家标准化管理委员会　发布

前　言

本标准的全部技术内容为强制性。

本标准是对 GB 16548—1996 的修订。

本标准根据《中华人民共和国动物防疫法》及有关法律法规和规章的规定，参照世界动物卫生组织(OIE)《国际动物卫生法典》(International Animal Health Codes)标准性文件的有关部分，依据相关科技成果和实践经验修订而成。

本标准与 GB 16548—1996 的主要区别在于：

——将标准名称改为《病害动物和病害动物产品生物安全处理规程》；

——将适用范围改为“适用于国家规定的染疫动物及其产品，病死、毒死或者死因不明的动物尸体，经检验对人畜健康有危害的动物和病害动物产品、国家规定应该进行生物安全处理的动物和动物产品”；

——“术语和定义”中，明确“生物安全处理”的含义；

——在销毁的方法中增加“掩埋”一项，并规定具体的操作程序和方法。

本标准由中华人民共和国农业部提出。

本标准由全国动物防疫标准化技术委员会归口。

本标准起草单位：农业部全国畜牧兽医总站。

本标准主要起草人：徐百万、李秀峰、陈国胜、辛盛鹏、冯雪领、李万有。

病害动物和病害动物产品生物安全处理规程

1 范围

本标准规定了病害动物和病害动物产品的销毁、无害化处理的技术要求。

本标准适用于国家规定的染疫动物及其产品、病死毒死或者死因不明的动物尸体、经检验对人畜健康有危害的动物和病害动物产品、国家规定的其他应该进行生物安全处理的动物和动物产品。

2 术语和定义

下列术语和定义适用于本标准。

2.1

生物安全处理 biosafety disposal

通过用焚毁、化制、掩埋或其他物理、化学、生物学等方法将病害动物尸体和病害动物产品或附属物进行处理，以彻底消灭其所携带的病原体，达到消除病害因素，保障人畜健康安全的目的。

3 病害动物和病害动物产品的处理

3.1 运送

运送动物尸体和病害动物产品应采用密闭、不渗水的容器，装前卸后必须要消毒。

3.2 销毁

3.2.1 适用对象

3.2.1.1 确认为口蹄疫、猪水泡病、猪瘟、非洲猪瘟、非洲马瘟、牛瘟、牛传染性胸膜肺炎、牛海绵状脑病、痒病、绵羊梅迪/维斯那病、蓝舌病、小反刍兽疫、绵羊痘和山羊痘、山羊关节炎脑炎、高致病性禽流感、鸡新城疫、炭疽、鼻疽、狂犬病、羊快疫、羊肠毒血症、肉毒梭菌中毒症、羊猝狙、马传染性贫血病、猪密螺旋体痢疾、猪囊尾蚴、急性猪丹毒、钩端螺旋体病(已黄染肉尸)、布鲁氏菌病、结核病、鸭瘟、兔病毒性出血症、野兔热的染疫动物以及其他严重危害人畜健康的病害动物及其产品。

3.2.1.2 病死、毒死或不明死因动物的尸体。

3.2.1.3 经检验对人畜有毒有害的、需销毁的病害动物和病害动物产品。

3.2.1.4 从动物体割除下来的病变部分。

3.2.1.5 人工接种病原微生物或进行药物试验的病害动物和病害动物产品。

3.2.1.6 国家规定的其他应该销毁的动物和动物产品。

3.2.2 操作方法

3.2.2.1 焚毁

将病害动物尸体、病害动物产品投入焚化炉或用其他方式烧毁碳化。

3.2.2.2 掩埋

本法不适用于患有炭疽等芽孢杆菌类疫病，以及牛海绵状脑病、痒病的染疫动物及产品、组织的处理。具体掩埋要求如下：

a) 掩埋地应远离学校、公共场所、居民住宅区、村庄、动物饲养和屠宰场所、饮用水源地、河流等地区；
b) 掩埋前应对需掩埋的病害动物尸体和病害动物产品实施焚烧处理；
c) 掩埋坑底铺 2 cm 厚生石灰；
d) 掩埋后需将掩埋土夯实。病害动物尸体和病害动物产品上层应距地表 1.5 m 以上；

e) 焚烧后的病害动物尸体和病害动物产品表面，以及掩埋后的地表环境应使用有效消毒药喷、洒消毒。

3.3 无害化处理

3.3.1 化制

3.3.1.1 适用对象

除3.2.1规定的动物疫病以外的其他疫病的染疫动物，以及病变严重、肌肉发生退行性变化的动物的整个尸体或胴体、内脏。

3.3.1.2 操作方法

利用干化、湿化机，将原料分类，分别投入化制。

3.3.2 消毒

3.3.2.1 适用对象

除3.2.1规定的动物疫病以外的其他疫病的染疫动物的生皮、原毛以及未经加工的蹄、骨、角、绒。

3.3.2.2 操作方法

3.3.2.2.1 高温处理法

适用于染疫动物蹄、骨和角的处理。

将肉尸作高温处理时剔出的骨、蹄、角放入高压锅内蒸煮至骨脱胶或脱脂时止。

3.3.2.2.2 盐酸食盐溶液消毒法

适用于被病原微生物污染或可疑被污染和一般染疫动物的皮毛消毒。

用2.5%盐酸溶液和15%食盐水溶液等量混合，将皮张浸泡在此溶液中，并使溶液温度保持在30℃左右，浸泡40 h，1 m^2的皮张用10 L消毒液。浸泡后捞出沥干，放入2%氢氧化钠溶液中，以中和皮张上的酸，再用水冲洗后晾干。也可按100 mL 25%食盐水溶液中加入盐酸1 mL配制消毒液，在室温15℃条件下浸泡48 h，皮张与消毒液之比为1∶4。浸泡后捞出沥干，再放入1%氢氧化钠溶液中浸泡，以中和皮张上的酸，再用水冲洗后晾干。

3.3.2.2.3 过氧乙酸消毒法

适用于任何染疫动物的皮毛消毒。

将皮毛放入新鲜配制的2%过氧乙酸溶液中浸泡30 min，捞出，用水冲洗后晾干。

3.3.2.2.4 碱盐液浸泡消毒法

适用于被病原微生物污染的皮毛消毒。

将皮毛浸入5%碱盐液(饱和盐水内加5%氢氧化钠)中，室温(18℃～25℃)浸泡24 h，并随时加以搅拌，然后取出挂起，待碱盐液流净，放入5%盐酸液内浸泡，使皮上的酸碱中和，捞出，用水冲洗后晾干。

3.3.2.2.5 煮沸消毒法

适用于染疫动物鬃毛的处理。

将鬃毛于沸水中煮沸2 h～2.5 h。

ICS 65.020.30
B 41

GB

中华人民共和国国家标准

GB 16568—2006
代替 GB 16568—1996

奶牛场卫生规范

Sanitary specification for dairy farm

2006-09-04 发布 2006-12-01 实施

中华人民共和国国家质量监督检验检疫总局
中国国家标准化管理委员会 发布

前　言

本标准的全部技术内容为强制性。

本标准是对 GB 16568—1996 的修订。

本标准根据《中华人民共和国动物防疫法》及有关法律法规和规章的规定，参照世界动物卫生组织(OIE)《国际动物卫生法典》(International Animal Health Codes)标准性文件的有关部分，同时依据相关科技成果和实践经验制定和修订而成。

本标准与 GB 16568—1996 的主要区别在于：

——将标准名称修改为《奶牛场卫生规范》；

——在标准中增加“动物卫生条件”、“奶牛引进要求”、“饲养卫生”与“监测与净化”的内容；

——适用范围调整为“所有的奶牛饲养场；其他奶牛饲养户(点)参照执行”；

——明确奶牛场检验室检验人员考核、认证的主体，即“动物防疫监督机构”；

——根据奶牛场卫生工作需要，为确保乳品安全，增加了“奶牛场应定期对牛群进行临床健康检查”，“每年应结合当地寄生虫病流行情况进行寄生虫检查和驱虫。”；

——对奶牛场发现可疑动物疫情时的处理做了规定；

——为保证乳品安全，根据农业部无公害食品行动计划的要求，增加了“使用抗生素未过休药期的牛和牛奶”的处理规定；

——将原标准中的“防疫”改为“免疫和消毒”，并对具体内容作了修改。

本标准由中华人民共和国农业部提出。

本标准由全国动物防疫标准化技术委员会归口。

本标准起草单位：农业部全国畜牧兽医总站。

本标准主要起草人：徐百万、李秀峰、陈国胜、梁全顺、刘铁男、姚杰章。

奶牛场卫生规范

1 范围

本标准规定了奶牛场的环境与设施、动物卫生条件、奶牛引进要求、饲养卫生、饲养管理、工作人员的健康与卫生、挤奶卫生、鲜奶盛装、贮藏及运输的卫生、免疫与消毒和监测、净化的要求。

本标准适用于所有奶牛饲养场及其所饲养的奶牛。其他奶牛饲养户(点)参照执行。

2 规范性引用文件

下列文件中的条款通过本标准的引用而成为本标准的条款。凡是注日期的引用文件,其随后所有的修改单(不包括勘误的内容)或修订版均不适用于本标准,然而,鼓励根据本标准达成协议的各方研究是否可使用这些文件的最新版本。凡是不注日期的引用文件,其最新版本适用于本标准。

GB 7959　粪便无害化卫生标准

GB 8978　污水综合排放标准

GB 12693　乳制品企业良好生产规范

GB 16549　畜禽产地检疫规范

NY 5027　无公害食品　畜禽饮用水水质

NY 5030　无公害食品　畜禽饲养兽药使用准则

NY 5032　无公害食品　畜禽饲料和饲料添加剂使用准则

NY 5045　无公害食品　生鲜牛乳

NY 5047　无公害食品　奶牛饲养兽医防疫准则

NY/T 5049　无公害食品　奶牛饲养管理准则

中华人民共和国动物防疫法

3 环境与设施

3.1 场址

奶牛场应建立在地势平坦、干燥、水质良好、水源充足、无有害污染源的地方,并且远离学校、公共场所、居民区、生活饮用水源保护区及国家、地方法律法规规定需特殊保护的区域。

3.2 布局与设施

3.2.1　场内应分设管理区、生产区,并处在上风向。兽医室、病牛隔离房、粪污处理区应处在下风向。

3.2.2　生产区净道和污道应分开,污道在下风向。

3.2.3　场区内的道路应坚硬、平坦、无积水。牛舍、运动场、道路以外地带应绿化。

3.2.4　场区牛舍应坐北朝南,坚固耐用,宽敞明亮,排水通畅,通风良好,能有效地排出潮湿和污浊的空气,夏季有防暑降温的设施,地面和墙壁应选用便于清洗消毒的材料。

生产区门口地面设有长、宽、深分别不低于 3.8 m、3.0 m、0.1 m 的消毒池,人员进入生产区应通过消毒通道,消毒通道应有地面消毒与紫外线消毒设施。

3.2.5　场区内应设有牛粪尿处理设施,处理后应符合 GB 7959 的规定,排放出场的污水必须符合 GB 8978的有关规定。

3.2.6　场区内必须设有更衣室、厕所、淋浴室、休息室。更衣室内应按人数配备衣柜。厕所内应有冲水装置、非手动开关的洗手设施和洗手用的清洗剂。

3.2.7　场内必须设有与生产能力相适应的微生物和产品质量检验室,并配备工作所需的仪器设备和经培训后由动物防疫监督机构考核认证的检验人员。

3.2.8 场内需设置危险品专用库房、橱柜,存放有毒、有害物品,并贴有醒目的“有害”标记。在使用危险品时需经专门管理部门核准并在指定人员的严格监督下使用。

3.3 场区的供、排水系统

3.3.1 场区内应有足够的生产用水,水压和水温均应满足生产要求,水质应符合 NY 5027 的规定。若配备贮水设施的,应有防污染措施,并定期清洗、消毒。

3.3.2 场区内应具有良好的排水系统,并不得污染供水系统。

4 动物卫生条件

奶牛场必须在取得动物防疫监督机构核发的《动物防疫合格证》后方可从事奶牛的生产与经营活动。

5 奶牛引进要求

5.1 应引进经法定检疫合格,并取得动物检疫合格证明的奶牛,并在引进前和到达后向当地动物防疫监督机构报告。

5.2 引进的奶牛应隔离饲养 45 d,经观察无病后方可进入生产区。

6 饲养卫生

6.1 饲料和饲料添加剂

6.1.1 饲料和饲料添加剂的使用应符合 NY 5032 规定的要求,禁止饲喂反刍动物源性肉骨粉。

6.1.2 各种饲草应干净、无杂质。严禁从疫区调运饲草。有条件的,应对饲草进行无公害的消毒。

6.2 兽药的使用

应符合 NY 5030 的要求。

6.3 饮水卫生

应符合 NY 5027 的规定。饮水池应定期清洗、换水。

7 饲养管理

7.1 饲喂前饲草应铡短,扬弃泥土,清除异物,防止污染;块根、块茎类饲料需清洗、切碎,冬季防冷冻。

7.2 按饲养规范饲喂,不堆槽、不空槽,不喂发霉变质和冰冻饲草饲料。

7.3 每天应清洗牛舍槽道、地面、墙壁,除去褥草、污物、粪便。清洗工作结束后应及时将粪便及污物运送到贮粪场。运动场牛粪派专人每天清扫,集中到贮粪场。

7.4 奶牛场应按照 NY 5047 的规定,加强奶牛饲养的兽医防疫管理。场区内应定期灭蚊、灭蝇、灭鼠,清除杂草,定期消毒所用药液不得直接触及牛体和盛奶用具;每年应结合当地寄生虫病流行情况进行寄生虫病的检查和驱虫;应定期对母牛进行乳腺炎检验,对病牛进行有效的治疗。发现可疑疫情时,依照《中华人民共和国动物防疫法》及有关规定处理并报告疫情。

7.5 场内不得饲养其他家畜、家禽,并防止周围其他畜、禽进入场区。

7.6 奶牛场应定期按 GB 16549 规定的技术要求,对牛群进行临床健康检查。

8 工作人员的健康与卫生

8.1 场内工作人员每年进行健康检查,取得健康合格证后方可上岗工作。场内有关部门应建立职工健康档案。

8.2 患有下列病症之一者不得从事饲草、饲料收购、加工、饲养、挤奶和防治工作:

——痢疾、伤寒、弯杆菌病、病毒性肝炎等消化道传染病(包括病原携带者);

——活动性肺结核、布鲁氏菌病；
——化脓性或渗出性皮肤病；
——其他影响人畜健康的疾病。

8.3 挤奶员手部受刀伤和其他开放性外伤，伤口未愈前不能挤奶。

8.4 饲养员和挤奶员工作时必须穿戴工作服、工作帽和工作鞋(靴)。挤奶员工作时不得佩带饰物和涂抹化妆品，并经常修剪指甲。

8.5 饲养、挤奶人员的工作帽、工作服、工作鞋(靴)应经常清洗，使用前进行消毒；对更衣室、淋浴室、休息室、厕所等公共场所要经常清扫、清洗、消毒。

9 挤奶卫生

9.1 手工挤奶

9.1.1 刨刷、冲洗牛体。

9.1.2 清除牛床上粪便，固定牛尾。使用40℃～45℃温水清洗，并用干净毛巾擦干乳房，乳头严禁涂布润滑油脂。

9.1.3 挤奶时，第一、第二把奶应弃去，应防止牛排尿或排粪污染牛奶。

9.1.4 挤奶后应对奶牛乳头逐个进行药浴消毒。

9.1.5 按先健康牛，后病牛的顺序挤奶。

9.1.6 病牛的奶，尤其是患乳房炎病牛的奶或使用抗生素后未过休药期的奶，应单独存放，另行处理。

9.1.7 盛奶用具使用前、后必须彻底清洗、消毒。

9.2 机器挤奶

9.2.1 挤奶机在使用时应保持性能良好，贮奶罐及挤奶机使用前应消毒，使用后应及时清洗干净，按操作规定放置。

9.2.2 挤奶前，应检查奶牛是否患病。对病牛尤其是患乳房炎的牛或使用抗生素后未过休药期的牛，不得上机挤奶，应转入手工挤奶，并将挤出的奶单独存放，另行处理。

9.2.3 挤奶前用温水清洗乳房和乳头，并用一次性纸巾擦干。

9.2.4 挤奶后用消毒液喷淋乳头消毒。

10 鲜奶盛装、贮藏与运输卫生

10.1 鲜奶应设单间存放，与牛舍隔离，并且有防尘、防蝇、防鼠的设施。

10.2 鲜奶必须由过滤器或多层纱布进行过滤才能装入容器贮藏，2 h内应冷却到0℃～4℃。

10.3 装运鲜奶的奶槽车或桶的卫生应符合GB 12693中的有关规定。

10.4 鲜奶从挤出至加工前防止污染，质量应符合NY 5045的规定。

11 免疫与消毒

11.1 应严格按国家规定对奶牛实施免疫。但不得免疫接种布氏杆菌疫苗。

11.2 奶牛场应建立健全消毒制度。消毒工作按照NY/T 5049的规定执行。

12 监测与净化

12.1 奶牛场每年应依法接受县级以上动物防疫监督机构的定期监测，对检出的结核病、布鲁氏菌病等疫病阳性奶牛及其产品应坚决予以销毁。

12.2 动物防疫监督机构对临床检查未见异常且监测合格的奶牛发放奶牛健康合格证。

12.3 奶牛场奶牛应逐头建立奶牛健康档案，如实记录奶牛健康情况、用药情况、免疫情况、监测情况等。

ICS 35.240.15
L 64

中华人民共和国国家标准

GB/T 16649.1—2006
代替 GB/T 16649.1—1996

识别卡 带触点的集成电路卡
第1部分:物理特性

Identification cards—Integrated circuit(s) cards with contacts—Part 1: Physical characteristics

(ISO/IEC 7816-1:1998,MOD)

2006-03-14 发布　　2006-07-01 实施

中华人民共和国国家质量监督检验检疫总局
中国国家标准化管理委员会　发布

前　言

GB/T 16649《识别卡　带触点的集成电路卡》拟分为十二个部分：

——第1部分：物理特性；

——第2部分：触点的尺寸和位置；

——第3部分：电信号和传输协议；

——第4部分：行业间交换用命令；

——第5部分：应用标识符的国家编号体系和注册规程；

——第6部分：行业间数据元；

——第7部分：用于结构化卡查询语言(SCQL)的行业间命令；

——第8部分：与安全相关的行业间命令；

——第9部分：附加的行业间命令和安全属性；

——第10部分：同步卡的电信号和复位应答；

——第11部分：集成电路卡上通过生物方法的身份验证；

——第12部分：带触点集成电路卡的USB接口。

本部分为GB/T 16649的第1部分。

本部分修改采用国际标准ISO/IEC 7816-1:1998《识别卡　带触点的集成电路卡　第1部分：物理特性》(英文版)。

本部分与ISO/IEC 7816-1:1998相比，存在如下少量技术性差异：

a) 本部分增加了4.2.7电磁场，在ISO/IEC 7816-1:1998中并无这一条，但在新版测试方法标准中引用到了ISO/IEC 7816-1:1998中这一条，因此增加该条；

b) 将4.2.4(卡和触点的)机械强度改为芯片面积小于4 mm^2和大于等于4 mm^2两种情况下两种测试方法；

c) 将4.2.5(触点的)电阻的测试方法改为GB/T 17554.3中规定的测试方法和接收标准。

本部分代替GB/T 16649.1—1996《识别卡　带触点的集成电路卡　第1部分：物理特性》。

本部分与GB/T 16649.1—1996相比主要变化如下：

a) 触点的表面轮廓中，所有的触点与其附近的卡表面平面之间的高度差应小于0.10 mm改为“向上不超过0.05 mm，向下不超过0.1 mm”；

b) 机械强度的测试方法从“点压力”一种分为两种：“点压力”和“三轮测试”；

c) 触点电阻的测试方法改为见GB/T 17554.3；

d) IC卡的抗静电条件从1 500 V上升到了2 000 V。

GB/T 16649是描述识别卡的参数和交换中识别卡使用的系列国家标准之一。下面列出了这些国家标准的预计结构及其对应的国际标准以及所代替的国家标准：

a) GB/T 14916《识别卡　物理特性》(ISO/IEC 7810:2003，代替GB/T 14916—1994)

b) GB/T 15120《识别卡　记录技术》，分为：

——第1部分：凸印(ISO/IEC 7811-1:1985)；

——第2部分：磁条(ISO/IEC 7811-2:1985)；

——第3部分：ID-1型卡上凸印字符的位置(ISO/IEC 7811-3:1985)；

——第4部分：只读磁道的第1磁道和第2磁道的位置(ISO/IEC 7811-4:1985)；

——第5部分：读写磁道的第3磁道的位置(ISO/IEC 7811-5:1985)。

c) GB/T 15694《识别卡　发卡者标识》，分为：

——第1部分：编号体系（ISO/IEC 7812-1:1993）；

——第2部分：申请和注册规程（ISO/IEC 7812-2:2000）。

d) GB/T 17552《识别卡　金融交易卡》。

e) GB/T 17554《识别卡　测试方法》，分为：

——第1部分：一般特性测试（ISO/IEC 10373-1:1998，代替 GB/T 17554—1998）；

——第2部分：带磁条的卡（ISO/IEC 10373-2:1998）；

——第3部分：带触点的集成电路卡及其相关接口设备（ISO/IEC 10373-3:2001）；

——第5部分：光记忆卡（ISO/IEC 10373-5:1998）；

——第6部分：接近式卡（ISO/IEC 10373-6:2001）；

——第7部分：邻近式卡（ISO/IEC 10373-7:2001）。

f) GB/T 17551《识别卡　光记忆卡　一般特性》。

g) GB/T 17550《识别卡　光记忆卡　线性记录方法》，分为：

——第1部分：物理特性（ISO/IEC 11694-1:1994）；

——第2部分：可访问光区域的尺寸和位置（ISO/IEC 11694-2:1995）；

——第3部分：光属性和特性（ISO/IEC 11694-3:1995）；

——第4部分：逻辑数据结构（ISO/IEC 11694-4:1996）。

本部分由中华人民共和国信息产业部提出。

本部分由中国电子技术标准化研究所归口。

本部分起草单位：中国电子技术标准化研究所。

本部分主要起草人：金倩、冯敬、蔡怀忠、耿力。

识别卡　带触点的集成电路卡
第1部分:物理特性

1　范围

GB/T 16649 的本部分规定了带触点的集成电路卡的物理特性。它适用于可能包含凸印和/或磁条(如 ISO/IEC 7811 中所规定)的 ID-1 型识别卡。

本部分适用于带有电触点的物理接口的卡,但是没有规定卡上集成电路的性质、数目和位置。

注:其他类型 IC 卡、格式或接口的未来发展将会要求对本部分进行补充,或者导致制定另外的国家标准。

2　规范性引用文件

下列文件中的条款通过本部分的引用而成为本部分的条款。凡是注日期的引用文件,其随后所有的修改单(不包括勘误的内容)或修订版均不适用于本部分,然而,鼓励根据本部分达成协议的各方研究是否可使用这些文件的最新版本。凡是不注日期的引用文件,其最新版本适用于本部分。

GB/T 14916—2006　识别卡　物理特性(ISO/IEC/FDIS 7810:2003,IDT)

GB/T 17554.1—2006　识别卡　测试方法　第1部分:一般特性测试(ISO/IEC 10373-1:1998,MOD)

GB/T 17554.3—2006　识别卡　测试方法　第3部分:带触点的集成电路卡及其相关接口设备(ISO/IEC 10373-3:2001,MOD)

ISO/IEC 7811　识别卡　记录技术

GB/T 17552—1998　识别卡　金融交易卡(idt ISO/IEC 7813:1995)

3　术语和定义

下列术语和定义适用于 GB/T 16649 的本部分。

3.1

集成电路　integrated circuit(s)

为执行处理和/或存储功能而设计的电子器件。

3.2

集成电路卡(IC card)　integrated circuit(s) card

内部封装一个或多个集成电路的 ID-1 型卡(如 GB/T 14916—2006 中所定义)。

3.3

触点　contact

保持集成电路和外部接口设备间电流连续性的导电元件。

4　物理特性

下列物理特性描述了嵌入了带触点的集成电路的 ID-1 型卡(符合 GB/T 14916—2006 的要求)。这种卡还应满足 ISO/IEC 7811 和 GB/T 17552—1998 的要求。测试方法在 GB/T 17554.3—2006 中描述。

4.1　通用特性

GB/T 14916—2006 中规定的各类识别卡的物理特性适用于 IC 卡。

注1:GB/T 14916—2006 中规定的卡厚度适用于带触点和集成电路的无凸印卡。

注 2：关于耐化学性(见 GB/T 14916—2006 中 7.4)，发卡方应注意这样的事实，即污染会导致保存在磁条或集成电路中的信息无效。

4.2 附加特性

4.2.1 紫外线

超出周围紫外线水平的防护应是卡制造商的责任。

4.2.2 X 射线

卡的任何一面曝光 0.1 Gy 剂量，相当于 70 keV～140 keV 的中等能量 X 射线(每年的累积剂量)，应不引起卡的失效。

注：这相当于人每年正常接收的 0.05 Gy 剂量的两倍。

4.2.3 触点的表面轮廓

所有的触点与其附近的卡表面平面之间的高度差，向上不超过 0.05 mm，向下不超过 0.10 mm。

注：对于嵌入芯片后再打印的卡，当触点高于卡周围表面时有可能产生问题。

4.2.4 (卡和触点的)机械强度

卡应能抵抗对其表面及其任何组成部件的损害，并在正常使用、保存和处理过程中保持完好。

当芯片面积小于 4 mm^2 时，机械强度测试采用以下方法：每个触点表面和触点区域(整个导电表面)在相当于对直径 1 mm 的钢球施加 1.5 N 的工作压力下不应被破坏。

当芯片面积不小于 4 mm^2 时，机械强度测试采用三轮方法：将 ICC 触点在三个钢制滚轮间往复移动，在 ICC 上加一个 8 N 的力以确定 ICC 的机械可靠性。

4.2.5 (触点的)电阻

卡连接器组件的触点电阻可通过测试卡来规定和测量(例如，测试卡内的触点之间短路时)。

具体测试方法和接收标准见 GB/T 17554.3。

4.2.6 (磁条和集成电路之间的)电磁干扰

如果卡带有磁条，磁条在读、写或擦除后，IC 卡不应被损坏、失效或改变。反之，集成电路的读、写也不应引起磁条失效或其读、写和处理机制的失效。

4.2.7 电磁场

卡暴露在 79500 A/m 的磁场中不应造成集成电路的失效，测试应在指定值的静磁场中进行。

警告：磁场将会擦去磁条上的内容(如果用磁条)。

4.2.8 静电

在带静电的人的正常使用下，集成电路不应被损坏。

在任意触点和地之间，由一个 100 pF 的电容经过 1 500 Ω 的电阻放电产生的 2 000 V 的静电，卡暴露其中时，其功能不应降低。

4.2.9 工作温度

卡应在 0℃～50℃的环境温度范围内工作。

4.2.10 弯曲性质

进行 GB/T 17554.1—2006 中描述的 1 000 次弯曲循环测试后，卡应保持其功能并应不出现开裂。

4.2.11 扭曲性质

进行 GB/T 17554.1—2006 中描述的 1 000 次扭曲循环测试后，卡应保持其功能并应不出现开裂。

ICS 35.240.15
L 64

中华人民共和国国家标准

GB/T 16649.2—2006/ISO/IEC 7816-2:1999
代替 GB/T 16649.2—1996

识别卡　带触点的集成电路卡
第2部分:触点的尺寸和位置

**Identification cards—Integrated circuit(s) cards with contacts—
Part 2:Dimensions and location of the contacts**

(ISO/IEC 7816-2:1999,IDT)

2006-03-14 发布　　2006-07-01 实施

中华人民共和国国家质量监督检验检疫总局
中国国家标准化管理委员会　发布

前言

GB/T 16649《识别卡　带触点的集成电路卡》拟分为十二个部分：

——第1部分：物理特性；

——第2部分：触点的尺寸和位置；

——第3部分：电信号和传输协议；

——第4部分：行业间交换用命令；

——第5部分：应用标识符的国家编号体系和注册规程；

——第6部分：行业间数据元；

——第7部分：用于结构化卡查询语言(SCQL)的行业间命令；

——第8部分：与安全相关的行业间命令；

——第9部分：附加的行业间命令和安全属性；

——第10部分：同步卡的电信号和复位应答；

——第11部分：集成电路卡上通过生物方法的身份验证；

——第12部分：带触点集成电路卡的USB接口。

本部分为GB/T 16649的第2部分。

本部分等同采用国际标准ISO/IEC 7816-2:1999《识别卡　带触点的集成电路卡　第2部分：触点的尺寸和位置》(英文版)。

本部分代替GB/T 16649.2—1996《识别卡　带触点的集成电路卡　第2部分：触点的尺寸和位置》。本部分与GB/T 16649.2—1996相比主要变化如下：

a) 增加了"未使用的触点区域不应导电，并且应与其他触点区域电隔离，以避免插入接口设备时可能发生的短路问题"这一规定；

b) 删去了1996版中的附录A"触点的位置　测量方法"，在新版标准中，触点位置的测试方法见GB/T 17554.3；

c) 增加了附录B"可能的导电区的位置"。

GB/T 16649是描述识别卡的参数和交换中识别卡使用的系列国家标准之一。下面列出了这些国家标准的预计结构及其对应的国际标准以及所代替的国家标准：

a) GB/T 14916《识别卡　物理特性》(ISO/IEC 7810:2003，代替GB/T 14916—1994)。

b) GB/T 15120《识别卡　记录技术》，分为：

——第1部分：凸印(ISO/IEC 7811-1:1985)；

——第2部分：磁条(ISO/IEC 7811-2:1985)；

——第3部分：ID-1型卡上凸印字符的位置(ISO/IEC 7811-3:1985)；

——第4部分：只读磁道的第1磁道和第2磁道的位置(ISO/IEC 7811-4:1985)；

——第5部分：读写磁道的第3磁道的位置(ISO/IEC 7811-5:1985)。

c) GB/T 15694《识别卡　发卡者标识》，分为：

——第1部分：编号体系(ISO/IEC 7812-1:1993)；

——第2部分：申请和注册规程(ISO/IEC 7812-2:2000)。

d) GB/T 17552《识别卡　金融交易卡》。

e) GB/T 17554《识别卡　测试方法》，分为：

——第1部分：一般特性测试(ISO/IEC 10373-1:1998，代替GB/T 17554—1998)；

——第 2 部分:带磁条的卡(ISO/IEC 10373-2:1998);

——第 3 部分:带触点的集成电路卡及其相关接口设备(ISO/IEC 10373-3:2001);

——第 5 部分:光存储卡(ISO/IEC 10373-5:1998);

——第 6 部分:接近式卡(ISO/IEC 10373-6:2001);

——第 7 部分:邻近式卡(ISO/IEC 10373-7:2001)。

f) GB/T 17551《识别卡 光存储卡 一般特性》。

g) GB/T 17550《识别卡 光存储卡 线性记录方法》,分为:

——第 1 部分:物理特性(ISO/IEC 11694-1:1994);

——第 2 部分:可访问光区域的尺寸和位置(ISO/IEC 11694-2:1995);

——第 3 部分:光属性和特性(ISO/IEC 11694-3:1995);

——第 4 部分:逻辑数据结构(ISO/IEC 11694-4:1996)。

本部分由中华人民共和国信息产业部提出。

本部分由中国电子技术标准化研究所归口。

本部分起草单位:中国电子技术标准化研究所。

本部分主要起草人:金倩、冯敬、蔡怀忠、耿力。

识别卡 带触点的集成电路卡
第2部分:触点的尺寸和位置

1 范围

GB/T 16649 的本部分规定了 ID-1 型集成电路卡上每一个触点的尺寸、位置和分配。

GB/T 16649 的本部分应与 GB/T 16649.1 结合使用。

2 规范性引用文件

下列文件中的条款通过 GB/T 16649 的本部分的引用而成为本部分的条款。凡是注日期的引用文件,其随后所有的修改单(不包括勘误的内容)或修订版均不适用于本部分,然而,鼓励根据本部分达成协议的各方研究是否可使用这些文件的最新版本。凡是不注日期的引用文件,其最新版本适用于本部分。

GB/T 14916—2006 识别卡 物理特性(ISO/IEC 7810:2003,IDT)

GB/T 16649.1—2006 识别卡 带触点的集成电路卡 第1部分:物理特性(ISO/IEC 7816-1:1998,MOD)

GB/T 17554.1—2006 识别卡 测试方法 第1部分:通用特性测试(ISO/IEC 10373-1:1998,MOD)

GB/T 17554.3—2006 识别卡 测试方法 第3部分:带触点的集成电路卡及其相关接口设备(ISO/IEC 10373-3:2001,MOD)

3 触点的尺寸

包含各个触点传导区的表面和形状不在 GB/T 16649 的本部分中定义。

每个触点都应有一个不小于图1中规定尺寸的最小矩形表面区域。

除了要求每个触点和其他触点应电隔离外,本部分不规定触点的最大形状和尺寸。

单位:mm

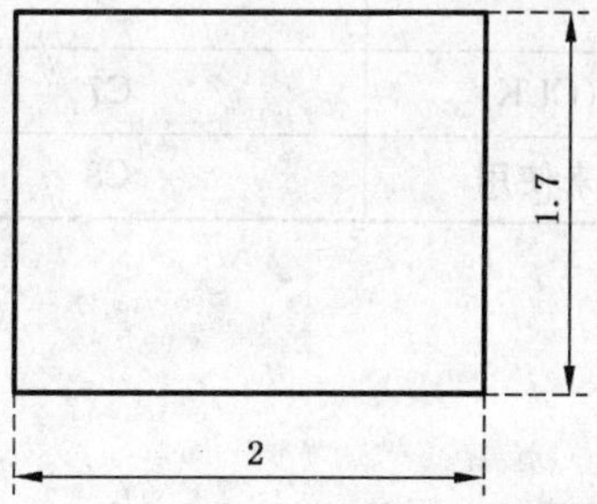

图1 触点的最小尺寸

4 触点的数量和位置

本部分定义了 C1 到 C8 共 8 个触点。

触点按图2所示定位。

触点应被定位在卡的正面(参见附录 A)。其尺寸以卡表面的左边缘和上边缘为基准。

测试方法按 GB/T 17554.3—2006。

单位:mm

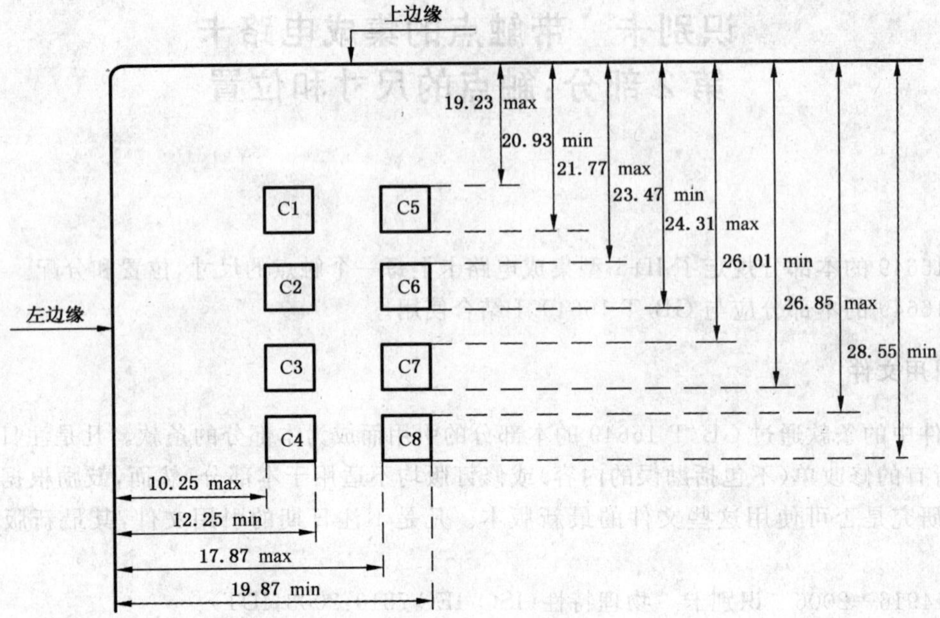

图 2 触点的位置

5 触点的分配

每个编号的触点应按照表 1 中的规定分配。

未使用的触点区域不应导电,并且应与其他触点区域电隔离,以避免插入接口设备时可能发生的短路问题。

建议的电隔离参见附录 B 提供。

表 1 触点的分配

触点号	分配	触点号	分配
C1	电源电压(VCC)	C5	地(GND)
C2	复位信号(RST)	C6	可变电源电压(VPP)(例如编程电压)
C3	时钟信号(CLK)	C7	输入/输出(I/O)
C4	保留待将来使用	C8	保留待将来使用

附 录 A
（资料性附录）
相关其他技术的触点分配

当存在凸印(参见 ISO/IEC 7811-1:1995)时,凸印应与触点处在同一面。当存在磁条(参见 ISO/IEC 7811-2:1995)时,磁条应处在触点的另一面。见图 A.1。

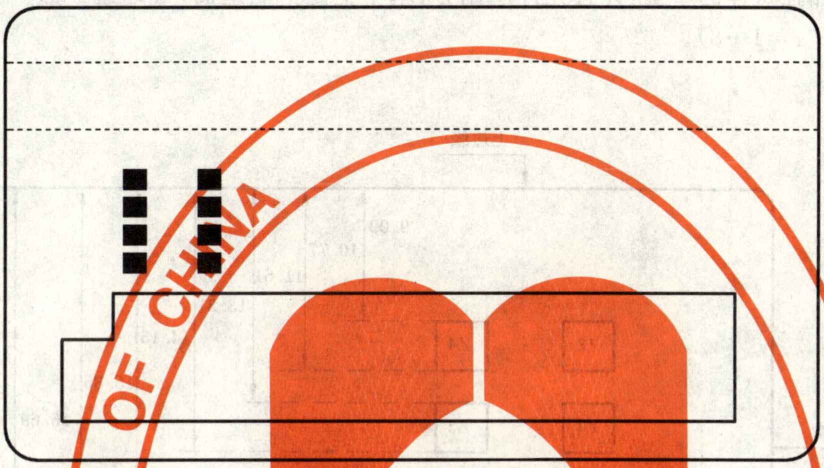

图 A.1 卡的正面

附 录 B
（资料性附录）
可能的导电区的位置

直到 1990 年，触点过渡区都如 GB/T 16649 所定义。结果，终端被设置成接受卡以任何方向插入。本附录的目的是加强这样的事实，并且允许承制方（基本上是卡制造商）考虑这一点。就这一点来说，应提供电隔离区 Zx（x=1…8）。

单位：mm

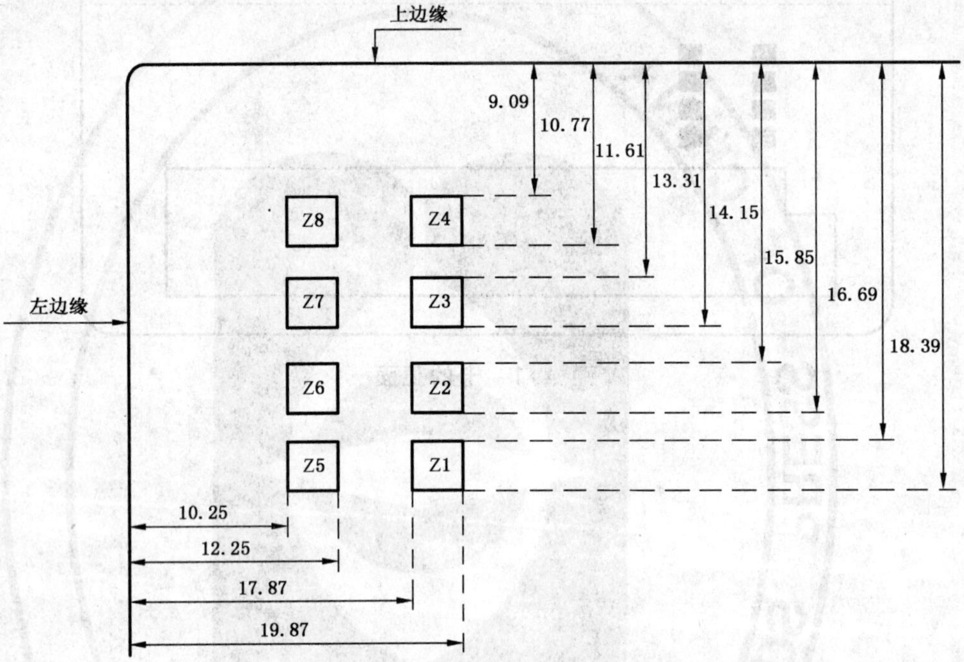

图 B.1 可能的导电区的位置

参 考 文 献

[1] ISO/IEC 7811-1:1995 识别卡 记录技术 第1部分:凸印
[2] ISO/IEC 7811-2:1995 识别卡 记录技术 第2部分:磁条

ICS 35.240.15
L 64

中华人民共和国国家标准

GB/T 16649.3—2006/ISO/IEC 7816-3:1997
代替 GB/T 16649.3—1996

识别卡　带触点的集成电路卡
第3部分:电信号和传输协议

Identification cards—Integrated circuit(s) cards with contacts—Part 3:Electronic signals and transmission protocols

(ISO/IEC 7816-3:1997,IDT)

2006-03-14 发布　　2006-07-01 实施

中华人民共和国国家质量监督检验检疫总局
中国国家标准化管理委员会　发布

前　言

GB/T 16649《识别卡　带触点的集成电路卡》拟分为十二个部分：

——第 1 部分：物理特性；

——第 2 部分：触点的尺寸和位置；

——第 3 部分：电信号和传输协议；

——第 4 部分：行业间交换用命令；

——第 5 部分：应用标识符的国家编号体系和注册规程；

——第 6 部分：行业间数据元；

——第 7 部分：用于结构化卡查询语言(SCQL)的行业间命令；

——第 8 部分：与安全相关的行业间命令；

——第 9 部分：附加的行业间命令和安全属性；

——第 10 部分：同步卡的电信号和复位应答；

——第 11 部分：集成电路卡上通过生物方法的身份验证；

——第 12 部分：带触点集成电路卡的 USB 接口。

本部分为 GB/T 16649 的第 3 部分。

本部分等同采用国际标准 ISO/IEC 7816-3:1997《识别卡　带触点的集成电路卡　第 3 部分：电信号和传输协议》(英文版)。

本部分代替 GB/T 16649.3—1996《识别卡　带触点的集成电路卡　第 3 部分：电信号和传输协议》。

本部分与 GB/T 16649.3—1996 相比主要变化如下：

a)　本部分定义了操作条件的两个类别：A 类：5 V；B 类：3 V，还对接口设备如何选择适用于卡的操作条件的类别作了规定；

b)　本部分删掉了 GB/T 16649.3—1996 中对同步卡的电信号和复位应答的规定，该部分内容调整到了 GB/T 16649.10 中；

c)　将 GB/T 16649.3—1996 中的“子序列复位”改成“热复位”。

GB/T 16649 是描述识别卡的参数和交换中识别卡使用的系列国家标准之一。下面列出了这些国家标准的预计结构及其对应的国际标准以及所代替的国家标准：

a)　GB/T 14916《识别卡　物理特性》(ISO/IEC/FDIS 7810:2003，代替 GB/T 14916—1994)。

b)　GB/T 15120《识别卡　记录技术》，分为：

——第 1 部分：凸印(ISO/IEC 7811-1:1985)；

——第 2 部分：磁条(ISO/IEC 7811-2:1985)；

——第 3 部分：ID-1 型卡上凸印字符的位置(ISO/IEC 7811-3:1985)；

——第 4 部分：只读磁道的第 1 磁道和第 2 磁道的位置(ISO/IEC 7811-4:1985)；

——第 5 部分：读写磁道的第 3 磁道的位置(ISO/IEC 7811-5:1985)。

c)　GB/T 15694《识别卡　发卡者标识》，分为：

——第 1 部分：编号体系(ISO/IEC 7812-1:1993)；

——第 2 部分：申请和注册规程(ISO/IEC 7812-2:2000)。

d)　GB/T 17552《识别卡　金融交易卡》。

e)　GB/T 17554《识别卡　测试方法》，分为：

——第 1 部分:一般特性测试(ISO/IEC 10373-1:1998,代替 GB/T 17554—1998);
——第 2 部分:带磁条的卡(ISO/IEC 10373-2:1998);
——第 3 部分:带触点的集成电路卡及其相关接口设备(ISO/IEC 10373-3:2001);
——第 5 部分:光记忆卡(ISO/IEC 10373-5:1998);
——第 6 部分:接近式卡(ISO/IEC 10373-6:2001);
——第 7 部分:邻近式卡(ISO/IEC 10373-7:2001)。

f) GB/T 17551《识别卡　光记忆卡　一般特性》。

g) GB/T 17550《识别卡　光记忆卡　线性记录方法》,分为:
——第 1 部分:物理特性(ISO/IEC 11694-1:1994);
——第 2 部分:可访问光区域的尺寸和位置(ISO/IEC 11694-2:1995);
——第 3 部分:光属性和特性(ISO/IEC 11694-3:1995);
——第 4 部分:逻辑数据结构(ISO/IEC 11694-4:1996)。

本部分由中华人民共和国信息产业部提出。

本部分由中国电子技术标准化研究所归口。

本部分起草单位:中国电子技术标准化研究所。

本部分主要起草人:金倩、冯敬、蔡怀忠、耿力。

识别卡　带触点的集成电路卡
第3部分:电信号和传输协议

1　范围

GB/T 16649的本部分规定了电源、信号结构以及集成电路卡和接口设备(例如终端)之间的信息交换。本部分还包括信号速率、电压电平、电流数值、奇偶约定、操作规程、传输机制以及与卡的通信。

本部分不包括信息和指令的内容,如发卡方和用户的标识、服务和限制、安全特性、日志和指令定义等。

2　规范性引用文件

下列文件中的条款通过GB/T 16649的本部分的引用而成为本部分的条款。凡是注日期的引用文件,其随后所有的修改单(不包括勘误的内容)或修订版均不适用于本部分,然而,鼓励根据本部分达成协议的各方研究是否可使用这些文件的最新版本。凡是不注日期的引用文件,其最新版本适用于本部分。

GB/T 3453—1994　信息处理　面向传输的起止式和同步式字符的字符结构(neq ISO 1177:1985)

GB/T 14916—2006　识别卡　物理特性(ISO/IEC 7810:2003,IDT)

GB/T 16649.1—2006　识别卡　带触点的集成电路卡　第1部分:物理特性(ISO/IEC 7816-1:1998,MOD)

GB/T 16649.2—2006　识别卡　带触点的集成电路卡　第2部分:触点的尺寸和位置(ISO/IEC 7816-2:1999,IDT)

ISO/IEC 7816-4:1996　识别卡　带触点的集成电路卡　第4部分:行业间交换用命令

ISO/IEC 3309:1993　信息技术　系统间的通信和信息交换　高层数据链接控制(HDLC)规程帧结构

3　术语和定义

GB/T 14916中的定义和下列定义适用于GB/T 16649的本部分。

3.1　设备

3.1.1

接口设备　interface device

在操作中与卡电连接的终端、通信设备或机器。

3.1.2

操作卡　operating card

能正确实现其所有功能的卡。

3.2

etu("基本时间单元"的缩写)

触点I/O上时间段的标称。

3.3　复位

3.3.1

冷复位　cold reset

激活后的第一次复位。

3.3.2

热复位 warm reset

非冷复位的所有其他复位。

3.4 符号

下列符号适用于 GB/T 16649 的本部分。

状态 H　高状态逻辑电平

状态 L　低状态逻辑电平

状态 Z　标记或高状态,如 GB/T 3453 中定义

状态 A　空位或低状态,如 GB/T 3453 中定义

'XY'　十六进制记数法,等于基数为 16 的 XY

4 电特性

4.1 概述

4.1.1 电路

GB/T 16649.2 中规定的触点分配至少应支持下列电路。

GND　地,参考电压

VCC　电源输入

I/O　串行数据的输入/输出

CLK　时钟信号输入

RST　复位信号输入

VPP　编程电压输入,由卡选用

4.1.2 缩略语

下列缩略语适用于本章。

C_{IN}　输入电容

C_{OUT}　输出电容

I_{CC}　VCC 上的电流

I_{IH}　高电平输入电流

I_{IL}　低电平输入电流

I_{OH}　高电平输出电流

I_{OL}　低电平输出电流

I_{PP}　VPP 上的电流

t_F　信号幅度从 90%至 10%的下降时间

t_R　信号幅度从 10%至 90%的上升时间

V_{CC}　VCC 上的电源电压

V_{IH}　高电平输入电压

V_{IL}　低电平输入电压

V_{OH}　高电平输出电压

V_{OL}　低电平输出电压

V_{PP}　VPP 上的电压

4.2 操作条件

4.2.1 操作条件的分类

本部分定义了两种操作条件。接口设备应通过触点 VCC 向卡提供下列标称电源:

——A 类:5 V

——B类:3 V

因此,卡和接口设备应仅工作在A类,或者仅工作在B类,或者工作在A类及B类(以下表示为AB类)。

A类卡应能在A类或AB类接口设备上操作。AB类卡应能在A类、B类或AB类接口设备上操作。B类卡应能在B类或AB类的接口设备上操作;B类卡应具有防护卡在A类操作条件下不被损坏的功能(根据定义,损坏的卡为不能按规定操作或包含有错误的数据的卡)。

4.2.2 操作类别的选择

图1示出了接口设备如何选择适用于卡的操作条件的类别。显示的判据基于隐含在接口设备中的信息,出现"卡"字的地方除外。

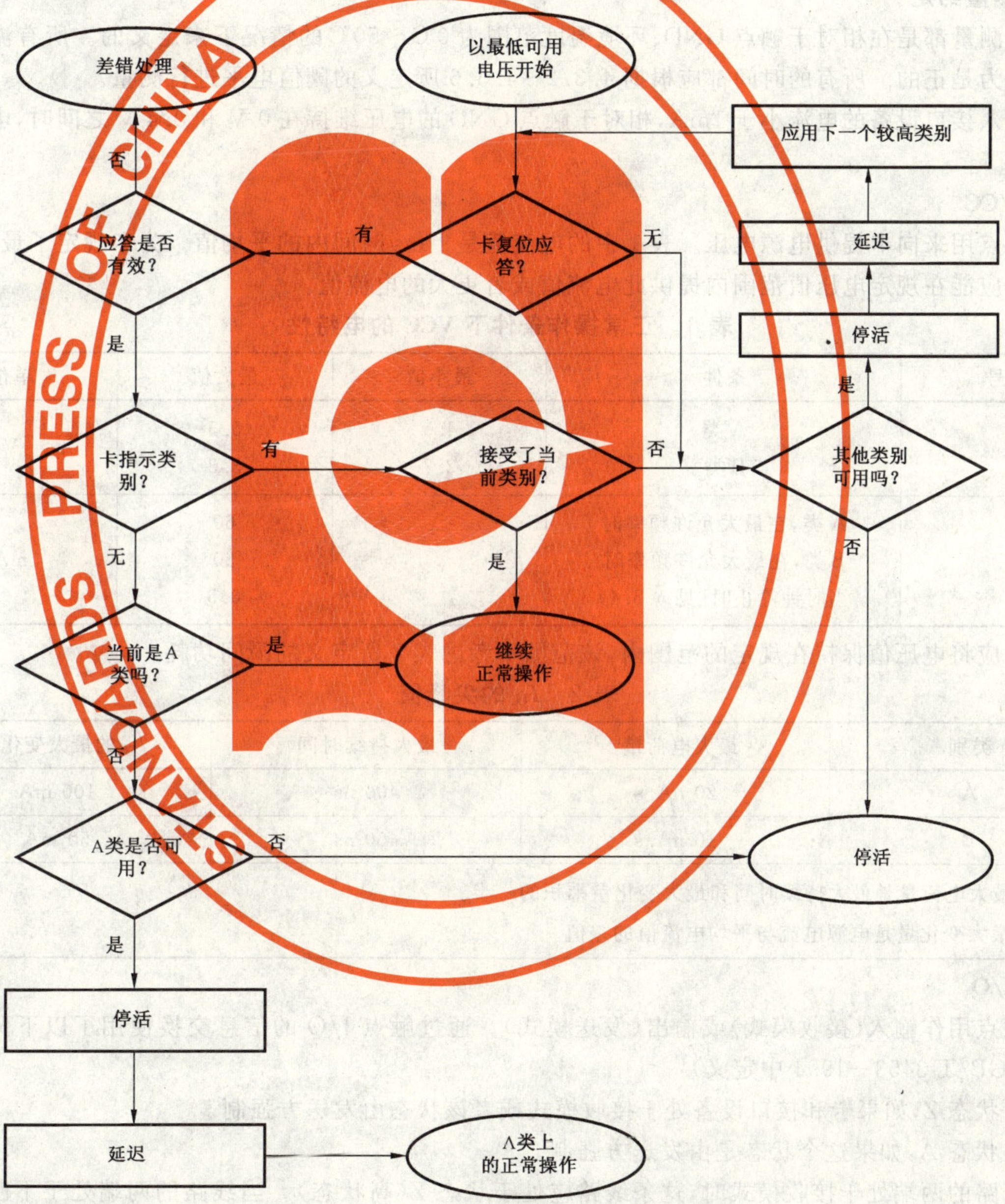

图1 接口设备对操作条件类别的选择

当操作条件可用于接口设备时,用于卡的第1个操作条件应为B类。

操作条件在A类时,B类卡应不提供复位应答(见第6章)。

如果卡不给出复位应答,则接口设备应停活卡,在延迟至少10 ms后,接口设备应使用下一个可用类别的操作条件。

如果卡提供不带类别指示符的复位应答(见 6.5.6),则接口设备应使用或保持 A 类操作条件(当 A 类操作条件可用时)或停活此卡。

如果卡提供带有类别指示符的复位应答,并且接口设备正应用卡所支持的操作条件类别,则正常操作可以继续。

如果复位应答不指示当前操作条件类别,但指示接口设备所支持的另一个类别,则接口设备应停活该卡;在延迟至少 10 ms 后,接口设备应使用那个类别的操作条件。

注:当以 B 类条件操作时,与 GB/T 16649.3—1996 一致的某些卡将被损坏,因此它们应仅用于 A 类接口设备。

4.3 电压和电流值

4.3.1 测量约定

所有测量都是在相对于触点 GND、环境温度范围为 0℃～50℃的情况下来定义的。所有流入卡的电流都认为是正的。所有的时间都应根据 4.3.2～4.3.6 所定义的阈值电平进行测量。

当流入接口设备的电流小于 1mA,相对于触点 GND 的电压维持在 0 V 和 0.4 V 之间时,电路应是不工作的。

4.3.2 VCC

该触点用来向卡提供电源电压。表 1 中的电流值是 1 ms 时间内的平均值。为卡规定了最大电流。接口设备应能在规定电压值范围内提供此电流值或者更大的电流值。

表 1 正常操作条件下 VCC 的电特性

符号	条件	最小值	最大值	单位
V_{CC}	A 类 B 类	4.5 2.7	5.5 3.3	V
I_{CC}	A 类,在最大允许频率时 B 类,在最大允许频率时 当时钟停止时(见 5.3.4)		60 50 0.5	mA

电源应将电压值保持在规定的范围内,该范围不考虑表 2 所定义的瞬间功耗。

表 2 I_{CC}的尖峰值

类别	最大电荷量[a]	最大持续时间	I_{CC}的最大变化量[b]
A	20 nA. s	400 ns	100 mA
B	10 nA. s	400 ns	50 mA

a 最大电荷量是最大持续时间和最大变化量乘积的一半。

b 最大变化量是电源电流与平均电流值的差值。

4.3.3 I/O

该触点用作输入(接收模式)或输出(发送模式)。通过触点 I/O 的信息交换使用了以下两种逻辑状态(如 GB/T 3453—1994 中定义):

——状态 Z,如果卡和接口设备处于接收模式或者该状态由发送方强制。

——状态 A,如果这个状态是由发送方强制。

当线路的两端处于接收模式时,这条线路应处于状态 Z(高状态)。当线路的两端处于不匹配发送模式时,则该线路的逻辑状态可能是不确定的。在操作期间,接口设备和卡不应都处于发送模式。

当输入电压在允许范围内时,接口设备应能支持规定范围的输入电流。接口设备应对卡呈现一个阻抗,以使接口设备不妨碍卡能保持输出电压在规定的范围内。

正常操作条件下 I/O 的电特性见表 3。

表 3 正常操作条件下 I/O 的电特性

符号	条件	最小值	最大值	单位
V_{IH}		$0.70\times V_{CC}$	V_{CC}	V
I_{IH}	V_{IH}	-300	20	μA
V_{IL}		0	$0.15\times V_{CC}$	V
I_{IL}	V_{IL}	$-1\ 000$	20	μA
V_{OH}	20 kΩ(外部上拉电阻器)接到 V_{CC}	$0.70\times V_{CC}$	V_{CC}	V
I_{OH}	V_{OH}		20	μA
V_{OL}	$I_{OL}=1$ mA[a]	0	$0.15\times V_{CC}$	V
t_R t_F	$C_{IN}=30$ pF;$C_{OUT}=30$ pF		1	μs
注:I/O 电压应保持在 -0.3 V 和 $V_{CC}+0.3$ V 之间				
a 接口设备的实现不应要求卡吸入大于 500 μA 的电流。				

4.3.4 **CLK**

该触点用来向卡提供时钟信号。时钟信号的实际频率值由 f 指定,关于 f 值的范围见 5.2 和 6.5.2。

在稳定工作期间,时钟信号周期的占空比应为 40%~60%。当频率从一个值切换到另一个值时,应注意保证没有比卡允许的最短周期的 40%更短的脉冲,卡所允许的最短周期在表 7 中定义。当切换频率值时,没有信息被交换。对于切换频率值,建议使用两个不同的时间:

——在复位应答后立即进行,或

——在一次成功的 PPS 交换后立即进行(见 7.4)。

正常操作条件下 CLK 的电特性见表 4。

表 4 正常操作条件下 CLK 的电特性

符号	条件	最小值	最大值	单位
V_{IH}		$0.70\times V_{CC}$	V_{CC}	V
I_{IH}	V_{IH}	-20	100	μA
V_{IL}		0	0.5	V
I_{IL}	V_{IL}	-100	20	μA
t_R t_F	$C_{IN}=30$ pF		时钟周期的 9%	
注:CLK 上的电压应保持在 -0.3 V~$V_{CC}+0.3$ V 之间。				

4.3.5 **RST**

按 5.3.2(冷复位)或 5.3.3(热复位),该触点用来向卡提供复位信号。

正常操作条件下 RST 的电特性见表 5。

表 5 正常操作条件下 RST 的电特性

符号	条件	最小值	最大值	单位
V_{IH}		$0.80\times V_{CC}$	V_{CC}	V
I_{IH}	V_{IH}	-20	150	μA
V_{IL}		0	$0.12\times V_{CC}$	V
I_{IL}	V_{IL}	-200	20	μA
t_R t_F	$C_{IN}=30$ pF		1	μs
注:RST 上的电压应保持在 -0.3 V~$V_{CC}+0.3$ V 之间。				

4.3.6 VPP

在B类操作条件下,该触点保留待将来使用。

在A类操作条件下,该触点可用来向卡提供为了写或擦除内部非易失性存储器所要求的编程电压。表6定义了触点VPP上的两种激活状态:暂停状态和编程状态。除非卡要求编程状态,接口设备应将触点VPP保持在暂停状态。

正常操作条件下VPP的电特性见表6。

表6 正常操作条件下VPP的电特性

符号	条件	最小值	最大值	单位
V_{PP} I_{PP}	暂停状态	$0.95\times V_{CC}$	$1.05\times V_{CC}$ 20	V mA
V_{PP} I_{PP}	编程状态	$0.975\times P$	$1.025\times P$ I	V mA
t_R t_F		[a]	200	μs
对任意1 s时间上的功率取平均值时,这个平均值应不超过1.5 W。 注1:需要时,卡向接口设备提供P和I的值(见6.5.4)。 注2:VPP状态控制,如第8章和第9章所规定的,仅与A类操作条件相关。				
a VPP电压变化率幅度不应超过2 V/μs。				

5 卡操作规程

5.1 概述

当卡的触点与接口设备的触点在机械上被连接时,电路才被激活。

接口设备和卡之间交互应通过下列条款规定的连续操作来进行:

——接口设备激活电路;

——卡和接口设备之间的信息交换总是起始于卡对冷复位的应答;

——接口设备停活电路。

电路的停活序列应在卡的触点和接口设备的触点机械断开前结束。

5.2 激活

为启动与机械上连接的卡交互,接口设备应按图2所示下列次序来激活电路:

——将RST置为状态L(见4.3.5);

——按照接口设备所选择的操作条件:A类或B类,VCC应被加电(见4.3.2和表1);

——将接口设备上的I/O置于接收模式(见4.3.3);

——在A类条件下,VPP应置于暂停状态(见4.3.6);在B类条件下,VPP保留待将来使用;

——应为CLK提供时钟信号(见4.3.4)。至少在复位应答期间,时钟的频率f应在以下范围内:

- 1～5MHz,A类,或
- 1～4MHz,B类。

电路的激活序列结束(RST为状态L,VCC加电,接口设备上的I/O为接收模式,当操作在A类时VPP为暂停状态,为CLK提供一个合适且稳定的时钟信号)后,按5.3.2和图2规定的时序,卡准备好冷复位。

5.3 信息交换

5.3.1 总则

如果卡支持操作条件的类别,则卡应按第6章的内容对任何复位进行应答。在任何复位应答完成后,接口设备可启动卡的热复位。对于热复位的应答可能会与对前一个复位的应答不同,而无论前一个复位是冷复位,还是热复位。在完成一个指明协商方式(见6.6)的复位应答后,接口设备可按照第7章的规定启动PPS交换。

命令的操作规程取决于传输协议。第8章规定了以接口设备为主的异步半双工字符传输。第9章规定了异步半双工块传输。当从卡没有传输(相当于一个命令完成后和另一个命令启动前),如果卡支持时钟停止,则接口设备甚至可以停止时钟信号。

注:ISO/IEC 7816-4:1996 规定了用于交换的行业间命令。其他命令在已有的标准或新制定的标准中规定。

5.3.2 冷复位

按图2,在 T_a 时刻对 CLK 施加时钟信号。在施加到 CLK 的时钟信号的200个时钟周期(t_a)(时间段 t_a 在 T_a 之后)的范围内,卡应把 I/O 线置为状态 Z。在时钟信号施加到 CLK 后,通过将 RST 保持在状态 L 至少400个时钟周期(t_b)(时间段 t_b 在 T_a 之后)来复位卡。

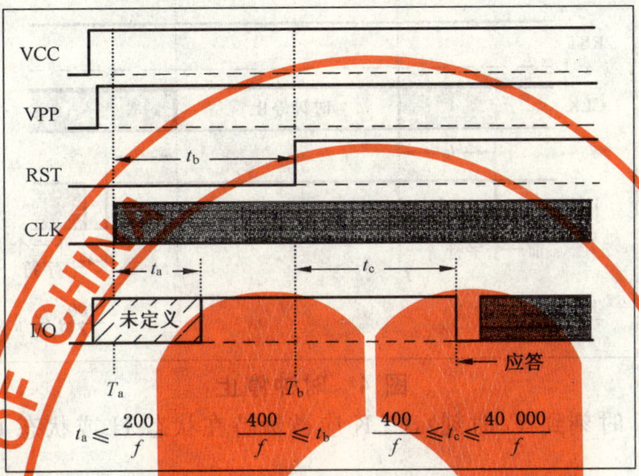

图2 激活和冷复位

在 T_b 时刻,RST 被置于状态 H。I/O 上的应答应在 RST 上信号的上升沿之后的400和40 000个时钟周期(t_c)(时间段 t_c 在 T_b 之后)之间开始。

在 RST 处于状态 H 的情况下,如果应答在40 000个时钟周期内仍未开始,则 RST 上的信号应被返回到状态 L,且接口设备按5.4将电路停活。

注1:假定卡的内部状态在冷复位前未被定义,则卡的设计必须避免不正确的操作。

注2:接口设备可以在任何时间随意启动卡的冷复位。

5.3.3 热复位

按图3,接口设备通过将 RST 置为状态 L 至少400个时钟周期(时间段 t_e)来启动热复位,同时 VCC 和 CLK 仍保持稳定。

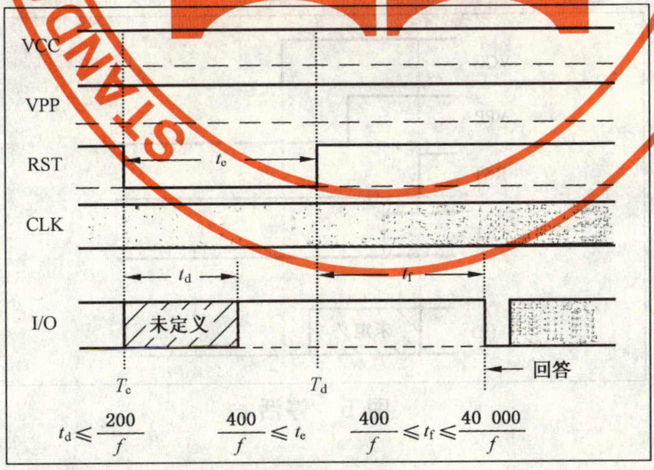

图3 热复位

在 T_d 时刻,RST 置于状态 H。I/O 的应答应在 RST 上信号上升沿之后的400到40 000个时钟周期(t_f)(时间段 t_f 在 T_d 之后)之间开始。

在 RST 处于状态 H 时，如果应答未在 40 000 个周期内开始，应将 RST 上的信号返回状态 L，且接口设备按 5.4 将电路停活。

5.3.4 时钟停止

当接口设备认为从卡没有传输且 I/O 保持状态 Z 至少 1 860 个时钟周期(时间段 t_g)时，则按图 4，接口设备可停止 CLK 上的时钟(在 T_e 时刻)。

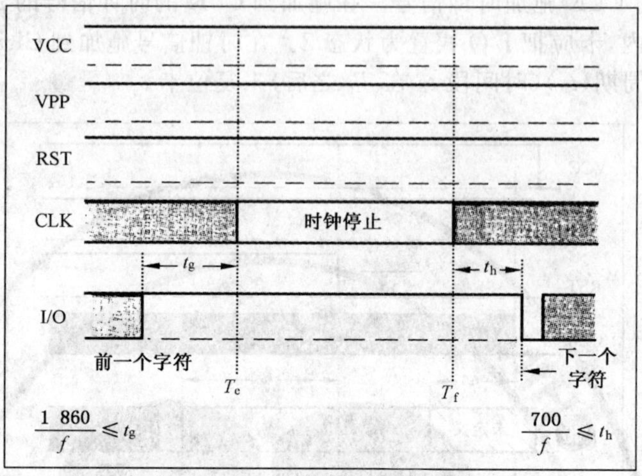

图 4 时钟停止

当时钟被停止(从 T_e 时刻到 T_f 时刻)，CLK 应被保持在状态 H 或状态 L；这个状态由 6.5.5 定义的参数 X 来指出。

在 T_f 时刻，接口设备重启动时钟，I/O 上的信息交换可在至少 700 个时钟周期之后(时间段 t_h 在 T_f 之后)继续进行。

5.4 停活

当信息交换结束或放弃时(例如，无卡响应或检测到卡移出)，接口设备应按图 5 所示下列顺序停活电路：

——RST 被置为状态 L；

——CLK 被置为状态 L(除非时钟已停止在状态 L 上)；

——VPP 被停活(如果它已被激活)；

——I/O 被置为状态 A；

——VCC 被停活。

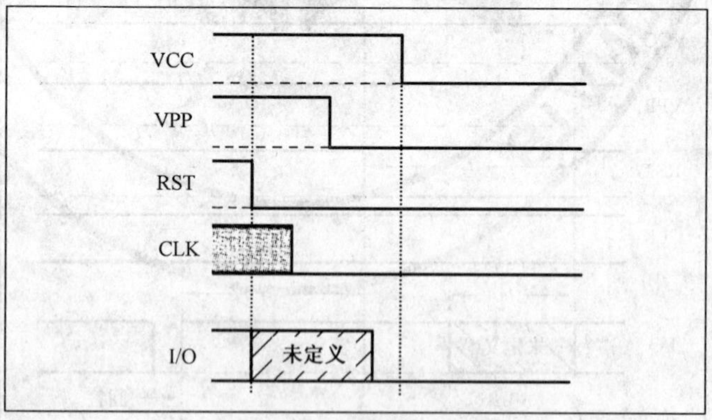

图 5 停活

6 复位应答

6.1 一般配置

根据定义，复位应答是一系列字节的值，这些字节是由卡作为对复位的应答发送给接口设备的。在

I/O 电路上，每个字节通过异步字符来运送。

每个成功的复位操作都会在 I/O 上产生一个初始字符 TS，TS 后面按下列次序紧跟有最多 32 个字符，见图 6。

T0..格式字符，必备的

TA(i) TB(i) TC(i) TD(i)..........................接口字符，任选的

T1 T2…TK...................................历史字符，任选的

TCK...校验字符，有条件的

- 初始字符建立解码每个后续字符的约定。
- 格式字符显示第一组接口字符和所有历史字符。
- 接口字符的出现通过格式字符所启动的位图技术指出。
- 历史字符的出现通过编码在格式字符中的一个数指出。
- 校检字符的出现依赖于某些接口字符中参数 T 的值。

为了记法简化，以后 T0TA(i)... T1... TCK 不但表示字节而且也表示运送这些字节的字符。

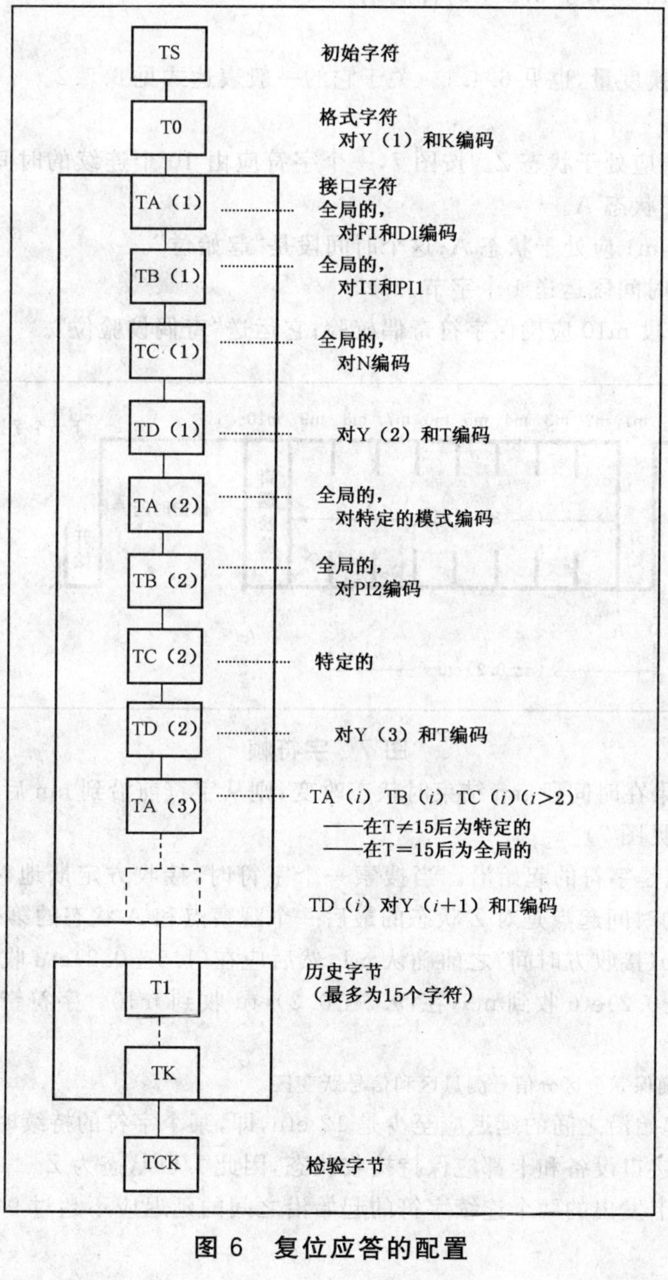

图 6　复位应答的配置

6.2 参数 T

参数 T 指传输协议和/或限定接口字节数。在每个字节 TD(i)(见 6.4.3.1),TA(2)(见 6.5.7)或 PPS0(见 7.3)中,位 b4～b1 编码参数 T 的值。

——T＝0　　　　　指在第 8 章中规定的异步半双工字符传输。

——T＝1　　　　　指在第 9 章中规定的异步半双工块传输。

——T＝2 和 T＝3　保留用于将来的全双工操作。

——T＝4　　　　　保留用于增强的异步半双工字符传输。

——T＝5 到 T＝13　保留待将来使用。

——T＝14　　　　指未由 ISO/IEC JTC1 SC17 进行标准化的传输协议。

——T＝15　　　　不指某一种传输协议,仅限定了全局接口字节(见 6.4.3.2)。

6.3 异步字符

6.3.1 基本时间单元

在复位应答期间,etu 应等于 372 个时钟周期。

$1\text{etu}=372/f$

关于 etu 值的可替换度量,也见 6.4.1。关于它的一般表达式见 6.5.2。

6.3.2 字符帧

在字符之前,I/O 端应处于状态 Z。按图 7,一个字符应由 10 个连续的时间段组成,每一时间段不是处于状态 Z,就是处于状态 A。

——第一个时间段 m1 应处于状态 A;这个时间段是"起始位"。

——m2～m9 八个时间段运送 1 个字节。

——最后一个时间段 m10 应确保字符奇偶校验;它运送"奇偶校验位"。

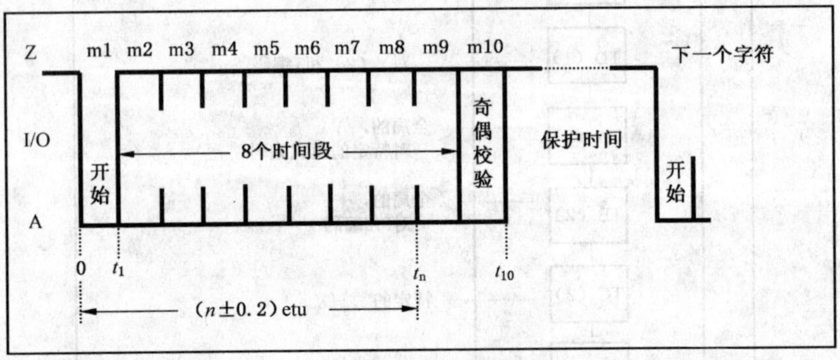

图 7　字符帧

在每个字符中,如果在时间段 mn 结束时状态改变,则从字符前沿到 mn 后沿的延迟应是

$t_n=(n\pm0.2)\text{etu}$(见图 7)

发送方的时间起点是字符的起始沿。当搜索一个字符时,接收方定期地对 I/O 取样,取样时间应少于 0.2etu。接收方的时间起点是对 Z 状态的最后一个观察点和 A 状态的第一个观察点中间。

接收方应在 0.7etu(接收方时间)之前确认 m1,然后应在(1.5±0.2)etu 收到 m2,在(2.5±0.2)etu 收到 m3,……在(8.5±0.2)etu 收到 m9,在(9.5±0.2)etu 收到 m10。字符奇偶校验在字符帧运送结束之后进行。

注:这样的允许偏差确保完全区分信号测量区和信号跃变区。

两个连续字符的起始沿之间的延迟应至少是 12 etu,即,某个字符的持续时间(10±0.2)etu 加上保护时间。在保护时间,接口设备和卡都应保持接收状态,因此 I/O 状态为 Z。

在复位应答期间,卡发出的两个连续字符的起始沿之间的延迟应不超过 9 600 etu。这个最大值被称为"初始等待时间"。

6.3.3 差错信号和字符重发

在复位应答期间，对于提供协议 T=0 的卡，下列规程是必备的；对于接口设备和其他卡，它是任选的。

如图 8 所示，当奇偶校验不正确时，在(10.5±0.2)etu(接收方时间)时，接收方应通过将 I/O 置为状态 A，最少为 1 etu，最大为 2 etu，来发送差错信号。然后，接收方应希望字符重发。

为了检测到差错信号，发送方应在字符起始沿之后 (11±0.2)etu(发送方时间)校验 I/O 电路的状态。

——如果 I/O 为状态 Z，则认为是正确接收；

——如果 I/O 状态为 A，则认为是不正确接收。在检测到差错信号后的至少两个 etu 的延迟之后，发送方应重发该字符。

如果卡没有提供字符重发，则

——卡忽略接口设备来的差错信号并不应受其破坏；

——接口设备应能启动重复整个复位的操作。

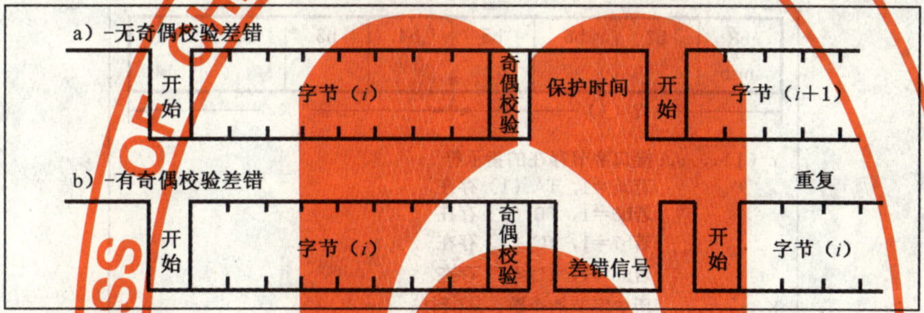

图 8 字符传输和重复图

6.4 复位应答的结构

6.4.1 初始字符和编码约定

图 9 示出了初始字符 TS：

——m1 到 m4 定义了值为(Z)AZZA 的同步序列；

——m5 到 m7 以值 AAA 或 ZZZ 分别指明是反向或正向约定；

——m8 到 m10 等于 AAZ。

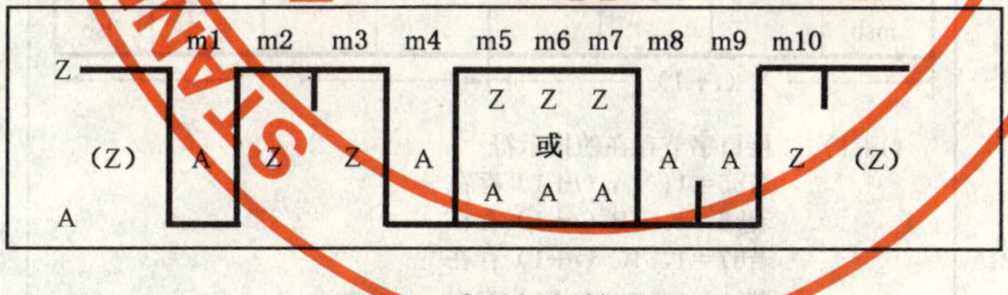

图 9 初始字符 TS

注：同步序列允许接口设备确定卡上初始使用的 etu。etu 的可替换度量是 TS 最初两个下降沿之间的延迟的三分之一。卡上的发送和接收机制(包括 6.3.2 和 6.3.3 中描述的允差)应与 etu 的可替换度量的定义一致。

TS 建立了所有后续字符中字节的编码约定。该约定包括：

——根据 9 个时间段 m2 到 m10 的状态为 Z 还是 A 来编码为 1 或 0；

——m2 到 m9 的 8 个时间段的位含义。

当在 m2 到 m10 这 9 个时间段中，值为 1 的位的个数为偶数时，字符奇偶校验正确。

TS 有两个可能值，一个值表示为多个字符，这些字符分别是 10 个时间段的状态 Z 或 A，另一个表示为各个位分别为 1 或 0 的 8 个位，0 和 1 是根据编码约定得到的。

——字符(Z)AZZAAAAAAZ 建立了状态 A 编码为 1、时间段 m2 运送了最高有效位(msb 首先运送)的反向约定。当通过反向约定来解码时,运送的字节等于“3F”。

——字符(Z)AZZAZZZAAZ 建立了状态 Z 编码为 1、时间段 m2 运送最低有效位(lsb 首先运送)的正向约定。通过正向约定来解码时,运送的字节等于“3B”。

图 10 示出了后面用到的字节帧。该字节由 8 个表示为 b8 到 b1(值为 1 或 0)的位组成;b8 是最高有效位(msb),而 b1 是最低有效位(lsb)。

b8 msb	b7	b6	b5	b4	b3	b2	b1 lsb

图 10　字节帧

6.4.2　格式字节 T0

按照图 11,字节 T0 由两部分组成:

——位 b8 到 b5 构成 Y(1);每个等于 1 的位指示了后续接口字节的存在;

——位 b4 到 b1 构成 K,K 编码了历史字节的个数,从 0 到 15。

b8 msb	b7	b6	b5	b4	b3	b2	b1 lsb
Y (1)				K			

Y (1)...... 接口字节存在的指示符
若b5=1, TA (1) 存在
若b6=1, TB (1) 存在
若b7=1, TC (1) 存在
若b8=1, TD (1) 存在
K......... 历史字节的个数, 从0到15

图 11　T0 的编码

6.4.3　接口字节 TA(*i*) TB(*i*) TC(*i*) TD(*i*)

6.4.3.1　TD(*i*)

按照图 12,字节 TD(*i*)含有两部分:

——位 b8 到 b5 构成 Y(*i*+1);每个等于 1 的位指示后续接口字节的存在;

——位 b4 到 b1 构成 6.2 中定义的参数 T 的值。

b8 msb	b7	b6	b5	b4	b3	b2	b1 lsb
Y (*i*+1)				T			

Y (*i*+1)... 接口字节存在的指示符
若b5=1, TA (*i*+1) 存在
若b6=1, TB (*i*+1) 存在
若b7=1, TC (*i*+1) 存在
若b8=1, TD (*i*+1) 存在
T......... 协议参考和/或接口字节限定符

图 12　TD(*i*)的编码

因此,T0 运送 Y(1)而 TD(*i*)运送 Y(*i*+1)。在运送 Y(*i*)的字节中,位 b8 到 b5 表示与 b5 对应的 TA(*i*)、与 b6 对应的 TB(*i*)、与 b7 对应的 TC(*i*)、与 b8 对应的 TD(*i*)按照这个次序运送 Y(*i*)的字节之后是否存在(取决于相关的位是否等于 1)。

如果 TD(*i*)不存在,则接口字节 TA(*i*+1)、TB(*i*+1)、TC(*i*+1)和 TD(*i*+1)也不存在。

如果两个或更多个参数 T 的值存在于 TD(1)TD(2)……中,它们应当按照数字升序存在。如果存在,T=0 应是第一个,T=15 应是最后一个。TD(1)中禁止值 T=15。

"第一次提供的协议"定义如下：

——如果 TD(1)存在，则第一次提供的协议是 T。

——如果 TD(1)不存在，则提供的唯一的协议是 T=0。

6.4.3.2 **TA(*i*) TB(*i*) TC(*i*)**

接口字节 TA(*i*)、TB(*i*)和 TC(*i*)(*i*=1,2,3,…)是全局的或特定的。

——有关卡上集成电路参数的全局接口字节，见 6.5。

——有关卡提供的传输协议的参数的特定接口字节。

接口字节 TA(1)TB(1)TC(1)TA(2)TB(2)是全局的。接口字节 TC(2)是特定的；它是为 T=0 定义的，见 8.2。*i*>2 时对接口字节 TA(*i*)TB(*i*)TC(*i*)的解释依赖于 TD(*i*−1)中参数 T 的值。

——如果 T≠15，则接口字节是协议 T 特定的。

——如果 T=15，则接口字节是全局的。

如果为参数 T 的同一个值定义了超过三个的接口字节 TA(*i*)TB(*i*)TC(*i*)，并且这些接口字节在复位应答中出现，则它们应相继出现于指明相同 T 值的 TD(*i*−1)TD(*i*)...(*i*>2)之后；因此，当这些接口字节在 TD(*i*−1)(*i*>2 时)中的 T 第一次、第二次或第 *n* 次出现之后出现，就被无二义性地识别出来。

注：参数 T 与位图技术的组合允许仅发送有用的接口字节，并在需要时可使用与不存在的接口字节相对应参数的默认值。

6.4.4 **历史字节 T1 T2……TK**

历史字节指明一般信息，例如卡制造商、插入卡内的芯片、芯片的掩膜 ROM、卡的寿命状态。GB/T 16649.4规定了历史字节的内容。

如果 K 不为 0，则复位应答在 K 个历史字节 T1 T2……TK 上继续。

6.4.5 **校验字节 TCK**

字节 TCK 的值应是这样的，以致使它与 T0 至 TCK 的所有字节(包括 T0 和 TCK)的异或运算结果为 0。

如果只有 T=0 存在(可能通过默认来指明)，则字节 TCK 应不存在。如果 T=0 和 T=15 都存在，或者在其他所有情况下时，字节 TCK 应存在。

6.5 **全局接口字节的内容**

6.5.1 **总则**

本条规定了全局接口字节的内容。ISO/IEC JTC1 SC17 保留了所有未在本条中定义的全局字节以及虽定义了但未使用的整数值以备将来使用。

本条规定了字节 TA(1)TB(1)TC(1)TA(2)TB(2)和 TD(*i*−1)(*i*>2)中 T=15 第一次出现后的字节 TA(*i*)。这些字节以二进制的形式对无符号整数 FI、DI、II、PI1、N、PI2、XI 和 UI 进行编码，这些无符号整数等于或用于计算此后出现的参数 F、D、N、P、I、X 和 U 的值。

——如果出现，为正确处理任一协议应解释该字节；

——如果该字节不出现，则当需要时，对于相关参数使用默认值。

TA(1)对以下内容进行编码(见 6.5.2)

——FI，对位 b8 到 b5 上的时钟速率转换因子的引用，见表 7。

——DI，对位 b4 到 b7 上波特率调节因子的引用，见表 8。

若 b8=0，TB(1)对以下内容进行编码(见 6.5.4)

——II，对位 b7、b6 上最大编程电流的引用，见表 9。

——PI1，对位 b5 到 b1 上编程电压的值。

注：接口设备可以忽略 TB(1)的位 b8。

TC(1)对以下内容进行编码(见 6.5.3)

——N,对计算 8 位上的额外保护时间的引用。

TA(2)是特定方式字节(见 6.5.7 和 6.6)

TB(2)使用 8 位上的编程电压值 PI2 代替 PI1 进行编码(见 6.5.4)。

TA(i)在 TD($i-1$)($i>2$)中的 T=15 第一次出现后对以下内容进行编码(见 6.5.5 和 6.5.6)

——XI,对位 b8、b7 上的时钟停止指示符的引用,见表 10。

——UI,对位 b6 到 b1 上的类别指示符的引用,见表 11。

注:当协议特定的接口字节不被接口设备支持时,这些符合 GB/T 16649.3—1996 的接口设备通常忽略在 TD($i-1$)($i>2$)中的 T=15 后的 TA(i)TB(i)TC(i)。

6.5.2 传输因子 F 和 D

参数 F 和 D 分别是时钟速率转换因子和波特率调整因子。在 I/O 电路上所使用的 etu 依赖于传输因子 F 和 D 的实际值。etu 应等于 F/D 时钟周期。

$$1\ \text{etu}=F/D\times(1/f)$$

频率 f 的最小值应为 1 MHz。最大值作为 FI 的函数在表 7 中给出。默认最大值是 5 MHz。

为了计算 etu,F 和 D 因子对应当采用下面三对值之一:

——Fi 和 Di,由卡按照表 7 和表 8 在 TA(1)中给出;如果 TA(1)不存在,则 Fi 和 Di 置为默认值;

——Fd 和 Dd,默认值为 372 和 1;

——Fn 和 Dn,由成功的 PPS 交换在 Fd 到 Fi 和 Dd 到 Di 范围内协商所得的值。

在复位应答期间,应使用 Fd 和 Dd。复位应答后,F 和 D 的值取决于操作方式(见 6.6)。

——在可协商方式中(见 6.6.3),应继续使用 Fd 和 Dd,直到 PPS 交换成功完成(见 7.4)。PPS 成功交换后,应立即使用 Fn 和 Dn。

——在特定方式中(见 6.6.2)

- 如果 TA(2)中 b5=0,则在复位应答成功完成之后应立即使用 Fi 和 Di。
- 如果 TA(2)中 b5=1,则应使用隐含值。

表 7 **Fi,指出的时钟速率转换因子的值**

FI	0000	0001	0010	0011	0100	0101	0110	0111
Fi	372	372	558	744	1116	1488	1860	RFU
f(max.)/MHz	4	5	6	8	12	16	20	—

RFU=保留作将来使用

FI	1000	1001	1010	1011	1100	1101	1110	1111
Fi	RFU	512	768	1024	1536	2048	RFU	RFU
f(max.)/MHz	—	5	7.5	10	15	20	—	—

表 8 **Di,指出的波特速率校正参数的值**

DI	0000	0001	0010	0011	0100	0101	0110	0111
Di	RFU	1	2	4	8	16	32	RFU

DI	1000	1001	1010	1011	1100	1101	1110	1111
Di	12	20	RFU	RFU	RFU	RFU	RFU	RFU

6.5.3 额外保护时间 *N*

参数 N 是将字符从接口设备发送到卡的额外保护时间。没有额外保护时间用来将字符从卡发送到接口设备。默认值 $N=0$。

在 0 到 254 范围内，N 表示在准备好接收下一字符之前，卡要求从前一个字符(也是由卡或接口设备发送的)的起始沿开始的下列延迟：

$$12\ \mathrm{etu} + (Q \times (N/f))$$

公式中，Q 应取下面两个值中的一个：

——F/D，即用于计算 etu 的值，当 T=15 不存在于复位应答中时，

——Fi/Di，当 T=15 存在于复位应答中时。

N=255 表示在传输协议期间，两个连续字符的起始沿之间的最小延迟在传输的两个方向上是相同的。这个最小延迟值是

——T=0 时，12 etu

——T=1 时，11 etu

6.5.4 编程参数 P 和 I

编程参数 P 和 I 分别是编程电压和最大编程电流；它们定义了触点 VPP 上的编程状态。

——编程电压：$V_{PP}=P(V)$

——最大编程电流：$I_{PP}=I(mA)$

在 5 到 25 范围内，PI1 给出了 P 的值，单位为伏。PI1=0 表示在卡中 VPP 在电路上未连接，卡使用触点 VCC 提供的电源在内部生成编程电压。PI1 的任何其他值保留作将来使用。

在 50 到 250 范围内，PI2 给出了 P 的值，单位是十分之一伏。PI2 的任何其他值保留作将来使用。如果 PI2 存在，则 PI1 的值应被忽略。

如果 T=15 不存在于复位应答中，默认值是 P=5 和 I=50。如果 T=15 存在，则 VPP 在卡中不连接，除非 TB(1)和/或 TB(2)存在。

表 9 最大编程电流 I

II	00	01	10	11
I	25	50	RFU	RFU

6.5.5 时钟停止指示符 X

参数 X 按照表 10 表示卡支持(XI≠00)或不支持(XI=00)时钟停止，以及支持时，当时钟停止时，在 CLK 上优先选用哪个电气状态。默认值是 X="不支持时钟停止"。

表 10 时钟停止指示符 X

XI	00	01	10	11
X	不支持	状态 L	状态 H	无优先

6.5.6 类别指示符 U

参数 U 表示了卡所接受的操作条件的类别。按照表 11，UI 的每个位代表了 4.2.1 中定义的一个操作条件类别：b1 对应 A 类，b2 对应 B 类。默认值是 U="仅支持 A 类"。

表 11 类别指示符 U

UI	00 0010	00 0010	00 0011	任何其他值
U	仅 A	仅 B	A 和 B	RFU

6.5.7 特定方式字节 TA(2)

TA(2)是特定方式字节。按照图 13，它描述了卡操作的特定方式的相关特征(见 6.6.2)。

b8 msb	b7	b6	b5	b4	b3	b2	b1 lsb
				T			

b8........改变操作方式能力指示符

若b8=0，能改变

若b8=1，不能改变

b7-b6,....RFU（不用时为00）

b5........参数定义指示符

若b5=0，由接口字节来定义

若b5=1，隐式地定义，不是由接口字节

T........在特定方式中要使用的协议

图 13　TA(2)的编码

6.6　操作模式

6.6.1　概述

在复位应答后，卡处于下面两种操作模式之一：

——若 TA(2)存在，则处于特定模式；

——若 TA(2)不存在，则处于协商模式。

图 14 示出了卡操作模式的选择和切换。

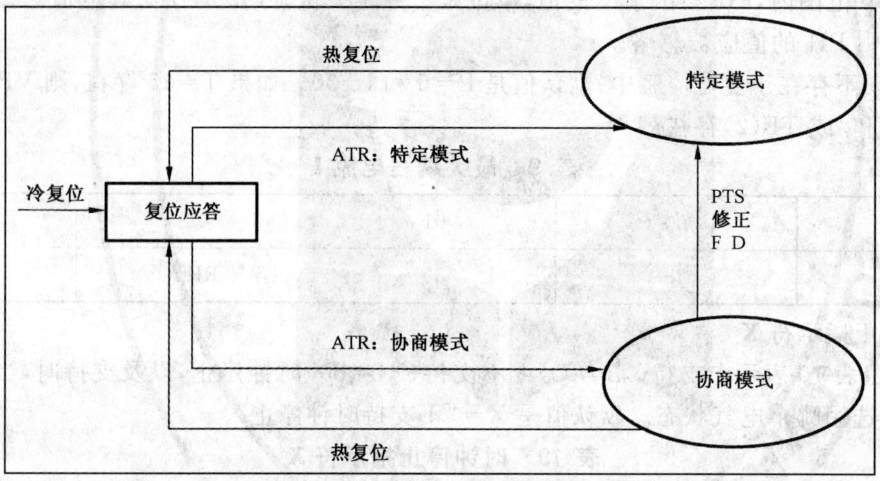

图 14　模式选择与切换

6.6.2　特定模式

在特定模式中，直接在复位应答之后，由 TA(2)所指示的协议应使用(见 6.5.7)：

——若 TA(2)中 b5＝0，使用 Fi 和 Di；

——若 TA(2)中 b5＝1，使用隐含值。

然而，IFD 可启动热复位来调用卡中的协商模式。

注 1：在不知特定模式存在的情况下，卡发送 TA(2)给接口设备，则卡不能依靠附加的复位切换到协商模式。

注 2：若接口设备已检测到一个 TA(2)字节，则在复位应答完全收到前，或卡已超时的情况下，接口设备不能发出第二个复位命令。

6.6.3　协商模式

在协商模式中，只要 IFD 发送给 ICC 的第一个字节允许在 PPS 请求与协议命令之间有无二义性差别，则“隐式选择”是可能的。

——若在复位应答后无 PPS 请求被直接发送，应使用 Fd 和 Dd(见 6.5.2)来应用“第一次提供的协议”(见 6.4.3.1)；

——对于另一个由ICC提供的协议和/或参数F、D的其他值(F范围为Fd到Fi,D的范围为Dd到Di),IFD应发送一个使用Fd和Dd的PPS请求,以便从协商模式转到特定模式。直接在成功的PPS交换之后(见7.4),应使用Fn和Dn来应用协商的协议。

如果复位应答仅提供某个协议(T=0到14)以及Fd和Dd,则该协议应使用Fd和Dd且紧随复位应答之后启动。因此,这样的卡不必支持PPS。

既不支持PPS又不支持"第1次提供的协议"的IFD或者可以复位ICC以尝试从协商模式转到IFD支持的特定模式,或者可以拒绝卡。

注1:按协商模式发出的热复位可以将ICC转到特定模式。

注2:如果多协议卡中存在T=0,则T=0在复位应答中处于第一位置。因此,在协商模式下,在这种卡中,只有T=0可以被隐含地选中。

注3:如果T=0或T=1时,F的值为Fi而不是Fd和/或D的值为Di而不是Dd,则IFD可以:

- 或隐式地选择使用Fd和Dd的协议;
- 或者发送一个使用Fd和Dd的PPS请求,以协商Fn和Dn。

7 协议和参数选择(PPS)

7.1 概述

本章规范了显式的协议和参数选择。本章可直接在指示协商模式的任何复位应答之后使用。

PPS请求和响应应该以与复位应答相同的方式来发送,即,以相同的波特率(因此使用Fd和Dd),符合TS建立的约定(6.4.1),并且在连续两个字符的起始沿具有最小延迟12etu。然而如果接口字节TC(1)出现在复位应答中,且不等于"FF",则应保证有附加的保护时间(见6.5.3)。PPS响应的两个连续字符的起始沿之间的延迟不应超过"初始等待时间"(见6.3.2)。

7.2 PPS协议

只有IFD被允许启动PPS交换。

——IFD应发送一个PPS请求给ICC;

——如果ICC收到一个错误PPS请求,则它不发送任何响应;

——如果ICC收到一个正确PPS请求,如果完成,则它应发送一个PPS响应,否则将超过初始等待时间;

——如果超过初始等待时间,则IFD或者复位,或者拒绝ICC;

——如果IFD收到错误PPS响应,则IFD或者复位,或者拒绝ICC;

——如果PPS交换不成功,则IFD或者复位,或者拒绝ICC。

7.3 PPS请求和响应的结构和内容

PPS请求和响应分别包括一个初始字节PPSS,后面是格式字节PPS0,三个可选参数字节PPS1、PPS2、PPS3和一个检验字节PCK作为最后一个字节(见图15)。

PPSS标识了PPS请求或响应并等于"FF"。

PPS0根据位b5、b6、b7是否等于1来指明可选字节PPS1、PPS2、PPS3是否存在。位b4到b1运送参数T的值以建议一种协议。位b8保留作将来使用并应置为0。

PPS1允许IFD向卡建议F和D的值。按与TA(1)中相同方法进行编码,这些值应分别位于Fd～Fi和Dd～Di的范围内。如果IFD不发送PPS1,则它建议继续使用Fd和Dd。ICC或者通过回送PPS1来确认两个值(然后这两个值就变为Fn和Dn),或者不发送PPS1,继续使用Fd和Dd(然后,Fn置为372,Dn置为1)。

PPS2和PPS3保留作将来使用。

PCK的值是这样的,以致使涉及所有字节PPSS至PCK(包括PPSS和PCK)的异或运算结果为0。

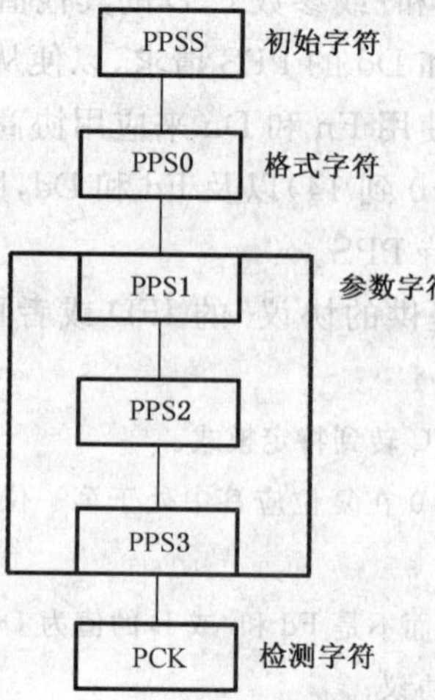

图 15 PPS 请求和响应的结构

7.4 成功的 PPS 交换

如果 PPS 响应准确地回复了 PPS 请求，则 PPS 交换是成功的。这是最常见的情况。然而也可能发生其他情况。

当 PPS 响应属于下列情况之一时，该 PPS 交换也是成功的：

——PPSS 响应＝PPSS 请求；

——PPS0 响应：

- 应回送位 b1 至 b4；
- 应回送位 b5 或将其置为 0；
  - 如果 b5＝1，PPS1 响应＝PPS1 请求；
  - 如果 b5＝0，PPS1 响应不存在，就意味着应使用 Fd 和 Dd。
- 应回送位 b6 或将其置为 0；
  - 如果 b6＝1，PPS2 响应＝PPS2 请求；
  - 如果 b6＝0，则 PPS2 响应和 PPS2 请求都不存在。
- 应回送位 b7 或将其置为 0。
  - 如果 b7＝1，PPS3 响应＝PPS3 请求；
  - 如果 b7＝0，则 PPS3 响应和 PPS3 请求都不存在。

PPS 交换的任何其他情况都应被解释为不成功。

8 协议 T＝0，异步半双工字符传输协议

8.1 范围

本章定义了在异步半双工字符传输中命令的结构和处理。这些命令由 IFD 来启动。本章包括传输控制和卡特定控制。

本协议在复位应答（见第 6 章）或成功的 PPS 交换之后启动（见第 7 章）。

8.2 字符级

字符帧同 6.3 中对复位应答所定义的一样，使用 6.4.1 中 TS 所建立的约定，同时按照 6.6 中的操作模式来考虑 6.5.2 和 6.5.3。ICC 和 IFD 应按照 6.3.3 使用错误信号和字符重发。

由过程字节触发的 VPP 上的任何跃变都应在从字符上升开始的 12 etu 内发生。

特定接口字节 TC(2)对它的 8 位进行编码以得到整数 WI 的值。空值留待将来使用。如果在复位应答中没有 TC(2)出现，则 WI 的默认值为 10。由 IFD 发出的任何一个字符的前沿和由 ICC 或 IFD 发出的前一个字符起始沿之间的时间间隔应不超过 960×WI×(Fi/f)。这个最大延迟称为“工作等待时间”。

一旦超过工作等待时间,VPP 应被置为暂停状态或被保持暂停状态。

8.3 命令的结构和处理

8.3.1 概述

接口设备通过发送 5 个字节报头,告诉卡做什么来启动每个命令。在卡发送的过程字节控制下,该命令处理在一个方向上继续运送不定量的数据字节。

为了区分用于输入数据的命令(其中处理数据字节时该数据字节进入卡)和用于输出数据的命令(其中处理数据字节时该数据离开卡),假设卡和接口设备预先知道数据运送方向。

8.3.2 命令头

该命令头是 5 个字节的系列,这 5 个字节指定为 CLA、INS、P1、P2、P3。

——CLA 是指令类别,值'FF'被保留给 PPS(见 6.6.3)。

——INS 是指令类别中的指令代码。指令代码仅当位 b8～b5 不等于'6'和'9'时才有效。

——P1、P2 是一个完成指令代码的参考(例如地址)。

——P3≠0 对命令期间被传送的数据字节 D(1)～D(n)的数目 n 进行编码。

- 在输出数据的传送命令中,P3=0 表示从卡传输 256 个字节。
- 在输入数据的传送命令中,P3=0 表示不从卡传输数据。

发送该命令头之后,接口设备应等待一个运送过程字节的字符。

8.3.3 过程字节

8.3.3.1 概述

有三种类型的过程字节(见表 12):

——NULL 等于'60'。

——在 ACK 中,位 b8～b2 应与 INS 中的位 b8～b2 相一致或为互补,但 INS 的这些位的值应不等于'6X'和'9X'。

——SW1 等于'6X'或'9X',但不等于'60'。

就每一个过程字节而言,卡可以由一个 ACK 或 NULL 字节来使命令继续进行下去,或由结束序列 SW1 SW2 来结束这个命令,或变成不响应来表示不赞同。

表 12 过程字节

字节	值	VPP 上的结果	数据的传送结果	然后接收
NULL	'60'	无动作	无动作	一个过程字节
ACK	INS	暂停状态	所有剩余数据字节	一个过程字节
	INS⊕'01'	编程状态	所有剩余数据字节	一个过程字节
	INS⊕'FF'	暂停状态	下一个数据字节	一个过程字节
	INS⊕'FE'	编程状态	下一个数据字节	一个过程字节
SW1	'6×'(≠'60'),'9×'	暂停状态	无动作	SW2 字节

8.3.3.2 NULL 字节

NULL 既不请求 VPP 状态上的进一步动作也不请求数据传送的进一步动作。IFD 应仅等待运送过程字节的字符。

8.3.3.3 响应字节

ACK 字节用来控制数据传送和 VPP 状态(见 4.3.6,表 6 和 8.5.4)。

——如果 INS 字节与 ACK 字节进行异或运算结果为'00'或'FF',则 VPP 应置为或保持在暂停状态。

——如果 INS 字节与 ACK 字节进行异或运算结果为'01'或'FE',则 VPP 应置为或保持在编程状态。

——如果 ACK 字节中的位 b8～b2 和 INS 字节中的那些位的值相同,则如果还有剩余数据字节,则应继续传送所有剩余的数据字节 D(*i*)～D(*n*)。

——如果 ACK 字节中的位 b8～b2 和 INS 字节中的那些位互补，则如果还有剩余数据字节，则只有下一个数据字节 D(*i*)应被传送。

在这些动作完成之后，接口设备等待一个运送过程字节的字符。

8.3.3.4 状态字节

SW1 请求将 VPP 置为或保持在暂停状态。IFD 等待一个运送 SW2 字节的字符。这里对 SW2 的值无限制。

SW1、SW2 构成结束序列，结束序列在命令的结尾处指示卡的状态。SW1 SW2=‘9000’表示正常结束。

本部分没有解释当 SW1 的位 b8～b5 等于‘9’时的其他结束序列，这些结束序列与应用本身相关。

当 SW1 的位 b8～b5 等于‘6’时，SW1 的含义是与应用无关的。

‘6E’　卡不支持指令类别；

‘6D’　指令代码没有被编程或者无效；

‘6B’　引用不正确；

‘67’　长度不正确；

‘6F’　没有给出准确的诊断。

其他值保留给将来使用。

如果 SW1 既不等于‘6E’，也不等于‘6D’，则卡支持该指令。

9 T=1，异步半双工块传输协议

9.1 范围和原则

本章定义了异步半双工块传输中命令的结构和处理。接口设备和卡可以启动这些命令。本章包括了卡特定的控制，以及诸如流控制、块链和差错校正这样的数据传输控制。

块传输协议在复位应答(见 6)或一个成功的 PPS 交换(见 7)之后开始。其协议的主要特征如下：

——协议从 IFD 发送的第一个块开始；该协议伴随在交替发送一个块的全程中。

——块是可交换的最小数据单位。块可以用来运送

- 对传输协议透明的应用数据；
- 包括传输差错处理的传输控制数据。

——块结构允许在处理运送的数据之前检验收到的块。

本协议应用了 OSI 参考模型的分层原则，特别注意到了将跨越各边界的交互作用减到最小。被定义的有三层：

——物理层传输以异步字符(根据 9.3)组织的时间段；

——数据链路层，包括字符成分和块成分。

- 字符部分处理块标识(识别块的开始和结束)并且确保对于 9.6 的控制。
- 块部分按照 9.7 来交换块。

——应用层，处理命令，这些命令包括在每一方向上交换至少一个块或块链。

9.2 术语和定义

下列定义适用于本章。

9.2.1

块　block

由定义为起始字段，信息字段和终止字段的两个或三个字段组成的字节序列。

9.2.1.1

信息块 information block

主要用于运送应用层信息的块。

9.2.1.2

接收就绪块 receive ready block

一个块,它运送期望的 I 块的个数,用作肯定确认或否定确认。

9.2.1.3

监控块 supervisory block

运送传输控制信息的块。

9.2.2

差错检测代码 error detection code

由应用于起始字段和信息字段中的所有字节的差错校验方法所产生的终止字段中的内容。

9.2.3

字段 field

块的三个组成部分之一,块被定义为起始字段、信息字段和终止字段。

9.2.3.1

起始字段 prologue field

块的第 1 个字段,它运送下列子字段:结点地址字节、协议控制字节和长度字节。

9.2.3.2

信息字段 information field

块的一个字段,用于运送数据,通常是应用数据。

9.2.3.3

终止字段 epilogue field

块的最后一个字段,它运送差错检测代码。

9.2.4

子字段 subfield

一个字段中的功能部分。

9.2.4.1

结点地址字节 node address byte

起始字段中的一个子字段,它指示块的目的地址和源地址并控制 VPP 状态。

9.2.4.1.1

目的结点地址字节 destination node address byte

子字段结点地址的一部分,用于识别块的预期接收者。

9.2.4.1.2

源结点地址字节 source node address byte

结点地址子字段的一部分,用于标识块的发送者。

9.2.4.2

协议控制字节 protocol control byte

起始字段中的一个子字段,它包含传输控制信息。

9.2.4.3

长度字节 length byte

起始字段中的一个子字段,它包含在块的信息字段中被发送的字节个数。

9.2.5

传输控制 transmission control

用来控制接口设备和集成电路卡之间数据传输的功能。它包含 VPP 状态控制、顺序控制的块传输、同步的块传输以及传输差错恢复。

9.2.6 缩略语

下列缩略语适用于本章。

BGT 块保护时间
BWI 块等待时间整数值
BWT 块等待时间
CRC 循环冗余校验
CWI 字符等待时间整数值
CWT 字符等待时间
DAD 目的结点地址
EDC 差错检测代码
I-block 信息块
IFS 信息字段长度
IFSC 卡信息字段长度
IFSD 接口设备信息字段长度
INF 信息字段
LEN 长度字节
LRC 纵向冗余校验
NAD 结点地址
OSI 开放系统互连
PCB 协议控制字节
R-block 接收就绪块
R 接收就绪
SAD 源结点地址
S-block 监控块
WTX 等待时间扩展

9.3 字符帧

字符帧的定义同 6.3(不包括 6.3.3)中为复位应答所定义的字符帧,使用 6.4.1 中 TS 建立的约定,同时根据 6.6 中的操作方式将 6.5.2 和 6.5.3 考虑进来。

符合 6.3.3 的差错信号和字符重发应不被使用,因此一个块中连续的两个字符的起始沿的延迟减少到 11etu,这与 6.5.3 中规定的接口字节 TC(1)一致。

除差错检测代码外(见 9.4.4 和 9.5.4),字符奇偶检验还允许校检块。

9.4 块帧

9.4.1 概述

块是指一序列字节;每个字节由异步字符来运送。如图 18 所示块由下列字段组成。

——起始字段是必备的;它由结点地址字节、协议控制字节和长度字节组成;

——信息字段是任选的;它由 0～254 个字节组成;

——终止字段是必备的;它由一个或两个字节组成。

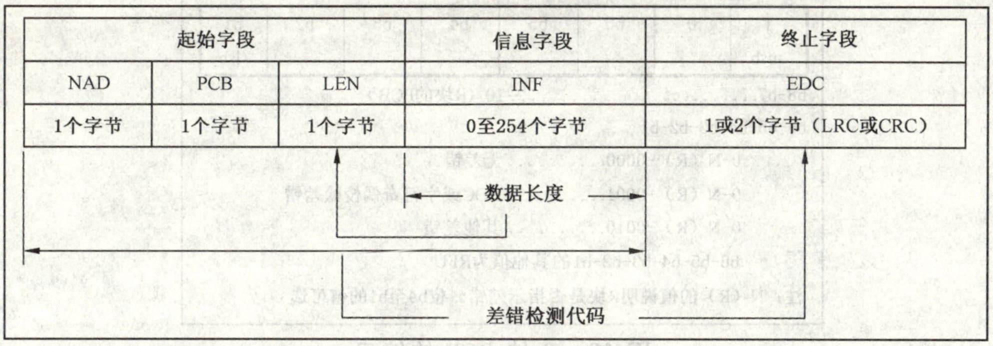

图 16　块帧

本协议定义了三种块类型：

——信息块(I 块)用来运送应用层用的信息。另外，它还运送肯定或否定确认。

——接收就绪块(R 块)用来运送肯定或否定确认。它的信息字段应不出现。

——监控块(S 块)用来交换 IFD 和 ICC 之间的控制信息，S 块的信息字段的存在随其控制功能而定。

注：这种分类允许协议控制的设计和设备微码应用部分的设计彼此相对独立。

9.4.2　起始字段

9.4.2.1　结点地址字节

结点地址(NAD)允许标识块的源点和预期目的地；NAD 可用来区分共存的多逻辑连接。

位 b1 到 b3 是指源结点地址 SAD，位 b5 到 b7 指目的结点地址 DAD，位 b4 和 b8 用于 VPP 状态控制(见 9.6.1)。

在不使用编址时，SAD 和 DAD 的值都应被置为 0。当 SAD 与 DAD 的值相同时，NAD 的任何其他值留待将来使用。

在由 IFD 发送的第一个块中，通过将地址 SAD 和 DAD 联系起来，NAD 建立了一个逻辑连接。随后的块中的 NAD 包含相同的地址对 SAD 和 DAD，这些块也被连接到相同的逻辑连接上。在信息交换期间，其他的逻辑连接可由其他的地址对 SAD 和 DAD 来建立。

注：例如，由接口设备发送的块中，若 SAD 的值为 X、DAD 的值为 Y，并且由卡发送的块中，SAD 的值为 Y、DAD 的值为 X，则这属于一个逻辑连接，标记为(X，Y)。反之，由接口设备发送的块，其 SAD 值为 V、DAD 值为 W，由卡发送的块，其 SAD 值为 W，DAD 值为 V，则属于另一个逻辑连接(V，W)。

9.4.2.2　协议控制字节(PCB)

PCB 运送控制传输所要求的信息。

PCB 决定了块的类型，即该块是 I 块、R 块还是 S 块。

——在每个 I 块的 PCB 中，位 b8 被置为 0。位 b7 b6 如图 17 所示使用。位 b5 到 b1 留待将来使用并应置为 0；

——在每个 R 块的 PCB 中，位 b8 b7 被置为 10。位 b6 到 b1 如图 18 所示使用；

——在每个 S 块的 PCB 中，位 b8 b7 被置为 11。位 b6 到 b1 如图 19 所示使用。

0 msb	b7	b6	b5	b4	b3	b2	b1 lsb

b8........................... 0 (I 块的PCB)

b7........................... 发送序列号N (S)

b6........................... 附加数据位，M位

b5-b4-b3-b2-b1............ RFU

图 17　I 块 PCB 的编码

1 msb	0	b6	b5	b4	b3	b2	b1 lsb

b8-b7.........................10（R块的PCB）

b6-b5-b4-b3-b2-b1

0-N（R）-0000..........无差错

0-N（R）-0001..........EDC或字符奇偶校验差错

0-N（R）-0010..........其他差错

b6-b5-b4-b3-b2-b1的其他值为RFU

注：N（R）的值说明R块是否指示差错。位b4至b1的值可选

图 18　R 块 PCB 的编码

1 msb	1	b6	b5	b4	b3	b2	b1 lsb

b8-b7.........................11（S块的PCB）

b6-b5-b4-b3-b2-b1..........（b6是响应位）

000000..................RESYNCH请求

100000..................RESYNCH响应

000001..................IFS请求

100001..................IFS响应

000010..................ABORT请求

100010..................ABORT响应

000011..................WTX请求

100011..................WTX响应

100100..................VPP状态差错

b6～b1的任何其他值............RFU

图 19　S 块 PCB 的编码

9.4.2.3　长度字节

LEN 表示块的信息字段中出现的字节的个数(见 9.5.2)。编码应是：

——值'00'表示不存在信息字段。

——'01'至'FE'的任何值表示信息字段中出现的字节的个数,对应为 1 到 254 个。

——'FF'留待将来使用。

9.4.3　信息字段(INF)

INF 的用途取决于块的类型。

——当 INF 存在于 I 块中时,INF 运送应用信息。

——R 块中应该不存在 INF。

——当 INF 存在于 S 块中时,INF 运送非应用信息。

- 当调节 IFS 和 WTX 时,INF 应以单个字节存在于 S 块中。
- 当发出 VPP 状态差错信号,或管理链接放弃,或重新同步时,INF 应不在 S 块中。

9.4.4　终止字段

EDC 运送块的差错检测代码。协议使用了 LRC(纵向冗余校验)或 CRC(循环冗余校验)。

——纵向冗余校验(LRC)由一个字节组成。它与块中的所有字节的异或运算结果为 0。

——循环冗余校验(CRC)由两个字节组成,关于它的值见 ISO/IEC 3309。

9.5　协议参数

9.5.1　T=1 用的特定接口字节

当特定接口字节 TA(i),TB(i)和 TC(i)出现在复位应答中,且在 TD($i-1$)($i>2$)中的 T=1 第一次出现之后时,这些接口字节用来将协议参数设为非默认值。

为了记法简化,以后这三个字节被命名为第一个 TA(*i*),第一个 TB(*i*)和第一个 TC(*i*)。

9.5.2 信息字段长度

9.5.2.1 卡的最大信息字段长度(IFSC)

IFSC 是卡能接收的块的信息字段的最大长度。IFSC 的初始值由第一个 TA(*i*)来确定,默认值为 32。

9.5.2.2 接口设备的信息字段长度(IFSD)

IFSD 是接口设备能接收的块的信息字段的最大长度。IFSD 初始值为 32。

9.5.2.3 IFSC 和 IFSD 的编码

IFSC 和 IFSD 在协议启动时被初始化。协议执行期间,可由 S(IFS request)和 S(IFS response)调整 IFSC 和 IFSD,其中 INF 由一个名为 IFS 的字节组成。任何情况下,第一个 TA(*i*)和 IFS 字节应编码如下:

——'00'和'FF'留待将来使用;

——'01'至'FE'为数目 1 至 254。

注:块的大小是起始字段、信息字段和终止字段中所出现的字节总数。最大块大小等于 IFS 加上 4 或 5(由终止字段的长度而定)。

9.5.3 等待时间

9.5.3.1 字符等待时间(CWT)

字符等待时间定义为块中的两个连续字符前沿之间的最大延迟(见图 20)。

注:当存在可能的长度差错时,CWT 可以用来检测块的结束。

第一个 TB(*i*)的位 b4～b1 给出了范围为 0～15 的 CWI。CWI 的默认值为 13。CWT 是用下列公式由 CWI 计算到的:

$CWT=(2^{CWI}+11)etu$

因此 CWT 的最小值等于 12 etu。

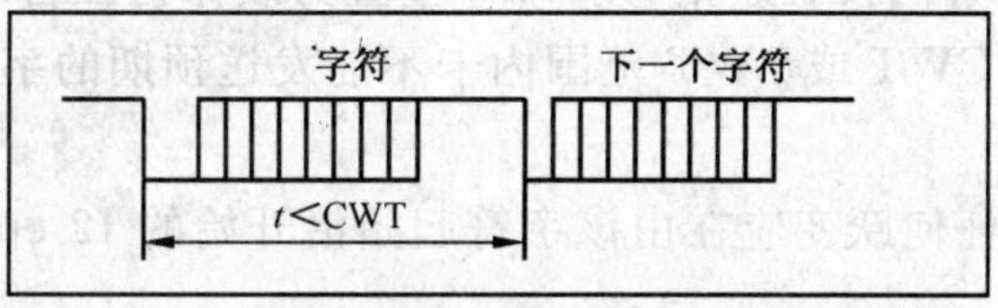

图 20 字符等待时间

9.5.3.2 块等待时间(BWT)

块等待时间被定义为卡收到的块的最后一个字符的起始沿与由卡发送出的下一个块的第一个字符的起始沿之间的最大延迟(见图 21)。BWT 用来检测未响应的卡。

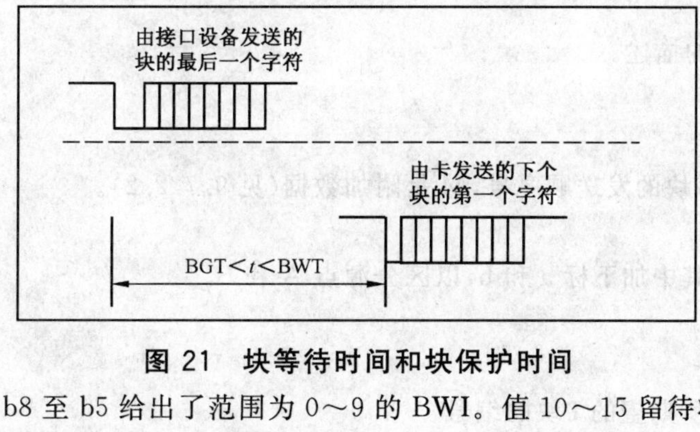

图 21 块等待时间和块保护时间

第一个 TB(*i*)的位 b8 至 b5 给出了范围为 0～9 的 BWI。值 10～15 留待将来使用。BWT 的默认值为 4。BWT 是用下列公式由 BWI 计算到的:

$BWT = 11\ etu + 2^{BWI} \times 960 \times (372/f)\ s$

9.5.3.3 块保护时间(BGT)

块保护时间定义为在相反方向上发送的两个连续字符的起始沿之间的最小延迟。BGT 的值应为 22 etu。

卡所接收到的块的最后一个字符与该卡所发出的下一个块的第一个字符之间的迟延最少应为 BGT,最多为 BWT(见图 21)。

9.5.4 差错检测代码

第一个 TC(i)的位 b1 指示了要使用的差错检测代码:

——CRC,如果 b1=1

——LRC(默认值),如果 b1=0

位 b8~b2 留待将来使用并置为 0。

9.6 数据链路层上的字符成分操作

9.6.1 VPP 状态控制

VPP 状态(见 4.3.6,表 6 和 6.5.4)由接口设备在卡发送的 NAD 和 PCB 字符控制下进行管理。NAD 的位 b8 和 b4 应按下面所述加以使用:

b8=0,b4=0

VPP 置为或保持在暂停状态。

b8=1,b4=0

VPP 置为编程状态直到接收到 PCB 字符。

b8=0,b4=1

VPP 置为编程状态直到收到另一个 NAD 字符。

b8=1,b4=1

该编码被禁用。

如果在 NAD 字符上发生奇偶校验差错,则 VPP 应置为或保持在暂停状态。

如果发生超时,即如果在 CWT 或 BWT 范围内卡不能发送预期的字符,则 VPP 应置为或保持在暂停状态。

字符所触发的 VPP 上的任何跃变应在由该字符起始沿开始的 12 etu 内发生。

9.6.2 无差错的操作

协议开始时,IFD 就有权利发送。当 T=1 已被选中时,该接口设备仅发送块。

当卡或接口设备已发送了块时,它切换到接收方式。当卡或接口设备已收到与长度子字段数目相同的字节时,它有权利发送。

9.7 数据链路层上的块成分操作

9.7.1 记法

下述标记用于协议的描述。

I 块表示如下:

I(N(S),M)

I 块,其中 N(S)是该块的发送顺序号,M 是附加数据(见 9.7.2.2)。

Na(S),Nb(S)

I 块的发送顺序号,其中加下标 a 和 b,以区分源点 A 和 B。

R 块表示如下:

R(N(R))

R 块,其中 N(R)是所期望的 I 块的编号。

S 块表示如下:

S(RESYNCH request)

请求重新同步的S块。

S(RESYNCH response)

确认重新同步的S块。

S(IFS request)

提供信息字段最大长度的S块。

S(IFS response)

确认IFS的S块。

S(ABORT request)

请求链接放弃的S块。

S(ABORT response)

确认链接放弃的S块。

S(WTX request)

请求等待时间扩展的S块。

S(WTX response)

确认等待时间扩展的S块。

S(Error on VPP state)

把VPP状态差错通知给卡的块。

S(IFS)和S(WTX)包含有INF,INF的编码是由9.7.2.3的规则3和4来定义。

9.7.2 无差错操作

9.7.2.1 一般规程

在协议开始时,IFD发送到ICC的第1个块应为一个I块或S块。

在一个块(I块、R块或S块)已经被发送之后,在开始传输下一个块之前应接收一个确认,描述如下:

各个I块携带有它的发送顺序号N(S)。由IFD发送的I块与由ICC发送的I块彼此独立计数。N(S)以模2计数并且利用一位进行编码。在协议开始时或在重新同步之后,N(S)的初始值为0;然后每发送一个I块其值就会改变。

R块带有N(R),该N(R)是在下一个期望的I块中的发送顺序号N(S)。在无差错操作中,R块用于链接I块(见9.7.2.2)。

如果收到下列内容,则可确认已发送的I块:

——一个I块,其N(S)不同于上一个收到的I块的N(S)。

——一个R块,其N(R)不同于所发送的I块的N(S)(见9.7.2.3中的规则2.2)。

S块中不带编号。S(... repuest)不带确认。S(... response)确认收到的S(... request)。

9.7.2.2 链接

链接功能允许IFD或ICC发送比IFSC或IFSD长的信息(应用数据)。

如果IFD或ICC必须发送大于IFSC或IFSD的信息,则IFD或ICC应将信息分为几个段,每个段的长度小于或等于IFSC或IFSD,然后将每个段都放在一个块中使用链接功能来发送。

图22表示了链接功能。

I块的链接由PCB中的M位(附加位)控制。M位的值指示I块的状态:

M=0表示没有与下一个块链接;

M=1表示链接了下一个块,且其为I块。

当接收方正确接收到附加数据I块时,它应发送R(N(R)),其中N(R)等于期望的I块中的N(S)。

注:可在一链接中使用长度为0的I块(参见附录A中的方案7)。

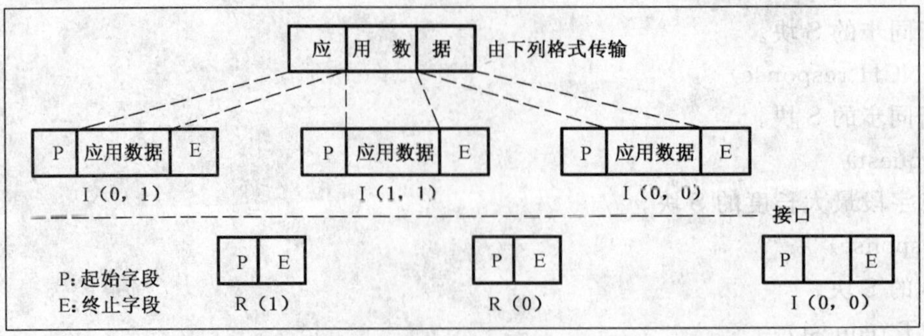

图 22 链接功能

9.7.2.3 无差错操作的协议规则

规则 1:接口设备发送第 1 个块,该块或者为一个表示为 I(0,M)的 N(S)=0 的 I 块,或者为一个 S 块。

规则 2.1:由 A 发送的 I(N_a(S),0)被由 B 发送的 I(N_b(S),M)确认,以便发送应用数据并表示准备好接收从 A 来的下一个 I 块。

规则 2.2:由 A 发送的 I(N_a(S),1)被由 B 发送的 R(N_b(R))确认[其中 N_b(R)不等于 N_a(S)],表示收到的块是正确的,并且准备好接收从 A 来的下一个 I 块。

注:在某一时刻只能在一个方向上链接。

规则 3:若 ICC 要求更多的 BWT 处理前面收到的 I 块,则它发送 S(WTX request),其中 INF 运送一个字节,该字节对一个二进制整数乘以 BWT 的值进行编码。接口设备应该用具有同一 INF 的 S(WTX respense)进行确认。

分配的时间起始于 S(WTX respense)的最后一个字符的起始沿。

规则 4:ICC 发送 S(IFS resquest)指示它能支持的一个新的 IFSC。接口设备应该用具有同一 INF 的 S(IFS response)进行确认。当不再有其他的 IFSC 被另一个 S(IFS resquest)指出时,IFD 认为新的 IFSC 有效。

IFD 发送 S(IFD resquest)指示它能够支持的一个新的 IFSD。ICC 应该用具有同一 INF 的 S(IFS response)进行确认。当不再有其他的 IFSD 被另一个 S(IFS resquest)指出时,ICC 认为新的 IFSD 有效。

关于 INF 中的 IFSC 和 IFSD 的编码参见 9.5.2.3。

规则 5:链接由 M 位指示,其中 I(N(S),0)是一个不在链上的块或链接中的最后一个块。I(N(S),1)是链接的一部分且后面应至少跟一个链接的块。

R(N(R))请求传输下一个链接的 I 块 I(N(S)=N(R),...),并且确认收到的链接的 I 块 I(NOT N(R),1)。

9.7.3 差错处理

9.7.3.1 由接收方检测到的差错

块层的任务是发送块,检测传输和顺序差错,处理这种差错以及重新同步协议。因此,数据链路层的块成分应能够处理下列差错。

——BWT 超时——卡在规定的延迟范围内不发送任何字符。

——接收到无效块——例如:

- 字符奇偶校验差错;
- EDC 差错;
- 无效 PCB(由未知的编码引起的);
- 无效 LEN(传输差错或与块类型不兼容或与 IFSC 或 IFSD 不兼容);

- 由于 LEN 所指出的值和块长度不一致造成的同步丢失；
- 在发送 S(... request)之后，没有接收到相关的 S(... response)。

本协议的重新同步可在三个连续级别上尝试。如果某一个级别不成功，则在下一个级别上重试。

——对于 IFD，这三个级别为：

- 块重新传输；
- 使用 S(RESYNCH request)；
- ICC 复位或停活。

——对于 ICC，这三个级别为：

- 块重新传输；
- 使用 S(RESYNCH response)；
- 接口设备没有动作，ICC 变成不响应。

9.7.3.2 差错处理协议规则

规则 6：S(RESYNCH resquest)只能由 IFD 发送以达到重新同步，并且将协议的通信参数复位为该参数的初始值。

规则 6.1：如果接收方检测到同步丢失，则在 I/O 上的静止时间大于 CWT 或 BGT(其中的较大者)之后接收方收回发送的权利。

规则 6.2：S(RESYNCH resquest)应由来自 ICC 的 S(RESYNCD response)予以响应。

规则 6.3：在 IFD 已收到 S(RESYNCH 响应)之后，协议被启动。

规则 6.4：在 IFD 为达到预期的重新同步而连续发送 S(RESYNCH resquest)最多失败三次后，它就使 ICC 复位。

规则 6.5：当接收到 S(RESYNCH resquest)时，假定没有接收到早先发送的块。

规则 7.1：当发送一个 I 块后接收到的块无效或(IFD 的)BWT 超时发生时，就发送一个 R 块，使用 R 块的 N(R)请求预期的满足 N(S)＝N(R)的 I 块。

规则 7.2：当发送一个 R 块后接收到的块无效或(IFD 的)BWT 超时发生时，R 块被重发。

规则 7.3：当发送 S(... resquest)后接收到的响应不是 S(... response)或 BWT 超时(仅 IFD 的)发生时，该 S(... request)被重发。

当发送 S(... response)后接收到的块无效或 BWT 超时(仅 IFD)发生时，R 块被重发。

规则 7.4.1：在协议的开始时没有接收到无差错块之后，IFD 在复位或停活 ICC 之前最多连续再试两次。

规则 7.4.2：在协议期间，如果 IFD 没有接收到无差错的块，它在发送 S(RESYNCH resquest)之前最多连续再试两次。

规则 7.4.3：如果 ICC 在连续两次尝试之后没有收到无差错的块，则它仍保持接收方式

规则 7.5：在协议开始之后，卡在接收第 1 个无效块时通过发送 R(0)进行反应。

规则 7.6：如果 IFD 发送的第 1 个块在 BWT 内没有响应，则 IFD 发送 R(0)。

规则 8：当 ICC 发送 S(IFS request)后接收到无效块时，为了引出 S(IFS response)，ICC 最多再重发 1 个 S(IFS resquest)。在第 2 次失败后，它保持在接收方式。

规则 9：链接放弃应由链接的发送方或接收方发送 S(ABORT resquest)来启动。该 S(ABORT resquest)应由 S(ABORT response)来回答，随后是否能发送一个 R 块依赖于是否有必要恢复发送权。

注：链接放弃可能是由于 ICC 中诸如存储差错的物理差错引起的。

附 录 A
（资料性附录）
T=1 的方案

A.1 记法

下列记法适用于本附录，还适用于 9.7.1 所介绍的记法。

任何块 ————→ 正确收到的块

任何块 ——╳——→ 不正确收到的块，见 9.7.3.1

A.2 无差错操作

（按照 9.7.2.3 的规则）

A.2.1 I 块的交换

方案 1——（规则 1 和 2.1）

	接口设备		卡
1.1	I(0,0)	————→	
1.2		←————	I(0,0)
1.3	I(1,0)	————→	
1.4		←————	I(1,0)

A.2.2 等待时间扩展

方案 2——（规则 3）

卡请求等待时间扩展。

	接口设备		卡
2.1	I(0,0)	————→	
2.2		←————	S(WTX resquest)
2.3	S(WTX response)	————→	
2.4		←————	I(1,0)

A.2.3 IFS 调整

方案 3——（规则 4）

卡启动 IFS 调整。

	接口设备		卡
3.1	I(0,0)	————→	
3.2		←————	S(IFS resquest)
3.3	S(IFS response)	————→	
3.4		←————	I(1,0)

方案 4——（规则 4）

接口设备启动 IFS 调整。

	接口设备		卡
4.1	I(0,0)	————→	
4.2		←————	I(0,0)
4.3	S(IFS resquest)	————→	

4.4		←	S(IFS response)
4.5	I(1,0)	→	
4.6		←	I(1,0)

A.2.4 链接功能

方案 5——(规则 2.2 和 5)

接口设备发送链接。

	接口设备		卡
5.1	I(0,1)	→	
5.2		←	R(1)
5.3	I(1,1)	→	
5.4		←	R(0)
5.5	I(0,0)	→	
5.6		←	I(0,0)
5.7	I(1,0)	→	

方案 6——(规则 2.2 和 5)

卡发送链接。

	接口设备		卡
6.1	I(0,0)	→	
6.2		←	I(0,1)
6.3	R(1)	→	
6.4		←	I(1,0)
6.5	I(1,0)	→	
6.6		←	I(0,0)

方案 7——(9.7.2.2 中的最后的注)

卡使用 M 位强迫确认发送的 I 块。

	接口设备		卡
7.1	I(0,0)	→	
7.2		←	I(0,1)
7.3	R(1)	→	
7.4		←	I(1,0)[LEN=0]
7.5	I(1,0)	→	
7.6		←	I(0,0)

A.3 差错处理

(按 9.7.3.2 的规则)

A.3.1 I 块的交换

方案 8——(规则 7.5)

在协议开始时

	接口设备		卡
8.1	I(0,0)	×→	
8.2		←	R(0)
8.3	I(0,0)	→	

8.4		←——	I(0,0)

方案 9——(规则 7.1 和 7.6)

	接口设备		卡
9.1	I(0,0)	——→	
9.2		←——×	I(0,0)
9.3	R(0)	——→	
9.4		←——	I(0,0)
9.5	I(1,0)	——→	

方案 10——(规则 7.1、7.5 和 7.6)

	接口设备		卡
10.1	I(0,0)	×——→	
10.2		←——×	R(0)
10.3	R(0)	——→	
10.4		←——	R(0)
10.5	I(0,0)	——→	
10.6		←——	I(0,0)
10.7	I(1,0)	——→	

方案 11——(规则 7.1 和 7.6)

	接口设备		卡
11.1	I(0,0)	——→	
11.2		←——×	I(0,0)
11.3	R(,0)	×——→	
11.4		←——	R(1)
11.5	R(0)	——→	
11.6		←——	I(0,0)
11.7	I(1,0)	——→	

方案 12——(规则 7.1 和 7.6)

	接口设备		卡
12.1	I(0,0)	——→	
12.2		←——×	I(0,0)
12.3	R(0)	×——→	
12.4		←——×	R(1)
12.5	R(0)	——→	
12.6		←——	I(0,0)
12.7	I(1,0)	——→	

方案 13——(规则 7.1、7.2 和 7.6)

	接口设备		卡
13.1	I(0,0)	——→	
13.2		←——×	I(0,0)

13.3	R(,0)	×——→	
13.4		←——×	R(1)
13.5	R(0)	×——→	
13.6		←——	R(1)
13.7	R(0)	——→	
13.8		←——	I(0,0)
13.9	I(1,0)	——→	

A.3.2 等待时间扩展

方案 14——(规则 7.3)

卡请求等待时间扩展。

	接口设备		卡
14.1	I(0,0)	——→	
14.2		←——×	S(WTX resquest)
14.3	R(,0)	——→	
14.4		←——	S(WTX resquest)
14.5	S(WTX response)	——→	
14.6		←——	I(0,0)
14.7	I(1,0)	——→	

方案 15——(规则 7.3)

卡请求等待时间扩展。

	接口设备		卡
15.1	I(0,0)	——→	
15.2		←——×	S(WTX resquest)
15.3	R(0)	×——→	
15.4		←——	S(WTX resquest)
15.5	S(WTX response)	——→	
15.6		←——	I(0,0)
15.7	I(1,0)	——→	

A.3.3 IFS 调整

方案 16——(规则 7.3)

卡请求 IFS 调整。

	接口设备		卡
16.1	I(0,0)	——→	
16.2		←——×	S(IFS resquest)
16.3	R(,0)	——→	
16.4		←——	S(IFS resquest)
16.5	S(IFS response)	——→	
16.6		←——	I(0,0)

方案 17——(规则 7.3)

卡请求 IFS 调整。

	接口设备		卡
17.1	I(0,0)	——→	

17.2		←——×——	S (IFS resquest)
17.3	R(0)	——×——→	
17.4		←————	S(IFS resquest)
17.5	S(IFS response)	————→	
17.6		←————	I(0,0)
17.7	I(1,0)	————→	

方案 18——(规则 7.3)

卡请求 IFS 调整。

	接口设备		卡
18.1	I(0,0)	————→	
18.2		←————	S(IFS resquest)
18.3	S(IFS response)	——×——→	
18.4		←————	S(IFS resquest)
18.5	S(IFS response)	————→	
18.6		←————	I(0,0)
18.7	I(1,0)	————→	

方案 19——(规则 7.3)

卡请求 IFS 调整。

	接口设备		卡
19.1	I(0,0)	————→	
19.2		←————	S(IFS resquest)
19.3	S(IFS response)	————→	
19.4		←——×——	I(0,0)
19.5	R(0)	————→	
19.6		←————	I(0,0)
19.7	I(1,0)	————→	

方案 20——(规则 7.3)

卡请求 IFS 调整。

	接口设备		卡
20.1	I(0,0)	————→	
20.2		←————	S(IFS resquest)
20.3	S(IFS response)	————→	
20.4		←——×——	I(0,0)
20.5	R(0)	——×——→	
20.6		←————	R(1)
20.7	R(0)	————→	
20.8		←————	I(0,0)
20.9	I(1,0)	————→	

A.3.4 链接功能

A.3.4.1 接口设备发送链接

方案 21——(规则 7.1)

	接口设备		卡
21.1	I(0,1)	——→	
21.2		←——×	R(1)
21.3	R(0)	——→	
21.4		←——	R(1)
21.5	I(1,1)	——→	
21.6		←——	R(0)
21.7	I(0,0)	——→	
21.8		←——	I(0,0)
21.9	I(1,0)	——→	

方案 22——(规则 7.1)

	接口设备		卡
22.1	I(0,1)	——→	
22.2		←——×	R(1)
22.3	R(0)	×——→	
22.4		←——	R(1)
22.5	I(1,1)	——→	
22.6		←——	R(0)
22.7	I(0,0)	——→	
22.8		←——	I(0,0)
22.9	I(1,0)	——→	

A.3.4.2 卡发送链接

方案 23——(规则 7.1)

	接口设备		卡
23.1	I(0,0)	——→	
23.2		←——	I(0,1)
23.3	R(1)	×——→	
23.4		←——	R(1)
23.5	R(1)	——→	
23.6		←——	I(1,0)
23.7	I(1,0)	——→	
23.8		←——	I(0,0)

方案 24——(规则 7.1)

	接口设备		卡
24.1	I(0,0)	——→	
24.2		←——	I(0,1)
24.3	R(1)	×——→	
24.4		←——×	R(1)
24.5	R(1)	——→	
24.6		←——	I(1,0)
24.7	I(1,0)	——→	
24.8		←——	I(0,0)

A.3.4.3 链接发送方启动链接放弃

接口设备启动链接放弃。

方案 25——(规则 9)

	接口设备		卡
25.1	I(0,1)	——→	
25.2		←——	R(1)
25.3	S(ABORT resquest)	——→	
25.4		←——	S(ABORT response)
25.5	I(1,0)	——→	
25.6		←——	I(0,0)
25.7	I(0,0)	——→	

方案 26——(规则 9)

接口设备启动链接放弃。

	接口设备		卡
26.1	I(0,0)	——→	
26.2		←——	I(0,1)
26.3	R(1)	——→	
26.4		←——	S(ABORT resquest)
26.5	S(ABORT response)	——→	
26.6		←——	I(1,0)
26.7	I(1,0)	——→	
26.8		←——	I(0,0)

A.3.4.4 接方启动链接中止

方案 27——(规则 9)

卡启动链接放弃。

	接口设备		卡
27.1	I(0,1)	——→	
27.2		←——	R(1)
27.3	I(1,1)	——→	
27.4		←——	S(ABORT resquest)
27.5	S(ABORT response)	——→	
27.6		←——	R(0)
27.7	I(0,0)	——→	

方案 28——(规则 9)

卡启动链接放弃。

	接口设备		卡
28.1	I(0,0)	——→	
28.2		←——	I(0,1)
28.3	R(1)	——→	
28.4		←——	I(1,1)
28.5	S(ABORT resquest)	——→	

28.6		←	S(ABORT response)
28.7	I(1,0)	→	

A.3.5 再同步

方案 29——(规则 6.2)

	接口设备		卡
29.1		←	Any block
29.2	S(RESYNCH resquest)	→	
29.3		←	S(RESYNCH response)
29.4	I(0,0)	→	
29.5		←	I(0,0)

方案 30——(规则 6.2 和 7.3)

	接口设备		卡
30.1		←	Any block
30.2	S(RESYNCH resquest)	→	
30.3		←×	S(RESYNCH response)
30.4	S(RESYNCH resquest)	→	
30.5		←	S(RESYNCH response)
30.6	I(0,0)	→	
30.7		←	I(0,0)

方案 31——(规则 6.2、7.1 和 7.3)

	接口设备		卡
31.1		←	任一块
31.2	S(RESYNCH resquest)	×→	
31.3		←	R(N(R))
31.4	S(RESYNCH resquest)	→	
31.5		←	S(RESYNCH response)
31.6	I(0,0)	→	
31.7		←	I(0,0)

方案 32——

	接口设备		卡
32.1		←	任一块
32.2	S(RESYNCH resquest)	×→	
32.3		←×	R(N(R))
32.4	S(RESYNCH resquest)	→	
32.5		←	S(RESYNCH response)
32.6	I(0,0)	→	
32.7		←	I(0,0)

方案 33——(规则 7.1 和 7.4.1)

在协议启动时。

	接口设备		卡
33.1	I(0,0)	⟶	(没有响应)
33.2	(BWT 超时)		
33.3	R(0)	⟶	(没有响应)
33.4	(BWT 超时)		
33.5	R(0)	⟶	(没有响应)
33.6	(BWT 超时)		
33.7	复位或停活	⟶	

方案 34——(规则 7.1、7.4.2 和 7.4.3)

在协议期间。

	接口设备		卡
34.1	I(0,0)	⟶	(没有响应)
34.2	(BWT 超时)		
34.3	R(0)	⟶	(没有响应)
34.4	(BWT 超时)		
34.5	R(0)	⟶	(没有响应)
34.6	(BWT 超时)		
34.7	S(RESYNCH request)	⟶	
34.8		⟵	S(RESYNCH response)
34.9	I(0,0)	⟶	
34.10		⟵	I(0,0)

方案 35——(规则 6.4、7.1、7.4.2 和 7.4.3)

在协议期间

	接口设备		卡
35.1	I(0,0)	⟶	(没有 响应)
35.2	(BWT 超时)		
35.3	R(0)	⟶	(没有 响应)
35.4	(BWT 超时)		
35.5	R(0)	⟶	(没有 响应)
35.6	(BWT 超时)		
35.7	S(RESYNCH resquest)	⟶	(没有 响应)
35.8	(BWT 超时)		
35.9	S(RESYNCH resquest)	⟶	(没有 响应)
35.10	(BWT 超时)		
35.11	S(RESYNCH resquest)	⟶	(没有 响应)
35.12	(BWT 超时)		
35.13	复位或停活	⟶	

ICS 13.220.10
C 84

中华人民共和国国家标准

GB 16670—2006
代替 GB 16670—1996

柜式气体灭火装置

Cabinet gas fire extinguishing equipment

2006-03-01 发布 　　 2006-10-01 实施

中华人民共和国国家质量监督检验检疫总局
中国国家标准化管理委员会　发布

前　言

本标准第4章、第5章和第7章为强制性，其余为推荐性。

本标准代替GB 16670—1996《柜式气体灭火装置性能要求和试验方法》。

本标准与GB 16670—1996相比主要变化如下：

——增加了前言、第8章“标志、包装、运输、储存”、第9章“使用说明书编写要求”和附录；

——第2章取消了对“GB 795—1989”、“GB 796—1989”、“GB 4717—1993”和“GB 14106—1993”的引用，增加了“GB/T 8979”、“GB 9969.1”、“GA 61”和“GA 400”的引用；

——第3章取消了术语“控制器”、“(灭火剂贮存)容器组件”、“贮存压力”、“最大工作压力”和“最小工作压力”；

——原标准第4章取消；

——增加了型号编制；

——在表1中增加了“柜式七氟丙烷、氮气、氩气、三氟甲烷灭火装置”的参数要求，删去了“柜式卤代烷1211、1301灭火装置”的参数要求；

——增加了装置灭火性能的要求；

——增加了瓶组充装的灭火剂和充压气体的要求、瓶组的标志要求，取消了瓶组的强度要求；

——增加了容器、信号反馈部件、检漏部件、减压部件的要求和相应的试验方法；

——补充了容器阀的要求和相应的试验方法；

——对检验规则的内容进行了增补。

本标准附录A～附录P为规范性附录。

本标准由中华人民共和国公安部提出。

本标准由全国消防标准化技术委员会第二分技术委员会(SAC/TC113/SC2)归口。

本标准由公安部天津消防研究所负责起草，四川威龙消防设备有限公司、南京消防器材股份有限公司参加起草。

本标准主要起草人：刘连喜、高云升、董海斌、李习民、汪映标、周平、张君娜。

本标准于1996年首次发布，本次为首次修订。

柜式气体灭火装置

1 范围

本标准规定了柜式气体灭火装置的性能要求、试验方法、检验规则、标志、包装运输、储存和使用说明书编写要求。

本标准适用于柜式高压二氧化碳、七氟丙烷、氮气、氩气、三氟甲烷气体灭火装置,充装其他气体灭火剂的柜式气体灭火装置也可参照使用。

本标准不适用于柜式低压二氧化碳灭火装置。

2 规范性引用文件

下列文件中的条款通过本标准的引用而成为本标准的条款。凡是注日期的引用文件,其随后所有的修改单(不包括勘误的内容)或修订版均不适用于本标准,然而,鼓励根据本标准达成协议的各方研究是否可使用这些文件的最新版本。凡是不注日期的引用文件,其最新版本适用于本标准。

GB 5099 钢质无缝气瓶

GB 5100 钢质焊接气瓶

GB/T 8031 工业电雷管

GB/T 8979 纯氮

GB 9969.1 工业产品使用说明书 总则

GB 12463 危险货物运输包装通用技术条件

GA 61 固定灭火系统驱动、控制装置通用技术条件

GA 400—2002 气体灭火系统及零部件性能要求和试验方法

3 术语和定义

下列术语和定义适用于本标准。

3.1

柜式气体灭火装置(以下简称灭火装置) cabinet gas extinguishing equipment(abbreviate extinguishing equipment)

由气体灭火剂瓶组、管路、喷嘴、信号反馈部件、检漏部件、驱动部件、减压部件(氮气、氩气灭火装置)、火灾探测部件、控制器组成的能自动探测并实施灭火的柜式灭火装置。火灾探测部件、控制器可与柜体分装。

3.2

(阀门)驱动器 (valve)actuator

能直接启动容器阀,使装置投入灭火状态的执行机构。

4 型号编制

4.1 编制方法

GQ × × × × / × ×

- ×（最后一位）——生产单位自定义
- ×——充装压力或贮存压力，MPa
- ×——灭火剂瓶组个数，单个不表示
- ×——灭火剂瓶组容积，L
- ×——充装灭火剂类型（E 代表二氧化碳，Q 代表七氟丙烷，S 代表三氟甲烷，D 代表氮气，Y 代表氩气，……）
- GQ——柜式气体灭火装置

4.2 标记示例

贮存压力 2.5 MPa，灭火剂瓶组 80 L，灭火剂瓶组个数 2 只的柜式七氟丙烷灭火装置的型号表示为 GQQ80×2/2.5。

5 要求

5.1 外观质量

5.1.1 装置各构成部件应无明显加工缺陷或机械损伤，部件外表面须进行防腐处理，防腐涂层、镀层应完整、均匀。

5.1.2 装置每个操作部位均应以文字、图形符号标明操作方法。

5.1.3 装置铭牌应牢固地设置在明显部位，标示内容应符合 8.1 的要求。

5.2 主要参数

装置的主要参数见表 1。

表 1 主要参数

装置类型	工作温度范围/℃	贮存压力/MPa	最大工作压力/MPa	泄压装置动作压力/MPa	最大充装密度/(kg/m^3)	最大充装压力/MPa	喷射时间/s
柜式二氧化碳灭火装置	0～49	5.17	15.00	19±0.95	600	—	≤60
柜式七氟丙烷灭火装置	0～50	2.50	4.20	泄放动作压力设定值应不小于 1.25 倍最大工作压力，但不大于部件强度试验压力的 95%。泄压动作压力范围为设定值×(1±5%)	1 150	—	≤10
柜式三氟甲烷灭火装置	−20～50	4.2	13.7		860	—	≤10
柜式氮气灭火装置	0～50	15	17.2		—	15	≤60
柜式氩气灭火装置	0～50	15	16.5		—	15	≤60
注：当工作温度范围超过表 1 规定时，应将其实际的工作温度范围在装置上标记出来。							

5.3 启动方式

5.3.1 装置应有自动、手动两种启动方式，也可增设机械应急操作机构。

5.3.2 机械应急操作机构操作力不应大于 150 N，操作行程不应大于 300 mm，机械应急操作机构设置的保险装置其解脱力不应大于 100 N。

5.4 **绝缘要求**

在正常大气条件下，装置上有绝缘要求的外部带电端子与柜体间的绝缘电阻应大于 20 MΩ；电源插头与柜体间的绝缘电阻应大于 50 MΩ。

5.5 **抗振性能**

按 6.4 规定的方法进行振动试验，装置的任何部件不得有松动和结构上的损坏；柜式七氟丙烷、二氧化碳、三氟甲烷灭火装置的灭火剂瓶组内灭火剂的净重损失不应超过充装量的 0.5%，柜式氮气、氩气、七氟丙烷灭火装置的灭火剂瓶组以及驱动气体瓶组的内部压力损失不应超过试验前内部压力的 1%，控制器的功能应符合 5.17 的规定。

5.6 **联动性能**

按 6.5 规定的方法分别用装置具备的各种启动方式，启动装置进行喷射，有关控制阀的各动作应灵敏、可靠；控制器应能正确显示装置的工作状态，发出灭火控制指令；装置的各密封部位不应出现泄漏现象。

5.7 **灭火要求**

5.7.1 按 6.6.2 规定的试验要求和试验方法进行 B 类正庚烷火灭火试验，装置应在灭火剂喷射结束后 60 s 内灭火。

5.7.2 按 6.6.3 规定的试验要求和试验方法进行 A 类表面火灭火试验，装置应在灭火剂喷射结束后 60 s 内扑灭明火，继续抑制 10 min 后，开启试验空间通风，木垛不得复燃。

5.8 **灭火剂瓶组**

5.8.1 **工作压力**

灭火剂瓶组的贮存压力应符合表 1 的规定。

5.8.2 **密封要求**

按 6.9 规定的方法进行气密试验，灭火剂瓶组的各密封部位应无泡式泄漏，也不应有机械损伤。

试验压力为最大工作压力，压力保持时间为 5 min。

5.8.3 **温度循环泄漏要求**

灭火剂瓶组应能承受最高工作温度和最低工作温度的循环变化，而不产生过量的灭火剂泄漏和阀门操作故障，按 6.11 规定的方法进行温度循环试验，柜式七氟丙烷、二氧化碳、三氟甲烷灭火装置的灭火剂瓶组内灭火剂的净重损失不应超过充装量的 0.5%，柜式氮气、氩气、七氟丙烷灭火装置的灭火剂瓶组内部压力损失不应超过试验前内部压力的 1.5%。试验后启动容器阀，不应出现任何故障。

5.8.4 **灭火剂和充压气体要求**

5.8.4.1 灌装的灭火剂应为经国家检测机构检验合格的产品。

5.8.4.2 充压用氮气含水量应符合 GB/T 8979 中合格品的规定。

5.8.5 **标志**

在灭火剂瓶组的外表正面标注灭火剂的名称或商品名称、灭火剂充装量。字迹应明显、清晰。

5.9 **容器**

5.9.1 **材料**

容器的材料应符合 GB 5099 或 GB 5100 的规定。

5.9.2 **公称工作压力**

容器的公称工作压力不应低于表 1 规定的最大工作压力。

5.9.3 **容积和直径**

容器的公称容积和公称直径应符合 GB 5099 或 GB 5100 的规定。

5.9.4 **强度要求**

按 6.8 规定的方法进行液压强度试验，容器不得出现渗漏现象，其容积的残余变形率不得大于 3%。

试验压力为1.5倍最大工作压力，压力保持时间为5 min。

5.9.5　密封要求

按6.9规定的方法进行气密性试验，容器应无泡式泄漏。

试验压力为最大工作压力，压力保持时间为5 min。

5.9.6　超压要求

按6.10规定的方法进行液压超压试验，容器不得有破裂现象。

试验压力为3倍最大工作压力，压力保持时间为5 min。

5.10　容器阀

5.10.1　材料

容器阀阀体及其内部机械零件应采用不锈钢、铜合金制造，也可以用强度、耐腐蚀性能不低于上述材质的其他金属材料制造。

弹性密封垫、密封剂及相关部件应采用长期与相应灭火剂接触而不损坏或变形的材料制造。

5.10.2　工作压力

灭火剂瓶组上的容器阀公称工作压力不应低于表1规定最大工作压力。

5.10.3　强度要求

按6.8规定的方法进行液压强度试验，容器阀及其附件不得渗漏、变形或损坏。

试验压力为1.5倍最大工作压力，压力保持时间为5 min。

5.10.4　密封要求

按6.9规定的方法进行气密性试验，容器阀在关闭状态下应无气泡泄漏；容器阀在开启状态下各连接密封部位的气泡泄漏量不应超过每分钟20个。

试验压力为最大工作压力，压力保持时间为5 min。

5.10.5　超压要求

按6.10规定的方法进行液压超压试验，容器阀及其附件不得有破裂现象。

试验压力为3倍最大工作压力，压力保持时间为5 min。

5.10.6　工作可靠性要求

按6.12规定的方法进行工作可靠性试验，容器阀及其辅助的控制驱动装置应动作灵活、可靠，不得出现任何故障或结构损坏(正常工作时允许损坏的零件除外)，试验后容器阀的密封性能应符合5.10.4的规定。

5.10.7　耐盐雾腐蚀性能

按6.13规定的方法进行盐雾腐蚀试验，容器阀及其附件不得有明显的腐蚀损坏。试验后容器阀的密封性能应符合5.10.4的规定，工作可靠性按6.12的规定试验时，应能准确、可靠的开启。

5.10.8　手动操作要求

容器阀可具有机械应急启动功能，按6.2规定的方法进行应急启动手动操作试验，应符合下列要求：

a)　手动操作力不应大于150 N；

b)　指拉操作力不应大于50 N；

c)　指推操作力不应大于10 N；

d)　所有手动操作位移均不应大于300 mm。

5.10.9　标志

在容器阀明显部位应永久性标出：生产单位或商标、型号规格、最大工作压力。

5.11　喷嘴

喷嘴性能应符合GA 400—2002中5.5.1、5.5.2、5.5.3、5.5.4、5.5.8.1的规定。

5.12　检漏部件

灭火剂瓶组和驱动气体瓶组应设检漏部件。

5.12.1　称重部件

5.12.1.1　报警功能

安装在灭火系统中的称重部件应有泄漏上限报警功能，当灭火剂或驱动气体泄漏量达到质量损失5%时，应能可靠报警。光报警信号应为黄色，在一般光线条件下，距离 3 m 远处应清晰可见；声报警信号在额定电压下，距离 1 m 远处的声压级应不低于 65 dB(A)。

5.12.1.2　耐高低温性能

称重部件在表 1 规定的最高工作温度和最低工作温度环境中分别放置 8 h 后，其报警功能应符合 5.12.1.1 的规定。

5.12.1.3　过载要求

称重部件承受两倍瓶组质量的静载荷（灭火剂或驱动气体按最大充装密度计算），保持 15 min，不得损坏。试验后报警功能应符合 5.12.1.1 的规定。

5.12.1.4　耐盐雾腐蚀性能

按 6.13 规定的方法进行盐雾腐蚀试验，称重部件不得有明显的腐蚀损坏。试验后报警功能应符合 5.12.1.1 的规定。

5.12.1.5　标志

在部件的明显部位标出：生产单位或商标、产品型号规格、称重范围等内容。

5.12.2　压力显示器

5.12.2.1　基本性能

5.12.2.1.1　压力显示器工作温度应不小于表 1 规定的温度范围。

5.12.2.1.2　压力显示器测量范围上限应不小于最大工作压力的 1.1 倍。

5.12.2.1.3　示值基本误差：

贮存压力点示值误差应不大于贮存压力的 ±4%；

最大工作压力点示值误差应不大于贮存压力的 ±8%；

最小工作压力点示值误差应不大于贮存压力的 ±8%；

零点和测量范围上限的示值误差应不大于贮存压力的 ±15%。

5.12.2.2　标度盘要求

5.12.2.2.1　标度盘的零位、贮存压力、最大工作压力、最小工作压力和测量范围上限的位置应有刻度和数字标志。

5.12.2.2.2　标度盘的最大工作压力与最小工作压力范围用绿色表示，零位至最小工作压力范围、最大工作压力至测量上限范围用红色表示。

5.12.2.2.3　标度盘上应标出：生产单位或商标、产品适用介质、法定计量单位(MPa)、计量标志等。

5.12.2.3　强度密封要求

5.12.2.3.1　按 6.9 规定的方法进行密封试验，压力显示器不得出现气泡泄漏。

5.12.2.3.2　按 6.8 规定的方法进行液压强度试验，压力显示器承受 2 倍最大工作压力的试验压力，保持压力 5 min 不得有渗漏或损坏现象。

5.12.2.3.3　按 6.10 规定的方法进行超压试验，压力显示器承受 4 倍最大工作压力的试验压力，保持压力 5 min，其任何零部件不得被冲出。

5.12.2.4　环境适应性能

5.12.2.4.1　按 6.4 规定的方法进行振动试验，压力显示器部件应无松动、变形或损坏，试验后压力显示器的示值基本误差应符合 5.12.2.1.3 的规定。

5.12.2.4.2　按 6.11 规定的方法进行温度循环泄漏试验，压力显示器不应渗漏，试验后压力显示器的示值基本误差应符合 5.12.2.1.3 的规定。

5.12.2.4.3 按6.13规定的方法进行盐雾腐蚀试验，压力显示器不应产生影响性能的损坏，试验后压力显示器指针应升降平稳，压力显示器的示值基本误差应符合5.12.2.1.3的规定。

5.12.2.5 耐交变负荷性能

按6.15规定的方法进行交变负荷试验，交变频率为0.1 Hz，交变幅度为贮存压力的40%至最大工作压力，交变次数为1 000次。试验后，压力表贮存压力的示值误差不应超过贮存压力的±4%。

5.12.2.6 报警功能

安装在灭火系统中的具有泄漏报警功能的压力显示器，当瓶组内压力损失达到贮存温度条件下工作压力的10%时，应能可靠报警。光报警信号应为黄色，在一般光线条件下，距离3 m远处应清晰可见；声报警信号在额定电压下，距离1 m远处的声压级应不低于65 dB(A)。

5.12.3 液位测量部件

5.12.3.1 报警功能

安装在灭火系统中的液位测量部件测量误差不应大于2.5%。具有泄漏上限报警功能的液位测量部件，当灭火剂泄漏量达到质量损失5%时，应能可靠报警。光报警信号应为黄色，在一般光线条件下，距离3 m远处应清晰可见；声报警信号在额定电压下，距离1 m远处的声压级应不低于65 dB(A)。

5.13.3.2 耐高低温性能

液位测量部件在表1规定的最高工作温度和最低工作温度环境中分别放置8 h后，其报警功能应符合5.12.3.1的规定。

5.12.3.3 耐盐雾腐蚀性能

按6.13规定的方法进行盐雾腐蚀试验，液位测量部件不得有明显的腐蚀损坏。试验后报警功能应符合5.12.3.1的规定。

5.12.3.4 标志

在部件的明显部位标出：生产单位或商标、产品型号规格、测量范围等内容。

5.13 信号反馈部件

5.13.1 动作要求

5.13.1.1 信号反馈部件的动作压力应不大于0.5倍装置最小工作压力。

5.13.1.2 进行动作试验时，信号反馈部件在大于等于动作压力下可靠动作100次；在小于等于0.8倍动作压力下不应动作。试验后信号反馈部件触点的接触电阻应符合5.13.7的规定。

5.13.2 强度要求

按6.8规定的方法进行液压强度试验，信号反馈部件不得损坏。

试验压力为装置最大工作压力，压力保持时间5 min。

5.13.3 密封要求

按6.9规定的方法进行气密性试验，信号反馈部件不应产生气泡泄漏。

试验压力为装置最大工作压力，压力保持时间为5 min。

5.13.4 耐电压性能

信号反馈部件接线端子与外壳之间的耐电压性能，在进行耐电压试验时，不得出现表面飞弧、扫掠放电、电晕或击穿现象。

额定工作电压大于50 V时，试验电压为1 500 V(有效值)，50 Hz；

额定工作电压小于等于50 V时，试验电压为500 V(有效值)，50 Hz。

5.13.5 绝缘要求

在正常的大气条件下，信号反馈部件的接线端子与外壳之间的绝缘电阻应大于20 MΩ。

5.13.6 耐盐雾腐蚀性能

按6.13规定的方法进行盐雾腐蚀试验，信号反馈部件不应有明显的腐蚀损坏。试验后，信号反馈部件动作要求应符合5.13.1的规定；触点接触电阻应符合5.13.7的规定。

5.13.7 触点接触电阻

在正常大气条件下,信号反馈部件触点接触电阻不应大于0.1 Ω,动作试验和腐蚀试验后不应大于0.5 Ω。

5.13.8 标志

在部件的明显部位标出:生产单位或商标、产品型号规格、触点容量、动作压力等内容。

5.14 减压部件

柜式氮气、氩气气体灭火装置应加装减压部件。

5.14.1 工作压力

减压部件的工作压力应符合表1的规定。

5.14.2 强度要求

按6.8规定的方法进行液压强度试验,减压部件不得渗漏、变形或损坏。

试验压力为1.5倍最大工作压力,压力保持时间为5 min。

5.14.3 密封要求

按6.9规定的方法进行气密性试验,减压部件应无气泡泄漏。

试验压力为最大工作压力,压力保持时间为5 min。

5.14.4 减压特性

按6.17规定的试验方法,减压部件在规定流量范围内测出的减压特性与生产单位公布值相比,其差值不应大于公布值的10%。

5.14.5 标志

在减压部件的明显部位标出:生产单位或商标、型号规格、介质流动方向等。

5.15 安全泄放部件

安全泄放部件在设计和工艺上应保证每次装配后的性能一致。

5.15.1 泄放动作压力

灭火剂瓶组、驱动气体瓶组上应设置安全泄放部件。灭火剂瓶组上安全泄放部件的泄放动作压力设定值应符合表1规定;驱动气体瓶组上安全泄放部件的泄放动作压力应符合生产单位公布值。

5.15.2 耐腐蚀性能

按6.13规定的方法进行盐雾腐蚀试验,安全泄放部件不得有明显的腐蚀损坏。试验后安全泄放部件的泄放压力范围应符合5.15.1的规定。

5.15.3 耐温度循环性能

按6.11规定的方法进行温度循环试验后,安装在瓶组上的安全泄放部件的泄放压力范围应符合5.15.1的规定。

5.16 驱动器

驱动器应符合GA 61的规定。

5.17 控制器

控制器应符合GA 61的规定。

5.18 火灾探测器

火灾探测器的要求应符合相应国家标准和行业标准的规定。

6 试验方法

对装置和部件的性能检验,应参照被检样品的设计图样和相关技术条件,按本标准规定的试验方法进行。

任何部件的气密性试验项目,均应在液压强度试验后进行。

除另行注明外,本章规定的试验应在正常大气条件下进行,即:

——环境温度：15 ℃～35 ℃；

——相对湿度：45％～75％；

——大气压力：86 kPa ～106 kPa。

6.1 外观检查

对照设计图样和相关技术文件资料，目测装置和组成部件，应符合本标准相应条款的规定。

6.2 手动操作试验

被检阀门处于最大工作压力状态，测力计的精度应不低于2.5级。

将被测阀门的手动操作机构与测力计相联，通过测力计启动被检阀门。记录最大操作力，用游标卡尺测量并记录最大操作行程。试验结果应符合本标准相应条款的规定。

6.3 绝缘电阻测定

6.3.1 试验装置应满足下述要求：

——试验电压：(500±50) Vd.c.；

——测量范围：(0～500) MΩ；

——最小分度：1 MΩ；

——计时：60 s±5 s。

6.3.2 通过绝缘电阻试验装置，分别对装置的下述部位施加500 V±50 V直流电压60 s±5 s后，测量其绝缘电阻值。

a) 有绝缘要求的外部带电端子与柜体之间；

b) 电源插头与柜体之间（电源开关置于接通位置，但电源插头不接入电网），试验结果应符合5.4规定。

6.4 振动试验

灭火剂瓶组按最大充装密度（或充装压力）充装灭火剂，并充压至贮存压力；驱动气体瓶组按设计的最大充装压力充装驱动气体；之后将瓶组固定在柜内。压力显示器按工作位置安装在灭火剂瓶组（或驱动气体瓶组）上，使其处于正常工作状态。

称重用试验设备的最小分度值应不大于样品中灭火剂允许损失量上限的1/3。

采用压力损失作判断时，样品上须安装（或更换）检验用精密压力测量仪表。

将样品安装在工作台上，按 *X*、*Y*、*Z* 3个坐标轴线方向依次改变振动方向，对装置进行试验。

试验时，位移幅值为0.8 mm，频率为20 Hz，振动时间为2 h(3个方向)，试验结束2 h后，卸下瓶组进行称重，检查瓶组内压力和各部件是否有松动和损坏，检查控制器的功能，其结果应符合5.5规定。

6.5 装置联动试验

试验应在20℃±5℃的环境条件下进行，装置至少应进行6.5.1和6.5.2的联动试验，每次试验前均要检查装置是否安装完好，并按表1规定的贮存压力值向容器内充装压缩空气或氮气。

6.5.1 自动控制状态下的联动试验

给火灾探测器施加火灾模拟信号（如烟、温等）至控制器发出灭火指令为止，使控制器自动启动灭火装置驱动器，打开容器阀，喷放压缩气体。

试验期间和试验后，对装置进行检查，其结果应符合5.6规定。

6.5.2 手动控制状态下的联动试验

将控制器开关由“自动”转换到“手动”对火灾探测器施加火灾模拟信号（如烟、温等）使其发出火灾报警信号，持续1 min，灭火装置的驱动器应不会自动启动，用手按下“紧急启动”按钮启动驱动器，打开容器阀，喷放压缩气体。

试验期间及试验后，对装置进行检查，其结果应符合5.6规定。

6.5.3 机械应急操作下的联动试验

启动机械应急操作机构，使容器阀动作。喷放压缩气体。

试验期间及试验后，对装置进行检查，其结果应符合 5.6 规定。

6.6 灭火试验

6.6.1 试验准备

a) 试验空间

试验空间大小为装置实际保护的最大空间。试验空间若设泄压口，应设在 3/4 空间高度以上或顶部。

b) 灭火装置

试验前灭火装置应在 20 ℃±2 ℃温度下放置 16 h 以上。

c) 喷嘴布置

喷嘴的位置应保证灭火剂不应直接喷向试验火、不应引起燃料的飞溅。

d) 氧浓度测量

氧浓度分析仪的分辨率不低于 0.1%(体积比)，通道数量宜取 3。连续测量，试验使用范围：17%～21%(体积比)。

e) 温度测量

测温仪表时间常数不大于 1 s，通道数量宜取 3。连续测量，测量范围：0 ℃～1 200 ℃。

6.6.2 B 类火灭火试验

a) 油盘、氧浓度测量取样点，温度测点的布置见图 1。油盘底部距地面 600 mm。油盘为钢质正方形，面积 0.25 m^2±0.02 m^2，高 106 mm，钢板厚 2.5 mm。油盘内加入 12.5 L 正庚烷，油盘底部垫水，液面距油盘上沿 50 mm。

对于全淹没应用的灭火装置还应在试验空间的墙角处布置试验罐。试验罐为钢质圆形，内径 75 mm至 90 mm，高不小于 100 mm，壁厚不小于 2 mm，试验罐底部垫水，上部正庚烷高度为 50 mm，液面距试验罐口 10 mm ～20 mm。将 4 个试验罐置于试验空间四墙面对角位置，两上两下交错放置。下角试验罐置于地面上，距墙 50 mm。上角试验罐口距吊顶 300 mm，距墙 50 mm。当灭火剂喷射流动直接影响试验罐火焰正常燃烧时，可在垂直于灭火剂喷射流动方向上安装挡板消除对火焰的直接影响。

正庚烷的馏分：

——初馏点：90 ℃；

——50%：93 ℃；

——干点：96.5 ℃；

——比重：(15.6 ℃/15.6 ℃)0.719；

——雷德(Reid)蒸气压：13.79 kPa。

b) 将开启氧浓度分析仪和测温仪表，使之处于正常工作状态。点燃油盘和试验罐，预燃 30 s，关闭试验空间所有开口，手动启动装置灭火。在装置启动时，试验空间内的空气中氧含量不得低于正常大气条件下空气中氧含量 0.5%(体积比)。灭火剂喷射前，由燃烧生成物引起的氧浓度变化不得超过 1.5%(体积比)。

c) 试验记录：试验空间内各测氧点的氧浓度变化；
试验空间内各测温点的温度变化；
装置喷射延迟时间和喷射时间，喷嘴前压力；
灭火时间；
释放到试验空间内的灭火剂总量；
装置喷射过程中和喷射后的控制盘各项功能。

试验结果应符合 5.7.1 和表 1 的规定。

6.6.3 A 类火灭火试验

a) 木材采用云杉、冷杉或密度相当的松木，含水率 9%～13%。

木垛由 4 层构成，每层 6 根方木。方木横截面为 40 mm×40 mm，长 450 mm±50 mm。木垛层间呈直角交错放置，每层的方木之间间隔均匀摆成正方形，将方木及层间钉起来形成木垛。

油盘采用 6.6.2 B 类火灭火试验用油盘。

木垛、氧浓度测量取样点、测温点的布置见图 1。木垛底部距地面 600 mm。

引燃木垛用燃料采用 6.6.2 B 类火灭火试验用正庚烷。

浸渍时间内观测记录木垛表面温度及余火、复燃状况宜采用红外摄像仪。

b) 引燃木垛

将木垛放在钢质试验架上，油盘置于木垛正下方，油盘上沿距木垛底部约 300 mm，试验架的结构应使木垛底部充分暴露在大气中。

在试验空间外引燃木垛，但不应受阳光、雨雪等天气条件影响，风速不大于 3 m/s，必要时可采取适当防风措施。如在室内引燃木垛时，室内空间体积应大于 6 倍试验空间体积。将 1.6 L 正庚烷注入油盘，点燃后引燃木垛自由燃烧 3 min，正庚烷耗尽后，木垛继续燃烧 3 min。

c) 在试验空间外总预燃时间为 $6\ \mathrm{min}^{+10}_{\ 0}$ s，预燃结束后将木垛移入试验空间，移入木垛至启动装置用时不应大于 15 s。关闭试验空间所有开口，手动启动装置灭火。

在装置启动时，试验空间内的空气中氧含量不得低于正常大气条件下空气中氧含量 0.5%(体积比)。灭火剂喷放前，由燃烧生成物引起的氧浓度变化不得超过 1.5%(体积比)。

单位为毫米

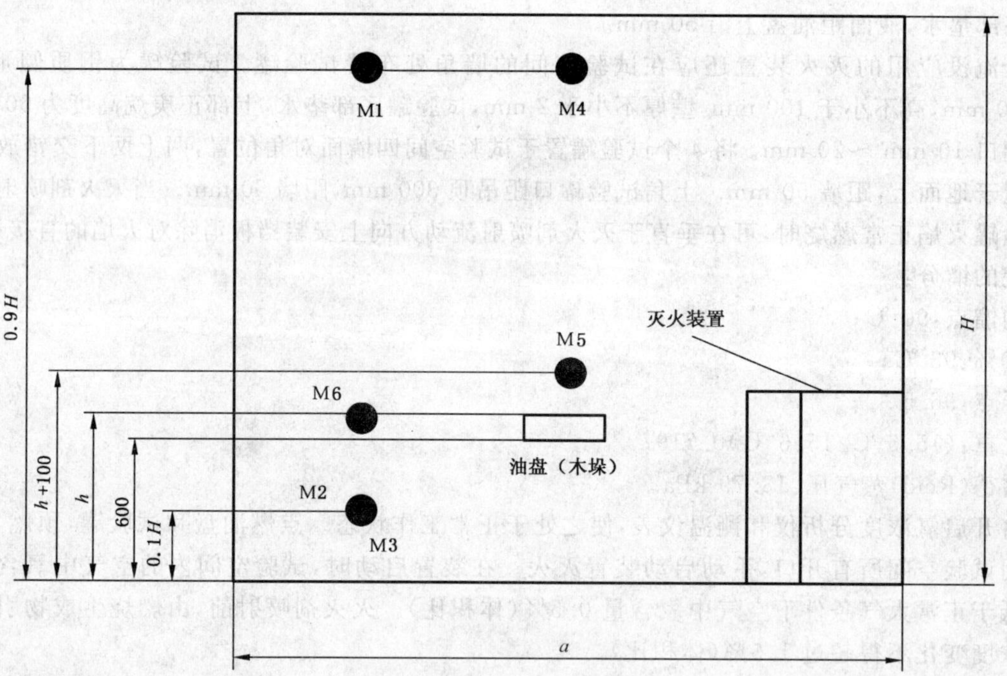

M1～M3——氧浓度测量取样点；

M4～M6——测温点。

图 1　A 类火、B 类火灭火试验布置示意图

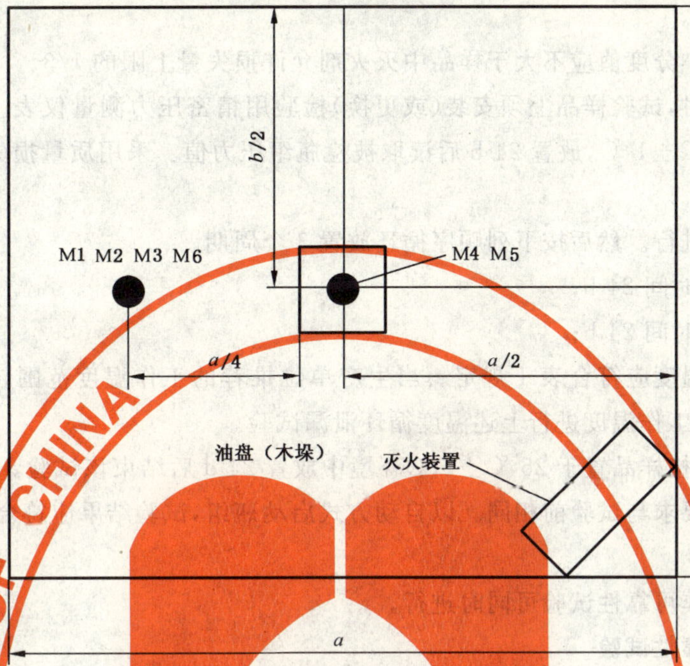

图 1（续）

灭火剂喷射结束后，试验空间维持密封 10 min 浸渍期。

d) 试验记录：10 min 浸渍期内有无余火或复燃；

木垛试验前后的质量损失；

试验空间内各测氧点的氧浓度变化；

试验空间内各测温点的温度变化；

装置喷射延迟时间和喷射时间，喷嘴前压力；

灭火时间；

释放到试验空间内的灭火剂总量；

装置喷射过程中和喷射后的控制盘各项功能。

试验结果应符合 5.7.2 和表 1 的规定。

6.7 安全泄放装置动作试验

6.7.1 安全泄放装置动作试验用设备与本标准 6.8 液压强度试验设备相同，其中压力测量仪表应有瞬时记录功能，如选用压力表应带有停针机构。

6.7.2 将被检样品进口与试验装置相联，排除连接管路和样品内腔的空气后，封闭样品的所有出口。以不大于 0.5 MPa/s 的速率缓慢升压至安全泄压装置动作。记录此时压力，试验结果应符合表 1 的规定。

6.8 强度试验

按 GA 400—2002 中 6.2 规定的方法进行试验，其结果应符合本标准相应条款的规定。

6.9 密封试验

按 GA 400—2002 中 6.3 规定的方法进行试验，其结果应符合本标准相应条款的规定。

6.10 超压试验

按 GA 400—2002 中 6.4 规定的方法进行试验，其结果应符合本标准相应条款的规定。

6.11 温度循环泄漏试验

灭火剂瓶组按设计的最大充装密度（或充装压力）充装灭火剂，并充压至贮存压力。驱动气体瓶组按设计的最大充装压力充装驱动气体。压力显示器按工作位置安装在灭火剂瓶组(或驱动气体瓶组)上,使其处于正常工作状态。

称重用试验设备的最小分度值应不大于样品中灭火剂允许损失量上限的1/3。

采用压力损失作判断时,试验样品上须安装(或更换)检验用精密压力测量仪表。将被检样品置于恒温室中,温度控制在25 ℃±1 ℃,放置24 h后读取被检瓶组压力值。采用质量损失作判断的样品只记录称重值,无恒温要求。

试验在温度试验箱中进行。然后按下列顺序循环放置3个周期。

最高工作温度±2 ℃,时间24 h;

最低工作温度±2 ℃,时间24 h;

上述最高和最低工作温度应符合表1规定。当生产单位推荐的工作温度范围超出上述温度界限时,可按推荐的最高和最低工作温度进行上述温度循环泄漏试验。

上述循环试验后,将被检样品置于25 ℃±5 ℃环境中放置24 d后结束该试验。试验后,被检瓶组压力值读取和称重的程序要求与试验前相同。以自动方式启动瓶组,试验结果应符合5.8.3的规定。

6.12 工作可靠性试验

容器阀和驱动器的工作可靠性试验可同时进行。

6.12.1 容器阀的工作可靠性试验

6.12.1.1 容器阀的工作可靠性试验在专用试验装置上进行。气源采用压缩空气或氮气;专用试验容器的容积和驱动器工作状态应满足被试阀门在启动后完全开启的需要,被试阀门出口须连接与出口公称直径相同,长度不超过0.5 m的直管和一个等效孔径不小于3 mm的喷嘴。

6.12.1.2 将被试阀门安装在专用试验容器上,连接好控制驱动部件,并使之在规定条件下工作,按下述程序进行:

a) 给被试阀门充压至试验压力,见表2,保压时间不小于5 s;

b) 启动控制驱动部件,使被试阀门开启;

c) 待专用试验容器内压力降至小于0.5 MPa时,关闭被试阀门;

d) 再向被试阀门充压,继续下一循环。

被试阀门在正常工作时允许破坏的零件,在每个循环试验后及时更换。

6.12.1.3 试验条件和次数见表2。试验前样品在试验环境中放置时间,首次试验不低于2 h,其余试验应使样品自身温度与试验箱内温度充分平衡。

试验结果应符合5.10.6的规定。

6.12.2 信号反馈部件工作可靠性试验

信号反馈部件工作可靠性试验按GA 400—2002中6.5规定,其结果应符合本标准相应条款的规定。

表2 试验条件和次数

温 度	试验压力	次 数
20℃±5℃	贮存压力	100
	1.1倍最大工作压力	1
	0.5倍最大工作压力	1
最高工作温度±2℃	最大工作压力	10
最低工作温度±2℃	最小工作压力	10

6.13 盐雾腐蚀试验

按 GA 400—2002 中 6.8 规定的方法进行试验，其结果应符合本标准相应条款的规定。

6.14 喷嘴性能试验

按 GA 400 中规定的方法进行试验，其结果应符合 5.11 的规定。

6.15 检漏部件性能试验

按 GA 400 中规定的方法进行试验，其结果应符合 5.12 的规定。

6.16 信号反馈部件性能试验

按 GA 400 中规定的方法进行试验，其结果应符合 5.13 的规定。

6.17 减压部件减压特性试验

将灭火装置内的灭火剂瓶组按表 1 规定充装灭火剂，减压部件入口压力、出口压力和喷嘴前的压力均采用自动测量。记录仪表的精度不低于 1.5 级。

启动灭火装置测取各点压力值，结果应符合 5.14.4 的规定。

6.18 安全泄放部件性能试验

按 GA 400 中规定的方法进行试验，其结果应符合 5.15 的规定。

6.19 驱动器性能试验

按 GA 61 中规定的方法进行试验，其结果应符合 5.16 的规定。

6.20 控制器性能试验

按 GA 61 中规定的方法进行试验，其结果应符合 5.17 的规定。

6.21 火灾探测器性能试验

按相应国家标准规定的方法进行试验，其结果应符合 5.18 的规定。

7 检验规则

生产单位应依据按规定程序批准的图样和技术文件组织生产，质量体系应保证每批产品质量的一致性，并符合本标准的规定。

7.1 检验分类与项目

7.1.1 型式检验

7.1.1.1 有下列情况之一时，应进行型式检验。

a) 新产品试制定型鉴定；
b) 正式投产后，如产品结构、材料、工艺、关键工序的加工方法有重大改变，可能影响产品的性能时；
c) 发生重大质量事故时；
d) 产品停产 1 年以上，恢复生产时；
e) 质量监督机构提出要求时。

7.1.1.2 产品型式检验项目应按表 3 的规定进行。

7.1.2 出厂检验

产品出厂检验项目应至少包括表 3 规定的项目。

7.1.3 试验程序按附录 A～附录 P 的规定。

7.2 抽样方法

部件采用一次性随机抽样，抽样基数不少于抽取样品数量的 2 倍。装置由随机抽取的部件样品组装构成。样品数量按附录 A～附录 P 的规定。

7.3 检验结果判定

表 3 型式检验项目、出厂检验项目及不合格类别

部件名称	检验项目	型式检验项目	出厂检验项目		不合格类别		
			全检	抽检	A类	B类	C类
装置	外观质量	★	★	—	—	★	—
	主要参数	★	—	★	★	—	—
	启动方式	★	—	—	★	—	—
	绝缘要求	★	—	★	—	—	★
	抗振性能	★	—	—	—	★	—
	联动性能	★	—	★	★	—	—
	灭火要求	★	—	★	★	—	—
灭火剂瓶组	工作压力	★	★	—	—	★	—
	密封要求	★	★	—	★	—	—
	温度循环泄漏要求	★	—	—	—	★	—
	灭火剂和充压气体要求	★	—	★	★	—	—
	标志	★	★	—	—	★	—
容器	公称工作压力	★	★	—	★	—	—
	容积和直径	★	—	★	—	—	★
	材料	★	—	★	—	★	—
	强度要求	★	★	—	★	—	—
	密封要求	★	★	—	★	—	—
	超压要求	★	—	—	—	★	—
容器阀	标志	★	★	—	—	—	★
	材料	★	—	★	—	—	★
	工作压力	★	★	—	—	★	—
	强度要求	★	★	—	★	—	—
	密封要求	★	★	—	★	—	—
	超压要求	★	—	—	—	★	—
	工作可靠性要求	★	—	★	★	—	—
	耐腐蚀性能	★	—	—	—	—	★
	手动操作要求	★	—	★	—	—	★
安全泄放部件	泄放动作压力	★	—	★	★	—	—
	耐腐蚀性能	★	—	—	—	—	★
	耐温度循环性能	★	—	★	—	★	—
喷嘴	按 GA 400 的规定						

表 3（续）

部件名称	检验项目	型式检验项目	出厂检验项目		不合格类别		
			全检	抽检	A类	B类	C类
称重部件	报警功能	★	★	—	—	★	—
	耐高低温性能	★	—	—	—	—	★
	过载要求	★	—	★	—	—	★
	耐腐蚀性能	★	—	—	—	—	★
	标志	★	★	—	—	—	★
压力显示器	基本性能	★	★	—	★	—	—
	标度盘要求	★	★	—	—	★	—
	强度密封要求	★	—	★	—	★	—
	抗振性能	★	—	—	—	—	★
	温度循环泄漏要求	★	—	—	—	★	—
	耐腐蚀性能	★	—	—	—	—	★
	耐交变负荷性能	★	—	★	—	—	★
	报警功能	★	—	★	—	★	—
液位测量部件	报警功能	★	—	★	—	★	—
	耐高低温性能	★	—	—	—	—	★
	耐腐蚀性能	★	—	—	—	—	★
	标志	★	★	—	—	—	★
信号反馈部件	动作要求	★	★	—	—	★	—
	强度要求	★	★	—	—	★	—
	密封要求	★	★	—	—	—	★
	耐电压性能	★	—	★	—	—	★
	绝缘要求	★	—	★	—	—	★
	耐腐蚀性能	★	—	—	—	—	★
	触点接触电阻	★	—	★	—	—	★
	标志	★	★	—	—	—	★
减压部件	工作压力	★	★	—	—	★	—
	强度要求	★	★	—	—	★	—
	密封要求	★	★	—	—	★	—
	减压特性	★	—	★	★	—	—
	标志	★	★	—	—	—	★
驱动器	按 GA 61 的规定						
控制器	按 GA 61 的规定						
探测器	按相应国家标准和行业标准的规定						

7.3.1 型式检验

装置和部件全部合格，该产品为合格；装置和部件若出现不合格，则该产品为不合格。

装置或部件的型式检验项目全部合格，该装置或部件为合格。出现A类项目不合格，则该装置或部件为不合格。B类项目不合格数大于等于2，该装置或部件为不合格。C类项目不合格数大于等于4，该装置或部件为不合格。若已有一项B类项目不合格时，C类项目不合格数大于等于2，该装置或部件判为不合格。

7.3.2 出厂检验

装置和部件全部合格，该产品为合格；装置和部件若出现不合格，则该产品为不合格。

装置或部件出厂检验项目全部合格，该装置或部件为合格。有一项A类项目不合格，则该装置或部件为不合格。若有B类项目或C类项目不合格，允许加倍抽样检验，仍有不合格项，即判该装置或部件不合格。

8 标志、包装、运输、储存

8.1 标志

产品应在明显位置处标明以下内容：产品名称、型号规格、执行标准代号、贮存压力、灭火剂总量、使用温度范围、生产单位、产品编号、出厂日期等内容。

8.2 包装

8.2.1 灭火装置应单台包装，装置内的部件应固定牢靠，并应有防止相互间的磕碰的措施。

8.2.2 包装箱中应附有说明书和合格证等相关文件。

8.2.3 在包装箱外应注明产品名称、型号规格、储存温度、生产单位、出厂日期、放置方向、堆放件数限制、贮存防护条件等。

8.2.4 容器若单独包装，其包装应符合国家关于压力容器包装的有关规定。

8.2.5 电爆型驱动器引爆元件的包装应符合GB 12463和GB/T 8031的有关规定。

8.3 运输

8.3.1 灭火装置在运输过程中，应防雨、防晒、减振。

8.3.2 容器若单独运输，其运输应符合国家关于压力容器运输的有关规定。

8.3.3 电爆型驱动器引爆元件的运输应符合GB 12463和GB/T 8031的有关规定。

8.4 储存

8.4.1 柜式气体灭火装置的储存温度不应超出表1规定的工作温度范围。

8.4.2 电爆型驱动器引爆元件的储存还应符合GB/T 8031的有关规定。

9 使用说明书编写要求

使用说明书应按GB 9969.1进行编写，使用说明书应至少包括下列内容：

a) 装置简介(主要是工作原理)；

b) 装置主要性能参数；

c) 装置示意图；

d) 装置操作程序；

e) 部件的名称、型号规格、主要性能参数、安装使用及维护说明、注意事项；

f) 灭火剂灌装方法；

g) 售后服务；

h) 制造单位名称、详细地址、邮编和电话。

附　录　A
（规范性附录）
装置试验程序及取样数量

A.1　试验程序说明

A.1.1　试验序号

1）　外观检查（6.1）；
2）　主要参数（5.2）；
3）　手动操作试验（6.2）；
4）　绝缘电阻测定（6.3）；
5）　振动试验（6.4）；
6）　装置联动试验（6.5）；
7）　B类火灭火试验（6.6.2）；
8）　A类火灭火试验（6.6.3）。

A.1.2　说明

1）　上述试验序号在图A.1中用方框中的数字表示；
2）　圆圈中的数字为试验所需的样品数。

A.2　试验程序图

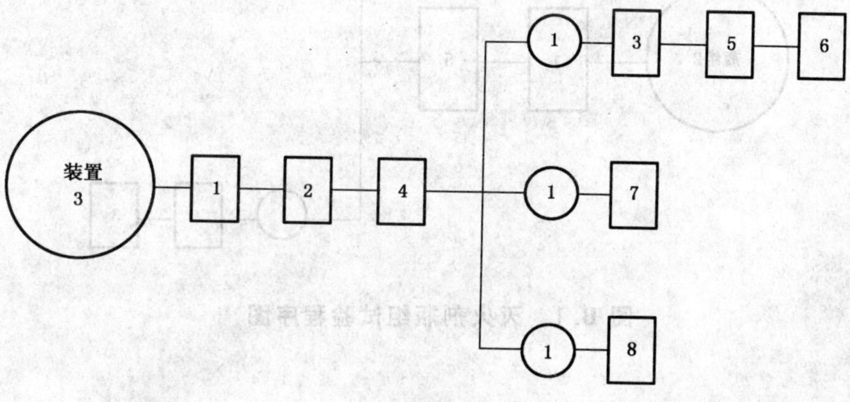

图 A.1　装置试验程序图

附 录 B
（规范性附录）
灭火剂瓶组试验程序及取样数量

B.1 试验程序说明

B.1.1 试验序号

1) 工作压力（5.8.1）；
2) 密封试验（6.9）；
3) 温度循环泄漏试验（6.11）；
4) 灭火剂和充压气体要求（5.8.4）；
5) 标志（6.1）。

B.1.2 说明

1) 上述试验序号在图 B.1 中用方框中的数字表示；
2) 圆圈中的数字为试验所需的样品数。

B.2 试验程序图

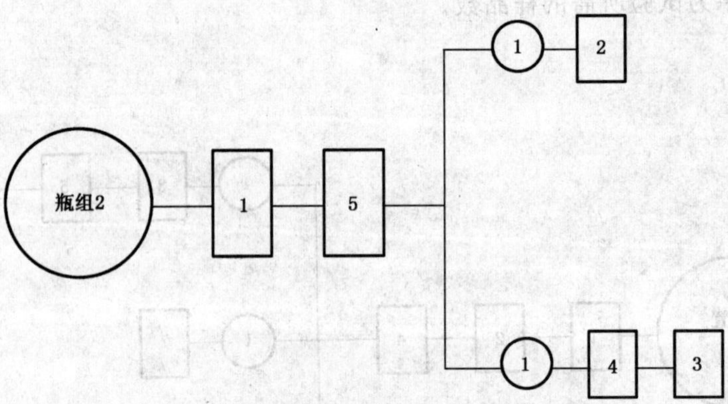

图 B.1 灭火剂瓶组试验程序图

附 录 C
（规范性附录）
容器试验程序及取样数量

C.1 试验程序说明

C.1.1 试验序号

1） 材料（5.9.1）；

2） 公称工作压力（5.9.2）；

3） 容积和直径（5.9.3）；

4） 强度试验（6.8）；

5） 密封试验（6.9）；

6） 超压试验（6.10）。

C.1.2 说明

1） 上述试验序号在图 C.1 中用方框中的数字表示；

2） 圆圈中的数字为试验所需的样品数。

C.2 试验程序图

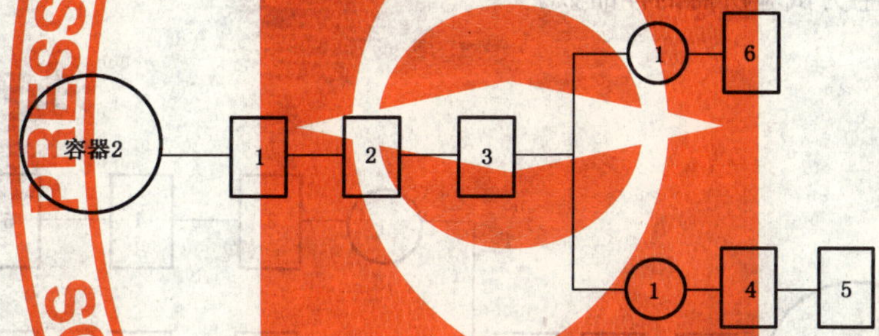

图 C.1 容器试验程序图

附 录 D
（规范性附录）
容器阀试验程序及取样数量

D.1 试验程序说明

D.1.1 试验序号

1） 材料（5.10.1）；
2） 工作压力（5.10.2）；
3） 强度试验（6.8）；
4） 密封试验（6.9）；
5） 超压试验（6.10）；
6） 工作可靠性试验（6.12）；
7） 耐盐雾腐蚀试验（6.13）；
8） 手动操作试验（6.2）；
9） 标志（6.1）。

D.1.2 说明

1） 上述试验序号在图 D.1 中用方框中的数字表示；
2） 圆圈中的数字为试验所需的样品数。

D.2 试验程序图

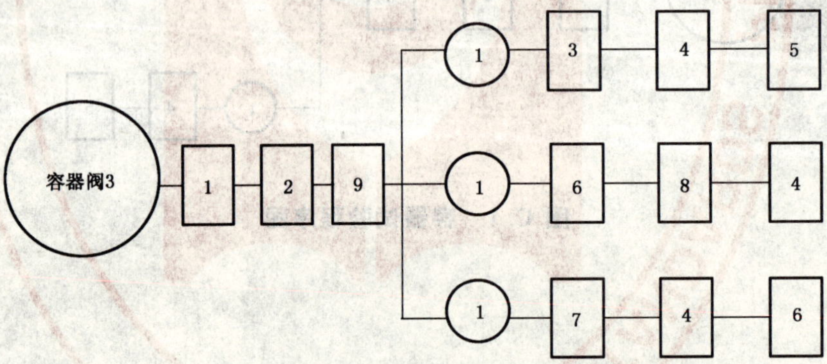

图 D.1 容器阀试验程序图

附 录 E
（规范性附录）
喷嘴试验程序及取样数量

E.1 试验程序说明

E.1.1 试验序号

1） 外观检查（6.1）；

2） 喷嘴性能试验（6.14）；

3） 盐雾腐蚀试验（6.13）。

E.1.2 说明

1） 上述试验序号在图 E.1 中用方框中的数字表示；

2） 圆圈中的数字为试验所需的样品数。

E.2 试验程序图

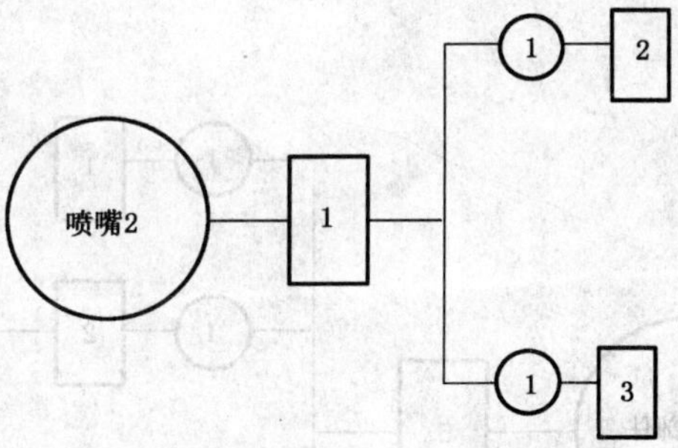

图 E.1 喷嘴试验程序图

附　录　F
(规范性附录)
称重部件试验程序及取样数量

F.1　试验程序说明

F.1.1　试验序号

1)　报警功能(6.15);

2)　耐高低温性能(6.15);

3)　过载要求(6.15);

4)　耐盐雾腐蚀试验(6.13);

5)　标志(6.1)。

F.1.2　说明

1)　上述试验序号在图F.1中用方框中的数字表示;

2)　圆圈中的数字为试验所需的样品数。

F.2　试验程序图

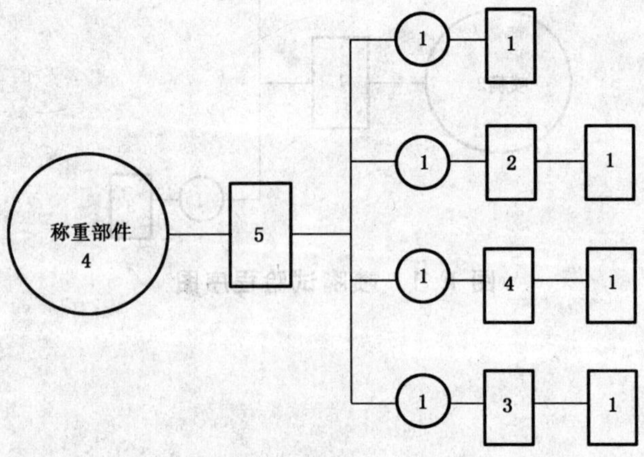

图 F.1　称重部件试验程序图

附 录 G
（规范性附录）
压力显示器试验程序及取样数量

G.1 试验程序说明

G.1.1 试验序号

1） 基本性能（6.15）；
2） 标度盘要求（6.15）；
3） 强度试验（6.8）；
4） 密封试验（6.9）；
5） 抗振性能（6.4）；
6） 温度循环泄漏试验（6.11）；
7） 盐雾腐蚀试验（6.13）；
8） 交变负荷试验（6.15）；
9） 报警功能试验（6.15）。

G.1.2 说明

1） 上述试验序号在图 G.1 中用方框中的数字表示；
2） 圆圈中的数字为试验所需的样品数。

G.2 试验程序图

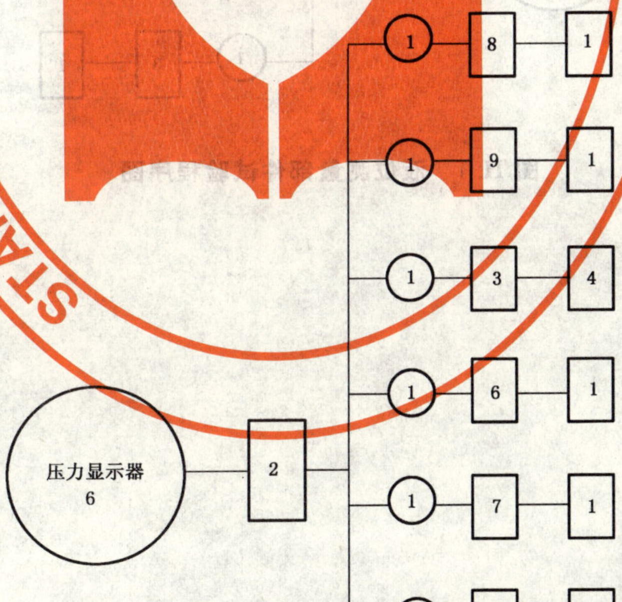

图 G.1 压力显示器试验程序图

附　录　H
（规范性附录）
液位测量部件试验程序及取样数量

H.1　试验程序说明

H.1.1　试验序号

1）　报警功能(6.15)；
2）　耐高低温试验(6.15)；
3）　盐雾腐蚀试验(6.13)；
4）　标志(6.1)。

H.1.2　说明

1）　上述试验序号在图 H.1 中用方框中的数字表示；
2）　圆圈中的数字为试验所需的样品数。

H.2　试验程序图

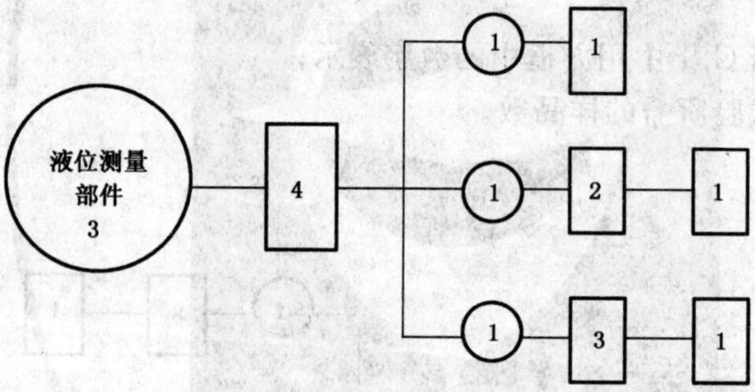

图 H.1　液位测量部件试验程序图

附　录　J
（规范性附录）
信号反馈部件试验程序及取样数量

J.1　试验程序说明

J.1.1　试验序号

1）　工作可靠性试验（6.12.2）；
2）　强度试验（6.8）；
3）　密封试验（6.9）；
4）　耐电压性能试验（6.16）；
5）　绝缘电阻试验（6.16）；
6）　盐雾腐蚀试验(6.13)；
7）　触点接触电阻试验（6.16）；
8）　标志（6.1）。

J.1.2　说明

1）　上述试验序号在图 J.1 中用方框中的数字表示；
2）　圆圈中的数字为试验所需的样品数。

J.2　试验程序图

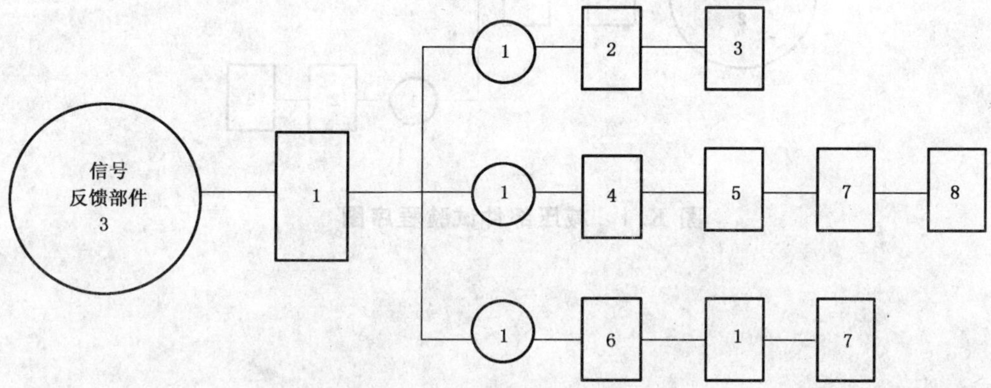

图 J.1　信号反馈部件试验程序图

附 录 K
（规范性附录）
减压部件试验程序及取样数量

K.1 试验程序说明

K.1.1 试验序号

1） 工作压力（5.14.1）；
2） 强度试验（6.8）；
3） 密封试验（6.9）；
4） 减压特性试验（6.17）；
5） 标志（6.1）。

K.1.2 说明

1） 上述试验序号在图 K.1 中用方框中的数字表示；
2） 圆圈中的数字为试验所需的样品数。

K.2 试验程序图

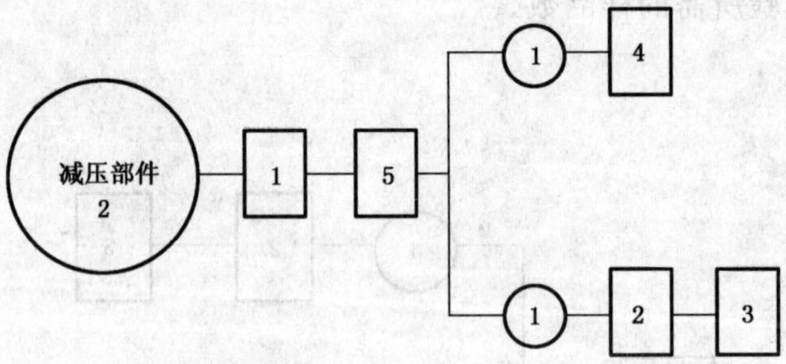

图 K.1 减压部件试验程序图

附 录 L

（规范性附录）

安全泄放部件试验程序及取样数量

L.1 试验程序说明

L.1.1 试验序号

1) 外观检查（6.1）；

2) 安全泄放装置动作试验（6.17）；

3) 盐雾腐蚀试验（6.18）；

4) 温度循环泄漏试验（6.18）。

L.1.2 说明

1) 上述试验序号在图 L.1 中用方框中的数字表示；

2) 圆圈中的数字为试验所需的样品数。

L.2 试验程序图

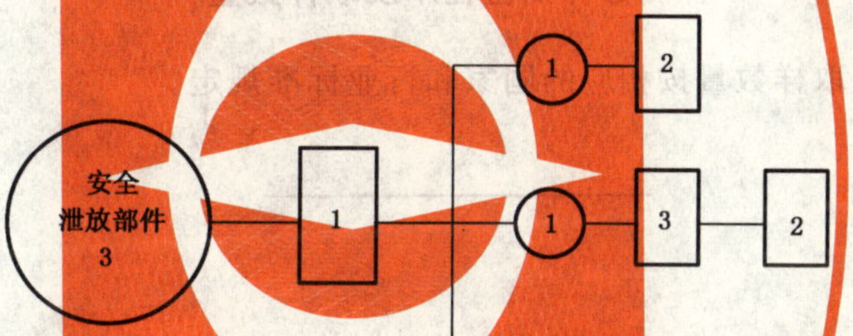

图 L.1 安全泄放部件试验程序图

附　录　M
（规范性附录）
驱动器试验程序及取样数量

驱动器的试验程序及取样数量按 GA 61 的规定。

附　录　N
（规范性附录）
控制器试验程序及取样数量

控制器的试验程序及取样数量按 GA61 的规定。

附　录　P
（规范性附录）
探测部件试验程序及取样数量

探测部件的试验程序及取样数量按相应的国家和行业标准规定。

ICS 91.100.30
Q 14

中华人民共和国国家标准

GB/T 16752—2006
代替 GB/T 16752—1997

混凝土和钢筋混凝土排水管试验方法

Test methods of concrete and reinforced concrete drainage and sewer pipes

2006-07-18 发布 2006-12-01 实施

中华人民共和国国家质量监督检验检疫总局
中国国家标准化管理委员会 发布

前言

本标准参考 ASTM C497:1998《混凝土管、检查井管段和瓦管的标准试验方法》、JIS A 5365:2000《预制混凝土制品　检验方法通则》、JIS A 5371:2000《预制无筋混凝土制品》、JIS A 5372:2000《预制钢筋混凝土制品》、BS5911:1988《预制混凝土管及其附件 100 分册》、ГОСТ 6482:1988《钢筋混凝土无压管技术条件》,对 GB/T 16752—1997《混凝土和钢筋混凝土排水管试验方法》进行修订。

本标准代替 GB/T 16752—1997。

本标准与 GB/T 16752—1997 相比主要变化如下:

——增加了“接头工作面圆滑”和“瑕疵面积的测算”(本版 5.2.9、5.2.10);

——增加了“端面倾斜”(本版 6.3.7);

——删去了“吸水率”(1997 年版 5.7);

——修改了内水压力试验的试压制度(1997 版 5.3.3e),本版 7.3.5);

——修改了外压荷载试验的加压制度,并明确规定裂缝荷载和破坏荷载的判定(1997 版 5.4.4、5.4.5,本版 8.3);

——修改了外压荷载值的计算公式(1997 版 5.4.7,本版 8.4);

——修改了保护层厚度的测点位置(1997 版 5.6.2a),本版 9.2.1);

——增加了混凝土抗压强度工艺换算系数(本版 10.5.1)。

本标准的附录 A、附录 C 为规范性附录,附录 B 为资料性附录。

本标准由中国建筑材料工业协会提出。

本标准由全国水泥制品标准化技术委员会(SAC/TC 197)归口。

本标准负责起草单位:苏州混凝土水泥制品研究院、苏州中材建筑建材设计研究院。

本标准参加起草单位:上海浦东混凝土制品有限公司、北京远通制管有限公司、北京河山引水管业有限公司、金华市巨龙管业有限公司、金华市金厦水泥构件公司、陕西省红旗水泥制品总厂、陕西省建筑科学研究设计院、昆明顺弘水泥制管制品有限公司、秦皇岛市抚宁水泥管材有限责任公司、嘉华建筑制品(深圳)有限公司、上海水泥制管厂、上海闵马水泥制管有限公司、天津泽宝水泥制品有限公司、江苏华光双顺机械制造有限公司、昆山巴城水泥制品有限公司、昆明预达制管有限责任公司、苏州市江枫建材水泥制品有限公司、苏州市阳澄制管有限公司、武汉市双强水泥制品有限责任公司、茂名市恒威橡胶制品有限公司、桓台县志达水泥制品厂、浙江尖峰管业有限公司、镇江华龙管道有限责任公司。

本标准主要起草人:周 正、谈永泉、赵玉屏、吕根喜、李传平、付立强、倪志权、蒋顺江、李军奇、吕镇、王泽生、李耀明、师连科。

本标准委托苏州混凝土水泥制品研究院、苏州中材建筑建材设计研究院负责解释。

本标准于 1997 年首次发布,本版为第一次修订。

混凝土和钢筋混凝土排水管试验方法

1 范围

本标准规定了混凝土和钢筋混凝土排水管外观质量、几何尺寸、内水压力、外压荷载、保护层厚度、混凝土强度等项目的试验方法，以及试验数据的修约与比较方法。

本标准适用于采用各种工艺生产的混凝土、钢筋混凝土排水管。

2 规范性引用文件

下列文件中的条款通过本标准的引用而成为本标准的条款。凡是注日期的引用文件，其随后所有的修改单(不包括勘误的内容)或修订版均不适用于本标准，然而，鼓励根据本标准达成协议的各方研究是否可使用这些文件的最新版本。凡是不注日期的引用文件，其最新版本适用于本标准。

GB/T 1250　极限数值的表示方法和判定方法

GB 8170　数值修约规则

GB/T 11836　混凝土和钢筋混凝土排水管

GB/T 11837—1989　混凝土管用混凝土抗压强度检验方法

GB/T 15345　混凝土输水管试验方法

GB/T 50080　普通混凝土拌和物性能试验方法

GB/T 50081　普通混凝土力学性能试验方法

GBJ 107　混凝土强度检验评定标准

JC/T 640　顶进施工法用钢筋混凝土排水管

3 术语和定义

下列术语和定义适用于本标准。

3.1

粘皮　adherence hond

管壁表面因水泥砂浆被管模粘连而形成的粗糙不光滑。

3.2

麻面　scale

管体混凝土表面出现的较为密集的小孔。

3.3

蜂窝　honeycomb

管体混凝土表面因缺少水泥砂浆而形成的石子外露和空洞。

3.4

塌落　slump

管内壁混凝土局部脱落。

3.5

露筋　exposed steel

管体的受力钢筋未被砂浆或混凝土包裹

3.6

空鼓 hollow

管壁混凝土内局部出现的空气夹层。

3.7

裂缝 crack

管壁表面存在的因成型或受外力而形成的伸入保护层、管壁混凝土内部的狭长的缝隙。

3.8

合缝漏浆 seam leakage

管壁混凝土在管模合缝处因水泥浆或砂浆流失而露出砂、石。

3.9

凹深 pit depth

管体外表面凹坑的深度。

3.10

端面碰伤 bump damage of ends

管体端部因碰撞造成的损伤。

3.11

拐点 inflexion (from pipe body to socket)

承插式管的承口外斜坡与管体平直段的交界处。

4 试验用仪器和量具

试验用主要仪器和量具见附录A。

5 外观质量

5.1 试件

按GB/T 11836、JC/T 640或其他标准生产的混凝土和钢筋混凝土排水管。

5.2 试验方法

5.2.1 粘皮、麻面、塌落

a) 目测管体表面有无粘皮、麻面、塌落；

b) 用钢直尺或钢卷尺测量粘皮、麻面、塌落的尺寸并计算其面积；

c) 用钢直尺和深度游标卡尺测量粘皮、麻面、塌落的最大深度；

d) 记录粘皮、麻面、塌落的面积和最大深度。

5.2.2 蜂窝

a) 目测管体表面有无蜂窝；

b) 用钢直尺和20号铁丝测量蜂窝的深度、尺寸，计算其面积；

c) 记录蜂窝的面积、最大深度。

5.2.3 露筋

a) 目测管体表面有无露筋和锈斑；

b) 用钢卷尺测量露筋的长度；

c) 记录外露钢筋的根数、最大长度。

5.2.4 空鼓

a) 用250 g羊角锤敲打管子表面，依据声音的差异确定管体有无空鼓；

b) 沿着敲打管子时发出的不同声音的界限，确定空鼓的范围；

c) 用钢直尺或钢卷尺测量尺寸并计算其面积；

d） 记录空鼓的部位、处数及面积。

5.2.5 **裂缝**

a） 目测管体表面有无可见裂缝；

b） 用读数显微镜或混凝土裂缝检验规测量裂缝的最大宽度；

c） 用钢直尺或钢卷尺测量裂缝的最大长度；

d） 记录裂缝的最大宽度和最大长度。

5.2.6 **合缝漏浆**

a） 目测管体外表面在管模合缝处有无漏浆；

b） 用钢直尺或钢卷尺测量每处合缝漏浆的长度；

c） 用钢直尺和20号铁丝测量合缝漏浆的最大深度；

d） 记录合缝漏浆的长度、最大深度。

5.2.7 **端面碰伤**

a） 目测管子两端有无碰伤；

b） 用钢直尺或钢卷尺测量碰伤处的环向长度和纵向长度；

c） 记录碰伤的环向长度、纵向长度。

5.2.8 **凹坑**

a） 目测管子外表面有无局部凹坑；

b） 对直径小于或等于50 mm的凹坑，直接用深度游标卡尺测量凹坑的最大深度；

c） 对直径大于50 mm的凹坑，用钢直尺和深度游标卡尺测量，钢直尺沿着管的轴线竖放在管体表面，用深度游标卡尺测量凹坑底部至管体表面的最大距离；

d） 记录凹坑的处数、最大深度。

5.2.9 **接头工作面圆滑**

a） 目测柔性接口管的承口、插口工作面有无凹坑或凸起；

b） 对其存在的凹坑或凸起，用钢直尺和20号铁丝或深度游标卡尺测量其凹坑深度或凸起高度；

c） 记录凹坑最大深度、凸起的最大高度。

5.2.10 **瑕疵面积的测算**

按GB/T 15345中瑕疵面积的测算方法进行。

6 几何尺寸

6.1 **试件**

同5.1。

6.2 **测点位置**

6.2.1 **直径的环向测点位置**

各项直径环向测点的位置为与合缝连线形成约为45°圆心角的两个方向，见图1。

6.2.2 **直径的纵向测点位置**

a） 双插口管、承插口管、企口管、钢承口管的承口、插口工作面直径，纵向测点位置在工作面长度的中点。

b） 平口管、双插口管、企口管的内径可在任一端测量；承插口管、钢承口管的内径在插口端测量。

测点的纵向位置：

公称内径小于或等于300 mm时，测点位置距管子端部约100 mm；

公称内径大于300 mm，小于或等于800 mm时，测点位置距管子端部约200 mm；

公称内径大于800 mm时，测点位置距管子端部约500 mm。

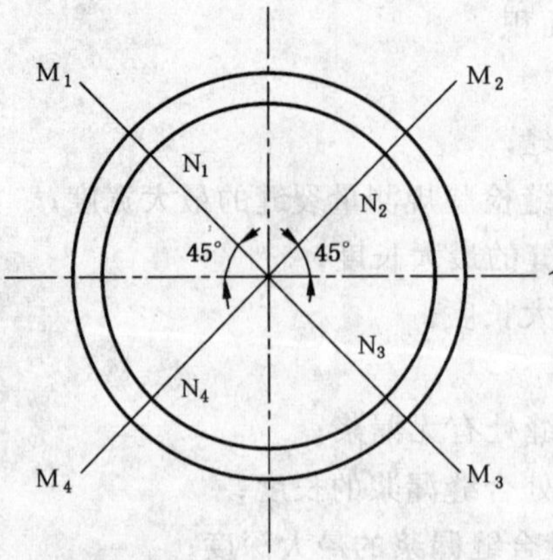

M——外径的测点位置；

N——内径的测点位置。

图 1　直径环向测点位置示意

6.3　测量方法

6.3.1　管公称内径、承口工作面内径

a)　按照 6.2 确定平口管、双插口管公称内径的测点，确定企口管、承插口管、钢承口管公称内径和承口工作面直径测点，用内径千分尺(或专用量具)测量；

b)　将内径千分尺的固定测头紧贴在管内径的一个测点，可调测头沿通过相对测点的弧线移动，测得的最大值即为该测点的管公称内径值或承口工作面内径值，在另一个测点处采用相同的方法，测得另一个值；

c)　数值修约：

管内径取两个测量值的平均值，修约到 1 mm；

承口工作面内径两个测量值，分别修约到 1 mm。

6.3.2　插口工作面直径

a)　按照 6.2 确定柔性接口乙型和丙型承插口管、企口管、刚性接口双插口管等插口工作面直径的测点，用游标卡尺(或专用量具)测量。将游标卡尺的一个测量爪紧贴在一个测点，另一个测量爪沿通过相对测点的弧线移动，测得的最大值为插口工作面直径；

b)　按照 6.2 确定柔性接口甲型承插口管、钢承口管、柔性接口双插口管等插口工作面直径的测点，用游标卡尺(或专用量具)测量密封槽靠插口端的槽顶外径，再用钢直尺和深度游标卡尺测量与槽顶外径相对应的两处密封槽的深度，槽顶外径减去两处密封槽深度即为该类管插口工作面直径；

c)　数值修约：插口工作面直径的两个相邻测量值，分别修约到 1 mm。

6.3.3　承口深度、插口长度

a)　在与内径环向测点位置相对应的两个相邻位置，确定承口深度、插口长度的测点；

b)　用两把钢直尺测量，将一把钢直尺放在承口内壁或插口外壁与管子轴线平行，另一把紧贴管子的承口端面或插口端面，测量承口深度、插口长度各两个值，分别修约到 1 mm。

6.3.4　管子有效长度

a)　对平口管和双插口管，分别在管体外表面、内表面用钢卷尺测量，使钢卷尺紧贴管体外表面或内表面，并与轴线平行，管子两端 A、B 两点的最小距离即为管子的有效长度 L，见图 2a)，2b)；

b)　对企口管、承插口管在管子内表面用钢卷尺测量，使钢卷尺紧贴管子内表面，并与轴线平行，管子承口立面 A 点、插口端面 B 点两点的最小距离为管子的有效长度，见图 2c)；

c)　对钢承口管，在管子的内表面用钢卷尺和钢直尺测量，钢直尺紧贴管子承口立面，钢卷尺紧贴管子内表面，并与轴线平行，承口立面 A 点、插口端面 B 点两点的最小距离即为管子的有效长

度，见图 2d)；

d) 每个管子测量任意两个对边的有效长度，取平均值，修约到 1 mm。

图 2 管子有效长度测量方法示意图

6.3.5 管壁厚度

目测管壁厚度是否均匀，在管壁厚度最大和最小处测量两个厚度值(浮浆层不计入内)：

a) 平口管任选一端，用钢直尺测量；

b) 企口管、双插口管任选一端，用钢直尺和角尺测量，见图 3a)；

c) 柔性接口甲型、乙型承插口管、钢承口管、刚性接口承插口管，在插口端用钢直尺和角尺测量，见图 3b)；

d) 柔性接口丙型承插口管，在插口端用深度游标卡尺、钢直尺和角尺测量，见图 3c)，管壁厚度按公式(1)计算；

e) 每个管子测量最大和最小壁厚值，分别修约到 1 mm。

$$t = t_1 - t_2 \qquad \cdots\cdots\cdots(1)$$

式中：

t——管壁厚度，单位为毫米(mm)；

t_1——止胶台处壁厚，单位为毫米(mm)；

t_2——止胶台高度，单位为毫米(mm)。

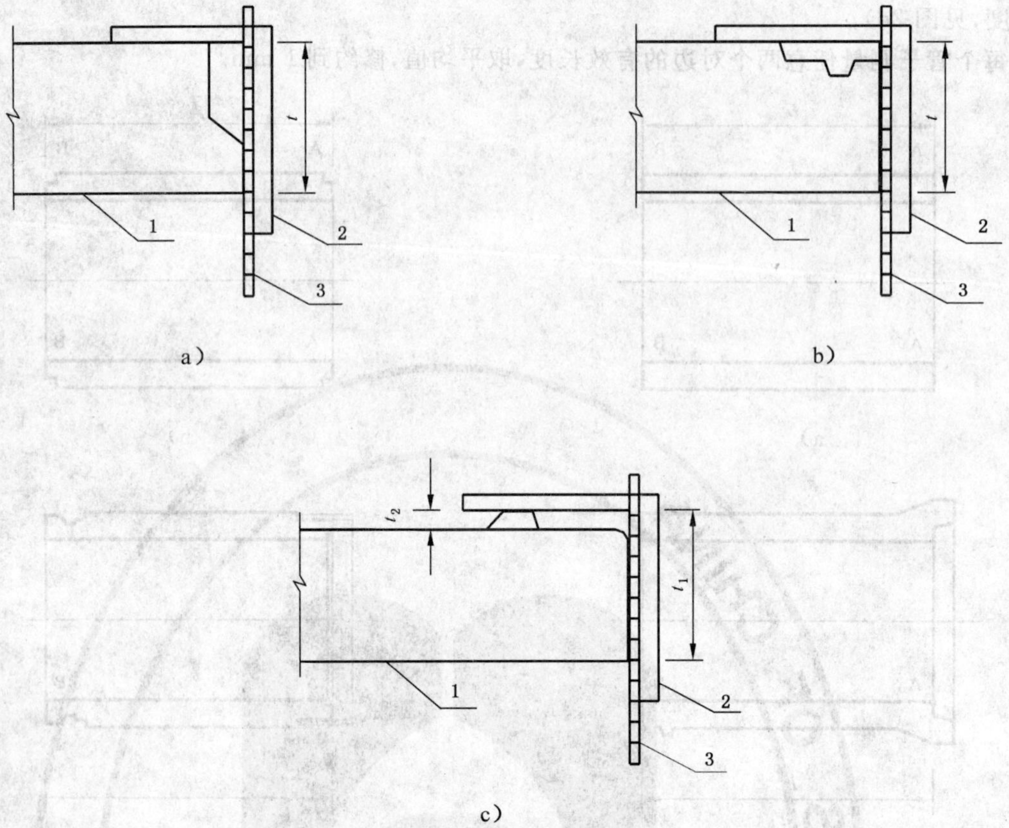

1——管壁；

2——角尺；

3——钢直尺；

t——管子壁厚；

t_1——止胶台处壁厚；

t_2——止胶台高度。

图 3　管壁厚度测量位置示意图

6.3.6　弯曲度

a)　目测管体弯曲情况，有明显弯曲的管子，测量最大弯曲处的弯曲度；无明显弯曲的管子，在管子两端按 6.2.1 确定两对测点的环向位置；

b)　将测量夹具固定在管体的两端或一端，在夹具上做好标记，使测点之间的距离等于管子的有效长度，紧贴标记拉弦线(或细钢丝)，并使弦线(或细钢丝)与管子轴线平行，用钢直尺测量弦线与管外表面之间的最大距离和最小距离，见图 4。

管子的弯曲度按式(2)计算：

$$\delta = \frac{H-h}{L} \times 100 \quad \cdots\cdots(2)$$

式中：

δ——管子的弯曲度，数值以%表示，修约到 0.1%；

H——弦线与管子表面平直段的最大距离，单位为毫米(mm)；

h——弦线与管子表面平直段的最小距离，单位为毫米(mm)；

L——管子的有效长度，单位为毫米(mm)。

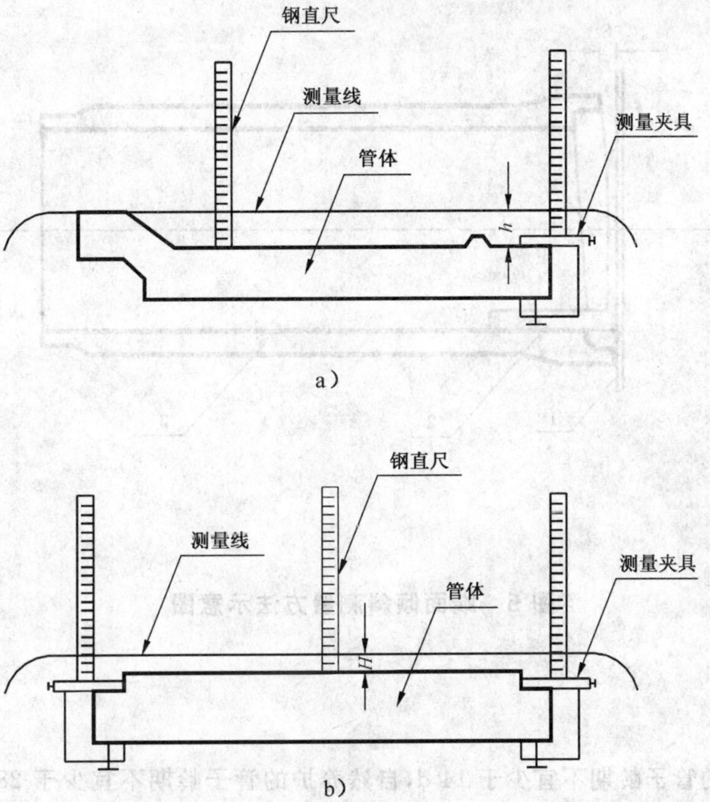

图 4　弯曲度测量位置示意图

6.3.7　端面倾斜

6.3.7.1　在承口端面、插口端面按 6.2.1 任意确定两条相对的相互垂直的直径的测点（“B”点），清理管子内壁。

6.3.7.2　端面倾斜允许偏差

按 6.3.4 规定，通过插口端面的四个测点，测量管子的有效长度，以两组对边长度差的最大值为端面倾斜值。

6.3.7.3　端面倾斜度

a）　用一靠尺紧贴管端测点，宽座角尺的短边紧贴管子清理过的内壁，靠尺紧贴角尺长边，用钢直尺测量靠尺距管端另一测点的距离 S，见图 5。每端测两个值，分别修约到 1 mm；

b）　端面倾斜度按式(3)计算：

$$\lambda = \frac{S}{D_{w/n}} \times 100 \qquad \cdots\cdots(3)$$

式中：

λ——端面倾斜度，数值以%表示，修约到 1%；

S——端面倾斜偏允许差，单位为毫米(mm)；

$D_{w/n}$——管子外径或内径，单位为毫米(mm)。

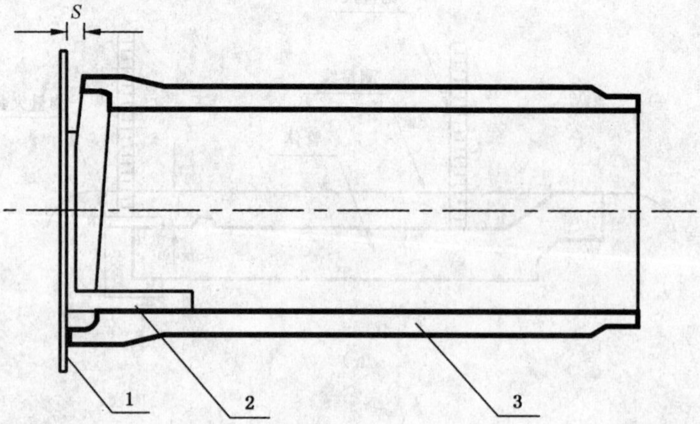

1——靠尺；
2——宽座角尺；
3——管子。

图 5　端面倾斜测量方法示意图

7　内水压力

7.1　试件

同 5.1 蒸汽养护的管子龄期不宜少于 14 d，自然养护的管子龄期不宜少于 28 d，允许试验前将管子湿润 24 h。

7.2　试验装置

参见附录 B。

7.3　试验步骤

7.3.1　检查水压试检机两端的堵头是否平行、其中心线是否重合。

7.3.2　水压试验机宜选用直径不小于 100 mm，分度值不大于 0.005 MPa，精度不低于 1.5 级的压力表，量程应满足管子检验压力的要求，加压泵能满足水压试验时的升压要求。

7.3.3　对于柔性接口钢筋混凝土排水管，橡胶密封圈应符合有关标准的规定。

7.3.4　擦掉管子表面的附着水，清理管子两端，使管子轴线与堵头中心对正，将堵头锁紧。

7.3.5　管内充水直到排尽管内的空气，关闭排气阀。开始用加压泵加压，宜在 1 min 内均匀升至规定检验压力值保持 10 min。

7.3.6　在升压过程中及规定的内水压力下，检查管子表面有无潮片及水珠流淌，检查管子接头是否滴水并作记录。若接头滴水允许重装。

7.3.7　允许采用专用装置检查管体的内水压力和接头密封性。

8　外压荷载

8.1　试件

按 GB/T 11836、JC/T 640 或其他标准生产的混凝土和钢筋混凝土排水管的管子，或长度不小于 1m 的圆柱体单元。

蒸汽养护的管子，龄期不宜少于 14 d，自然养护的管子龄期不宜少于 28 d。

8.2　试验装置

采用三点试验法，通过机械压力的传递，试验管子的裂缝荷载和破坏荷载。试验用仪器、装置及技术要求见附录 C。

8.3 **试验步骤**

8.3.1 检查设备状况,设备无故障时方可使用。

8.3.2 将试件放在外压试验装置的两个平行的下支承梁上,然后将上支承梁放在试件上,使试件与上、下支承梁的轴线相互平行,并确保上支承梁能在通过上、下支承梁中心线的垂直平面内自由移动。上、下支承梁应覆盖试件的有效长度,加荷点在管子全长的中点,见附录C。

对承插口管整根管子进行外压试验时,上、下梁应覆盖其平直段全长 L_P,加荷点在平直段中点。仲裁检验试件应采用切割长度不小于 1 m 的圆柱体单元,见附录C。

8.3.3 通过上支承梁加载,可以在上支承梁上集中一点加荷,或者是采用两点同步加荷。

8.3.4 开动油泵,使加压板与上支承梁接触,施加荷载于上支承梁。对混凝土排水管加荷速度约每分钟 1.5 kN/m;对钢筋混凝土排水管加荷速度约为每分钟 30 kN/m。

8.3.5 连续匀速加荷至标准规定的裂缝荷载的 80%,保持 1 min,观察有无裂缝,用读数显微镜测量其宽度;若没有裂缝或裂缝较小,继续按裂缝荷载的 10%加荷,保持 1 min,加荷至裂缝荷载,保持 3 min。若裂缝宽度仍小于 0.20 mm,需测定裂缝荷载时,继续按裂缝荷载的 5%分级加荷,每级保持 3 min 直到裂缝宽度达到或超过 0.20 mm。

8.3.6 当裂缝宽度达到 0.20 mm 时的荷载为管子的裂缝荷载。加压结束时裂缝宽度达到 0.20 mm,裂缝荷载为该级荷载值;加压结束时裂缝宽度超过 0.20 mm,裂缝荷载为前一级的荷载值。

8.3.7 按 8.3.4 规定的加荷速度继续加荷至破坏荷载的 80%,保持 1 min,观察有无破坏;若未破坏,按破坏荷载的 10%继续分级加荷,保持 1 min,加荷至破坏荷载时,保持 3 min,检查破坏情况,如未破坏,继续按破坏荷载的 5%分级加荷,每级保持 3min 直到破坏。

8.3.8 管子失去承载能力时的荷载为破坏荷载,在加荷过程中管子出现破坏状态时,破坏荷载为前一级荷载;在规定的荷载持续时间内出现破坏状态时,破坏荷载为该级荷载与前一级荷载的平均值;当在规定的荷载持续时间结束后出现破坏状态时,破坏荷载为该级荷载值。

8.4 **结果计算**

外压荷载值按式(4)计算:

$$P = \frac{F}{L} \qquad \cdots\cdots(4)$$

式中:

P——外压荷载值,单位为千牛每米(kN/m);

F——总荷载值,单位为千牛(kN);

L——管子有效长度(承插式管为平直段全长 L_P 或圆柱体单元的长度),单位为米(m)。

9 保护层厚度

9.1 **试件**

测定保护层厚度的试件为下述三种情况之一:

a) 外压荷载试验后的管子;

b) 同批管子中因搬运损坏的管子;

c) 在同批管子中随机抽样的管子。

9.2 **测点位置**

9.2.1 **测点的纵向位置**

a) 平口管、双插口管、企口管:测点 A 和 C 各距端面 300 mm,测点 B 在管的中部,见图 6a)、6b);

b) 承插口管:测点 A 在承口外斜面的中部,测点 B 在距拐点 100 mm 处的管体平直段上,测点 C 距插口端面 300 mm,见图 6c)、6d)、6e);

c) 钢承口管:测点A距钢承口端部600 mm,B点在管的中部,C点距插口端300 mm。

9.2.2 测点的环向位置

测点在环向截面的分布,应使三个测点与管子圆心的夹角为120°,见图6。

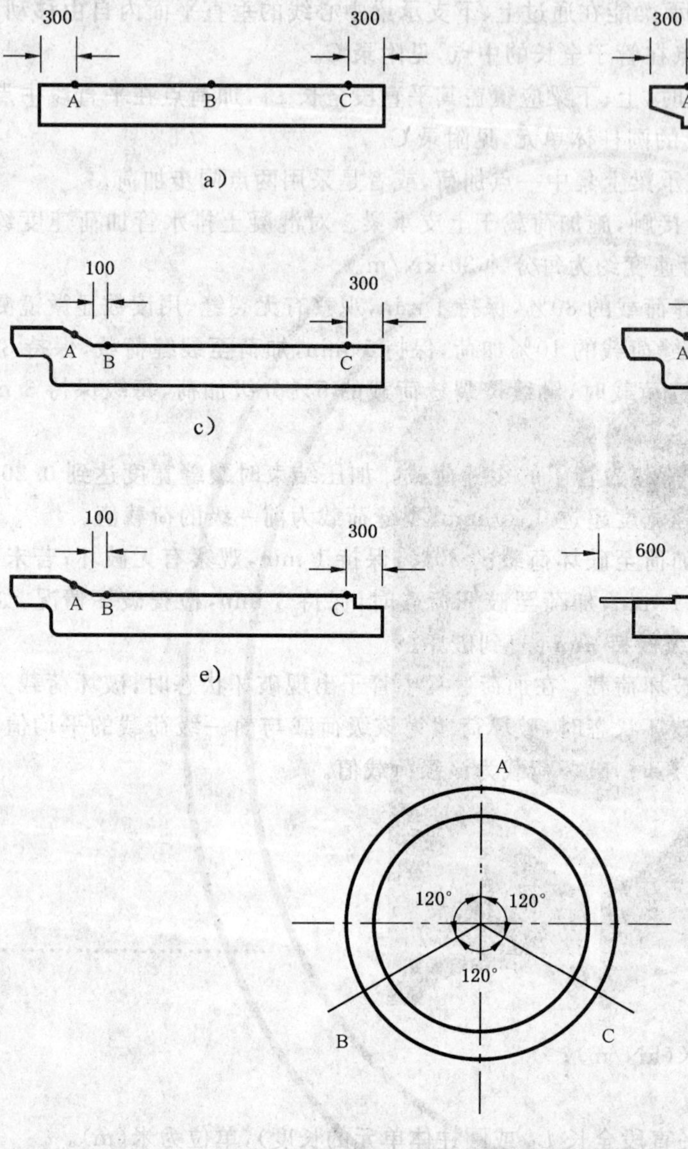

图6 保护层测点位置示意图

9.3 试验方法

a) 在管子表面测点处凿去表层混凝土,不得损伤钢筋,使钢筋暴露,清除钢筋表面浮灰;

b) 用深度游标卡尺测量环筋表面至管体表面的距离,即为保护层厚度。测量时,深度游标卡尺测量面应与管子的轴线平行;

c) 对于公称内径小于或等于600 mm的管子,因凿去管子内表面混凝土比较困难,可在外表面测点处凿通管壁,用钢卷尺(或钢直尺)测量测点处的管壁厚度,用游标卡尺测量环向钢筋直径,按式(5)计算管体混凝土内保护层厚度。

$$C_n = t - (C_w + d_0) \quad \cdots\cdots\cdots\cdots(5)$$

式中:

C_n——内保护层厚度,单位为毫米(mm);

t——管壁厚度,单位为毫米(mm);

C_w——外保护层厚度,单位为毫米(mm);

d_0——环向钢筋直径,单位为毫米(mm)。

d) 保护层厚度亦可在测点处钻取一个芯样进行测量。若用无损检验仪检测保护层厚度时,检验仪的精度应小于 0.1 mm。

10 混凝土强度

10.1 混凝土拌和物取样

a) 在混凝土浇筑地点随机抽取;

b) 取样频率宜按 GBJ 107 的规定执行;

c) 每次取样量应满足产品标准有关混凝土试件组数的规定。

10.2 试件的制作

a) 塑性混凝土拌和物按 GB/T 50080 的规定制作试件。

b) 干硬性混凝土拌和物,将拌和物适量加水搅拌,然后采用加压振动的方法制作试件。

10.3 试件的养护

a) 评定混凝土强度等级的试件按 GB/T 50081 的规定进行养护;

b) 测定脱模强度、蒸汽养护后 28 d 强度的混凝土试件,先采用与管子同条件的蒸汽养护,除测定脱模强度的试件外,其余试件在标准养护条件或与管子同条件继续养护至规定龄期。

10.4 试验方法

按 GB/T 50081 的规定试验混凝土立方试件抗压强度 f_{cc}。

10.5 结果换算

10.5.1 混凝土排水管因制管工艺不同,混凝土试件的抗压强度按式(6)计算:

$$f_{cu} = K_g \cdot f_{cc} \qquad \cdots\cdots(6)$$

式中:

f_{cu}——换算后的混凝土立方试件的抗压强度,单位为兆帕(MPa);

f_{cc}——混凝土立方试件的抗压强度,单位为兆帕(MPa);

K_g——工艺换算系数。工厂优先采用自己确定的工艺换算系数,当工厂尚未取得实用的工艺换算系数时,可参照表 1(GB/T 11837—1989 表 1)的规定选取。对掺用减水剂的混凝土离心工艺、振动挤压工艺,表 1 的系数不适用。

表 1 混凝土抗压强度工艺换算系数

制管工艺	离心工艺	悬辊工艺	立式振动工艺	振动挤压工艺
工艺换算系数 K_g	1.25	1.0	1.0	1.5

10.5.2 混凝土 28 d 抗压强度的评定按 GBJ 107 进行。

11 试验数据的修约与比较方法

11.1 试验数据的修约

试验数据应读至仪器、量具的最小分度值,按产品允许偏差的规定,确定修约位数和修约间隔,修约规则应符合 GB 8170 的规定。

11.2 试验数据的比较方法

外压荷载试验和内水压试验采用全数值比较法,其余项目的试验值或计算值均按 GB/T 1250 采用修约值比较法。

12 试验报告

试验报告应包括下列主要内容：

a) 生产厂名；

b) 产品名称和等级；

c) 标准编号；

d) 产品编号、规格和数量；

e) 试验项目名称；

f) 试验日期；

g) 试验结果；

h) 试验人员、审批人员；

i) 试验部门签章；

j) 试验报告日期。

附 录 A
（规范性附录）
试验用主要仪器和量具

试验用主要仪器和量具见表 A.1。

表 A.1 试验用主要仪器和量具

序号	名称		测量范围	精确度	分度值
1	内压试验装置： 由压力表、堵头和试验架组成		按内水压的检验要求配备	压力表 1.5 级	0.005 MPa
2	外压试验装置可采用以下任何一种形式	1)由传感器、荷载显示仪、油泵和试验架等组成	按破坏荷载配备	荷载显示仪 1 级	
		2)由压力表、千斤顶和试验架等组成		压力表 1.5 级	0.05 MPa
3	裂缝宽度测量可采用以下任何一种形式	1) JC-10 读数显微镜	（0～8）mm	±0.01 mm	0.01 mm
		2) 混凝土裂缝检验规			
4	内径尺寸可采用以下任何一种量具测量	1) 内径千分尺	（100～1500）mm （150～2000）mm （150～4000）mm	±0.027 mm ±0.032 mm ±0.060 mm	0.01 mm 0.01 mm 0.01 mm
		2) 内径专用检验量具	（100～1000）mm （1000～2000）mm （2000～4000）mm	±0.5 mm ±0.5 mm ±0.5 mm	0.2 mm 0.2 mm 0.2 mm
5	外径尺寸可采用以下任何一种量具测量	1) 游标卡尺	（0～1000）mm （0～2000）mm （0～3000）mm	±0.15 mm ±0.25 mm ±0.25 mm	0.10 mm 0.10 mm 0.10 mm
		2)外径专用检验量具	（100～1000）mm （1000～2000）mm （2000～4000）mm	±0.5 mm ±0.5 mm ±0.5 mm	0.2 mm 0.2 mm 0.2 mm
6	钢卷尺		3000 mm 5000 mm	Ⅱ级 Ⅱ级	1 mm 1 mm
7	深度游标卡尺		（0～200）mm	±0.10 mm	0.10 mm
8	钢直尺		（0～150）mm	±0.08 mm	0.5 mm
9	宽座角尺		根据需要选择	2 级	

附 录 B
（资料性附录）
内水压试验装置

B.1 内水压试验装置有卧式和立式两种。卧式内水压试验装置，见图 B.1。

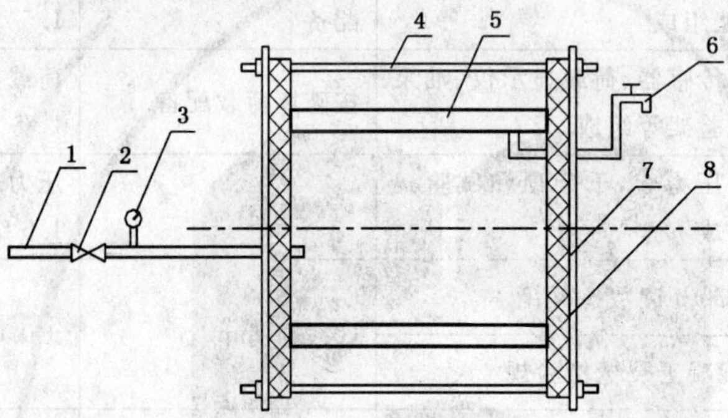

1——进水管；
2——阀门；
3——压力表；
4——拉杆；
5——管子；
6——排气管；
7——堵板；
8——橡胶垫。

图 B.1 卧式内水压试验装置

B.2 立式内水压试验装置，见图 B.2。

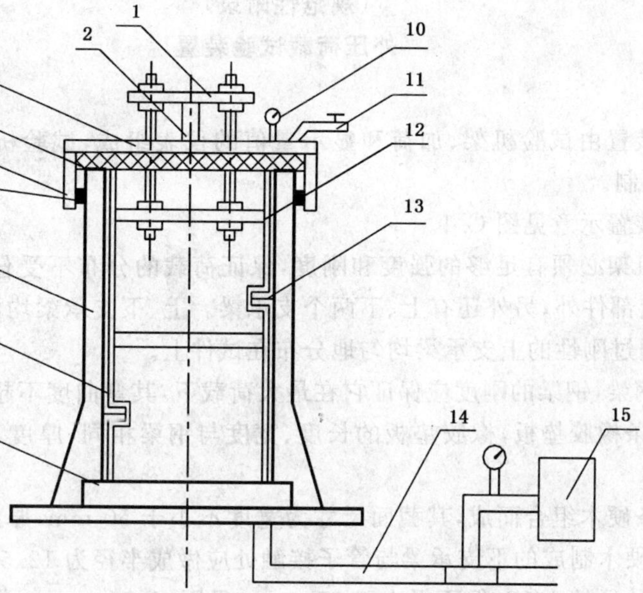

1——上顶梁；
2——千斤顶；
3——活动梁；
4——胶垫；
5——插口堵板；
6——胶圈；
7——管子；
8——内套筒；
9——承口底盘；
10——压力表；
11——排气孔；
12——下顶梁；
13——定位器；
14——进、排水导管；
15——电动压泵。

图 B.2 立式内水压试验装置

B.3 对于柔性接口的钢筋混凝土排水管，承口、插口堵板的接口形式宜与管子的接口形式相匹配。

附 录 C
（规范性附录）
外压荷载试验装置

C.1 外压荷载试验装置由试验机架、加荷和显示量值的仪表组成，试验机应保证测量荷载的误差为±2%，加荷速度可控制。

C.2 外压荷载试验装置示意见图 C.1。

C.3 外压试验装置机架必须有足够的强度和刚度，保证荷载的分布不受任何部位变形的影响。在试验机的组成中，除固定部件外，另外还有上、下两个支承梁。上、下支承梁均可延长到试件的整个试验长度上。试验时，荷载通过刚性的上支承梁均匀地分布在试件上。

C.4 上支承梁为一钢梁，钢梁的刚度应保证它在最大荷载下，其弯曲度不超过管子试验长度的 1/720，钢梁与管子之间放一条橡胶垫板，橡胶垫板的长度、宽度与钢梁相同，厚度不小于 25 mm，邵氏硬度为 45～60。

C.5 下支承梁由两条硬木组合而成，其截面尺寸为宽度不小于 50 mm，厚度不小于 25 mm，长度不小于管子的试验长度。硬木制成的下支承梁与管子接触处应做成半径为 12.5 mm 的圆弧，两条下支承梁之间的净距离为管子外径的 1/12，但不得小于 25 mm.，见图 C.2。

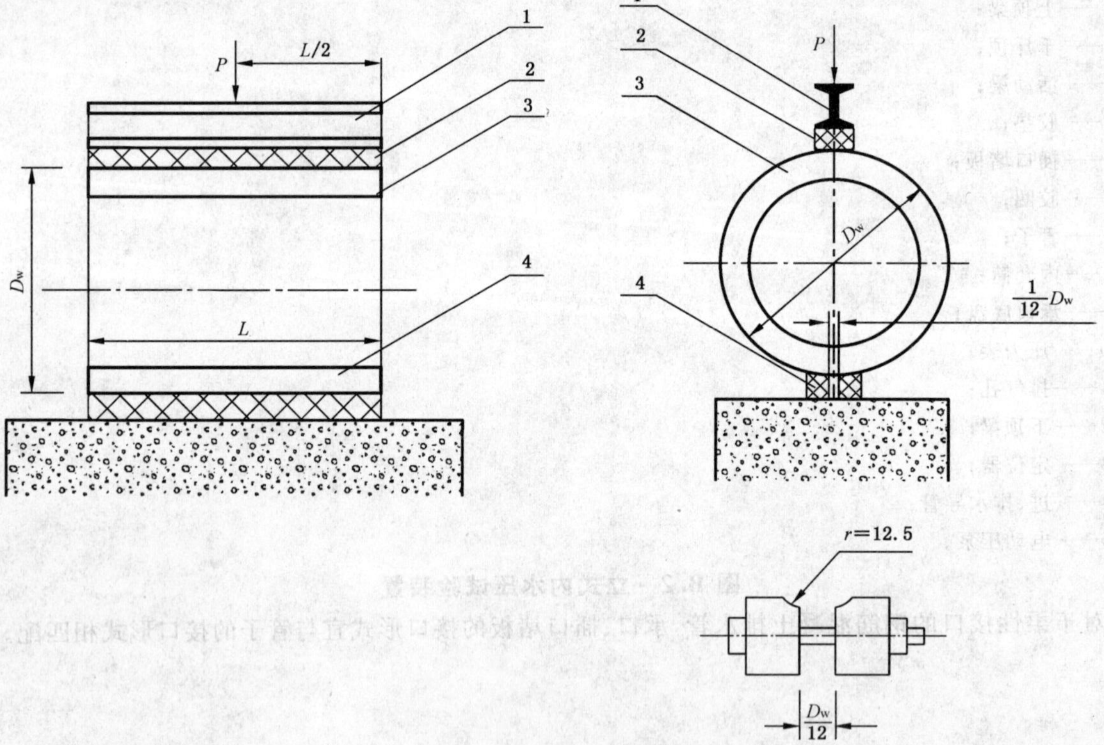

1——上支承梁（工字钢梁）；
2——橡胶垫；
3——管子；
4——下支承梁（方木条）。

图 C.1 外压荷载试验装置示意图

图 C.2　外压荷载试验装置加荷示意图

ICS 65.120
B 46

中华人民共和国国家标准

GB/T 16764—2006
代替 GB/T 16764—1997

配合饲料企业卫生规范

Hygienic specification for formula feed enterprises

2006-12-20 发布　　　2007-03-01 实施

中华人民共和国国家质量监督检验检疫总局
中国国家标准化管理委员会　发布

前　言

本标准是对 GB/T 16764—1997《配合饲料企业卫生规范》的修订。

本标准与 GB/T 16764—1997 的差异如下：

——增加了“对所有购进的原料，特别是药物饲料添加剂，必须有正确可追踪的文件资料”的要求；

——增加了“饲料、饲料添加剂、尤其是动物源性饲料原料运输工具应定期清洗和消毒”的要求；

——规定了非噪声工作地点噪声声级的卫生限值；

——提出了“根据实际需要和使用方便的原则设置辅助用室”的要求；

——提出了“应建立数据记录系统，以保证有足够数据记录以追踪产品生产全过程”的要求；

——增加了“生产含有药物饲料添加剂的产品应根据的药物添加剂的类型、特点进行排序生产”的要求；

——删去原标准中关于防爆、防火等非卫生方面的要求。

本标准自实施之日起，代替 GB/T 16764—1997。

本标准由全国饲料工业标准化技术委员会提出并归口。

本标准起草单位：国家饲料质量监督检验中心(武汉)、中国饲料工业协会。

本标准主要起草人：杨林、胡广东、杨海鹏、粟胜兰、李燕松、何一帆。

配合饲料企业卫生规范

1 范围

本标准对配合饲料企业的厂房设计与各项卫生设施、周边环境等提出了要求，对生产车间的粉尘浓度和噪声进行了限定；规定了原料采购、储存、运输以及成品管理的卫生要求等。

本标准适用于配合饲料、浓缩饲料、精料补充料的工厂设计、生产管理以及饲料加工、贮存、运输和营销等。

2 规范性引用文件

下列文件中的条款通过本标准的引用而成为本标准的条款。凡是注日期的引用文件，其随后所有的修改单（不包括勘误的内容）或修订版均不适用于本标准，然而，鼓励根据本标准达成协议的各方研究是否可使用这些文件的最新版本。凡是不注日期的引用文件，其最新版本适用于本标准。

GB/T 8946 塑料编织袋

GB/T 8947 复合塑料编织袋

GB 10648 饲料标签

GB 13078 饲料卫生标准

饲料添加剂品种目录（中华人民共和国农业部公告第658号）

饲料药物添加剂使用规范（中华人民共和国农业部公告第168号）

禁止在饲料和动物饮用水中使用的药物品种目录（中华人民共和国农业部公告第176号）

食品动物禁用的兽药及其他化合物清单（中华人民共和国农业部公告第193号）

3 饲料原料采购、运输、贮存的卫生要求

3.1 采购

3.1.1 采购的饲料原料的卫生指标应符合 GB 13078 或产品标准中的有关规定。

3.1.2 采购的饲料添加剂应符合中华人民共和国农业部公告《饲料添加剂品种目录》的规定，饲料添加剂的使用应符合中华人民共和国农业部公告《饲料药物添加剂使用规范》的规定。

3.1.3 采购的药物不得违反中华人民共和国农业部公告《禁止在饲料和动物饮用水中使用的药物品种目录》及中华人民共和国农业部公告《食品动物禁用的兽药及其他化合物清单》中的有关规定。

所有购进的原料，特别是药物饲料添加剂，必须有产品标签。应该保存具有书面追溯或监管过程作用的文件材料，包括：接收的配料类型、收货日期、承运人、供应商、卸载指令、货包数量、货号、质量意见和接收人员签字等。

3.2 运输

3.2.1 用于包装、盛放原料的包装袋和包装容器，必须无毒、干燥、洁净。

3.2.2 运输工具应干燥、洁净，并有防雨、防污染措施。不得将原料与有毒、有害物品混装、混运。饲料、饲料添加剂、尤其是动物源性饲料原料运输工具应定期清洗和消毒。

3.3 贮存

3.3.1 饲料原料及饲料添加剂应贮存在阴凉、通风、干燥、洁净，并有防虫、防鼠、防鸟设施的仓库内。同一仓库内的不同饲料原料应分别存放，并挂标识牌，避免混杂。

3.3.2 饲料添加剂、饲料药物添加剂应单独存放，并应挂明显的标识牌。

3.3.3 饲料原料存放在室外场地时，场地必须高于地面，干燥，并且必须有防雨设施和防止霉烂变质措施。

3.3.4 各类饲料原料及饲料添加剂应严格按照国家标准的要求贮存，不应与农药、化肥等有可能造成污染的物品贮存于同一场所。

4 工厂设计与设施的卫生要求

4.1 选址

工厂必须设置在无有害气体、烟雾、灰尘和其他污染源的地区。

4.2 厂区和道路

厂区主要道路及进入厂区的主干道应铺设适于车辆通行的硬质路面(沥青或混凝土路面)。路面平坦，无积水。厂区应有良好的排水系统。厂区内非生产区域应绿化。

4.3 厂房与设施

4.3.1 厂房与设施的设计要便于卫生管理，便于清洗、整理。要按配合饲料、浓缩饲料生产工艺合理布局。

4.3.2 厂房与设施应具备日常保养的措施。

4.3.3 厂房内应有足够的加工场地和充足的光照，以保证生产正常运转。并应留有对设备进行日常维修、清理的进出口。

4.3.4 厂房与设施应有防鼠、防鸟、防虫害的有效措施。

4.3.5 原料仓库或存放地、生产车间、包装车间、成品仓库的地面应具有良好的防潮性能，应进行日常保洁。地面不应堆有垃圾、废弃物、废水及杂乱堆放的设备等物品。

4.3.6 企业应设有能满足生产正常运转的化验室。

4.4 生产车间的要求

4.4.1 生产车间内工人作业区的粉尘浓度应不大于 10 mg/m^3，排放大气的粉尘浓度不大于 150 mg/m^3。

4.4.2 生产车间作业区噪声标准为 85dB，每个工作日接触噪声时间不同，允许噪声标准见表 1。

表 1 作业区噪声声级的卫生限值

每个工作日接触噪声时间/h	8	4	2	1
允许噪声/dB	85	88	91	94
注：最高不得超过 115 dB。				

生产性噪声传播至非噪声作业区的噪声声级的卫生限制不得超过表 2 的规定。

表 2 非噪声作业区噪声声级的卫生限值

地点名称	卫生限值/dB(A)	工效限值/dB(A)
噪声车间办公室	75	不得超过 55
非噪声车间办公室	60	
会议室	60	
计算机室、精密加工室	70	

4.4.3 车间内必须具有通风、照明设施。

4.5 工厂的建筑布局

工厂的建筑物及其他生产设施、生活设施的选址、设计与建造应满足饲料原料及成品有条理的接收和贮存,并在其加工过程中得以进行有控制的流通。

根据实际需要和使用方便的原则设置辅助用室,包括工作场所办公室、生产卫生室(浴室、存衣室、盥洗室、洗衣房),生活室(休息室、厕所),妇女卫生室。生产区应与生活区隔开。废弃物临时存放点应远离生产区。

5 工厂的卫生管理

5.1 措施

工厂应根据本标准的要求,制定卫生管理规定。

5.2 维修、保养

厂房、设备、排水系统和其他机械设施,必须保持良好的状态,发现问题时应及时检修,正常情况下,每年至少进行一次全面检修。

5.3 清理

5.3.1 每天工作结束后应清扫生产场地。

5.3.2 为防止加入药物添加剂的饲料产品生产过程中的交叉污染,在生产不同加入药物添加剂的饲料产品时,对所用的生产设备、工具、容器应进行彻底清理。

5.3.3 厕所、浴室等公共场所,应经常清扫,保持清洁。

5.4 废弃物处理

5.4.1 厂房通道及周围场地应保持清洁,不得堆放杂物。

5.4.2 生产场地和其他工作场地的废弃物必须随时清除,并及时清理出厂,废弃物容器及其存放地应及时清洗。

5.5 除虫灭害

厂区周围应定期或在必要时进行除虫灭害,防止害虫孳生。

5.6 危险品管理

工厂必须设置专用的危险品库,存放杀虫剂和一切有毒、有害物品,这些物品必须贴有醒目的有毒标记,并应制定各种危险品的使用规则。使用危险品须经专门部门批准,并有专门人员严格监督使用,严禁污染饲料。

5.7 其他

厂内禁止饲养家禽、家畜。禁止动物进入生产区。

6 生产过程中的卫生管理

6.1 所用饲料原料和饲料添加剂应符合 3.1 的规定,投产前应严格检验,不合格原料不得投产。

6.2 生产中使用饲料添加剂的品种和用量,应符合国家有关饲料添加剂的使用规定。生产质量控制必须保证生产的饲料始终符合饲养动物的质量要求。应建立数据记录综合系统,以保证生产的全过程都符合产品配方的要求。应有足够数据记录以追踪产品生产全过程。

6.3 生产含有药物饲料添加剂的产品应根据药物添加剂的类型、特点进行排序生产。

7 成品包装、贮存、运输的卫生要求

7.1 包装卫生要求

7.1.1 包装分类

7.1.1.1 贮存、运输包装(车、仓、罐、桶等):必须符合坚固耐久的要求及具有可重复使用的价值。

7.1.1.2 销售包装:具有保障产品的安全和保护产品的作用。

7.1.2 包装材料

7.1.2.1 贮存、运输包装材料:大批量直接供应用户的散装料运输和贮存应选用金属罐等大容器为包装材料。小批量的观赏动物等的配合饲料,已有销售包装时,可选用硬质箱等为外包装材料。

7.1.2.2 销售包装材料:选用的销售包装材料应符合保障产品的安全和保护产品的要求。若选用塑料编织袋应符合 GB/T 8946 的要求。若选用复合编织袋应符合 GB/T 8947 的要求。

7.1.2.3 包装材料的卫生要求:一切包装材料都必须符合有关卫生标准的规定,不应带有任何污染源,并保证包装材料不应与产品发生任何物理和化学作用而损坏产品。

7.1.3 包装标志

包装标志必须符合 GB 10648 饲料标签的规定。

7.2 贮存卫生要求

7.2.1 贮存仓库和设备

7.2.1.1 仓库:仓库应牢固安全,不漏雨、不潮湿,门窗齐全,能通风、能密闭;有防潮、防虫、防鼠、防鸟设施;有一定空间,便于机械作业;库内不准堆放化肥、农药、易腐蚀、有毒有害等与配合饲料无关的物资。

7.2.1.2 器具、仪器设备:配备清扫、运输、整理等仓用工具和材料;配备测温设备、测湿设备、通风设备及准确的衡器;配备抽样工具。散装立筒仓应配备除尘、清理设备。

7.2.1.3 仓库内外清洁卫生要求:仓库内保持清洁卫生,所有物品放置有序。仓外 3m 内无垃圾、无杂草、无积水;器材、工具、检测用具、机械设备等应保持清洁无虫害。

7.2.1.4 清仓消毒:新建仓库在使用前应彻底清扫和密闭消毒,旧仓库要轮流清扫和消毒。

7.2.2 成品管理

入库饲料必须持有产品合格证。产品各项指标必须与产品标签相符合。

入库饲料不得带有活的害虫或有毒有害物质。

入库饲料须根据生产报表核实其品种、规格、数量后验收,并做好入库记录,填写卡片,做到账目、卡片、实物三相符。

饲料的贮存堆放应考虑安全,防止霉变。

饲料仓库要有标牌。配合饲料堆垛要有标牌卡片,标明产品品种、规模、等级、生产日期、入库日期、入库数量、出库数量等。

在饲料的贮存期间,应注意温、湿度的变化,定期进行抽样检测,并将检测结果登记入卡片。

7.3 运输卫生要求

7.3.1 运输安全卫生要求

运输工具应干燥、清洁,无异味,无传染性病虫害,并有防雨、防潮、防污染设施。

饲料不得与有毒、有害、有辐射等物品混装、混运。

7.3.2 运输标志

饲料的运输要随带装运清单。装运清单必须填清所运产品名称、规格型号、数量、目的地及接收单位(人)。标签必须随附包装上。

8 卫生与质量检验管理

8.1 企业必须设置与生产能力相适应的卫生质量检验机构，检验人员应持有国家有关部门颁发的有效证书。

8.2 检验室应具备检、化验工作所需要的仪器、设备。

8.3 检验室应按标准检验方法进行原料和产品检验，凡不符合标准的原料不准投产，不符合标准的产品一律不得出厂。

8.4 计量仪器和设备必须定期检定，确保精度。

8.5 各项原始记录保存3年，备查。

ICS 75.020
E 13

中华人民共和国国家标准

GB/T 16783.1—2006/ISO 10414-1:2001
代替 GB/T 16783—1997

石油天然气工业　钻井液现场测试
第1部分:水基钻井液

Petroleum and natural gas industries—
Field testing of drilling fluids—
Part 1:Water-based fluids

(ISO 10414-1:2001,IDT)

2006-12-15 发布　　2007-05-01 实施

中华人民共和国国家质量监督检验检疫总局
中国国家标准化管理委员会　发布

前　言

该标准等同采用了 ISO 10414-1:2001《石油天然气工业　水基钻井液现场测试》(英文版)。

本标准在编写过程中对编排格式和编号等按国家标准要求进行了修正。

为便于使用,本标准做了下列编辑性修改:

a) 用小数点‘.’代替作为小数点的逗号‘,’;

b) 对原文中有文字性错误的地方进行了更正:

1) 原文 5.4 中为便于换算,见 4.5.2 的公式,应改为见 4.4.2 的公式;

2) 原文 4.4.2 中公式(5)有误,应改为 DFG′=0.022 6×DFG;

3) 原文 8.4.2 中公式(12)$V_{SS}=V_S-V_W[(C_S/1\ 680\ 000)-1.21\times C_S]$有错误,改为 $V_{ss}=V_s-V_w\left(\frac{C_S}{1\ 680\ 000-1.21\times C_S}\right)$;

4) 原文 8.4.3 中公式(13)V_{lg}低密度固相体积分数,mg/L,应改为 V_{lg}低密度固相体积分数;

5) 原文 10.3.4 中公式(21)BE=14.25×MBT/V_{df}改为 BE=14.25×MBT;

6) 原文 10.3.4 中公式(22)BE=5×MBT/V_{df}改为 BE′=5×MBT;

7) 原文 11.2.6 中注释 HCl 是强酸且有毒,为编辑性错误,改为氟化氢铵呈强酸性且有毒;

8) 原文 14.3.8 中钙指示剂为编辑性错误,改为硬度指示剂;

9) 原文 A.7.3.1 中 100 mL 量筒改为 100 mL 容量瓶;

10) 原文 A.7.3.2 中用 25 mL 量筒移取 STPB 改为用 25 mL 移液管量取。

c) 原文中 4.4.2 中的公式(1)、(2)、(3)叙述不清,对其进行了修改,具体内容如下:

1) 公式(1)$\rho=1\ 000\times g/cm^3$ 改为 $1\ g/cm^3=1\ 000\ kg/cm^3$;

2) 公式(2)$\rho=16\times lb/ft^3$ 改为 $1\ g/cm^3=62.3\ lb/ft^3$;

3) 公式(3)$\rho=119.8\times lb/US\ gal$ 改为 $1\ g/cm^3=8.345\ lb/US\ gal$。

d) 原文中部分章节使用了 N 作为浓度单位,考虑到 N 这个单位已经淘汰,将其改为 mol/L。改动章节如下所示:

1) 10.2.3 中稀硫酸的浓度;

2) 12.2.1 中硫酸的浓度;

3) 12.3.1 中硫酸的浓度;

4) 13.3.1 中硫酸的浓度。

本标准代替 GB/T 16783—1997《水基钻井液现场测试》。

本标准与 GB/T 16783—1997 相比,主要变化如下:

——增加了“范围”的内容(见本版第 1 章);

——增加了“术语和定义”的内容(见本版第 2 章);

——增加了“缩略语”的内容(见本版第 3 章);

——增加了“取样、检验和拒收”的内容(见本版附录 F);

——增加了“井场取样”的内容(见本版附录 G);

——增加了“玻璃量具、温度计、黏度计、蒸馏器杯和钻井液密度计的检验和校正”的内容(见本版附录 H);

——增加了“用旋转黏度计测量钻井液静切力”的内容(见本版附录 I);

——增加了表1“密度转换”的内容(见本版第4章);

——增加了钻井液密度计算中美制单位的换算(见本版4.4);

——增加了黏度和切力计算中美制单位的换算(见本版6.3.3);

——增加了表2“推荐的最低回压”中美制单位的换算(见本版第7章);

——增加了亚甲基容量计算中美制单位的换算(见本版10.4);

——增加了碱度和石灰含量计算中美制单位的换算(见本版12.6.3);

——增加了附录A.3中硫酸钙含量计算中美制单位的换算(见本版A.3.4,1997版A.3.4);

——增加了附录A表A.3“在不同浓度下滤液取样体积”中美制单位的换算(见本版A.6,1997版A.5);

——增加了附录A.6“钾离子含量(含量高于5 000 mg/L)”中钾离子含量计算中美制单位的换算(见本版A.6.5,1997版A.7.5);

——增加了附录A.7“钾离子含量(含量低于5 000 mg/L)”中钾离子含量计算中美制单位的换算(见本版A.7.4,1997版A.8.4);

——增加了附录A表A.4“测定低浓度KCl含量的滤液取样量”中美制单位的换算(见本版A.7,1997版A.6);

——增加了附录B中静切力计算中美制单位的换算(见本版B.4,1997版B.4);

——对标准附录的要素的划分进行了调整,GB/T 16783—1997中附录A～附录E的要素为标准的附录,本版改为资料性附录(见本版附录A～附录I);

——将GB/T 16783—1997中钻井液密度测试(1)分成钻井液密度测试(见本版第4章)及钻井液密度测定补充方法(见本版第5章)两章进行描述;

——将GB/T 16783—1997中化学分析(8)分成碱度和石灰含量(见本版第12章)、氯离子含量测定(见本版第13章)及以钙离子计算的总硬度(见本版第14章)三章进行描述;

——删除了GB/T 16783—1997中8.2“碱度测定的替代方法”的内容;

——删除了GB/T 16783—1997附录A中“甲醛含量测定”的内容;

——删除了GB/T 16783—1997表4“由氯离子含量分析结果计算的钻井液水相中盐体积分数”(见1997版8.3)、表5“以mg/L表示的氯离子含量与盐的质量分数间的换算表”(见1997版8.3)。

——删除了GB/T 16783—1997附录F中“SI单位换算表”的内容;

——对黏度和切力中塑性黏度、动切力和表观黏度的计算公式进行了修改(见本版6.3.3,1997版2.3.3);

——对水、油和固相含量中低密度固相、加重材料浓度计算公式进行了修改(见本版8.4.5,1997版4.4.2);

——对附录A中表A.1“不同硫化物浓度下所使用的Dräger管型号、样品体积及管系数”的内容进行了修改(见本版A.4,1997版A.5);

——对附录A中表A.2“不同碳酸盐浓度范围所用的Dräger管型号、样品体积及管系数”的内容进行了修改(见本版A.5,1997版A.6);

——对附录A.3中硫酸钙含量的计算公式进行了修改(见本版A.3.4,1997版A.3.4);

——对附录A.7“钾离子含量(含量低于5 000 mg/L)”中钾离子含量计算公式进行了修改(见本版A.7.4,1997版A.8.4);

——对附录B中静切力的计算公式进行了修改(见本版B.4,1997版B.4)。

本标准的附录A～附录I都是资料性附录。

本标准由中国石油天然气集团公司提出。

本标准由石油工业标准化技术委员会归口。

本标准由中国石油勘探开发研究院油田化学研究所负责起草。

本标准主要起草人：欧阳坚、李辉、肖红章、董贺明、郑远渭、魏坤、卜家泰、吴木希。

本标准所代替标准的历次版本发布情况为：

——GB/T 16783—1997。

ISO 引言

ISO 10414-1:2001 依据 API RP 13B-1 1997 9 第二版。

因为实验步骤需要使用有毒的化学物质，因此希望使用者应有相应的知识并接受使用和处理这些化学物质的培训。使用者应遵从当地、地方、国家对于健康的、安全、环保法规的规定。

在这部分内容里，US 的单位被标记在括号里。

石油天然气工业　钻井液现场测试
第1部分:水基钻井液

1　范围

本标准提供了水基钻井液下述性能测试的标准程序：

a)　钻井液密度；

b)　黏度和切力；

c)　滤失量；

d)　水、油和固相含量；

e)　含砂量；

f)　亚甲基蓝容量；

g)　pH值；

h)　碱度和石灰含量；

i)　氯离子含量；

j)　以钙离子计算的总硬度。

附录A、B、C和E提供补充的测试程序用于：

k)　钙离子、镁离子、硫酸钙、硫化物、碳酸盐、钾离子的化学分析方法；

l)　测定静切力；

m)　测定电阻率；

n)　钻杆腐蚀监测。

附录D、F、G、H、I提供了用于下列程序的测试程序：

o)　从钻井液中除去空气；

p)　取样、检验和拒收；

q)　井场取样；

r)　玻璃量具、温度计、黏度计、蒸馏器杯和钻井液密度计的检验和校正；

s)　用旋转黏度计测量钻井液静切力。

2　术语和定义

ACS试剂级　ACS reagent grade

符合由美国化学协会(ACS)提出的纯度标准的试剂。

3　缩略语

ACS	美国化学协会
AISI	美国钢铁协会
CAS	化学文摘社
EDTA	乙二胺四乙酸
HT/HP	高温/高压
meq	毫克当量
OCMA	油田化学材料制造商协会

PTEF	聚四氟乙烯
QAS	季铵盐
STPB	四苯硼酸钠
TC	量入
TD	移出

4 钻井液密度

4.1 概述

本测试程序是测定给定体积流体质量(既密度)的一种方法。钻井液密度以 g/cm^3 或 kg/m^3 为单位来表示。

4.2 仪器

4.2.1 凡精度可达±0.01 g/cm^3 或±10 kg/m^3 的任何一种密度测量仪器均可使用。

通常用钻井液密度计来测定钻井液的密度。钻井液密度计通常设计成臂梁一端的钻井液杯和另一端的固定平衡锤及一个可沿刻度臂梁自由移动的游码来平衡。为使平衡准确,臂梁上装有水准泡(需要时可使用扩大量程的附件)。

应经常用淡水来校正仪器。在21℃(70 ℉),淡水的密度值应是1.00 g/cm^3 或1 000 kg/m^3。否则,应按需要调节刻度臂梁末端的平衡螺丝或增减平衡锤小孔内的铅粒数。

4.2.2 温度计:量程为0℃～105℃(32 ℉～220 ℉)。

4.3 测定程序

4.3.1 将仪器底座放置在一个水平的平面上。

4.3.2 测量钻井液的温度并记录在钻井液报表上。

4.3.3 将待测钻井液注入到洁净的钻井液杯中,倒出,再注入新的待测钻井液,把杯盖放在注满钻井液的杯上,旋转杯盖至盖紧。要保证一些钻井液从杯盖小孔溢出以便排出混入钻井液中的空气或天然气(见附录D有关空气和天然气的除去)。

4.3.4 将杯盖压紧在钻井液杯上(堵住杯盖的小孔),冲洗并擦净擦干杯和盖的外部。

4.3.5 将臂梁放在底座的刀垫上,沿刻度移动游码使之平衡。在水准泡位于中心线下时即已达到平衡。

4.3.6 在靠近钻井液杯一边的游码边缘读取钻井液密度值。使用扩大量程附件时,应做适当的校正。

4.4 计算

4.4.1 记录钻井液密度值,精确到0.01 g/cm^3 或10 kg/m^3。

4.4.2 用下列公式,将读数转换为其他单位:

$$1\ g/cm^3 = 1\ 000\ kg/cm^3 \quad \cdots\cdots(1)$$

$$1\ g/cm^3 = 62.3\ lb/ft^3 \quad \cdots\cdots(2)$$

$$1\ g/cm^3 = 8.345\ lb/US\ gal \quad \cdots\cdots(3)$$

当 ρ 是用 g/cm^3 表示的密度时

$$DFG = 9.81\rho \quad \cdots\cdots(4)$$

$$DFG' = 0.022\ 6 \times DFG \quad \cdots\cdots(5)$$

式中:

DFG——钻井液梯度,kPa/m;

DFG′——钻井液梯度,psi[1)]/1 000 ft。

1) psi为非法定计量单位,考虑石油行业参与国际竞争日益增多,为满足钻井技术发展与国际接轨的需要,保证国内钻井队伍和国际钻井队伍遵循同一标准,特予以保留,1 kPa=0.145 psi。

密度转换参见表1。

5 钻井液密度测定补充方法

5.1 概述

含有空气或天然气的钻井液密度可用本节所描述的加压钻井液密度计更精确地进行测定。加压钻井液密度计的操作与常规密度计类似，所不同的是在加压下将钻井液样品注入到固定体积的样品杯中。在加压下注入样品的目的是要把混入到钻井液中的空气或天然气对钻井液密度测定的影响减少到最低程度。

对样品杯加压，可使混入钻井液中的天然气或空气体积减少到可忽略的程度。这样所测定的钻井液密度更接近于井下钻井液的实际密度。

表1 密度转换

克/厘米^3 [a] g/cm^3	千克/米^3 kg/m^3	磅/加仑 lb/US gal	磅/英尺^3 lb/ft^3
0.70	700	5.8	43.6
0.80	800	6.7	49.8
0.90	900	7.5	56.1
1.00	1 000	8.345[b]	62.3
1.10	1 100	9.2	68.5
1.20	1 200	10.0	74.8
1.30	1 300	10.9	81.0
1.40	1 400	11.7	87.2
1.50	1 500	12.5	93.5
1.60	1 600	13.4	99.7
1.70	1 700	14.2	105.9
1.80	1 800	15.0	112.1
1.90	1 900	15.9	118.4
2.00	2 000	16.7	124.6
2.10	2 100	17.5	130.8
2.20	2 200	18.4	137.1
2.30	2 300	19.2	143.3
2.40	2 400	20.0	149.5
2.50	2 500	20.9	155.8
2.60	2 600	21.7	162.0
2.70	2 700	22.5	168.2
2.80	2 800	23.4	174.4
2.90	2 900	24.2	180.7

a 和相对密度相同的值。

b 准确的换算因子。

5.2 仪器

5.2.1 凡精度在±0.01 g/cm^3 或±10 kg/m^3 之内的任何一种密度测量仪器均可使用。

加压钻井液密度计是通常用来测定加压情况下的钻井液密度的仪器。加压流体密度计设计成臂梁一端的拧上杯盖的钻井液杯由另一端的固定平衡锤和可沿刻度臂梁自由移动的游码来平衡。为使平衡准确，臂梁上装有水准泡。

应经常用淡水来校正仪器。在21℃(70 ℉)，淡水的密度值应是1.00 g/cm^3 或1 000 kg/m^3。否则，应按需要调节刻度臂梁末端的平衡螺丝或增减平衡锤小孔内的铅粒数。

5.2.2 温度计：量程为0℃～105℃(32 ℉～220 ℉)。

5.3 测定程序

5.3.1 测量并记录钻井液的温度。

5.3.2 将样品注入样品杯中，使液面略低于杯上端(约6.0 mm)。

5.3.3 盖上杯盖，使盖上的附体单向阀处于向下(开启)的位置。将盖子向下推入样品杯口，直至盖子外缘和杯上缘面接触为止。过量的钻井液由单向阀排出。杯盖放在杯上后，向上拉单向阀使之处于关闭位置，用水冲洗杯和螺纹，并把丝扣盖拧到杯上。

5.3.4 加压柱塞的操作与注射器相似。为把钻井液注入到柱塞内，将柱塞杆完全向内位置的柱塞筒端浸入到钻井液中。而后向上拉柱塞杆以便钻井液注满柱塞筒。应该用柱塞作用排出这部分钻井液，而后重新抽入新的钻井液样品，以保证柱塞筒内的钻井液不会被前次冲洗柱塞而残留的液体所冲稀。

5.3.5 将柱塞筒端口接到杯盖单向阀的O型圈表面上。在柱塞筒上保持向下的推力以保证单向阀向下(开启)，同时向里推柱塞杆，即可对样品杯加压。柱塞杆上的推力应保持约225 N(50 lbf)或更大些。

5.3.6 杯盖上的单向阀是由压力驱动的，样品杯加压后，单向阀被推至关闭位置。为关闭单向阀，在保持柱塞杆上的压力的同时，应逐渐释放柱塞筒压力。单向阀关闭后，取下柱塞筒前，应释放柱塞杆上的压力。

5.3.7 此时，加压的钻井液样品已准备好，可以测定密度。洗净并擦干样品杯外部。将仪器放到刀垫上。左右移动游码直至臂梁平衡。当水准泡位于两黑线间时，臂梁即已达到平衡。从游码箭头记号一边读出四种单位中的任意一种单位表示的钻井液密度值。可直接读出以 g/cm^3、lb/gal、lb/ft^3 为单位的密度值或是以psi/1 000 ft表示的钻井液梯度。

5.3.8 为释放样品杯内的压力，重新连接空柱塞装置，并向下推柱塞筒。

5.3.9 用水彻底冲洗样品杯并擦净。为在水基钻井液中使用方便，应在单向阀上经常涂覆防水润滑脂。

5.4 计算

5.4.1 记录钻井液密度，精确到0.01 g/cm^3 或10 kg/m^3。

5.4.2 以4.4.2所述公式进行单位换算。

6 黏度和切力

6.1 概述

黏度和切力是与钻井液流动性能(流变学)有关的量。下列仪器可用于测定钻井液的黏度和切力：

a) 马氏漏斗：一种日常用于测定黏度的简单设备。

b) 直读式黏度计：一种在不同剪切速率下测定黏度的机械设备。

注：流变学的有关概念在参考文献[3]中进行了讨论。

6.2 用马氏漏斗测定黏度

6.2.1 仪器

6.2.1.1 马氏漏斗：被标定为在21℃±3℃(70 ℉±5 ℉)时，从漏斗中流出946 mL淡水的时间为26 s±0.5 s。用标有刻度的杯子作为接受器。

6.2.1.1.1 漏斗锥体:长度为305 mm(12.0 in);直径为152 mm(6.0 in);至筛网底的容积1 500 mL(1.6 qt)。

6.2.1.1.2 流出口:长度为50.8 mm(2.0 in);内径为4.7 mm(0.185 in)。

6.2.1.1.3 筛网:孔径为1.6 mm(0.185 in),固定在离漏斗顶部19.0 mm(0.784 in)。

6.2.1.2 刻度杯:标有946 mL刻度线的杯子(1 qt)。

6.2.1.3 秒表。

6.2.1.4 温度计:量程为0℃~105℃(32 ℉~220 ℉)。

6.2.2 测定程序

6.2.2.1 用手指堵住漏斗流出口,通过筛网将新取的钻井液样品注入到干净且直立的漏斗中,直至钻井液到筛网底部为止。

6.2.2.2 移开手指的同时启动秒表,测量钻井液注满杯内946 mL(1 qt)刻度线所需的时间。

6.2.2.3 测量钻井液温度,以℃(或以℉)表示。

6.2.2.4 以s为单位记录6.2.2.2的时间,作为钻井液漏斗黏度,并以℃(或以℉)为单位记录6.2.2.3中测得的钻井液温度。

6.3 用直读式黏度计测定黏度和切力

6.3.1 仪器

6.3.1.1 直读式黏度计

这类黏度计是以电动机或手摇为动力的旋转型仪器。钻井液处于两个同心圆筒间的环形空间内,外筒(或称转筒)以恒速旋转,外筒在钻井液中的旋转对内筒(或称悬锤)产生扭矩,扭力弹簧阻止内筒的旋转,同时与内筒相连的表盘指示内筒的转动位置。由于已调好仪器常数,所以通过转筒以300 r/min和600 r/min旋转时的读值可计算得到塑性黏度和动切力。

直读式黏度计规格:

a) 转筒:
   内径:36.83 mm(1.450 in)
   总长度:87.00 mm(3.425 in)
   刻度线:到转筒底部的长度为58.40 mm(2.30 in),恰好在转筒刻度线下,有两排相距120°(度)、直径为3.18 mm(0.125 in)的小孔。

b) 内筒(或称悬锤):由平底和锥形顶部所封闭
   直径:34.49 mm(1.358 in)
   柱体长度:38.00 mm(1.496 in)

c) 扭力弹簧常数:386 dyn·cm/(°)(度)

d) 转筒转速:
   高速:600 r/min
   低速:300 r/min

注:对不同生产厂家生产的黏度计还可有其他转速。

6.3.1.2 秒表。

6.3.1.3 合适的容器,如黏度计配备的样品杯。

6.3.1.4 温度计:量程为0℃~105℃(32 ℉~220 ℉)。

6.3.2 测定程序

6.3.2.1 将样品注入到容器中,并使转筒刚好浸入至刻度线处。在井场测量时,应尽可能减少取样所耽搁的时间(如有可能,应在5 min之内),且测量时的钻井液温度应尽可能接近取样处的钻井液温度,温差不要超过6℃(10 ℉)。在报表上应注明取样位置。

注:仪器最高工作温度为90℃(200 ℉)。如果要测定温度高于此温度的钻井液,应使用实心的金属内筒或内部完

全干燥的空心金属内筒。因为当浸入到高温钻井液中时，空心内筒内部的液体可能会蒸发而引起内筒的破裂。

6.3.2.2 测量并记录钻井液的温度。

6.3.2.3 使转筒在 600 r/min 旋转，待表盘读值稳定(所需时间取决于钻井液的性能)后，读取并记录 600 r/min 时的表盘读值。

6.3.2.4 将转速转换为 300 r/min，待表盘读值稳定后，读取并记录 300 r/min 时的表盘读值。

6.3.2.5 将钻井液样品在 600 r/min 下搅拌 10 s。

6.3.2.6 使钻井液样品静置 10 s，然后缓慢、平稳地按表盘产生正读值的方向转动手轮。记录此时的最大读值。如黏度计具有 3 r/min 转速挡，则记录 3 r/min 转速开始旋转后的最大读值。以 Pa 为单位计算初切力(10 s 切力)(参见附录 I 公式 I.1)。

6.3.2.7 将钻井液样品在 600 r/min 下重新搅拌 10 s，而后使其静置 10 min。重复 6.3.2.6 的操作步骤，记录最大读值，并以 Pa 为单位计算 10 min 终切力(10 min 切力)(参见附录 I 公式 I.1)。

6.3.3 计算

按式(6)、式(7)和式(8)分别计算塑性黏度、动切力和表观黏度。

$$\eta_P = R_{600} - R_{300} \qquad \cdots\cdots(6)$$

$$YP = 0.48 \times (R_{300} - \eta_P) \qquad \cdots\cdots(7)$$

$$\eta_A = R_{600}/2 \qquad \cdots\cdots(8)$$

式中：

η_P——塑性黏度，mPa·s；

注：塑性黏度一般用缩写 PV 代替。

YP——动切力，Pa；

η_A——表观黏度，mPa·s；

R_{600}、R_{300}——600 r/min、300 r/min 时的稳定读值。

注 1：1 cP=1 mPa·s

注 2：当用 US 单位进行计算时，动切力(lb/100 ft^2)用下式计算：

$$YP = R_{300} - \eta_P$$

7 滤失量

7.1 概述

钻井液的滤失性能和造壁性能的测定与滤液的性能，如油、水或乳状液含量的测定一样，对钻井液的控制和处理是重要的。这些性能受到钻井液中的固相类型和含量以及它们之间的物理和化学作用的影响，而这些物理和化学作用又要受到温度和压力的影响。因此，应在低温低压和高温高压两种条件下进行试验，而各自需要不同的仪器和技术。

7.2 低温低压试验(室温、690 kPa)

7.2.1 低温低压试验用仪器

7.2.1.1 滤失仪

主体是一个内径为 76.2 mm(3 in)、高度至少为 64.0 mm(2.5 in)的筒状钻井液杯。

此杯是由耐强碱溶液的材料制成，并被装配成加压介质可方便地从其顶部进入和放掉。装配时在钻井液杯下部底座上放一张直径为 90 mm(3.54 in)的滤纸。过滤面积为 45.8 cm^2±0.6 cm^2(7.1 in^2 ±0.1 in^2)。在底座下部安装有一个排出管，用来排放滤液至量筒内。用密封圈密封后，将整个装置放置在一个支撑架上。压力可用任何无危险的流体介质来施加。加压器上应装上压力调节器，以便由便携式气瓶、小型气弹或液压装置等来提供压力。为获得相关性好的结果，必须使用一张直径为 90 mm 的滤纸(例如 Whatman No.50，S&S No.576 或相当的产品)。

低温低压滤失仪的过滤面积为 45.2 mm^2 到 46.4 mm^2，相应的直径为 75.86 mm 到 76.86 mm

(2.987 in到3.026 in)。密封圈是过滤面积的决定因素。密封圈应该用圆锥型卡尺检测,并用最小直径(75.86 mm)、最大直径(76.86 mm)标记。任何超过范围的密封圈(或是大于标记值或是小于标记值)都应该被抛弃。

注:使用小型或过滤面积为一半的滤失仪所得结果与使用标准尺寸滤失仪所得结果不会有直接的相关关系。

7.2.1.2 计时器:时间间隔为 30 min。

7.2.1.3 量筒(TC):10 mL 或 25 mL。

7.2.2 低温低压滤失量测定程序

7.2.2.1 确保钻井液杯各部件清洁干燥,密封垫圈未变形或损坏。将钻井液注入钻井液杯中,使其液面距杯顶部至少 1 cm～1.5 cm(0.4 in～0.6 in)以减少二氧化碳对滤液的污染,而后放好滤纸并安装好仪器。

7.2.2.2 将干燥的量筒放在排出管下面以接收滤液。关闭减压阀并调节压力调节器,以便在 30 s 或更短的时间内使压力达到 690 kPa±35 kPa。在加压的同时开始计时。

7.2.2.3 到 30 min 后,测量滤液的体积。关闭压力调节器并小心打开减压阀。如果测定时间不是 30 min,应注明。

7.2.2.4 以 mL 为单位记录滤液的体积(精确到 0.1 mL),同时记录钻井液样品的初始温度℃(或℉)。保留滤液用来进行化学分析。

7.2.2.5 首先在确保所有压力全部被释放的情况下,从支架上取下钻井液杯。要非常小心地拆开钻井液杯,倒掉钻井液并取下滤纸,尽可能减少滤饼的损坏。用缓慢的水流冲洗滤纸上的滤饼。

7.2.2.6 测量并记录滤饼的厚度,精确至 mm。

7.2.2.7 尽管对滤饼的描述带有主观性,但诸如硬、软、韧、致密、坚固等注释,对于了解滤饼的质量仍是重要的信息。

7.3 高温高压(HT/HP)试验

7.3.1 仪器

7.3.1.1 HT/HP 滤失仪:

主要组成是一个可控制的压力源(二氧化碳或氮气)、压力调节器、一个可承受 4 000 kPa～8 900 kPa (600 psi～1 300 psi)工作压力的钻井液杯、一套加热系统、一个能防止滤液蒸发并承受一定回压(见表 2)的滤液接受器以及一个合适的支撑架。钻井液杯有温度计插孔、耐油密封圈、支撑过滤介质的底座以及控制滤液排放的位于滤液排放管上的阀门。密封圈需要经常更换。

注:所有生产厂的仪器不可能都用于同样的温度和压力。关键的是要严格遵守生产厂推荐的样品体积、温度和压力,否则可能会发生严重的事故。

一氧化二氮气弹不可用作高温高压滤失量测定的压力源。在高温高压下,一氧化二氮在润滑脂、油或含碳物质等存在时可能发生爆炸。一氧化二氮气弹只用于 Garrett 气体分离器碳酸盐分析中。

7.3.1.2 过滤介质

a) 滤纸:温度低于 200℃(400 ℉)时,使用 Whatman No. 50 滤纸或相当的产品;

b) 多孔圆盘:温度高于 200℃(400 ℉)时,Dynalloy X-5 或相当的产品,每次实验应使用新的多孔圆盘。

7.3.1.3 计时器:时间间隔为 30 min。

7.3.1.4 温度计:量程达 260℃(500 ℉)。

7.3.1.5 量筒(TC):25 mL 或 50 mL。

7.3.1.6 高速搅拌器。

7.3.2 温度低于 150℃(300 ℉)时的测定程序

7.3.2.1 将温度计插入加热套温度计插孔中,并将加热套预热至比所需温度高约 6℃(10 ℉)。调节恒温开关以保持所需温度。

7.3.2.2 用高速搅拌器搅拌钻井液样品 10 min，关紧底部阀杆，将钻井液倒入钻井液杯中。考虑到样品的膨胀，要注意使液面距顶部至少 1.5 cm(0.6 in)。放好合适的过滤介质。

7.3.2.3 安装好钻井液杯并关紧底部和顶部阀杆，将其放入加热套内。将加热套中的温度计移到钻井液杯上的插孔中。

7.3.2.4 将高压滤液接收器连接到底部阀杆上，并在适当位置锁定。

7.3.2.5 将可调节的压力源连接到顶部阀杆和接收器上，并在适当位置锁定。

7.3.2.6 在保持顶部和底部阀杆关紧的情况下，分别调节顶部和底部压力调节器至 690 kPa (100 psi)。打开顶部阀杆，将 690 kPa(100 psi)压力施加到钻井液上。维持此压力直至温度达到所需温度并恒定为止。钻井液杯中的样品加热总时间不应超过 1 h。

7.3.2.7 当样品温度达到所选定的温度后，将顶部压力增加到 4 140 kPa(600 psi)，并打开底部阀杆开始测量滤失量。在保持选定温度±3℃(±5 ℉)范围内，收集滤液 30 min。如果在测定过程中回压超过 690 kPa(100 psi)，则小心地从滤液接收器中放出部分滤液以降低压力。记录滤液总体积、温度、压力和时间。

7.3.2.8 滤液体积应校正为 45.8 cm^2(7.1 in^2)过滤面积时的体积。如果过滤面积为 22.6 cm^2 (3.5 in^2)，则将滤液体积加倍后记录。

7.3.2.9 实验结束后关紧钻井液杯顶部和底部阀杆，并从压力调节器放掉压力。

注：钻井液杯内仍有约 4 140 kPa(600 psi)压力。在拆开钻井液杯之前，应保持其向上并冷却至室温。拆开之前，要放掉杯内压力。

7.3.2.10 首先要确定底部和顶部阀杆关闭且全部压力已从调节器中放掉后，从加热套中取出钻井液杯。将钻井液杯直立，打开阀门，放掉杯内压力，而后打开钻井液杯，倒掉钻井液，取出滤饼，用缓慢的水流冲洗滤纸上的滤饼，要特别小心保护滤纸。

7.3.2.11 测量并记录滤饼的厚度，精确至 mm。

7.3.2.12 尽管对滤饼的描述带有主观性，但诸如硬、软、韧、致密、坚固等注释，对于了解滤饼的质量仍是重要的信息。

7.3.3 温度高于 150℃(300 ℉)时的测定程序

7.3.3.1 将温度计插入到加热套上的温度计插孔中，并将加热套预热至比所需温度高约 6℃(10 ℉)。调节恒温开关以保持所需温度。

7.3.3.2 用高速搅拌器搅拌钻井液样品 10 min。关紧底部阀杆，将钻井液倒入钻井液杯中。考虑到样品的膨胀，要注意使液面离顶部至少 4.0 cm(1.5 in)。放好合适的过滤介质(见 7.3.1.2)。

注：并非所有生产厂的仪器都可用于 150℃(300 ℉)以上的测定。应了解所用仪器的压力和温度范围。否则，可能会导致严重的事故。高温高压下的测定需要增加安全预防措施。

所有压力容器均应装有手动安全阀，加热套应装有过热保险丝和恒温切断装置。随着测量温度提高，钻井液液相的蒸气压成为更为关键的设计因素。不同温度下的水蒸气压见表 2。

7.3.3.3 安装好钻井液杯并关紧顶部和底部阀杆，而后将其放入加热套内。将温度计从加热套移至钻井液杯上的温度计插孔内。

7.3.3.4 将高压滤液接收器连接到底部阀杆并在适当位置锁定。

7.3.3.5 将可调节的压力源连接到顶部阀杆和接收器上并锁定。

7.3.3.6 在顶部和底部阀杆关闭的情况下，对顶部和底部施加测试温度下所推荐的回压(见表 2)。加热时，打开顶部阀杆，将相同压力施加到钻井液上。保持压力直至达到测试温度并恒定。

7.3.3.7 样品温度达到测定温度后，将顶部压力在所施加的回压基础上增加 3 450 kPa(500 psi)，并打开底部阀杆，开始测量滤失量。在保持测定温度±3℃(±5 ℉)之内及保持合适的回压的情况下，收集滤液 30 min。如果回压开始上升，应小心排放少量滤液以降低回压。样品杯中的样品加热的总时间不应超过 1 h。

7.3.3.8 测定结束后,关紧顶部和底部阀杆,并从压力调节器放掉压力,为防止蒸发,将滤液冷却至少 5 min,而后小心地放出滤液并记录总体积,同时记录温度、压力和时间。要确保滤液有足够的时间从接收器中全部流出。

注:样品杯内的压力可能达到 6 500 kPa(950 psi)。在拆开钻井液杯之前,应保持其直立并冷却至室温。在拆开以前放掉杯内压力。否则,可能会导致严重的事故。

7.3.3.9 滤液体积应校正为 45.8 cm^2(7.1 in^2)过滤面积时的体积。如果过滤面积为 22.6 cm^2(3.5 in^2),则将滤液体积加倍后记录。

7.3.3.10 首先要确定底部和顶部阀杆关闭且全部压力已从调节器中放掉后,从加热套中取出钻井液杯。将钻井液杯直立,打开阀杆,放掉杯内压力,而后打开钻井液杯,倒掉钻井液取出滤饼,用缓慢的水流冲洗滤纸上的滤饼,要特别小心保护滤纸。

7.3.3.11 测量并记录滤饼的厚度,精确至 mm。

7.3.3.12 尽管对滤饼的描述带有主观性,但诸如硬、软、致密、坚硬等注释,对于了解泥饼质量仍是十分重要的信息。

表 2 推荐的最低回压

实验温度		蒸气压		最低回压	
℃	℉	kPa	psi	kPa	psi
100	212	101	14.7	690	100
120	250	207	30	690	100
150	300	462	67	690	100
“正常”现场实验极限					
175	350	932	135	1 104	160
200	400	1 704	247	1 898	275
230	450	2 912	422	3 105	450

8 水、油和固相含量

8.1 概述

蒸馏器是用来分离和测定水基钻井液样品所含水、油和固相体积的仪器。在蒸馏器中加热已知体积的水基钻井液样品,使液相组分蒸发,而后使之冷凝并收集在带刻度的接收器内。液相体积直接从接收器中的油相和水相的读值确定。总固相体积(悬浮的和溶解的)由差值(样品总体积－液相体积)得到。由于溶解的任何固体将留在蒸馏器内,所以必须经过计算才能确定悬浮固相体积。低密度固相和加重材料的相对体积同样可以计算得到。了解固相浓度和组成是控制水基钻井液黏度和滤失量的基础。

8.2 仪器

8.2.1 蒸馏器

通常用两种体积(10 mL 和 20 mL)的蒸馏器,各自的规格如下:

8.2.1.1 样品杯

标准样品杯尺寸是 10 mL(精度为±0.05 mL)和 20 mL(精度为±0.1 mL)。

8.2.1.2 液体冷凝器

具有足够的容量以便使油和水蒸气在离开冷凝器之前冷却至蒸发温度以下。

8.2.1.3 加热部件

具有足够的功率以便在 15 min 之内将样品温度升至液相蒸发温度以上,而不使固相溢出。

8.2.1.4 **温度控制器**

能将蒸馏器的温度控制在500℃±40℃(930 ℉±70 ℉)范围之内。

8.2.2 液体接收器(TC)

专门设计的量筒型玻璃器皿，底部为半圆型，以便于清洗，顶部为漏斗状，可以接受落下的液滴。规格如下：

a) 体积：	10 mL	20 mL	50 mL
b) 精度(0～100%)：	±0.05 mL	±0.05 mL	±0.05 mL
c) 刻度值(0～100%)：	0.10 mL	0.10 mL	0.10 mL

d) 校正方法：20℃(68 ℉)时的容量

e) 刻度单位：mL、cm^3、体积分数

f) 材料：温度达32℃(90 ℉)时，不与油、水和盐溶液反应的透明材料。

接收器的体积应用重量法校正。校正步骤及计算见附录H。

8.2.3 细钢丝毛，无油

不要使用液体钢丝毛或类似产品。

8.2.4 高温硅酮润滑脂，用于丝扣密封和润滑。

8.2.5 试管刷。

8.2.6 刮刀：刀片尺寸适合于蒸馏器样品杯内径。

8.2.7 马氏漏斗。

8.2.8 消泡剂。

8.2.9 螺丝刀。

8.3 **测定程序**

8.3.1 要确保蒸馏器的样品杯、冷凝器及液体接收器在前次使用后已清洗、干燥并冷却。在每次测定前，必须彻底清洗样品杯内部及盖子。还应定期用钢丝毛轻轻擦光样品杯内部。在每次测定前，也应用试管刷清洗冷凝管并干燥。一些物质在冷凝器内的堆积可能会降低冷凝效率并导致错误的液相体积读值。

注：所用蒸馏器不同，测定程序也略有不同。完整的测定程序参见生产厂的说明书。

8.3.2 取一份有代表性的水基钻井液样品并使之冷却到约26℃(80 ℉)。将样品通过马氏漏斗1.68 mm(0.066 in)(12目)的筛网以清除堵漏材料、较大的钻屑或岩块。

8.3.3 如果样品含有天然气或空气，则应在约300 mL样品中加入2滴～3滴消泡剂并缓慢搅拌2 min～3 min以清除这些气体。

8.3.4 在样品杯和冷凝管的螺纹上涂上薄薄一层硅酮润滑脂。这样，既可防止蒸气在螺纹处的漏失，也有利于测定结束后拆卸和清洗仪器。

8.3.5 样品杯上部容器内加入少量钢丝毛。加入刚好足够量的钢丝毛以防止由于沸溢而使固相进入到液体接收器内。

注：钢丝毛的加量凭经验定。

8.3.6 将除气后的水基钻井液样品(见8.3.3)注满蒸馏器样品杯。见附录D中有关空气或天然气的清除程序。

8.3.7 小心盖上样品杯盖子，使过量的样品从盖上的小孔溢出以确保样品杯内的样品体积准确。

8.3.8 盖紧盖子，擦掉样品杯和盖子外面溢出的样品。要确保擦过的钻井液杯螺纹处仍有一层硅酮润滑脂，且盖子上的小孔未被堵塞。

8.3.9 将蒸馏器样品杯拧紧到带有冷凝器的蒸馏器容器上。

8.3.10 将洁净、干燥的液体接收器放置在冷凝器排出管下面。

8.3.11 加热蒸馏器并观察从冷凝器滴下的液体。在收集不到任何冷凝物后，继续加热10 min。

8.3.12 从蒸馏器上取下液体接收器。注意所收集的液体中是否有固体。如果有,证明钻井液沸溢出样品杯,则必须重复 8.3.6 后的实验。

8.3.13 待冷却至室温后,读取液体接收器内的水和油的体积。记录所收集的水和油的体积(或体积分数)。

8.3.14 冷却蒸馏器,用螺丝刀取出钢丝毛,并用刮刀清洗样品杯。

8.4 计算

8.4.1 根据所测得的油和水体积及钻井液样品的原始体积(10 mL 或 20 mL),计算钻井液中的水、油、固相体积分数。

$$V_w = 100 \times \frac{V_{wa}}{V_{sa}} \quad \cdots\cdots(9)$$

$$V_o = 100 \times \frac{V_{oa}}{V_{sa}} \quad \cdots\cdots(10)$$

$$V_s = 100 - (V_w + V_o) \quad \cdots\cdots(11)$$

式中:

V_w——水体积分数,用样品体积的百分数表示,%;

V_{wa}——蒸馏所得水体积,mL;

V_{sa}——样品体积,mL;

V_o——油体积分数,用样品体积的百分数表示,%;

V_{oa}——蒸馏所得油体积,mL;

V_s——固相体积分数,用样品体积的百分数表示,%。

注:上述蒸馏固相体积分数仅为样品总体积(10 mL 或 20 mL)与油、水体积和的差值。此差值包括悬浮固相(加重材料和低密度固相)和溶解的物质(如盐)。所以,只有对未处理过的淡水钻井液,这一蒸馏固相体积分数才是悬浮固相的体积分数。

8.4.2 为确定悬浮固相体积分数及悬浮固相中加重材料和低密度固相的相对体积分数,需要进行一些附加的计算。为进行这些计算,需要精确的钻井液密度和氯离子浓度。

$$V_{ss} = V_s - V_w\left(\frac{c_s}{1\,680\,000 - 1.21 \times c_s}\right) \quad \cdots\cdots(12)$$

式中:

V_{ss}——悬浮固相体积分数;

c_s——氯离子质量浓度,mg/L。

8.4.3 按式(13)计算低密度固相体积分数:

$$V_{lg} = \left(\frac{1}{\rho_b - \rho_{lg}}\right)[100\rho_f + (\rho_b - \rho_f) \cdot V_{ss} - 100\rho_m - (\rho_f - \rho_o) \cdot V_o] \quad \cdots\cdots(13)$$

$$\rho_f = 1 + 0.000\,001\,09 \times c_s \quad \cdots\cdots(14)$$

式中:

V_{lg}——低密度固相体积分数;

ρ_b——加重材料密度,g/cm³;

ρ_{lg}——低密度固相密度,g/cm³(如未知,则用 2.6);

ρ_f——滤液密度,g/cm³;

ρ_m——钻井液密度,g/cm³;

ρ_o——油密度,g/cm³(如未知,则用 0.8)。

注:依据氯化钠浓度进行 ρ_f 的计算(式 14)。

8.4.4 按式(15)计算加重材料体积分数:

$$V_b = V_{ss} - V_{lg} \quad \cdots\cdots(15)$$

式中：

V_b——加重材料体积分数，%。

8.4.5 按式(16)、式(17)、式(18)计算低密度固相、加重材料及悬浮固相的浓度：

$$c_{lg} = 10\rho_{lg} \cdot V_{lg} \quad \cdots\cdots (16)$$

$$c_b = 10\rho_b \cdot V_b \quad \cdots\cdots (17)$$

$$c_{ss} = c_{lg} + c_b \quad \cdots\cdots (18)$$

式中：

c_{lg}——低密度固相质量浓度，kg/m^3；

c_b——加重材料质量浓度，kg/m^3；

c_{ss}——悬浮固相质量浓度，kg/m^3。

9 含砂量

9.1 概述

钻井液的含砂量是指大于 74 μm 的颗粒在钻井液中的体积分数。它是用一套筛砂装置测定的。

9.2 仪器

9.2.1 筛子：直径为 63.5 mm(2.5 in)、孔径为 0.074 mm(200 目)。

9.2.2 漏斗：与筛子配套。

9.2.3 玻璃测量管：标有钻井液体积刻度线，为了直接读出含砂百分数。在此玻璃管上标有 0～20 的百分数刻度线。

9.3 测定程序

9.3.1 将钻井液注入至玻璃管"钻井液"标记处。加水至另一标记处。堵住管口并剧烈振荡。

9.3.2 将此混合物倒入洁净、湿润的筛网上。弃掉通过筛网的流体。在玻璃管中再加些水，振荡并倒入筛网上。重复直到测量管洁净。冲洗筛网上的砂子以除去残留的钻井液。

9.3.3 将漏斗上口朝下套在筛框上，缓慢倒置，并把漏斗尖端插入到玻璃管口中。用小水流通过筛网将砂子冲入测量管内，使砂子沉淀。从玻璃测量管上的刻度，读出砂子的体积分数。

9.3.4 以体积分数记录钻井液的含砂量。记录钻井液取样位置，如振动筛前、吸入罐等。比砂子粗的其他固相颗粒（如堵漏材料）也会留在筛网上，应注明这类固相的存在。

10 亚甲基蓝容量

10.1 概述

10.1.1 钻井液的亚甲基蓝容量是用亚甲基蓝测定(MBT)方法测定的活性黏土（膨润土和/或钻屑）含量的一个指标。用亚甲基蓝容量可估算钻井液中固相的总阳离子交换容量。亚甲基蓝容量和阳离子交换容量并非必须相等，通常前者略小于实际的阳离子交换容量。

10.1.2 将亚甲基蓝溶液加入到已用过氧化氢处理并酸化过的钻井液样品中，直至滤纸上的固体悬浮液滴周围出现染料"色环"而表明已达到饱和为止。用于钻井液的这一测定程序经改变后可用于钻屑和商品膨润土，以估算钻井液中存在的每种类型的固相含量（见 API RP 13I[4]）。

10.1.3 钻井液中经常含有除活性膨润土以外的可吸附亚甲基蓝的物质。用过氧化氢处理（见 10.3.2）就是要消除如木质素磺酸盐、褐煤、纤维素类聚合物、聚丙烯酸盐等有机物质的影响。

10.2 仪器和药品

10.2.1 亚甲基蓝溶液：试剂级亚甲基蓝(CAS No. 61-73-4)3.20 g /L (1 mL 该浓度的亚甲基蓝溶液的摩尔数为 0.01 mmol)。

在每次配制溶液时，必须测定试剂级亚甲基蓝的含水量。将 1.00 g 亚甲基蓝在 93℃±3℃(200 ℉±5 ℉)干燥至恒重。配制溶液时按式(19)对取样量进行校正：

$$m_s = \frac{3.20}{m_{ds}} \qquad \cdots\cdots (19)$$

式中：

m_s——所取样品质量，g；

m_{ds}——干燥样品质量，g。

10.2.2 过氧化氢(CAS No.7722-88-5)：3%溶液。

10.2.3 稀硫酸(CAS No.7664-93-9)：约2.5 mol/L。

10.2.4 注射器(TD)：2.5 mL或3 mL。

10.2.5 锥形瓶：250 mL。

10.2.6 滴定管(TD)：10 mL。

10.2.7 微型移液管：0.5 mL或刻度移液管：1 mL。

10.2.8 量筒(TD)：50 mL。

10.2.9 搅拌棒。

10.2.10 加热板。

10.2.11 滤纸：WhatmanNo.1型或相当的产品。

10.3 测定程序

10.3.1 在已加有10 mL水的锥形瓶中加入2.0 mL钻井液样品(或需消耗2 mL～10 mL亚甲基蓝溶液的适量钻井液)。所用注射器的容量应大于2.0 mL，通常为2.5 mL或3 mL。使用较大的注射器则可不必除去进入注射器内的空气。为保证准确加入2.0 mL样品，采取下列步骤：

a) 必须清除混入钻井液样品中的空气或天然气(见附录D)。搅拌钻井液以破坏其凝胶，并迅速将样品吸入注射器内。保持注射器口浸没在钻井液中，缓慢地把注射器内的钻井液排出。

b) 再次将钻井液样品吸入注射器内，直至柱塞的顶端到达注射器上的最大刻度线为止(如3 mL注射器上的3 mL刻度线)。

c) 将柱塞从最后刻度线起推进至准确排出2.0 mL样品。对3 mL注射器，注塞应推至1 mL刻度线。

10.3.2 加入15 mL3%过氧化氢溶液和0.5 mL稀硫酸。缓慢煮沸10 min，但不要蒸干。加水稀释至约50 mL。

10.3.3 以每次0.5 mL的量将亚甲基蓝溶液逐次加入到锥形瓶中。如果从以前的试验中已大致知道到达终点所需的亚甲基蓝溶液的量，则开始滴定时每次可加入1 mL～2 mL。每次加入亚甲基蓝溶液后，将锥形瓶摇动30 s在保持固相颗粒悬浮的情况下，用搅拌棒取一滴悬浮液滴在滤纸上。当滤纸上的已被染色的固体颗粒周围出现如图1所示的蓝色或绿蓝色环时，即已达到最初的滴定终点。

10.3.4 当观察到固体颗粒斑点周围的蓝色环后，继续摇动锥形瓶2 min，并再取一滴悬浮液于滤纸上。如果蓝色环仍很明显，则已达到滴定终点。如果不出现蓝色环，则按上述操作方法(见10.3.3)继续加入亚甲基蓝溶液，直至2 min后所取悬浮液滴显示蓝色环为止。

10.4 计算

按式(20)计算并记录钻井液的亚甲基蓝容量(MBT)：

$$\text{MBT} = \frac{V_{mb}}{V_{df}} \qquad \cdots\cdots (20)$$

式中：

MBT——亚甲基蓝容量；

V_{mb}——滴定消耗亚甲基蓝溶液的体积，mL；

V_{df}——钻井液样品的体积，mL。

另外，亚甲基蓝容量还可以 kg/m^3(或lb/bbl)膨润土当量表示(BE，膨润土的阳离子交换容量为

70 mmol/100 g)，按式(21)、(22)计算：

$$BE = 14.25 \times MBT \qquad \cdots\cdots(21)$$

$$BE' = 5 \times MBT \qquad \cdots\cdots(22)$$

式中：

BE——膨润土当量，kg/m^3；

BE′——膨润土当量，lb/bbl。

注：由式(21)、(22)计算得到的膨润土当量不等于钻井液中的商品膨润土含量。与商品膨润土一样，钻屑中的活性黏土对此膨润土当量值起作用。参见 API RP 13I 第 9 章"关于估算商品膨润土和钻屑百分数的附加说明"。

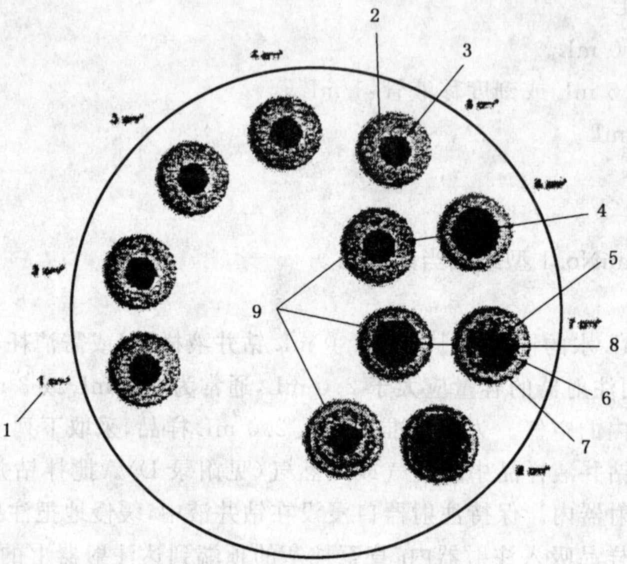

1——加入的亚甲基蓝溶液的体积；

2——渗出的水分；

3——染色的钻井液固相(不存在游离的、未吸附的染料)；

4——加入 6 mL 后，出现游离可见的染料，在 2 min 后被吸收，表明终点还未达到；

5——染色的钻井液固相；

6——游离、未吸收的染料；

7——水分；

8——终点；

9——2 min 后圆环的外观。

图 1　亚甲基蓝滴定终点的点滴试验

11　pH 值

11.1　概述

11.1.1　现场测定和调节钻井液(或滤液)的 pH 值是控制钻井液性能的一项基本工作，如同控制酸和硫化物的腐蚀过程一样，黏土的相互作用、各种组分和污染物的溶解性以及添加剂的效能等均取决于 pH 值。

11.1.2　术语"pH"是指水溶液中氢离子活度$[H^+]$对数的负值(只有在稀溶液中，活度才等于浓度)。$pH = -\log[H^+]$。对纯水而言，在 24℃(75 ℉)，活度$[H^+]$为 10^{-7} mol/L，故 pH＝7。由于此时活度$[OH^-]$也为 10^{-7} mol/L，因此称为"中性"体系。当温度为 24℃(75 ℉)时，水溶液中的离子积$[H^+] \times [OH^-]$为 10^{-14} mol/L(为一常数)。因此，$[H^+]$的增加意味着$[OH^-]$的减少，pH 变化一个单位，则表示$[H^+]$和$[OH^-]$均变化 10 倍。pH 小于 7 的溶液称为酸性溶液，而 pH 大于 7 的溶液称为碱性溶液。

11.1.3　测定钻井液 pH 值的推荐方法是用玻璃电极 pH 计。此方法准确可靠，且使用高质量电极和设计合适的仪器还可排除一些干扰。使用一种自动温度补偿梯度的 pH 计比手调式 pH 计更好些。

pH 试纸比色法可用于井场 pH 值的测定，但并不是推荐方法。此方法只有在非常简单的水基钻井液中才可靠。钻井液中的固相、溶解的盐和化学添加剂以及深颜色液体等均会对 pH 试纸测定值引起严重误差。此方法可读出的数值一般为 0.5 个 pH 值单位。

11.2 药品和仪器

11.2.1 缓冲溶液：在样品测定前用于 pH 计的校正和建立梯度。

a) pH＝4.0：0.05 mol/L 的邻苯二甲酸氢钠水溶液，24℃（75 ℉）pH 值为 4.01。

b) pH＝7.0：0.020 66 mol/L 的磷酸二氢钾和 0.029 34 mol/L 的磷酸氢二钠的水溶液，24℃（75 ℉）时 pH 值为 7.0。

c) pH＝10.0：0.025 mol/L 的碳酸钠和 0.025 mol/L 的碳酸氢钠水溶液。24℃（75 ℉）pH 值为 10.01。

缓冲溶液可从供货商处得到预先配制好的溶液、袋装干粉或给定的配方。所有缓冲溶液的使用期不应超过 6 个月。井场使用的缓冲溶液的配制日期应标在瓶子上。瓶子应盖紧盖子保存。

11.2.2 蒸馏水或去离子水：盛在洗瓶内。

11.2.3 温和的液体清洁剂。

11.2.4 氢氧化钠：（CAS No. 1310-73-2）0.1 mol/L（近似浓度），修复电极用。

11.2.5 盐酸：（CAS No. 7674-01-0）0.1 mol/L（近似浓度），修复电极用。

11.2.6 氟化氢铵：（CAS No. 1341-49-7）10％溶液（近似浓度），修复电极用。

注：氟化氢铵呈强酸性且有毒。

11.2.7 毫伏范围电位仪（pH 计）

已经标定过并通过测定玻璃电极与标准"参比"电极之间的电位来显示 pH 值。

仪器（最好）能防水、防震、耐腐蚀并携带方便。其规格如下：

a) pH 范围：0～14；

b) 电极类型：固态（最佳）；

c) 电源：电池（最佳）；

d) 工作温度范围：0℃～66℃（32 ℉～150 ℉）；

e) 显示：数字式（最佳）；

f) 分辨率：0.1 pH 单位；

g) 准确度：0.1 pH 单位；

h) 重复性：0.1 pH 单位；

i) 调节：

1) 电极系统的"温度"补偿；

2) 电极系统的"梯度"（最佳）；

3) 读值的"校正"装置（最好使用带有内部温度补偿的仪器）。

11.2.8 电极系统：由一个对 H^+ 敏感的玻璃电极和一个具有标准电位的参比电极所组成的系统，其结构最好像一个单一电极。

电极体应用耐用材料制成。为起到保护作用和便于清洗，电极末端最好是平的。推荐使用防水连接系统。其规格如下：

a) 玻璃 pH 电极响应范围：0～14pH 单位；

b) 电极：由一个玻璃电极和一个银（Ag）/氯化银（AgCl）电极所组成的结合体，并具有陶瓷或塑料制成的单式或双式接头；

在测定含有硫离子或溴离子的溶液时要使用双式接头电极以避免损害（银）参比电极。

c) 参比电极内的电解质：KCl 凝胶；

d) 玻璃组分:适用于低钠离子误差的合适的玻璃;

e) 钠离子误差:pH=13 或 Na^+ 摩尔浓度为 0.1 mol/L 时,误差小于 0.1 pH 单位。

11.2.9 软纸:擦电极用。

11.2.10 温度计:玻璃温度计,量程为 0℃~105℃(32 ℉~300 ℉)。

11.2.11 软毛试管刷:清洗电极用。

11.2.12 电极贮存瓶:保持电极的湿度。

11.3 pH 值的测定程序

11.3.1 取一份待测样品,并使其温度达到 24℃±3℃(75 ℉±5 ℉)。

11.3.2 使缓冲溶液的温度也达到与待测样品相同的温度。

为准确测定 pH 值,待测钻井液样品、缓冲溶液及参比电极必须都在相同温度之下。容器标签上所标出的缓冲溶液 pH 值只有 24℃(75 ℉)才是正确的。如果要在其他温度下进行校正,必须使用相应温度下的缓冲溶液的实际 pH 值。不同温度下缓冲溶液的 pH 值数据表可从供应商处得到,在校正过程中应该使用它。

11.3.3 用蒸馏水冲洗电极并擦干。

11.3.4 将电极放入 pH 值为 7.0 的缓冲溶液中。

11.3.5 启动仪器,等 60 s 使读值稳定(如果仪器读值不稳定,见 11.4.1)。

11.3.6 测定 pH 值为 7.0 的缓冲溶液的温度。

11.3.7 将“温度”旋钮调在此温度上。

11.3.8 调“校正”旋钮将仪器读值置于 7.0。

11.3.9 用蒸馏水冲洗电极并擦干。

11.3.10 用 pH 值为 4.0 或 pH 为 10.0 的缓冲溶液重复 11.3.6 至 11.3.9 的操作。如果待测样品是“酸性”的,则使用 pH 值为 4.0 的缓冲溶液;如果待测样品是“碱性”的,则使用 pH 值为 10.0 的缓冲溶液。用“梯度”调节旋钮将仪器的读值分别调至 4.0 至 10.0(如果没有“梯度”调节旋钮,则用“温度”旋钮将仪器的读值调至 4.0 或 10.0)。

11.3.11 再次用 pH 为 7.0 的缓冲溶液检验仪器。如果读值发生变化,则用“校正”旋钮将读值重新调至 7.0。重复 11.3.6 至 11.3.11 的操作。如果不能适当地校正仪器,则按 11.4 的步骤修复或更换电极。

校正用过的缓冲溶液样品应弃掉而不要再使用。仪器每天应该用两种缓冲溶液按 11.3.2 至 11.3.11 的步骤校正一次。应该用 pH 为 7.0 的缓冲溶液每 3 h 校正一次。

11.3.12 校正好仪器后,用蒸馏水冲洗电极并擦干。将电极放入待测样品中,并缓慢搅动。等 60 s~90 s 以便读值稳定。

11.3.13 在钻井液报表上记录样品的 pH 值,精确到 0.1 pH 单位,并记录样品的温度。

11.3.14 小心清洗电极以备下次使用。将其存放在 pH 为 4.0 的缓冲溶液瓶中,决不能使电极探头变干。

11.3.15 关掉仪器并盖好以保护仪器。要避免将仪器在极端温度下[低于 0℃(32 ℉)或高于 50℃(120 ℉)]存放。

11.4 电极维护程序

11.4.1 必须定期清洗电极,特别是玻璃电极或参比电极的多孔玻璃的表面上粘附油或黏土颗粒时,更是如此。要用软毛刷和温和的清洁剂清洗电极。

11.4.2 当电极发生严重堵塞,其灵敏度降低,读值发生漂移,而使用“梯度”和“校正”旋钮均不能进行调节时,需要修复电极。

11.4.3 修复电极的步骤是先将电极在 0.1 mol/L 盐酸中浸泡 10 min,而后用蒸馏水冲洗,接着在 0.1 mol/L 氢氧化钠溶液中浸泡 10 min,再用蒸馏水冲洗。

11.4.4 按11.3.2至11.3.11的步骤进行校正以检验电极的灵敏度。

11.4.5 如果电极仍不能正常工作,则将电极浸泡在10%氟化氢铵溶液中2 min。重复11.3.2至11.3.11的步骤检验电极的校正能力。

11.4.6 如果上述步骤仍不能修复电极,则要更换电极系统。

12 碱度和石灰含量

12.1 概述

12.1.1 碱度是指一种物质中和酸的能力。在钻井液测试中,既可测定钻井液的碱度(以下标 m 表示),也可测定滤液的碱度(以下标 f 表示)。测定碱度所得到的数据也可用于估算钻井液中氢氧根(OH^-)、碳酸根(CO_3^{2-})和碳酸氢根(HCO_3^-)离子的浓度。

12.1.2 在许多钻井作业中,为保证适当控制钻井液的化学性能,了解钻井液和滤液的碱度是很重要的。钻井液添加剂,特别是有些解絮凝剂,需要在碱性环境中才能有效地发挥作用。这里有碱度的来源和本质问题。一般认为由氢氧根离子所引起的碱度对钻井液性能是有益的,而由碳酸根和/或碳酸氢根离子所引起的碱度则有不利的影响。

12.1.3 引起滤液碱度的离子主要是氢氧根(OH^-)、碳酸根(CO_3^{2-})和碳酸氢根(HCO_3^-)离子。重要的是要认识到随着溶液 pH 值的变化,碳酸根和碳酸氢根可互相转化。由于对滤液碱度的解释包括计算按下述步骤所得到的测定结果间的差值,因此,应特别注意在所有操作步骤中对各种试剂必须进行准确的测定。另需认识到,下述计算仅仅是根据化学平衡理论对所报告的各种离子浓度进行估算。

12.1.4 通常钻井液滤液的组分相当复杂,以致于仅根据估算的离子组分对碱度进行解释可能导致错误结论。任何一个特定的碱度值代表在所测定的 pH 范围内能与酸作用的所有离子。在能引起碱度的无机离子中,除氢氧根、碳酸根和碳酸氢根离子外,还有硼酸根、硅酸根、硫离子及磷酸根等离子。也许在钻井液中更为严重的是阴离子型有机稀释剂、降滤失剂以及它们的降解产物可能对碱度值影响很大,并干扰滴定终点的颜色变化。由于这些有机物对 M_f 碱度有特别大的影响,所以测定用有机稀释剂处理的钻井液时,会产生很大的误差。但是,对一些简单的不含有有机稀释剂的膨润土钻井液体系而言,P_f 和 M_f(见12.3)碱度可作为确定碳酸根和碳酸氢根污染物的存在以及为减少这些污染物所需处理的指南。

12.2 仪器和药品

12.2.1 硫酸(CAS No.7664-93-9)溶液:0.01 moL/L 标准溶液。

12.2.2 酚酞(CAS No.518-51-4)指示剂溶液:1g/100 mL50%酒精水溶液。

12.2.3 甲基橙(CAS No.547-58-0)指示剂溶液:0.1 g/100 mL 水。

12.2.4 pH 计(任选)。

注:pH 计比指示剂溶液更为准确。

12.2.5 滴定瓶:100 mL 或 150 mL,最好是白色。

12.2.6 刻度移液管(TD):1 mL 和 10 mL。

12.2.7 移液管(TD):1 mL。

12.2.8 注射器(TD):1 mL。

12.2.9 搅拌棒。

12.3 滤液碱度 P_f、M_f 的测定程序

12.3.1 取1 mL 或多些的滤液于滴定瓶中,加入2滴或更多的酚酞指示剂溶液。如果指示剂变成粉红色,则用刻度移液管逐滴加入0.01 moL/L 硫酸并不断搅拌,直至粉红色恰好消失为止。如果样品颜色较深而干扰指示剂颜色变化,则可用 pH 计测定,pH 值降至8.3即为滴定终点(见第11章 pH 值测定)。

12.3.2 以每单位体积(mL)滤液所消耗的0.01 moL/L 硫酸的体积数(mL),记录滤液的酚酞碱度 P_f。

12.3.3 测完 P_f 之后的样品中加入2滴~3滴甲基橙指示剂溶液。用带刻度移液管逐滴加入标准硫

酸并不断搅拌，直至指示剂颜色从黄色变为粉红色为止。也可以用 pH 计测定 pH 值降至 4.3 即达到滴定终点（见第 11 章 pH 值测定）。

12.3.4 以每单位体积（mL）滤液到达甲基橙终点所消耗的 0.01 moL/L 硫酸的总体积数（mL）（包括到达 P_f 终点所消耗的量），记录滤液的甲基橙碱度 M_f。

12.4 钻井液碱度 P_m 测定程序

12.4.1 用注射器或移液管取 10 mL 钻井液于滴定瓶中。用 25 mL～50 mL 蒸馏水稀释。加入 4 滴～5 滴酚酞指示剂，边搅拌边用 0.01 moL/L 标准硫酸迅速滴定到粉红色消失。如果滴定终点的颜色变化看不清楚，则可用 pH 计测定 pH 降至 8.3 时即达到滴定终点（见第 11 章 pH 值测定）。

如果怀疑有水泥污染，则必须尽可能快地滴定，并以粉红色第一次消失为滴定终点记录。

12.4.2 以每单位体积（mL）钻井液所消耗的 0.01 moL/L 硫酸的体积数（mL），记录钻井液的酚酞碱度 P_m。

12.5 P_f、M_f 的计算

氢氧根、碳酸根和碳酸氢根离子的质量浓度可按表 3 估算。

表 3 OH^-、CO_3^{2-} 和 HCO_3^- 的质量浓度

	OH^- 质量浓度/(mg/L)	CO_3^{2-} 质量浓度/(mg/L)	HCO_3^- 质量浓度/(mg/L)
$P_f=0$	0	0	$1\,220M_f$
$2P_f<M_f$	0	$1\,200P_f$	$1\,220(M_f-2P_f)$
$2P_f=M_f$	0	$1\,200P_f$	0
$2P_f>M_f$	$340(2P_f-M_f)$	$1\,200(M_f-P_f)$	0
$P_f=M_f$	$340M_f$	0	0

12.6 石灰含量的测定程序

12.6.1 按 12.3 和 12.4 中所述步骤测定滤液和钻井液的 P_f 和 P_m。

12.6.2 由液相和固相测定（见第 8 章）中所得到的水的体积分数，按式（23）计算钻井液中水的体积分数 F_w：

$$F_w=\frac{V_w}{100} \quad \cdots\cdots(23)$$

式中：

F_w——水在钻井液中的体积分数；

V_w——水体积分数，%（见第 8 章）。

12.6.3 石灰含量的计算

记录按式（24）、（25）计算得到的以 kg/m^3 和 lb/bbl 为单位的钻井液中的石灰含量：

$$C_L=0.742\times(P_m-F_wP_f) \quad \cdots\cdots(24)$$

$$C'_L=0.26\times(P_m-F_wP_f) \quad \cdots\cdots(25)$$

式中：

C_L——钻井液中的石灰含量，kg/m^3；

P_m——钻井液的酚酞碱量；

F_w——钻井液中的水体积分数；

P_f——滤液的酚酞碱量；

C'_L——钻井液中的石灰含量，lb/bbl。

13 氯离子含量

13.1 概述

本试验用于测定钻井液滤液中的氯离子浓度。

13.2 仪器和药品

13.2.1 硝酸银(CAS No. 7761-88-8)溶液:4.791 g/L(每 mL 相当于 0.001 g 氯离子),存放在琥珀色或不透明的瓶子中。

13.2.2 铬酸钾(CAS No. 7789-00-6)指示剂溶液:5 g/100 mL 水。

注:此产品是致癌的,应小心处理。

13.2.3 硫酸(CAS No. 7664-93-9)0.01 mol/L 标准溶液或 0.02 mol/L(CAS No. 7697-37-2)硝酸标准溶液。

13.2.4 酚酞(CAS No. 518-51-4)指示剂溶液:1 g/100 mL50%酒精水溶液。

13.2.5 碳酸钙:沉淀物,化学纯。

13.2.6 蒸馏水。

13.2.7 刻度移液管(TD):1 mL,10 mL。

13.2.8 滴定瓶:100 mL 或 150 mL,最好是白色。

13.2.9 搅拌棒。

13.3 测定程序

13.3.1 取 1 mL 或数毫升的滤液于滴定瓶中,加入 2 滴~3 滴酚酞溶液。如果指示剂变为粉红色,则边搅拌边用移液管逐滴加入酸,直至粉红色消失。如果滤液颜色较深,则先加入 2 mL 0.01 mol/L 硫酸或 0.02 mol/L 硝酸并搅拌,而后再加入 1 g 碳酸钙并搅拌。

13.3.2 加入 25 mL~50 mL 蒸馏水和 5 滴~10 滴铬酸钾溶液。在不断搅拌下,用移液管逐滴加入硝酸银溶液,直至颜色由黄色变为橙红色并能保持 30 s 为止。记录到达终点所消耗的硝酸银溶液的毫升数。如果硝酸银溶液用量超过 10 mL,则取较少一些的滤液样品重复上述测定。

注:如果滤液中的氯离子质量浓度超过 10 000 mg/L,可使用每毫升相当于 0.01 g 氯离子的硝酸银溶液。此时,把式(26)中的系数 1 000 改为 10 000。

13.4 计算

以 mg/L 为单位记录滤液中的氯离子质量浓度时,可按式(26)计算:

$$c(\mathrm{Cl^-}) = 1\,000 \times \frac{V_{\mathrm{sn}}}{V_{\mathrm{f}}} \qquad (26)$$

按式(27),转换为以 mg/L 为单位记录的氯化钠质量浓度:

$$c(\mathrm{NaCl}) = 1.65 \times c(\mathrm{Cl^-}) \qquad (27)$$

式中:

$c(\mathrm{Cl^-})$——滤液中的 $\mathrm{Cl^-}$ 质量浓度,mg/L;

V_{sn}——滴定中所消耗的硝酸银溶液体积,mL;

V_{f}——样品体积,mL;

$c(\mathrm{NaCl})$——滤液中的 NaCl 质量浓度,mg/L。

滤液的密度转换见表 1。

14 以钙离子计算的总硬度

14.1 概述

水或钻井液滤液的硬度主要是由于钙和镁离子的存在而引起的。将 EDTA(或其盐)加入水中或滤液中时,它与钙、镁离子络合,其终点可用合适的指示剂确定。水或滤液的总硬度以 mg/L 为单位的钙离子浓度来表示。由深颜色组分引起的滴定终点分辨不清的问题,可用加入氧化剂如次氯酸钠等试剂以氧化这些组分的方法予以解决。

14.2 仪器和药品

14.2.1 EDTA溶液(CAS No.6381-92-6):0.01 mol/L 乙二胺四乙酸二钠盐标准溶液(1 mL 该浓度EDTA溶液的摩尔质量与1 mL 1 000 mg/L $CaCO_3$ 溶液相同,1 mL 该浓度 EDTA 溶液的摩尔质量与1 mL 400 mg/L Ca^{2+} 溶液的摩尔质量相同)。

14.2.2 缓冲溶液:67.5 g 氯化铵(CAS No.12125-02-9)加 570 mL 氢氧化铵(CAS No.1336-21-6)(15 mol/L),用蒸馏水稀释至1 000 mL。

14.2.3 硬度指示剂溶液:1 g/L(Calmagite®或相当的试剂)[1-(1-羟基-4-甲基-2-苯偶氮)-2-萘酚-4-磺酸](CAS No.3147-14-6)的水溶液。

14.2.4 乙酸(CAS No.64-19-7):冰乙酸。

注:防止与皮肤接触。

14.2.5 掩蔽剂:体积为1∶1∶2的三乙醇胺(CAS No.102-71-6)、四乙烯基戊胺(CAS No.112-57-2)和水的混合液。

14.2.6 次氯酸钠溶液(CAS No.7681-52-9):5.25%次氯酸钠的去离子水溶液。

出售的许多次氯酸钠中含有次氯酸钙或草酸,不应使用这类试剂。要确保所有的次氯酸钠是新鲜的,因为时间久了将会变质。

14.2.7 去离子水或蒸馏水

应该测定去离子水和次氯酸钠溶液的硬度,在不加样品的情况下,取50 mL 去离子水和10 mL 次氯酸钠溶液,而后按14.3.7和14.3.8的步骤进行测定。如果加入样品,按14.3.2到14.3.6的步骤加入50 mL 去离子水和10 mL 次氯酸钠溶液,则从测定结果中减去去离子水和次氯酸钠溶液的硬度后即为样品的硬度。

14.2.8 滴定瓶:150 mL 烧杯。

14.2.9 刻度移液管(TD):5 mL、10 mL。

14.2.10 移液管(TD):1 mL、2 mL 和5 mL。

14.2.11 加热板(滤液有颜色时需要使用)。

14.2.12 pH 试纸。

14.3 测定程序

14.3.1 取1.0 mL 或更多样品于150 mL 烧杯中。(如果滤液是无色的或只有轻微颜色,则省去14.3.2至14.3.5的步骤)

14.3.2 加10 mL 次氯酸钠并混匀。

14.3.3 加入1 mL 冰乙酸并混匀。

14.3.4 煮沸样品5 min。煮沸时按需加入去离子水以保持样品体积不变。煮沸的目的是为了除去过量的氯气。将pH 试纸浸没在样品中,可证实氯气是否被除净。如果试纸被漂白,则需要继续煮沸。

煮沸应在通风良好的地方进行。

14.3.5 冷却样品。

14.3.6 用去离子水冲洗烧杯内壁并将样品稀释至50 mL。加入约2 mL 硬度缓冲溶液并混合均匀。

注:可溶性铁的存在可能干扰终点的确定,如果怀疑有铁离子存在,则三乙醇胺、四乙烯基戊胺和水的混合液(体积比为1∶1∶2)是一种合适的掩蔽剂。每次滴定加入1.0 mL 即可。

14.3.7 加入足够的硬度指示剂(2滴~6滴)并混匀。如果钙或镁离子存在,将会出现酒红色。

14.3.8 边摇动边用EDTA溶液滴定至终点。硬度指示剂将由红色变成蓝色。继续加入EDTA溶液时不再有由红到蓝的颜色变化,即为最恰当的终点。所消耗的EDTA体积将用于14.4中的计算。

14.4 计算

按式(28)计算以Ca^{2+}计的总硬度:

$$H_t = 400 \times \frac{V_{EDTA}}{V_S} \quad \cdots\cdots (28)$$

式中：

H_t——以 Ca^{2+} 计的总硬度，mg/L；

V_{EDTA}——滴定中所消耗的 EDTA 体积，mL；

V_S——样品体积，mL。

附 录 A
（资料性附录）
水基钻井液的化学分析

A.1 钙离子含量

A.1.1 概述

将EDTA（乙二胺四乙酸或其盐）加入到含有钙和镁离子的水或钻井液滤液中时，它首先与钙离子络合。样品pH值足够高时，镁离子以氢氧化物形式沉淀，使用特殊的钙指示剂，可用EDTA测定钙离子含量。在pH值为12～13，所有钙离子被EDTA络合时，若干种指示剂发生颜色变化。深色有机组分引起终点不明显的问题，可用加入诸如次氯酸钠等试剂氧化的方法予以解决。

A.1.2 仪器和药品

A.1.2.1 EDTA溶液（CAS No.6381-92-6）：0.01 mol/L的乙二胺四乙酸二钠盐的标准溶液（1 mL该浓度EDTA溶液的摩尔质量与1 mL 1 000 mg/L $CaCO_3$ 溶液相同，1 mL该浓度EDTA溶液的摩尔质量与1 mL 400 mg/L Ca^{2+} 溶液的摩尔质量相同）。

A.1.2.2 测钙离子用缓冲溶液：1 mol/L氢氧化钠（NaOH）（CAS No.1310-73-2）溶液。

A.1.2.3 钙指示剂：Calver® Ⅱ或羟基萘酚蓝（CAS No.63451-35-4）。

A.1.2.4 冰乙酸（CAS No.64-19-7）。

注：避免与皮肤接触。

A.1.2.5 滴定瓶：150 mL烧杯。

A.1.2.6 刻度移液管（TD）：10 mL，1 mL。

A.1.2.7 移液管（TD）：1 mL，2 mL和5 mL。

A.1.2.8 加热板（滤液有颜色时需要）。

A.1.2.9 掩蔽剂：体积比为1∶1∶2三乙醇胺（CAS No.102-71-6）、四乙烯基戊胺（CAS No.112-57-2）和去离子水的混合液。

A.1.2.10 pH试纸。

A.1.2.11 量筒（TC）：50 mL。

A.1.2.12 次氯酸钠溶液（CAS No.7681-52-9）：5.25%次氯酸钠的去离子水溶液。

出售的许多次氯酸钠中含有次氯酸钙或草酸，不应使用这类药品。要确保所使用的次氯酸钠是新鲜的，因为时间久了将会变质。

A.1.2.13 去离子水或蒸馏水。

应该测定去离子水和次氯酸钠溶液中的钙离子浓度，在不加样品的情况下，取50.0 mL去离子水和10 mL次氯酸钠溶液进行测定。而后若按A.1.3中的步骤，用50.0 mL去离子水、10 mL次氯酸钠溶液以及样品重新测定，从测定结果中减去去离子水和次氯酸钠溶液中的钙离子含量，即为样品中的钙离子含量。

A.1.3 测定程序

A.1.3.1 用移液管取1.0 mL或更多样品于150 mL烧杯中。这一样品体积将用于A.1.4中的计算，如果滤液是无色的或仅为淡颜色，则可省略A.1.3.2至A.1.3.5的步骤。

A.1.3.2 用刻度移液管，加入10 mL次氯酸钠溶液并混合均匀。

A.1.3.3 用刻度移液管，加入1 mL冰乙酸并混合均匀。

A.1.3.4 将样品煮沸5 min，在煮沸期间按需加入去离子水以保持样品体积不变，煮沸的目的是为了除去过量的氯气。将pH试纸浸在样品中可证实氯气是否被除净。如果试纸被漂白，则需要继续煮沸，充分煮沸过的样品的 pH 值为 5.0。

A.1.3.5 冷却样品。

A.1.3.6 用去离子水冲洗锥形瓶内壁并将样品稀释至约 50 mL,加入 10 mL～15 mL 缓冲溶液或足量的 NaOH 使 pH 值达到 12～13。

注:可溶性铁离子的存在可能干扰终点的确定,如果怀疑有铁离子存在,则三乙醇胺、四乙烯基戊胺和水的混合液体积比为 1:1:2 是一种合适的掩蔽剂。在进行完 A.1.3.6 步骤后,加入 1.0 mL 此混合液。

A.1.3.7 加入足量的钙指示剂(0.1 g～0.2 g),如果钙离子存在,则会出现粉红色至酒红色的颜色。指示剂加得太多,终点将会不明显。

注:如果将几滴甲基橙指示剂与钙指示剂一起加入,则可改善终点的观察。

A.1.3.8 边摇边用 EDTA 标准溶液滴定至终点,钙指示剂将由红色变为蓝色,继续加入 EDTA 溶液时不再有由红到蓝的颜色变化,即达到恰当的终点。所消耗的 EDTA 体积将用 A.1.4 的计算。

A.1.4 计算

按式(A.1)计算 Ca^{2+} 含量:

$$c(Ca^{2+}) = 400 \times \frac{V_{EDTA}}{V_S} \qquad \text{(A.1)}$$

式中:

$c(Ca^{2+})$——Ca^{2+} 含量,mg/L;

V_{EDTA}——滴定中消耗的 EDTA 体积,mL;

V_S——样品体积,mL。

A.2 镁离子含量

A.2.1 概述

从总硬度减去钙离子含量可得到钻井液滤液中的镁离子含量。这样得到的是以钙计的镁离子含量,乘以原子量的比值(24.3/40=0.6),则可得到以镁计的镁离子含量。

A.2.2 测定程序

A.2.2.1 测定以钙计的总硬度(见 14.3～14.4)。

A.2.2.2 按 A.1 测定钙离子含量。

A.2.3 计算

按式(A.2)计算 Mg^{2+} 含量:

$$c(Mg^{2+}) = 0.6 \times [H_t - c(Ca^{2+})] \qquad \text{(A.2)}$$

式中:

$c(Mg^{2+})$——Mg^{2+} 含量,mg/L;

H_t——以 Ca^{2+} 计的总硬度,mg/L;

$c(Ca^{2+})$——Ca^{2+} 含量,mg/L。

A.3 硫酸钙含量

A.3.1 概述

钻井液中的硫酸钙含量可以用 A.1.1 至 A.1.4 中所述 EDTA 方法测定。首先用此测定钻井液滤液和钻井液中的钙离子总量,而后可计算得到硫酸钙总量和未溶解的硫酸钙含量。

A.3.2 仪器和药品

A.3.2.1 EDTA 溶液(CAS No.6381-92-6):0.01 mol/L 乙二胺四乙酸二钠盐标准溶液(1 mL 该浓度 EDTA 溶液的摩尔质量与 1 mL 1 000 mg/L $CaCO_3$ 溶液相同,1 mL 该浓度 EDTA 溶液的摩尔质量与 1 mL 400 mg/L Ca^{2+} 溶液的摩尔质量相同)。

A.3.2.2 缓冲溶液：1 mol/L NaOH(CAS No.1310-73-2)溶液。

A.3.2.3 钙指示剂：Calver® Ⅱ或羟基萘酚蓝(CAS No.63451-35-4)。

A.3.2.4 冰乙酸(CAS No.64-19-7)。

注：防止与皮肤接触。

A.3.2.5 掩蔽剂：体积比为1∶1∶2的三乙醇胺(CAS No.102-71-6)、四乙烯基戊胺(CAS No.112-57-2)和去离子水的混合液。

A.3.2.6 次氯酸钠溶液(CAS No.7681-52-9)：5.25%次氯酸钠的去离子水溶液。

出售的许多次氯酸钠中含有次氯酸钙或草酸，不应使用这类药品。要确保次氯酸钠是新鲜的，因为时间久了将会变质。

A.3.2.7 去离子水或蒸馏水。

应该测定去离子水和次氯酸钠溶液中的钙离子浓度，在不加样品的情况下，取10 mL去离子水和10 mL次氯酸钠溶液进行测定。而后若按A.3.3中的步骤，用10.0 mL去离子水、10 mL次氯酸钠溶液以及样品重新测定，则从测定结果中减去去离子水和次氯酸钠溶液中的钙离子含量，即为样品中的钙离子含量。

A.3.2.8 滴定瓶：150 mL烧杯。

A.3.2.9 刻度移液管(TD)：10 mL，1 mL。

A.3.2.10 移液管(TD)：1 mL，2 mL，5 mL和10 mL。

A.3.2.11 加热板(滤液有颜色时需要)。

A.3.2.12 pH试纸。

A.3.2.13 量筒(TC)：50 mL。

A.3.2.14 钻井液蒸馏器：见第8章。

A.3.3 测定程序

A.3.3.1 将5 mL钻井液加入到245 mL去离子水中。搅拌15 min后用标准API滤失仪(见7.2.2)过滤，只收集澄清的滤液。用10 mL移液管取10 mL澄清滤液于250 mL锥形瓶中，然后按A.1.1至A.1.4所述步骤，用EDTA溶液滴定至终点，此时所消耗的EDTA体积为V_t。

A.3.3.2 用EDTA滴定1 mL原始钻井液滤液(按7.2所述方法得到的)至终点。此时此刻所消耗的EDTA体积为V_f。

A.3.3.3 用蒸馏器蒸馏钻井液。用液相和固相含量测定中所得到的水的体积分数确定钻井液中水的体积分数F_w，按下式计算：

$$F_w = \frac{V_w}{100} \qquad \text{(A.3)}$$

式中：

F_w——水在钻井液中的体积分数；

V_w——水体积分数，%(见第8章)。

A.3.4 计算

A.3.4.1 以kg/m^3或lb/bbl为单位的钻井液中硫酸钙含量可用式(A.4)、(A.5)计算：

$$c(CaSO_4) = 6.79V_t \qquad \text{(A.4)}$$

$$c'(CaSO_4) = 2.38V_t \qquad \text{(A.5)}$$

式中：

$c(CaSO_4)$——钻井液中硫酸钙含量，kg/m^3；

$c'(CaSO_4)$——钻井液中硫酸钙含量，lb/bbl；

V_t——钻井液所消耗的EDTA的体积，mL，见A.3.3.1。

A.3.4.2 以kg/m^3或lb/bbl为单位的钻井液中未溶解的(过量的)硫酸钙含量可用式(A.6)、(A.7)计算：

$$ec(CaSO_4) = 6.79V_t - 1.37(V_f \cdot F_w) \quad \cdots\cdots\cdots\cdots\cdots (A.6)$$

$$e'c(CaSO_4) = 2.38V_t - 0.48(V_f \cdot F_w) \quad \cdots\cdots\cdots\cdots\cdots (A.7)$$

式中：

$ec(CaSO_4)$——过量的硫酸钙含量，kg/m^3；

V_t——钻井液所消耗的EDTA的体积，mL，见A.3.3.1；

F_w——水在钻井液中的体积分数；

V_f——钻井液滤液消耗的EDTA的体积，mL，见A.3.3.2；

$e'c(CaSO_4)$——过量的硫酸钙含量，lb/bbl。

A.4 硫化物含量

A.4.1 概述

A.4.1.1 钻井液中的可溶性硫化物含量可用本方法测定，可溶性硫化物包括硫化氢(H_2S)、硫离子(S^{2-})和硫氢根离子(HS)。在Garrett气体分离器中，将钻井液滤液酸化，使所有硫化物转变为H_2S而被通过样品并发泡的惰性载气所带出。Garrett气体分离器把气体从液体中分离出来，气流通过一个与硫化氢(H_2S)作用而沿其长度可变黑色的Dräger管，变黑的长度正比于钻井液滤液中的硫化物总量。用于低浓度范围的Dräger管从白色变为棕黑色；用高浓度范围的Dräger管从淡蓝色变为烟黑色。通常钻井液中的污染物不会引起这种颜色变化。

A.4.1.2 在使用Garrett气体分离器测定前，应先用乙酸铅试纸确定是否有硫化物存在。如果乙酸铅试纸变为黑色，则表明有硫化物存在，这时应使用Dräger管进行定量分析。

A.4.2 仪器和药品

A.4.2.1 硫酸(CAS No.7664-93-9)：约2.5 mol/L，试剂级。

A.4.2.2 消泡剂：盛于滴瓶中。

A.4.2.3 载气：不与硫化氢、酸和Dräger管内试剂反应的气体。最好用氮气，但也可用二氧化碳气体(禁止使用空气或其他含氧的气体)。

A.4.2.4 Dräger H_2S分析管：

a) 用于低浓度范围的：标有H_2S 100/a(No.CH-291-01)；

b) 用于高浓度范围的：标有H_2S 0.2%/A(No.CH-281-01)。

A.4.2.5 Garrett气体分离器：由一列用透明塑料制成的气体分离室、一个惰性气体气源和压力调节器、一个浮球式流量计和一个Dräger管组成。Garrett气体分离器的规格如下：

a) 主体：

1) 1号室：

高度90 mm(3.54 in)

直径38 mm(1.52 in)

2) 2号室和3号室：

高度90 mm(3.54 in)

直径30 mm(1.18 in)

3) 各室之间的通道：

直径2.0 mm(0.08 in)

4) 材料：

与酸、硫化物和硫化氢气体不反应的聚甲基丙烯酸甲酯即有机玻璃或相当的透明材料或玻璃。

b) 分散管：

1) 茎部：

直径 8.0 mm(0.315 in)

长度 150 mm(5.9 in)

2) 分散玻璃料(钟形细料)

直径 30 mm(1.18 in)

3) 材料:

低膨胀系数耐热玻璃。

c) 流量计:最好是浮球式的,每分钟可测定 300 mL 的 CO_2 气体。

d) 软管:不与硫化氢及载气反应。最好用乳胶管或相当的塑料管。

e) 接头和硬管:不与硫化氢和酸反应。

f) 橡胶隔膜。

A.4.2.6 乙酸铅试纸(见 A.4.3.16)。

A.4.2.7 注射器:10 mL 和 2.5 mL(用于取酸);5 mL 和 10 mL(用于取样)。

A.4.2.8 针头:38 mm(1.5 in)21 号针头。

A.4.3 测定程序

A.4.3.1 要确保各气体室洁净、干燥并置于水平面上,同时顶盖已被打开。

注:气体室内的水可能导致流量计内的球不能正常浮起,并且可影响 Dräger 管读值的准确度。

A.4.3.2 加入 20 mL 去离子水至 1 号室。

A.4.3.3 加入 5 滴消泡剂至 1 号室。

A.4.3.4 参照有关不同硫化物浓度范围所需要的样品体积和 Dräger 管类型的表 A.1。选择合适类型的 Dräger 管,并将管两端的尖端部分打碎。

A.4.3.5 将 Dräger 管按箭头朝下的方向装在一个打了孔的接受容器上。同样,将流量计管按"顶部"(TOP)字样朝上安装好。要确保每个管体周围"O"形圈的密封。

A.4.3.6 将气体室的顶盖盖上,并用手均匀地拧紧所有螺丝以便所有"O"形圈密封。

A.4.3.7 关闭压力调节器,用软管把载气源和 1 号室内的分散管连接。如果使用 CO_2 气弹,则安装并接通后将其连接到分散管上。

A.4.3.8 用软管连接 3 号室出口和 Dräger 管。

只能使用乳胶管或惰性的塑料管。不要夹住软管,以便在压力过高时释放压力。

A.4.3.9 调整 1 号室内的分散管使其距底部约 5 mm(0.2 in)。

A.4.3.10 缓慢地通入载气 30 s 以清除体系内的空气。检查是否漏气。关闭载气。

A.4.3.11 收集足量的无固体的滤液以便进行分析(如果待测滤液中的可溶性硫化物浓度低,则滤液的用量就多,见表 A.1)。

A.4.3.12 用带针头的注射器取一定量无固体的滤液样品,并通过橡胶隔膜注入到 1 号室内。

A.4.3.13 用带针头的注射器取 10 mL 硫酸溶液,并通过橡胶隔膜注入到 1 号室内。

表 A.1 不同硫化物浓度下所使用的 Dräger 管型号、样品体积及管系数

硫化物浓度 mg/L	取样体积 mL	Dräger 管型号 (见管体)	管系数[a] f (用于计算)
1.2-24	10.0	H_2S 100/a	0.133
2.4-48	5.0	H_2S 100/a	0.133
4.8-96	2.5	H_2S 100/a	0.133
30-1 050	10.0	H_2S 0.2%/A	1 330
60-2 100	5.0	H_2S 0.2%/A	1 330
120-4 280	2.5	H_2S 0.2%/A	1 330

a 如果使用其他管,表 A.1 中的管系数应该根据生产商的说明改变。

A.4.3.14 立即打开载气并维持其流速在每分钟 200 mL～400 mL 范围之内。

注：在此流速下，一个 CO_2 气弹可使用 15 min～20 min。

A.4.3.15 观察 Dräger 管外观的变化。在前端开始变模糊以前，注意并记录变黑的最大长度(按管上所标出的单位记录)。尽管前端可能发生扩散和出现羽毛状的着色现象，但须继续通气至总时间达到 15 min。如果在样品中有亚硫酸盐存在，则在高浓度范围 Dräger 管黑色前端可能出现橙色(由 SO_2 引起)。在记录变黑长度时，由 SO_2 引起的橙色部分应忽略不计。

为达到最好的 Dräger 管精度，"变黑长度"应超过管长的一半，因此必须精心选择"样品体积"。

A.4.3.16 在 3 号室"O"形圈下面装一个乙酸铅试纸盘可代替气体分离器中的 Dräger 管。乙酸铅试纸可定性地显示样品中是否有硫化物存在。试纸变黑则表明有硫化物存在。证实有硫化物存在之后，应取另一份样品用 Dräger 管进行定量分析。

A.4.3.17 为清洗气体分离器，拆下软管并取下气体室的顶盖。从容器中取下 Dräger 管和流量计，而后用塞子堵住孔以保持干燥。用软毛刷、温水和温和的清洁剂刷洗各个气体室。用管刷清洗各气体室之间的通道。冲洗、漂洗并用干燥气体吹分散管。用去离子水冲洗仪器后使水排出至干。

A.4.4 计算

根据所测样品的体积、Dräger 管变黑的最大长度及表 A.1 中的管系数，可计算样品中的硫化物含量：

$$c(S^{2-}) = \frac{l \cdot f}{V_s} \quad \cdots\cdots\cdots\cdots (A.8)$$

式中：

$c(S^{2-})$——硫化物含量，mg/L；

l——变黑长度；

f——校正的管系数，见表 A.1；

V_s——样品体积，mL。

注：变黑长度以管上所标单位计。

A.5 碳酸盐含量

A.5.1 概述

钻井液滤液中的可溶性碳酸盐的浓度可用这一方法测定。总的可溶性碳酸盐包括二氧化碳(CO_2)、碳酸根离子(CO_3^{2-})和碳酸氢根离子(HCO_3^-)。在 Garrett 气体分离器中酸化钻井液滤液，使所有碳酸盐转化成 CO_2，而后被通过样品并不断发泡的惰性载气所带出。气体分离器从液体中分离出气体。用一个 1 L 的气袋收集这些气体(以便使 CO_2 混合均匀)，然后以一定的流速通入 Dräger 管内。Dräger 管与 CO_2 作用并沿着管长产生紫色带。CO_2 与联氨物质之间的反应使晶态紫罗兰指示剂变为紫色。紫色带的长度正比于滤液中的碳酸盐总浓度。

A.5.2 仪器和药品

A.5.2.1 Garrett 气体分离器：由一列由透明塑料制成的气体分离室、一个惰性气体气源和压力调节器、一个浮球式流量计和一个 Dräger 管组成。Garrett 气体分离器的规格如下：

a) 主体：

1) 1 号室：

高度 90 mm(3.54 in)

直径 38 mm(1.52 in)

2) 2 号室和 3 号室：

高度 90 mm(3.54 in)

直径 30 mm(1.18 in)

3) 各室之间的通道：

直径 2.0 mm(0.08 in)

4) 材料：

与酸、硫化物和硫化氢气体不反应的透明材料或玻璃。

b) 分散管：

1) 茎部：

直径 8.0 mm(0.315 in)

长度约 150 mm(5.9 in)

2) 分散玻璃料(钟形细料)

直径 30 mm(1.18 in)

3) 材料：

低膨胀系数耐热玻璃。

c) 流量计:最好是浮球式的,每分钟可测定 300 mL 的 CO_2 气体。

d) 软管:不与硫化氢及载气反应。最好用乳胶管或相当的塑料管。

e) 接头和硬管:不与硫化氢和酸反应。

f) 橡胶隔膜。

A.5.2.2 载气:装有低压压力调节器的氮气瓶(最好)或 N_2O 气弹。

注:一氧化二氮气弹不应作为高温高压(HTHP)滤失量测定中的压力源,在高温高压下,一氧化二氮在有润滑脂、油或含碳物质存在时可能会爆炸。一氧化二氮气弹只用于 Garrett 气体分离器碳酸盐分析中。

A.5.2.3 Dräger CO_2 分析管:标有 CO_2 100/a。

A.5.2.4 Dräger 1 L ALCOTEST 气袋:No.7626425 或相当产品。

A.5.2.5 Dräger MULTIGAS DETECTOR 手动真空泵:31 型或相当产品。

A.5.2.6 旋塞阀:两通,装有聚四氟乙烯塞的 8 mm(0.315 in)玻璃管。

A.5.2.7 硫酸(CAS No.7664-93-9):约 2.5 mol/L,试剂级。

A.5.2.8 消泡剂 :盛于滴瓶中。

A.5.2.9 注射器:1.0 mL,5 mL 和 2 支 10 mL;1 支 10 mL 用于取酸,另 1 支 10 mL 用于取样。

A.5.2.10 注射器针头:38 mm(1.5 in)21 号针头。

注:氮气作为载气优于 N_2O 气体。因为 N_2O 气体膨胀后的温度下降使压力调节器内的隔膜致冷,所以长期使用 N_2O 气体将导致压力调节器不能正常工作。

A.5.3 测定程序

A.5.3.1 要确保气体分离器清洁、干燥并放置在一个水平面上,顶盖已被取下。如果在前面的试验(即硫化物分析)中曾使用 CO_2 作为载气,则压力调节器、管子和分散管应该用本次实验用的载气吹洗。

A.5.3.2 加入 20 mL 去离子水至 1 号室内。

A.5.3.3 加入 5 滴消泡剂至 1 号室内。

A.5.3.4 盖上气体室的顶盖并用手均匀拧紧所有螺丝以使所有“O”形圈密封。

A.5.3.5 调整分散管使之距底部约 5 mm(0.25 in)。

A.5.3.6 关闭调节器,用软管连接载气气源和 1 号室中的分散管。

A.5.3.7 向气室内通 1 min 载气以清除整个系统内的空气,同时检查气体分离器系统是否漏气。

A.5.3.8 完全压紧气袋,同时检查这一系统是否漏气。操作方法是:将气袋和旋塞阀连接到手动泵上(用一个废弃的 Dräger 管作为连接管,并从气袋开始完全放空),完全压紧手动泵后放松。当气袋被完全抽空并不漏气时,手动泵将保持被压紧状态数分钟。如果发现漏气,则要检查泵和所有连接部分。为单独检查泵,将一个密封的 Dräger 管插入到真空泵的开口处,而后压紧。如果不漏气,真空泵将保持被压紧的状态。

A.5.3.9　气袋完全被压紧后，用软管把旋塞阀和气袋连接到3号室的出口上。

A.5.3.10　用带有针头的注射器，按表A.2所示量取无固体的滤液并通过橡胶隔膜注入到1号室内。

A.5.3.11　用洁净的带有针头的注射器取10 mL硫酸溶液并通过橡胶隔膜缓慢地注入到1号室内。

A.5.3.12　打开气袋上的旋塞阀，重新开始通载气并在10 min内缓慢地使气袋充气。当气袋触摸坚硬时(不要使其爆裂)，关闭气源和旋塞阀，并立即进行下步操作。

A.5.3.13　敲碎Dräger管两端的尖头。

A.5.3.14　从3号室的出口取下软管并把它连接到Dräger管的上流端(观察管上指示气流方向的箭头)。将Dräger手动泵连接到Dräger管的下流端。

A.5.3.15　打开气袋上的旋塞阀，用手平衡地完全压紧手动泵，而后将手从泵上松开以便气体流出气袋并通过Dräger管。继续操作手动泵并记下压缩次数，直至气袋完全被抽空为止(压10次应能抽空气袋。若多于10次则表明漏气，试验结果将是不准确的)。

A.5.3.16　如果气袋中CO_2气体存在，观察Dräger管上的紫色带，并以Dräger管上所标出的单位记录紫色带的长度(淡蓝色部分包括在紫色带长度读值内)。

为达到最好的Dräger管精度，“紫色带长度”应超过管长的一半，因此必须精心选择“样品体积”。

A.5.3.17　为清洗气体分离器，取下软管和顶盖。用毛刷、温水和温和的清洁剂冲洗气体室。用管刷清洗各室间的通道。冲洗、漂洗之后用干燥气体吹过分散管。用去离子水漂洗仪器并使水排干。要保证定期更换气袋以避免漏气或气袋内部被污染(建议进行10次分析后更换袋子)。

表A.2　在不同碳酸盐质量浓度范围所用Dräger管规格、样品体积和管系数

碳酸盐质量浓度 mg/L	取样体积 mL	Dräger管规格 (见管体)	管系数[a] f (用于计算)
25～750	10.0	CO_2 100/a	2.5
50～1500	5.0	CO_2 100/a	2.5
100～3 000	2.5	CO_2 100/a	2.5
250～7 500	10.0	CO_2 100/a	2.5

a　如果用其他类型的管，表A.2中的管系数应根据制造商的说明改变。

A.5.4　计算

利用“样品体积Dräger管上的“紫色带长度”和“管系数”2.5，按式(A.9)计算滤液样品中的可溶性碳酸盐($CO_2+CO_3^{2-}+HCO_3^-$)总量：

$$c(CO_3^{2-})=\frac{l_{st}\cdot f}{V_S} \qquad \cdots\cdots(A.9)$$

式中：

$c(CO_3^{2-})$——可溶性碳酸盐总量，mg/L；

l_{st}——紫色带长度，以管上所标单位计；

f——管系数，2.5(见表A.2)；

V_S——样品体积，mL。

A.6　钾离子含量(含量高于5 000 mg/L)

A.6.1　概述

钻井液中使用钾离子的目的是稳定页岩和抑制膨胀性黏土。因此必须精确测定钾离子的含量以便控制钻井液的性能。本程序用于测定钻井液滤液中钾离子含量高于5 000 mg/L(1.75 lb/bbl)。在离心管中用高氯酸盐沉淀钾离子后，测定沉淀的体积。从已绘制的标准曲线上读出钾离子的含量。

A.6.2 仪器和药品

A.6.2.1 高氯酸钠溶液($NaClO_4$,CAS No.7601-89-0):150.0 g/100 mL 蒸馏水。

注:干燥状态下的高氯酸钠和高氯酸钾如果受热或与有机还原剂接触易引起爆炸。但如果保持潮湿状态,则高氯酸盐无危险。它们在水中将会分解但无危险。

A.6.2.2 KCl 标准溶液(CAS No.7447-40-7):14.0 g(精确至 0.1 mg)KCl 称入 100 mL 容量瓶中,用去离子水或蒸馏水稀释至刻度。

A.6.2.3 离心机:水平悬摆式转体(手摇或电动),转速能达到约 1 800 r/min。

注:使用手摇式离心机时,按如下方法操作,可得到非常恒定的 1 800 r/min 转速:测定每转动一圈手柄时转体的转数,即非常缓慢地转一圈手柄,并记下转体的转数,例如,每转一圈手柄,转体转 15 圈。计算转体转 1 800 r 所需手柄转动的圈数。例如,转体转 1 800 r 时手柄需要转 120 r(1 800/15)。所以手柄在 1 min 内必须转动 120 次才能获得转体转速 1 800 r/min。在此转速,手柄在 5 s 内必须转动 10 次[(120/60)·(5)]。边数 5 s 内手柄的转数、边调节至所需转数,即可在 15 s～20 s 内达到恒定的 1 800 r/min 的转速。这段用于调整转速至 1 800 r/min 的时间应计入样品的离心时间内。

A.6.2.4 离心试管:10 mL Kolmer 型。

A.6.2.5 移液管(TD):1 mL、2 mL、5 mL。

A.6.2.6 注射器或刻度移液管:10 mL。

A.6.2.7 蒸馏水或去离子水。

A.6.3 标准曲线绘制程序

A.6.3.1 对每种类型的离心机都需要做出其标准曲线。为得到准确的标准曲线,至少需要 3 个点[10 kg/m^3、30 kg/m^3、50 kg/m^3(或 3.5 lb/bbl、10.5 lb/bbl、17.5 lb/bbl)]。

A.6.3.2 样品可用 KCl 标准溶液制备[0.5 mL KCl 标准溶液相当于 10 kg/m^3(3.5 lb/bbl)KCl]。分别取 0.5 mL、1.5 mL 及 2.5 mL KCl 标准溶液即可得到 10 kg/m^3(3.5 lb/bbl)、30 kg/m^3(10.5 lb/bbl)、50 kg/m^3(17.5 lb/bbl)的溶液。

A.6.3.3 在离心试管内,用蒸馏水将样品稀释至 7.0 mL 刻度处并搅拌。

A.6.3.4 加入 3.0 mL 高氯酸钠标准溶液(不要搅拌)。

A.6.3.5 在稳定转速(大约 1 800 r/min)下离心 1 min 并立即读出沉淀体积。离心时应该用另一支盛有等重液体的离心试管作为平衡物。

A.6.3.6 用过的离心试管应立即洗涤,以便容易清洗。

A.6.3.7 在直角坐标纸上以沉淀体积(mL)对 KCl 含量(kg/m^3)(或 lb/bbl)作图,如图 A.1 所示。

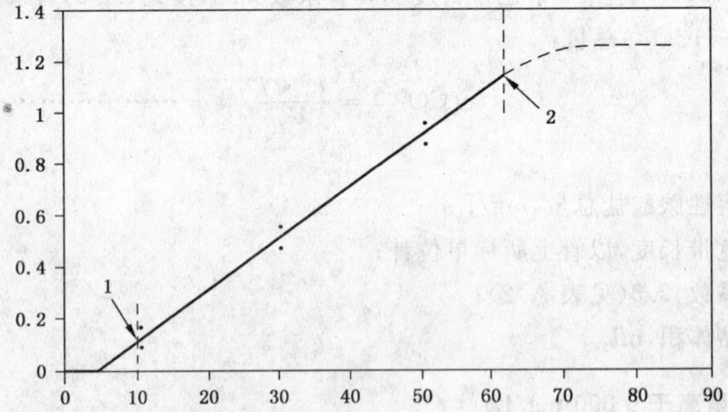

1——浓度低于 10 kg/m^3(3.5 lb/bbl)时,不要用这一程序;

2——超过此点,参考表 A.3。

图 A.1 KCl 标准曲线举例

A.6.4 样品测定程序

A.6.4.1 用移液管准确移取适量的滤液于离心试管中(取量范围见表 A.3)。

A.6.4.2 如需要，用蒸馏水稀释至7.0 mL并搅拌。

A.6.4.3 加入3.0 mL高氯酸钠标准溶液，不要搅拌。如果有钾离子，立即产生沉淀。

A.6.4.4 在稳定转速(约1 800 r/min)下离心。立即读取并记录沉淀体积。

离心时应该用另1支盛有等重液体的离心试管作为平衡物。

表A.3 在不同质量浓度下滤液取样体积

KCl质量浓度		钾离子质量浓度	滤液取样体积
kg/m^3	lb/bbl	mg/L	mL
10～50	3.5～17.5	5 250～26 250	7.0
50～100	17.5～35	26 250～52 500	3.5
100～200	35～70	52 500～105 000	2.0
200以上	70以上	105 000以上	1.0

A.6.4.5 再加2滴或3滴高氯酸钠溶液于离心试管中，如果仍有沉淀形成，则证明没有测定全部钾离子。见表A.3，另取一份较小量的滤液，并重复A.6.4.1至A.6.4.5的操作。

A.6.4.6 将所测得的沉淀体积与A.6.3中绘制的标准曲线比较即可确定KCl浓度，以kg/m^3(或lb/bbl)为单位记录KCl浓度。也可以mg/L为单位记录钾离子的浓度。如果从标准曲线上读出的KCl浓度超过50 kg/m^3时，测定结果的准确度降低。为得到更准确的结果，按表A.3所注明的取样体积，另取一份较小量的滤液，并重复A.6.4.1至A.6.4.4的操作。

A.6.5 计算

按式(A.10)和式(A.11)计算KCl含量，其单位分别为kg/m^3和lb/bbl:

$$c(\mathrm{KCl}) = \frac{7X(\mathrm{KCl})}{V_f} \qquad \cdots\cdots (A.10)$$

$$c'(\mathrm{KCl}) = \frac{7X'(\mathrm{KCl})}{V_f} \qquad \cdots\cdots (A.11)$$

按式(A.12)和式(A.13)计算K^+含量，其单位分别为kg/m^3和lb/bbl:

$$c(\mathrm{K}^+) = 525 \times c(\mathrm{KCl}) \qquad \cdots\cdots (A.12)$$

$$c'(\mathrm{K}^+) = 1\,500 \times c(\mathrm{KCl}) \qquad \cdots\cdots (A.13)$$

式中：

$c(\mathrm{KCl})$——滤液中KCl的含量，kg/m^3；

$X(\mathrm{KCl})$——由标准曲线所得KCl含量，kg/m^3；

V_f——所使用的滤液的体积，mL；

$X'(\mathrm{KCl})$——由标准曲线所得KCl含量，lb/bbl；

$c'(\mathrm{KCl})$——滤液中KCl的含量，lb/bbl；

$c(\mathrm{K}^+)$——滤液中的K^+含量，mg/L；

$c'(\mathrm{K}^+)$——滤液中的K^+含量，lb/bbl。

A.7 钾离子含量(含量低于5 000 mg/L)

A.7.1 概述

本程序用于测定含量低于5 000 mg/L时钻井液滤液中的钾离子含量。在加入过量的四苯硼酸钠(STPB)标准溶液时，钾离子以四苯硼酸盐形式沉淀。然后，以溴酚蓝作指示剂，用季铵盐(QAS)：十六烷基三甲基溴化铵滴定未反应的四苯硼酸钠。由紫蓝色变为淡蓝色即为滴定终点。从起始加入到样品中的四苯硼酸钠总量中减去未反应的四苯硼酸钠的量，可计算样品中的钾离子含量。

A.7.2 仪器和药品

A.7.2.1 四苯硼酸钠标准溶液(STPB)(CAS No. 143-66-8)：8.754 g四苯硼酸钠于800 mL去离子水

中。加入 10 g～12 g 氢氧化铝，搅拌 10 min 并过滤。加入 2 mL 20%NaOH 溶液至滤液中，并用去离子水稀释至 1 L。

A.7.2.2 季铵盐溶液(QAS)(CAS No. 57-09-0)：1.165 g 十六烷基三甲基溴化铵/500 mL 去离子水。

A.7.2.3 氢氧化钠溶液(CAS No. 1310-73-2)：质量分数为 20%。

A.7.2.4 溴酚蓝指示剂(CAS No. 115-39-9)：0.04 g 溴酚蓝/3 mL 0.1 mol/L NaOH，用去离子水稀释至 100 mL。

A.7.2.5 去离子水或蒸馏水。

A.7.2.6 刻度移液管：2 mL、5 mL 和 10 mL，精度为 0.01 mL。

A.7.2.7 量筒：25 mL(TD)、100 mL(TC)。

A.7.2.8 烧杯：250 mL。

A.7.2.9 漏斗。

A.7.2.10 滤纸。

A.7.3 测定程序

A.7.3.1 参照表 A.4 中的样品取量，将适量的滤液置于 100 mL 容量瓶中。要确保用移液管量取滤液。

A.7.3.2 加入 4 mL 20%NaOH 溶液(用 5 mL 移液管量取)和 25 mL STPB 溶液(25 mL 移液管量取)，而后用定量的去离子水稀释至 100 mL 刻度线处。

A.7.3.3 搅拌后静置 10 min。

A.7.3.4 过滤至 100 mL 烧杯内，如果滤液仍为混浊，必须再过滤一次。

A.7.3.5 准确移取 25 mL 上述滤液(用 25 mL 移液管量取)于 250 mL 锥形瓶中。

A.7.3.6 加入 10 滴～15 滴溴酚蓝指示剂。

A.7.3.7 用季铵盐溶液滴定至颜色从紫蓝色变为淡蓝色为止。

重要的是每个月要检验季胺盐(QAS)溶液对四苯硼酸钠(STPB)溶液的相对浓度。为测定当量季铵盐(QAS)，取 2 mL 四苯硼酸钠(STPB)溶液于滴定瓶中，加入 50 mL 去离子水稀释。加入 1 mL 20%NaOH 溶液和 10 滴～20 滴溴酚蓝指示剂。用季铵盐(QAS)溶液滴定至颜色从紫蓝色变为淡蓝色为止。

$$R = V_{QAS}/2 \qquad \text{(A.14)}$$

如果此比值不是(4.0±0.5)，则在钾离子含量(以 mg/L 为单位)计算中要使用校正系数：

$$CF = 8/V_{QAS} \qquad \text{(A.15)}$$

式中：

R——QAS 对 STPB 比值；

V_{QAS}——校正时所用 QAS 体积，mL；

CF——校正系数。

A.7.4 计算

按式(A.16)、式(A.17)、式(A.18)和式(A.19)分别计算 K^+ 和 KCl 含量：

$$c(K^+) = \frac{1\,000 \times (25 - V_{QAS})}{V} \qquad \text{(A.16)}$$

如果需要校正系数，则

$$c(K^+) = 1\,000\left[\frac{25 - (CF)V_{QAS}}{V}\right] \qquad \text{(A.17)}$$

$$c(KCl) = \frac{c(K^+)}{525} \qquad \text{(A.18)}$$

$$c'(KCl) = \frac{c(K^+)}{1\,500} \qquad \text{(A.19)}$$

式中：

$c(K^+)$——滤液中的 K^+ 含量，mg/L；

CF——校正系数；

V_{QAS}——滴定所用 QAS 体积，mL；

V——样品体积，mL；

$c(KCl)$——滤液中 KCl 的含量，kg/m³；

$c'(KCl)$——滤液中 KCl 的含量，lb/bbl。

表 A.4 测定低浓度 KCl 含量的滤液取样量

KCl 含量范围		滤液中钾离子含量	取样体积
kg/m³	lb/bbl	mg/L	mL
0.5～3.0	0.175～1.05	262.5～1 575	10.0
3.0～6.0	1.05～2.1	1 575～3 150	5.0
6.0～20.0	2.1～7.0	3 150～10 500	2.0

附 录 B
（资料性附录）
用浮筒切力计测定静切力

B.1 概述

B.1.1 经验证明，有些钻井液在静置条件下，特别是经受高温作用后，往往会形成过高的静切力。过高的静切力导致开泵循环时的过高泵压，因而也可能导致漏失。过高静切力还可能造成测井、射孔及其他“井下”作业中的困难。

B.1.2 下述方法可用于测定钻井液静切力变化的趋势，并估算过高静切力值的范围。通常静切力的测定是用高温静置养护的钻井液样品进行的。因此，所选择的养护温度应接近所估计的井底温度。养护罐或容器应能承受实验所需要的压力和温度。

B.2 仪器

B.2.1 不锈钢切力计浮筒

长度 89 mm(3.5 in)

外径 36 mm(1.4 in)

壁厚 0.2 mm(0.008 in)

注：切力计浮筒底部若有轻微向外的斜度可改善实验结果的重复性。

B.2.2 用于放砝码的平板。

B.2.3 一套砝码：以 g 为单位。

B.2.4 尺子，刻度为 mm。

B.3 测定程序

B.3.1 将切力计浮筒及平板小心地放置在高温老化后冷却至室温的钻井液样品表面上，并使其平衡。可能需要移动平板上的砝码以保证浮筒开始进入钻井液时是垂直的。如果在高温老化后的样品表面上形成了一层表皮，应在放置切力计浮筒之前将此表皮轻轻打破。

B.3.2 在平板上小心地加上足量的砝码以便切力计浮筒开始向下移动。除非所加的砝码过重，则在老化后的钻井液对浮筒表面的静切力足以支撑所加的砝码的位置，切力计浮筒将停止下沉。最好是浮筒没入的深度至少为筒长的一半。

B.3.3 记录包括平板和砝码在内的总质量，以 g 为单位。测量浮筒没入钻井液中的深度，以 mm 为单位。可以用在浮筒下沉至最深深度时测量未没入部分的长度的方法更精确地测定其没入深度。将一小尺子靠近钻井液表面并沿浮筒外壁，将很容易测量未没入的长度。从浮筒的长度减去露在外面的长度即为没入部分的长度。

B.4 计算

按式(B.1)、式(B.2)计算静切力：

$$\gamma = \frac{4.40 \times (m_{st} + m_{tot})}{l} - 1.02\rho \qquad \text{(B.1)}$$

$$\gamma' = 2.083 \times \gamma \qquad \text{(B.2)}$$

式中：

γ——静切力，Pa；

m_{st}——切力计浮筒质量，g；

m_{tot}——砝码和平板的总质量，g；

l——切力计浮筒没入长度，cm；

ρ——钻井液密度，g/cm^3；

γ'——静切力，lbf/100 ft^2。

附 录 C
(资料性附录)
电 阻 率

C.1 概述

可能需要控制钻井液和钻井液滤液的电阻率以便从电测结果更好地评价地层的特性。

C.2 仪器

C.2.1 直读式电阻率仪:或类似的电阻率仪。

有关电源、校正、测量及计算等要遵循生产厂的说明书。

C.2.2 校正过的电阻率池。

C.2.3 温度计:量程为0℃～105℃(32 ℉～220 ℉)。

C.2.4 试管刷:适用于各种类型和尺寸的电阻率池。

C.2.5 实验室用洗涤剂溶液:用于清洗金属和塑料表面。

C.3 测定程序

C.3.1 在洁净、干燥的电阻率池内注满刚搅拌过的钻井液或钻井液滤液。样品中不要混进空气或天然气。

C.3.2 将池连接到仪器。

C.3.3 以Ω·m(直读式)或Ω(非直读式)为单位,测量电阻。仪器或生产厂的说明书将指出读值的类型。

C.3.4 测量样品的温度,精确到0.5℃(1 ℉)。

C.3.5 清洗池。如需要,用刷子和洗涤剂清洗。用蒸馏水冲洗后使其干燥。

C.4 计算

C.4.1 以Ω·m为单位记录钻井液电阻率ρ_{m}或滤液电阻率ρ_{mf},精确至0.01 Ω·m。

C.4.2 以℃为单位记录样品温度。

C.4.3 如果读值单位是Ω,则按式(C.1)转换成以Ω·m为单位:

$$\rho = RC \qquad \text{(C.1)}$$

式中:

ρ——电阻率,Ω·m;

R——电阻,Ω;

C——电池常数,m^2/m。

附 录 D
（资料性附录）
试验前从钻井液中除去空气或天然气的程序

D.1 概述

在试验前，大多数的钻井液不需要用任何特殊仪器来清除混入的空气或天然气。通常只需加入几滴适当的消泡剂并缓慢搅拌即可。在大多数情况下，用小勺搅拌或来回倾倒几次就可清除。如果按这些步骤操作之后，钻井液中仍含有空气或天然气，则可采取下列程序以消除气体。

注：如果只需测定钻井液密度，则可使用本标准第5章所述的加压钻井液密度计测定。

D.2 仪器和药品

D.2.1 设备：可抽真空的。

D.2.2 消泡剂。

D.3 操作程序

D.3.1 将气浸的钻井液注入洁净、干燥的容器内，加至容器约一半。

D.3.2 在钻井液表面上加入几滴消泡剂。

D.3.3 装好搅拌器和盖板，而后将带有密封垫的盖子盖好。

D.3.4 用真空管连接泵和仪器，并抽真空至约 83 kPa(620 mmHg)。

D.3.5 提高真空度至 10 kPa～16 kPa(75 mmHg～120 mmHg)，而后按生产厂的说明书进行操作。

D.3.6 如钻井液已除去气体，则将真空度降至 50 kPa～65 kPa (375 mmHg～490 mmHg)，然后观察钻井液中的气泡。

D.3.7 如除气不完全，则重复 D.3.4 和 D.3.6 的操作，直至气体完全除净为止。

D.3.8 完全消除真空，然后倒出钻井液以备试验用。

附　录　E
（资料性附录）
钻杆腐蚀环试验

E.1　概述

E.1.1　评价钻井液对钻柱及其他钢制设备腐蚀性的一个较常见的方法，是在钻柱上安放腐蚀检验环。在井下与钻井液接触一段时间后，取下并检验这些环，即可得到有关钻井液的腐蚀作用及腐蚀类型等信息。对环上的鳞状物和凹痕的检验，给出有关腐蚀原因的线索，从而有助于选择合适的补救措施。

E.1.2　腐蚀环方法是为了检验以局部的凹痕或综合的化学侵蚀而引起的金属质量损失为特征的腐蚀类型而专门设计的。测试环不能给出有关氢脆、应力腐蚀破裂或其他破裂形式的信息，除非以某种方式把凹痕与这些破裂联系起来。

E.2　仪器和药品

E.2.1　盐酸(CAS No. 7647-01-0)：用蒸馏水配成质量分数为15%的水溶液。

E.2.2　丙酮(CAS No. 67-64-1)。

E.2.3　甲醇(CAS No. 67-56-1)。

E.2.4　石油醚(CAS No. 8002-05-9)。

E.2.5　去离子水或蒸馏水。

E.2.6　洗涤剂。

E.2.7　环

a)　环的结构：环形钻柱腐蚀片或腐蚀环应加工成在钻杆公扣的端部与母扣的凹槽相吻合，并且其内径应与钻杆接头内径相同，以减少晃动。

b)　环的组成：为了避免电化学腐蚀，环应该用与安放它的钻杆接头相同钢材制成。这个要求不切实际，建议使用化学组成成分相似的钢材，如AISI(美国钢铁学会)4130型钢材。所使用的钢材的级别应在报表上加以注明。腐蚀环一般是从未曾淬火或回火的钢管上切割下来的，其组成应与AISI 4130型钢材和钻杆接头钢材相似，以便使电化学腐蚀的影响减到最小，提供有用的数据。

c)　环的标记：在环上应刻上序号以便能永久性地辨认。

d)　环的准备：环应该用硬毛刷和洗涤剂溶液刷洗而后依次用清水和无水丙酮和甲醇冲洗。干燥后称质量，准确到mg，并把结果记录在报表上，将环存放在干燥容器内，如干燥器，以防止腐蚀。在送往井场时，腐蚀环应密封包装以便减少空气对它的腐蚀。

E.2.8　超声波清洗器（最好）或是硬毛刷。

E.3　测定程序

E.3.1　钻杆腐蚀环应在钻柱上至少保持40 h(通常是100 h)。由于最初的腐蚀速率可能很快，可能给出错误的数据，因此腐蚀环在钻井液中的浸泡时间不应小于40 h，腐蚀环通常放置在钻铤上面第一个立柱顶部的接头处，并在多个钻头钻进期间可把它留在钻柱中，另一个腐蚀环可放置在方钻杆保护接头处以监测此点的腐蚀情况。应注意以确保母扣和凹槽清洁，以防止干扰接头吻合和避免对腐蚀环的损害。在有些情况下，可使用为旋转腐蚀环而特殊加工的接头，在安放腐蚀环时应戴上清洁而干燥的手套进行操作。

E.3.2 应该完整地填写钻杆腐蚀环实验报表，每张报表应填写腐蚀环的材料、钻井液性能、腐蚀类型、腐蚀环在钻柱上的位置、初始质量、实验时间、放环时井深、取环时井深、环号、鳞状物颜色以及其他与此专门测定有关的信息。报表可印在邮寄腐蚀环的包装封皮上，也可印成单独的报表与腐蚀环一起包装。

E.3.3 将腐蚀环从钻柱上取下时，应该用布擦掉残留在环上的钻井液。应该检验环的腐蚀程度和机械磨损。如果腐蚀是严重的，则应立即确定腐蚀原因，以便采取补救措施。用肉眼观察之后，立即在环上涂上油或其他可得到的油脂(但为此目的不要使用丝扣油)。将其放入塑料袋中。

E.3.4 在进行环腐蚀的定量评价之前，应该用环氧丙酮或石油醚等合适的溶剂冲洗以便清除在井场上涂在腐蚀环上的油。为称质量而清洗评价之前，应对腐蚀副产品和矿物鳞斑做点滴实验。例如，可用抑制性酸检验环表面上的硫化物，应该用洗涤剂溶液和硬毛刷清洗腐蚀环。可能需要将环在10%～15%抑制性盐酸溶液浸泡5 s～10 s。用清水彻底冲洗，然后再用无水丙酮或甲醇冲洗。干燥后称质量，对强磨蚀性物质，不应使用非抑制性强酸。在清洗环的过程中，可使用超声波清洗器。

注：对于10%～15%的盐酸，一些抑制性添加剂可用来防止酸洗后的进一步腐蚀。如炔丙基、乙炔基、嘧啶和胺的化合物。腐蚀环的生产商可建议使用其他适宜的化合物。

E.3.5 对已称质量的腐蚀环完全清洗并记录腐蚀膜及化学腐蚀的类型之后，将环重新称质量，准确至mg，并确定质量损失。如果由于机械磨损而导致的金属质量损失非常明显，则应加以注明并在评价环腐蚀时加以考虑。腐蚀速率可以用 kg/(m^2·a)或 mm/a 单位表示。计算腐蚀速率的公式在E.5中给出。

E.4 有关肉眼检验的评述

E.4.1 如果凭肉眼观察到的腐蚀是很明显的，则通常可检查到是凹痕腐蚀。均匀的化学腐蚀或一般的腐蚀最好是用质量损失测量确定。环的机械磨损通常由环外部表面上的切口或压痕所证实。在某些情况下，环上可能出现连续的压痕磨损点，表明环在母扣凹槽内有相当剧烈的晃动。

E.4.2 在评定由质量损失测量所计算的腐蚀速率值时，应记住此速率也受到钻井液磨蚀作用的影响。由于环的内壁暴露在泵入至钻杆内的钻井液中，因此金属的损失包括由腐蚀和磨蚀引起的损失。当钻井液含有高浓度的砂子时，由磨蚀引起的损失可能是主要的。

E.4.3 在环的检验中可能发现质量损失较小但有几个较深的凹痕。这种情况表明，即使计算所得到的腐蚀速率较低，但却存在相当严重的腐蚀问题。

E.5 计算

按式(E.1)计算腐蚀环的腐蚀速率：

$$CR=\left[\frac{\Delta m}{1\times10^{6}}\right]\left[\frac{1\times10^{4}}{A}\right]\left[\frac{8\ 760}{t}\right] \quad\cdots\cdots(E.1)$$

$$=87.6\times\left[\frac{\Delta m}{A\cdot t}\right] \quad\cdots\cdots(E.2)$$

式中：

CR——腐蚀环腐蚀速度，kg/(m^2·a)；

Δm——腐蚀环损失质量，mg；

A——腐蚀环总表面积，cm^2；

t——腐蚀环放置总时间，h。

注1：在计算中使用的是环的总表面积；

注2：时间是指在钻具中总的放置时间；

注3：对不锈钢环应参照下列公式进行不同单位的换算(相对密度7.86)。

$$1\ \text{mm/a} = 198 \times (\text{kg}/(\text{m}^2 \cdot \text{a})) \quad \cdots\cdots (E.3)$$

$$1\ \text{mm/a} = 0.638 \times (\text{lb}/(\text{ft}^2 \cdot \text{a})) \quad \cdots\cdots (E.4)$$

$$1\ \text{lb}/(\text{ft}^2 \cdot \text{a}) = 1.567 \times (\text{mm/a}) \quad \cdots\cdots (E.5)$$

$$1\ \text{lb}/(\text{ft}^2 \cdot \text{a}) = 0.20 \times (\text{kg}/(\text{m}^2 \cdot \text{a})) \quad \cdots\cdots (E.6)$$

$$1\ \text{mils/a} = 0.128 \times (\text{kg}/(\text{m}^2 \cdot \text{a})) \quad \cdots\cdots (E.7)$$

注 4：钻井液服务公司或腐蚀测试实验室提供的腐蚀环，通常带有一个倍增因子。这个因子包括金属的密度和环的表面积。因此腐蚀环损失质量除以腐蚀环放置总时间再乘上倍增因子即可得到腐蚀速率。

附　录　F
（资料性附录）
取样、检验和拒收

F.1　概述

下述程序是对于符合 ISO 13500[1](GB/T 5005—2001)规范的材料的正式取样、检验和拒收的办法。它可用于重晶石、赤铁矿粉、膨润土、未处理的膨润土，凹凸棒石、海泡石、工业级低黏羧甲基纤维素、工业级高黏羧甲基纤维素和 OCMA 级膨润土。

F.2　袋装的粉状材料

F.2.1　每批取 15 个样品(见 F.4)，每个重 0.5 kg(1.1 lb)或稍多，合并作为试样。

F.2.2　每批 1 000 袋或少于 1 000 袋时，应从 15 袋中取样。

F.2.3　经合同双方同意，取样可按下述任一方法进行。

a)　从每一袋顶部取至少重 0.5 kg 的样品。

b)　用一个直径不小于 2.5 cm(1 in)能取芯的取样管。将取样管插入要取样的袋中，以便从袋子全长中取出一段样芯。

F.3　散装的粉状材料

F.3.1　从卡车或装有 25 000 kg～100 000 kg(25 t～100 t)的贮仓中采集样品时，应使用一个能取出直径不小于 2.5 cm(1 in)样芯的取样管取样。取样管应具有足够的长度，以便从要取样的材料顶部到底部取出一个样芯。

F.3.2　从每一批(每一卡车或贮仓当作一批)材料中应取 15 个样品。如果由于容器尺寸的原因，不能用这种方法取样时，可用合同双方同意的方法取样。

F.3.3　从少于 20 000 kg(20 t)的贮仓中取样时，对于 10 个以下的隔仓，应从每个隔仓中至少取一个样品。从每 100 000 kg(100 t)或少于 100 t 的一批材料中取样时，所取样品的总数不应少于 10 个。

F.4　测试样品准备

F.4.1　把从每批材料中所采集的样品合并，混匀，并用四分法或格槽法制备至少 7 kg 的试样，将其分成三等份。

F.4.2　将每份样品分别装在不透气、防潮的容器中。一份样品给买方，一份给供方，第三份保存以便在需要时做比对实验。

F.5　测试

合同每一方都要用自己的样品进行一次测定。

F.6　检验

应无条件地给买方的检验员提供所有合理的便利条件，使他能仔细地取样和检验。取样和验收工作应允许在 6 d 期限内完成。

F.7　拒收

由于没有通过规范中所述的实验而拒收材料时，应在实验完成后立即向供方提出报告，并说明拒收的原因。

F.8　复验

F.8.1　合同双方的任一方都可在完成原始实验报告后的一周内提出复验的要求。

F.8.2　如果合同双方不能取得一致意见，则将把未打开的第三份样品送到双方都满意的仲裁性实验室进行测定，双方都应受仲裁实验结果的约束。

附 录 G
（资料性附录）
井 场 取 样

G.1 概述

在井场从专用罐车中取样可采用下述推荐程序。合同双方同意后，此程序可用于送到井场的材料的取样。

G.2 底流取样法（最好的办法）

G.2.1 仪器

G.2.1.1 侧流取样器：如图 G.1 所示。

G.2.1.2 帆布袋：直径 14 cm，长 30 cm。

G.2.1.3 容器：可扎口的袋子或其他合适的容器，能够收集所有的细颗粒。

G.2.2 底流取样法（最好的办法）

G.2.2.1 将侧流取样器连接到罐车出口上。

G.2.2.2 在卸货过程中，取三份重 1.5 kg～2.5 kg(3 lb～5 lb)的样品，这三份样品分别在材料卸至大约 1/4、1/2、3/4 时取出。

注：当取代表性较差的样品时，可取一份 4 kg～7 kg(9 lb～15 lb)重的样品。因取样引起的误差的最大潜在因素是容器中的上批材料的污染。严格遵守本程序可使这种潜在误差降低到最小。不要从最顶部表面或底部最初流出的材料中取样。因取样引起误差的第二位潜在因素是当输料管仅仅部分充满时从侧流取样器取样。当罐车快要卸空或材料流动受到干扰时可能会出现这种情况。已经证明在这种情况下会发生偏离。

G.2.2.3 在每份样品取出之前，短时间打开阀门，以便把聚积在侧管中的任何材料冲出来。在取样器上绑上一个洁净的帆布袋，开一次阀将其灌满。

注：在取样之前部分关闭底部出口上的气流阀，通常有助于在产生尘埃最少的情况下得到满袋样品。

G.2.2.4 精心地把样品从帆布袋转移到可扎口的袋子或其他合适的容器中。在此容器上贴上注有所有有关资料的标签。

G.2.2.5 在取下一份样品之前，将帆布袋彻底倒空。为每一罐车取样，都要使用洁净的或新的帆布袋子。

G.3 抓取法取样

G.3.1 仪器

G.3.1.1 样品勺：如图 G.2 所示。

a) 深 10 cm～15 cm；

b) 长 30 cm～45 cm。

G.3.1.2 容器：可扎口的袋子或其他合适的容器，能够收集所有的细颗粒。

G.3.2 抓取法程序

G.3.2.1 小心打开罐车顶盖，不要使盖子撞击罐顶。

G.3.2.2 移去顶口下面的表面材料，形成一个比取样勺宽 1½ 倍的沟槽。

G.3.2.3 从沟槽的底部取出 1.5 kg～2.5 kg 重的样品，并移到一个可扎口的袋子或其他合适的容器中。

G.3.2.4 在材料顶部的其他两个点重复上述操作，这两点在罐车中点和两端连线的中心位置附近。

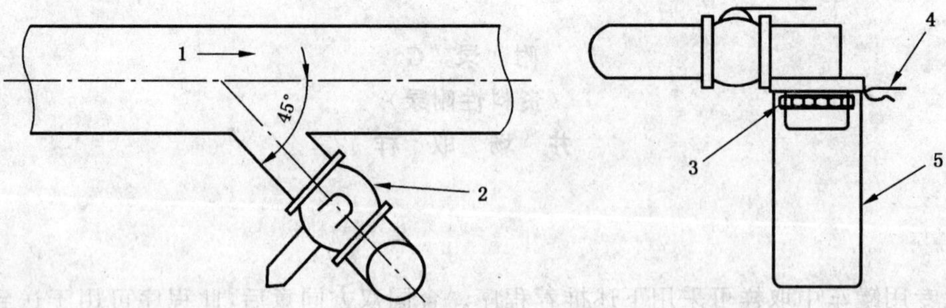

1——流程方向；

2——在 5 cm(2 in)支管上的 5 cm(2 in)球阀；

3——卡紧布袋的滚珠；

4——捆扎绳；

5——14 cm×30 cm(5.5 in×12 in)帆布袋。

图 G.1 侧流取样器

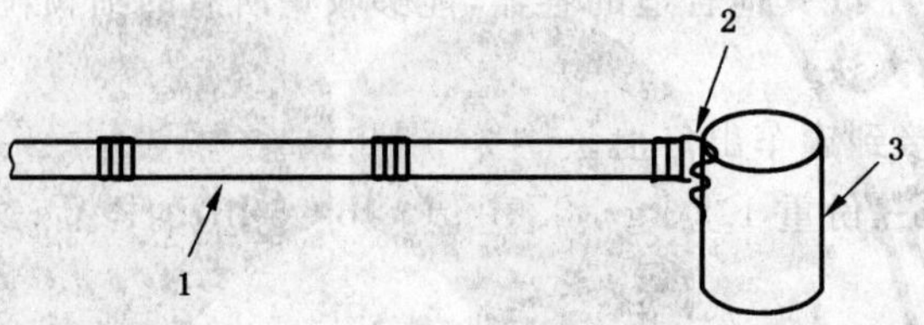

1——油漆工用的加长手柄平的一端连接到接头弯块上；

2——接头弯块；

3——金属容器。

图 G.2 样品勺

附 录 H
（资料性附录）
玻璃量具、温度计、黏度计、蒸馏器杯和钻井液密度计的检验和校正

H.1 概述

本附录涉及现场测试仪器的校正，并不做为测试程序的一部分。

H.2 仪器的校正

H.2.1 玻璃量具

玻璃仪器的供应商一般都对移液管、量筒和类似的仪器进行过校正。校正程序可以是购买说明书的一部分。在非常重要的场合，玻璃仪器的使用者可从供货商处得到玻璃仪器校正的证明。可用重量分析的方法对玻璃仪器进行校正，不需要定期地重新校正。见 H.3 量筒的校正程序。

H.2.2 温度计

用一支标准温度计，校正现场测试用温度计。温度计在使用之前就应该被校正，此后依据测试的重要性和温度计的稳定性，定期地校正，见 H.4 温度计的校正程序。

H.2.3 黏度计

用已知来源的标准黏性流体来校正现场测试用黏度计，黏度计在使用之前，就应该校正，此后依据测试的重要性和黏度计的稳定性，定期校正。对使用中的黏度计，至少一个月校正一次，如果黏度计指示不稳定，应更频繁地校正黏度计，见 H.5 黏度计校正程序。

H.2.4 钻井液密度计

在测试程序中用去离子水校正钻井液密度计。推荐的校正频率是在每次测试前，或由操作者、钻井液公司或其他相关团体指定。

H.2.5 蒸馏器杯

在测试程序中用去离子水校正，蒸馏器杯推荐的校正频率是在每次测试前，由操作者、钻井液公司或其他相关团体指定见 H.6 蒸馏器杯的校正程序。

H.3 量筒的校正程序

H.3.1 使接收器和蒸馏水的温度到达室温，记录温度精确至 0.5℃。

H.3.2 把洁净、干燥的接收器放到天平上，回零。

H.3.3 当接收器放到天平上时，用蒸馏水加至不同的刻度线，对 10 mL 量筒加 2 mL、4 mL、6 mL、8 mL、10 mL；对 20 mL 量筒加 4 mL、8 mL、12 mL、16 mL、20 mL。用移液管或注射器，小心地将水注入到所需刻度，不要把水珠留在接收器壁上。

H.3.4 记录指定刻度下每一次体积增加所增加的质量 m_{iv}，精确至 0.01 g。

H.3.5 计算每一刻度接收器的体积，V_{mark}。

$$V_{mark} = m_{iv}/\rho_w \quad \cdots\cdots\cdots (H.1)$$

式中：

V_{mark}——指定刻度接收器的体积，mL；

m_{iv}——水的质量，g；

ρ_w——水的密度，g/cm^3，测试温度下的密度见表 H.1。

H.4 温度计的校正程序

H.4.1 把需要校正的温度计与一支标准温度计并排放入恒温水浴（或体积 4 L 或大于 4 L 的适宜容

器，容器内盛有水，放置在温度相对恒定的房间的工作台上），恒温 30 min。

H.4.2 读取并记录两支温度计的读值。

H.4.3 每隔 5 min 读一次值，至少读四组读数。

H.4.4 计算每一支温度计的平均值。

H.4.5 对可调式温度计，调节温度计与标准温度计一致。对其他温度计，参见 H.4.6。

H.4.6 用下述公式计算温度计的校正值：

$$C = R_1 - R_2 \quad \cdots\cdots(H.2)$$

式中：

C——加到温度计读值上的校正值；

R_1——标准温度计的平均读值；

R_2——工作温度计的平均读值。

示例 1 温度计的校正

$R_1 = 23.9℃$

$R_2 = 24.2℃$

$C = 23.9℃ - 24.2℃ = -0.3℃$

或 $R_1 = 75.9℉$

$R_2 = 75.5℉$

$C = 75.0℉ - 75.5℉ = -0.5℉$

示例 2 温度计校正的应用

$C = -0.3℃$

$R = 25.0℃$

R_C(正确)$= 25.0℃ + (-0.3℃) = 24.7℃$

H.4.7 用校正值和校正日期标记和识别温度计。使用校正值超出测量范围的两倍的温度计是不合适的。

H.5 黏度计的校正程序

H.5.1 收集已标定的标准流体，或者是带有黏温曲线图的流体，该流体的黏度范围应覆盖所需范围。例如，50 mPa·s，100 mPa·s 等。确定曲线图上的流体批号与流体外包装的批号相符。每一批次的标准流体都被单独标定。各批次流体的黏度通常会有微小的差别。

H.5.2 洗净并擦干黏度计内筒、外筒和样品杯。把黏度计和校正液并排放在温度相对恒定的房间的工作台面上[<3℃(<5℉)]，为达到平衡，至少要放置 2 h。

注：水将污染校正液。

H.5.3 在空气中打开黏度计 2 min～4 min，以放松轴承和齿轮。如果外筒转动不稳定，校正或替换外筒。

H.5.4 把校正液注入到样品杯中，并把外筒浸入到样品中使液面恰好达到外筒刻度线。

H.5.5 将温度计放到校正液中(精度 0.1℃)，为防止打破温度计，拿住或绑住温度计。在低速下打开黏度计，直到温度计读数在每 30 s 内温度变化不超过 0.1℃，记录温度读值。

H.5.6 打开黏度计，读取 600 r/min 和 300 r/min 读数。读数精确到 0.5 个格内，如果需要，使用放大镜。

H.5.7 用校正液所带的黏-温曲线确定黏度，精确到 0.5 mPa·s。与标准黏度比较 300 r/min 的读值，记录偏移(加或减)。将 600 r/min 读数除以 1.98 与标准黏度相比，记录偏移。

H.5.8 偏移超过 1.5 单位是不允许的，如果偏移超过极限，调整或校正黏度计。

H.5.9 记录黏度计的序列号、日期和偏移。用校正日期和校正状态的指示标记黏度计。

表 H.1　水的密度与温度的关系

℃	℉	密度/(g/cm³)
15.0	59.0	0.999 1
15.5	59.9	0.999 1
16.0	60.8	0.999 0
16.5	61.7	0.998 9
17.0	62.6	0.998 8
17.5	63.5	0.998 7
18.0	64.4	0.998 6
18.5	65.3	0.998 5
19.0	66.2	0.998 4
19.5	67.1	0.998 3
20.0	68.0	0.998 2
20.5	68.9	0.998 1
21.0	69.8	0.998 0
21.5	70.7	0.997 9
22.0	71.6	0.997 7
22.5	72.5	0.997 6
23.0	73.4	0.997 5
23.5	74.3	0.997 4
24.0	75.2	0.997 3
24.5	76.1	0.997 1
25.0	77.0	0.997 0
25.5	77.9	0.996 9
26.0	78.8	0.996 8
26.5	79.7	0.996 6
27.0	80.6	0.996 5
27.5	81.5	0.996 4
28.0	82.4	0.996 2
28.5	83.3	0.996 1
29.0	84.2	0.995 9
29.5	85.1	0.995 8
30.0	86.0	0.995 6
30.5	86.9	0.995 5
31.0	87.8	0.995 3
31.5	88.7	0.995 2
32.0	89.6	0.995 0

表 H.1(续)

℃	℉	密度/(g/cm³)
32.5	90.5	0.994 9
33.0	91.4	0.994 7
33.5	92.3	0.994 5
34.0	93.2	0.994 4
34.5	94.1	0.994 2
35.0	95.0	0.994 0

H.6 蒸馏器杯的校正程序

H.6.1 将蒸馏器杯、盖子和蒸馏水放置达室温,记录温度精确到 0.5℃(1℉)。

H.6.2 将清洁干燥的蒸馏器杯和盖子放到天平上,回零。

H.6.3 在蒸馏器杯中注满水,把盖子放在杯口上,旋转盖子,确保过量的水从盖子上的小孔溢出,擦掉从盖子中溢出的水。

H.6.4 把注满水的蒸馏器杯和盖子放到先前已回零的天平上,记录水的质量精确到 0.01 g。

H.6.5 计算蒸馏器杯的体积 V_{RC},用水在室温下的密度(见表 H.1):

$$V_{RC} = m_w / \rho_w \qquad \text{(H.3)}$$

式中:

V_{RC}——蒸馏器杯的体积,mL;

m_w——水的质量,g;

ρ_w——测试温度下水的密度,g/cm³。

H.7 滤失用垫圈和 O 型圈的校正

H.7.1 用于低温低压滤失量测定的垫圈和 O 型圈内径应在 75.8 mm(2.99 in)到 76.9 mm(3.03 in)之间。

H.7.2 用游标卡尺检查垫圈和 O 型圈的直径。

H.7.3 不要把超过范围的垫圈和 O 型圈用于滤失测试。

附　录　I
（资料性附录）
用旋转黏度计测量钻井液静切力

I.1　概述

有些钻井液在静置条件下，特别是经受高温作用后，往往会形成过高的静切力。过高的静切力导致开泵循环时的过高泵压，因而也可能导致漏失。过高静切力还可能造成测井、射孔及其他“井下”作业中的困难。

I.2　仪器

I.2.1　直读式黏度计

以电动机或手摇为动力的旋转型仪器。钻井液处于两个同心圆筒间的环形空间内。外筒（或称转筒）以恒速旋转。转筒在钻井液中的旋转对内筒（或称悬锤）产生扭矩。扭力弹簧阻止内筒的旋转，同时与内筒相连的表盘指示内筒的转动位置。由于已调好仪器常数，所以通过转筒以 3 r/min 旋转时的读值可得到初切力（10 s）和终切力（10 min）。

直读式黏度计规格：

a)　转筒：

内径：36.83 mm（1.450 in）

总长度：87.00 mm（3.425 in）

刻度线：到转筒底部的长度为 58.40 mm（2.30 in），恰好在转筒刻度线下，有两排相距 120°（度）、直径为 3.18 mm（0.125 in）的小孔。

b)　内筒：由平底和锥形顶部所封闭

直径：34.49 mm（1.358 in）

柱体长度：38.00 mm（1.496 in）

c)　扭力弹簧常数：386 dyn·cm/（°）

d)　转筒转速：

600 r/min

300 r/min

3 r/min

注：对不同生产厂家生产的黏度计还可有其他转速。

I.2.2　秒表。

I.2.3　合适的容器，如黏度计配备的样品杯。

I.2.4　温度计：量程为 0℃～105℃（32 ℉～220 ℉）。

I.3　测定程序

I.3.1　将样品注入到容器中，并使转筒刚好浸入至刻度线处。在井场测量时，应尽可能减少取样所耽搁的时间（如有可能，应在 5 min 之内），且测量时的钻井液温度应尽可能接近取样处的钻井液温度，温差不要超过 6℃（10 ℉）。在报表上应注明取样位置。

注：仪器最高工作温度为 90℃（200 ℉）。如果要测定温度高于此温度的钻井液，应使用实心的金属内筒或内部完全干燥的空心金属内筒。因为当浸入到高温钻井液中时，空心内筒内部的液体可能会蒸发而引起内筒的破裂。

I.3.2　将钻井液样品在 600 r/min 下搅拌 10 s。

I.3.3 使钻井液样品静置 10 s，然后缓慢、平稳地按表盘产生正读值的方向转动手轮。读取最大读值。如黏度计具有 3 r/min 转速挡，则记录 3 r/min 转速开始旋转后的最大读值，以 Pa 为单位按公式(I.1)计算 10 s 初切力(10 s 切力)。

I.3.4 将钻井液样品在 600 r/min 下重新搅拌 10 s，而后使其静置 10 min。重复 I.3.3 的操作步骤，记录最大读值，以 Pa 为单位按公式(I.1)计算 10 min 终切力(10 min 切力)。

I.4 计算

按式(I.1)计算 10 s 初切力和 10 min 终切力。

$$G_{10\ \mathrm{s}}(\text{或}\ G_{10\ \mathrm{min}}) = R_3/2 \qquad \text{(I.1)}$$

式中：

$G_{10\ \mathrm{s}}$ 或 $G_{10\ \mathrm{min}}$——10 s 或 10 min 静切力 Pa；

R_3——静止 10 s 或 10 min 时的 3 r/min 最大读值。

参 考 文 献

[1] ISO 13500,石油天然气工业 钻井液材料规格和测试

[2] API RP 13B-1,水基钻井液现场测试程序(第二版),1997,9

[3] API RP 13D,油井钻井液流变学(第二版)

[4] API RP 13I,水基钻井液实验室测试程序